“十二五”职业教育国家规划教材
经全国职业教育教材审定委员会审定

有机化学（理论篇）

新世纪高职高专教材编审委员会 组编

主　编　陈淑芬　汤长青

副主编　田　红

第四版

大连理工大学出版社

图书在版编目(CIP)数据

有机化学. 理论篇 / 陈淑芬，汤长青主编. — 4 版
. — 大连：大连理工大学出版社，2018.7
　新世纪高职高专化工类课程规划教材
　ISBN 978-7-5685-1562-7

　Ⅰ. ①有… Ⅱ. ①陈… ②汤… Ⅲ. ①有机化学－高
等职业教育－教材 Ⅳ. ①O62

　中国版本图书馆 CIP 数据核字(2018)第 132865 号

大连理工大学出版社出版

地址：大连市软件园路 80 号　邮政编码：116023
发行：0411-84708842　邮购：0411-84708943　传真：0411-84701466
E-mail：dutp@dutp.cn　　URL：http://dutp.dlut.edu.cn
大连兴安印务有限公司印刷　　大连理工大学出版社发行

幅面尺寸：185mm×260mm　　印张：21.5　　字数：495 千字
2006 年 2 月第 1 版　　　　　　　　　2018 年 7 月第 4 版
2018 年 7 月第 1 次印刷

责任编辑：马　双　　　　　　　　责任校对：李　红
封面设计：张　莹

ISBN 978-7-5685-1562-7　　　　　　定　价：49.80 元

总　序

　　我们已经进入了一个新的充满机遇与挑战的时代,我们已经跨入了21世纪的门槛。

　　20世纪与21世纪之交的中国,高等教育体制正经历着一场缓慢而深刻的革命,我们正在对传统的普通高等教育的培养目标与社会发展的现实需要不相适应的现状做历史性的反思与变革的尝试。

　　20世纪最后的几年里,高等职业教育的迅速崛起,是影响高等教育体制变革的一件大事。在短短的几年时间里,普通中专教育、普通高专教育全面转轨,以高等职业教育为主导的各种形式的培养应用型人才的教育发展到与普通高等教育等量齐观的地步,其来势之迅猛,发人深思。

　　无论是正在缓慢变革着的普通高等教育,还是迅速推进着的培养应用型人才的高职教育,都向我们提出了一个同样的严肃问题:中国的高等教育为谁服务,是为教育发展自身,还是为包括教育在内的大千社会?答案肯定而且唯一,那就是教育也置身其中的现实社会。

　　由此又引发出高等教育的目的问题。既然教育必须服务于社会,它就必须按照不同领域的社会需要来完成自己的教育过程。换言之,教育资源必须按照社会划分的各个专业(行业)领域(岗位群)的需要实施配置,这就是我们长期以来明乎其理而疏于力行的学以致用问题,这就是我们长期以来未能给予足够关注的教育目的问题。

　　众所周知,整个社会由其发展所需要的不同部门构成,包括公共管理部门如国家机构、基础建设部门如教育研究机构和各种实业部门如工业部门、商业部门,等等。每一个部门又可作更为具体的划分,直至同它所需要的各种专门人才相对应。教育如果不能按照实际需要完成各种专门人才培养的目标,就不能很好地完成社会分工所赋予它的使命,而教育作为社会分工的一种独立存在就应受到质疑(在市场经济条件下尤其如此)。可以断言,按照社会的各种不同需要培养各种直接有用人才,是教育体制变革的终极目的。

　　随着教育体制变革的进一步深入,高等院校的设置是否会同社会对人才类型的不同需要一一对应,我们姑且不论,但高等教育走应用型人才培养的道路和走研究型(也是一种特殊应用)人才培养的道路,学生们根据自己的偏好各取所需,始终是一个理性运行的社会状态下高等教育正常发展的途径。

　　高等职业教育的崛起,既是高等教育体制变革的结果,也是高等教育体制变革的一个阶段性表征。它的进一步发展,必将极大地推进中国教育体制变革的进程。作为一种应用型人才培养的教育,它从专科层次起步,进而应用本科教育、应用硕士教育、应用博士教育……当应用型人才培养的渠道贯通之时,也许就是我们迎接中国教育体制变革的成功之日。从这一意义上说,高等职业教育的崛起,正是在为必然会取得最后成功的教育体制变革奠基。

　　高等职业教育还刚刚开始自己发展道路的探索过程,它要全面达到应用型人才培养的正常理性发展状态,直至可以和现存的(同时也正处在变革分化过程中的)研究型人才培养的教育并驾齐驱,还需要假以时日;还需要政府教育主管部门的大力推进,需要人才需求市场的进一步完善发育,尤其需要高职教学单位及其直接相关部门肯于做长期的坚忍不拔的努力。新世纪高职高专教材编审委员会就是由全国100余所高职高专院校和出版单位组成的、旨在以推动高职高专教材建设来推进高等职业教育这一变革过程的联盟共同体。

　　在宏观层面上,这个联盟始终会以推动高职高专教材的特色建设为己任,始终会从高职高专教学单位实际教学需要出发,以其对高职教育发展的前瞻性的总体把握,以其纵览全国高职高专教材市场需求的广阔视野,以其创新的理念与创新的运作模式,通过不断深化的教材建设过程,总结高职高专教学成果,探索高职高专教材建设规律。

　　在微观层面上,我们将充分依托众多高职高专院校联盟的互补优势和丰裕的人才资源优势,从每一个专业领域、每一种教材入手,突破传统的片面追求理论体系严整性的意识限制,努力凸现高职教育职业能力培养的本质特征,在不断构建特色教材建设体系的过程中,逐步形成自己的品牌优势。

　　新世纪高职高专教材编审委员会在推进高职高专教材建设事业的过程中,始终得到了各级教育主管部门以及各相关院校相关部门的热忱支持和积极参与,对此我们谨致深深谢意,也希望一切关注、参与高职教育发展的同道朋友,在共同推动高职教育发展、进而推动高等教育体制变革的进程中,和我们携手并肩,共同担负起这一具有开拓性挑战意义的历史重任。

新世纪高职高专教材编审委员会

2001 年 8 月 18 日

前 言

  《有机化学(理论篇)》(第四版)是"十二五"职业教育国家规划教材,也是新世纪高职高专教材编审委员会组编的化工类课程规划教材之一。

  本次修订依据 1999 年国家教委制定的《高职高专有机化学课程教学基本要求(征求意见稿)》进行,并融入了使用本教材第三版的高职高专院校教师提出的意见和多所高职高专院校、多年从事有机化学理论和实践教学一线教师的教学经验,更加切合高职高专工科类"有机化学课程标准"。其指导思想基于高职教育知识的应用性和以职业能力为本位的工作过程体系,培养从事生产一线工作的"高等技术应用型专门人才",要有一定的理论知识指导其工作过程,以使在获得"怎么做"的基础上,达到"怎么做更好"。本书本着"实用、实际、实践"的原则,注重理论联系生产、生活实际,力求做到内容丰富、语言简洁、通俗易懂、简明精练。在保持本课程必要的系统性前提下,理论知识方面以"必需、够用"为度,体现高职特色。

  本教材以官能团体系为序分类,某些章节上做了调整,补充了一些有机化学基本内容,删除了部分偏深和过时内容。如将炔烃和二烯烃并为一章;将醌合并在醛和酮一章;脂环烃中补充了构象基本知识;芳香烃增加了重要芳烃生产应用方面的知识;删除了羧酸及其衍生物表面活性剂内容等。在介绍有机化合物性质时,将最基本的和应用性比较广的反应作为重点,并适时与生产实际结合,向现代化学工业、石油化学工业、天然气开发与利用、环境保护、高聚物、精细化工、材料科学等新知识、新领域拓展。

  修订中依然保留了知识情境部分,使学生有目的地进入新知识的学习,注重教学的启发性和学生思维能力的培养。教学内容力求由浅入深、重点突出、难点分散,便于学生自学。更新了部分实用案例,充分展现本书的先进性和应用性。练习插入章节正文中,使之密切与授课内容相配合,在各章节后面的习题综合性能更强,便于学生及时复习、巩固所学知识。

  本教材由兰州石化职业技术学院陈淑芬教授和河南济源职业技术学院汤长青教授任主编,兰州石化职业技术学院田红任副主编,齐齐哈尔大学应用技术学院汤晓君和河南济源职业技术学院郑伟参加编写。其中陈淑芬编写第 1、2、12 和 13 章,田红编写第 3、4、5 和 6 章,汤晓君编写第 7、14 和 15 章,汤长青和郑伟编写第 8、9、10 和 11 章。全书最后由陈淑芬统稿、总纂、修改和定稿,并负责拟定编写课程标准。

  本书可作为高职高专院校石油化工、炼油技术、煤化工、精细化工、食品工程、环境监测、环境工程、生物技术、分析与检测等相关专业的教学用书,也可供相关专业的培训和同等学历自学参考。

  限于编者水平,书中难免存在不妥之处,恳请各校师生和读者在使用中予以指正。

编 者
2018 年 7 月

所有意见和建议请发往:dutpgz@163.com
欢迎访问教材服务网站:http://www.dutpbook.com
联系电话:0411-84707492　84706104

目　录

第1章

概　述

【学习目标】

☞ 了解有机化合物和有机化学的含义；
☞ 掌握有机化合物的特征、结构特点和分类；
☞ 熟悉共价键的形成、属性和类型；
☞ 了解共价键的断裂方式及有机反应类型。

现今世界有机化合物已渗透到我们生活的每一个角落。生命中的三大基础物质(蛋白质、氨基酸和碳水化合物)是有机化合物；人类赖以生存的能源(煤、石油、天然气)中主要有效成分是有机化合物；人们日常生活中离不开的三大合成材料(合成纤维、合成塑料、合成橡胶)是有机化合物；能消除病魔、解除痛苦、延长人类生命的药物绝大多数是有机化合物；使我们的世界缤纷绚丽的染料，其大多数也是有机化合物。而研究生产和制造这些有机物，正是有机化学这门科学的任务。

1.1　有机化合物和有机化学的含义

早期的化学家将所有物质按其来源分为两类，从生物有机体(植物或动物)中获得的物质被定义为有机化合物，从非生物或矿物中得到的物质则被认为是无机化合物。现在绝大多数有机化合物已不是从天然的有机体内取得，但是由于历史和习惯的关系，仍保留着"有机"这个名词。

一、有机化合物

就元素组成而言，有机化合物均含有碳元素，绝大多数还含有氢元素，此外，很多有机化合物还含有氧、硫、氮、卤素、磷等元素。所以，有机化合物是碳氢化合物及其衍生物的总称。

有机化合物的主要特征是含有碳原子，即都是含碳化合物。但少数碳的氧化物(如二氧化碳、碳酸盐等)和氰化合物(如氢氰酸、硫氰酸等)由于其性质和无机化合物相似，故仍归属于无机化合物范畴。

二、有机化学

有机化学是研究有机化合物的科学，是研究有机化合物的来源、制备、结构、性能、应用以及有关理论和方法学的科学。有机化学研究有机化合物中的四大命题,即有机化合物结构的确定、命名、合成(包括分离和提纯)、有机反应(包括反应历程、范围、限制及在有机合成中的应用)。

有机化学是连贯性、系统性很强的学科,学习过程中要不断总结化合物结构与性质的关系,揭示各类化合物之间的内在联系与相互转化关系。只有熟练地掌握这些关系,灵活自如地应用有机反应,才能设计出合理的有机合成路线。此外,还要通过大量的练习,进一步巩固和检验所学知识。所以学习有机化学要做到多思考、善总结、勤练习。

1.2 有机化合物

1.2.1 有机化合物的结构特征

一、碳原子是四价的,并可自相结合成键

有机化合物的基本组成是碳元素,碳元素在周期表中的特殊位置决定了共价键是构成有机化合物的主要键型。碳原子不仅能与其他原子成键,还可相互结合构成碳链或碳环。两个碳原子之间既可用一个单键结合,也可用两个或三个价键结合,分别形成碳碳单键、双键或叁键。如:氯甲烷、乙烷、乙烯、乙炔、环戊烷等。

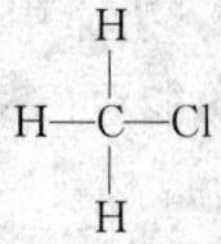

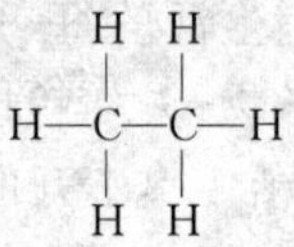

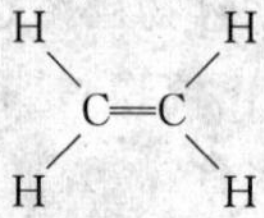

由于碳原子可自相结合成键,一个有机化合物中的碳原子数量少则仅一两个,多则可达几千、几万甚至几十万个,出现了从最简单分子甲烷(CH_4)到复杂分子 VB_{12}($C_{63}H_{90}N_{14}O_{14}PCo$)等有机化合物,$VB_{12}$ 比起蛋白质和一些生物分子还不算复杂。这正是有机化合物数目庞大的原因之一。

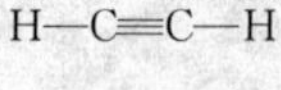

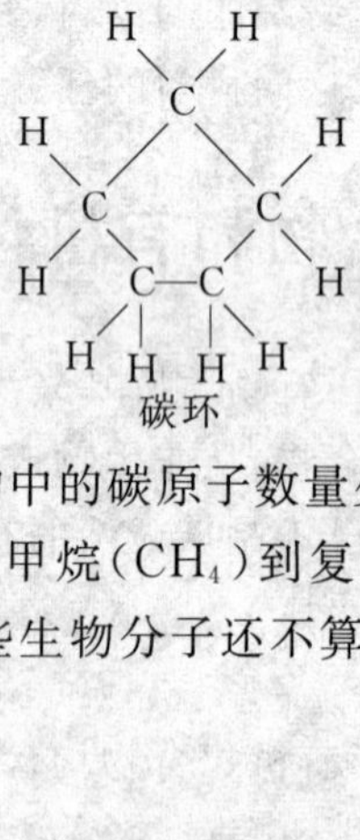

二、同分异构现象普遍存在

分子式有时无法准确表示有机化合物而必须用构造式(或结构式)表示,因为有机化合物之间存在着同分异构现象。例如分子式为 C_2H_6O 的化合物,由于分子中原子的连接顺序不同,可以得到两种化合物——乙醇和甲醚,它们的物理性质和化学性质均不同。

像这样,两种或两种以上的化合物,它们的分子式相同而构造式不同,因而性质各异的不同化合物,彼此互称同分异构体。这种现象称为同分异构现象。

$$\begin{array}{ccc} & H & H \\ & | & | \\ H- & C- & C-OH \\ & | & | \\ & H & H \end{array} \qquad \begin{array}{ccc} & H & H \\ & | & | \\ H- & C-O-C & -H \\ & | & | \\ & H & H \end{array}$$

沸点78.5 ℃,与水混溶,与金属钠作用　　　沸点-24.0 ℃,微溶于水,与金属钠不作用

同分异构现象在有机化合物中普遍存在。再如丁烷分子式为 C_4H_{10},它有两个同分异构体:

$$\begin{array}{cccc} & H & H & H & H \\ & | & | & | & | \\ H- & C- & C- & C- & C-H \\ & | & | & | & | \\ & H & H & H & H \end{array}$$

显然,一个有机化合物中含有的碳原子数和原子种类越多,分子中原子的可能排列方式也越多,其同分异构体就越多。同分异构现象是有机化合物数目庞大的主要原因。

三、有机化合物结构的表示方法

由于有机化合物中普遍存在同分异构现象,因此不能用分子式表达某一种有机化合物,必须用构造式或构造简式来表示。构造式(结构式)既能表示出分子中原子的种类、数目,还能表达分子中原子之间的相互关系及结合方式。构造简式是介于构造式和分子式之间的一种表达式,既能表达分子内原子的排列情况,又很容易看出原子的个数,故构造简式是有机化合物最常用的表达式。表 1-1 是一些有机化合物的分子式、构造式和构造简式。

表 1-1　　　　　一些有机化合物的分子式、构造式和构造简式

化合物	甲烷	乙烷	乙烯	乙炔	乙醇	甲醚
分子式	CH_4	C_2H_6	C_2H_4	C_2H_2	C_2H_6O	C_2H_6O
构造式				$H-C\equiv C-H$		
构造简式	CH_4	CH_3CH_3 CH_3-CH_3	$CH_2=CH_2$	$HC\equiv CH$	CH_3CH_2OH CH_3-CH_2-OH	CH_3OCH_3 CH_3-O-CH_3

1.2.2　共价键

有机化合物的原子不是简单随意地堆积在一起,而是通过一种作用力结合在一起,这种作用力就是共价键,是有机化合物中常见的一种化学键。共价键是一种静电吸引力,是价键电子和两个核之间的吸引力。

一、共价键的形成

按照量子化学中价键理论的观点,价键的形成是原子轨道的重叠或电子配对的结果,如果两个原子都有未成键电子,各出一个电子配对而形成共用电子对,就形成了共价键。共价键的形成使体系的能量降低,形成稳定的结构。例如:碳原子可与四个氢原子形成四个 C—H 键而生成甲烷。

$$\cdot \overset{\cdot}{\underset{\cdot}{C}} \cdot + 4H\times \longrightarrow H \overset{\times}{\underset{\times}{\cdot}} \overset{\cdot}{\underset{\cdot}{C}} \overset{\times}{\underset{\times}{\cdot}} H \qquad \overset{H}{\underset{H}{H-C-H}}$$

由一对共用电子来表示一个共价键的构造式(结构式)叫路易斯构造式;用一条短线代表一个共价键的构造式叫凯库勒构造式。表 1-1 中的构造式及构造简式就是凯库勒构造式及其简写式,本教材用凯库勒构造式的简写式表达有机化合物的结构。

由一对共用电子形成的共价键称为单键,可用一条短线表示;如果两个原子各用两个或三个未成键电子构成共价键,则构成的共价键为双键或叁键。

二、共价键的特征

共价键有饱和性。一个未成对电子已经配对成键,就不能再与其他未成对电子配对。每个原子成键的总数或以单键连接的原子数目是一定的。原子中的未成对电子数决定成键总数。例如:碳原子外层存在四个未成对电子,即可形成四个共价键。

共价键有方向性。因为原子轨道具有一定的方向性,在形成共价键时,只有当成键原子轨道沿合适的方向相互靠近才能达到最大程度的重叠,形成稳定的共价键。例如,HCl 分子中共价键的形成,假如 Cl 原子的 p 轨道中的 p_x 有一个未成对电子,H 原子的 s 轨道中自旋方向相反的未成对电子只能沿着 x 轴方向与其相互靠近,才能达到原子轨道的最大重叠(如图 1-1)。

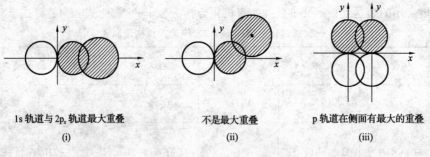

1s 轨道与 2p$_x$ 轨道最大重叠	不是最大重叠	p 轨道在侧面有最大的重叠
(i)	(ii)	(iii)

图 1-1 共价键的方向性

三、共价键的类型

根据原子轨道重叠方式,将共价键分为 σ 键和 π 键。

1. σ 键

原子轨道沿两原子核的连线(键轴),以"头顶头"方式重叠,重叠部分集中于两核之间并对称于键轴,这种键称为 σ 键。形成 σ 键的电子称为 σ 电子,图 1-2 所示的 Cl—H 键、Cl—Cl 键均为 σ 键。

2. π 键

原子轨道垂直于两核连线,以"肩并肩"方式重叠,重叠部分在键轴的两侧并对称于与键轴垂直的平面,这种键称为 π 键(如图 1-3)。形成 π 键的电子称为 π 电子。例如:N 原子的价层电子构型是 $2s^2 2p^3$,三个未成对的 2p 电子分布在三个互相垂直的 $2p_x$、$2p_y$、$2p_z$ 原子轨道上。当两个 N 原子形成 N_2 分子时,若两个 N 原子的 $2p_x$ 以"头顶头"方式重叠形成 $\sigma_{p_x-p_x}$ 键,则垂直于 σ 键键轴的 $2p_y$、$2p_z$ 只能分别以"肩并肩"方式重叠,形成 $\pi_{p_y-p_y}$

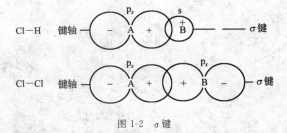

图 1-2　σ键

键和 $\pi_{p_z-p_z}$ 键,如图 1-4 所示。

图 1-3　π键　　　　图 1-4　N_2 分子中的 σ键和 π键

　　当两原子形成双键或叁键时,既有 σ键又有 π键。例如,N_2 分子的两个 N 原子之间就有一个(且只能有一个)σ键和两个 π键。通常 π键形成时原子轨道重叠程度小于 σ键的原子轨道重叠程度,故 π键通常没有 σ键稳定,π电子容易参与化学反应。

　　四、共价键的属性

　　1.键长

　　形成共价键的两个成键原子核之间的距离称为键长,单位是 nm(纳米)。

　　同一类型的共价键的键长在不同的化合物中稍有差别,因而可用其平均值即平均键长作为该键的键长。形成共价键的原子在分子中不是孤立的,而是相互影响的。共价键的键长越长,越容易受到外界影响而发生极化,因此,较容易发生化学反应。常见共价键的平均键长见表 1-2。

表 1-2　　　　　　　　　　　常见共价键的平均键长

键型	键长/nm	键型	键长/nm
C—C	0.154	C=O	0.120
C=C	0.133	N—H	0.103
C≡C	0.120	C—F	0.142
C—H	0.110	C—Cl	0.178
C—N	0.147	C—Br	0.191
C≡N	0.116	C—I	0.213
C—O	0.143	O—H	0.097

　　2.键角

　　任何一个二价以上的原子,与其他原子形成的两个共价键之间都有一个夹角,这个夹角就是键角。即两个共价键之间的夹角称为键角。下面列举一些化合物的键角,如图1-5所示。

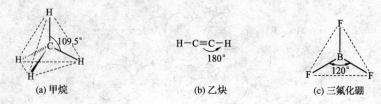

图 1-5　几种化合物的键角

键角大小随分子结构不同而改变,它反映了分子的空间结构。

一般说来,如果知道一个分子中所有共价键的键长和键角,这个分子的几何构型就能确定。

3. 键能

共价键形成时有能量释放而使体系的能量降低,反之,共价键断裂时则必须从外界吸收能量。键能的单位是 $kJ \cdot mol^{-1}$。

两个 1 mol 气态原子 A 和 B 结合成 A—B 分子(气态)时所放出的能量,称为键能。

$$A(g) + B(g) \longrightarrow A-B(g) \qquad \Delta H < 0$$

1 mol 气态 A—B 分子离解为两个气态原子 A 和 B 时所需要吸收的能量,称为离解能。

$$A-B(g) \longrightarrow A(g) + B(g) \qquad \Delta H > 0$$

对于双原子分子而言,数值上键能等于离解能,如氯气分子。

对于多原子分子,其共价键的键能指同类共价键离解能的平均值。如甲烷的四个 C—H 键的离解能的平均值就是甲烷分子中 C—H 键的键能。

$$CH_4(g) \longrightarrow C(g) + 4H(g) \qquad \Delta H = 1656.8 \ kJ \cdot mol^{-1}$$

则甲烷分子中 C—H 键的键能 $= 1656.8 \div 4 = 414.2 \ kJ \cdot mol^{-1}$

常见共价键的平均键能见表 1-3。

表 1-3　　　　　常见共价键的平均键能/$(kJ \cdot mol^{-1})$

	H	C	N	O	F	Si	S	Cl	Br	I
H	435.1	414.2	389.1	464.4	564.8	318.0	347.3	431.0	364.0	297.1
C		347.3	305.4	359.8	485.3	301.2	372.0	339.0	284.5	217.6
N			163.2	221.8	272.0			192.5		
O				196.6	188.3	451.9		217.6	200.8	234.3
F					154.8	564.8				
Si						221.8		380.7	309.6	234.3
S							251.0	225.2	217.6	
Cl								242.7		
Br									192.5	
I										150.6
双键	C=C	611	C=N	615	C=O	798	N=N	419		
叁键	C≡C	807	C≡N	879	N≡N	945				

键能越大表明该键越牢固,断裂该键所需要的能量越大。故键能可作为共价键牢固程度的参数。

4. 键的极性和分子的偶极矩

对于两个相同原子形成的共价键,成键电子云对称分布于两个原子之间,这样的共价键没有极性。如 H_2 分子中的 H—H 键,CH_3—CH_3 分子中的 C—C 键。当两个不同原子形成共价键时,由于电子云在两个原子中间不完全对称分布而呈现极性的共价键叫做极性共价键。可以用箭头来表示这种极性键,也可以用 δ^- 和 δ^+ 来表示构成极性共价键原子的带电情况。例如:

$$\overset{\delta^+}{H}\longrightarrow\overset{\delta^-}{Cl} \qquad\qquad \overset{\delta^+}{H_3C}\longrightarrow\overset{\delta^-}{Cl}$$

键的极性决定于形成这个键的元素的电负性。电负性是一个元素吸引成键电子的能力,其值愈大,表示该原子吸引成键电子的能力愈强。极性共价键就是组成这个键的两个原子具有不同电负性的结果。比较两个成键原子之间的电负性,可以衡量出其所形成的共价键极性的大小。

共价键的极性以偶极矩量度。由于极性共价键正电中心和负电中心不能重合,正、负电荷中心的电荷(q)与正、负电荷中心之间的距离(d)的乘积就是偶极矩 μ,单位是 C·m(库仑·米)。

$$\mu = q \times d$$

偶极矩有方向性,用符号 $\longmapsto$ 表示,由正电荷指向负电荷。如:

$$\begin{array}{ccc} \text{H—Cl} & \text{C—Cl} & \text{H—C} \\ \longmapsto & \longmapsto & \longmapsto \\ \mu = 3.44 \times 10^{-30}\ \text{C·m} & \mu = 4.90 \times 10^{-30}\ \text{C·m} & \mu = 1.33 \times 10^{-30}\ \text{C·m} \end{array}$$

在双原子分子中,键的极性就是分子的极性。在多原子分子中,分子的偶极矩是各个键的偶极矩的向量和。例如:HCl 分子的极性就是 H—Cl 键的极性;CH_3Cl 和 CCl_4 分子中的 C—Cl 键和 H—C 键有极性,但 CH_3Cl 分子有极性,而 CCl_4 分子无极性。这说明 CCl_4 分子为对称分子,其偶极矩的向量和为零,而 CH_3Cl 分子是非对称的,其 $\mu = 6.60 \times 10^{-30}$ C·m。

可见,分子的偶极矩与键的极性和分子的对称性有关,可用于推测分子的几何结构,解释和描述有机化合物的物理、化学性质。

1.2.3 有机化合物的特性

相对于典型无机化合物(如 NaCl)而言,有机化合物有如下特点:

一、挥发性大,熔点、沸点低

有机化合物在常温下多为气体、液体,常温下为固体的其熔点一般也很低,超过 400 ℃的很少。通常纯净的有机化合物都有固定的熔点和沸点,熔点和沸点是有机化合物的重要物理常数,可利用熔点和沸点的测定来鉴定是否为有机化合物。

二、水溶性差

有机化合物大多不溶或难溶于水,易溶于有机溶剂如苯、乙醚、丙酮、石油醚等。一般有机化合物的极性较弱或完全没有极性,而水具有强极性,因此一般有机化合物难溶或不溶于水。但糖、乙醇、乙酸等含有强极性基团,在水中的溶解度较大。

三、易燃烧

除少数有机化合物(如 CCl_4 等)外,一般的有机化合物都易燃,如汽油、煤油、木材、酒精、棉花等在空气中均可燃。但是大多数无机化合物不能着火,也不能烧尽。可利用此性质来初步区别有机化合物和无机化合物。

四、热稳定性差,受热易分解

有机化合物多以共价键结合,其分子间的作用力较弱。许多有机化合物在 200～300 ℃就逐渐分解。

五、反应速度慢

有机反应多是分子间反应,速度较慢。为了加速有机反应常采用加热、加催化剂或用光照射等手段。但也有例外,如有机炸药(TNT)的爆炸反应。

六、常伴有副反应

有机化合物分子比较复杂,能起反应的部位比较多。一般把在某一特定条件下主要进行的反应叫主反应,其他称为副反应。书写反应方程式一般不需配平,不用等号而用箭头,只写主要产物不写次产物和副产物。但在进行理论产率计算时需要配平。

1.2.4 有机化合物的分类

有机化合物数目庞大、种类繁多,科学的分类有助于归纳各类有机化合物的内在联系,掌握有机化学知识的系统性,便于对其进行更好地学习和探究。有机化合物的分类方法主要有两种:

一、按碳链分类

按碳链结合方式的不同,有机化合物可以分为四大族。

1.开链族化合物(脂肪族化合物)

这类化合物分子中碳原子间相互结合而成碳链,不成环状。例如:

$$CH_3CH_2CH_3 \quad CH_3CH_2CH=CH_2 \qquad CH_3CH_2CH_2Br \qquad CH_3CH_2CH_2OH$$

丁烷　　　　　1-丁烯　　　　　　　正丙基溴　　　　　　正丙醇

2.脂环族化合物

这类化合物可以看作是由脂肪族化合物闭合成环而得,性质和脂肪族化合物相似。例如:

环丙烷　　　　环丁烷　　　　环戊烷　　　　环己烷　　　1-甲基环戊二烯

3.芳香族化合物

这类化合物具有由碳原子连接而成的特殊环状结构,具有一些特殊的芳香性。例如:

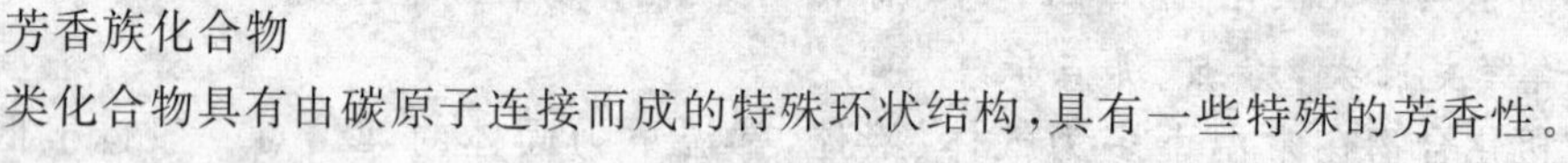

苯　　　　萘　　　　　蒽　　　　　　　甲苯　　　　　　苯乙烯

4.杂环族化合物

这类化合物也具有环状结构,但是这种环是由碳原子和其他原子如氧、硫、氮等共同组成。例如:

吡咯　　　　呋喃　　　　噻吩　　　　吡啶　　　　吲哚

二、按官能团分类

官能团是指有机化合物分子中能起化学反应的一些原子或基团,官能团决定了化合物的主要性质。一般来说,含相同官能团的有机化合物能起相似的化学反应,可把它们看作同一类化合物。重要官能团和有机化合物的类别见表 1-4。

表 1-4　　　　　　　　　重要官能团和有机化合物的类别

化合物类别	官能团		实例	化合物类别	官能团		实例
	结构	名称			结构	名称	
烷烃	无		$CH_3—CH_3$	羧酸	$\overset{O}{\underset{}{—C—OH}}$	羧基	CH_3COOH
烯烃	$>C=C<$	双键	$CH_2=CH_2$	酰卤	$\overset{O}{\underset{}{—C—X}}$	酰卤基	CH_3COCl
炔烃	$—C≡C—$	叁键	$CH≡CH$	酸酐	$\overset{O}{\underset{}{—C—}}O\overset{O}{\underset{}{—C—}}$	酸酐基	$(CH_3CO)_2O$
卤代烃	$—X$	卤素	CH_3CH_2Cl	酯	$\overset{O}{\underset{}{—C—OR}}$	酯基	CH_3COOCH_3
醇	$—OH$	醇羟基	CH_3CH_2OH	酰胺	$\overset{O}{\underset{}{—C—NH_2}}$	酰氨基	CH_3CONH_2
酚	$—OH$	酚羟基	⬡$—OH$	硝基化合物	$—NO_2$	硝基	⬡$—NO_2$
醚	$C—O—C$	醚键	CH_3OCH_3	腈	$—C≡N$	氰基	$CH_2=CH—C≡N$
硫醇	$—SH$	巯基	CH_3CH_2SH	胺	$—NH_2$	氨基	⬡$—NH_2$
硫醚	$C—S—C$	硫醚	⬡$—S—CH_3$	重氮化合物	$—N=N—$	重氮基	⬡$—N=NOH$
醛	$\overset{H}{\underset{}{}}{>}C=O$	醛基	$\overset{O}{\underset{CH_3CH}{}}$	偶氮化合物	$—N=N—$	偶氮基	⬡$—N=N—$⬡
酮	$\overset{O}{\underset{}{C—C—C}}$	羰基	$\overset{O}{\underset{CH_3CCH_3}{}}$	磺酸	$—SO_3H$	磺酸基	⬡$—SO_3H$

1.3　共价键断裂方式和有机反应类型

有机反应总是伴随着旧共价键的断裂和新共价键的形成过程。按反应时共价键的断裂方式,有机反应可分为均裂反应、异裂反应和协同反应等。本书主要介绍由均裂和异裂引起的两大类反应。

1.3.1　均裂和自由基反应

成键的一对电子平均分给两个原子或基团,生成两个带单电子的原子或基团的断裂方式叫做均裂。带有单电子的原子或基团称为自由基(游离基)。

$$A : B \longrightarrow A \cdot + B \cdot$$

在有机反应中,按均裂方式进行的反应叫做自由基反应。例如,甲烷在光照或高温下与氯气的反应就是典型的自由基反应。

$$Cl_2 \xrightarrow{h\nu} 2Cl \cdot$$
$$Cl \cdot + CH_4 \longrightarrow HCl + CH_3 \cdot$$
$$CH_3 \cdot + Cl_2 \longrightarrow CH_3Cl + Cl \cdot$$

1.3.2　异裂和离子型反应

成键的一对电子在断裂时分给某一原子和基团,生成正、负离子的断裂方式叫做异裂。

$$A : B \longrightarrow A^+ + B^-$$

在有机反应中,按异裂方式进行的反应叫做离子型反应。离子型反应分为亲电反应和亲核反应。在反应过程中接受电子的试剂称为亲电试剂,由亲电试剂进攻而引发的反应称为亲电反应。在反应过程中能提供电子而进攻反应物中带部分正电荷的碳原子的试剂称为亲核试剂,由亲核试剂进攻而引发的反应称为亲核反应。

例如:烯烃可使 Br_2/CCl_4 溶液褪色,该反应就是共价键发生异裂,是典型的离子型亲电加成反应,反应分两步进行,具体反应历程请参考"烯烃的亲电加成反应历程"。

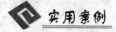 实用案例

谁对碳循环失衡负责?

地球原是一个无生命的死寂世界,是谁点燃了生命之火,使之充满了蓬勃生机?原来是"碳"元素。碳是一切生物体中最基本的成分,有机体干重的 45% 以上是碳。碳不但孕育了生命,而且在生命延续方面更有建树。谁都知道,动物吃植物,而植物的主要"粮食"则是碳。地球上的所有植物,每年大约"吃"掉 2300 亿吨 CO_2 中的碳,是碳投身到植物中,才使大地万紫千红。动物吃植物,碳在动物体内形成 CO_2 被呼到空中。动植物死亡之后,沧海桑田,躯体在地下又以碳保存下来,形成了现在大量沉积在地壳中的煤炭和石油。经过数亿年的演变,地下沉积的碳元素(煤炭、石油和天然气)越来越多,而直接参与日常大气循环的碳元素变得越来越少。随着地球空气中的 CO_2 浓度逐渐减少,最后也就形成了近代适应我们人类生存的气候。

在人类的工业化之前,人们没有大规模地开采和使用煤炭、石油和天然气,人类活动对地球碳循环的影响是极其有限的。而现代社会对能源的巨大需求,导致大量的煤炭、石油等矿物化石能源被开采并燃烧使用。燃烧不断产生出 CO_2 和其他温室气体,使得原来沉积在地下的碳元素大量地被释放到空气中去。按照目前世界能源的开采、消耗速度,几

乎没有一种矿物化石能源储量还能够让人类再使用 200 年。即在最近这几百年的时间内,我们几乎要开采出数亿年来积累在地下的全部矿物化石能源,释放出埋藏于地下的绝大部分的碳元素。这必然会导致地球大气中的 CO_2 等温室气体含量急剧升高,带来强烈的温室效应。

IPCC(联合国政府间气候变化专门委员会)2008 年 2 月在法国巴黎正式发布报告称,目前地球产生温室效应的气体比过去 1 万年中任何一段时期都高,大气中 CO_2 的含量比过去 65 万年中任何时候都高,甚至比工业革命前高 35%。因为温室效应,地球正在以前所未有的速度变暖。对于过去 50 年来的全球暖化现象,人类活动要负 90% 的责任。

人类对全球碳循环的干扰越来越强大,大自然的稳定机制已经无法平衡这种干扰,碳循环已经开始失衡,导致温度增高、冰山融化、海水上涨、气候环境变化异常等一系列可怕的后果。2004 年的印尼海啸,2007 年中国东北的无雪之冬和 2008 年的南方雪灾等,已经带给我们深刻的教训和警示。

【习 题】

1.根据碳是四价,氢是一价,氧是二价,把下列分子式写成任何一种可能的构造式(用简写式表示)。

(1)C_3H_8　(2)C_3H_8O　(3)C_4H_{10}　(4)C_3H_6

2.指出下列各化合物所含官能团的名称。

(1) $CH_3CH=CHCH_3$　　(2)CH_3CH_2Cl　　(3) CH_3CHCH_3
$\qquad\qquad\qquad\qquad\qquad\qquad\qquad\qquad\qquad$ |
$\qquad\qquad\qquad\qquad\qquad\qquad\qquad\qquad\quad$ OH

(4) $CH_3CH_2\overset{O}{\overset{\|}{C}}H$　　(5) $CH_3\overset{}{\underset{\underset{O}{\|}}{C}}CH_3$　　(6)CH_3CH_2COOH

(7) 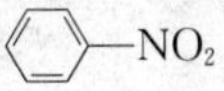 ⟨⟩—NO_2　　(8)$CH_3CH_2OCH_2CH_3$　　(9) 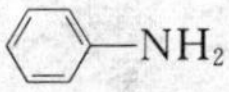 ⟨⟩—NH_2

(10)  ⟨⟩　　(11) $CH_3C≡CCH_3$　　(12) 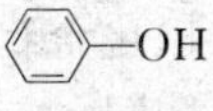 ⟨⟩—OH

3.试举例说明有机化合物在日常生活中的应用。

第2章

烷 烃

【学习目标】

☞ 掌握烷烃的通式、碳链异构及命名方法;

☞ 理解甲烷分子的正四面体构型和碳原子的 sp^3 杂化;

☞ 掌握烷烃的物理性质及其变化规律;

☞ 掌握烷烃的化学性质(稳定性、裂解、氧化及取代反应)及其应用;

☞ 了解自由基取代反应历程;

☞ 了解石油的组成、烷烃的来源和用途。

只由 C、H 两种元素组成的有机化合物称为碳氢化合物,简称为烃。

根据分子中碳原子间连接方式不同,烃可以分为:

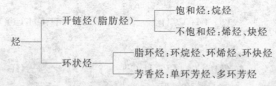

烃是最简单的有机化合物,如果将烃分子中的氢换成不同的官能团,就得到烃的衍生物,所以烃可以看作是其他有机化合物的母体。

分子中的碳原子除以碳碳单键相连外,碳的其他价键都与氢原子结合而达到饱和的烃叫做烷烃,也叫做饱和烃。

2.1 烷烃的通式、同系列及同分异构现象

2.1.1 烷烃的通式和同系列

一、通式

最简单的烷烃是甲烷,其后依次为乙烷、丙烷、丁烷、戊烷等,构造式分别为:

$$CH_4 \xrightarrow{CH_2} CH_3CH_3 \xrightarrow{CH_2} CH_3CH_2CH_3 \xrightarrow{CH_2} CH_3CH_2CH_2CH_3 \longrightarrow \cdots$$

甲烷　　　　乙烷　　　　　丙烷　　　　　　丁烷

从上述烷烃的构造式可以看出,每增加一个碳原子就增加两个氢原子。由此可知,在任何一个烷烃分子中,如果碳原子数为 n,则氢原子数就为 $2n+2$ 个,故烷烃的通式为 C_nH_{2n+2}。

二、同系列

从以上结构式还可以看出,相邻的两个烷烃组成上相差一个 CH_2(亚甲基),不相邻的则相差两个或若干个 CH_2,称 CH_2 为系差。

凡是具有同一通式的化合物,其结构和化学性质相似,物理性质随碳原子数的增加而呈规律性变化。组成上相差一个或多个 CH_2 的一系列化合物称为同系列。同系列中的化合物互称为同系物。

同系列是有机化学中存在的普遍现象。由于同系物的结构和性质相似,物理性质随着碳原子数目的增加而呈规律性变化,所以掌握了同系物中几个典型的或有代表性化合物的性质,就可推知同系列中其他化合物的基本性质,为研究庞大的有机物提供了方便。

2.1.2 烷烃的构造异构现象

一、概念

甲烷、乙烷、丙烷只有一种结合方式,无异构现象,从丁烷开始有构造异构现象,可由下面方式导出:

$$CH_3-CH_2-CH_3 \begin{cases} \text{两端任一氢被甲基取代} \longrightarrow CH_3-CH_2-CH_2-CH_3 & \text{正丁烷 沸点:} -0.5\ ℃ \\ & \text{熔点:} -138.3\ ℃ \\ \\ \text{中间任一氢被甲基取代} \longrightarrow CH_3-\overset{\overset{\displaystyle CH_3}{|}}{CH}-CH_3 & \text{异丁烷 沸点:} -11.7\ ℃ \\ & \text{熔点:} -159.4\ ℃ \end{cases}$$

很明显,正丁烷和异丁烷的分子式都是 C_4H_{10},其差异是由于碳原子的连接顺序不同而产生的,即它们的构造式不同,正丁烷没有支链(或侧链),异丁烷则带有一个支链。从两者的熔点、沸点值可知这是两种不同的化合物。

像这样分子式相同,构造式不同,因而性质各异的化合物互称构造异构体。这种现象称为构造异构现象。构造异构现象仅是同分异构现象中的一种,其他形式的异构现象将在以后章节中讨论。

这种由于碳链的构造不同而产生的构造异构现象又称为碳链异构。

同理,由丁烷的两种同分异构体可以衍生出三种戊烷:

$$CH_3-CH_2-CH_2-CH_2-CH_3 \qquad CH_3-\overset{\overset{\displaystyle CH_3}{|}}{CH}-CH_2-CH_3 \qquad CH_3-\overset{\overset{\displaystyle CH_3}{|}}{\underset{\underset{\displaystyle CH_3}{|}}{C}}-CH_3$$

正戊烷(沸点:36.1 ℃)　　异戊烷(沸点:29.9 ℃)　　新戊烷(沸点:9.4 ℃)

随着分子中碳原子数的增加,碳原子间有更多的连接方式,异构体的数目明显增加。表 2-1 列出了一些烷烃的构造异构体的数目。

表 2-1 　　　　　　　　　　　　　一些烷烃的构造异构体的数目

碳原子数	异构体数	碳原子数	异构体数	碳原子数	异构体数
1～3	1	8	18	13	802
4	2	9	35	15	4374
5	3	10	75	20	366319
6	5	11	159	25	3.679×10^9
7	9	12	355	30	4.111×10^{12}

二、异构体的推导步骤

既然烷烃的异构是碳链的异构,那么只要变化碳原子的连接顺序,就可以得到各个异构体。现以庚烷(C_7H_{16})为例,介绍这种推导方法的主要步骤。

(1)写出此烷烃的最长直链式;

$$CH_3CH_2CH_2CH_2CH_2CH_2CH_3$$

(2)再写少一个碳原子的直链,另一个碳作为取代基;

$$CH_3CHCH_2CH_2CH_2CH_3 \qquad CH_3CH_2CHCH_2CH_2CH_3$$
$$\qquad | \qquad\qquad\qquad\qquad\qquad\qquad | $$
$$\qquad CH_3 \qquad\qquad\qquad\qquad\qquad\qquad CH_3$$

(3)再写少两个碳原子的直链,另两个碳作为取代基;

$$CH_3CHCHCH_2CH_3 \qquad CH_3CHCH_2CHCH_3 \qquad CH_3CH_2CHCH_2CH_3$$
$$\qquad |\;\;| \qquad\qquad\qquad\quad | \qquad | \qquad\qquad\qquad\qquad\quad |$$
$$\qquad CH_3CH_3 \qquad\qquad\quad CH_3\;\; CH_3 \qquad\qquad\qquad\quad C_2H_5$$

$$\qquad\;\; CH_3 \qquad\qquad\qquad\qquad CH_3$$
$$\qquad\quad | \qquad\qquad\qquad\qquad\qquad |$$
$$CH_3CCH_2CH_2CH_3 \qquad CH_3CH_2CCH_2CH_3$$
$$\qquad\quad | \qquad\qquad\qquad\qquad\qquad |$$
$$\qquad\;\; CH_3 \qquad\qquad\qquad\qquad CH_3$$

(4)类推,再写少三个碳原子的直链。

$$\qquad\;\; CH_3$$
$$\qquad\quad |$$
$$CH_3C—CHCH_3$$
$$\qquad\quad |$$
$$\qquad\;\; CH_3CH_3$$

不重复的只能写出 9 个。

2.1.3 伯、仲、叔、季碳原子和伯、仲、叔氢原子

从以上推导中可以看出,由于碳原子的位置不同,每个碳原子所连接的碳原子和氢原子的数目不同。

在烷烃分子中仅与一个碳相连的碳原子称为伯碳原子(或一级碳原子,用 1°表示);与两个碳相连的碳原子称为仲碳原子(或二级碳原子,用 2°表示);与三个碳相连的碳原子称为叔碳原子(或三级碳原子,用 3°表示);与四个碳相连的碳原子称为季碳原子(或四级碳原子,用 4°表示)。例如:

$$\qquad\qquad\quad 1°CH_3 \qquad\;\; 1°CH_3$$
$$\qquad\qquad\qquad\;\; | \qquad\qquad\quad |$$
$$1°\qquad |3°\quad 2°\quad |4°\; 1°$$
$$CH_3—CH—CH_2—C—CH_3$$
$$\qquad\qquad\qquad\qquad\qquad\;\; |$$
$$\qquad\qquad\qquad\qquad\;\; 1°CH_3$$

与伯、仲、叔碳原子相连的氢原子,分别称为伯、仲、叔氢原子,用 1°氢、2°氢、3°氢表示。不同类型的氢原子化学活性不同,所以,在有机化学中将碳原子和氢原子进行分类是非常有用的。

练习 2-1　写出己烷的所有构造异构体,并将其中的碳原子和氢原子分类。

2.2　烷烃的命名

有机化合物数目庞大,结构复杂,并普遍存在同分异构现象,因而需要有一个比较科学系统的命名方法,以表示和区分不同的有机化合物。

烷烃的命名是有机化合物命名的基础,因而非常重要。烷烃常用的命名法有习惯命名法(或普通命名法)、衍生物命名法和系统命名法三种。

2.2.1　习惯命名法

一、基本原则

(1)直链烷烃:冠以"正某烷"。含有 10 个或 10 个以下碳原子的,用天干顺序"甲、乙、丙、丁、戊、己、庚、辛、壬、癸"表示碳原子的数目。例如:

$$CH_3CH_2CH_2CH_3 \qquad CH_3CH_2CH_2CH_2CH_3 \qquad CH_3CH_2CH_2CH_2CH_2CH_3$$
$$\text{正丁烷} \qquad\qquad\qquad \text{正戊烷} \qquad\qquad\qquad\qquad \text{正庚烷}$$

含有 10 个以上碳原子的直链烷烃,用中文数字表示碳原子的数目。例如:

$$CH_3(CH_2)_{18}CH_3$$
$$\text{正二十烷}$$

(2)支链烷烃:冠以"异"和"新"来区别。在链端第 2 位碳原子上连有一个甲基时,称为"异某烷";在链端第 2 位碳原子上连有两个甲基时,称为"新某烷"。

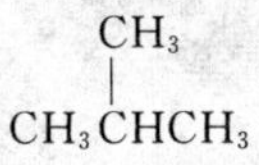

异丁烷 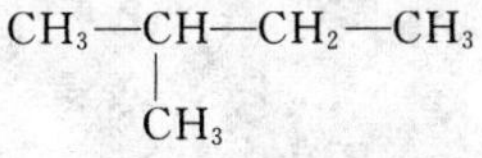　　　　　异戊烷 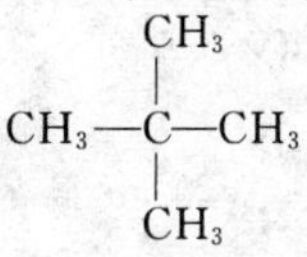　　　　　新戊烷 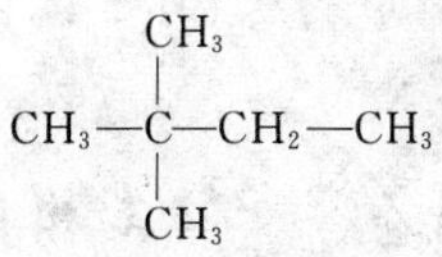　　　　　新己烷

石油工业中用于衡量汽油辛烷值的基准物——异辛烷,是一个俗名,沿用已久成为习惯。

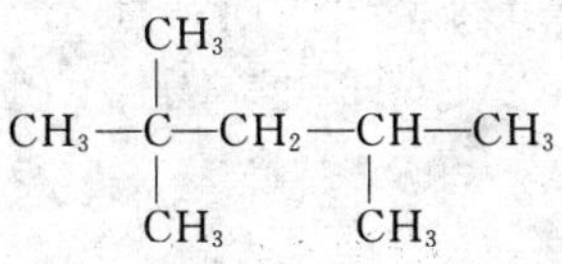

异辛烷

此方法适用于构造比较简单,含碳原子数目较少的烷烃。对于比较复杂的烷烃必须使用衍生物命名法和系统命名法,为了掌握这些命名法,必须掌握烷基及其命名。

二、烷基及其命名

烷烃分子从形式上消除一个氢原子而剩下的基团称为烷基。这里"基"有一价的含义。

烷基的通式 C_nH_{2n+1}—,常用 R—表示。烷基的名称是从相应的烷烃衍生而来的。直链烷烃去掉一个 1°氢后剩下的基团,称为"正某基";支链烷烃则根据母体和氢原子类型不同得到"异某基"和"叔某基"等。例如：

$$CH_3—H \xrightarrow[即—H]{去掉其中的一个氢} CH_3— \quad 甲基$$

$$CH_3CH_2—H \xrightarrow[即—H]{去掉其中的一个氢} CH_3CH_2— \quad 乙基$$

丙烷分子中有两种类型的氢原子,因此有两种丙基：

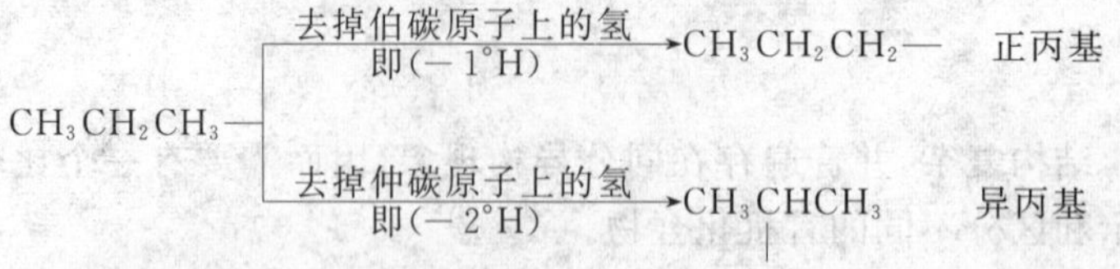

$$CH_3CH_2CH_3 \begin{cases} \xrightarrow[即(-1°H)]{去掉伯碳原子上的氢} CH_3CH_2CH_2— \quad 正丙基 \\ \xrightarrow[即(-2°H)]{去掉仲碳原子上的氢} CH_3CHCH_3 \quad 异丙基 \end{cases}$$

丁烷有两个异构体,根据母体和氢原子类型不同,可有四种丁基：

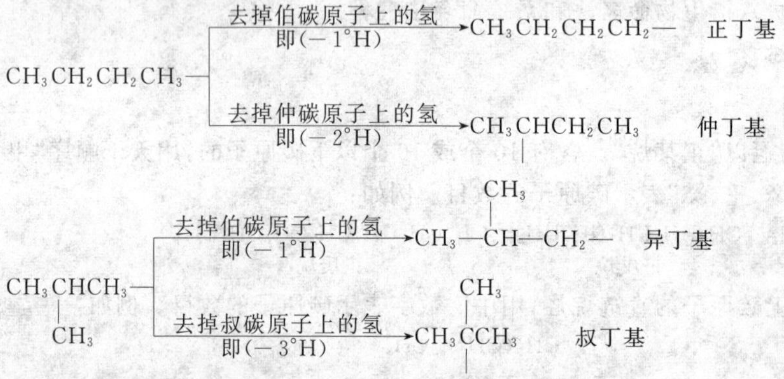

$$CH_3CH_2CH_2CH_3 \begin{cases} \xrightarrow[即(-1°H)]{去掉伯碳原子上的氢} CH_3CH_2CH_2CH_2— \quad 正丁基 \\ \xrightarrow[即(-2°H)]{去掉仲碳原子上的氢} CH_3CHCH_2CH_3 \quad 仲丁基 \end{cases}$$

$$CH_3CHCH_3 \begin{cases} \xrightarrow[即(-1°H)]{去掉伯碳原子上的氢} CH_3—CH—CH_2— \quad 异丁基 \\ \xrightarrow[即(-3°H)]{去掉叔碳原子上的氢} CH_3CCH_3 \quad 叔丁基 \end{cases}$$

依此方法还可以得到：

$$CH_3CHCH_2CH_2— \qquad CH_3CH_2—C—CH_3 \qquad CH_3—C—CH_2—$$

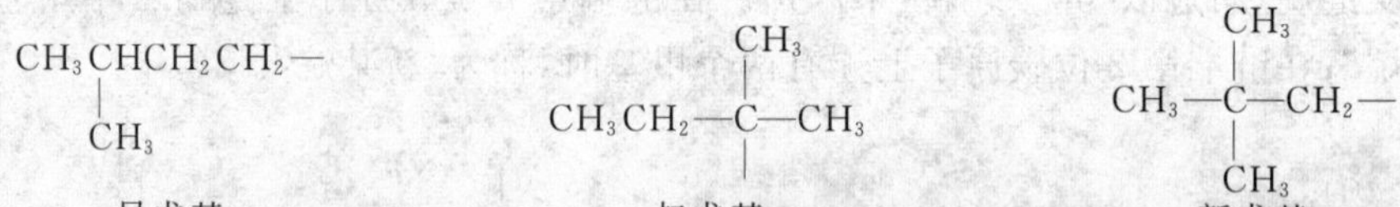

异戊基   叔戊基   新戊基

2.2.2 衍生物命名法

衍生物命名法是以甲烷为母体,将其他烷烃看作甲烷的烷基衍生物。命名时一般选择连接烷基最多的碳原子作为母体碳原子,烷基作为取代基,称"某甲烷";烷基按照"次序规则"(见烯烃顺反异构体的命名)列出的次序,"优先"基团后列出。如：$(CH_3)_3C—>$ $(CH_3)_2CH—>CH_3CH_2CH_2—>CH_3CH_2—>CH_3—$("$>$"表示"优先于")。例如：

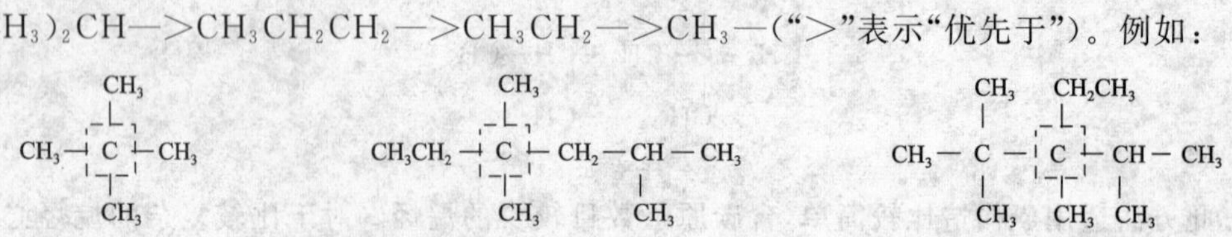

$$CH_3—C—CH_3 \qquad CH_3CH_2—C—CH_2—CH—CH_3 \qquad CH_3—C—C—CH_2—CH_3$$

四甲基甲烷   二甲基乙基异丁基甲烷   甲基乙基异丙基叔丁基甲烷

衍生物命名法虽能够简明地反映出化合物的结构,但对于结构复杂的烷烃往往因为所涉及的烷基无法命名而不能使用这种方法。

2.2.3 系统命名法

系统命名法是目前有机化合物最常用的命名方法。它是采用国际通用 IUPAC

(International Union of Pure and Applied Chemistry,国际纯粹和应用化学联合会)制定的有机化合物命名原则,再结合我国汉字的特点,由中国化学会于1980年最后一次修订通过。

根据系统命名法,直链烷烃的命名与普通命名法一致,只是不加"正"字。例如:

$$CH_3CH_2CH_2CH_3 \qquad CH_3CH_2CH_2CH_2CH_3 \qquad CH_3CH_2CH_2CH_2CH_2CH_3$$
丁烷　　　　　　　戊烷　　　　　　　　己烷

支链烷烃的命名原则如下:

1. 选择主链(母体)

(1)选择含碳原子数目最多的碳链作为主链,支链作为取代基。

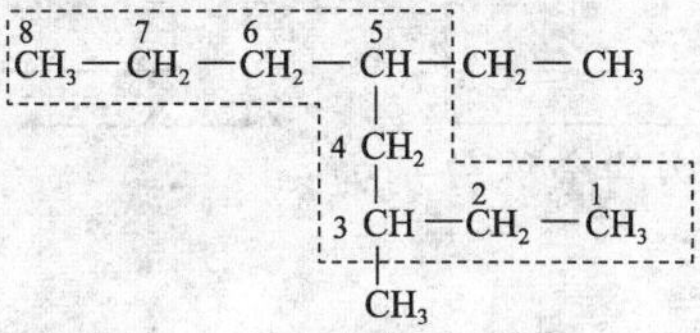

$$\overset{8}{CH_3}-\overset{7}{CH_2}-\overset{6}{CH_2}-\overset{5}{CH}-CH_2-CH_3$$
$$|$$
$$4\ CH_2$$
$$|$$
$$\overset{3}{CH}-\overset{2}{CH_2}-\overset{1}{CH_3}$$
$$|$$
$$CH_3$$

(2)分子中有两条以上等长碳链时,则选择支链较多的一条为主链。

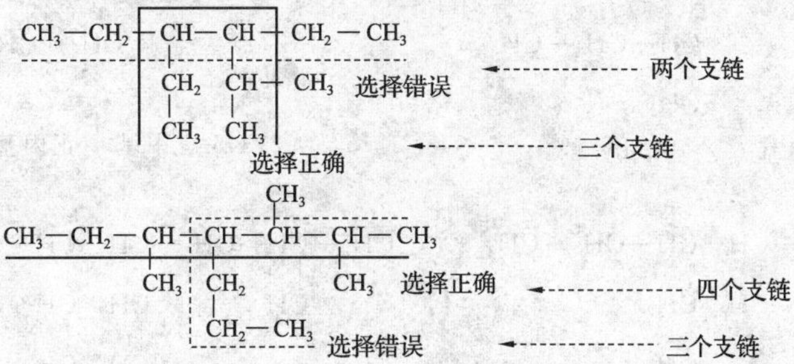

$$CH_3-CH_2-CH-CH-CH_2-CH_3$$
$$| \quad |$$
$$CH_2 \ CH_3 \quad 选择错误 \longleftarrow 两个支链$$
$$|$$
$$CH_3 \ CH_3$$
$$选择正确 \longleftarrow 三个支链$$

$$CH_3$$
$$|$$
$$CH_3-CH_2-CH-CH-CH-CH_3$$
$$| \quad | \quad |$$
$$CH_3 \ CH_2 \quad CH_3 \quad 选择正确 \longleftarrow 四个支链$$
$$|$$
$$CH_2-CH_3 \quad 选择错误 \longleftarrow 三个支链$$

2. 碳原子的编号

(1)从最接近取代基的一端开始,将主链碳原子用阿拉伯数字1、2、3……编号。

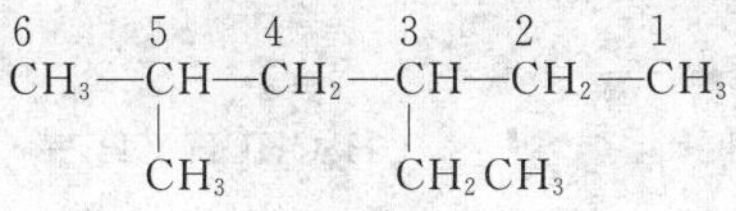

$$\overset{6}{CH_3}-\overset{5}{CH}-\overset{4}{CH_2}-\overset{3}{CH}-\overset{2}{CH_2}-\overset{1}{CH_3} \qquad \overset{1}{CH_3}-\overset{2}{CH}-\overset{3}{CH_2}-\overset{4}{CH}-\overset{5}{CH_2}-\overset{6}{CH_3}$$
$$| \qquad | \qquad\qquad\qquad | \qquad |$$
$$CH_3 \quad CH_2CH_3 \qquad\qquad\qquad CH_3 \quad CH_2CH_3$$
$$错误 \qquad\qquad\qquad\qquad\qquad 正确$$

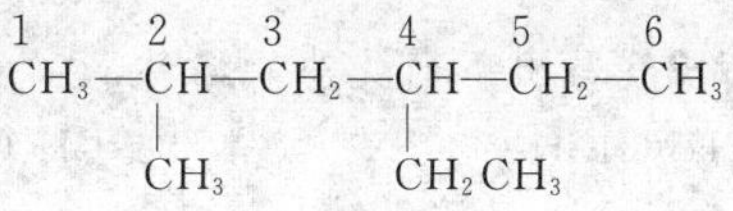

(2)当主链上有几个取代基,并有几种编号的可能时,应当选取取代基具有"最低系列"的那种编号。所谓"最低系列"指的是碳链以不同方向编号,得到两种或两种以上的不同编号的系列,则逐次比较各系列取代基的不同位次,最先遇到的位次最小者,定为"最低系列"。例如:

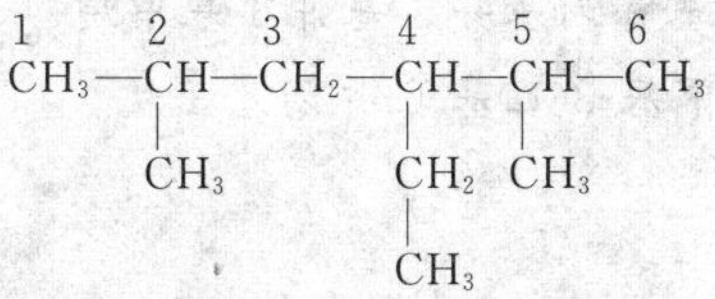

$$\overset{1}{CH_3}-\overset{2}{CH}-\overset{3}{CH_2}-\overset{4}{CH}-\overset{5}{CH}-\overset{6}{CH_3} \qquad \overset{6}{CH_3}-\overset{5}{CH}-\overset{4}{CH_2}-\overset{3}{CH}-\overset{2}{CH}-\overset{1}{CH_3}$$
$$| \qquad\qquad | \quad | \qquad\qquad\qquad | \qquad\qquad | \quad |$$
$$CH_3 \qquad CH_2 \ CH_3 \qquad\qquad\qquad CH_3 \qquad CH_2 \ CH_3$$
$$| \qquad\qquad\qquad\qquad\qquad\qquad\qquad |$$
$$CH_3 \qquad\qquad\qquad\qquad\qquad\qquad\qquad CH_3$$
$$错误 \qquad\qquad\qquad\qquad\qquad\qquad 正确$$

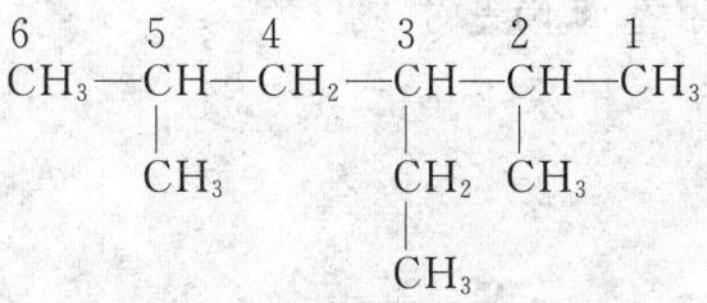

3. 名称的书写次序

(1)将取代基在主链上的位次作为取代基的前缀,主链名称为词尾;

(2)不同取代基遵从"次序规则"中"优先"基团后列出的原则;

(3)相同基团合并写出,位置则须逐个注明,取代基数目用二、三、四等表明其数目;

(4)表示位置的数字间要用逗号隔开,位次和取代基名称之间要用半字线"-"隔开。

例如:

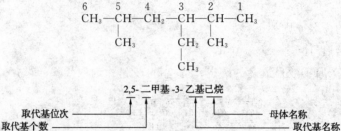

按照上述规定,下面化合物的全称分别为:

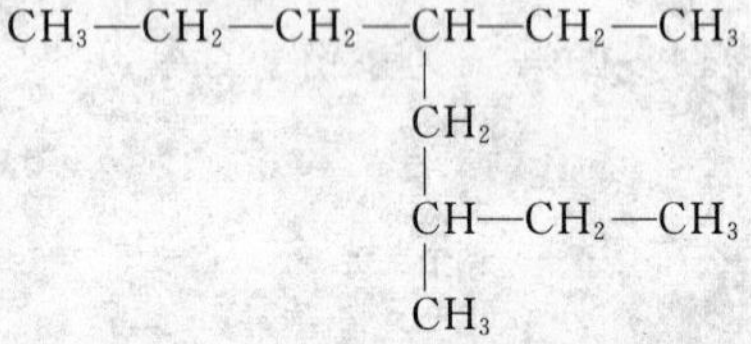

$CH_3-CH_2-CH_2-CH-CH_2-CH_3$
CH_2
$CH-CH_2-CH_3$
CH_3

3-甲基-5-乙基辛烷

CH_3
$CH_3-CH_2-CH_2-CH-CH-CH-CH_3$
CH_3 CH_2 CH_3
CH_2-CH_3

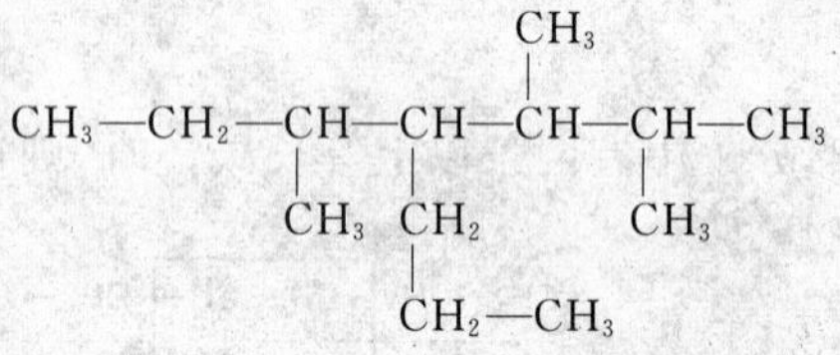

2,3,5-三甲基-4-正丙基庚烷

再如:

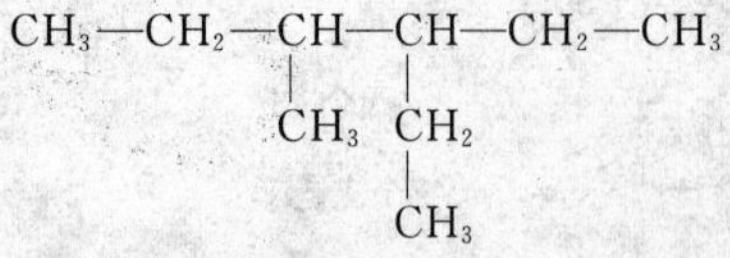

$CH_3-CH_2-CH-CH-CH_2-CH_3$
CH_3 CH_2
CH_3

3-甲基-4-乙基己烷
不能称为:4-甲基-3-乙基己烷

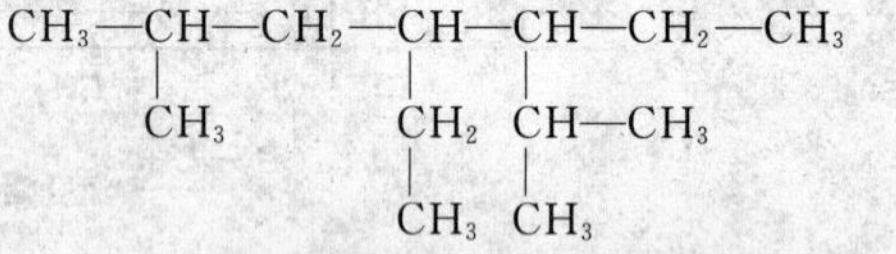

$CH_3-CH-CH_2-CH-CH_2-CH_2-CH_3$
CH_3 CH_2 CH_2
CH_3 CH_3

2,6-二甲基-3,4-二乙基庚烷
不能称为:2-甲基-4-乙基-5-异丙基庚烷

练习 2-2　写出下列烷基的名称。

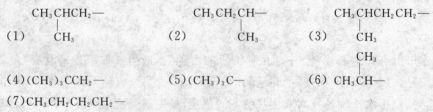

(1)　　　　　　　　(2)　　　　　　　　(3)

(4)$(CH_3)_3CCH_2-$　　　(5)$(CH_3)_3C-$　　　(6) CH_3CH-

(7)$CH_3CH_2CH_2CH_2-$

练习 2-3　写出下列烷烃的构造式。

(1)二甲基正丙基甲烷　　　　(2)乙基异丙基异丁基仲丁基甲烷

(3)2,5-二甲基-3,4-二氯己烷　　(4)3-甲基-3-乙基-6-异丙基壬烷

练习 2-4 用衍生物命名法和系统命名法命名下列烷烃。

(1) $CH_3CH(CH_2CH_3)CH(CH_2CH_3)CH_3$

(2) $CH_3C(CH_3)_2CH_3$

(3)
$$CH_3—CH—CH_2—CH—CH_2—CH_3$$
$$\qquad\ \ |\qquad\qquad |$$
$$\qquad\ \ CH_3\qquad\quad C(CH_3)_3$$

(4) $CH_3CH(CH_3)C(CH_2CH_3)(CH_3)CH_2CH(CH_3)CH_3$

2.3 烷烃的构型

2.3.1 碳原子的四面体概念及甲烷的分子模型

构型是指具有一定构造的分子中原子在空间的排列状况。

用现代物理方法测得甲烷分子为正四面体构型,碳原子位于正四面体的中心,四个氢原子在四面体的四个顶点上,四个 C—H 键长都为 0.110 nm,键角∠HCH 都是 109.5°。如图 2-1 所示。

为了更形象地表明分子的立体结构,常采用立体模型。常用的模型有两种:球棒模型(Kekülé 模型)和比例模型(Stuart 模型)。如图 2-2 所示。

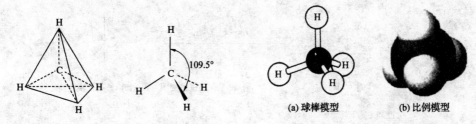

图 2-1 甲烷的正四面体构型　　　　　图 2-2 甲烷的立体模型

(a) 球棒模型　　(b) 比例模型

2.3.2 碳原子的 sp³ 杂化

碳原子的基态电子排布是 $1s^2 2s^2 2p_x^1 2p_y^1$,按未成对电子的数目,碳原子应是二价的,但在烷烃分子中的碳原子都是四价的,且四个价键是完全相同的。

为什么烷烃分子中碳原子为四价,且四个价键是完全相同的呢?

为了解决这一问题,提出了杂化轨道理论:碳原子在成键时,能量相同或相近的原子轨道可以重新组合成等价的新轨道,这一过程称为原子轨道的杂化,简称杂化。所组成的新轨道同时具有混合前的各轨道成分,但它又和原来的各轨道不同,因此称为杂化轨道。

烷烃中的碳原子在成键时,能量相近的 2s 轨道上的一个电子被激发到空的 2p 轨道上,这样激发态的碳原子应有四个未成对的电子,即形成 $2s^1 2p_x^1 2p_y^1 2p_z^1$ 的外层电子构型,这四个轨道进行杂化,形成四个能量相等、形状相同的新原子轨道。如图 2-3 所示。

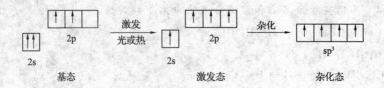

图 2-3 碳原子的外层电子构型及 sp³ 杂化轨道

杂化后形成四个能量相等的新轨道称为 sp³ 轨道,这种杂化方式称为 sp³ 杂化,每一个 sp³ 杂化轨道都含有 1/4 s 轨道成分和 3/4 p 轨道成分。

计算表明,轨道经杂化后,原子轨道的角度分布及形状均发生了变化(原来 s 轨道和 p 轨道形状见图 2-4),形成的 sp³ 杂化轨道形状是一头(一瓣)很大,像个部分凹进去的大球,而另一头(另一瓣)则很小。轨道的对称轴经过碳原子核,图 2-5(a)为 sp³ 杂化轨道的截面图。为了作图方便,将其简化为图 2-5(b)。

四个 sp³ 轨道在空间的排布是以碳原子为中心,四个轨道轴的空间取向相当于正四面体中心到四个顶点的连线(即轴线)方向,故 sp³ 杂化轨道具有方向性。碳原子的四条 sp³ 杂化轨道对称地分布在碳原子核的四周,每两个轨道对称轴之间的夹角(键角)均为 109.5°,如图 2-6(a)所示。这样可使价电子尽可能彼此离得最远,相互间的斥力最小,利于成键,生成的分子更加稳定。

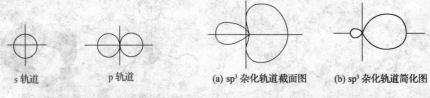

| s 轨道 | p 轨道 | (a) sp³ 杂化轨道截面图 | (b) sp³ 杂化轨道简化图 |

图 2-4 s 轨道和 p 轨道形状   图 2-5 sp³ 杂化轨道

以甲烷为例,形成甲烷分子时,四个氢原子的 s 轨道沿 sp³ 杂化轨道对称轴方向,分别与碳原子的四个 sp³ 杂化轨道大的一头"头顶头"地重叠,原子轨道可以达到最大程度的重叠,如图2-6(b)所示。每个碳原子 sp³ 杂化轨道上具有一个未成对的电子,与氢原子 s 轨道上的未成对电子沿轨道对称轴方向重叠成键,形成四个完全相等的 C—H 共价键,即形成甲烷分子,如图 2-6(c)所示。

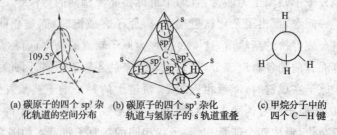

(a) 碳原子的四个 sp³ 杂化轨道的空间分布   (b) 碳原子的四个 sp³ 杂化轨道与氢原子的 s 轨道重叠   (c) 甲烷分子中的四个 C—H 键

图 2-6 甲烷分子的形成

综上所述,sp^3 杂化轨道的特点可概括为:

(1)具有更强的方向性,能更有效地与别的原子轨道重叠形成稳定的化学键。每个 sp^3 杂化轨道都含 1/4s 轨道成分和 3/4p 轨道成分。

(2)sp^3 杂化轨道的空间取向是指向正四面体的顶点。

(3)sp^3 杂化轨道夹角是 109.5°,使四个键之间尽可能远离,形成最稳定的分子。

2.3.3 σ 键的形成及其特性

从图 2-6 所示甲烷分子的形成中可以看出,碳原子 sp^3 杂化轨道与氢原子 s 轨道沿对称轴方向进行最大程度重叠形成的键,即氢原子 s 轨道与碳原子 sp^3 杂化轨道大头沿轴线方向"头顶头"地重叠形成的共价键,称为 σ 键,处于 σ 键的电子称为 σ 电子。氢原子 s 轨道与碳原子 sp^3 杂化轨道形成的 σ 键就称为 $C(sp^3)$—H(s)σ 键,如图 2-7 所示。图 2-8 表明了甲烷分子中有四个 $C(sp^3)$—H(s)σ 键。

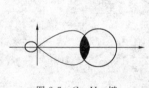

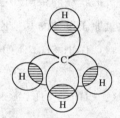

图 2-7 C—Hσ键   图 2-8 CH₄ 分子中的四个 C—Hσ键

有机化合物分子中的共价单键都是 σ 键。根据其电子云的分布,σ 键有以下特征:

(1)σ 键是以键轴为对称轴的键,电子云沿键轴呈圆柱形对称分布,具有轴对称性。

(2)如果成键两原子沿键轴相对旋转,不会破坏电子云的分布,键不会断裂,所以 σ 键可以自由旋转,具有可旋转性。

(3)成键时轨道交盖程度较大,结合较牢固,不容易断裂。C—H 键的键能为 $414.2 \ kJ \cdot mol^{-1}$,C—C 键的键能为 $347.3 \ kJ \cdot mol^{-1}$。

(4)以 σ 键相连接的两个原子,其原子核对 σ 电子的束缚力较强,流动性小,电子不易受到外来试剂的影响。因此,σ 键不易发生化学反应,具有相对的稳定性。

2.3.4 其他烷烃的构型

其他烷烃构型与甲烷分子相似,其中每一个碳原子都是以 sp^3 杂化轨道与其他原子形成 σ 键。从乙烷开始,分子中至少有两个碳原子,因此,烷烃分子中除 $C(sp^3)$—H(s)σ 键外,还有由两个碳原子的两个 sp^3 杂化轨道沿轨道对称轴正面交盖形成的 $C(sp^3)$—$C(sp^3)$σ 键,如图 2-9 所示。在乙烷分子中,有一个 C—Cσ 键和六个 C—H σ 键,其键角都是 109.5°,这就是乙烷分子的构型,如图 2-10 所示。

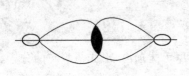

图 2-9   C—C σ 键

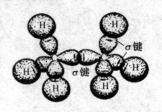

图 2-10   乙烷分子的构型

实验表明,乙烷分子中的 C—C 键长为 0.154 nm,C—H 键长为 0.110 nm。

由此可见,烷烃分子的结构特征是:各个原子之间都是以共价单键(σ 键)相结合。除了乙烷的碳链在一条直线上以外,随着碳原子数的增加,烷烃的碳链并不是排列在一条直线上,而是呈锯齿形,这是由烷烃碳原子的四面体构型决定的。但为了书写方便,通常在写构造式时都是写成直链形式。现在也常用键线式来表达分子的构造式,即只需写出锯齿骨架,用锯齿形状线的角(120°)及其端点代表碳原子,不需写出每个碳原子上所连接的氢原子,但除氢原子以外的其他原子必须写出。例如:

庚烷 $CH_3CH_2CH_2CH_2CH_2CH_2CH_3$

4-甲基庚烷 $CH_3CH_2CH_2\overset{\overset{\displaystyle CH_3}{|}}{CH}CH_2CH_2CH_3$

2.4   烷烃的物理性质

有机化合物的性质主要取决于其分子结构,烷烃分子中各个原子之间都是以共价单键(σ 键)相结合,并且结构对称,是非极性分子,偶极矩为零。表 2-2 列出了直链烷烃的物理常数,从中可以看出,同系列化合物的物理性质随着相对分子质量的增加而呈现一定的变化规律。

一、物态

在常温(25 ℃)和常压(101.3 kPa)下,直链烷烃 C_4 以下是气体,$C_5 \sim C_{17}$ 是液体,C_{18} 以上是固体。如石油液化气是丙烷和丁烷的混合气,打火机里的液体主要是丁烷。高级烷烃即使在较高的温度,只要在熔点以下,仍是固体。例如在油田开发中,含石蜡(高级烷烃)较多的原油从油井喷出时,往往由于温度降低,石蜡从原油中析出,而造成油井堵塞。

二、熔点

直链烷烃的熔点随着相对分子质量的增加而有规律地升高,但是含偶数碳原子的直链烷烃比含奇数碳原子的直链烷烃的熔点升高较多,如图 2-11 所示。

表 2-2　　　　　　　　　　　　　直链烷烃的物理常数

名称	熔点/℃	沸点/℃	相对密度	物态
甲烷	−182.5	−161.5	0.424	
乙烷	−183.3	−88.6	0.546	气态
丙烷	−187.7	−42.1	0.501	
丁烷	−138.3	−0.5	0.579	
戊烷	−129.8	36.1	0.626	
己烷	−94.0	68.7	0.659	
庚烷	−90.6	98.4	0.684	
辛烷	−56.8	125.7	0.703	
壬烷	−53.5	150.8	0.718	
癸烷	−29.7	174.0	0.730	
十一烷	−25.6	195.8	0.740	液态
十二烷	−9.6	216.3	0.749	
十三烷	−6.0	235.4	0.756	
十四烷	5.5	253.7	0.763	
十五烷	10.0	270.6	0.769	
十六烷	18.2	287.0	0.773	
十七烷	22.0	301.8	0.778	
十八烷	28.2	316.1	0.777	
十九烷	32.1	329.0	0.776	固态
二十烷	36.8	343.0	0.786	

图 2-11 中两条熔点曲线,碳原子数为偶数的居上,奇数居下。一般偶数碳链具有较高的对称性,可见,分子的对称性越高,熔点越高。

纯净物质具有固定熔点这一物理性质,在实验室和生产实践中有广泛用途。如萘的熔点是 80 ℃,可以作为鉴定萘的一个最特征的物理常数。

三、沸点

直链烷烃的沸点随着相对分子质量的增加而有规律地升高,如图 2-12 所示。

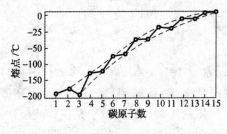

图 2-11　直链烷烃的熔点

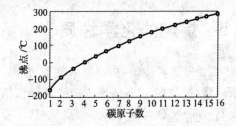

图 2-12　直链烷烃的沸点

在同碳数的烷烃异构体中,含有支链的烷烃沸点低于直链烷烃,且支链越多,沸点越低,如表 2-3 所示。

表 2-3 丁烷和戊烷各异构体的熔点和沸点

烷烃	分子式	构造式	沸点/℃	熔点/℃
正丁烷	C₄H₁₀	$CH_3CH_2CH_2CH_3$	−0.5	−138.3
异丁烷		$CH_3CH(CH_3)CH_3$	−11.7	−159.4
正戊烷	C₅H₁₂	$CH_3CH_2CH_2CH_2CH_3$	36.1	−129.8
异戊烷		$CH_3CH(CH_3)CH_2CH_3$	29.9	−159.9
新戊烷		$CH_3C(CH_3)_3$	9.4	−16.8

在实验室和生产实践中,沸点不仅可以应用于有机化合物的鉴定,还可以根据化合物沸点之间的差异将液体混合物进行分离和提纯。例如:石油炼制工业中,根据原油中所含各组分沸点的不同,利用常压蒸馏和减压蒸馏方法把原油切割成若干不同馏程(沸点范围)的馏分,如石脑油、汽油、煤油、轻柴油等油品。

四、相对密度

烷烃的相对密度也是随着相对分子质量的增加而逐渐增大的,其值最后接近0.8,由此可见,油比水轻。

五、溶解度

根据"相似相溶"这一普遍规律,烷烃几乎不溶于水,而易溶于有机溶剂如四氯化碳、苯、乙醚等。在实验室和生产实践中,根据化合物溶解度不同,可以将液体混合物进行分离和提纯。如烷烃中混杂有硫酸时,可根据烷烃不溶于水,而硫酸与水可以混溶的特点,采用简单的水洗方法将硫酸除去。

综上可知,无论在实验室还是在生产实践中,制备有机化合物时应用的是其化学性质,即化学反应;而最后得到纯净的化合物时所涉及的过程,如分离、提纯和鉴定等,则必须要熟悉其物理性质。

练习 2-5 经测定,某油品中含有(1)2,2-二甲基丁烷、(2)正己烷、(3)2-甲基戊烷、(4)正庚烷、(5)3-甲基庚烷等组分。现依据常压蒸馏的原理排列各个组分依次流出的次序。

2.5 烷烃的化学性质

烷烃没有官能团,在一般条件下(常温25℃,常压101.3 kPa),与大多数试剂如强酸(浓硫酸、浓盐酸、浓硝酸)、强碱(氢氧化钠)、强氧化剂(高锰酸钾、重铬酸钾)、强还原剂(金属-酸)及金属钠等都不起反应,或反应速度极慢。所以,烷烃(特别是正构烷烃)的化学性质稳定,不易发生化学反应。但在一定条件下(如高温、高压、光照、催化剂),烷烃也能起一些化学反应,而且这些反应在石油化工中占有重要地位。

2.5.1 氧化反应

有机化学中的氧化概念同无机化学中的氧化概念有所不同,在有机化学中,加氧去氢为氧化反应,加氢去氧为还原反应。

一、完全氧化

烷烃在室温下不与空气中的氧反应,但是,烷烃在空气中易燃,在足量空气中发生完全氧化,燃烧生成二氧化碳和水,并放出大量的热。例如:

$$C_nH_{2n+2} + \frac{3n+1}{2}O_2 \xrightarrow{\text{燃烧}} nCO_2 + (n+1)H_2O + 热量(Q)$$

1 mol 烷烃完全燃烧所放出的热量称为该烷烃的燃烧热。烷烃的燃烧热随着相对分子质量的增加而有规律地增加。例如:

$$CH_4 + 2O_2 \xrightarrow{\text{燃烧}} CO_2 + 2H_2O + 891 \text{ kJ} \cdot \text{mol}^{-1}$$

$$C_6H_{14} + 9\frac{1}{2}O_2 \xrightarrow{\text{燃烧}} 6CO_2 + 7H_2O + 4138 \text{ kJ} \cdot \text{mol}^{-1}$$

这正是天然气作为燃料,汽油、柴油作为汽油机和柴油机燃料的基本原理。此外,可利用燃烧反应来测定烷烃中的碳和氢的含量。

二、不完全氧化

如果空气不足,烷烃燃烧不完全会产生有毒的 CO 和黑烟(主要是未燃烧完全的 C),这是汽车尾气造成的空气污染原因之一。据统计,现在工业、交通排入大气中的一氧化碳的 70%、烃污染物的 55% 以上是内燃机排放的。

$$CH_4 + \frac{1}{2}O_2 \xrightarrow{\text{不完全氧化}} CO + 2H_2$$

$$CH_4 + O_2 \xrightarrow{\text{不完全氧化}} C + 2H_2O$$

该反应生成的炭黑可以作黑色的颜料,也可作为橡胶的填料,具有补强作用。

三、选择性氧化

控制一定的条件使烷烃进行选择性氧化,可用于工业上生产烃的含氧衍生物。例如石蜡(含 20~30 个碳原子的高级烷烃的混合物)在特定条件下氧化得到高级脂肪酸。

$$RCH_2—CH_2R' + O_2 \xrightarrow[120\ ℃]{MnO_2} RCOOH + R'COOH$$

在完成了由石蜡转变为高级脂肪酸的过程后,其中的 $C_{12} \sim C_{18}$ 脂肪酸可以替代动植物油制造肥皂。

2.5.2 异构化反应

由一种化合物转变为其异构体的反应称为异构化反应。例如,工业上用三氯化铝和氯化氢为催化剂,在 27 ℃时可使正丁烷转化为异丁烷。

$$CH_3CH_2CH_2CH_3 \xrightarrow[27\ ℃]{AlCl_3, HCl} CH_3—\overset{\overset{\displaystyle CH_3}{|}}{CH}—CH_3$$

碳原子数较多的直链烷烃,异构化的产物是许多异构体的混合物。例如:

$$CH_3CH_2CH_2CH_2CH_3 \xrightarrow[100\ ℃]{AlCl_3,HCl} CH_3-\overset{\overset{\displaystyle CH_3}{|}}{CH}-CH_2CH_2CH_3 \ +$$

$$CH_3CH_2-\overset{\overset{\displaystyle CH_3}{|}}{CH}-CH_2CH_3 \ + \ CH_3-\overset{\overset{\displaystyle CH_3}{|}}{CH}-\overset{\overset{\displaystyle CH_3}{|}}{CH}-CH_3 \ + \ CH_3-\overset{\overset{\displaystyle CH_3}{|}}{\underset{\underset{\displaystyle CH_3}{|}}{C}}-CH_2CH_3$$

反应条件不同时,异构体的比例也不相同。

异构化反应在石油化学工业中占有重要的地位。炼油工业中为了提高汽油的辛烷值,必须对汽油馏分进行加工,使直链烷烃变成支链较多的烷烃,以提高汽油的质量。

2.5.3 裂化、裂解和脱氢

烷烃在隔绝空气的条件下加强热,分子中的 C—C 键和 C—H 键发生断裂,生成较小的分子,这种反应称为裂化反应。例如:

$$CH_3 \overset{(2)}{+} CH \underset{\underset{\displaystyle H}{|}}{\overset{\overset{\displaystyle |}{|}}{-}} CH_2 -(1) \overset{(1)}{\underset{(2)}{\longrightarrow}} \begin{array}{l} CH_3-CH=CH_2 + H_2 \\ \quad\quad \text{丙烯} \\ CH_4 + CH_2=CH_2 \\ \quad\quad \text{乙烯} \end{array}$$

裂化反应的产物很复杂。实验表明,烷烃高温裂化的结果有两个:(1)C—H 键发生断裂,使烷烃脱氢生成烯烃;(2)C—C 键发生断裂,烷烃分子中的任意 C—C 键断裂生成较小的烷烃和烯烃。因为 C—C 键的键能低于 C—H 键的键能,所以断链比脱氢更容易。

裂化反应在石油化学工业中具有非常重要的意义,根据生产目的不同可采用不同的裂化工艺。

1. 热裂化是指在 500~700 ℃高温及一定压力下,不用催化剂的裂化。

2. 催化裂化是最重要的重质油轻质化的过程之一,在汽油和柴油等轻质油生产中占很重要的位置。如以硅酸铝、分子筛等为催化剂,在 450~500 ℃下裂化石油高沸点馏分(如重柴油)进行脱氢、异构化、环化和芳构化等反应,就可以得到催化裂化汽油。经过催化裂化使直链烷烃变成支链较多的烷烃,得到的汽油比原油直接蒸馏得到的汽油辛烷值高。所以,催化裂化的目的就是为了提高汽油的产量和质量(生产高辛烷值的汽油)。例如:

$$CH_3(CH_2)_5CH_3 \xrightarrow[\substack{\text{脱氢} \\ \text{环化} \\ \text{异构化}}]{} \begin{array}{l} CH_3CH_2CH_2CH_2CH_2CH=CH_2 + H_2\uparrow \\ \\ \bigcirc-CH_3 \xrightarrow[\text{芳构化}]{\text{脱氢}} \bigcirc-CH_3 \\ \\ CH_3CHCH_2CH_2CH_3 \\ \quad\ |\\ \quad CH_3 \end{array}$$
正庚烷

3. 裂解(深度裂化)是把石油在更高的温度(800~1100 ℃)下进行深度裂化。裂解的目的主要是得到基本化工原料,如乙烯、丙烯、丁二烯、乙炔等。

总之,裂解和裂化就反应过程而言,都是分子中的 C—C 键和 C—H 键发生断裂反应,但裂化是以得到汽油、柴油等油品为主要目的,而裂解是以得到乙烯、丙烯等低级烯烃为主要目的。乙烯的产量可衡量一个国家的石油化学工业的水平。

2.5.4 取代反应

烷烃的氢原子被其他原子或基团取代的反应称为取代反应。

一、卤代反应

烷烃中的氢原子被卤素取代生成卤代烃的反应称为卤代反应。

$$R-H+X_2 \xrightarrow[\text{或热}]{\text{光}} R-X+HX$$

不同卤素与烷烃反应的活性顺序为：$F_2 > Cl_2 > Br_2 > I_2$

卤代反应包括氟代、氯代、溴代和碘代，但氟代反应在低温暗处即可发生爆炸，难以控制；碘代反应难于进行，因为反应产生的碘化氢为强还原剂，可把生成的碘代烷再还原成烷烃。所以通常卤代反应是指氯代或溴代。

实验证明，甲烷和氯气在室温下于暗处可以长期保存，并不起反应，但如果在强光照射下则会发生反应，甚至发生爆炸。

$$CH_4+Cl_2 \begin{cases} \xrightarrow{\text{黑暗中}} \text{不发生反应} \\ \xrightarrow{\text{强烈日光}} HCl+C \quad \text{猛烈反应} \end{cases}$$

在紫外光漫射、高温或某些催化剂作用下，甲烷易与氯、溴发生反应。

$$CH_4+Cl_2 \xrightarrow{\text{漫射光}} CH_3-Cl+HCl$$

$$CH_4 \xrightarrow[\text{光或}\triangle]{Cl_2} CH_3Cl \xrightarrow[\text{光或}\triangle]{Cl_2} CH_2Cl_2 \xrightarrow[\text{光或}\triangle]{Cl_2} CHCl_3 \xrightarrow[\text{光或}\triangle]{Cl_2} CCl_4$$

沸点　　　　　$-24℃$　　　　$40℃$　　　　$61℃$　　　　$77℃$

甲烷的卤代反应较难停留在一元阶段，氯甲烷还会继续发生氯化反应，生成二氯甲烷、三氯甲烷和四氯化碳，通常是四种氯代烷的混合物，可利用沸点的不同，采用精馏的方法将其分开。若控制一定的反应温度、反应时间和原料比，可得到以其中一种氯代烷为主的产物。例如：甲烷∶氯气=10∶1（400～450 ℃）时 CH_3Cl 占98%；甲烷∶氯气=1∶4（400 ℃）时主要为 CCl_4；反应时间短，有利于得到 CH_3Cl。

工业上常利用烷烃的氯化反应来制备氯代烷。氯代烷可作为溶剂使用，也是制备洗涤剂、增塑剂、农药等的原料。例如，沸点在240～360 ℃的液体石蜡氯化后得到的氯化石蜡，可用作聚氯乙烯、橡胶的增塑剂以及塑料、合成纤维的阻燃剂。

二、其他烷烃的氯代反应——伯、仲、叔氢原子的相对反应活性

丙烷与氯气发生反应得到两种一元氯代产物。

$$CH_3-CH_2-CH_3+Cl_2 \xrightarrow[25℃]{\text{光}} CH_3-CH_2-\underset{\underset{Cl}{|}}{CH_2} + CH_3-\underset{\underset{Cl}{|}}{CH}-CH_3$$

43%　　　　57%

丙烷分子中有六个等价伯氢原子，两个等价仲氢原子。若氢原子的活性一样，则两种一氯代烃异构体的产率理论上为 6∶2 = 3∶1，但实际上为 43∶57 = 1∶1.33，说明伯、仲氢原子被氯取代的反应活性是不同的。氢的相对活性=产物的数量÷被取代的等价氢的个数。由此可知：

$$\frac{\text{仲氢的相对活性}}{\text{伯氢的相对活性}} = \frac{57/2}{43/6} = \frac{4}{1}$$

即仲氢与伯氢的相对活性为 4：1，即仲氢原子比伯氢原子容易被取代。

再看异丁烷一氯代时的情况：

$$CH_3-\overset{\overset{\displaystyle CH_3}{|}}{CH}-CH_3 + Cl_2 \xrightarrow[25\ ℃]{光} CH_3-\overset{\overset{\displaystyle CH_3}{|}}{\underset{\underset{\displaystyle Cl}{|}}{C}}-CH_3 + CH_3-\overset{\overset{\displaystyle CH_3}{|}}{CH}-CH_2-Cl$$

叔丁基氯   异丁基氯
36%   64%

异丁烷分子中只有一个叔氢原子，等价的伯氢原子则有九个，伯氢原子和叔氢原子被氯取代的概率比为 9：1，但实际上为 64：36＝1.78：1。同样方法求得叔氢的相对活性。

$$\frac{\text{叔氢的相对活性}}{\text{伯氢的相对活性}} = \frac{36/1}{64/9} = \frac{5.1}{1}$$

即叔氢的反应活性为伯氢的 5 倍。由此可以得出，烷烃中三种氢原子相对活性顺序为：

$$3°H > 2°H > 1°H > CH_3-H$$

上述结论可由键离解能的稳定性加以解释。不同类型氢原子的离解能不同(见表 2-4)，3° 氢原子的离解能最小，故反应时这个键最容易断裂，所以 3° 氢原子在反应中活性最高。

表 2-4   不同类型 C—H 键离解能(25 ℃)

化合物	氢原子类型	离解能/(kJ·mol^{-1})
$CH_3CH_2CH_2-H$	伯氢	410
$(CH_3)_2CH-H$	仲氢	397.5
$(CH_3)_3C-H$	叔氢	380

2.6 烷烃卤代反应历程

反应历程是指化学反应所经历的途径或过程，又称为反应机理。

2.6.1 甲烷氯代反应历程

甲烷氯代反应的进行与光对氯气的影响有关。首先，在光照射下氯气分子吸收能量，使其共价键发生均裂，产生两个氯自由基(游离基)而引发反应。故该反应是典型的自由基反应，反应经过三步，链的引发是第一步。

$$Cl:Cl \xrightarrow{光} 2Cl\cdot$$

第二步是链的传递。氯自由基很活泼，可以夺取甲烷分子中的一个氢原子而生成氯化氢和一个新的自由基——甲基自由基。

$$CH_4 + Cl\cdot \longrightarrow CH_3\cdot + HCl$$

甲基自由基与氯自由基一样活泼，它与氯气分子作用，生成一氯甲烷，同时产生新的氯自由基。

$$CH_3\cdot + Cl_2 \longrightarrow CH_3Cl + Cl\cdot$$

新的氯自由基不但可以夺取甲烷分子中的氢,也可以夺取氯甲烷分子中的氢,生成氯甲基自由基。如此循环,反应一步步地传递下去,逐步生成二氯甲烷、三氯甲烷和四氯化碳。

$$CH_3Cl + Cl\cdot \longrightarrow \cdot CH_2Cl + HCl$$
$$\cdot CH_2Cl + Cl_2 \longrightarrow CH_2Cl_2 + Cl\cdot$$
$$Cl\cdot + CH_2Cl_2 \longrightarrow \cdot CHCl_2 + HCl$$
$$\cdot CHCl_2 + Cl_2 \longrightarrow CHCl_3 + Cl\cdot$$
$$Cl\cdot + CHCl_3 \longrightarrow \cdot CCl_3 + HCl$$
$$\cdot CCl_3 + Cl_2 \longrightarrow CCl_4 + Cl\cdot$$

第三步是链的终止。随着反应的进行,氯气和甲烷的含量不断降低,自由基的含量相对增加,自由基之间的碰撞机会也在增加,产生的自由基之间相互结合,从而失去活性,导致反应的终止。

$$Cl\cdot + Cl\cdot \longrightarrow Cl_2$$
$$CH_3\cdot + CH_3\cdot \longrightarrow CH_3CH_3$$
$$CH_3\cdot + Cl\cdot \longrightarrow CH_3Cl$$
$$\cdots\cdots$$

由于整个反应是由自由基引发的,故称为自由基取代反应机理。

从上述反应的全过程可以看出,一旦有自由基生成,反应就能连续地进行下去,这样周而复始,反复不断地进行反应,故又称为链反应。

自由基反应通常包括三个阶段:链的引发即吸收能量开始产生自由基的过程;链的传递即反应连续进行的阶段,其特点是产生取代物和新的自由基;链的终止即自由基相互结合,使反应终止。

2.6.2 甲烷氯代反应的能量变化

$$CH_3\text{—}H + Cl\text{—}Cl \longrightarrow H_3C\text{—}Cl + H\text{—}Cl$$

键能(kJ·mol^{-1})　　414.2　242.7　　339.0　431.0

断裂键需吸收的能量:$414.2 + 242.7 = 656.9 \text{ kJ·mol}^{-1}(\Delta H > 0)$

形成键放出的能量:$-(431.0 + 339.0) = -770.0 \text{ kJ·mol}^{-1}(\Delta H < 0)$

反应热 $\Delta H = 656.9 - 770.0 = -113.1 \text{ kJ·mol}^{-1}$

经验规律告诉我们,放热反应通常比吸热反应容易进行。甲烷在光或热的作用下,一旦解离为 Cl·自由基,引发了 CH_4 生成 CH_3·自由基等自由基氯化链反应,反应速率就较大。

2.6.3 烷烃卤代反应的相对活性与烷基自由基的稳定性

经反应历程研究发现,甲烷氯化反应中生成 CH_3·自由基一步决定了整个反应的速率,即反应活性中间体自由基的稳定性决定了反应速率。通常愈容易生成的自由基愈稳定,反应速率也就愈快。而自由基的稳定性可以由共价键均裂时所吸收的能量来判断,键的离解能越小,说明键断裂时体系吸收的能量越少,生成的自由基越稳定。不同类型C—H键离解能见表2-4所示。

因此,自由基的稳定性次序为:$3°R\cdot > 2°R\cdot > 1°R\cdot > CH_3\cdot$

故烷烃卤代的相对活性顺序为:$3°H > 2°H > 1°H > CH_3\text{—}H$

2.7 石油的组成和原油的常压蒸馏、减压蒸馏

一、石油的组成

石油是由碳、氢等元素构成的具有可燃性的复杂混合物,其来源包括油田和气田。从地下开采出来未经加工的液体石油称为原油,原油和石油一般互用。原油是一种流动或半流动液体;一般为黑褐色,少数为暗绿色、赤褐或黄色,并有特殊的气味;比水轻,相对密度在 0.75~1.0;黏度范围很宽,凝固点差别很大,沸点范围为常温到 500 ℃以上;可溶于多种有机溶剂,不溶于水,但可与水形成乳状液。

构成石油的主要元素是碳($83\% \sim 87\%$)、氢($11\% \sim 14\%$),其余为硫($0.06\% \sim 0.8\%$)、氮($0.02\% \sim 1.7\%$)、氧($0.08\% \sim 1.82\%$)及微量氯、碘、砷、磷、钾、钠、铁、钒、镍等元素。

构成石油的化合物可分为两大类:一类是烃类,主要有烷烃、环烷烃和芳香烃,这是石油加工利用的主要对象,大多数石油中不含烯烃;另一类是非烃类,主要是烃的含硫化合物、含氧化合物、含氮化合物及胶质、沥青质金属有机化合物等,从元素的角度看含量虽然很低,但构成的化合物占原油比重较大,并且非烃类化合物对生产过程、产品质量及环境有较大的影响,属于生产过程中要除去的对象。

根据石油中所含的烃类成分差异,可将石油分为三大类。以烷烃为主的石油称为石蜡基石油(烷基石油);以环烷烃、芳香烃为主的石油称为环烃基石油(沥青基石油);介于二者之间的石油称为中间基石油(混合基石油)。

烷烃广泛存在于石油、油田气和天然气中。我国大多数石油的主要成分是烷烃;油田气(油田伴生气)和天然气的主要成分都是甲烷,另外还含有低级烷烃,如乙烷、丙烷、丁烷和戊烷等。

二、原油的常压蒸馏和减压蒸馏

从地下开采出来未经加工的原油一般不能直接使用,原油经过炼制后得到的石油产品方可用于不同目的。由于原油的组成不同,对加工产品的需要也不同,所以在石油炼制过程中,根据原油中所含各组分沸点的不同,分别用常压、减压蒸馏的方法把原油切割成若干不同馏程的馏分,得到汽油、煤油、柴油等各种油品和后续加工过程的原料,满足油品及化工原料的馏分要求。此过程没有化学变化,是个物理加工过程,为原油的一次加工。原油常减压蒸馏装置在炼化企业中占有重要的地位,被称为炼化企业的"龙头"。原油的一次加工的能力即原油的常减压蒸馏装置的处理能力,常被视为一个国家炼油工业发展水平的标志。

原油的常减压蒸馏通常包括三个工序:(1)原油的预处理,即脱去原油中的水和盐;(2)常压蒸馏也称直馏(直接蒸馏),可得到汽油、煤油、柴油等直馏馏分,塔底残余为常压渣油(即重油);(3)减压蒸馏是将常压渣油在减压下,蒸馏出重质馏分油作为重柴油、减压

蜡油、润滑油、裂解或裂化的原料。这种加工总称为"常减压蒸馏"。

原油蒸馏产物根据其组成特点选择相应的加工方法,可生产燃料油、润滑油、化工原料及溶剂、蜡、沥青及石油焦等六大类石油产品。主要石油产品组成、馏分范围及用途见表 2-5。

表 2-5　　　　　　　　　　主要石油产品组成、馏分范围及用途

产　品		组　分	馏分范围/℃	用　途
石油气(炼厂气)		$C_1 \sim C_4$	40 以下	燃料、化工原料
粗汽油	石油醚(轻汽油)	$C_5 \sim C_6$	30～60	溶剂
	汽油	$C_7 \sim C_9$	60～205	内燃机燃料、溶剂
	溶剂油	$C_9 \sim C_{11}$	150～200	溶剂(溶解橡胶、油漆等)
煤油	航空煤油	$C_{10} \sim C_{15}$	145～245	喷气式飞机燃料油
	煤油	$C_{11} \sim C_{16}$	160～300	点灯、燃料、工业洗涤油
柴油		$C_{15} \sim C_{19}$	250～400	柴油发动机燃料
润滑油		$C_{16} \sim C_{20}$	300 以上	机械润滑
凡士林		$C_{20} \sim C_{24}$	350 以上	制药、防锈涂料
石蜡		$C_{20} \sim C_{30}$	350 以上	制皂、蜡烛、蜡纸、脂肪酸
燃料油			350 以上	船用燃料、锅炉燃料
沥青				防腐绝缘材料、铺路及建筑材料
石油焦				制电石、炭精棒,用于冶金工业

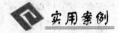 实用案例

天然气及其开发利用

天然气是蕴藏在地层内的可燃性气体,其主要成分是甲烷,也有少量的乙烷、丙烷、丁烷和戊烷等低级烷烃。有时也含有氮气、二氧化碳和硫化氢等气体。其组成随产地的不同,往往有很大的差别。天然气按照甲烷的含量不同,分为干气(干性天然气)和湿气(湿性天然气)。干气的主要成分为甲烷,通常含量达 80%～90%;湿气中的甲烷含量一般低于 80%,其余为乙烷、丙烷、丁烷等。常温时加压干气不能液化,湿气加压可部分液化成液化石油气(LNG)。

天然气一是可以直接应用于能源领域,凭借其在清洁性、经济性、方便性、高效性等方面的禀赋优势,主要用于城市居民用气、商业用气、发电、工业燃料等方面,同时汽车燃料和燃料电池等也在快速增长,成为有利于提高人类生活质量、促进经济发展的"绿色能源",与石油、煤炭并列被称为能源的"三大豪门";二是作为重要的化工原料,天然气化工技术含量较高,是 C_1 化学的重要组成部分之一。

由于天然气的产地往往不在工业或人口集中地区,因此必须解决运输和储存问题。液化天然气(LNG)是促进天然气开发利用的一种重要方式。它是将气田生产的天然气经净化处理后去除硫、二氧化碳、水分等杂质,后经一连串超低温在 -162℃ 时液化,体积缩小为气态的 1/625,再利用液化天然气船或车运送至目的地,作为民用、工业、汽车燃料

等使用,并被广泛地用于天然气使用时的调峰装置上。目前,液化天然气(LNG)在我国已经成为一门新兴工业,正在迅猛发展,广东、福建、海南等地的大型 LNG 项目都在积极地筹建当中。

　　压缩天然气(CNG)是促进天然气开发利用的另一种重要方式。它是指将不同压力等级的中低压天然气,经过天然气压缩机升压到 25 MPa,再由加气机向汽车钢瓶加注或通过卸气站给居民或公建用户供气,是管道运输方式的一种补充。由于使用压缩天然气替代燃油,大幅度降低了汽车运行成本,更催生了替代燃油汽车的 CNG 汽车大范围地快速发展。目前天然气汽车主要适用于城市出租车及部分家用车的替代,国内包括北京、西安、重庆等许多具备气源条件的城市已经推广使用。

【习　题】

　　1.写出下列化合物的构造式,并用系统命名法命名。

　　(1)仅含有伯氢原子的戊烷　　　　　　(2)仅含有一个叔氢原子的戊烷

　　(3)含有季碳原子的己烷　　　　　　　(4)由一个丁基和一个异丙基组成的烷烃

　　(5)含一个侧链和相对分子质量为 86 的烷烃

　　(6)相对分子质量为 100 同时含有伯、叔、季碳原子的烷烃

　　2.根据名称写出下列化合物的构造式,然后判断所给名称有无错误,若有错误,请予以更正。

　　(1)1,1-二甲基戊烷　　　　　　　　　(2)4-叔丁基庚烷

　　(3)2-异丁基-4-甲基己烷　　　　　　　(4)2,5-二甲基-4-乙基己烷

　　(5)2,3-二乙基丁烷　　　　　　　　　(6)2,4-二甲基-3-乙基己烷

　　3.不要查表,试估计下列化合物的沸点高低(以">"连接)。

　　(1)癸烷　　(2)2,2-二甲基庚烷　　(3)十二烷　　(4)2,3-二甲基辛烷

　　(5)4-甲基辛烷

　　4.根据以下溴代反应事实,推测相对分子质量为 72 的烷烃异构体的构造简式,并写出相应产物的构造式。

　　(1)一元溴代产物只有一种　　(2)一元溴代产物只有三种　　(3)一元溴代产物只有四种

　　5.下列甲烷的氯代反应哪个能够更顺利地进行?

　　(1)将甲烷加热至 500 ℃,再通入氯气;(2)将氯气加热至 500 ℃,再通入甲烷;

　　(3)将两者的混合物加热至 500 ℃。

　　6.炼油厂利用烷烃的什么性质来得到汽油、煤油和柴油等油品?

第3章

烯 烃

【学习目标】

☞ 掌握烯烃的通式、顺反异构、命名、次序规则的要点及 Z/E 命名法;

☞ 掌握 sp^2 杂化的特点及乙烯的分子结构特点,理解 σ 键和 π 键的成键及特点;

☞ 了解烯烃的物理性质及其变化规律;

☞ 掌握烯烃化学性质,理解亲电加成反应机理;

☞ 掌握马尔柯夫尼可夫(Markovnikov)规则和过氧化物效应;

☞ 熟练掌握不饱和烃的鉴别方法,能够利用烯烃的性质合成目标产物。

不饱和烃是指分子中含有碳碳重键(碳碳双键或碳碳叁键)的碳氢化合物。分子中含有碳碳双键的开链不饱和烃称为烯烃。根据分子中所含双键的数目又可分为单烯烃、二烯烃和多烯烃。只含有一个碳碳双键的烯烃称为单烯烃简称烯烃,通式是 C_nH_{2n},官能团是碳碳双键(C=C)。双键位于末端的烯烃通常称为末端烯烃或 α-烯烃。

3.1 烯烃的同分异构和命名

3.1.1 构造异构

与烷烃相似,含有四个和四个以上碳原子的烯烃都存在碳链异构,如:

$$CH_2=CHCH_2CH_3 \qquad\qquad CH_2=\overset{\displaystyle CH_3}{\underset{\displaystyle}{C}}CH_3$$

  1-丁烯   异丁烯

与烷烃不同的是,烯烃分子中存在双键,在碳骨架不变的情况下,双键在碳链中的位置不同,也可产生异构体,如下式中的 1-丁烯和 2-丁烯,这种异构现象称为官能团位置异构。

$$CH_2=CHCH_2CH_3 \qquad\qquad CH_3CH=CHCH_3$$

  1-丁烯   2-丁烯

碳链异构和官能团位置异构都是由于分子中原子之间的连接方式不同而产生的,所以都属于构造异构。

另外,含相同碳原子数目的烯烃和单环烷烃也互为同分异构体,例如丙烯和环丙烷、丁烯与环丁烷和甲基环丙烷等,它们也属于构造异构体。

3.1.2 顺反异构

由于双键不能自由旋转,当两个双键碳原子各连有两个不同原子或基团时,可能产生两种不同的空间排列方式。例如 2-丁烯:

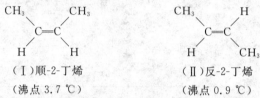

（Ⅰ）顺-2-丁烯　　　　　　　　（Ⅱ）反-2-丁烯

（沸点 3.7 ℃）　　　　　　　　（沸点 0.9 ℃）

两个相同基团(如Ⅰ和Ⅱ中的两个甲基或两个氢原子)在双键同一侧的称为顺式,在异侧的称为反式。这种由于分子中的原子或基团在空间排布方式不同而产生的同分异构现象,称为顺反异构,也称几何异构。分子中原子或基团在空间的排布方式称为构型。因此顺反异构也是构型异构,它是立体异构中的一种。

需要指出的是,顺反异构现象普遍存在于烯烃、环烃等有机化合物分子中,但并不是所有的烯烃、环烃都有顺反异构现象。产生顺反异构的条件是除了 σ 键的旋转受阻(如 π 键、碳环等)外,还要求两个双键碳原子上分别连接有不同的原子或基团。也就是说,当双键的任何一个碳原子上连接的两个原子或基团相同时,就不存在顺反异构现象了。例如,下列化合物就没有顺反异构体。

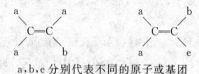

a,b,e 分别代表不同的原子或基团

3.1.3 烯烃的命名

1.习惯命名法和烯基

少数简单的烯烃常用习惯名称。例如:

$CH_2{=}CH_2$　　　　　$CH_3CH{=}CH_2$　　　　　$CH_2{=}C{-}CH_3$
　　　　　　　　　　　　　　　　　　　　　　　　　　　　$|$
　　　　　　　　　　　　　　　　　　　　　　　　　　　　CH_3

　　　乙烯　　　　　　　　丙烯　　　　　　　　　异丁烯

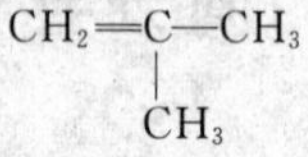

烯烃分子中去掉一个氢原子的剩余基团,称为烯基。常见的烯基有:

$CH_2{=}CH{-}$　　　$CH_3{-}CH{=}CH{-}$　　　$CH_2{=}CH{-}CH_2{-}$　　　$CH_2{=}C{-}CH_3$
　　　　　　　　　　　　　　　　　　　　　　　　　　　　　　　　　　　　$|$

　　乙烯基　　　　　丙烯基　　　　　　烯丙基　　　　　　异丙烯基
　　　　　　　　　1-丙烯基　　　　　2-丙烯基　　　　　1-甲基乙烯基

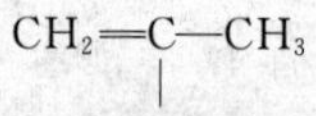

2.衍生物命名法

衍生物命名法是把所有的烯烃都看作是乙烯分子中的氢原子被其他取代基所取代的产物。因此,烯烃的衍生物命名法是以乙烯为母体,其余部分看作取代基。例如:

$CH_3CH_2{-}CH{=}CH_2$　　　$CH_3{-}CH{=}CH{-}CH_3$　　　CH_3
　　　　　　　　　　　　　　　　　　　　　　　　　　　　　　$\diagdown$
　　　　　　　　　　　　　　　　　　　　　　　　　　　　　　　$C{=}CH_2$
　　　　　　　　　　　　　　　　　　　　　　　　　　　　　　$\diagup$
　　　　　　　　　　　　　　　　　　　　　　　　　　　　　CH_3

　　　乙基乙烯　　　　　　对称二甲基乙烯　　　　　不对称二甲基乙烯

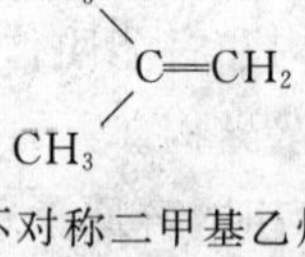

$$CH_3CH_2-CH=CH-CH_3$$

$$CH_3$$
$$|$$
$$CH_2=C-CH_2CH_3$$

$$CH_3CHCH=CH_2$$
$$|$$
$$CH_3$$

对称甲基乙基乙烯　　　　　不对称甲基乙基乙烯 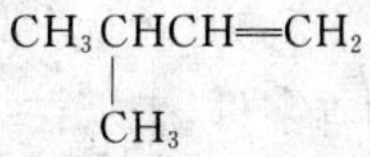　　　　异丙基乙烯

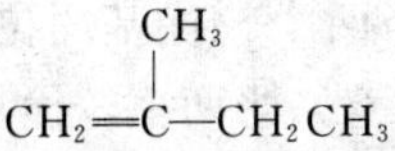

此法只适用于比较简单的烯烃。

3. 系统命名法

烯烃的系统命名法基本上与烷烃相似,但由于烯烃分子中有官能团(C=C)存在,故又与烷烃有所不同。其要点如下:

(1)选主链

首先选择含有双键的最长碳链为主链。碳原子数在 10 以内时,按主链中所含碳原子的数目命名为"某烯";在 10 以上时,称为"某碳烯"。

(2)编号

从靠近双键的一端开始,用阿拉伯数字给主链的碳原子编号。

(3)写出名称

以双键原子中编号较小的数字表示双键的位号,写在"烯"的名称前面。再将取代基的位次、数目和名称也写在烯烃名称的前面;若有不同的取代基时,遵从"优先基团后列出"原则。例如:

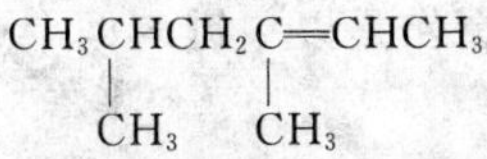

$$CH_3CHCH_2C=CHCH_3$$
$$|　　　　|$$
$$CH_3　　CH_3$$

$$CH_3$$
$$|$$
$$CH_3-C-CH=CH_2$$
$$|$$
$$CH_2CH_3$$

$$CH_3-CH-CCH_2CH_3$$
$$|　　||$$
$$CH_3　CH_2$$

3-甲基环己烯

3,5-二甲基-2-己烯 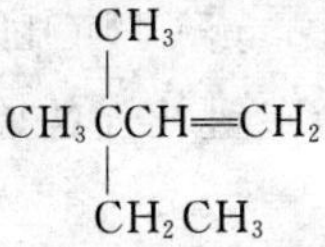　　　3,3-二甲基-1-戊烯 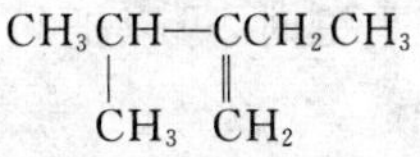　　3-甲基-2-乙基-1-丁烯

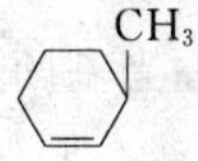

$$CH_3(CH_2)_9CH=CH_2$$　　1-十二碳烯

4. 顺反异构体的命名

(1)顺反命名法

当与双键相连的两个碳原子上连有相同的原子或基团时,例如 3.1.2 小节的(Ⅰ)和(Ⅱ),可采用顺反命名法。两个相同原子或基团处于双键同一侧的称为顺式,反之称为反式。书写时分别冠以"顺"、"反",并用半字线与化合物名称相连。例如:

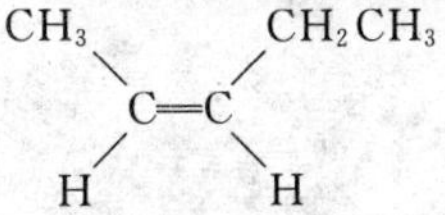

顺-2-戊烯 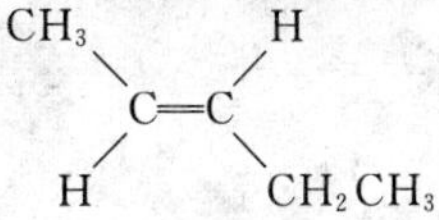　　　　　　　　　　反-2-戊烯

(2)Z,E 命名法

当两个双键碳原子所连接的四个原子或基团均不相同时(abC=Ccd),则不能用顺反命名法命名,而采用 Z,E 命名法。例如:

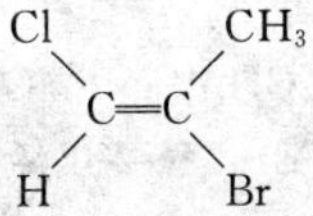

(Ⅲ)(E)-1-氯-2-溴丙烯 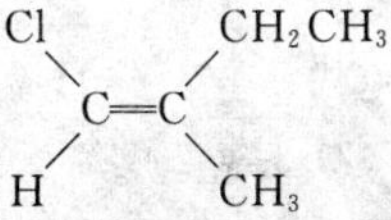　　　(Ⅳ)(Z)-2-甲基-1-氯-1-丁烯

用 Z,E 命名法时,首先根据"次序规则"将每个双键碳原子上所连接的两个原子或基团

排出大小,大者称为"较优"基团,当两个较优基团位于双键同一侧时,称为 Z 式(Z 是德文 zusammen 的首字母,表示在一起之意);当两个较优基团位于双键异侧时,称为 E 式(E 是德文 entgegen 的首字母,表示相反之意)。然后将 Z 或 E 加括号放在烯烃名称之前,同时用半字线与烯烃名称相连。

为了表达烯烃的立体化学关系,需要确定有关原子或基团的排列次序,这种方法称次序规则。

①"次序规则"的要点:

ⅰ. 将与双键碳原子直接相连的原子按原子序数大小排列,原子序数大者为"较优"基团;若为同位素,则质量数高者为"较优"基团;孤对电子排在最后。例如:

$$I > Br > Cl > S > P > F > O > N > C > D > H > :$$

(Ⅲ)式中,因为 Cl>H,Br>C,两个"较优"基团(Cl 和 Br)位于双键异侧,所以为 E 式。

ⅱ. 如果与双键碳原子直接相连的原子的原子序数相同,则用外推法看与该原子相连的其他原子的原子序数。比较时,按原子序数由大到小排列,先比较最大的,如相同,再比较居中的、最小的,如仍相同,再依次外推,直至比较出较优基团为止。例如:

$$-C(CH_3)_3 > -CH(CH_3)_2 > -CH_2CH_3 > -CH_3$$
$$-CH_2Br > -CH_2Cl > -CH_2OH > -CH_3$$

ⅲ. 当基团含有重键时,可以把与双键或叁键相连的原子看作是以单键与两个或三个原子相连。例如:

基团: $-CH=CH_2$ $-\overset{H}{\underset{}{C}}=O$ $-\overset{O}{\underset{}{C}}-OH$ $-C\equiv CH$ $-C\equiv N$

可分别看作:$-CH\overset{CH_2}{\underset{CH_2}{\big<}}$ $-\overset{H}{\underset{O}{C}}-O$ $-\overset{O}{\underset{O}{C}}-OH$ $-\overset{CH}{\underset{CH}{C}}-CH$ $-\overset{N}{\underset{N}{C}}-N$

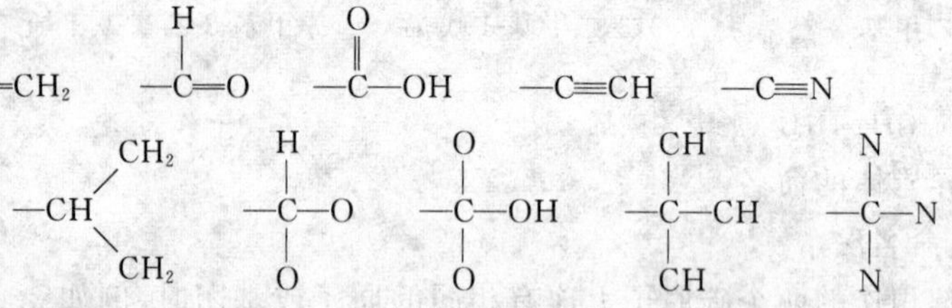

②Z,E 命名法步骤

ⅰ. Z/E 构型的确定

条件   a>b   c>d

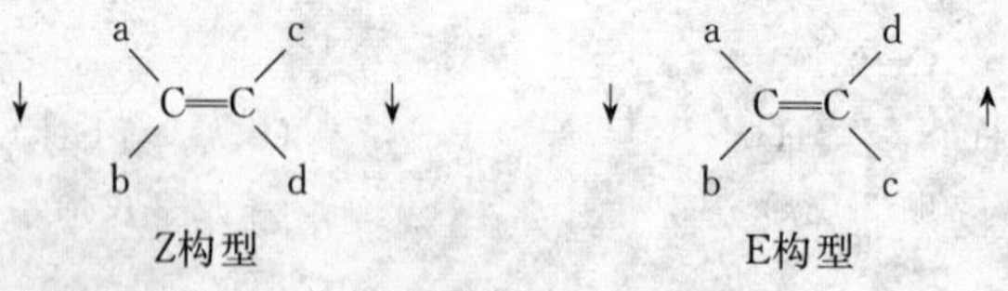

Z构型   E构型

ⅱ. Z/E 命名   构型确定以后,后面的化合物名称仍按系统命名法。例如:

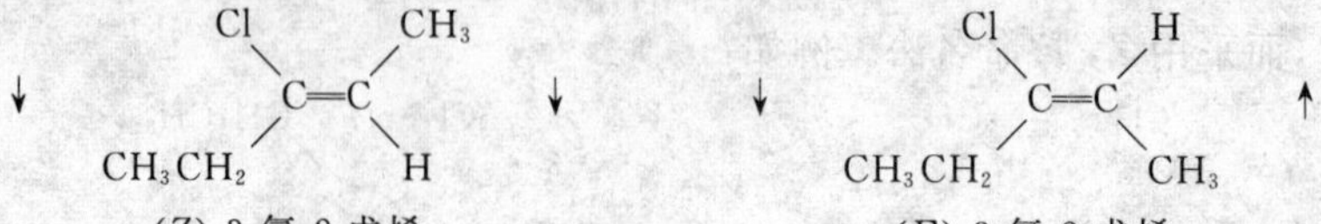

(Z)-3-氯-2-戊烯   (E)-3-氯-2-戊烯

必须指出,Z,E 命名法适用于所有烯烃的顺反异构体的命名,它和顺反命名法所依据的规则不同,彼此之间没有必然的联系。顺式构型可以是 Z,也可以是 E,反之亦然。如：

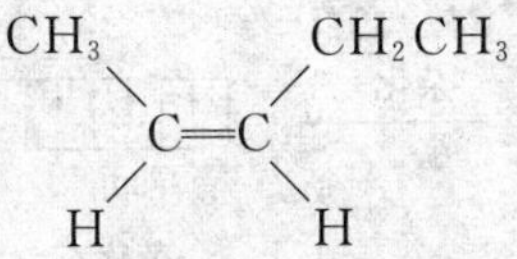

$$CH_3\text{—}CH_2CH_3$$
$$\underset{H}{\overset{|}{C}}=\underset{H}{\overset{|}{C}}$$

顺-2-戊烯
(Z)-2-戊烯

$$CH_3\qquad CH_3$$
$$\underset{H}{\overset{|}{C}}=\underset{CH_2CH_3}{\overset{|}{C}}$$

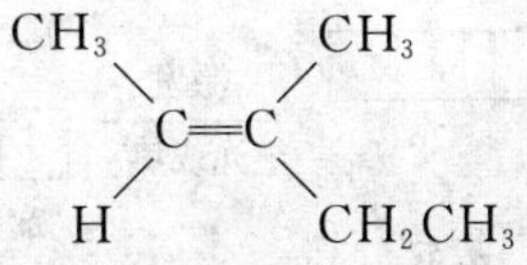

顺-3-甲基-2-戊烯
(E)-3-甲基-2-戊烯

练习 3-1 下列化合物哪些有顺反异构体？写出其全部异构体的构型式。

(1) $CH_3CH\text{=}CHCH_2CH_3$ (2) $CH_3CH_2CH\text{=}C(CH_3)_2$

(3) $CH_2\text{=}CH\text{—}CH\text{=}CHCH_3$ (4) $CH_3CH\text{=}CHBr$ (5) $CH_3(CH_2)_{15}CH\text{=}CH_2$

练习 3-2 命名下列化合物。

(1) 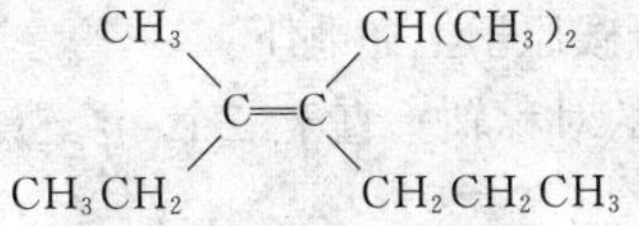
$$CH_3\qquad CH(CH_3)_2$$
$$\underset{CH_3CH_2}{\overset{|}{C}}=\underset{CH_2CH_2CH_3}{\overset{|}{C}}$$

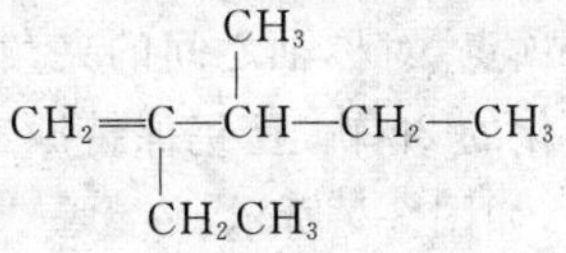

(2)
$$CH_2\text{=}C\text{—}CH_2\text{—}CH_3$$
$$\overset{|}{CH_3}\ \overset{|}{\underset{CH_2CH_3}{}}$$

(3)
$$Br\qquad H$$
$$\underset{CH_3}{\overset{|}{C}}=\underset{Cl}{\overset{|}{C}}$$

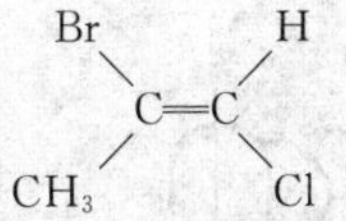

(4) 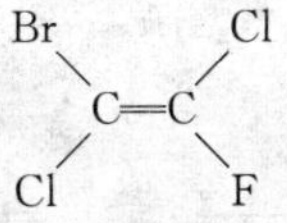
$$Br\qquad Cl$$
$$\underset{Cl}{\overset{|}{C}}=\underset{F}{\overset{|}{C}}$$

(5) 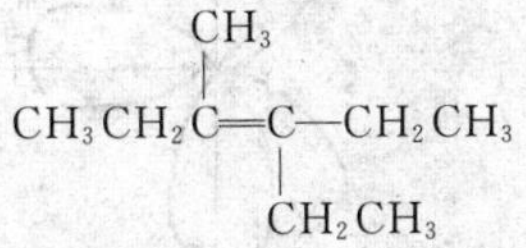
$$CH_3$$
$$CH_3CH_2\text{—}C\text{=}CH_2CH_3$$
$$CH_2CH_3$$

(6) 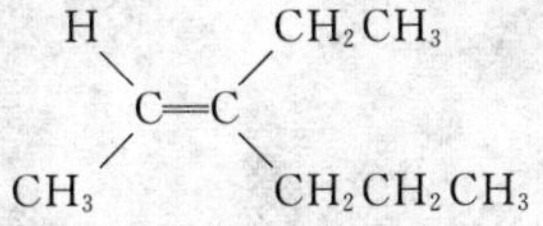
$$H\qquad CH_2CH_3$$
$$\underset{CH_3}{\overset{|}{C}}=\underset{CH_2CH_2CH_3}{\overset{|}{C}}$$

3.2 烯烃的结构

乙烯（$CH_2\text{=}CH_2$）是最重要，也是最简单的烯烃，故以乙烯为例说明烯烃的结构。

3.2.1 乙烯的构型

现代物理方法（电子衍射法）测得，乙烯分子中所有原子在同一平面上，是平面三角形结构，键角接近 $120°$。键角和键长参数如图 3-1 所示。

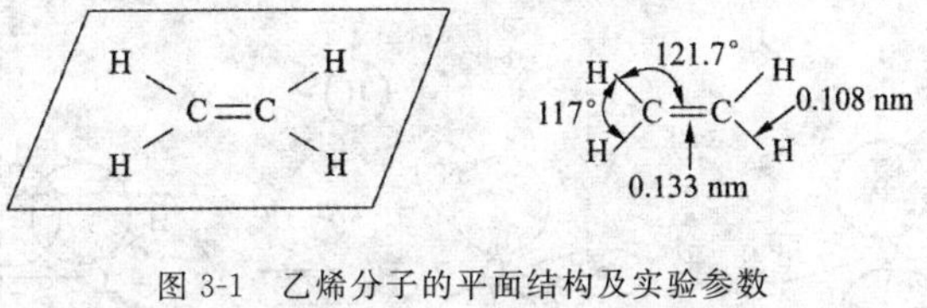

图 3-1 乙烯分子的平面结构及实验参数

3.2.2 碳原子的 sp^2 杂化及乙烯分子的形成

在乙烯分子中，C 原子是以两个单键和一个双键分别与两个 H 原子和另一个 C 原子相连接的。按照轨道杂化理论，组成乙烯分子的两个碳原子是以一个 2s 轨道和两个 2p 轨道（例如 p_x 和 p_y 轨道）进行杂化，生成三个能量完全等同的 sp^2 杂化轨道（如图 3-2 所示），其能量略高于 2s 轨道而低于 2p 轨道。余下的一个 2p 轨道（例如 p_z 轨道）未参与杂化。

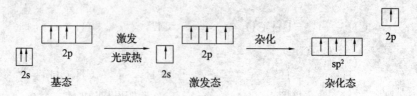

图 3-2　碳原子的外层电子构型及 sp^2 杂化轨道形成过程

1.碳原子的 sp^2 杂化

在 sp^2 杂化轨道中,含有 1/3 的 s 轨道成分和 2/3 的 p 轨道成分。 sp^2 轨道的形状与 sp^3 轨道相似,如图 3-3 所示。

碳原子的三个 sp^2 轨道在空间的分布如图 3-4 所示。三个 sp^2 轨道的对称轴在同一个平面内,并以碳原子为中心,大头一瓣分别指向三角形的三个顶点,对称轴之间的夹角为 $120°$。每个碳原子上还剩下一个未参与杂化的 2p 轨道,仍保持原来的形状。它的对称轴垂直于三个 sp^2 轨道的对称轴所在的平面,如图 3-5 所示。

图 3-3　一个 sp^2 轨道

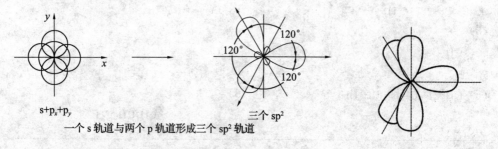

一个 s 轨道与两个 p 轨道形成三个 sp^2 轨道

图 3-4　sp^2 杂化轨道形成过程　　　　　图 3-5　sp^2 轨道与 p 轨道的关系

2.乙烯中 σ 键和 π 键的形成

在乙烯分子中,成键的两个碳原子各以一个 sp^2 杂化轨道沿着对称轴方向"头碰头"重叠,形成一个 C—C σ 键。每个碳原子的另外两个 sp^2 轨道分别与四个 H 原子的 1s 轨道相互重叠,形成四个 C—H σ 键。以上 6 个成键原子和 5 个 σ 键及其对称轴都在同一个平面内。两个碳原子还各自有一个未参与杂化的 2p 轨道,其对称轴垂直于乙烯分子 σ键键轴所在的平面,并且互相平行,彼此从侧面"肩并肩"重叠形成另一种键,叫 π 键。如图 3-6 所示。

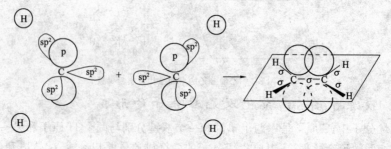

图 3-6　乙烯分子的成键情况

3.σ键与π键的特点比较

①存在情况 σ键可以单独存在,也存在于任何含共价键的分子中,两个原子间只能有一个σ键;π键不能单独存在,必须与σ键共存,可存在于双键和叁键中,两个原子间可以有一个或两个π键。

②成键原子轨道的结合特点 σ键在直线上相互交盖,成键轨道方向结合,可以自由旋转;π键相互平行而交盖,成键轨道方向平行,不可以自由旋转。

③电子云分布及键的性质 σ键重叠程度大,有对称轴,呈圆柱形对称分布,电子云密集在两个原子之间,键能较大,极化性较小;π键重叠程度较小,通过键轴有一个对称面,电子云较分散,分布在分子平面上、下两部分,如图3-7所示。重叠程度小,键能较小,极化性较大,容易断裂;当试剂进攻时,π电子云容易被极化,导致π

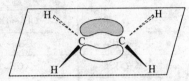

图 3-7 π键电子云分布

键断裂。例如:乙烷中C—C的键能为 347.2 kJ·mol^{-1},乙烯分子中C=C的键能为 611.0 kJ·mol^{-1}。故形成一个π键所需能量为 263.8 kJ·mol^{-1}。

④化学性质 σ键较稳定;π键易断裂,易氧化,易加成。

其他烯烃的结构与乙烯相似,均含有C=C,构成C=C的碳原子也是 sp^2 杂化,C=C的性质与乙烯相似。

3.3 烯烃的物理性质

在常温下,$C_2 \sim C_4$ 的烯烃为气体,$C_5 \sim C_{18}$ 的烯烃为液体,19 个碳原子以上的高级烯烃为蜡状固体。烯烃的沸点、熔点和相对密度都随分子质量的增加而增加,但相对密度都小于1,都是无色物质。有微弱的极性,故烯烃的折光率比相应的烷烃高。不溶于水,易溶于非极性和弱极性有机溶剂,如石油醚、乙醚、四氯化碳等。含相同碳原子数的直链烯烃的沸点比支链的高。

从表 3-1 可以看出,对于碳原子数相同的烯烃的顺反异构体,顺式异构体的沸点比反式的高,而熔点则是反式比顺式略高。这是由于顺式异构体比反式异构体极性强,故沸点略高。而反式异构体是对称分子,它在晶格中的排列比顺式异构体紧密,故熔点高。末端烯烃的沸点比相应的双键在碳链中间的异构体略低。直链烯烃的沸点比带支链的异构体略高,但差别不大。一些烯烃的物理常数见表 3-1。

表 3-1　　　　　　　　　　　　　　烯烃的物理常数

名称	构造式	熔点/℃	沸点/℃	相对密度
乙烯	$CH_2{=}CH_2$	−169.1	−103.7	—
丙烯	$CH_3{-}CH{=}CH_2$	−185.2	−47.4	—
1-丁烯	$CH_3CH_2CH{=}CH_2$	−184.3	−6.3	—
反-2-丁烯	反-$CH_3CH{=}CHCH_3$	−106.5	0.9	0.6042
顺-2-丁烯	顺-$CH_3CH{=}CHCH_3$	−138.9	3.7	0.6213

（续表）

名称	构造式	熔点/℃	沸点/℃	相对密度
异丁烯	$CH_2{=}C(CH_3)_2$	−140.3	−6.9	0.5942
1-戊烯	$CH_2{=}CH(CH_2)_2CH_3$	−138.0	30.0	0.6405
反-2-戊烯	反-$CH_3CH{=}CHCH_2CH_3$	−136.0	36.4	0.6482
顺-2-戊烯	顺-$CH_3CH{=}CHCH_2CH_3$	−151.4	36.9	0.6556
2-甲基-1-丁烯	$CH_2{=}C(CH_3)CH_2CH_3$	−137.6	31.1	0.6504
3-甲基-1-丁烯	$CH_2{=}CHCH(CH_3)_2$	−168.5	20.7	0.6272
2-甲基-2-丁烯	$(CH_3)_2C{=}CHCH_3$	−133.8	38.5	0.6623
1-己烯	$CH_2{=}CH(CH_2)_3CH_3$	−139.8	63.3	0.6731
2,3-二甲基-2-丁烯	$(CH_3)_2C{=}C(CH_3)_2$	−74.3	73.2	0.7080
1-庚烯	$CH_2{=}CH(CH_2)_4CH_3$	−119.0	93.6	0.6970
1-辛烯	$CH_2{=}CH(CH_2)_5CH_3$	−101.7	121.3	0.7149
1-壬烯	$CH_2{=}CH(CH_2)_6CH_3$	−81.4	146.7	0.7300
1-癸烯	$CH_2{=}CH(CH_2)_7CH_3$	−66.3	170.5	0.7408

3.4 烯烃的化学性质

烯烃的化学性质主要表现在官能团 C=C 上（能起加成、氧化、聚合等反应），以及与双键直接相连的碳原子（α-C）上。由于受 C=C 影响较大，α-C 上的氢（α-H）性质活泼，可发生一些反应。

$$R-\overset{|}{\underset{H}{C}}-C=C$$

α-H 的活泼性　　双键的加成反应、氧化反应、聚合反应

3.4.1 加成反应

加成反应是烯烃的典型反应。反应时 π 键发生断裂，双键上的两个碳原子和其他原子或基团结合，形成两个较强的 σ 键，这类反应称为加成反应。

$$-C{=}C- + X{-}Y \rightarrow -\overset{|}{\underset{X}{C}}-\overset{|}{\underset{Y}{C}}-$$

1. 催化加氢

常温常压下，烯烃很难同氢气发生反应，但是在 Ni、Pd、Pt 等金属催化剂存在下，烯烃与氢气发生加成反应，生成相应的烷烃。

$$RCH{=}CHR' + H_2 \xrightarrow{\text{催化剂}} RCH_2CH_2R'$$

烯烃催化加氢的难易取决于烯烃的构造及所用催化剂。工业上一般用雷尼镍（Raney Ni）作催化剂，既可在气相也可在液相中进行。雷尼镍催化剂是用铝镍合金经碱

处理,滤去铝后余下多孔的镍粉(或海绵状物),镍粉表面积较大,催化活性较高,吸附能力较强,价格低廉。

在反应过程中,烯烃和氢都被吸附在催化剂的表面上,氢分子在催化剂表面发生键的断裂生成活泼的氢原子,烯烃的 π 键被催化剂活化断裂,然后氢原子与双键碳原子结合生成烷烃。因为催化剂可以降低加氢反应的活化能,使反应容易进行。

烯烃的催化加氢反应是定量进行的,因此可以通过测量消耗氢气体积的办法,来确定烯烃中双键的数目。

催化加氢反应是放热反应,1 mol 不饱和化合物催化加氢时放出的热量称为氢化热。每个双键的氢化热大约为 $125 \ kJ \cdot mol^{-1}$。可以通过测定不同烯烃的氢化热,比较烯烃的相对稳定性,氢化热越小的烯烃越稳定。例如,顺-2-丁烯和反-2-丁烯氢化的产物都是丁烷,反式比顺式少放出 $4.2 \ kJ \cdot mol^{-1}$ 的热量,意味着反式的内能比顺式少 $4.2 \ kJ \cdot mol^{-1}$,所以反-2-丁烯更稳定。

烯烃的催化加氢在工业上和研究工作中都具有重要意义,如油脂氢化制硬化油、人造奶油等;为除去粗汽油中的少量烯烃杂质,可通过催化加氢反应,将少量烯烃还原为烷烃,从而提高油品的质量。

2.亲电加成反应

由于烯烃双键的形状及其电子云分布特点,烯烃容易给出电子,因而易受到正电荷或部分带正电荷的缺电子试剂(称为亲电试剂)的进攻而发生反应。这种由亲电试剂进攻而引起的加成反应称为亲电加成反应。与烯烃发生亲电加成的试剂主要有卤素(Br_2,Cl_2)、卤化氢、硫酸、水及次卤酸等。

(1)与卤素加成

烯烃很容易与卤素发生加成反应,生成邻二卤化物。

$$\diagup C = C \diagdown + X_2 \longrightarrow \underset{X \quad X}{C - C}$$

例如,将丙烯气体通入溴的四氯化碳溶液,溴的红棕色马上消失,表明发生了加成反应。

$$CH_3CH = CH_2 + \underset{棕红色}{Br_2} \longrightarrow \underset{无色}{CH_3\underset{|}{\overset{}{C}}H\underset{|}{C}H_2} \atop Br \ Br$$

该反应可用于检验双键的存在。

卤素的反应活性:$F_2 > Cl_2 > Br_2 > I_2$

碘和烯烃一般难起加成反应,而氟与烯烃的反应太剧烈,往往得到各种碳链断裂的产物,无实用意义。所以烯烃与卤素的加成反应,实际上是指与溴和氯的加成。

烯烃加成反应的活性顺序是:

$$(CH_3)_2C = CH_2 > CH_3CH = CH_2 > CH_2 = CH_2$$

烯烃与氯或溴加成是工业上和实验室中制备邻二卤化物最常用的一个方法。

$$CH_2 = CH_2 + Cl_2 \xrightarrow[-40 \ ℃]{CH_2Cl - CH_2Cl, FeCl_3} CH_2Cl - CH_2Cl$$

1,2-二氯乙烷主要用于制造脂肪、蜡、橡胶等的溶剂,大量用于制造氯乙烯,并用于谷物的气体消毒杀虫剂。

（2）与卤化氢加成

卤化氢气体或浓的氢卤酸溶液能与烯烃进行加成反应,生成相应的一卤代烷烃。

$$CH_2{=}CH_2 + HX \longrightarrow CH_3CH_2X$$

HX 的反应活性顺序为 $HI > HBr > HCl$;HF 一般不与烯烃加成。

烯烃加成的活性与卤素加成的反应活性相同。

两个双键碳原子上的取代基不相同(即不对称)的烯烃叫做不对称烯烃。乙烯是对称分子,与卤化氢发生加成时,不论氢离子或卤离子加到哪一个碳原子上,得到的产物都是一样的。但是丙烯等不对称的烯烃与卤化氢加成时,可能得到两种不同的产物。

$$CH_3CH{=}CH_2 + HX \begin{cases} \longrightarrow CH_3{-}\underset{X}{CH}{-}\underset{H}{CH_2} & \text{2-卤丙烷} \\[2mm] \longrightarrow CH_3{-}\underset{H}{CH}{-}\underset{X}{CH_2} & \text{1-卤丙烷} \end{cases}$$

实验证明,丙烯与卤化氢加成的主要产物是 2-卤代丙烷。1869 年俄国化学家马尔科夫尼科夫(Markovnikov)在总结了大量实验事实的基础上,提出了一条重要的经验规则:不对称烯烃与不对称试剂发生加成反应时,试剂中的氢原子(或带正电的部分)总是加到含氢较多的双键碳原子上,卤原子或其他带负电的原子或基团加到含氢较少的双键碳原子上。这个规则称为马尔科夫尼科夫规则,简称马氏规则,也称不对称加成规则。运用马氏规则可以预测不对称烯烃与不对称试剂加成时的主要产物。例如:

$$CH_3CH_2CH{=}CH_2 + HBr \xrightarrow{\text{醋酸}} CH_3CH_2\underset{Br\ H}{CHCH_2} + CH_3CH_2\underset{H\ Br}{CHCH_2}$$
$$\qquad\qquad\qquad\qquad\qquad\qquad 80\% \qquad\qquad 20\%$$

$$CH_3{-}\underset{CH_3}{C}{=}CH_2 + HBr \xrightarrow{\text{醋酸}} CH_3{-}\underset{Br}{\overset{CH_3}{C}}{-}CH_3$$
$$\qquad\qquad\qquad\qquad\qquad\qquad 100\%$$

当有过氧化物存在时,不对称烯烃与溴化氢的加成是违反马氏规则的。例如:

$$CH_3CH{=}CH_2 + HBr \xrightarrow{\text{过氧化物}} CH_3CH_2\underset{Br}{CH_2}$$

这种由于过氧化物的存在而引起烯烃加成取向的改变,称为过氧化物效应。不对称烯烃与溴化氢加成的反马氏规则可用于由 α-烯烃合成 1-溴代烷烃。过氧化物的存在,对于不对称烯烃与氯化氢、碘化氢的加成没有影响,即只有 HBr 存在过氧化物效应。

（3）与硫酸加成

烯烃与冷的浓硫酸发生加成反应,生成硫酸氢酯。硫酸氢酯与水共热时发生水解,生成相应的醇和硫酸。例如:

$$CH_2{=}CH_2 + HOSO_3H \longrightarrow \underset{\text{硫酸氢乙酯}}{CH_3CH_2OSO_3H} \xrightarrow[\triangle]{H_2O} CH_3CH_2OH + H_2SO_4$$

不对称烯烃与硫酸的加成反应,遵守马氏规则。

$$CH_3-CH=CH_2 + HOSO_3H \longrightarrow CH_3\underset{\underset{\text{硫酸氢异丙酯}}{OSO_3H}}{CH}CH_3 \xrightarrow[\triangle]{H_2O} CH_3\underset{\underset{\text{异丙醇}}{OH}}{CH}CH_3 + H_2SO_4$$

烯烃与硫酸的加成产物经水解生成醇,相当于在烯烃分子中加入了一分子水。这是工业上制备醇的方法之一,称为间接水合法。其优点是对烯烃的原料纯度要求不高,技术成熟,转化率高,对于回收利用石油炼厂废气中的烯烃是一个好方法;但缺点是反应需使用大量的酸,易腐蚀设备,且后处理困难。

烯烃能溶于浓硫酸这一性质,可用于对烯烃和某些不与硫酸作用、不溶于硫酸的有机物如烷烃、卤代烃等的鉴别、分离及提纯。如除去己烷中的少量己烯。

(4)与水加成

在酸(常用硫酸或磷酸)催化下,烯烃与水直接加成生成醇。如乙烯在高温高压下,以负载于硅藻土上的磷酸作催化剂,与过量的水蒸气作用,可直接生成乙醇。

$$CH_2=CH_2 + HOH \xrightarrow[300\ ℃,7\ MPa]{H_3PO_4/硅藻土} CH_3CH_2OH$$

不对称烯烃与水的加成反应也遵从马氏规则。

$$CH_3-CH=CH_2 + HOH \xrightarrow[200\ ℃,2\ MPa]{H_3PO_4/硅藻土} CH_3\underset{\underset{\text{异丙醇}}{OH}}{CH}CH_3$$

烯烃直接加水制备醇的方法称为直接水合法。这是工业上生产乙醇、异丙醇的重要方法。该方法避免了使用浓硫酸,省去了稀硫酸的浓缩回收过程,既可以节约设备投资和减少能源消耗,又避免酸性废水的污染。但对烯烃纯度要求高。

(5)与次卤酸(HOX)加成

烯烃能与次卤酸发生加成反应,生成 β-卤代醇。由于次卤酸不稳定,在实际生产中,常用烯烃和卤素(溴或氯)在水溶液中反应。

$$\underset{}{-C=C-} + X_2 + H_2O \longrightarrow \underset{X\quad OH}{-C-C-} + HX$$

$$CH_2=CH_2 + \underbrace{Cl_2 + H_2O}_{HOCl} \longrightarrow ClCH_2CH_2OH$$

当不对称烯烃与次卤酸发生加成时,遵循马氏规则。例如,异丁烯与次溴酸加成时,带正电的 Br^+ 应加到含氢较多的双键碳上,带负电的 OH^- 则加到含氢较少的双键碳上。

$$CH_3-\underset{CH_3}{C}=CH_2 + HOBr \longrightarrow CH_3-\underset{\underset{CH_3}{|}}{\overset{\overset{OH}{|}}{C}}-CH_2-Br$$

乙烯与次氯酸的加成,是合成氯乙醇的一个方法。丙烯与次氯酸加成,是合成甘油的一个步骤。

$$CH_3CH=CH_2 + HOCl \longrightarrow CH_3\underset{OHCl}{CH}CH_3$$

3.4.2 聚合反应

在一定条件(催化剂,温度,压力)下,烯烃分子中的 π 键断开发生同类分子之间的加成反应,形成高分子化合物,称为聚合反应。参加聚合反应的低分子量化合物称为单体。反应中生成的高分子量化合物叫聚合体,也称聚合物。例如乙烯在引发剂引发下聚合生成聚乙烯,用 $\left[CH_2-CH_2\right]_n$ 表示,其中—CH_2-CH_2—称为链节,n 为聚合度。

$$nCH_2=CH_2 \xrightarrow[>100\ ℃,>1000\ MPa]{\text{自由基引发剂}} \left[CH_2-CH_2\right]_n$$

（单体）　　　　　　　　　　高压聚乙烯
　　　　　　　　　　　　　　（聚合物）

一般常用的单体有乙烯、丙烯、氯乙烯等。它们在不同条件下聚合成各种规格的聚合物。例如:聚乙烯包括高压聚乙烯和低压聚乙烯。

上述反应是在高压下进行的,合成的聚乙烯称为高压聚乙烯。高压聚乙烯由于具有支链,故密度较低($0.92\ g\cdot cm^{-3}$),质地比较柔软,所以高压聚乙烯又称为低密度聚乙烯或软聚乙烯。它的分子量一般在 25000 左右,是无味、无嗅、无毒的乳白色半透明物质,耐腐蚀,有良好的绝缘性和韧性,广泛用于生产薄膜、编织袋、塑料容器、电缆包皮等。在工业和日常生活用品中有广泛的应用。

1953 年齐格勒(Ziegler,德国人)、纳塔(Natta,意大利人)等人采用过渡金属氯化物和烷基铝作催化剂,称齐格勒-纳塔催化剂$\left[(CH_3CH_2)_3Al-TiCl_4\right]$,在低温、低压下使乙烯聚合,得到低压聚乙烯(相对分子质量约为 1000~3000)。例如:

$$nCH_2=CH_2 \xrightarrow{(C_2H_5)_3Al-TiCl_4} \left[CH_2-CH_2\right]_n$$

低压聚乙烯

低压聚乙烯又称为高密度聚乙烯或硬聚乙烯,它的分子量在 35000 左右。低压聚乙烯的密度较高($0.94g\cdot cm^{-3}$),质地较硬,机械性能好,用于制造板、管、桶、箱及各种包装用具,也用于生产薄膜等。

丙烯在相似条件下聚合生成聚丙烯。

$$n\ \underset{\overset{|}{CH_3}}{CH}=CH_2 \xrightarrow[50\ ℃,1\ MPa]{(CH_3CH_2)_3Al-TiCl_4} \left[\underset{\overset{|}{CH_3}}{CH}-CH_2\right]_n$$

聚丙烯的密度为 $0.90\ g/cm^3$,它的强度高、硬度大、耐磨,耐热性比聚乙烯好。

聚合反应若只用一种单体参与聚合,称为均聚;两种或两种以上单体进行聚合,叫共聚。乙烯、丙烯两种单体用齐格勒-纳塔催化剂,在己烷中共聚,可得到弹性体乙丙橡胶,这种聚合反应称为共聚反应。

$$nCH_2=CH_2+nCH_3-CH=CH_2 \xrightarrow{(C_2H_5)_3Al-TiCl_4} \left[CH_2-CH_2-\underset{\overset{|}{CH_3}}{CH}-CH_2\right]_n$$

乙丙橡胶主要用于电缆、电线及耐高温的橡胶制品。

3.4.3　氧化反应

烯烃很容易被氧化,当氧化剂和氧化条件不同时,产物也不同。

1.高锰酸钾氧化

(1)用稀的碱性或中性高锰酸钾溶液,在较低温度下氧化烯烃时,烯烃中的 π 键断开,生成邻二醇。反应过程中,高锰酸钾溶液的紫色褪去,并且生成棕褐色的二氧化锰沉淀。

$$3R-CH=CH_2+2KMnO_4+4H_2O \xrightarrow{\text{稀 OH}^-\text{或中性}} 3R-\underset{\overset{|}{OH}}{CH}-\underset{\overset{|}{OH}}{CH_2}+2MnO_2\downarrow+2KOH$$

(2)若用酸性高锰酸钾溶液或较高温度下氧化烯烃时,碳碳双键中的 σ 键和 π 键完全断裂,与双键碳原子直接相连的 C—H σ 键也同时断开,生成相应的氧化产物。在反应中,紫色的高锰酸钾溶液迅速褪色。

$$R{-}CH{=}CH_2 \xrightarrow[H_2SO_4]{KMnO_4} \underset{羧酸}{R{-}\overset{OH}{\underset{O}{C}}} + \underset{}{\overset{OH}{O{=}\underset{}{C}{-}OH}} \longrightarrow CO_2\uparrow + H_2O$$

$$\underset{R}{\overset{R}{C}}{=}CH{-}R \xrightarrow[H_2SO_4]{KMnO_4} \underset{酮}{\overset{R}{\underset{R}{C}}{=}O} + \underset{羧酸}{\overset{OH}{O{=}\underset{}{C}{-}R}}$$

由于不同结构的烯烃氧化产物不同,通过分析氧化产物,可推测原烯烃的结构。高锰酸钾氧化产物与烯烃的结构的关系为:

烯烃的结构　　　　　高锰酸钾氧化产物

$CH_2{=}$ 　　　　　　　$CO_2 + H_2O$

$RCH{=}$ 　　　　　　　$RCOOH$(羧酸)

$RR'C{=}$ 　　　　　　　$RR'C{=}O$(酮)

例如,某烯烃经高锰酸钾氧化后得到 CH_3CH_2COOH 和 CH_3COCH_3,可推测该烯烃为:$(CH_3)_2C{=}CHCH_2CH_3$

上述氧化反应均可用于鉴别双键的存在。由于此反应的氧化剂消耗量大,环境污染严重,且反应产物是混合物,分离困难,因此在合成上意义不大。

2.臭氧氧化

将含有 6 %～8 % 臭氧的氧气通入烯烃的非水溶液中,能迅速生成环状的臭氧化合物。臭氧化物不稳定易爆炸,因此反应过程中不必把它从溶液中分离出来,可以直接在溶液中水解生成醛、酮和过氧化氢。为防止产物醛被过氧化氢氧化,水解时通常加入还原剂(如 H_2/Pt,锌粉)。

$$\underset{R'}{\overset{R}{C}}{=}CH{-}R'' \xrightarrow{O_3} \underset{臭氧化物}{\overset{R}{\underset{R'}{C}}\overset{O{-}O}{\underset{O{-}O}{C}}\overset{R''}{\underset{H}{C}}} \xrightarrow{Zn/H_2O} \underset{酮}{\overset{R}{\underset{R'}{C}}{=}O} + \underset{醛}{\overset{H}{O{=}\underset{}{C}{-}R''}}$$

不同烯烃臭氧化还原水解后,得到不同的醛和酮。因此,根据烯烃臭氧化还原水解得到的产物,也可以推测原来烯烃的结构。

$$\underset{CH_3}{\overset{CH_3}{C}}{=}CH_2 \xrightarrow[②Zn/H_2O]{①O_3} \underset{丙酮}{CH_3\overset{O}{\overset{\|}{C}}CH_3} + \underset{甲醛}{H\overset{O}{\overset{\|}{C}}H}$$

3.催化氧化

将乙烯与空气或氧气混合,在银催化下,乙烯被氧化生成环氧乙烷,这是工业上生产环氧乙烷的主要方法。环氧乙烷是重要的有机合成中间体。

$$2CH_2{=}CH_2 + O_2 \xrightarrow[250\,℃]{Ag} 2\underset{O}{CH_2{-}CH_2}$$

该反应必须严格控制反应温度,若温度超过 300 ℃,则双键中的 σ 键也会断裂,最后生成二氧化碳和水,致使产率下降。

若用氯化钯-氯化铜作催化剂,乙烯被氧化成乙醛,丙烯被氧化成丙酮。

$$CH_2\!=\!CH_2 + \frac{1}{2}O_2 \xrightarrow[100\sim125\ ℃]{PdCl_2-CuCl_2} CH_3CHO$$

$$CH_3CH\!=\!CH_2 + \frac{1}{2}O_2 \xrightarrow[125\ ℃]{PdCl_2-CuCl_2} CH_3COCH_3$$

除乙烯氧化得到乙醛外,其他的 α-烯烃氧化都得到甲基酮。乙烯催化氧化是工业上生产环氧乙烷和乙醛的主要方法。

3.4.4 α-氢原子的反应

与官能团直接相连的碳原子称为 α-碳,α-碳原子上的氢叫做 α-氢原子。在烯烃中,由于 α-氢原子受到双键的影响,比较活泼,容易发生取代反应和氧化反应。

$$CH_2\!=\!CH\!-\!CH_3 \quad \begin{array}{l} \nearrow \alpha-H \\ \searrow \alpha-C(\text{与双键相连的碳}) \end{array}$$

1. 取代反应

烯烃与卤素在 200 ℃ 以下主要发生的是双键上的亲电加成反应,但在高温(>300 ℃)时,则主要发生 α-氢原子被卤原子取代的反应。例如,丙烯与氯气在 >300 ℃ 主要发生取代反应,生成 3-氯-1-丙烯。

$$CH_3CH\!=\!CH_2 + Cl_2 \Bigg\{ \begin{array}{l} \xrightarrow{<200\ ℃,\text{加成}} CH_3CH\!-\!CH_2 \\ \qquad\qquad\qquad\quad\ \ \underset{Cl}{|}\ \ \underset{Cl}{|} \\[2mm] \xrightarrow{>300\ ℃,\text{取代}} CH_2CH\!=\!CH_2 \\ \qquad\qquad\qquad\quad\ \ \underset{Cl}{|} \end{array}$$

提高温度,有利于取代反应的进行。工业上就是在 500~530 ℃ 的条件下,用丙烯和氯气反应制备 3-氯-1-丙烯。它主要用于制备甘油、环氧氯丙烷和树脂等。

卤代反应中 α-H 的反应活性为:3° > 2° > 1°

例如:

$$CH_3\!-\!\underset{}{C}H\!-\!CH\!=\!CH\!-\!CH_3 + Br_2(1\ mol) \xrightarrow{>500\ ℃} CH_3\!-\!\underset{|}{\overset{|}{C}}\!-\!CH\!=\!CH\!-\!CH_3 +$$

主要产物

$$CH_3\!-\!CH\!-\!CH\!=\!CH\!-\!CH_2$$

次要产物

与烷烃的卤代反应相似,烯烃的 α-氢原子的卤代反应也是受光、高温、过氧化物(如过氧化苯甲酸)引发,进行自由基型取代反应。

$$Cl_2 \longrightarrow 2Cl\cdot$$
$$CH_3CH\!=\!CH_2 + Cl\cdot \longrightarrow HCl + \cdot CH_2CH\!=\!CH_2 \quad \text{烯丙基自由基}$$
$$\cdot CH_2CH\!=\!CH_2 + Cl_2 \longrightarrow ClCH_2CH\!=\!CH_2 + Cl\cdot$$

2.氧化反应

在一定温度和压力下,丙烯在氧化亚铜的催化下,被空气氧化,生成丙烯醛。如果用磷钼酸铋为催化剂,丙烯则被氧化成丙烯酸。

$$CH_3CH{=}CH_2+O_2 \begin{cases} \xrightarrow[350\ ℃,0.25\ MPa]{Cu_2O} CH_2{=}CH{-}CHO \\ \xrightarrow[550\sim750\ ℃,1\ MPa]{磷钼酸铋} CH_2{=}CH{-}COOH \end{cases}$$

丙烯氧化是工业上制取丙烯醛和丙烯酸的主要方法。丙烯醛是无色,具有辛辣刺激气味的挥发性液体,有剧毒,是强烈的催泪剂。其能溶于水、乙醇和乙醚,可作消毒剂及合成医药,用于制造甘油、饲料添加剂等,还可用作油田注水的杀虫剂和树脂的原料。

丙烯酸是强有机酸,有刺激性气味,有腐蚀性,溶于水、乙醇和乙醚,化学性质活泼,用于制备丙烯酸树脂。在 400~500 ℃、常压、氨气存在的条件下进行氧化,选用氧化钼、氧化铋或磷钼酸铋作催化剂,可生成丙烯腈,该反应又称为氨氧化反应。这是目前工业上生产丙烯腈的重要方法。

$$CH_2{=}CH{-}CH_3+NH_3+\frac{3}{2}O_2 \xrightarrow[470\ ℃]{磷钼酸铋} CH_2{=}CH{-}CN+3H_2O$$

丙烯腈易溶于水,其蒸气与空气能形成爆炸性的混合物;酸性条件下水解生成丙烯酸,催化氢化还原得到丙胺;易聚合,是合成腈纶(人造羊毛)的单体,用于制备丁腈橡胶和ABS,也用于电解制备己二腈。

练习 3-3 用反应式表示异丁烯与下列试剂的反应。
(1)Br_2/CCl_4 (2)浓 H_2SO_4 作用后加热水解 (3)HBr (4)HBr/过氧化物
(5)HClO   (6)$KMnO_4/H^+$,加热   (7)Cl_2/光照

3.5 烯烃的亲电加成反应机理和马尔科夫尼科夫规则的理论解释

3.5.1 亲电加成反应机理

1.烯烃和溴的加成——形成溴𬭸离子中间体历程

当把干燥的乙烯通入溴的无水四氯化碳溶液中(置于玻璃容器中)时,不易发生反应;若置于涂有石蜡的玻璃容器中时,则更难反应。但当加入一点水时,就容易发生反应,溴水的颜色褪去。这说明溴与乙烯的加成反应是受极性物质如水、玻璃(弱碱性)的影响,实际上就是乙烯双键受极性物质的影响,使 π 电子云发生极化。同样,Br_2 在接近双键时,在 π 电子的影响下也会发生极化。

$$\overset{\delta+}{Br}-\overset{\delta-}{Br}$$

极化了的乙烯和溴又是怎样进行反应的呢? 实验证明,乙烯和溴在氯化钠的水溶液中进行加成时,除生成 1,2-二溴乙烷外,还生成 1-氯-2-溴乙烷和 2-溴乙醇。

$$CH_2{=}CH_2+Br_2 \xrightarrow{NaCl,H_2O} BrCH_2CH_2Br+BrCH_2CH_2Cl+BrCH_2CH_2OH$$

第一步,溴分子中带正电荷的溴原子(Br^{δ^+})作为亲电试剂首先进攻乙烯中的 π 键,形成环状溴鎓离子中间体。由于 π 键的断裂和溴分子中 σ 键的断裂都需要一定的能量,因此反应速度较慢,是决定加成反应速度的一步。

$$Br-Br+CH_2=CH_2 \xrightarrow{\text{慢}} CH_2 \cdots CH_2 +Br^-$$
$$\underset{Br}{\overset{+}{\cdots}}$$

溴鎓离子

第二步,溴负离子或氯负离子、水分子进攻溴鎓离子生成产物。这一步反应是离子之间的反应,反应速度较快。

$$
CH_2 \cdots CH_2 \\
\overset{+}{Br}
$$

$$
\xrightarrow[\text{快}]{Br^-} \quad \underset{Br}{\overset{Br}{CH_2-CH_2}}
$$

$$
\xrightarrow[\text{快}]{Cl^-} \quad \underset{Br}{\overset{Cl}{CH_2-CH_2}}
$$

$$
\xrightarrow[\text{快}]{H\ddot{O}H} \quad \underset{Br}{\overset{+OH_2}{CH_2-CH_2}} \xrightarrow{-H^+} \underset{Br}{\overset{OH}{CH_2-CH_2}}
$$

上面的加成反应实质上是亲电试剂 Br^{δ^+} 对 π 键的进攻引起的,所以叫做亲电加成反应。由于加成是由溴分子发生异裂后生成的离子进行的,故属于离子型亲电加成反应。

2.烯烃与卤化氢的加成——形成碳正离子中间体历程

烯烃与卤化氢的加成反应机理和烯烃与卤素的加成相似,也是分两步进行的离子型亲电加成反应。不同的是第一步由亲电试剂 H^+ 进攻 π 键,且不生成环状的中间体结构,而是生成碳正离子中间体,然后 X^- 进攻碳正离子生成产物。

$$C=C + H-X \xrightarrow{\text{慢}} \underset{H}{-\overset{|}{C}-\overset{|}{\overset{+}{C}}-} + X^-$$

$$\underset{H}{-\overset{|}{C}-\overset{|}{\overset{+}{C}}-} + X^- \xrightarrow{\text{快}} \underset{H}{-\overset{|}{C}}\underset{X}{-\overset{|}{C}}-$$

碳正离子生成速度的快慢,决定了烯烃与 HX 加成反应速度。烯烃与其他酸的加成机理与此机理类似。

3.5.2 诱导效应和马尔科夫尼科夫规则的解释

1.诱导效应

在多原子分子中,当两个直接相连的原子的电负性不同时,电负性较大的原子吸引电子的能力较强,两个原子间的共用电子对偏向于电负性较大的原子,使之带有部分负电荷(用 δ^- 表示),另一原子则带有部分正电荷(用 δ^+ 表示)。在静电引力作用下,这种影响能沿着分子链诱导传递,使分子中成键电子云向某一方向偏移。例如,在氯丙烷分子中,$\overset{\delta\delta\delta^+}{\underset{3}{CH_3}} \rightarrow \overset{\delta\delta^+}{\underset{2}{CH_2}} \rightarrow \overset{\delta^+}{\underset{1}{CH_2}} \rightarrow Cl$。由于氯的电负性比碳大,因此 C—Cl 键的共用电子对向氯原子偏移,使氯原子带部分负电荷(δ^-),碳原子带部分正电荷(δ^+)。在静电引力作用下,相邻 C—C 键本来对称共用的电子对也向氯原子方向偏移,使得 C_2 上也带有很少的正电荷,同样依次影响的结果,C_3 上也多少带有部分正电荷。图中箭头所指的方向是电子偏移的方向。

像氯丙烷这样,由于受分子中电负性不同的原子或原子团影响,使整个分子中成键电子云向电负性大的方向偏转,使分子发生极化的效应,称为诱导效应,用符号 I 表示。

诱导效应是一种静电诱导作用,其影响随距离的增加而迅速减弱或消失。诱导效应在一个 σ 体系传递时,一般认为每经过一个原子,即降低为原来的三分之一,经过三个原子以后,影响就极弱了,超过五个原子后便没有了。诱导效应具有叠加性,当几个基团或原子同时对某一键产生诱导效应时,方向相同,效应相加;若方向相反,则效应相减。此外,诱导效应沿单键传递时,只涉及电子云密度分布的改变,共用电子对并不完全转移到另一原子上。

诱导效应的强度由原子或基团的电负性决定,一般以氢原子作为比较基准。比氢原子电负性大的原子或基团表现出吸电性,称为吸(拉)电子基(—X),具有吸(拉)电诱导效应,一般用 $-I$ 表示;比氢原子电负性小的原子或基团表现出供电性,称为供(推)电子基(—Y),具有供(推)电诱导效应,一般用 $+I$ 表示。即:

$$\overset{\delta^+}{Y} \longrightarrow \overset{\delta^-}{C} \qquad C—H \qquad \overset{\delta^+}{C} \longrightarrow \overset{\delta^-}{X}$$
$$+I \qquad\qquad\quad I=0 \qquad\qquad -I$$

常见原子或基团的诱导效应强弱次序为:

吸(拉)电诱导效应($-I$):$-NO_2 > -COOH > -F > -Cl > -Br > -I > -OH > RC≡C— > C_6H_5— > R'CH=CR—$。

供(推)电诱导效应($+I$):$(CH_3)_3C— > (CH_3)_2CH— > CH_3CH_2— > CH_3—$。

上面所讲的是在静态分子中所表现出来的诱导效应,称为静态诱导效应,它是分子在静止状态的固有性质,没有外界电场影响时也存在。在化学反应中,分子受外电场的影响或在反应时受极性试剂进攻的影响而引起的电子云分布的改变,称为动态诱导效应。

该效应可用于解释有机酸碱化合物的酸碱强度,也能说明某些化合物中原子与原子团相互影响的性能。

2. 诱导效应对马氏规则的解释

根据诱导效应就不难理解马氏规则了。以丙烯与 HBr 加成为例,丙烯分子中的甲基是一个供电子基,甲基表现出向双键供电子的 $+I$ 诱导效应,结果使双键上的 π 电子云发生极化,π 电子云发生极化的方向与甲基供电子方向一致。这样,含氢原子较少的双键碳原子带部分正电荷(δ^+),含氢原子较多的双键碳原子则带部分负电荷(δ^-)。发生加成反应时,亲电试剂 HBr 分子中带正电荷的 H^+ 首先加到带负电荷的(即含氢较多的)双键碳原子上,然后 Br^- 加到另一个双键碳上,产物符合马氏规则。

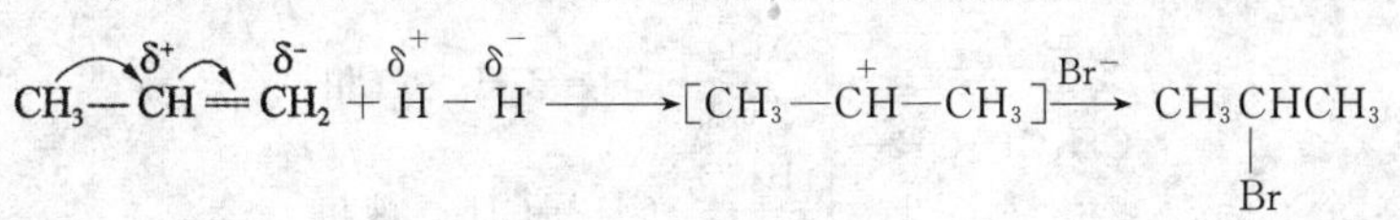

$$\overset{\delta^+}{CH_3—}\overset{\delta^-}{CH}=CH_2 + \overset{\delta^+}{H}—\overset{\delta^-}{H} \longrightarrow [CH_3—\overset{+}{CH}—CH_3]\overset{Br^-}{\longrightarrow} CH_3\underset{\underset{Br}{|}}{CH}CH_3$$

3. 碳正离子的稳定性对马氏规则的理论解释

马氏规则也可以由反应过程中生成的活性中间体碳正离子的稳定性来解释。例如,丙烯和 HBr 加成,第一步反应生成的碳正离子中间体有两种可能:

$$CH_3-CH=CH_2+HBr \xrightarrow{-Br^-} \begin{cases} \rightarrow [CH_3-\overset{+}{C}H-CH_3] \quad (\text{I}) \\ \\ \rightarrow [CH_3-CH_2-\overset{+}{C}H_2] \quad (\text{II}) \end{cases}$$

究竟生成哪一种碳正离子,这取决于碳正离子的相对稳定性。根据物理学上的规律,一个带电体系的稳定性取决于所带电荷的分散程度,电荷愈分散,体系愈稳定。丙烯分子中的甲基是一个供电子基,表现出供电诱导效应。甲基的成键电子云向缺电子的碳正离子方向移动,使碳正离子的正电荷减少一部分,因而使其正电荷得到分散,体系趋于稳定。因此,带正电荷的碳上连接的烷基越多,供电子诱导效应越大,碳正离子的稳定性越高。

一般烷基碳正离子的稳定性次序为 $3°>2°>1°>CH_3^+$。

$$(CH_3)_3C^+ > (CH_3)_2\overset{+}{C}H > CH_3CH_2^+ > CH_3^+$$

碳正离子的稳定性越大,越易生成。碳正离子(I)比(II)稳定,所以碳正离子(I)为该加成反应的主要中间体。(I)一旦生成,很快与 Br^- 结合,生成 2-溴丙烷,符合马氏规则。

练习 3-4 将下列碳正离子按稳定性由大至小排列。

$$(1) \ H_3C-\overset{\overset{\displaystyle CH_3}{|}}{\underset{\underset{\displaystyle CH_3}{|}}{C}}-CH_2-\overset{+}{C}H_2 \qquad (2) \ CH_3CH_2-\overset{\overset{\displaystyle CH_3}{|}}{\underset{}{\overset{+}{C}}}-CH_3 \qquad (3) \ CH_3\overset{+}{C}H-\overset{\overset{\displaystyle CH_3}{|}}{\underset{\underset{\displaystyle H}{|}}{C}}-CH_3$$

3.6 烯烃的来源和制法

烯烃是化学工业的重要原料,可以用来合成多种多样的有机化工产物和中间体。

3.6.1 烯烃的来源

烯烃主要来源于石油裂解。低级的烯烃($C_2 \sim C_4$),在工业上由天然气或石油产品热裂解得到。裂化气含有大量烯烃,可以从中分离出乙烯、丙烯和几种丁烯。石油裂化和裂解是工业上大规模生产烯烃的方法。参见 2.5.3 裂化、裂解和脱氢与 3.7 石油的二次加工和石油化工。

3.6.2 烯烃的制法

1. 醇脱水

是实验室中制备烯烃的重要方法。在浓硫酸、磷酸或三氧化二铝催化剂存在下加热,醇失去一分子水而得到相应的烯烃。

$$CH_3CH_2OH \begin{cases} \xrightarrow[350\ ℃]{Al_2O_3} CH_2=CH_2 \quad 气相 \\ \\ \xrightarrow[170\ ℃]{H_2SO_4} CH_2=CH_2 \quad 液相 \end{cases}$$

2. 卤代烷脱卤化氢

卤代烷与强碱的醇溶液共热,脱去一分子卤化氢生成烯烃。

$$\underset{\underset{\displaystyle H \quad X}{|\quad\ |}}{RCH-CH_2}+NaOH \xrightarrow[\triangle]{C_2H_5OH} RCH=CH_2+NaX+H_2O$$

3.7 石油的二次加工和石油化工

3.7.1 石油的二次加工

炼油厂的常压蒸馏、减压蒸馏产品(直馏产品)仅能满足油品和化工原料的馏分要求,其化合物组成还不能满足产品的质量要求,为此,必须进行二次加工。二次加工主要涉及裂化和产品改质,主要生产燃料油、润滑油、化工原料及蜡、沥青和石油焦等副产物。主要加工过程有催化裂化、热裂化、加氢裂化等裂化类;催化重整、精制、润滑油加工等产品改质类。

1.热裂化和催化裂化(参见 2.5.3)

2.催化重整(简称重整)

在催化剂和氢气存在下,将常压蒸馏所得的轻汽油转化成含芳烃较高的重整汽油的过程称为催化重整,简称重整。如果以 80~180 ℃馏分为原料,产品为高辛烷值汽油;如果以 60~165 ℃馏分为原料油,产品主要是苯、甲苯、二甲苯等芳烃;重整过程的副产品氢气,可作为炼油厂加氢操作的氢源。重整的反应条件是反应温度为 490~525 ℃,反应压力为 1~2 MPa。重整的工艺过程可分为原料预处理和重整两部分。

3.加氢裂化

加氢裂化是在催化剂、高压、氢气存在下进行,把重质原料转化成汽油、煤油、柴油和润滑油。加氢裂化由于有氢气存在,原料转化的焦炭少,可除去有害的含硫、氮、氧的化合物,操作灵活,可按产品需求调整,产品收率较高,而且质量好。

4.延迟焦化

延迟焦化本质上也是热裂化,但它是一种完全转化的热裂化。它是在较长反应时间下,使原料深度裂化,以生产固体石油焦炭为主要目的,同时获得气体和液体产物。延迟焦化的原料主要是高沸点的渣油,主要操作条件是原料加热至 500 ℃,焦炭塔在稍许正压下操作。改变原料和操作条件可以调整汽油、柴油、裂化原料油和焦炭的比例。

5.石油产品精制和调和

前述各装置生产的油品一般还不能直接作为商品,为满足商品要求,除需进行调和、添加添加剂外,往往还需要进一步精制,除去杂质、改善性能以满足实际要求。常见的杂质有含硫、氮、氧的化合物,以及混在油中的蜡和胶质等不理想成分,它们可使油品有臭味,色泽深,腐蚀机械设备,不易保存。除去杂质常用的方法有酸碱精制、脱臭、加氢、溶剂精制、白土精制、脱蜡等。

酸精制是用硫酸处理油品,可除去某些含硫、含氮化合物和胶质;碱精制是用烧碱水溶液处理油品,如汽油、柴油、润滑油,可除去含氧化合物和硫化物,并可除去酸精制时残留的硫酸。酸精制与碱精制常联合应用,故称酸碱精制。

脱臭是针对含硫高的原油制成的汽、煤、柴油,因含硫醇而产生恶臭。硫醇含量高时会引起油品产生胶质,不易保存。可采用催化剂存在下,先用碱液处理再用空气氧化处理的办法。

加氢是在催化剂存在下,于 300~425 ℃,1.5 MPa 压力下加氢,可除去含硫、氮、氧的化合物和金属杂质,改善油品的储存性能、腐蚀性和燃烧性,可用于各种油品。

脱蜡主要用于精制航空煤油、柴油等。油中含蜡,在低温下形成蜡的晶体,影响流动性能,并易于堵塞管道。脱蜡对航空用油十分重要。脱蜡可用分子筛吸附。润滑油的精制常采用溶剂精制脱除不理想成分,以改善组成和颜色,有时也需要脱蜡。

白土精制一般是精制的最后工序,用白土(主要由 SiO_2 和 Al_2O_3 组成)吸附有害的物质。

调和是将不同来源的油品按一定比例进行混合,再加入改善油品性能的添加剂,生产市售合格产品。如汽油调和是将直馏汽油、催化裂化汽油、催化重整汽油、烷基化汽油等进行混合并加入添加剂进行调和成市售的 $93^\#$ 及 $97^\#$ 汽油。

3.7.2 石油化工

石油化工又称石油化学工业,指化学工业中以石油和天然气为原料,生产基本有机化工原料和无机化工原料,并进一步合成多种化工产品的工业。

石油化工原料主要为来自石油炼制过程产生的各种石油馏分和炼厂气,以及油田气、天然气等。石油馏分(主要是轻质油)通过烃类裂解、裂解气分离等可制取石油化工一级产品,通常称为"三烯、三苯、一炔、一萘"(乙烯、丙烯、丁二烯、苯、甲苯、二甲苯、乙炔和萘);石油化工的一级产品再经过一系列加工则可得二级产品,通常称为"十大基本有机原料"(醇、酚、醚、醛、酮、羧酸、酸酐、酯、胺、腈),以及氮肥;随着科学技术的发展,石油化工的一级产品或二级产品经加工可生产"三大合成材料"(塑料、合成纤维、合成橡胶)等高分子产品(见图 3-8)及一系列制品,如表面活性剂等精细化学品,因此石油化工的范畴已扩大到高分子化工和精细化工的大部分领域。

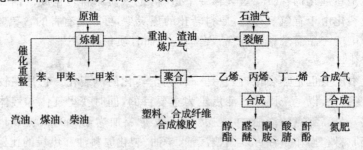

图 3-8 石油化工生产过程和产品

【习　题】

1.命名或写出下列化合物的结构式。

(1) $(CH_3CH_2)_2C{=}CH_2$

(2) $(CH_3)_2CHCH_2CH{=}C(CH_3)_2$

(3) $CH_3CH_2{-}\overset{\displaystyle |}{\underset{\displaystyle CHCH_3}{C}}{-}CH_2CH_2CH_3$

(4)
$$CH_3CH_2\overset{CH_3}{\underset{CH_3}{\underset{|}{\overset{|}{C}}}}{=}\overset{CH_3}{\underset{CH_2CH_3}{C}}$$

(5)
$$\overset{CH_3}{\underset{C_2H_5}{C}}{=}\overset{H}{\underset{CH(CH_3)_2}{C}}$$

(6)
$$\overset{CH_3CH_2}{\underset{CH_3}{C}}{=}\overset{H}{\underset{CH_2CH_3}{C}}$$

(7)2,4-二甲基-2-庚烯

(8)反-3-氯-3-己烯

(9)(E)-3-甲基-4-异丙基-3-庚烯

(10)(Z)-1-氟-1-氯-2-溴-2-碘乙烯

2.用简单的化学方法鉴别下列化合物:2-甲基丁烷　2-甲基-1-丁烯　2-甲基-2-丁烯

3.裂化汽油中含有少量烯烃,用什么方法能除去?

4.排列下列化合物与 HBr 发生亲电加成反应的活性次序。

(1)$CH_2=CH_2$ (2)$CH_2=CHCH_3$ (3)$CH_2=C(CH_3)_2$

5.完成下列反应。

(1) 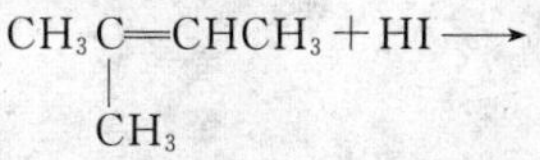 $CH_3\overset{|}{\underset{CH_3}{C}}=CHCH_3 + HI \longrightarrow$ (2) $H_3C-CH=CH-CH_3 + H_2 \xrightarrow{Ni}$

(3)$CH_2=CHCH_2CH_3 + H_2O \xrightarrow{H^+}$ (4) 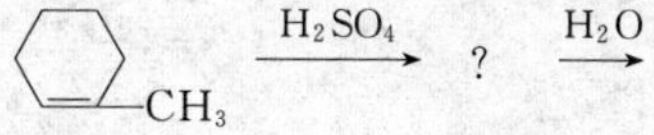 六元环-CH_3 $\xrightarrow{H_2SO_4}$? $\xrightarrow{H_2O}$

(5) 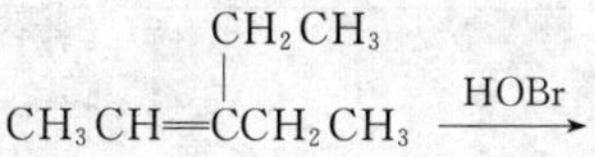 $CH_3CH\overset{CH_2CH_3}{\underset{|}{C}}CH_2CH_3 \xrightarrow{HOBr}$

(6) 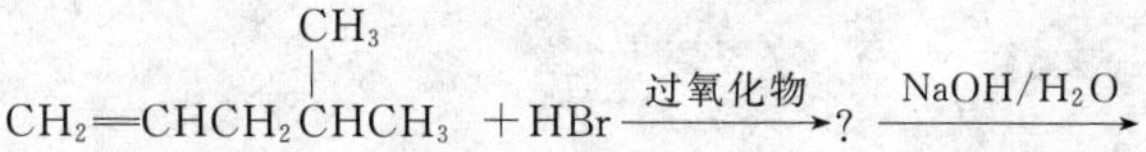 $CH_2=CHCH_2\overset{CH_3}{\underset{|}{C}}HCH_3 + HBr \xrightarrow{过氧化物}$? $\xrightarrow{NaOH/H_2O}$

(7) 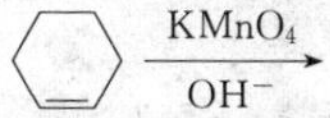 六元环 $\xrightarrow[OH^-]{KMnO_4}$ (8) 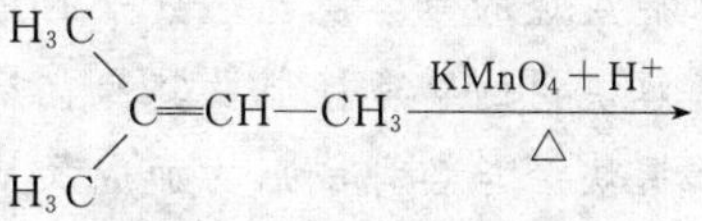 $\overset{H_3C}{\underset{H_3C}{C}}=CH-CH_3 \xrightarrow[\triangle]{KMnO_4+H^+}$

(9) 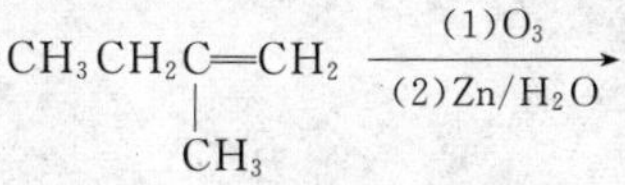 $CH_3CH_2\overset{|}{\underset{CH_3}{C}}=CH_2 \xrightarrow[(2)Zn/H_2O]{(1)O_3}$ (10) 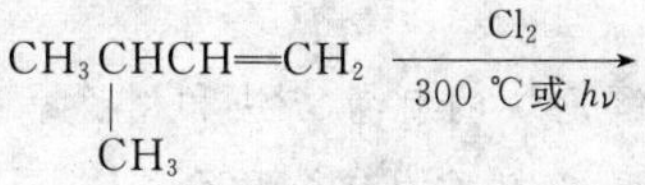 $CH_3\overset{|}{\underset{CH_3}{C}}HCH=CH_2 \xrightarrow[300℃或h\nu]{Cl_2}$

6.某化合物 A,其分子式为 C_8H_{16},它可以使溴水褪色,也可溶于浓硫酸,用臭氧氧化,然后用 Zn、H_2O 处理,只得到一种产物 $CH_3\overset{O}{\overset{||}{C}}CH_2CH_3$ 。试写出该化合物的构造式及各步反应方程式。

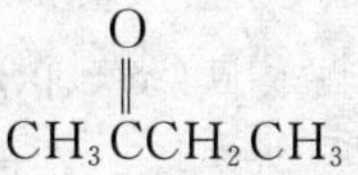

7.某烯烃催化加氢得 2-甲基丁烷,加氯化氢可得 2-甲基-2-氯丁烷,如果经臭氧氧化并在锌粉存在下水解只得丙酮和乙醛,写出该烯烃的结构式以及各步反应式。

8.某化合物 A,分子式为 $C_{10}H_{18}$,经催化加氢得化合物 B,B 的分子式为 $C_{10}H_{22}$。化合物 A 与过量 $KMnO_4$ 溶液作用,得到三个化合物:

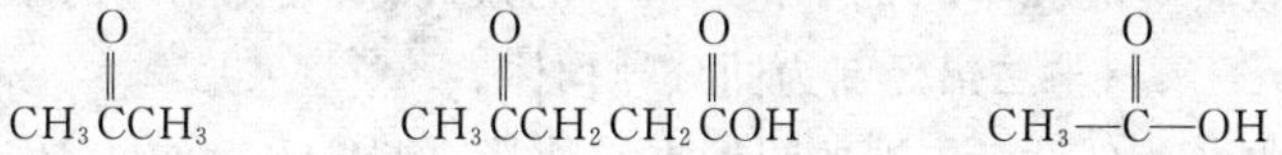

$CH_3\overset{O}{\overset{||}{C}}CH_3$ $CH_3\overset{O}{\overset{||}{C}}CH_2CH_2COOH$ $CH_3-\overset{O}{\overset{||}{C}}-OH$

试写出 A 可能的结构式。

9.某化合物分子式为 C_7H_{14},能使溴水褪色,能溶于浓硫酸中,催化加氢得 3-甲基己烷,用过量的高锰酸钾酸性溶液氧化,得两种不同的有机酸。试推测该烃的结构。

10.合成题。

(1)$CH_3CHBrCH_3 \longrightarrow CH_3CH_2CH_2Br$

(2)$CH_3CH=CHCH_3 \longrightarrow CH_3CH_2CH_2CH_2Cl$

(3)$CH_3CH_2CH=CH_2 \longrightarrow CH_3CH_2CH_2CH_2OH$

(4)$CH_3CH=CH_2 \longrightarrow CH_2ClCHOHCH_2Cl$

第4章

炔烃和二烯烃

【学习目标】

☞ 掌握炔烃的命名及乙炔分子的结构；

☞ 了解炔烃的物理性质及其变化规律；

☞ 掌握炔烃与各种试剂的加成反应、林德拉（Lindlar）催化加氢、氧化反应、炔氢的反应等；

☞ 了解乙炔的制备方法和用途；

☞ 掌握二烯烃的分类和命名；

☞ 掌握共轭二烯烃的结构、性质及其加成反应规律和双烯合成方法；

☞ 理解共轭效应和超共轭效应（π-π、p-π、σ-π、σ-p），学会应用电子效应解释结构与性质的关系；

☞ 了解天然橡胶和合成橡胶方面的初步知识。

4.1 炔烃

分子中含有碳碳叁键（C≡C）的不饱和烃称为炔烃，炔烃比相应的单烯烃分子少两个氢原子，通式为 C_nH_{2n-2}，与二烯烃互为同分异构体。

在炔烃分子中，C≡C 处于末端的叫做末端炔烃，例如 HC≡CH、RC≡CH；处于中间的叫做非末端炔烃，例如 RC≡CR′。在末端炔烃分子（RC≡C—H）中，叁键上的氢叫做炔氢。

4.1.1 炔烃同分异构和命名

1.炔烃的同分异构

炔烃的异构包括碳链异构和叁键的位置异构。由于叁键碳原子上只能连接一个原子或基团，所以炔烃没有顺反异构体，比相同碳原子数的烯烃的异构体数目少。例如戊炔 C_5H_8 只有 3 个异构体。

$$CH_3CH_2CH_2C≡CH \qquad CH_3CH_2C≡CCH_3 \qquad CH_3—CH—C≡CH$$
$$|$$
$$CH_3$$

1-戊炔 　　　　　　2-戊炔 　　　　　　3-甲基-1-丁炔

2.炔烃的命名

炔烃的命名方法主要有衍生物命名法和系统命名法。

(1)衍生物命名法

炔烃的衍生物命名法是以乙炔为母体,其他的炔烃看作是乙炔的烃基衍生物。简单的炔烃用此方法命名。例如:

$$CH_2=CHC\equiv CH \qquad CH_2=CHCH_2C\equiv CH \qquad CH_3CH=CH-C\equiv CH$$

　　乙烯基乙炔　　　　　　　烯丙基乙炔　　　　　　　丙烯基乙炔

$$(CH_3)_3CC\equiv CC(CH_3)_3 \qquad\qquad CH_3CHC\equiv CCHCH_2CH_3$$
$$\qquad\qquad\qquad\qquad\qquad\qquad\qquad |\qquad\quad |$$
$$\qquad\qquad\qquad\qquad\qquad\qquad\qquad CH_3\quad\; CH_3$$

　　　　　二叔丁基乙炔　　　　　　　　　　　异丙基仲丁基乙炔

(2)系统命名法

炔烃的系统命名法与烯烃相似,命名时只需将名称中的"烯"字改成"炔"字即可。首先选含有叁键的最长碳链为主链,编号时从靠近叁键的一端开始。例如:

$$\overset{5}{C}H_3CH_2-\overset{4}{C}H\overset{3}{C}\equiv\overset{2}{C}-\overset{1}{C}H_2CH_3$$

$$\overset{6}{C}H-CH_3$$

$$\overset{7}{C}H_3$$

6-甲基-5-乙基-3-庚炔
(选取含取代基最多、最长的碳链为母体)

若分子中同时含有双键和叁键,则选取同时含有双键和叁键的最长碳链为主链,命名为"某烯炔";编号时遵循最低系列原则,使双键和叁键的位次之和最小。例如:

$$\overset{5}{C}H_3-\overset{4}{C}H=\overset{3}{C}H-\overset{2}{C}\equiv\overset{1}{C}H$$
$$\;_1\qquad\;_2\qquad\;_3\qquad_4\quad_5$$

3-戊烯-1-炔　　(i)
(不叫 2-戊烯-4-炔)　(ii)

(ii)中(2+4)>(i)中(1+3)

当双键和叁键处在相同的位次时,应给双键最小的编号。例如:

$$CH\equiv C-CH_2-CH=CH_2$$

1-戊烯-4-炔(不叫 4-戊烯-1-炔)

$$CH_3C\equiv CCHCH_2CH=CH_2 \qquad\qquad CH_3C\equiv CCHCH_2CH=CHCH_3$$
$$\qquad\qquad |\qquad\qquad\qquad\qquad\qquad\qquad\qquad |$$
$$\qquad\qquad C_2H_5\qquad\qquad\qquad\qquad\qquad\qquad CH=CH_2$$

4-乙基-1-庚烯-5-炔　　　　　　　5-乙烯基-2-辛烯-6-炔

练习 4-1 命名下列化合物。

(1) $CH_3C\equiv CCHCH_3$
　　　　　　　$|$
　　　　　　CH_2CH_3

(2) $CH_2=CHCH_2C\equiv CH$

(3) $HC\equiv C-C\equiv C-CH=CH_2$

(4) $CH_3CH=CHC\equiv CH$

(5) $CH_3CH=CHCH(CH_3)C\equiv C-CH_3$

(6) $(CH_3)_3CC\equiv CCH_2C(CH_3)_3$

4.1.2　炔烃的结构

乙炔($HC\equiv CH$)是最简单和最重要的炔烃。现以乙炔为例讨论炔烃的结构。

1.乙炔的直线构型

实验证明,乙炔分子里的两个碳原子和两个氢原子处在一条直线上,是直线型分子。

其碳碳叁键与 C—H 键之间的夹角是 180°。如图 4-1 所示。

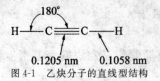

各种碳碳键键长、键能比较			
碳碳键	单键	双键	叁键
键长(nm)	0.154	0.133	0.120
键能(kJ·mol^{-1})	347.2	611	837

图 4-1　乙炔分子的直线型结构

2. 碳原子的 sp 杂化

杂化轨道理论认为,乙炔分子中碳原子成键时,各以一个 2s 轨道和一个 2p 轨道进行 sp 杂化,组成两个等同的 sp 杂化轨道。杂化过程如图 4-2 所示。

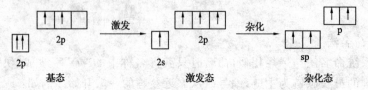

图 4-2　碳原子轨道的 sp 杂化

杂化后形成两个 sp 杂化轨道,各含 1/2 s 和 1/2 p 成分,两个 sp 杂化轨道的对称轴在一条直线上,键角为 180°,如图 4-3 所示。每个碳原子上还有两个未参与杂化的 2p 轨道,它们的对称轴互相垂直,并与 sp 杂化轨道相互垂直,如图 4-4 所示。

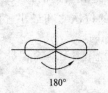

图 4-3　两个 sp 轨道空间分布

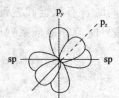

图 4-4　叁键原子轨道分布

3. 乙炔中 σ 键与 π 键的形成

在乙炔分子中,两个碳原子各以一个 sp 杂化轨道相互重叠,形成一个 C—C σ 键,另一个 sp 杂化轨道与一个氢原子的 1s 轨道形成 C—H σ 键,三个 σ 键的键轴在一条直线上,如图 4-5(ⅰ)所示。未杂化的两个 p 轨道与另一个碳的两个 p 轨道相互平行,"肩并肩"的重叠,形成两个相互垂直的 π 键,如图 4-5(ⅱ)所示。

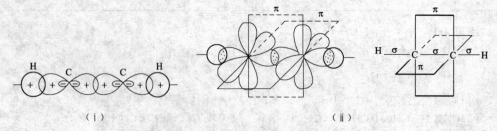

（ⅰ）　　　　　　　　　　　　　　　　　　　　（ⅱ）

图 4-5　乙炔分子中 σ 键与 π 键的形成

4.1.3　炔烃的物理性质

通常情况下,$C_2 \sim C_4$ 的炔烃是气体,$C_5 \sim C_{18}$ 的炔烃是液体,C_{18} 以上的炔烃是固体。炔烃的熔点、沸点都随着碳原子数目的增加而升高。炔烃的沸点比相同碳原子数的烯烃高 10～20 ℃。这是因为叁键的键长较短,分子间距离较近,作用力较强。炔烃的相对密度都小于1,即比水轻,相同碳原子数的烃的相对密度之大小依次是炔烃＞烯烃＞烷烃。炔烃难溶于水,易溶于乙醚、丙酮、苯和四氯化碳等有机溶剂。部分炔烃的物理性质见表4-1。

表4-1　　　　　　　　　　　　部分炔烃的物理常数

名称	构造式	熔点/℃	沸点/℃	相对密度
乙炔	$HC{\equiv}CH$	-81.8	-75	0.618
丙炔	$CH_3C{\equiv}CH$	-101.51	-23.2	0.617
1-丁炔	$CH_3CH_2C{\equiv}CH$	-122.5	8.1	0.668
2-丁炔	$CH_3C{\equiv}CCH_3$	-32.3	27	0.691
1-戊炔	$CH_3(CH_2)_2C{\equiv}CH$	-90	29.3	0.695
2-戊炔	$CH_3CH_2C{\equiv}CCH_3$	-101	55.5	0.714
1-己炔	$CH_3(CH_2)_3C{\equiv}CH$	-132	71	0.715
2-己炔	$CH_3(CH_2)_2C{\equiv}CCH_3$	-88	84	0.730
3-己炔	$CH_3CH_2C{\equiv}CCH_2CH_3$	-51	81.8	0.724
1-庚炔	$CH_3(CH_2)_4C{\equiv}CH$	-81	100	0.734
1-辛炔	$CH_3(CH_2)_5C{\equiv}CH$	-80	125.2	0.746
2-辛炔	$CH_3(CH_2)_4C{\equiv}CCH_3$	-60.2	137.2	0.759
3-辛炔	$CH_3(CH_2)_3C{\equiv}CCH_2CH_3$	-105	133	0.752
4-辛炔	$CH_3(CH_2)_2C{\equiv}C(CH_2)_2CH_3$	-102	131	0.751
1-壬炔	$CH_3(CH_2)_6C{\equiv}CH$	-65	160.7	0.760

4.1.4　炔烃的化学性质

炔烃的官能团是$C{\equiv}C$,叁键中的π键不稳定,因此炔烃的化学性质比较活泼,与烯烃相似,也能发生加成、氧化和聚合等反应。由于sp杂化碳原子的电负性比较大,因此与叁键碳原子直接相连的氢原子比较活泼,表现出一定的酸性,容易被某些金属或者金属离子取代,生成金属炔化物。

1. 加成反应

与烯烃相似,炔烃叁键中的π键容易断裂,发生加成反应。

（1）催化加氢

在催化剂Pd、Pt、Ni或雷尼镍的催化下,炔烃与氢气加成首先生成烯烃,但很难停留在烯烃阶段,而是进一步加氢生成烷烃。

$$CH{\equiv}CH \xrightarrow{H_2}{Pt} CH_2{=}CH_2 \xrightarrow{H_2}{Pt} CH_3CH_3$$

如果选用活性较低的催化剂,可使加氢反应停留在烯烃阶段。常用的是林德拉(Lindlar)催化剂(沉淀在$BaSO_4$或$CaCO_3$上的Pd,并用醋酸铅或喹啉降低其活性),可使炔烃加氢生成烯烃。该催化剂加成特点是 1 molC≡C 只可加 1mol H_2 得 C═C。表明催化剂活性对催化加氢产物具有决定性的影响。

$$R-C≡C-R'+H_2 \xrightarrow{\text{Lindlar 催化剂}} R-CH=CH-R'$$

当分子中同时含有双键和叁键时,催化加氢时炔烃比烯烃反应活性好。这是由于催化剂对于叁键的吸附能力强于双键所致。例如:

$$CH_2=CH-C≡CH+H_2 \xrightarrow[\text{喹啉}]{Pd-BaSO_4} CH_2=CH-CH=CH_2$$

催化加氢反应的应用:

①实验室制备纯烷烃。

②工业上利用此反应可使粗汽油中的少量烯烃(易氧化、聚合)还原为烷烃,提高油品质量;提高乙烯纯度,如制备低压聚乙烯时,少量的炔烃会使齐格勒-纳塔(Ziegler-Natta)催化剂失活。

③根据被吸收氢气的体积,测定分子中双键或叁键的数目。

(2)与卤素加成

与烯烃相似,炔烃容易与氯或溴发生加成反应。反应分两步进行,先与 1 mol 氯或溴生成二卤代烯烃,然后继续加成生成四卤代烷烃。在较低温度下,此反应可控制在生成二卤代烯烃阶段。例如:

$$CH≡CH \xrightarrow{Br_2,CCl_4} \underset{\underset{Br}{|}}{CH}=\underset{\underset{Br}{|}}{CH} \xrightarrow{Br_2,CCl_4} \underset{\underset{Br}{|}}{\overset{\overset{Br}{|}}{CH}}-\underset{\underset{Br}{|}}{\overset{\overset{Br}{|}}{CH}}$$

炔烃与溴的四氯化碳溶液发生加成时,溴的红棕色消失,所以此反应可用于炔烃的鉴别。1,2-二溴乙烯和 1,1,2,2-四溴乙烷都是重要的有机合成中间体,其中 1,1,2,2-四溴乙烷可用于矿物分离、合成季铵盐、燃料和制冷剂等。

炔烃加氯必须用 $FeCl_3$ 作催化剂。

$$CH≡CH \xrightarrow{Cl_2,FeCl_3} \underset{\underset{H}{|}}{\overset{\overset{Cl}{|}}{C}}=\underset{\underset{Cl}{|}}{\overset{\overset{H}{|}}{C}} \xrightarrow{Cl_2,FeCl_3} H-\underset{\underset{Cl}{|}}{\overset{\overset{Cl}{|}}{C}}-\underset{\underset{Cl}{|}}{\overset{\overset{Cl}{|}}{C}}-H$$

炔烃与卤素也是亲电加成反应,但炔烃活性比烯烃小,反应速度慢。例如,烯烃可使溴的四氯化碳溶液立刻褪色,炔烃却需要几分钟才能使之褪色,乙炔甚至需在光或三氯化铁催化下才能加溴。所以当分子中同时存在双键和叁键时,首先进行的是双键加成。例如在低温下、缓慢加入溴的四氯化碳溶液,叁键可以不参与反应。

$$CH_2=CHCH_2-C≡CH \xrightarrow{Br_2} \underset{\underset{Br}{|}}{CH_2}-\underset{\underset{Br}{|}}{CH}CH_2-C≡CH$$

4,5-二溴-1-戊炔

炔烃的亲电加成不如烯烃活泼的原因是两种不饱和碳原子的杂化状态不同。叁键中的碳原子为 sp 杂化,与 sp^2 和 sp^3 杂化相比含有较多的 s 成分。s 成分多,则成键电子更靠近原子核,原子核对成键电子的约束力较大,所以叁键的 π 电子比双键的 π 电子更难极化。换言之,sp 杂化的碳原子电负性较强,不容易给出电子与亲电试剂结合,因而叁键的亲电加成反应比双键的加成反应慢。

（3）与卤化氢加成

炔烃也能与卤化氢发生亲电加成。反应分两步进行,控制试剂的用量可只进行一步反应,生成卤代烯烃。但炔烃与卤化氢的加成反应不如烯烃活泼,通常要在氯化汞活性炭的催化作用下才能进行。例如：

$$HC\equiv CH(g) + HCl(g) \xrightarrow[120\sim180℃]{HgCl_2} \underset{\underset{Cl}{|}}{CH}{=}CH_2$$

这是工业上早期生产氯乙烯的主要方法。此法具有工艺简单、产率高等优点；但因能耗大,催化剂有毒,已逐渐被乙烯合成法所代替。氯乙烯是生产聚氯乙烯塑料的单体。

不对称炔烃加卤化氢时,遵循马尔科夫尼科夫规则。

$$RC\equiv CH \xrightarrow{HX} \underset{\underset{X}{|}}{RC}{=}CH_2 \xrightarrow{HX} \overset{\overset{X}{|}}{\underset{\underset{X}{|}}{RC}}{-}CH_3$$

在光或过氧化物作用下,炔烃与溴化氢的加成反应,遵从反马氏规则。例如：

$$CH_3CH_2{-}C\equiv CH \xrightarrow[过氧化物]{HBr} CH_3CH_2{-}\underset{\underset{H}{|}}{C}{=}\underset{\underset{Br}{|}}{CH}$$

（4）与水加成

炔烃在汞催化剂(或铜、锌、镉等非汞催化剂)下可与水发生加成反应,首先生成烯醇,烯醇不稳定,发生分子内重排,转变成醛或酮。这种异构现象称为酮醇互变异构。

$$\underset{\text{烯醇式(不稳定)}}{\overset{|}{\underset{|}{C}}{=}\underset{\underset{OH}{|}}{C}} \rightleftharpoons \underset{\text{酮式(稳定)}}{\overset{|}{\underset{|}{C}}{-}\underset{\underset{O}{\|}}{C}}$$

例如,乙炔在 10％硫酸和 5％硫酸汞水溶液中发生加成反应,首先是叁键与一分子水加成,生成羟基与双键碳原子直接相连的加成产物,称为乙烯醇。具有这种结构的化合物很不稳定,发生分子内重排,生成乙醛。这是工业上生产乙醛的方法之一。

$$CH\equiv CH + H_2O \xrightarrow[98\sim105\ ℃]{HgSO_4,稀\ H_2SO_4} \left[\underset{HC\ {=}\ CH}{\overset{OH\ \ H}{|\ \ \ |}}\right] \xrightarrow{重排} \underset{}{H{-}\overset{\overset{O}{\|}}{C}{-}CH_3}$$

不对称炔烃与水的加成遵从马氏规则,除乙炔加水得到乙醛外,其他炔烃与水加成均得到酮,端位炔烃得到甲基酮。例如：

$$RC\equiv CH + H_2O \xrightarrow{HgSO_4,稀\ H_2SO_4} \left[\underset{\underset{\text{烯醇式}}{RC\ {=}\ CH}}{\overset{OH\ \ H}{|\ \ \ |}}\right] \xrightarrow{重排} \underset{\text{酮式}}{R{-}\overset{\overset{O}{\|}}{C}{-}CH_3}$$

$$CH_3{-}C\equiv CH + H_2O \xrightarrow{HgSO_4,稀\ H_2SO_4} \left[\underset{\underset{OH}{|}}{CH_3{-}C}{=}CH_2\right] \rightarrow CH_3\underset{\underset{O}{\|}}{C}CH_3$$

$$\text{C}_6\text{H}_5\text{—C}{\equiv}\text{CH} + \text{H}_2\text{O} \xrightarrow{\text{HgSO}_4,\text{稀 H}_2\text{SO}_4} \text{C}_6\text{H}_5\text{—C}(\text{O})\text{—CH}_3 \quad 苯乙酮$$

$$\text{CH}_3(\text{CH}_2)_5\text{C}{\equiv}\text{CH} + \text{H}_2\text{O} \xrightarrow{\text{Hg}^{2+}} \text{CH}_3(\text{CH}_2)_5\text{C}(\text{O})\text{CH}_3$$

(5)乙烯基化反应

炔烃除了能发生上述与烯烃相似的加成反应外,还能与 HCN、CH_3OH、CH_3COOH 等试剂加成,其中乙炔与这些试剂的加成最重要,反应按亲核加成反应历程进行。

①加 HCN

乙炔与氢氰酸加成生成丙烯腈。丙烯腈是制备合成纤维和塑料的重要原料。

$$\text{CH}{\equiv}\text{CH} + \text{HCN} \xrightarrow{\text{Cu}_2\text{Cl}_2} \text{CH}_2{=}\text{CH—CN}$$
$$丙烯腈$$

这是工业上早期生产丙烯腈的方法之一,现已被丙烯氨氧化法取代。丙烯腈是合成聚丙烯腈的单体,聚丙烯腈就是俗称的"人造羊毛"——腈纶。

$$\text{CH}_2{=}\text{CH—CH}_3 + \text{NH}_3 + \frac{3}{2}\text{O}_2 \xrightarrow[470\ ℃]{磷酸铋} \text{CH}_2{=}\text{CH—CN} + 3\text{H}_2\text{O}$$

②加乙酸

在乙酸锌-活性炭催化下,乙炔与乙酸能发生加成反应生成乙酸乙烯酯。

$$\text{HC}{\equiv}\text{CH} + \text{HO—C}(\text{O})\text{CH}_3 \xrightarrow[210{\sim}250\ ℃]{(\text{CH}_3\text{COO})_2\text{Zn-C}} \text{CH}_3\text{CO—CH}{=}\text{CH}_2$$

乙酸乙烯酯为无色液体,是生产聚乙烯醇和维纶的原料。该反应是目前工业上生产乙酸乙烯酯的主要方法。

③加醇

在碱催化下,乙炔与甲醇发生加成反应,生成甲基乙烯基醚。

$$\text{CH}{\equiv}\text{CH} + \text{CH}_3\text{OH} \xrightarrow[160{\sim}165\ ℃]{20\%\text{KOH}} \text{CH}_3\text{O—CH}{=}\text{CH}_2$$

甲基乙烯基醚是重要的有机合成单体,可聚合成高分子化合物,是生产涂料、油漆、黏合剂和增塑剂的原料。

乙炔与氢氰酸、醇、羧酸反应后的产物都含有乙烯基,所以称为乙烯基化反应。

2.氧化反应

(1)燃烧

乙炔在氧气中燃烧,生成二氧化碳和水,同时放出大量的热。

$$2\text{CH}{\equiv}\text{CH} + 5\text{O}_2 \longrightarrow 4\text{CO}_2 + 2\text{H}_2\text{O} + Q$$

乙炔在氧气中燃烧产生的氧炔焰可达 3000 ℃以上的高温,广泛用于切割和焊接金属。

(2)高锰酸钾氧化

炔烃容易被高锰酸钾等氧化剂氧化,叁键完全断裂,不同结构的炔烃,氧化产物不同。乙炔氧化生成二氧化碳,其他的末端炔烃生成羧酸和二氧化碳,非末端炔烃生成两分子羧酸。

$$RC\equiv CH \xrightarrow[H^+]{KMnO_4} R-\overset{\displaystyle O}{\underset{\displaystyle \|}{C}}-OH + CO_2 + H_2O$$

$$RC\equiv CR' \xrightarrow[H^+]{KMnO_4} R-\overset{\displaystyle O}{\underset{\displaystyle \|}{C}}-OH + R'-\overset{\displaystyle O}{\underset{\displaystyle \|}{C}}-OH$$

$$3RC\equiv CH + 8KMnO_4 + 4KOH \longrightarrow RCOOH + MnO_2 + K_3CO_3 + H_2O$$

在氧化反应过程中,高锰酸钾溶液的紫色褪去,同时生成棕褐色的二氧化锰沉淀。实验室中可根据此性质鉴别炔烃。此外,还可以根据氧化产物来推测炔烃的结构。

3.炔氢的反应

(1)炔氢的酸性

炔氢具有微弱的酸性。表4-2列出了几种有机物和无机物的酸性。由表可知,乙炔的酸性虽然比乙烯和乙烷强,但比乙醇弱得多。

表 4-2 几种有机物和无机物的酸性

	乙炔	乙烯	乙烷	水	乙醇	氨
pK_a	25	44	55	15.7	17	36

为什么乙炔比乙烯和乙烷的酸性强呢?这是由碳原子杂化形式决定的。炔氢中叁键碳原子是 sp 杂化,烯烃和烷烃是 sp^2 和 sp^3 杂化,三种不同杂化碳原子的电负性大小依次为 $sp(3.29) > sp^2(2.75) > sp^3(2.48)$。可见,sp 杂化碳原子相连的氢原子最容易离解,从而具有微弱的酸性。

(2)与钠或氨基钠的反应

乙炔和末端炔烃与金属钠或氨基钠作用时,炔氢原子被钠原子取代,生成炔化钠。

$$2CH\equiv CH + 2Na \xrightarrow{110\ ℃} 2CH\equiv CNa + H_2\uparrow$$

如果温度较高,乙炔中两个氢原子都被金属钠取代,生成乙炔二钠。

$$CH\equiv CH + 2Na \xrightarrow{190\sim220\ ℃} NaC\equiv CNa + H_2\uparrow$$

此反应在液氨中更易进行,液氨与金属钠作用生成氨基钠,乙炔、丙炔或其他末端炔烃与氨基钠反应,生成炔化钠。

$$CH\equiv CH + 2NaNH_2 \xrightarrow{液氨} NaC\equiv CNa + 2NH_3$$

$$RC\equiv CH + NaNH_2 \xrightarrow{液氨} RC\equiv CNa + NH_3$$

炔化钠性质活泼,与伯卤代烃作用生成高级炔烃。

$$RC\equiv CNa + RX \xrightarrow{液氨} RC\equiv CR + NaX$$

$$HC\equiv CH \xrightarrow[-33℃]{NaNH_2,液氨} HC\equiv CNa \xrightarrow[液氨,-33℃]{CH_3CH_2CH_2CH_2Br} CH_3CH_2CH_2CH_2C\equiv CH$$
$$(89\%)$$

$$CH_3CH_2C\equiv CH \xrightarrow[-33℃]{NaNH_2,液氨} CH_3CH_2C\equiv CNa \xrightarrow[液氨,-33℃]{CH_3CH_2Br} CH_3CH_2C\equiv CCH_2CH_3$$
$$(75\%)$$

此反应由低级炔烃合成高级炔烃,是有机合成中增长碳链的方法之一。

（3）与硝酸银或氯化亚铜的氨溶液反应

将乙炔通入硝酸银的氨溶液或氯化亚铜的氨溶液中，炔氢原子可被 Ag^+ 或 Cu^+ 取代，生成灰白色的乙炔银或棕红色的乙炔亚铜沉淀。

$$CH\equiv CH \begin{cases} \xrightarrow{Ag(NH_3)_2NO_3} AgC\equiv CAg\downarrow \\ \qquad\qquad\qquad 乙炔银（白色）\\ \xrightarrow{Cu(NH_3)_2Cl} CuC\equiv CCu\downarrow \\ \qquad\qquad\qquad 乙炔亚铜（棕红色）\end{cases}$$

其他含有炔氢原子的炔烃，也可发生这一反应。上述反应在常温下就可迅速进行，而且现象明显，常用来鉴别乙炔和末端炔烃。

$$RC\equiv CH \begin{cases} \xrightarrow{Ag(NH_3)_2NO_3} RC\equiv CAg\downarrow \\ \qquad\qquad\qquad 炔化银\\ \xrightarrow{Cu(NH_3)_2Cl} RC\equiv CCu\downarrow \\ \qquad\qquad\qquad 炔化亚铜\end{cases}$$

非末端炔烃无反应。

炔化银（$RC\equiv CAg$）和炔化亚铜（$RC\equiv CCu$）不与水反应，也不溶于水，在潮湿时比较稳定，干燥状态下，因撞击、震动或受热会发生爆炸，因此在进行鉴别反应后，应加稀酸使其分解。由于金属炔化物遇到稀酸时，可发生分解生成原来的炔烃，所以在进行鉴别反应后，应加稀酸使其分解。利用这个性质，可分离、精制末端炔烃。

$$Ag-C\equiv C-Ag \longrightarrow 2Ag+2C+ 364\ kJ\cdot mol^{-1}$$

$$Ag-C\equiv C-Ag+2HNO_3 \longrightarrow HC\equiv CH+2AgNO_3$$

4. 聚合反应

炔烃的聚合反应中最重要的是乙炔的加成聚合反应。在不同的催化剂作用下，乙炔可以分别聚合成链状、环状化合物或聚乙炔。

（1）乙炔的二聚

$$CH\equiv CH+CH\equiv CH \xrightarrow[NH_4Cl]{Cu_2Cl_2} CH_2=CH-C\equiv CH$$
$$\qquad\qquad\qquad\qquad\qquad\qquad\qquad\qquad 乙烯基乙炔$$

$$CH_2=CH-C\equiv CH+CH\equiv CH \xrightarrow[NH_4Cl]{Cu_2Cl_2} CH_2=CH-C\equiv C-C\equiv C-CH=CH_2$$
$$\qquad\qquad\qquad\qquad\qquad\qquad\qquad\qquad\qquad\qquad 二乙烯基乙炔$$

乙烯基乙炔是合成氯丁橡胶单体的重要原料，其在 $Cu_2Cl_2-NH_4Cl$ 的催化作用下与浓 HCl 反应可制得 2-氯-1,3-丁二烯。

$$CH_2=CH-C\equiv CH +HCl（浓）\xrightarrow[NH_4Cl,50℃]{Cu_2Cl_2} CH_2=CH-C=CH_2$$
$$\qquad\qquad\qquad\qquad\qquad\qquad\qquad\qquad\qquad\qquad\qquad\ \ \ |$$
$$\qquad\qquad\qquad\qquad\qquad\qquad\qquad\qquad\qquad\qquad\qquad\ \ \ Cl$$

乙烯基乙炔

2-氯-1,3-丁二烯

（2）乙炔的三聚

乙炔在过渡金属催化剂催化下，发生三聚反应得到环状化合物苯。

$$\underset{\text{HC}\equiv\text{CH}}{} + \underset{\text{HC}\equiv\text{CH}}{} \xrightarrow[60\sim70\ ℃,1.5\ \text{MPa}]{Ph_3PNi(CO)_2} \bigcirc \quad\text{(无合成意义)}$$

(3)乙炔的四聚

乙炔在 $Ni(CN)_2/THF$ 催化剂的条件下,得到环辛四烯。

$$\xrightarrow[80\sim120\ ℃,1.5\ \text{MPa}]{Ni(CN)_2,THF}$$

(4)聚乙炔

乙炔在齐格勒-纳塔催化剂作用下,可以聚合成线型相对分子质量较高的聚乙炔。

$$n\text{CH}\equiv\text{CH} \xrightarrow{TiCl_4-Al(C_2H_5)_3} \left[\text{CH}=\text{CH}\right]_n$$

聚乙炔具有高度的导电性,可作太阳能电池、电极和半导体材料等。

练习 4-2　写出下列反应的产物。

1. $CH_3CH_2CH_2C\equiv CH + HBr$(过量)$\longrightarrow$

2. $CH_3CH_2C\equiv CCH_2CH_3 + H_2O \xrightarrow{HgSO_4-H_2SO_4}$

3. $CH\equiv CCH_2CH_2CH_3 \xrightarrow{[Ag(NH_3)_2]^+}$

4. $CH_3CH_2C\equiv CH \xrightarrow{HBr}$

5. $CH_3-\bigcirc-C\equiv CH + H_2O \xrightarrow{HgSO_4-H_2SO_4}$

练习 4-3　有一炔烃,分子式为 C_6H_{10},催化加氢后可生成 2-甲基戊烷,与硝酸银的氨溶液作用生成白色沉淀。试推测这一炔烃的结构式,并写出相关反应式。

4.1.5　乙炔的制备和用途

乙炔又称电石气,是最简单的炔烃。纯乙炔为无色芳香气味的易燃、有毒气体。微溶于水,易溶于乙醇、苯、丙酮等有机溶剂。在空气中爆炸极限为 $2.3\%\sim72.3\%$。为了运输和使用的安全,通常把乙炔在 $1.2\ \text{MPa}$ 下压入盛满丙酮浸润饱和的多孔性物质(如硅藻土、软木屑或石棉)的钢瓶中。乙炔的丙酮溶液是安全的。

工业上用煤、石油或天然气作为原料生产乙炔。

1.电石法

由电石(碳化钙)与水作用制得。用焦炭和氧化钙经电弧加热至 $2200\ ℃$,制成碳化钙,再与水反应生成乙炔和氢氧化钙。

$$CaO + 3C \xrightarrow{2200℃} CaC_2 + CO$$

$$\begin{array}{c}HO-H\\HO-H\end{array} + Ca\!\!\underset{C}{\overset{C}{\|\|}} \longrightarrow CH\equiv CH + Ca(OH)_2$$

该方法生产流程短,精制简单,乙炔纯度高;但耗电量大(生产1 kg乙炔的电力消耗量约10 kW·h)、成本高且产生大量的氢氧化钙,需要妥善处理。

2.天然气制乙炔法

预热到600~650 ℃的原料天然气和氧气进入多管式烧嘴板乙炔炉,在1500 ℃下,甲烷裂解制得8%左右的稀乙炔,再用N-甲基吡咯烷酮提浓制得99%的乙炔成品。

$$2CH_4 \xrightarrow[\text{0.1~0.01 s}]{\text{1500 ℃}} CH{\equiv}CH + 3H_2$$

优点:原料来源丰富,较经济。

乙炔是有机化学工业的一个基础原料,用于生产乙醛、乙酸、乙酸酐、聚乙烯醇以及氯丁橡胶等。此外,乙炔在氧气中燃烧时生成的氧炔焰能达到3000 ℃以上的高温,工业上常用来焊接或切断金属材料。

4.2 二烯烃

4.2.1 二烯烃的通式、分类和命名

分子中含有两个碳碳双键的不饱和脂肪烃称为二烯烃,通式是C_nH_{2n-2}。二烯烃和炔烃互为同分异构体。

1.二烯烃的分类

根据二烯烃中两个双键的相对位置不同,可将二烯烃分为三类。

(1)累积二烯烃 两个双键连接在同一个碳原子上的二烯烃,即

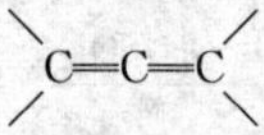

$$\diagup C{=}C{=}C\diagdown$$

例如:

$$CH_2{=}C{=}CH_2 \qquad CH_3{-}CH{=}C{=}CH_2$$
丙二烯 　　　　　　　1,2-丁二烯

(2)共轭二烯烃 两个双键被一个单键隔开的二烯烃,即

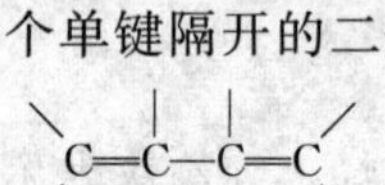

$$C{=}C{-}C{=}C$$

例如:

$$CH_2{=}CH{-}CH{=}CH_2 \qquad CH_2{=}C{-}CH{=}CH_2$$
1,3-丁二烯 　　　　　　　　　$\underset{CH_3}{}$

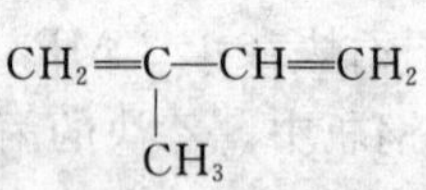

2-甲基-1,3-丁二烯(俗名异戊二烯)

(3)孤立二烯烃(隔离二烯烃) 两个双键被两个或两个以上单键隔开的二烯烃,即

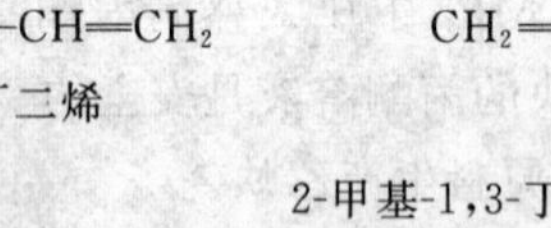

$$C{=}C{-}(CH_2)_n{-}C{=}C \qquad n{\geqslant}1$$

例如:

$$\overset{5}{C}H_2{=}\overset{4}{C}H{-}\overset{3}{C}H_2{-}\overset{2}{C}H{=}\overset{1}{C}H_2 \qquad \overset{6}{C}H_3{-}\overset{5}{C}H{=}\overset{4}{C}H{-}\overset{3}{C}(CH_3)_2{-}\overset{2}{C}H{=}\overset{1}{C}H_2$$
1,4-戊二烯 　　　　　　　　　3,3-二甲基-1,4-己二烯

以上三类二烯烃中,累积二烯烃不稳定,自然界中存在数量不多且实际应用少;孤立

二烯烃的性质和单烯烃相似,两个双键相互影响很小;共轭二烯烃的结构和性质都很特殊,在理论和实际应用上都有重要价值。本节重点讨论共轭二烯烃。

2. 二烯烃的命名

选择含有两个双键的最长碳链为主链。根据主链的碳原子数称"某二烯"。从靠近双键的一端开始给主链碳原子依次编号,按照"较优基团后列出"的原则,将取代基的位次、数目、名称,以及两个双键的位次写在母体名称前面。例如:

$$\overset{6}{CH_3}-\overset{5}{CH}-\overset{4}{CH}-\overset{3}{CH}-\overset{2}{CH}=\overset{1}{CH_2}$$
$$\underset{CH_3}{|}$$

$$\overset{5}{CH_3}-\overset{4}{C}=\overset{3}{C}-\overset{2}{C}=\overset{1}{CH_2}$$
$$\underset{CH_3}{|}\;\;\underset{CH_2-CH_3}{|}$$

5-甲基-1,3-己二烯   4-甲基-2-乙基-1,3-戊二烯

二烯烃顺反异构的命名与烯烃相似(每一个双键的构型均需标出),可以用顺反命名法,也可以用 Z,E 命名法。例如:

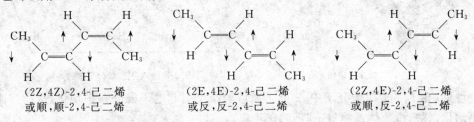

(2Z,4Z)-2,4-己二烯   (2E,4E)-2,4-己二烯   (2Z,4E)-2,4-己二烯
或顺,顺-2,4-己二烯   或反,反-2,4-己二烯   或顺,反-2,4-己二烯

练习 4-4 用系统命名法命名下列化合物。

(1) $CH_2=CH-C-CH_2$
    $\quad\quad\quad\;\;|$
    $\quad\quad\quad CH_3$

(2) 〔环结构〕 $-CH_3$
    CH_2CH_3

(3) 〔CH_3 与 C_2H_5 的二烯结构〕

(4) $(CH_3)_2C=CHCH=CHCH_3$

4.2.2 共轭二烯烃的结构和共轭效应

1. 1,3-丁二烯的结构

现代物理方法测定 1,3-丁二烯分子中的 4 个碳原子和 6 个氢原子均在同一平面内,所有的键角都接近 120°;双键的键长(0.1337 nm)比单烯烃中双键的键长(0.133 nm)略长;单键的键长(0.148 nm)比烷烃中单键的键长(0.154 nm)短,如图 4-6 所示。

图 4-6 1,3-丁二烯分子的键长和键角

为什么 1,3-丁二烯分子中碳碳键键长趋于平均化呢?杂化轨道理论认为 1,3-丁二烯分子中四个 C 都是 sp^2 杂化,相邻两个碳原子的 sp^2 杂化轨道相互交盖形成 C—C 键,

碳原子的 sp^2 杂化轨道与氢原子的 1s 轨道相互交盖形成 C—H σ 键,这样分子中形成了 3 个 C—C σ 键和 6 个 C—H σ 键,每个 σ 键之间的夹角都接近 120°,形成了分子中所有的 σ 键都在一个平面上的结构。如图 4-7 所示。

另外,每个 C 上都还有一个未参与杂化的 p 轨道,这些 p 轨道的对称轴相互平行,且垂直于 σ 键所在的平面。在形成 π 键时,除 C_1—C_2、C_3—C_4 之间的 p 轨道侧面平行交盖形成 π 键外,C_2—C_3 之间的 p 轨道也会发生一定程度的侧面平行交盖,使得 C_2—C_3 之间也有了部分双键的性质。即丁二烯分子中的 4 个 π 电子不再局限于某两个原子之间,而是在 4 个碳原子之间运动,形成了一个大 π 键,这个大 π 键称为离域大 π 键或共轭大 π 键。如图 4-8 所示。

图 4-7 1,3-丁二烯分子中的 σ 键

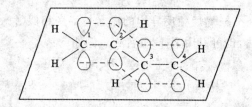

图 4-8 1,3-丁二烯分子中的共轭 π 键

可见,在 1,3-丁二烯分子中,π 电子离域的结果引起电子云分布平均化,从而带来键长平均化趋势,也使体系能量下降,趋于稳定。

2. 共轭体系

像 1,3-丁二烯这样结构的分子,含有三个或三个以上相邻且共平面的原子时,这些原子中相互平行的轨道之间相互交盖,π 电子不是固定在一个双键的碳原子之间,而是扩散到三个或三个以上原子之间,由此形成的离域键体系称为共轭体系。1,3-丁二烯以及其他的共轭二烯烃都是共轭体系。

(1)共轭体系的类型

①π—π 共轭体系 不饱和键和单键交替存在,由 π 电子离域所形成的共轭体系。

$CH_2{=}CH{-}CH{=}CH_2$ $CH_2{=}CH{-}CH{=}CH{-}CH{=}CH_2$ $CH_2{=}CH{-}C{\equiv}CH$
1,3-丁二烯   1,3,5-己三烯   1-丁烯-3-炔

$CH_2{=}CH{-}CH{=}O$ $CH_2{=}CH{-}C{\equiv}N$ 苯
丙烯醛   丙烯腈

这种共轭体系是 π 轨道与 π 轨道侧面平行交盖的结果。如图 4-8 所示。

②p—π 共轭体系 由一个 π 键和与此 π 键平行的 p 轨道相连组成的共轭体系。

$CH_2{=}CH{-}\overset{..}{\underset{..}{Cl}}$ $CH_2{=}CH{-}CH_2^{+}$ $CH_2{=}CH{-}CH_2^{-}$ $CH_2{=}CH{-}CH_2$·
氯乙烯   烯丙基碳正离子   烯丙基碳负离子   烯丙基自由基

π 键上的 p 轨道与相邻原子上的 p 轨道相互侧面平行重叠。图 4-9 表示烯丙基自由基、烯丙基碳正离子和氯乙烯分子中,p—π 共轭体系的轨道交盖情况。

(2)共轭 π 键的类型

①正常共轭 π 键 例如烯丙基自由基 $CH_2{=}CH{-}CH_2$· 中的共轭 π 键,是由 3 个碳原子(C,C,C)与 3 个 p 电子组成,组成共轭体系的原子数与 p 电子数相等,称为等电子共轭 π 键,也称正常共轭 π 键,表示为 π_3^3。

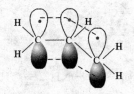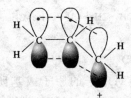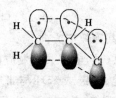

图 4-9　烯丙基自由基、烯丙基碳正离子、氯乙烯

大多数的有机共轭分子中的共轭 π 键属于这个类型。如 1,3-丁二烯(π_4^4)，苯(π_6^6)。

②多电子共轭 π 键　例如氯乙烯 CH_2=CH—Cl: 的共轭体系是由 3 个原子(C,C, Cl)与 4 个 p 电子(π 键 2 个,氯原子 2 个)组成,共轭 π 键中的 p 电子数多于共轭键的原子数,称为多电子共轭 π 键,表示为 π_3^4。

CH_2=CH—$\overset{..}{O}CH_3$ 和 CH_2=CH—$\overset{..}{N}H_2$ 均属于此类型。可见,双键或叁键碳原子上连接带孤对电子的原子,如 Cl,Br,O,N 等,分子就含有这类多电子共轭 π 键。

③缺电子共轭 π 键　例如烯丙基正离子 CH_2=CH—CH_2^+,如果与 π 键共轭的 p 轨道是一个缺电子的空轨道,则形成共轭 π 键的 p 电子数少于共轭链的原子数,称为缺电子 p—π 共轭 π 键,表达为 π_3^2。

可见,如果双键或叁键碳原子上连接的原子带有空的 p 轨道分子或正离子,就含有缺电子共轭 π 键。

3.共轭效应(Conjugative effect,C)

在共轭体系中,由于原子间的相互影响,引起电子云分布和键长平均化,体系能量降低,分子更稳定的现象称为共轭效应。

(1)共轭效应产生条件

①共平面性。共轭体系中所有 σ 键都在同一平面内。

②参加共轭的 p 轨道互相平行。如果共平面性受到破坏,p 轨道的相互平行就会发生偏离,减少了它们之间的重叠,共轭效应就随之减弱或消失。

(2)共轭效应特点

①组成共轭体系的所有原子均在一个平面内。

②键长趋于平均化。如 1,3-丁二烯分子中的键长。

③体系能量降低,分子趋于稳定。这可以从共轭二烯烃和孤立二烯烃的氢化热值看出。例如,1,4-戊二烯与 1,3-戊二烯的氢化热:

$$CH_2=CH—CH_2—CH=CH_2+2H_2 \longrightarrow C_5H_{12} \quad \Delta H=-254 \text{ kJ} \cdot \text{mol}^{-1}$$

$$CH_3CH=CH—CH=CH_2+2H_2 \longrightarrow C_5H_{12} \quad \Delta H=-226 \text{ kJ} \cdot \text{mol}^{-1}$$

可见,1,3-戊二烯的氢化热比 1,4-戊二烯的低 28 kJ·mol^{-1},由于电子离域,共轭二烯烃比孤立二烯烃低出来的能量叫共轭能或离域能。共轭体系越长,共轭能越大,体系的能量越低,化合物越稳定。

④当共轭体系受到外电场影响时,共轭链中 π 电子云发生转移,产生极性交替现象,这种影响从链的一端一直传到另一端,且其强度不随碳链增长而减弱。

⑤共轭效应沿共轭 π 键传递,不受距离的限制,是远程效应。如下所示:

$$CH_2=CH-CH=CH-CH=CH-CH=CH_2$$
$$\overset{\delta^+}{}\ \overset{\delta^-}{}\ \overset{\delta^+}{}\ \overset{\delta^-}{}\ \overset{\delta^+}{}\ \overset{\delta^-}{}\ \overset{\delta^+}{}\ \overset{\delta^-}{}$$

(3)共轭效应方向

①供(推)电子共轭效应(+C)

双键、叁键或苯环与带有孤对电子的原子或基团(如−X,−NH$_2$,−OH,−OR,−NHCOR等)共轭时,p 电子朝着双键方向转移,呈供电子共轭效应(+C)。例如:

$$CH_2=CH-\overset{..}{C}l \qquad CH_2=CH-CH=CH-\overset{..}{N}H_2 \qquad$$

②吸(拉)电子共轭效应(−C)

双键、叁键或苯环与电负性大的不饱和基团(如−CHO,−COR,−C≡N,−NO$_2$,−COOH等)共轭时,共轭体系的电子云向电负性大的元素偏移,使共轭体系的 π 电子云密度降低,呈吸电子共轭效应(−C)。例如:

$$CH_2=CH-CH=O \qquad \overset{\delta^+}{CH_2}=\overset{\delta^-}{CH}-\overset{\delta^+}{CH}=\overset{\delta^-}{CH}-\overset{\delta^+}{CH}=\overset{\delta^-}{CH}-\overset{\delta^+}{C}\equiv\overset{\delta^-}{N}$$

练习 4-5　试总结共轭效应与诱导效应的异同点。

---

4. 超共轭效应

当 π 键与 σ 碳上的 C−H σ 键在一个平面上时,发生侧面部分重叠,使 C−H 键上的 σ 电子云向 π 键流动,发生电子的离域,体系能量降低,稳定性增加,这种 σ 键的共轭称为超共轭效应。

(1)σ−π 超共轭效应

如丙烯分子中甲基的 C−H σ 键与 C=C 的 π 键在同一平面内,C−H σ 键轴与 π 键 p 轨道近似平行,形成 σ−π 共轭体系,称为 σ−π 超共轭体系。如图 4-10 所示:

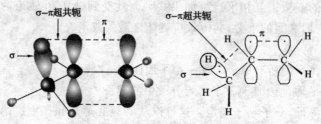

图 4-10　丙烯分子的 σ−π 超共轭体系

σ−π 超共轭效应一般是推电子共轭效应,表示为:

$$\overset{\delta^-}{CH_2}=\overset{\delta^+}{CH}-\overset{H}{\underset{H}{\overset{|}{C}}}\!-H$$

通常 α-H 越多,形成超共轭的机会越多,超共轭作用越强。由不同烯烃的氢化热可以看出,双键碳上所连的甲基越多,发生的 σ−π 超共轭效应就越多,体系能量就越低,越稳定。例如 1-丁烯和 2-丁烯:

$$CH_2=CH-CH_2CH_3 + H_2 \longrightarrow CH_3CH_2CH_2CH_3 \quad \triangle H = -126.8 \text{ kJ} \cdot \text{mol}^{-1}$$

$$CH_3-CH=CH-CH_3+H_2 \longrightarrow CH_3CH_2CH_2CH_3 \quad \triangle H=-119.6\ kJ\cdot mol^{-1}$$

由于 C—H σ 键是倾斜的,重叠程度小,所以 σ-π 超共轭效应小于 p-π 共轭效应。

(2)σ-p 超共轭效应

与 σ-π 超共轭效应相似,当 p 轨道与 C—H σ 键在一个平面上时,也能发生侧面部分重叠,产生键的离域,使 C—H 键上的 σ 电子云向 p 轨道上流动,体系能量降低。能参与超共轭效应的 C—H σ 键越多,体系能量就越低,越稳定。例如:乙基自由基和乙基碳正离子。

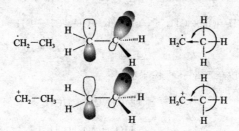

5.共轭效应的应用

(1)解释碳正离子的稳定性

与 C$^+$ 相连的 α-H 越多,能发生的超共轭效应越多,越有利于 C$^+$ 上正电荷的分散。

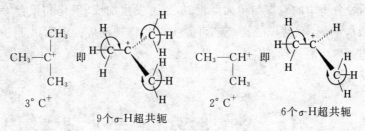

所以,C$^+$ 稳定性为 3°>2°>1°>CH$_3^+$。

(2)解释碳自由基的稳定性

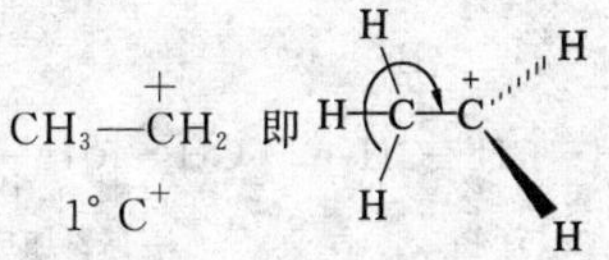

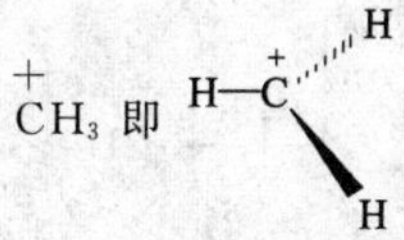

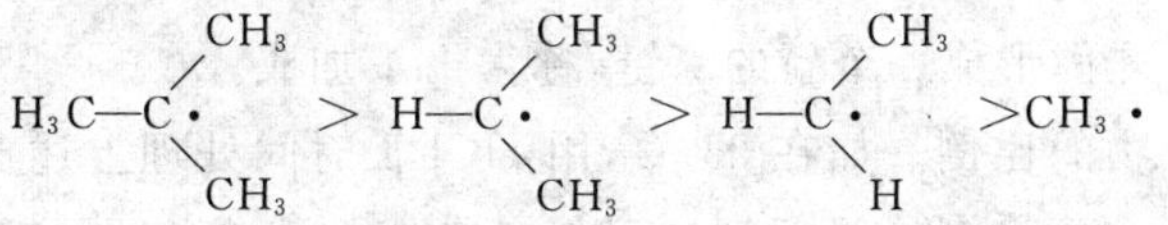

$$H_3C-\overset{CH_3}{\underset{CH_3}{C}}\cdot \quad > \quad H-\overset{CH_3}{\underset{CH_3}{C}}\cdot \quad > \quad H-\overset{CH_3}{\underset{H}{C}}\cdot \quad >CH_3\cdot$$

$$3°R\cdot > 2°R\cdot > 1°R\cdot > CH_3\cdot$$

同理,烷基碳自由基的稳定性可由 σ-p 超共轭效应解释。

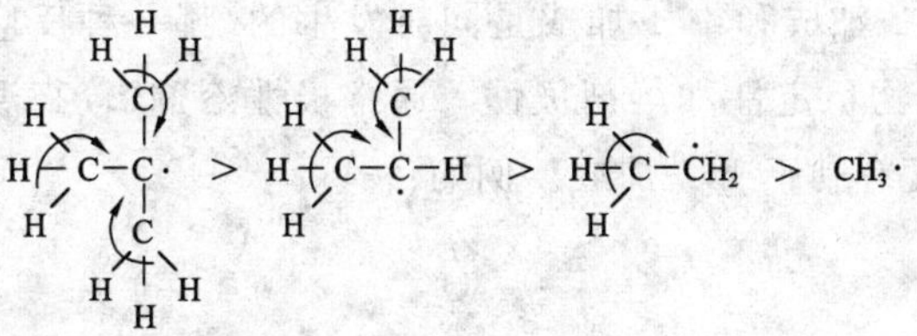

比较两种共轭体系和两种超共轭体系,它们的共轭效应即离域能大小顺序为:

$$\pi-\pi > p-\pi > \sigma-\pi > \sigma-p$$

(3)解释 1,3-丁二烯的 1,4-加成反应

见 4.2.3 共轭二烯烃的化学性质。

练习 4-6 下列分子或离子中存在什么类型的共轭体系?

(1)$CH_3-CH=CH-CH=CH-CH_3$ (2)$CH_3-CH=CH-\overset{+}{C}H-CH_3$

(3)$Cl-CH=CH-CH_3$ (4)$CH_3CH_2-\overset{..}{\underset{..}{O}}-CH_2-CH_3$

练习 4-7 比较下列碳正离子的稳定性。

(1)$CH_3CH_2CH_2\overset{+}{C}H_2$ (2)$CH_3CH_2\overset{+}{C}HCH_3$

(3)$\overset{+}{C}(CH_3)_3$ (4)$(CH_3)_2CH\overset{+}{C}H_2$ (5)$CH_2=CH-\overset{+}{C}H-CH_3$

4.2.3 共轭二烯烃的化学性质

共轭二烯烃分子中的双键与单烯烃相似,也可发生加成、氧化和聚合等一系列反应。但由于共轭效应的影响,共轭二烯烃还可发生一些特殊反应。下面以 1,3-丁二烯为例,主要讨论共轭二烯烃的特性反应。

1.加成反应

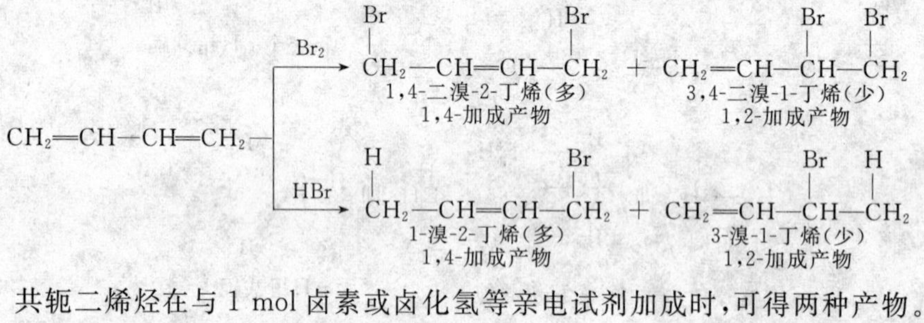

共轭二烯烃在与 1 mol 卤素或卤化氢等亲电试剂加成时,可得两种产物。

共轭二烯烃与一分子亲电试剂加成时,有两种加成方式。一种是断开一个 π 键,亲电试剂加到双键的两端,另一双键不变,称为 1,2-加成;另一种是亲电试剂加在共轭双烯两端的碳原子上,同时在 C_2、C_3 原子之间形成一个新的 π 键,称为 1,4-加成。

控制反应条件,可调节两种产物的比例。如在 25 ℃,用 HCl 长时间处理上述产物,则 1,2-加成产物逐渐转变成为 1,4-加成产物,最后到达平衡时 1,2-加成产物占 25%,1,4-加成产物占 75%。

共轭二烯烃的 1,2-加成和 1,4-加成是同时发生的,哪一种反应占优势,取决于反应温度、反应物结构、产物稳定性和溶剂极性。通常极性溶剂、较高温度有利于 1,4-加成;非极性溶剂、较低温度有利于 1,2-加成。例如:

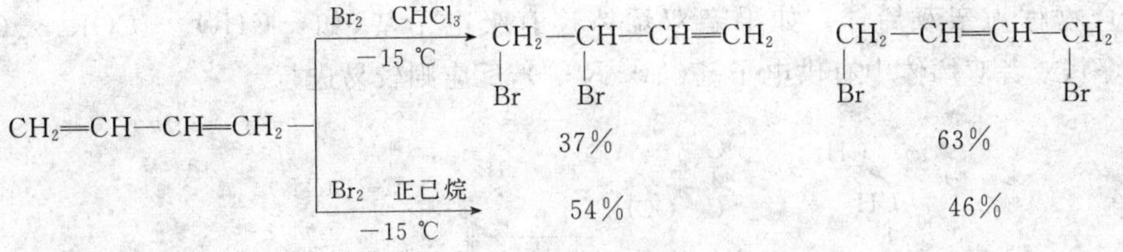

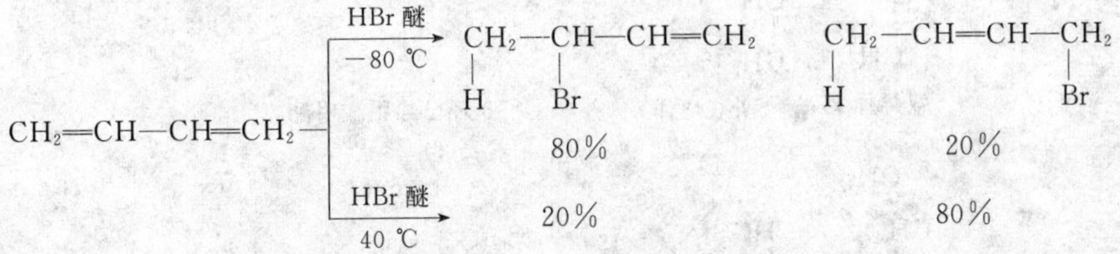

$$CH_2=CH-CH=CH_2 \begin{array}{l} \xrightarrow[-15\ ℃]{Br_2\quad CHCl_3} \\ \\ \\ \xrightarrow[-15\ ℃]{Br_2\quad 正己烷} \\ \\ \\ \xrightarrow[-80\ ℃]{HBr\ 醚} \\ \\ \\ \xrightarrow[40\ ℃]{HBr\ 醚} \end{array}$$

$$\underset{\overset{|}{Br}\quad\overset{|}{Br}}{CH_2-CH-CH=CH_2} \qquad \underset{\overset{|}{Br}\qquad\quad\overset{|}{Br}}{CH_2-CH=CH-CH_2}$$

37%   63%

54%   46%

$$\underset{\overset{|}{H}\quad\overset{|}{Br}}{CH_2-CH-CH=CH_2} \qquad \underset{\overset{|}{H}\qquad\quad\overset{|}{Br}}{CH_2-CH=CH-CH_2}$$

80%   20%

20%   80%

1,3-丁二烯为什么既有 1,2-加成,又有 1,4-加成呢? 这是由亲电加成反应历程决定的。共轭二烯烃的亲电加成反应也是分两步进行的。如 1,3-丁二烯与 HBr 的加成。

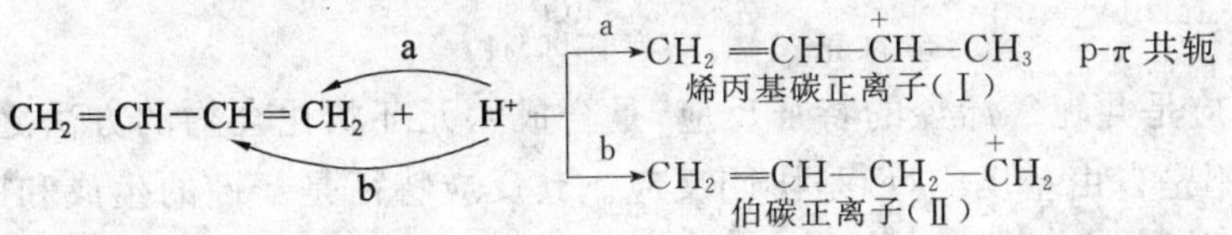

$$CH_2=CH-CH=CH_2 + \overset{\text{a}}{\underset{\text{b}}{H^+}} \begin{array}{l} \xrightarrow{\text{a}} CH_2=CH-\overset{+}{CH}-CH_3 \quad p\text{-}\pi\ 共轭\\ \qquad\qquad\text{烯丙基碳正离子(Ⅰ)}\\ \xrightarrow{\text{b}} CH_2-CH=CH_2-\overset{+}{CH}_2\\ \qquad\qquad\text{伯碳正离子(Ⅱ)} \end{array}$$

第一步:

烯丙基碳正离子(Ⅰ)的结构为 $CH_2-CH-\overset{+}{C}$ π电子可离域到空 p 轨道上,使正电荷得到分散,较较稳定。

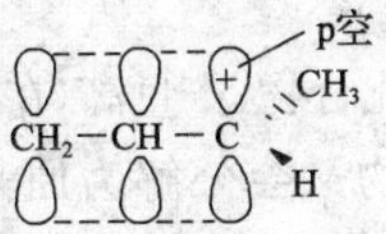

伯碳正离子(Ⅱ)的结构为 $CH_2-CH-CH_2-\overset{+}{C}$ π电子不能离域,碳正离子上的正电荷得不到分散,故不稳定。

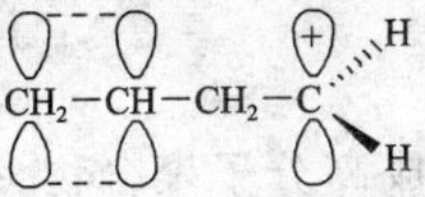

因碳正离子的稳定性为(Ⅰ)>(Ⅱ),故第一步主要生成碳正离子(Ⅰ)。

第二步:

烯丙基碳正离子 p−π 共轭体系,有极性交替现象,碳正离子中的 π 电子云不是平均分布在这三个碳原子上,而是正电荷主要集中在 C_2 和 C_4 上。正电荷分布如下:

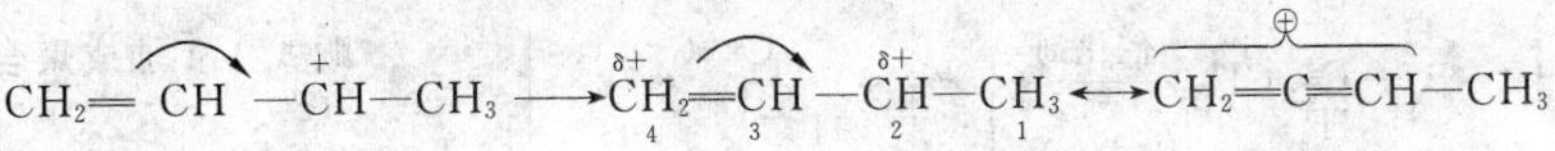

$$CH_2=\underset{4}{CH}-\overset{+}{CH}-CH_3 \longrightarrow CH_2=\underset{3}{\overset{\delta+}{CH}}-\underset{}{\overset{\delta+}{CH}}-CH_3 \longleftarrow CH_2=\overset{\oplus}{\underset{}{C}}-CH-CH_3$$

所以 Br^- 离子既可加到 C_2 上也可加到 C_4 上,加到 C_2 上得 1,2-加成产物,加到 C_4 上得 1,4-加成产物。

2. 双烯合成

1928 年,德国化学家狄尔斯(Diels O)-阿尔德(Alder K)发现,在一定条件下,共轭二烯烃可与含有 C=C(或 C≡C)的化合物进行 1,4-加成反应,生成环状化合物,这类反应称为狄尔斯-阿尔德反应,也叫双烯合成反应。

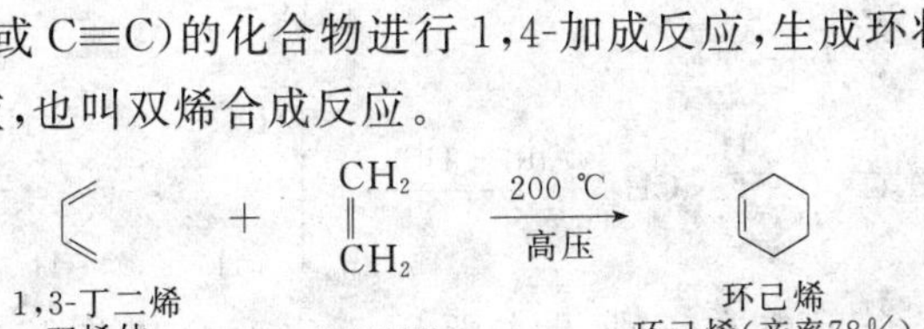

$$\text{（双烯体）} + \underset{CH_2}{\overset{CH_2}{\parallel}} \xrightarrow[高压]{200\ ℃} \text{（环己烯）}$$

1,3-丁二烯   亲双烯体   环己烯

双烯体   环己烯(产率78%)

在上述反应中,含有共轭双键的二烯烃叫做双烯体,与双烯体发生双烯合成反应的不

饱和化合物称为亲双烯体。如果亲双烯体连有吸电子基(如 $-CHO$、$-COR$、$-CN$、$-NO_2$ 等),或者双烯体中有供电子基(如 $-R$ 等),反应则较易进行。

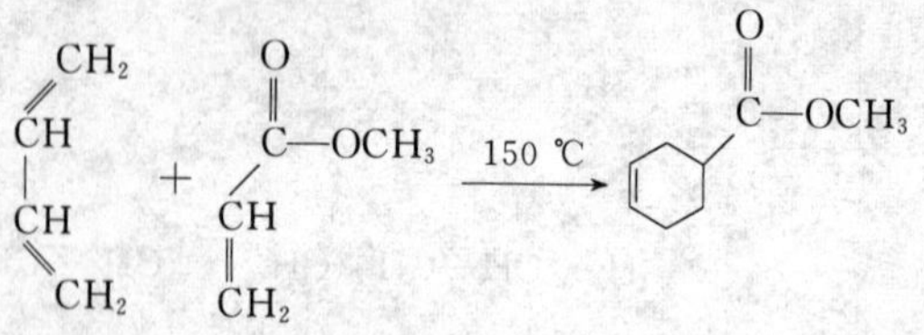

双烯体　　　　亲双烯体　　　　3-环己烯甲酸甲酯

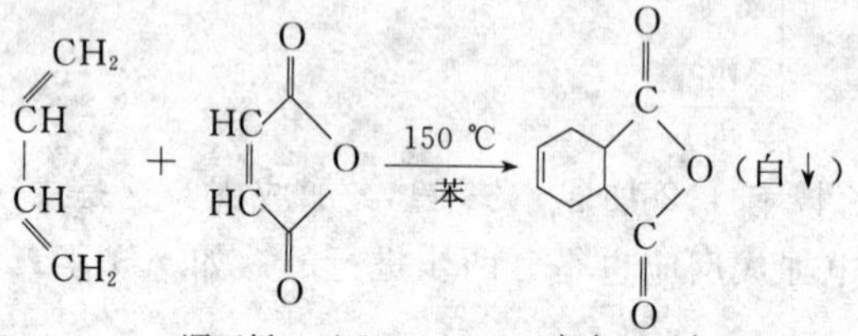

顺丁烯二酸酐　　(产率100%)

狄尔斯-阿尔德反应是共轭二烯烃的特征反应,是合成六元环状化合物的方法之一。它既不是离子反应也不是自由基反应,而是协同反应。其反应特征是新键的生成和旧键的断裂同时发生并协同进行,不需要催化剂,一般只要求在光或热的作用下发生反应。

双烯合成的用途:

(1)由开链化合物制备六元环状化合物,产量高,在理论上和生产上都占有重要地位。

(2)该反应可逆,高温时加成产物又会分解为原来的共轭二烯烃,可用于检验或提纯共轭二烯烃。

3.聚合反应

共轭二烯烃容易发生聚合反应,生成高分子聚合物。聚合时,既可发生 1,2-加成聚合,也可发生 1,4-加成聚合。聚合条件不同时,产物也不同。

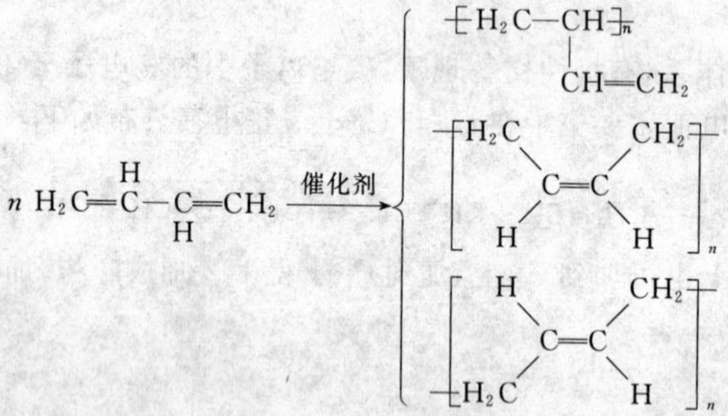

1,2 加成聚合物

顺式 1,4 加成聚合物

反式 1,4 加成聚合物

如果使用齐格勒-纳塔或环烷酸镍/三异丁基铝作催化剂,主要发生 1,4-加成方式的定向聚合,生成顺-1,4-聚丁二烯。

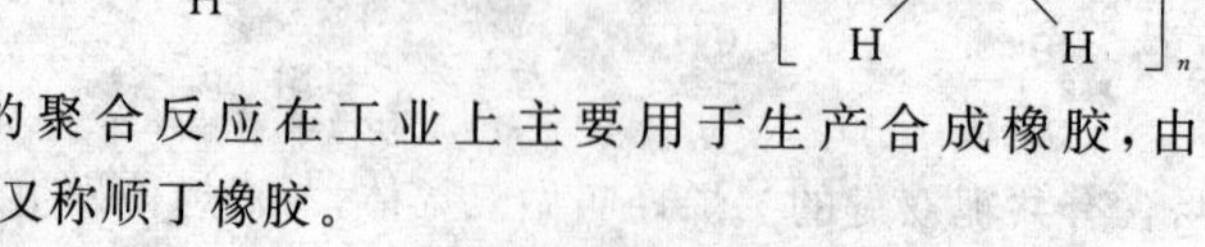

共轭二烯烃的聚合反应在工业上主要用于生产合成橡胶,由定向聚合所得的顺-1,4-聚丁二烯,又称顺丁橡胶。

练习 4-8 完成下列反应。

(1) $CH_2=C-CH=CH_2 + HBr(1\ mol) \longrightarrow$
　　　　　$\underset{CH_3}{|}$

(2) $CH_2=C-CH=CH_2 + Br_2 \xrightarrow{\text{高温}}$
　　　　　$\underset{CH_3}{|}$

(3) ⬡ $+$ ‖ $\xrightarrow{\triangle}$ $\xrightarrow[\triangle]{KMnO_4/H^+}$

(4) $CH_3CH=CH_2 \xrightarrow[\text{高温}]{Cl_2} \xrightarrow[\triangle]{1,3-\text{丁二烯}} \xrightarrow[Ni]{H_2}$

练习 4-9 用化学方法区别 1-丁炔,2-丁炔和 1,3-丁二烯。

4.2.4 天然橡胶和合成橡胶

1.天然橡胶

天然橡胶是从橡胶树流出的含橡胶 20%～40% 的白色乳液,经酸化凝固、压片、熏烟制得干胶片,即生橡胶。生橡胶经硫化(1839 年发明)后,不但克服了原来天然橡胶黏软的缺点,而且增加了强度,保持了弹性,从而奠定了橡胶工业发展的基础。

现代科学研究结果已经证明,天然橡胶的结构单元是异戊二烯,分子式是 $(C_5H_8)_n$,平均分子量 20～50 万,是由异戊二烯单体 1,4-加成聚合而成的顺-1,4-聚异戊二烯线型高分子化合物。

现代用齐格勒-纳塔催化剂,以己烷(或丁烷)作溶剂,从异戊二烯单体连续聚合得到的顺-1,4-聚异戊二烯,是结构和性质最接近天然橡胶的合成橡胶,被称为"合成天然橡胶"或异戊橡胶(IR)。

$$n\ CH_2=\underset{CH_3}{\underset{|}{C}}-CH=CH_2 \xrightarrow{(CH_3CH_2)_3Al\text{-}TiCl_4} \left[\begin{array}{c}CH_2 \quad\quad CH_2 \\ \diagdown\quad\quad\diagup \\ C=C \\ \diagup\quad\quad\diagdown \\ CH_3\quad\quad H\end{array}\right]_n$$

异戊橡胶

天然橡胶具有弹性好、强度高和加工性能优良等一系列优异的综合性能,尤其是其优良的回弹性、绝缘性、隔水性及可塑性等特性。并且,经过适当处理后还具有耐油、耐酸、耐碱、耐热、耐寒、耐压、耐磨等宝贵性质,所以具有广泛用途。例如日常生活中使用的雨鞋、暖水袋、松紧带;医疗卫生行业所用的外科医生手套、输血管、避孕套;交通运输上使用的各种轮胎;工业上使用的传送带、运输带、耐酸和耐碱手套;农业上使用的排灌胶管、氨水袋;气象测量用的探空气球;科学试验用的密封、防震设备;国防上使用的飞机、坦克、大炮、防毒面具;甚至连火箭、人造地球卫星和宇宙飞船等高精尖科学技术产品都离不开天然橡胶。

2.合成橡胶

天然橡胶产量有限,远远不能满足现代工业发展的需要。1910 年俄国化学家列别捷夫(1874～1934)以金属钠为引发剂使 1,3-丁二烯聚合成丁钠橡胶,以后又陆续出现了许多新的合成橡胶品种。合成橡胶中有少数品种的性能与天然橡胶相似,大多数与天然橡胶不同,但两者共同的最显著特点是具有高弹性。一般均需经过硫化和加工后,才具有实用性和使用价值。以下是一些重要橡胶的合成方法、性能特点和用途。

（1）顺丁橡胶

1,3-丁二烯在齐格勒-纳塔或环烷酸镍、三异丁基铝催化作用下,进行定向聚合反应,可得到顺式结构含量大于96％的顺丁橡胶。

$$n\ CH_2{=}CH{-}CH{=}CH_2 \xrightarrow[\text{聚合}]{\text{环烷酸镍/三异丁基铝}} \left[\begin{array}{c} CH_2 \quad\quad CH_2 \\ C{=}C \\ H \quad\quad\quad H \end{array}\right]_n$$

顺丁橡胶

顺丁橡胶的低温弹性和耐磨性能很好,可以制造轮胎、运输袋和胶管等制品。

（2）氯丁橡胶

在过硫酸盐的引发下,于30～50 ℃温度下,2-氯-1,3-丁二烯聚合可得到氯丁橡胶。

$$n\ CH_2{=}CH{-}\underset{\underset{Cl}{|}}{C}{=}CH_2 \xrightarrow{\text{聚合}} \left[\begin{array}{c} CH_2{-}CH{=}\underset{\underset{Cl}{|}}{C}{-}CH_2 \end{array}\right]_n$$

2-氯-1,3-丁二烯   氯丁橡胶

氯丁橡胶的耐油、耐燃、耐氧化和耐臭氧性能比天然橡胶好,但贮存性不好,耐寒性也差。主要用以制作多种耐油胶管、运输皮带、密封材料、传动带、海底电缆的包皮等。此外,它还是一种优良的胶黏剂。

（3）丁苯橡胶

以过硫酸盐为催化剂,用松香酸皂或脂肪酸皂为乳化剂,由丁二烯和苯乙烯进行乳化共聚得丁苯橡胶。

$$n\ CH_2{=}CH{-}CH{=}CH_2 + n\ CH{=}CH_2 \xrightarrow{\text{共聚}} \left[\begin{array}{c} CH_2{-}CH{=}CH{-}CH_2{-}CH{-}CH_2 \end{array}\right]_n$$

丁苯橡胶

丁苯橡胶(SBR)是目前产量最大的通用合成橡胶品种,也是最早实现工业化生产的橡胶之一。其综合性能优异,耐磨性好,主要用于轮胎工业、汽车部件、胶管、胶带、电线、电缆等。

（4）丁腈橡胶

丁腈橡胶由丁二烯和丙烯腈低温乳液聚合制得。

$$n\ CH_2{=}CH{-}CH{=}CH_2 + CH_2{=}CH{-}CN \xrightarrow{\text{共聚}} \left[\begin{array}{c} CH_2{-}CH{=}CH{-}CH_2{-}CH_2{-}\underset{\underset{CN}{|}}{CH} \end{array}\right]_n$$

丁腈橡胶

丁腈橡胶的特点是耐油性极好,耐磨性较高,耐热性较好,黏接力强;其缺点是耐低温性差、耐臭氧性差,电性能低劣,弹性稍低。主要用于制造耐油橡胶制品。

3. ABS 树脂

以 1,3-丁二烯为单体聚合或共聚的合成材料,除以上橡胶外,还有 ABS 树脂等。ABS 树脂是聚丁二烯、聚苯乙烯、聚丙烯腈的嵌段共聚物,是目前产量最大、应用最广泛的工程塑料。

$$n\ CH_2{=}CH\ +m\ CH_2{=}CH{-}CH{=}CH_2 + p\ CH{=}CH_2 \xrightarrow{\text{共聚}}$$

丙烯腈　　　　　　　丁二烯　　　　苯乙烯

$$\mathbf{+} CH_2{-}CH \mathbf{+}_n \mathbf{+} CH_2{-}CH{=}CH{-}CH_2 \mathbf{+}_m \mathbf{+} CH{-}CH_2 \mathbf{+}_p$$

ABS树脂具有刚性好、冲击强度高、耐热、耐低温、耐化学药品,染色性、成型性和电气性能等优良的综合性能,成为汽车内部零件、事务机器、通信器材、家电用品及照明设备首选的塑料之一;最大的缺点就是质量大,导热性能欠佳。

【习　题】

1.命名或写出下列化合物的结构式。

(1)$CH_3CH(C_2H_5)C{\equiv}CCH_3$　　　　(2)3-仲丁基-4-己烯-1-炔

(3)$(CH_3)_2C{=}CH{-}C{\equiv}C{-}CH_3$　　　　(4)环戊基乙炔

(5)异戊二烯　　　　　　　　　　　(6)聚-2-氯-1,3-丁二烯

(7)

(8)

2.用简单的化学方法鉴别下列各组化合物。

(1)正庚烷、1,4-庚二烯和1-庚炔　　　　(2)1-己炔、2-己炔和2-甲基戊烷

(3)2-甲基丁烷、3-甲基-1-丁烯和3-甲基-1-丁炔

(4)乙烯基乙炔、1,3-丁二烯和2-甲基-1-丁烯

3.完成下列反应式。

(1)$CH_3CH_2CH_2C{\equiv}CH + HBr(\text{过量}) \rightarrow$

(2)$CH_3CH_2C{\equiv}CCH_3 + KMnO_4 \xrightarrow[\triangle]{H^+}$

(3)$CH{\equiv}CH + HCN \xrightarrow[NH_4Cl]{Cu_2Cl_2}$

(4)$CH_3C{\equiv}CH + Na \longrightarrow (\quad) \xrightarrow{(\quad)} (\quad) \xrightarrow[Pd-BaSO_4]{H_2} (\quad) \xrightarrow{HCl} CH_3CHCH_2CH_3 \atop \quad\quad Cl$

(5) ⬡$-C{\equiv}CH + H_2O \xrightarrow[H_2SO_4]{HgSO_4}$

(6)$CH{\equiv}CH + HO{-}CCH_3 \atop \quad\quad\ O \xrightarrow[210\sim250℃]{(CH_3COO)_2Zn}$

(7)$CH{\equiv}CH \xrightarrow[NH_4Cl]{Cu_2Cl_2}$

(8)$CH_3C{\equiv}C{-}CH{=}CHCH_3 \xrightarrow{H_2/\text{Lindlar Pd}}$

(9) $CH_3C\equiv CH + NaNH_2 \xrightarrow{\text{液氨}} \xrightarrow{CH_3CH_2CH_2Cl}$

(10) $CH_2=CH-CH_2-C\equiv CH + Br_2\,(1\ mol) \longrightarrow$

(11) 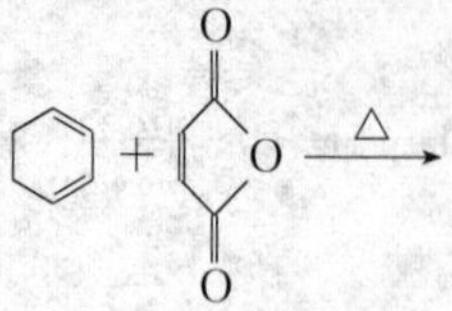 $\xrightarrow{\triangle}$

(12) 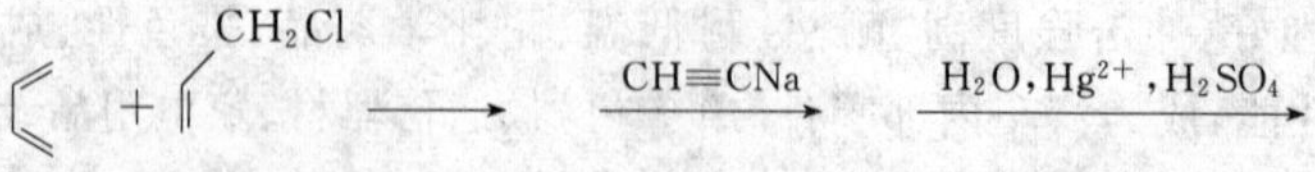 $\xrightarrow{CH\equiv CNa} \xrightarrow{H_2O,\,Hg^{2+},\,H_2SO_4}$

(13) 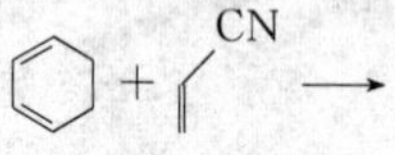 $\longrightarrow$

4. 指出下列化合物可由哪些原料通过双烯合成制得。

(1) 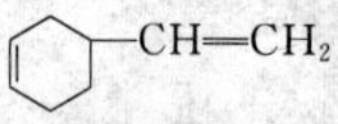 (2) 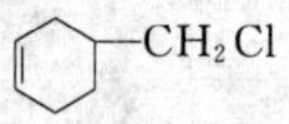 (3) 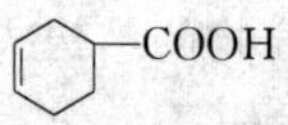 (4)

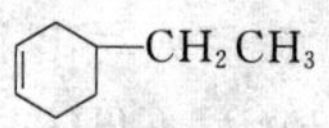

5. 化合物 A 和 B 分子式都为 C_5H_8，两者都能使溴的 CCl_4 溶液褪色。A 与硝酸银的氨溶液作用生成沉淀，A 经酸性高锰酸钾氧化得 CO_2 和 $CH_3CH(CH_3)COOH$。B 不与硝酸银氨溶液作用，B 经氧化得丙二酸及 CO_2。试推测 A、B 的结构，并写出相关反应式。

6. 分子式为 C_6H_{10} 的化合物 A，经催化氢化得 2-甲基戊烷。A 与硝酸银的氨溶液作用能生成灰白色沉淀。A 在汞盐催化下与水作用得到 $CH_3CHCH_2CCH_3$ 。推测 A 的
$\qquad\qquad\qquad\qquad\qquad\qquad\qquad |\qquad\ ||$
$\qquad\qquad\qquad\qquad\qquad\qquad\quad CH_3\quad\ O$

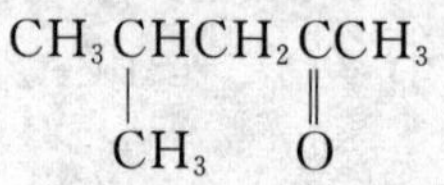

结构式，并用反应式表示推断过程。

7. 分子式为 C_6H_{10} 的 A 及 B，均能使溴的四氯化碳溶液褪色，并且经催化氢化得到相同的产物正己烷。A 可与氯化亚铜的氨溶液作用产生红棕色沉淀，而 B 不发生这种反应。B 经高锰酸钾的酸性溶液氧化，得到 CH_3COOH 及 $HOOC-COOH$。推断 A 及 B 的结构，并用反应式表示推断过程。

8. 合成题(无机原料自选)。

(1) $HC\equiv CH \rightarrow CH_3CH_2C\equiv CH$

(2) $HC\equiv CH$ 和 $CH_3C\equiv CH \rightarrow CH_2=CH-C\equiv C-CH_2CH=CH_2$

(3) $HC\equiv CH \rightarrow$ 2-丁醇

(4) 1-戊炔 $\rightarrow$ 2-戊酮

(5) $HC\equiv CH$ 和 $CH_3C\equiv CH \rightarrow CH_2=CH-OCH_2CH_2CH_3$

(6) $CH_2=CH-CH=CH_2$ 和 $CH_2=CHCH_3 \rightarrow$

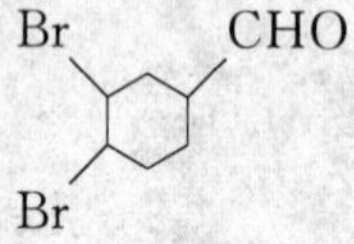

第 5 章

脂环烃

【学习目标】

☞ 掌握脂环烃的定义、同分异构及命名；

☞ 了解脂环烃的来源、物理性质及其变化规律；

☞ 掌握脂环烃的化学性质，小环烷烃的开环加成反应，能利用烷烃、小环烷烃化学性质上的差异鉴别两类物质；

☞ 理解环烷烃分子结构与环的稳定性的关系；

☞ 理解乙烷、丁烷和环己烷的构象。

脂环烃是指由碳、氢两种元素组成，分子中含有碳环结构，性质与链状脂肪烃相似的一类有机化合物。脂环烃及其衍生物广泛存在于自然界中，例如某些地区的石油中含大量的环烷烃；一些植物中含有的挥发油(精油)，其成分大多是环烯烃及其含氧衍生物；在自然界广泛存在的甾族化合物都是脂环烃的衍生物，在人体中起重要作用。脂环烃及其衍生物在生产和生活实践中具有重要应用。例如：

樟脑(常用驱虫剂)

麝香 $n=12$

冰片(常用中草药)

5.1 脂环烃的分类和命名

5.1.1 脂环烃的分类

1. 按分子中是否含有不饱和键

脂环烃
- 饱和脂环烃(环烷烃)
  (通式 C_nH_{2n}，与单烯烃互为同分异构体)如：

- 不饱和脂环烃
  - 环烯烃
    (通式 C_nH_{2n-2}，与炔烃、二烯烃互为同分异构体)如：
  - 环炔烃
    (通式 C_nH_{2n-4})如：

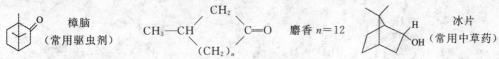

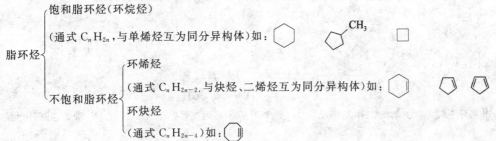

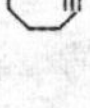

2.按分子中碳环的数目

按分子中碳环的数目分为单环脂环烃和多环脂环烃。在单环烃中,又可根据组成环的碳原子数分为小环、普通环、中环和大环。在多环烃中,两个环共用两个或两个以上碳原子时,称为桥环烃;两个环以共用一个碳原子的方式相互连接,称为螺环烃;截至目前,已知的大环有三十碳环,最常见的是五碳环(环戊烷)和六碳环(环己烷)。

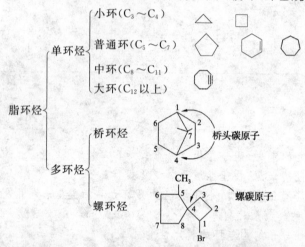

本章主要讨论环烷烃。

5.1.2 脂环烃的命名

1.环烷烃的命名

(1)单环烷烃的命名与烷烃相似,只是在相应烷烃前面加上一个"环"字。对于不带支链的环烷烃,命名时按照环碳原子的数目,称为"环某烷"。

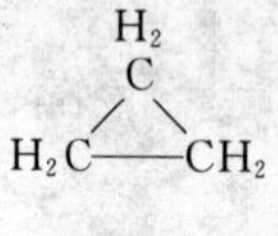

环丙烷 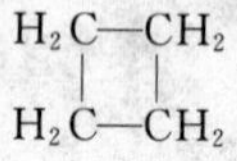   环丁烷 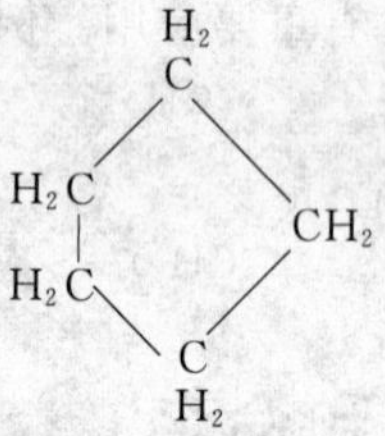   环戊烷 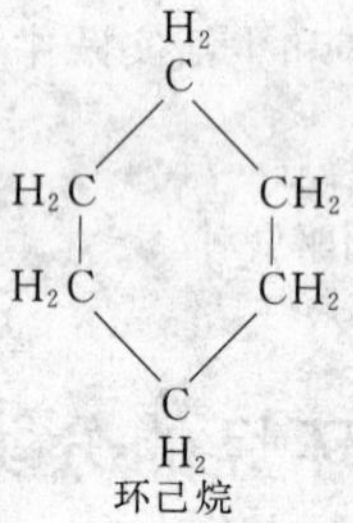   环己烷

(2)带有支链的环烷烃命名时,将环作母体,支链为取代基;给母体编号时,使环上取代基的位次尽可能最小。有两个以上不同的取代基时,取代基位次按"最低系列"原则列出,以含碳最少的取代基作为 1 位,把取代基的名称写在环烷烃的前面。

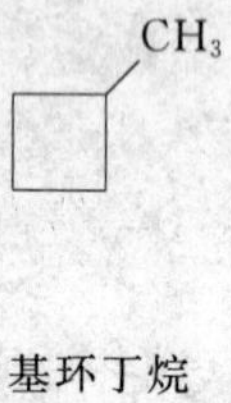

甲基环丁烷 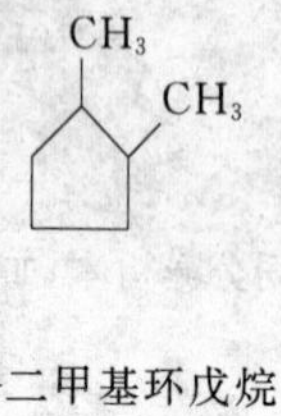   1,2-二甲基环戊烷 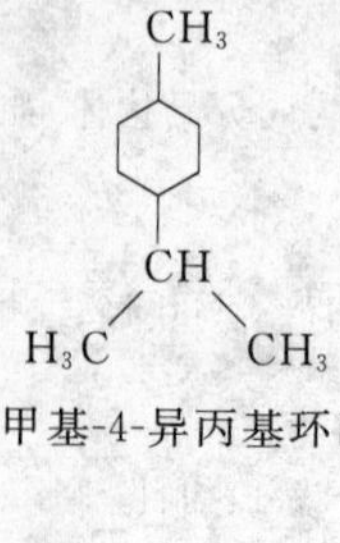   1-甲基-4-异丙基环己烷 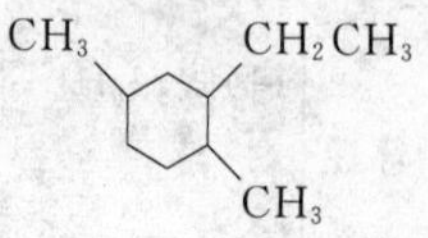   1,4-二甲基-2-乙基环己烷

（3）如环上取代基复杂,可把碳环当作取代基。

2. 环烯烃的命名

将环作母体,支链为取代基;编号时,给不饱和键编 1 号位和 2 号位,并使取代基的位次最小。含有两个以上双键时,编号必须通过两个双键。例如:

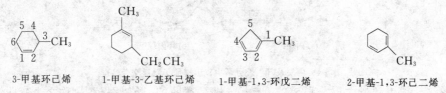

3. 顺反异构的命名

环烷烃中由于环中碳原子互相连接,不能自由扭转,当环烷烃中任意两个碳上连有不同基团时,就会产生顺反异构体。环烷烃顺反异构体的命名与烯烃顺反异构体的命名相似。

练习 5-1 命名或写出下列化合物的构造式。

（1）1,2,4-三甲基环己烷　　（2）反-1-氯-2-溴环丁烷　　（3）3,4-二甲基环己烯

（4） 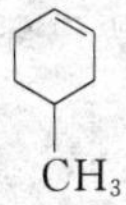　　　　　　　　　　　（5） 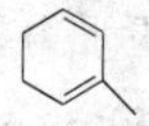　　　　　　　　　（6）CH_3CH_2—　—CH_3

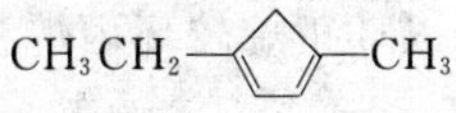

练习 5-2 写出分子式为 C_5H_{10} 的环烷烃的所有构造异构体并命名。

5.2 环烷烃的结构和稳定性

对环烷烃化学性质的研究发现,组成环的碳原子数和环的稳定性有密切关系,环的大小不同其化学稳定性也不同。环丙烷最不稳定,环丁烷次之,环戊烷比较稳定,环己烷最稳定,即环的稳定性是三元环＜四元环＜五元环＜六元环。环越稳定,化学性质越不活泼;相反,环越不稳定,化学性质越活泼。

5.2.1 环丙烷的结构

近代电子衍射法证实,环丙烷分子是平面结构,但键角∠CCC 不是平面等边三角形

的 60°而是 105.5°,比正常的 sp³ 杂化轨道的夹角 109.5°要小。

由于环丙烷分子形状的限制,sp³ 杂化轨道不能以"头碰头"的方式达到最大程度的重叠,而只能以弯曲的方式重叠(头-头、侧-侧兼有)如图 5-1(b)所示,以获取较大键角,使之接近 sp³ 杂化轨道的夹角 109.5°。

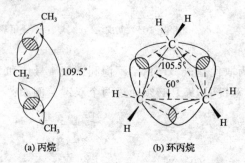

(a) 丙烷　　　　　　(b) 环丙烷

图 5-1　丙烷及环丙烷分子中碳碳键原子轨道交盖情况

像这样达不到最大重叠形成的 C—C σ 键是弯曲的,形似香蕉,故称之为弯曲键或香蕉键。这种键的电子云重叠程度不如直线 σ 键大,故弯曲键键能较小,不稳定、容易断裂,则化学性质就较为活泼。由于这种差别导致分子内产生一种试图恢复到正常键角(109.5°)的张力,这种张力叫角张力。有角张力的环叫张力环。

环烷烃分子内存在角张力,是环烷烃不稳定、容易开环加成的根本原因。环烷烃的环张力越大,表明分子的能量越高,稳定性越差,越容易开环加成。环越小,则角张力就越大。因此,环丙烷的角张力比环丁烷大,则环丙烷不如环丁烷稳定,环丙烷的性质更活泼。

5.2.2　环丁烷的结构

与环丙烷相似,环丁烷分子中存在着张力,但比环丙烷的小。因在环丁烷分子中四个碳原子不在同一平面上,这样可使部分张力得以缓解,如图 5-2 所示。环丁烷中的 C—C 键也是"弯曲键",但弯曲程度较小,∠CCC 键角为 111.5°,与正常键角(109.5°)的偏差减小。所以环丁烷较环丙烷稳定,但仍有相当大的张力,属不稳定环,比较容易开环加成。

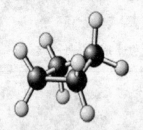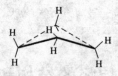

图 5-2　环丁烷的结构

5.2.3　环戊烷的结构

环戊烷分子中,∠CCC 为 108°,与正常键角(109.5°)的偏差更小,所以,环戊烷分子中角张力亦更小,故五元环比较稳定,不易开环,环戊烷的性质与开链烷烃相似。

环戊烷分子中的五个碳原子亦不共平面,而是以开启的"信封式"构象存在,使五元环的环张力可进一步得到缓解。如图 5-3 所示。

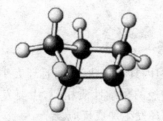

图 5-3　环戊烷的结构

5.2.4　环己烷的结构

环己烷比环戊烷更稳定,这是张力学说不能解释的。近代电子衍射法证实,环己烷分子中的六个碳原子并不在同一个平面内,键角为 109.5°,是无角张力环,很稳定,所以自然界存在的六碳环状化合物最多。

环己烷分子有两种空间构象,船式和椅式构象,如图 5-4 所示。详见 5.6.2 环己烷的构象。

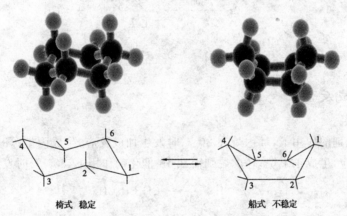

椅式　稳定　　　　　　　　　　船式　不稳定

图 5-4　环己烷的结构

5.3　环烷烃的物理性质

脂环烃的物理性质与开链烃相似。常温常压下,$C_3 \sim C_4$ 环烷烃为气体;$C_5 \sim C_{10}$ 环烷烃为液体;C_{11} 以上的高级环烷烃为固体,如环三十烷的熔点为 56 ℃。同碳数环烷烃的熔点、沸点和相对密度均高于开链烷烃(见表 5-1)。环烷烃和烷烃相似都不溶于水,易溶于有机溶剂。

表 5-1　　　　　　　　　　一些环烷烃和烷烃的物理常数比较

化合物	熔点/℃	沸点/℃	相对密度	化合物	熔点/℃	沸点/℃	相对密度
环丙烷	−127.6	−32.9	0.720(−79℃)	环戊烷	−93.9	49.3	0.7454
丙烷	−187.69	−42.07	0.5005(−7℃)	戊烷	−129.8	36.1	0.6262
环丁烷	−90	12.5	0.703(0℃)	环己烷	6.6	80.7	0.7786
丁烷	−138.3	−0.5	0.5788	己烷	−94	68.7	0.6509

5.4 环烷烃的化学性质

脂环烃的化学性质与相应的脂肪烃相似。但因具有环状结构,且环大小不同,故又有其特性。一般情况下,五元环以上的环烷烃与烷烃的化学性质相似,主要发生取代反应。环丙烷和环丁烷的化学性质与烯烃类似,容易开环发生加成反应。

5.4.1 取代反应

环烷烃与烷烃相似,在高温或紫外线的作用下,可发生自由基取代反应,生成卤代环烷烃。

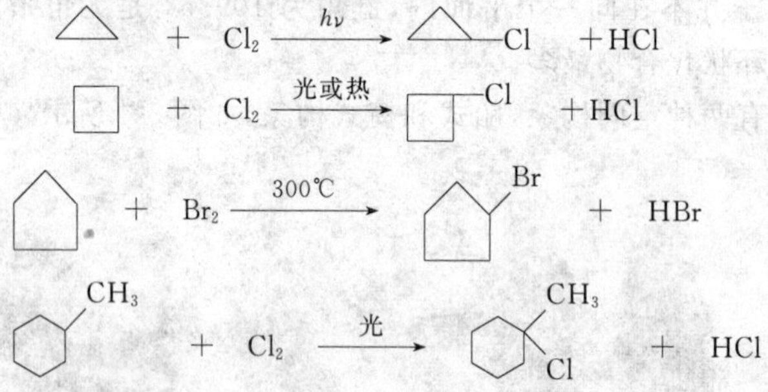

$$\triangle \;+\; Cl_2 \;\xrightarrow{h\nu}\; \triangle\!\!-\!Cl \;+\; HCl$$

$$\square \;+\; Cl_2 \;\xrightarrow{光或热}\; \square\!\!-\!Cl \;+\; HCl$$

$$⬠ \;+\; Br_2 \;\xrightarrow{300℃}\; ⬠\!\!-\!Br \;+\; HBr$$

$$\text{(甲基环己烷)} \;+\; Cl_2 \;\xrightarrow{光}\; \text{(氯代甲基环己烷)} \;+\; HCl$$

5.4.2 加成反应

1. 催化加氢

在 Ni 催化剂的作用下,环丙烷在 80 ℃时发生加成反应,生成丙烷;环丁烷在 200 ℃时发生加成反应,生成正丁烷;环戊烷则需在 Pt 催化剂作用下,300 ℃时发生加成反应。

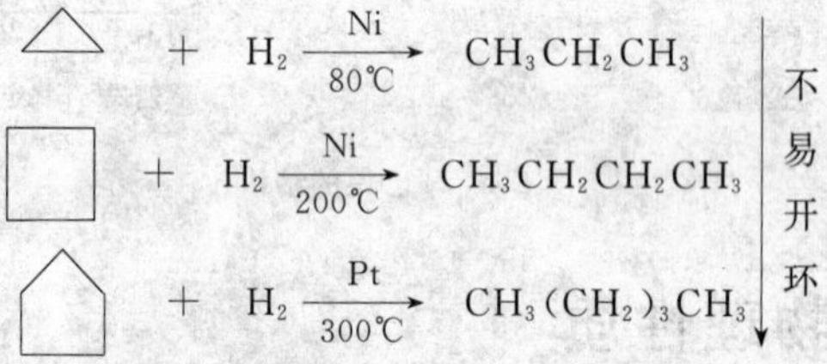

$$\triangle \;+\; H_2 \;\xrightarrow[80℃]{Ni}\; CH_3CH_2CH_3$$

$$\square \;+\; H_2 \;\xrightarrow[200℃]{Ni}\; CH_3CH_2CH_2CH_3$$

$$⬠ \;+\; H_2 \;\xrightarrow[300℃]{Pt}\; CH_3(CH_2)_3CH_3$$

不易开环

环戊烷比环丁烷和环丙烷开环加氢要求更高的反应条件,说明环戊烷比环丁烷和环丙烷都稳定,环己烷及更高级的环烷烃开环加氢则更困难。

2. 与卤素加成

环丙烷及其衍生物容易开环与溴加成。如环丙烷在室温下可使 Br_2/CCl_4 溶液褪色。

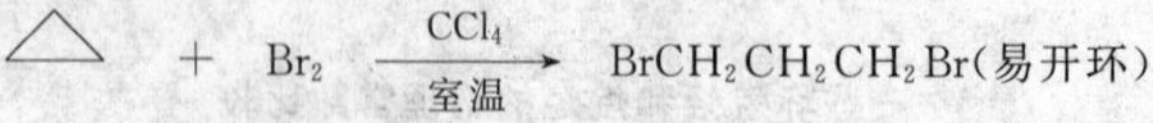

$$\triangle \;+\; Br_2 \;\xrightarrow[室温]{CCl_4}\; BrCH_2CH_2CH_2Br\text{(易开环)}$$

环丁烷在加热的情况下开环加成。

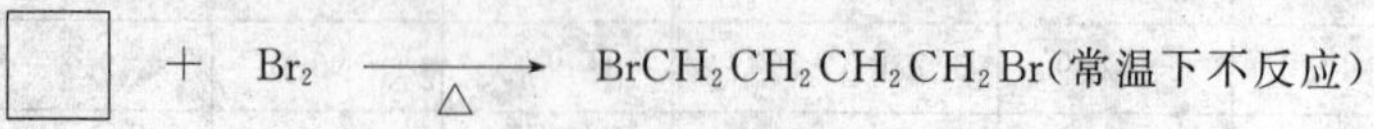

$$\square \;+\; Br_2 \;\xrightarrow{\triangle}\; BrCH_2CH_2CH_2CH_2Br\text{(常温下不反应)}$$

溴的红棕色褪去,用于区别环丙烷、环丁烷和其他烷烃。

环戊烷、环己烷和其他高级环烷烃与卤素不易发生开环加成,可利用此性质鉴别四个碳原子以上的环烷烃和烯烃。

3. 与卤化氢加成

环丙烷及其衍生物在常温下即可与卤化氢发生加成反应，生成卤代烃。

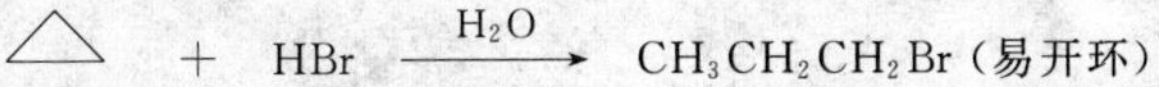

+ HBr
H2O
CH3CH2CH2Br (易开环)

环丙烷的烷基衍生物与 HX 进行开环加成时，环的断裂发生在含氢最多与含氢最少的两个成环碳原子间，氢加在含氢较多的碳原子上，而卤原子加在含氢较少的碳原子上。

R
R′
R″
HBr
Br
CH3CHCR′
R R″
CH3
CH3
CH3
HBr
CH3
C—CHCH3
CH3 Br CH3

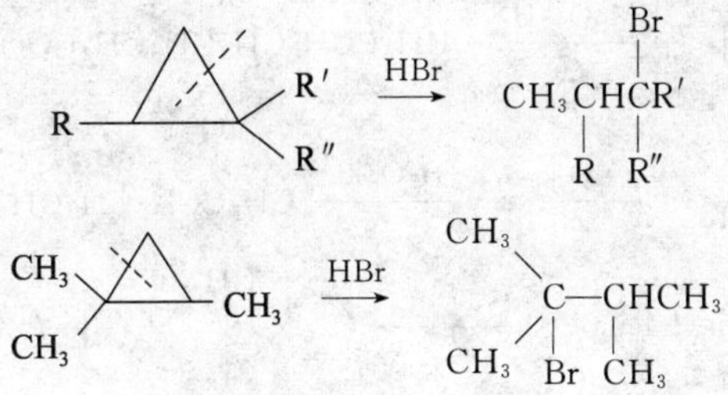

5.4.3　氧化反应

在常温下，环烷烃与一般氧化剂（如高锰酸钾、臭氧等）都不起反应；若环的支链上含有不饱和键时，则不饱和键被氧化断裂，而环不发生破裂。

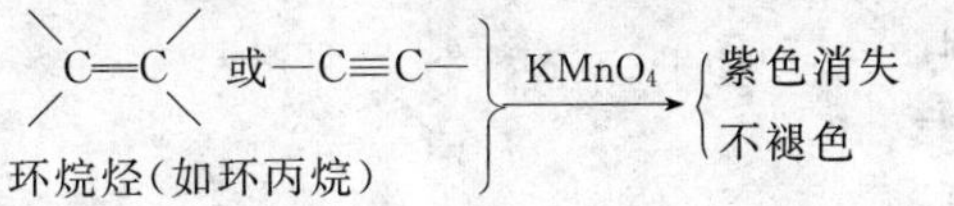

C═C 或—C≡C—
环烷烃(如环丙烷)
KMnO4
紫色消失
不褪色

例：

CH3
CH═C
CH3
KMnO4
COOH
+
CH3
C═O
CH3

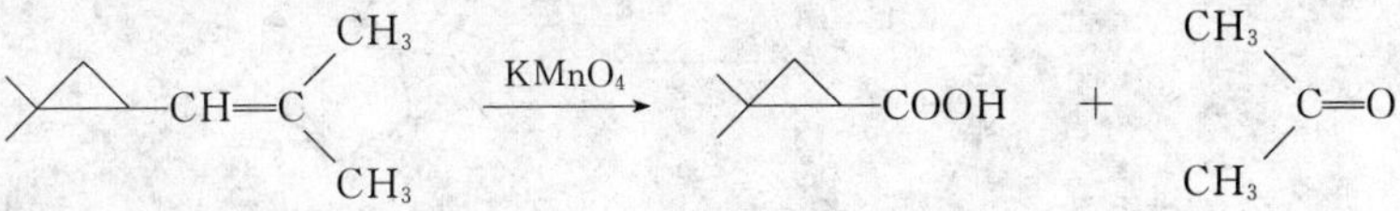

故可用高锰酸钾溶液来鉴别烯烃与环丙烷的烷基衍生物。

在加热与强氧化剂作用下或在催化剂存在下，用空气作氧化剂，环烷烃可被氧化。例如：在 125～165 ℃和 1～2 MPa 压力下，以环烷酸钴为催化剂，用空气氧化环己烷，可得到环己醇和环己酮的混合物。这是工业上生产环己醇和环己酮的方法之一。

+O2
环烷酸钴
△
OH
+
O
环己醇
环己酮

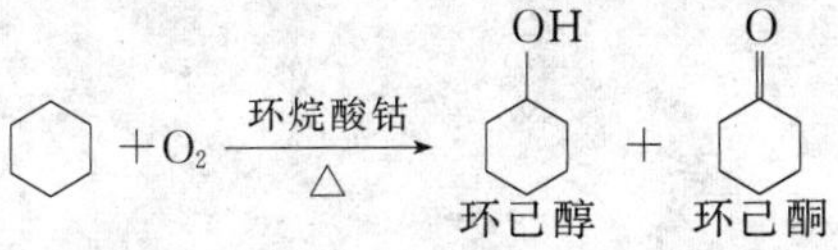

5.5　环烯烃和共轭环二烯的重要反应

5.5.1　环烯烃的反应

环烯烃具有烯烃的通性，能与卤素、卤化氢等发生亲电加成反应，也能被臭氧和高锰酸钾等氧化剂氧化，还能发生 α-H 原子的取代等反应。例如：

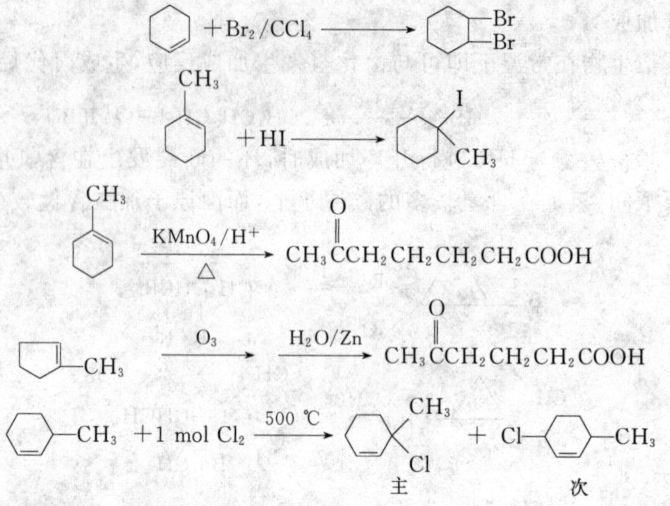

环己烯 $+ Br_2/CCl_4 \longrightarrow$ 1,2-二溴环己烷

甲基环己烯 $+ HI \longrightarrow$ 1-碘-1-甲基环己烷

1-甲基环己烯 $\xrightarrow[\triangle]{KMnO_4/H^+}$ $CH_3COCH_2CH_2CH_2CH_2COOH$

1-甲基环戊烯 $\xrightarrow{O_3}$ $\xrightarrow{H_2O/Zn}$ $CH_3COCH_2CH_2CH_2COOH$

甲基环己二烯 $+ 1\ mol\ Cl_2 \xrightarrow{500\ ℃}$ 1-氯-1-甲基环己烯(主) $+$ 氯-甲基环己烯(次)

5.5.2 共轭环二烯的反应

1.1,2-和1,4-加成

共轭环二烯烃与开链共轭二烯烃相似,也可进行 1,2-和 1,4-加成及双烯合成反应。

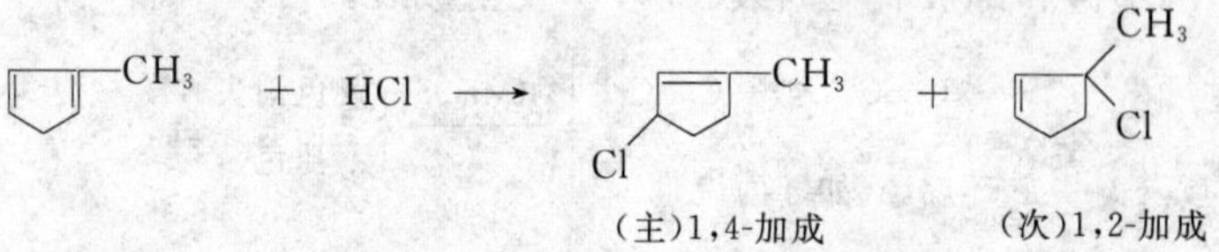

甲基环戊二烯 $+ HCl \longrightarrow$ (主)1,4-加成 $+$ (次)1,2-加成

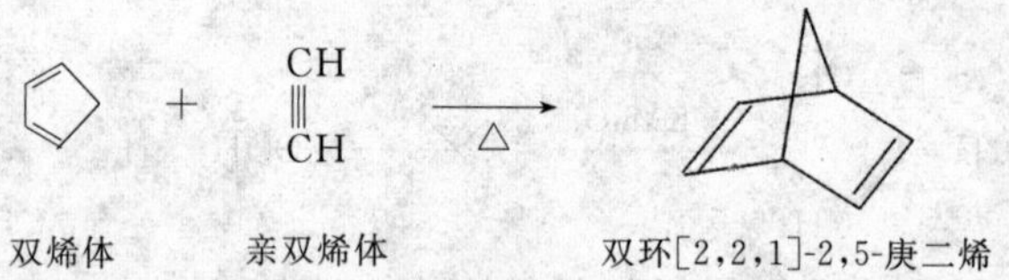

环戊二烯 $+$ 乙炔 $\xrightarrow{\triangle}$ 双环[2,2,1]-2,5-庚二烯

双烯体　　　亲双烯体　　　　双环[2,2,1]-2,5-庚二烯

2.加氢

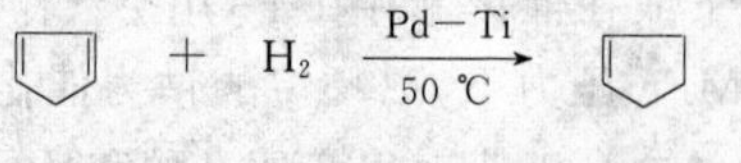

环戊二烯 $+ H_2 \xrightarrow[50\ ℃]{Pd-Ti}$ 环戊烯

3.α-氢原子的活性

以环戊二烯为例。

(1)2 个 α-H 超共轭

(2)电负性:$C_{sp^2} > C_{sp^3}$

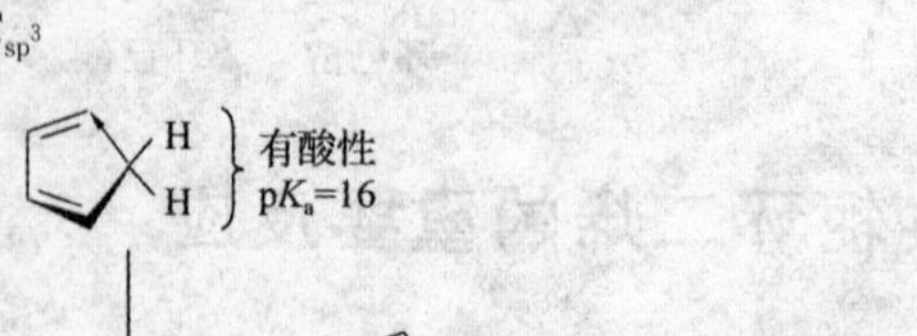

环戊二烯(H,H) 有酸性 $pK_a = 16$

$\xrightarrow{H^+}$ 环戊二烯负离子 高度离域的共轭体系稳定

所以,环戊二烯可与金属钾或氢氧化钾成盐,生成环戊二烯负离子。

环戊二烯 $+ K \xrightarrow{苯}$ 环戊二烯负离子K^+ $+ \frac{1}{2}H_2$

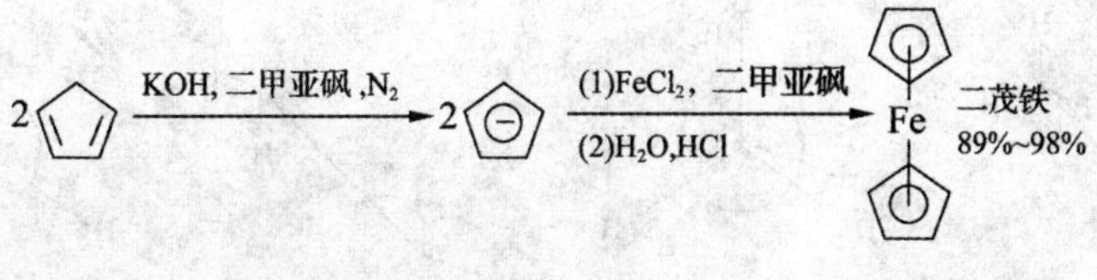

$$2 \,\square \xrightarrow[\text{KOH, 二甲亚砜 ,N}_2]{} 2 \,\ominus \xrightarrow[(2)H_2O,HCl]{(1)FeCl_2, \text{ 二甲亚砜}} \text{Fe} \quad \text{二茂铁} \atop 89\%{\sim}98\%$$

环戊二烯钾（或钠）盐与氯化亚铁反应可得到二茂铁。二茂铁可用作紫外线吸收剂、火箭燃料添加剂、挥发油抗震剂、烯烃定向聚合催化剂等。将其用于材料可得到一系列新型材料。

脂环烃的化学性质小结：

(1)小环烷烃易加成,似烯,但难氧化;大环易取代,似烷。

(2)环烯烃、共轭环二烯烃,各自具有其相应烯烃的通性。

练习 5-3 写出甲基环丙烷与下列试剂反应的化学方程式。

(1)H_2/Ni   (2)HBr   (3)浓 H_2SO_4 (4)Cl_2 (5)$KMnO_4$

练习 5-4 用化学方法鉴别下列各组化合物。

(1)丙烷、丙烯和环丙烷   (2)乙基环丁烷和环己烷   (3)环戊烯和1-戊炔

5.6 构象异构

构象异构是在碳链不断的前提下,通过单键的旋转使分子中原子或原子团在空间出现不同的排列现象,如环己烷的船式和椅式构型。这种沿 C—C σ 键旋转而产生的原子或基团在空间的不同排列方式称为构象,产生的异构体称为旋转异构体或构象异构体。构象异构体的分子构造相同,但其空间排布不同,故构象异构体属于立体异构范畴。

5.6.1 烷烃的构象

1.乙烷的构象

在乙烷分子中,两个碳原子各以一个 sp^3 轨道重叠形成 C—C σ 键,两个碳原子又各以三个 sp^3 杂化轨道分别与氢原子的 1 s 轨道重叠形成六个等同的 C—H σ 键。在常温下,乙烷分子中的两个甲基并不是固定在一定位置上,而是可以围绕 C—C σ 键轴自由旋转。以 C—C σ 键为轴自由旋转,如果使乙烷分子中的一个甲基不动,另一个甲基的碳原子绕键轴旋转,那么一个甲基上的三个氢原子相对于另一个甲基上的三个氢原子,可以有无数种空间排列方式。

为了说明,我们选择乙烷分子的两种典型的极限式构象来研究：一种是两个碳原子上的氢原子彼此相距最近的构象,即两个甲基互相重叠的构象,叫做重叠式构象;另一种是两个碳原子上的氢原子彼此相距最远的构象,即一个甲基上的氢原子处于另一个甲基上两个氢原子正中间的构象,叫做交叉式构象。常用锯架式(也叫透视式)和纽曼(Newman)投影式来表示,如图 5-5 所示。

锯架式是从分子的侧面观察分子,能直接反映碳原子和氢原子在空间的排列情况。

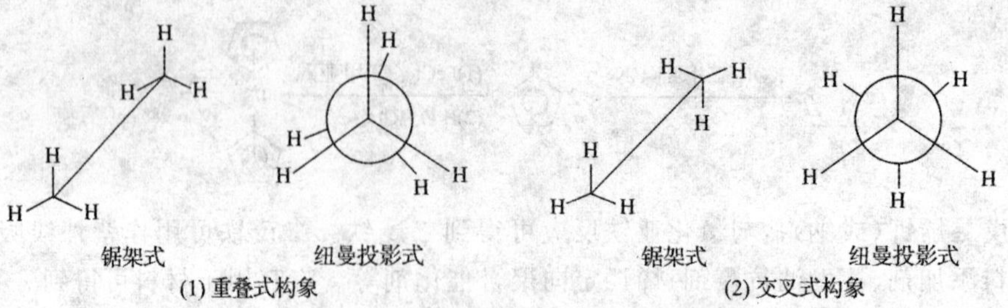

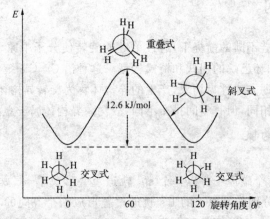

| 锯架式 | 纽曼投影式 | 锯架式 | 纽曼投影式 |
| (1) 重叠式构象 | | (2) 交叉式构象 | |

图 5-5　乙烷分子的构象

纽曼投影式是沿着 C—C 键观察分子,从圆圈中心伸出的三条线⅄,表示离观察者近的碳原子上的价键,而从圆圈向外伸出的三条线⅄,表示离观察者远的碳原子上的价键。

　　在乙烷的交叉式构象中,前后两个碳原子上的氢原子相距最远,相互间斥力最小,分子能量最低,这种构象的稳定性也最大,称优势构象;在重叠式构象中,两个碳原子上的氢原子相距最近,相互间的排斥力最大,分子的能量最高,所以是不稳定的构象。从乙烷分子的各种构象能量曲线图(图 5-6)可见交叉式构象的能量比重叠式构象低 $12.6\ kJ \cdot mol^{-1}$,所以交叉式是乙烷的优势构象。在室温时分子的热运动就可以超过此能垒而使各种构象迅速互变。因此,乙烷分子通常是处于重叠式、交叉式和介于这两种之间的无数构象的动态平衡混合体系,很难分离出乙烷的某一构象异构体。但大多数乙烷分子是以最稳定的交叉式构象状态存在。

图 5-6　乙烷分子不同构象的能量曲线

2.正丁烷的构象

　　正丁烷分子围绕 C_2—C_3 键轴旋转时,可形成四种典型的构象异构体:即对位交叉式、邻位交叉式、部分重叠式和全重叠式。如图 5-7 所示。

　　正丁烷的四个典型构象中,对位交叉式的两个甲基相距最远,彼此间的排斥力最小,能量最低(约 $0.21\ kJ \cdot mol^{-1}$),所以在动态平衡混合物中,大多数正丁烷分子是以最稳定的优势构象——对位交叉式存在。邻位交叉式的两个甲基处于邻位,距离比对位交叉式近,两个甲基之间的范德华斥力使这种构象的能量(约 $3.4\ kJ \cdot mol^{-1}$)较对位交叉式高,因而较不稳定。部分重叠式的两个甲基虽比邻位交叉式的较远一点,但因两个甲基都和氢原子处在较近的位置,彼此间也有排斥力,所以能量较高(约 $13.4\ kJ \cdot mol^{-1}$);全重叠式

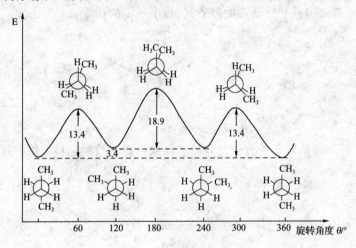

图 5-7 正丁烷的四种典型构象

的两个甲基及其氢原子都处于重叠位置,排斥力最大,能量也最高(约 18.9 kJ·mol⁻¹),是
最不稳定的构象。因此,四种构象的稳定性次序是对位交叉式＞邻位交叉式＞部分重叠
式＞全重叠式。

从正丁烷 C_2-C_3 键旋转时的能量曲线图(图 5-8)可见,正丁烷各种构象间的能量差
不大。在室温下,分子碰撞即可引起各种构象间的迅速转化。但主要是以对位交叉式和
邻位交叉式的构象存在,前者约占 63%,后者约占 37%,其他两种构象所占的比例很小。

图 5-8 正丁烷的构象能量曲线

随着烷烃碳原子数增加,其构象也更复杂,但优势构象都是能量最低的对位交叉式。

构象对有机化合物的性质和反应有重要影响,许多药物分子的构象异构与药物的生
物活性的发挥密切相关。例如,抗震颤麻痹药物多巴胺的药效构象式是对位交叉式。因
此,了解有机化合物分子的构象非常必要。

5.6.2 环己烷及其衍生物的构象

环己烷分子中碳原子并不在同一平面上,它可以扭曲而产生无数个构象异构体。

1. 环己烷的椅式构象和船式构象

椅式构象(chair conformation)和船式构象(boat conformation)是环己烷构象的两种
典型构象。

在环己烷的椅式构象中，碳原子的键角为 109.5°，无角张力。环上相邻碳上所有的氢原子均为交叉式，无扭转张力，如图 5-9 所示。相互连接的两个 sp^3 杂化碳原子，它们的键倾向于成交叉式构象，任何与交叉式排列偏差所引起的张力，称为扭转张力。C_1、C_3、C_5 或 C_2、C_4、C_6 上的三个竖氢原子间的距离均为 230 pm，与氢原子的范德华半径之和 240 pm 相近，范德华力斥力很小。非键合的原子或基团间的距离小于它们的范德华半径之和时而产生的排斥力又称空间张力。环己烷的椅式构象中无角张力和扭转张力，是能量最低、最稳定的构象。

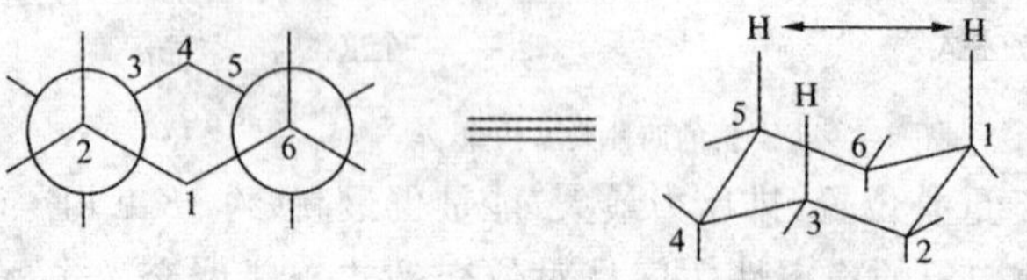

椅式构象两个 a 键 H
范德华张力较小

图 5-9　环己烷椅式构象的纽曼投影式和透视式

在环己烷的船式构象中，无角张力。但 C_2 与 C_3、C_5 与 C_6 两对碳上的氢原子均为重叠式，具有较大的扭转张力，图 5-10。此外，C_1 与 C_4 两个船头碳上的氢原子伸向环内侧，彼此间相距很近，只有 183 pm，远小于两个氢原子的范德华半径之和，相互间斥力很大，存在空间张力。船式构象是环己烷能量较高、较不稳定的构象。

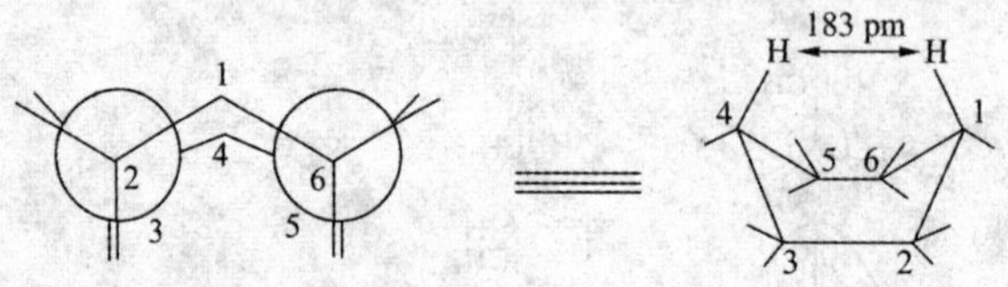

船式构象两个船头 H
范德华张力较大

图 5-10　环己烷船式构象的纽曼投影式和透视式

在室温下，99.9% 的环己烷分子是以椅式构象存在。故讨论环己烷的构象，即是讨论椅式构象。

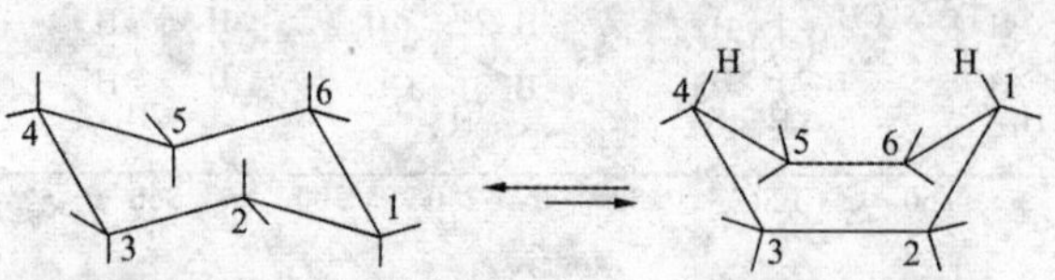

常温下　椅式稳定，占 99.9%　　　　船式不稳定，仅占 0.01%

2. 环己烷椅式构象的平伏键(e 键)与直立键(a 键)

在环己烷的椅式构象中，与对称轴平行的 6 条 C—H 键，称直立键或 a 键(axial bond)；与对称轴成 109.5°夹角的 6 条 C—H 键，称平伏键或 e 键(equatorial bond)。见图 5-11。

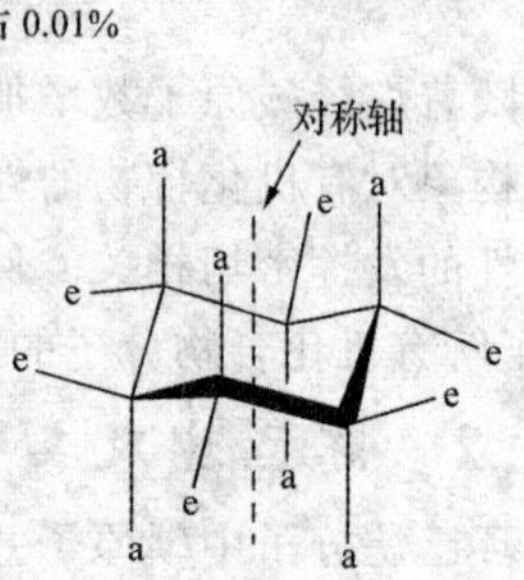

图 5-11　环己烷椅式构象 a 键和 e 键

在室温时，环己烷的椅式构象可通过 C—C 键的转动，由一种椅式构象变为另一种椅式构象，在互相转变中，原来的 a 键变成了 e 键，而原来的 e 键变成了 a 键，见图 5-12。

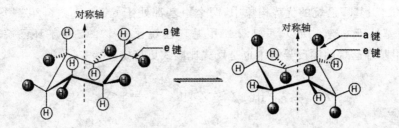

图 5-12 两种椅式构象相互转换及 a 键和 e 键的互变

3. 环己烷构象稳定性分析

(1) 一取代环己烷构象分析

一取代环己烷的取代基可处于椅式构象的 a 键或 e 键,故一取代环己烷可以有两种不同的椅式构象存在,其中取代基位于 e 键的构象能量较低,是较稳定的优势构象。

如在甲基环己烷分子中,e 键上的甲基与环中的 C_3 和 C_5 两个碳 a 键上的氢原子距离较远,相互间的斥力较小而稳定。而 a 键上的甲基则与 C_3 和 C_5 两个碳 a 键上的氢原子距离较近,相互间斥力较大而不稳定。

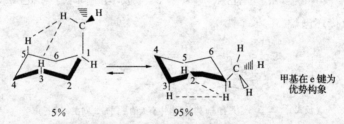

甲基在 e 键为优势构象

5%   95%

甲基在 e 键的构象比在 a 键的构象能量低 $7.5\ kJ \cdot mol^{-1}$。室温下,甲基位于 e 键的构象在两种构象的平衡混合物中占 95%。取代基的体积越大,两种构象的能量差也越大,e 键取代构象所占的比例就更高。例如,在室温下,叔丁基几乎 100% 处于 e 键。

总之,一取代环己烷的优势构象是取代基位于 e 键的椅式构象。

(2) 二取代环己烷构象分析

二取代环己烷存在顺反异构体,顺式和反式的稳定性取决于取代基在 e 键还是 a 键上。在多取代环己烷中,往往是 e 键取代基最多的构象最稳定。

①1,2-二甲基环己烷

反-1,2-二甲基环己烷的构象中,两个甲基或者都在 e 键上,或者都在 a 键上。前者比后者稳定得多,为优势构象。

e,e 键(优势构象)   a,a 键

顺-1,2-二甲基环己烷的构象中两个甲基只能一个处于 e 键,一个处于 a 键。

a,e 键   a,e 键

反-1,2-二甲基环己烷的优势构象中,两个甲基都处于 e 键,而顺-1,2-二甲基环己烷只有一个甲基处于 e 键。所以,反-1,2-二甲基环己烷比顺-1,2-二甲基环己烷稳定。同理,1,4-二甲基环己烷的顺反异构中也是反式比顺式更稳定。

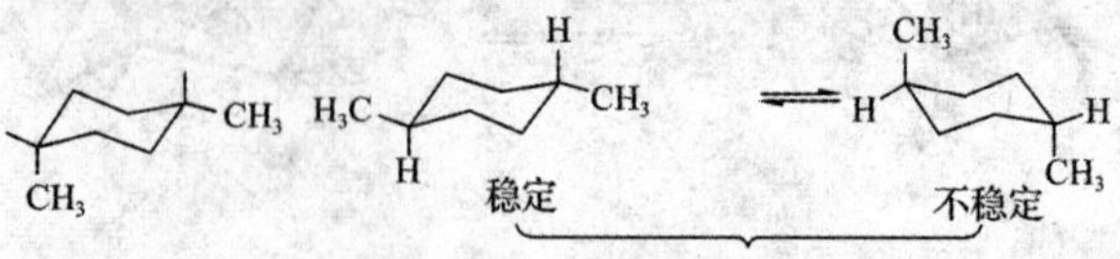

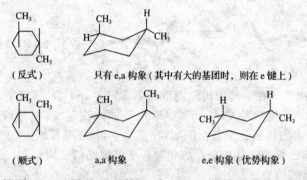

顺-1,4-二甲基环己烷   反-1,4-二甲基环己烷

如果两个取代基不同,如 1-甲基-4-叔丁基环己烷,较大取代基位于 e 键,为优势构象。

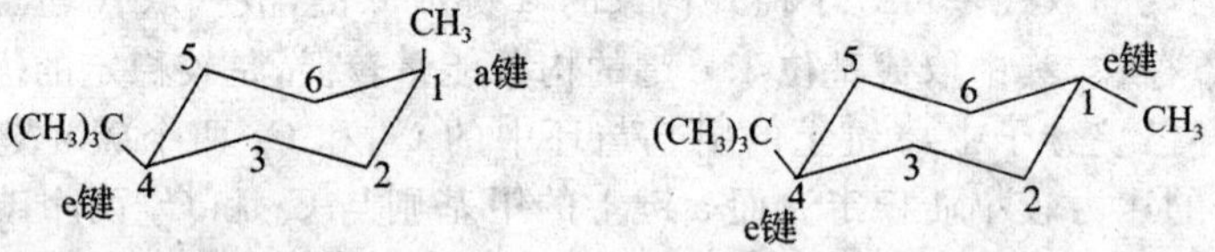

②1,3-二取代环己烷

可见,稳定性是顺-1,3-二甲基环己烷>反-1,3-二甲基环己烷。

小结:在环己烷的构象中,椅式构象是最稳定的构象;多元取代环己烷中,e 键取代基较多的构象为优势构象;有不同取代基时,较大取代基处于 e 键的构象为优势构象。

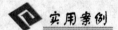 实用案例

汽油的辛烷值

汽油辛烷值是衡量汽油在气缸内抗爆震燃烧能力的表示单位,是车用汽油的最重要质量指标,它综合反映一个国家炼油工业水平和车辆设计水平。

何谓汽油的爆震? 当汽油蒸气在汽缸内燃烧时,常因燃烧急速而发生引擎不正常燃爆现象,称为爆震。爆震对发动机损害很大,它打破发动机运转的正常秩序,损耗发动机功率,使燃烧室部件被烧坏。

实验表明,烃类的化学结构对爆震有极大的影响。支链多的烷烃比直链烷烃在汽缸

中的燃烧性能要好,即爆震程度小。汽油中正庚烷的燃烧效果最差,爆震程度最大,而异辛烷的燃烧效果较好,爆震程度最小。人们将辛烷值作为衡量爆震程度大小的标准,规定异辛烷的辛烷值定义为100,正庚烷的辛烷值为0,辛烷值可为负,也可以超过100。其值越高表示汽油的抗爆震性越好。

当某种汽油之爆震性与90%异辛烷和10%正庚烷之混合物的爆震性相当时,其辛烷值定为90。如环戊烷的辛烷值为85,表示燃烧环戊烷时与燃烧85%异辛烷和15%正庚烷之混合物的爆震性相当,此为无铅汽油标示来源。可见,辛烷值不代表汽油中异辛烷的真正含量,只表示汽油的爆震程度,如97#汽油表示该油的辛烷值不低于97。常用的高辛烷值汽油有92#、93#、95#、97#、98#无铅汽油。

如何提高汽油辛烷值呢? 途径之一是通过改进催化重整技术、烷基化技术、异构化技术等炼油技术生产高辛烷值基础油组分。基础油中含有异构烷烃、异构烯烃、芳香烃、含氧化合物等组分可得高辛烷值汽油基础油,其辛烷值次序为:含氧化合物>芳香烃>异构烷烃和异构烯烃>正构烯烃及环烷烃>正构烷烃;其次在基础油中加入抗爆剂也是提高车用汽油辛烷值的重要手段。抗爆剂主要有烷基铅、甲基环戊二烯三羰基锰(MMT)、甲基叔丁基醚(MTBE)、甲基叔戊基醚、叔丁醇、甲醇、乙醇等。

【习　题】

1. 命名或写出下列化合物的结构式。

(1)

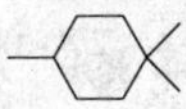

(2)

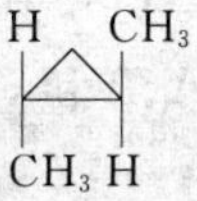

(3)

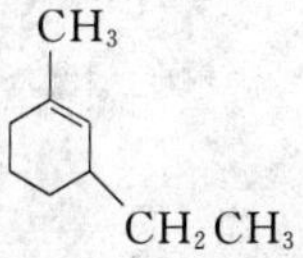

(4)

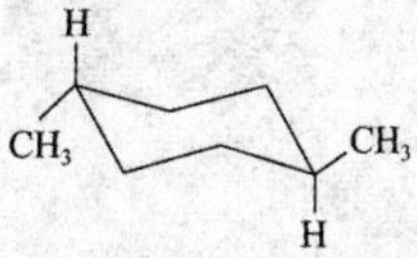

(5)1-异丁基环戊二烯

(6)1-正丙基-2-环丙基环丁烷

(7)3-溴环戊烯

(8)3-烯丙基-1,4-环己二烯

2. 用化学方法鉴别下列化合物。

(1)环丙烷,环戊烷,环己烯

(2)己烷,1-己烯,1-己炔,1,3-己二烯

(3)2-戊烯,1,1-二甲基环丙烷,环戊烷

3. 写出顺-1-甲基-4-叔丁基环己烷的两个椅式构象,并比较其稳定性大小。

4. 完成下列反应式。

(1) 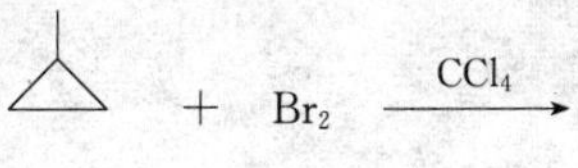 + Br₂ $\xrightarrow{CCl_4}$

(2) + HBr →

(3) $\xrightarrow{HI}$

(4) + Br₂ $\xrightarrow{光照}$

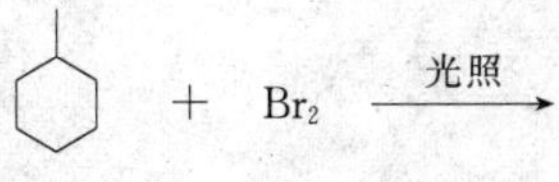

(5) 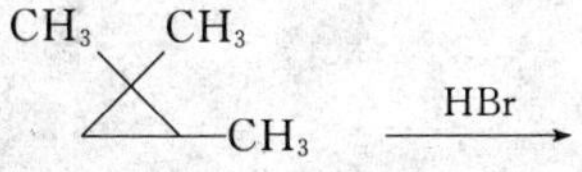 $\xrightarrow{HBr}$

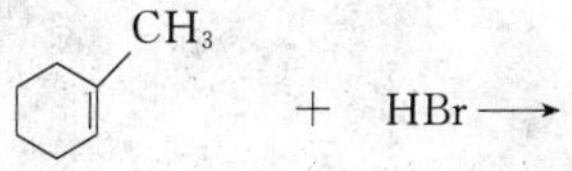

(6) 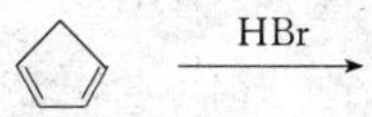 $\xrightarrow{HBr}$

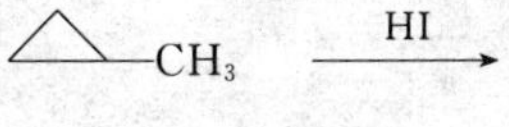

(7) 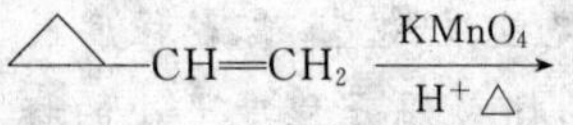 △—CH=CH₂ $\xrightarrow[\text{H}^+\triangle]{\text{KMnO}_4}$

(8) 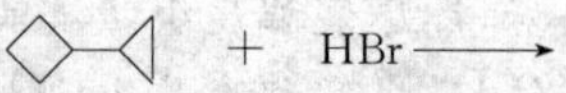 ◇—◁ + HBr ——→

(9) 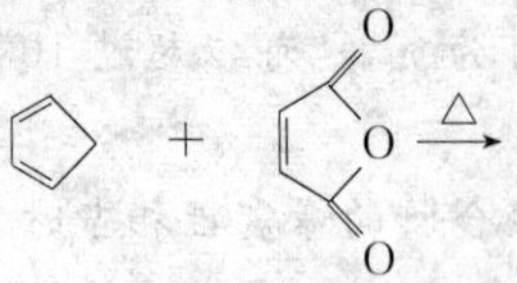 ⬠ + (顺丁烯二酸酐) $\xrightarrow{\triangle}$

(10) 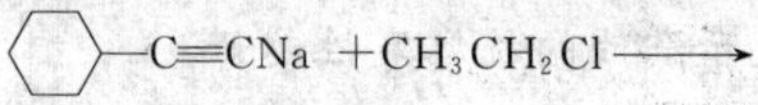 ◯—C≡CNa + CH₃CH₂Cl ——→

5. 化合物(A)分子式为 C_4H_8，能使溴溶液褪色，但不能使稀的 $KMnO_4$ 溶液褪色。1 mol(A)与 1 mol HBr 作用生成(B)，(B)也可以从(A)的同分异构体(C)与 HBr 作用得到。化合物(C)分子式也是 C_4H_8，能使溴溶液褪色，也能使稀的 $KMnO_4$ 溶液褪色。试推测化合物的构造式，并写出各步反应式。

6. 丁二烯聚合时，除生成高分子化合物外，还有一种环状结构的二聚体生成。该二聚体能发生下列反应：(1)还原生成乙基环己烷；(2)可使溴的四氯化碳溶液褪色；(3)氧化时生成 β-羧基己二酸。

$$\begin{array}{c} \text{HOOCCH}_2\text{CHCH}_2\text{CH}_2\text{COOH} \\ | \\ \text{COOH} \end{array}$$

试根据这些事实，推测该二聚体的结构，并写出各步反应式。

7. 分子式为 C_4H_6 的三个异构体 A、B 和 C 能发生如下化学反应：(1)三个异构体常温下都能与溴反应，对等摩尔样品而言，与 B 和 C 反应的溴量是 A 的两倍；(2)三者都能与 HCl 反应，而 B 和 C 在 Hg^{2+} 催化下和 HCl 作用得到的是同一产物；(3)B 和 C 能迅速和含 $HgSO_4$ 的硫酸溶液作用，得到分子式为 C_4H_8O 的化合物；(4)B 能和硝酸银的氨溶液作用生成白色沉淀。试推测 A、B 和 C 的构造式，并写出相关反应式。

第6章

芳香烃

【学习目标】

☞ 了解苯及其同系物的物理性质、来源和用途；

☞ 熟练掌握单环芳香烃的构造异构及其衍生物的命名；

☞ 掌握芳香烃的结构特征，大 π 键的形成过程和单环芳香烃的化学性质；

☞ 理解苯环上亲电取代反应机理、休克尔规则和芳香性；

☞ 掌握单环芳香烃亲电取代反应的定位规律及其在有机合成上的应用；

☞ 了解苯、甲苯、二甲苯的生产应用和稠环芳香烃的性质及用途。

芳香烃是芳香族碳氢化合物的简称，又称"芳烃"，其中分子中只含有一个苯环的芳烃称为单环芳烃。苯的同系物的通式是 $C_nH_{2n-6}(n \geqslant 6)$。

6.1 芳烃的分类

根据芳烃结构不同可分为苯系芳烃和非苯系芳烃；根据所含苯环的数目和连接方式不同，苯系芳烃可分为单环芳烃和多环芳烃。

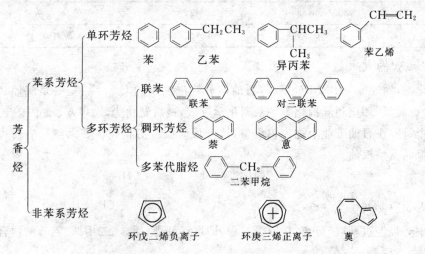

6.2　芳烃的来源和用途

芳烃是重要的有机化工基础原料,现代合成树脂、合成橡胶、合成纤维、药物、炸药、染料等,绝大多数是由芳香烃合成的。芳烃又以苯、甲苯、二甲苯、乙苯和萘等最为重要。

芳烃主要来源于煤和石油,即通过煤炼焦和石油炼制时产生。如炼油厂重整装置、乙烯生产厂的裂解装置、煤炼焦时副产。目前,占世界总产量 90% 的苯及其同系物主要来源已从煤转化为石油,但萘和蒽仍主要来自煤焦油。

6.2.1　从煤焦油中提取芳烃

煤在隔绝空气条件下,受热分解生成煤气、焦油、粗苯和焦炭的过程,称为煤干馏(或称炼焦、焦化)。煤干馏过程中能生成多种芳烃。

$$煤 \xrightarrow[\text{干馏}]{900\sim1100\ ℃} \begin{cases} 焦炭 \\ 焦炉煤气 \begin{cases} 氨、煤气 \\ 粗苯:苯、甲苯、二甲苯 \\ 煤焦油 \end{cases} \end{cases}$$

煤炼焦副产的焦炉煤气,经吸收得吸收液,分离出其中粗苯馏分,其产率是原料煤的 1%～1.5%,它的主要成分是苯(50%～70%)、甲苯(12%～22%)、二甲苯(2%～6%)。粗苯精馏得到苯、甲苯、二甲苯。

煤炼焦副产煤焦油,产率是原料煤的 3%～4%,经分馏可得表 6-1 所列馏分,再用精馏、结晶等方法分离得到苯系、萘系和蒽系芳烃。

表 6-1　　　　　　　　　　　　　　　　　煤焦油的分馏

馏分	沸点范围/℃	产率/%	主要成分
轻油	<180	0.5～1.0	苯、甲苯、二甲苯
酚油	180～210	2～4	苯酚、甲苯酚、二苯酚
萘油	210～230	9～12	萘
洗油	230～300	6～9	萘、苊、芴
蒽油(绿油)	300～360	20～24	蒽、菲
沥青	>360	50～55	沥青、游离碳

6.2.2　石油芳构化

以铂为催化剂,约 500 ℃、3 MPa 下,将石油馏分轻汽油中的 $C_6\sim C_8$(主要是烷烃和环烷烃)组分进行脱氢、环化和异构化等一系列化学反应,最后转化为苯、甲苯、二甲苯、乙苯等芳烃。这个过程在石油工业上称为铂重整,这个反应叫做芳构化。在重整反应过程中生成的汽油就叫重整汽油。

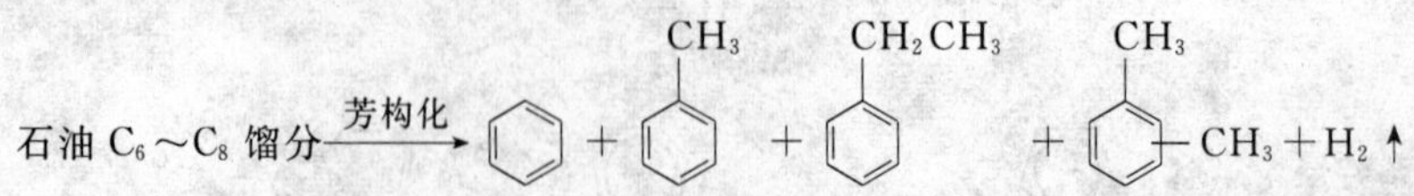

石油 $C_6\sim C_8$ 馏分 $\xrightarrow{\text{芳构化}}$ 苯 + 甲苯(CH_3) + 乙苯(CH_2CH_3) + 二甲苯(CH_3—CH_3) + $H_2\uparrow$

重整汽油中芳烃经过萃取、分离、精馏等过程,即可得到苯、甲苯、二甲苯、乙苯的混合物。重整汽油中芳烃含量高,又以甲苯和二甲苯居多,成为芳烃的最重要来源。

6.2.3 从石油裂解产品中分离

以石油裂解制乙烯、丙烯和丁二烯的过程中,副产 $C_6 \sim C_9$ 馏分,该馏分称为裂解汽油。例如,石脑油裂解可得到 20% 左右的裂解汽油,其中含有 40%～80% 的苯、甲苯、二甲苯等芳烃,可用萃取、精馏分离出来。裂解汽油中苯和甲苯含量较高,二甲苯相对较少。而裂解重油中主要含有烷基萘,在高温及钴钼的催化作用下,脱去烷基,可得到萘。

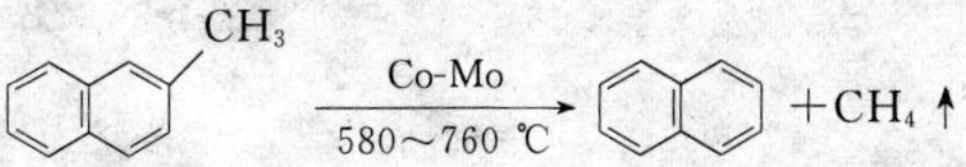

由于石油裂解生产乙烯的工厂众多,生产规模庞大,所以副产的芳烃数量也大,使该方法成为芳烃的重要来源之一。

6.3 苯的结构

6.3.1 凯库勒结构式

苯的分子式为 C_6H_6。1865 年凯库勒提出苯是由 6 个碳原子以单、双键交替结合构成的环状链烃,为平面结构。

因为碳原子是四价,故把它写成 ……… 简写为 ⬡

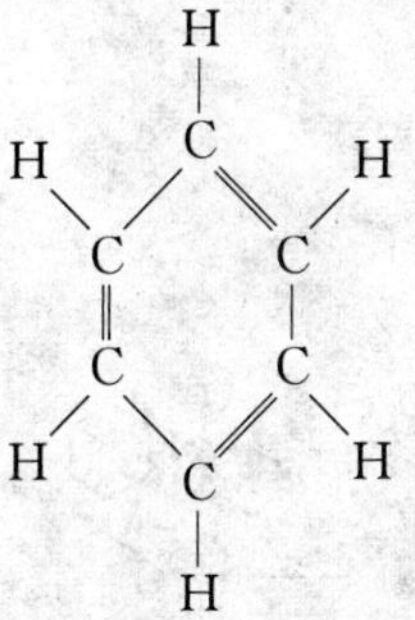

凯库勒的结构学说在一定程度上反映了客观实际,如苯只有一种一元取代物,在一定条件下加氢得到环己烷,但不能解释下列问题:

(1)既然含有三个双键,为什么苯不起类似烯烃的加成、氧化反应;

(2)根据上式,苯的邻二元取代物应当有两种,然而实际上只有一种。

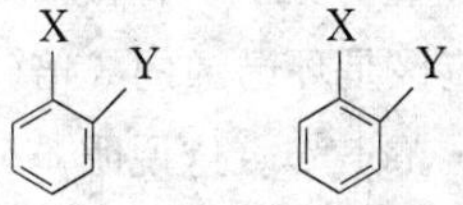

由此可见,凯库勒式并不能确切地反映苯的真实情况。

6.3.2 苯分子结构的价键观点

近代物理方法研究证明,苯分子是平面正六边形构型,键角都是 120°,碳碳键长都是 0.1397 nm,如图 6-1 所示。

1.杂化轨道理论解释

按照轨道杂化理论,苯分子中的 6 个碳原子都以 sp^2 杂化轨道彼此沿键轴方向重叠形成 6 个等同的 C—C σ 键,6 个碳原子又各以一个 sp² 杂化轨道分别与 6 个氢原子的 1 s 轨道沿键轴方向重叠形成 6 个等同的 C—H σ 键,这 6 个 C—C σ 键和 6 个 C—H σ 键在同一个平面上,彼此间的夹角都是 120°。如图 6-2 所示。

图 6-1 苯分子的键长和键角   图 6-2 苯环中的 6 个 C—C σ 键和 6 个 C—H σ 键

每个碳原子还剩下一个未参与杂化的 p 轨道,均垂直于 σ 键所在平面,彼此平行,从侧面重叠形成一个环状的闭合大 π 键,如图 6-3 所示。处于大 π 键中的 π 电子高度离域,电子云完全平均化,像两个"救生圈"分布在苯分子平面的上下。可见苯分子中并没有单独的单键和双键,而是闭合的共轭大 π 键。如图 6-4 所示,所以苯的结构可用 ⬡ 表示。

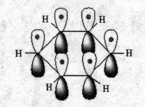

图 6-3 p 轨道的重叠

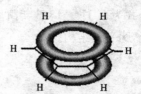

图 6-4 苯环 π 电子云分布

2. 苯的共轭能

$$⬡ + H_2 \longrightarrow ⬡ \quad \Delta H = -120 \text{ kJ} \cdot \text{mol}^{-1}$$

$$⬡ + 2H_2 \longrightarrow ⬡ \quad \Delta H = -232 \text{ kJ} \cdot \text{mol}^{-1}$$

$$⬡ + 3H_2 \longrightarrow ⬡ \quad \Delta H = -208 \text{ kJ} \cdot \text{mol}^{-1}$$

$$\Delta H_{苯}(理论) = -360 \text{ kJ} \cdot \text{mol}^{-1}$$

氢化热的测定结果也有力支持了苯分子稳定的结论。例如环己烯、1,3-环己二烯和苯分别加氢都生成环己烷,加氢放出的热量分别为 120 kJ · mol⁻¹、232 kJ · mol⁻¹、208 kJ · mol⁻¹。假若苯是一个环己三烯,其氢化热应该是环己烯的 3 倍(360 kJ · mol⁻¹),但实验测得苯的氢化热比计算值低 360−208 = 152(kJ · mol⁻¹)。这说明苯分子中的三个双键不是孤立的,而是离域的。由于 π 电子云离域而造成的这部分能量差,称为苯的共轭能或离域能。

6.3.3 休克尔规则和芳香性

甲苯易被氧化为苯甲酸,但苯环结构得到保留;芳香族化合物中都含有不饱和键,但不能与卤素、卤化氢等进行加成反应,却容易发生取代反应;苯环具有较高的热稳定性,加热到 900 ℃ 也不分解。像苯环表现出的对热较稳定,在化学反应中不易发生加成、氧化反应,而易进行取代反应的特性,称为芳香性。

是不是具有芳香性的化合物一定要含有苯环？1936 年，德国化学家休克尔 (E. Hückel)提出判断环状化合物芳香性的规则，称为休克尔规则。其要点如下：一个单环化合物只要具有平面离域体系，其 π 电子数为 $4n+2$（$n=0,1,2,3,\cdots$整数），就有芳香性（当 $n>7$ 时有例外），故也叫休克尔 $4n+2$ 规则。例如，苯环有六个 π 电子，符合 $4n+2$ 规则，六个碳原子在同一平面内，故苯环有芳香性，称为苯系芳烃。而环丁二烯、环辛四烯的 π 电子数不符合 $4n+2$ 规则，故无芳香性。

凡符合休克尔规则，不含苯环而具有芳香性的烃类化合物称为非苯系芳烃。非苯系芳烃可以是环多烯或芳香离子等。例如：

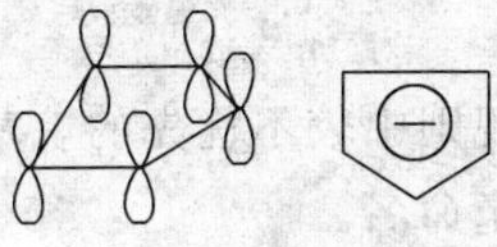

成环 C 共平面
π 电子=6，$n=1$
环状闭合共轭
有芳香性

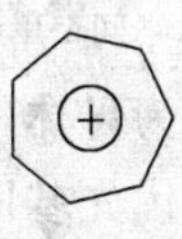

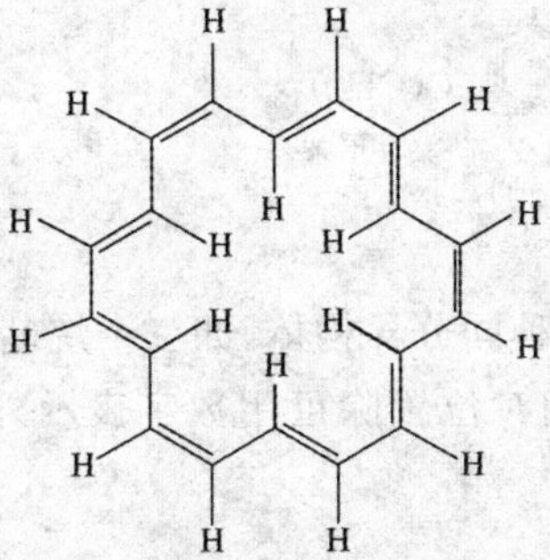

环戊二烯负离子　　　　　　　环庚三烯正离子

环十八碳九烯 [18]—轮烯闭合大 π 键，π 电子数为 18，符合休克尔规则（$n=4$），具有芳香性。

此外，芳香性的规律不仅适用于单环多烯，而且已推广到稠环共轭体系，并扩展到多环非交替烃体系。

练习 6-1 利用休克尔规则判断下列化合物有无芳香性？

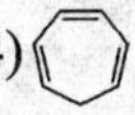

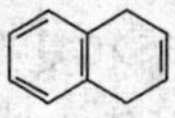

6.4　单环芳烃的同分异构和命名

6.4.1　烃基苯的命名

1. 一元烷基苯

苯环无异构现象，但当环支链含有三个或三个以上碳原子时，存在支链上的构造异构。命名时以苯为母体，烷基作为取代基，称为"某基苯"。

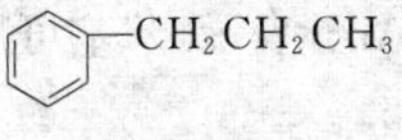

正丙（基）苯 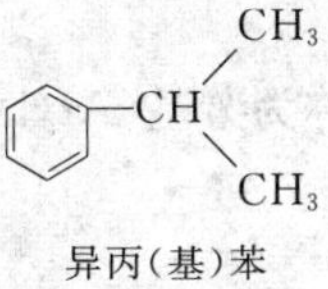　　　　　异丙（基）苯 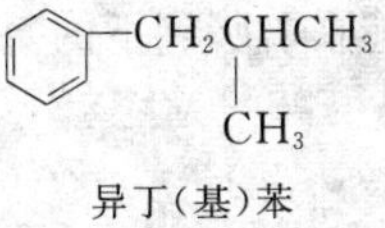　　　　　异丁（基）苯 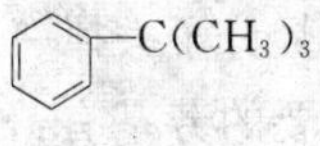　　　　　叔丁（基）苯

2. 二元烷基苯

当苯环上连有两个相同的烷基时,由于它们在环上相对位置的不同,可以产生三种位置异构体。命名时用阿拉伯数字表示烷基的位置,或用"邻(o-)、间(m-)、对(p-)"表示。例如:

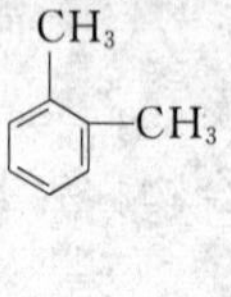

1,2-二甲苯　　　　　　1,3-二甲苯　　　　　　1,4-二甲苯
邻二甲苯或o-二甲苯　　间二甲苯或m-二甲苯　　对二甲苯或p-二甲苯

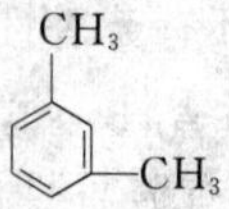

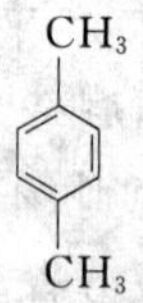

若两个烷基不同,命名时以苯为母体,选择次序规则中较不优先的烷基所在位置为 1 位,按"最低系列"原则编号,并依"优先基团后列出"来命名。

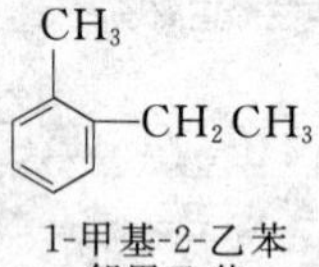

1-甲基-2-乙苯　　　　　　1-乙基-3-叔丁苯
邻甲乙苯　　　　　　　　间乙叔丁苯

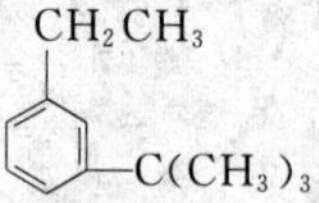

3. 多元烷基苯

多元烷基苯中,由于烷基位置不同会产生多种同分异构体,如三个烷基相同的三元烷基苯有三种同分异构体。命名时,三个烷基的相对位置除可用数字表示外,还可用"连、均、偏"来表示。

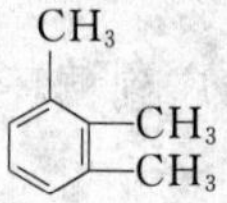

1,2,3-三甲苯　　　　　1,3,5-三甲苯　　　　　1,2,4-三甲苯
连三甲苯　　　　　　　均三甲苯　　　　　　　偏三甲苯

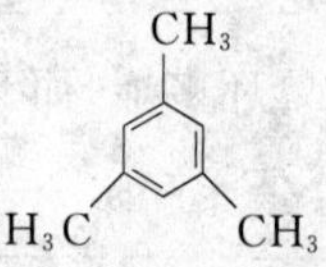

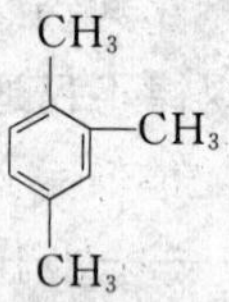

4. 不饱和烃基苯和复杂烷基苯

苯环上连有不饱和烃基或复杂烷基时,一般将苯当作取代基来命名。

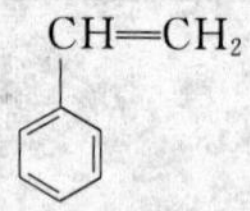

苯乙烯 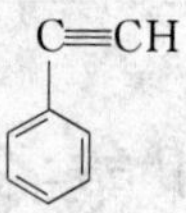　　　　　　　苯乙炔 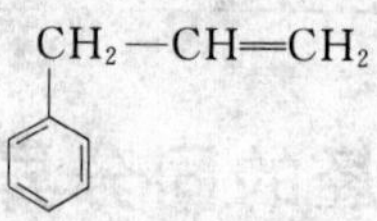　　　　　　3-苯基丙烯

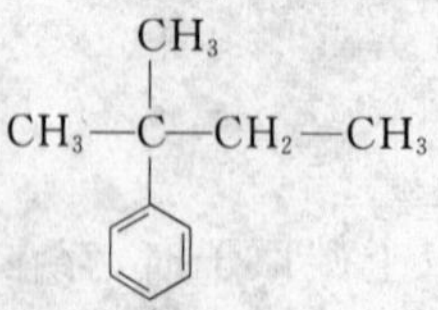

2-甲基-2-苯基丁烷 　　　　　　3,3-二甲基-4-苯基己烷

5. 芳基

芳烃分子去掉一个氢原子所剩下的基团称为芳基(Aryl)用 Ar─表示,苯基可用 Ph─表示。重要的芳基有:

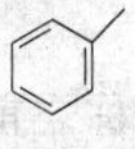

苯基 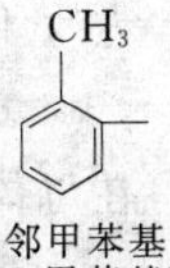　邻甲苯基
（2-甲苯基）　间甲苯基
（3-甲苯基）　对甲苯基
（4-甲苯基）　苯甲基
（苄基）

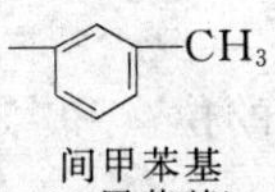

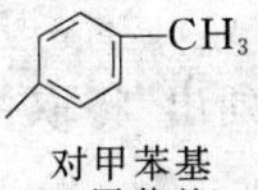

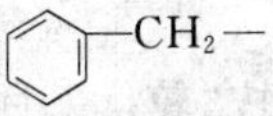

例如：

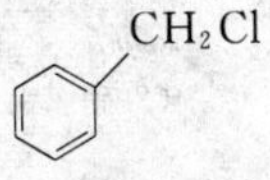

苄氯（苯氯甲烷） 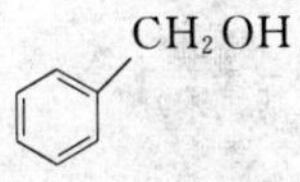　苄醇（苯甲醇）

6.4.2　苯的衍生物的命名

1. 当苯环上连有−R，−X，−NO$_2$ 等基团时，以苯环为母体，叫做"某基苯"。

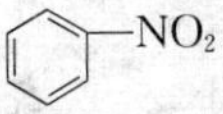

硝基苯 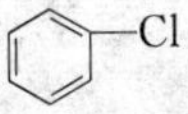　氯苯 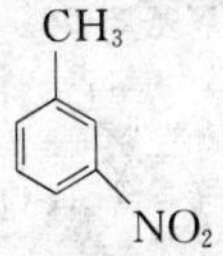　间硝基甲苯

2. 当苯环上连有−COOH，−SO$_3$H，−NH$_2$，−OH，−CHO 等基团时，则把苯环作为取代基。

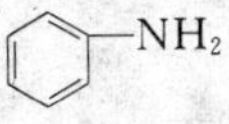

苯胺 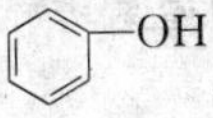　苯酚 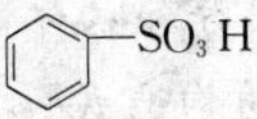　苯磺酸 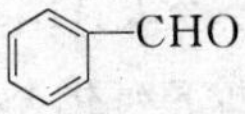　苯甲醛 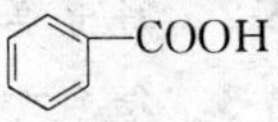　苯甲酸

3. 多官能团化合物的命名

分子中含有两种或两种以上官能团的化合物称为多官能团化合物。命名时遵循官能团"优先次序"规则、"最低系列"原则和"大小顺序"规则。

(1)按照表 6-2,选择处于前面的官能团作为母体,将与母体官能团相连的碳原子编号为 1;其他官能团作为取代基。

表 6-2　　　　　　　　主要官能团的优先次序

类别	官能团	类别	官能团
羧酸	−COOH	酚	−OH
磺酸	−SO$_3$H	硫醇	−SH
羧酸酯	−COOR	胺	−NH$_2$
酰氯	−COCl	炔烃	−C≡C−
酰胺	−CONH$_2$	烯烃	C=C
腈	−CN	醚	−OR
醛	−CHO	烷烃	−R
酮	−COR	卤代烃	−X
醇	−OH	硝基化合物	−NO$_2$

(2)根据"最低系列"原则,给苯环上的其他碳原子编号,尽量使各个官能团的位次之和最小。

(3)最后按"较优基团后列出"将取代基的位次和名称写在母体名称之前。例如:

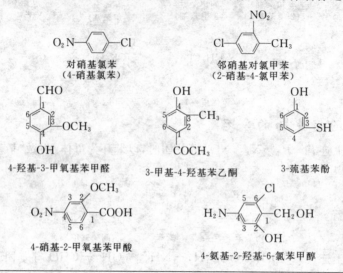

对硝基氯苯
(4-硝基氯苯)

邻硝基对氯甲苯
(2-硝基-4-氯甲苯)

4-羟基-3-甲氧基苯甲醛

3-甲基-4-羟基苯乙酮

3-巯基苯酚

4-硝基-2-甲氧基苯甲酸

4-氨基-2-羟基-6-氯苯甲醇

练习 6-2 写出单环芳烃 C_9H_{12} 的同分异构体的构造式并命名。

练习 6-3 命名或写出下列化合物的构造式。

(1)对氨基苯甲酸   (2)反二苯基乙烯   (3)环己基苯   (4)3-苯基戊烷

(5) 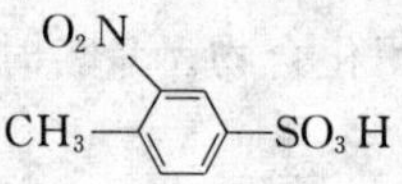 CH_3—〔苯环〕— SO_3H (带 O_2N)   (6) 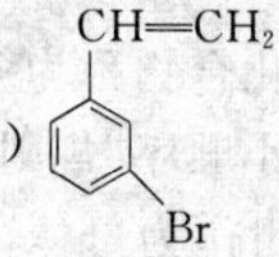 〔苯环带 CH=CH$_2$ 和 Br〕   (7) 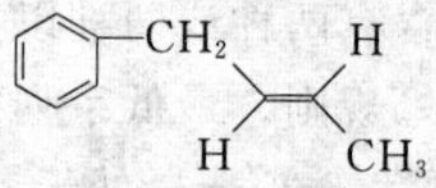 〔苯环— CH_2— CH=CH— CH_3 顺式〕

6.5 单环芳烃的物理性质

常温下,苯及其同系物都是无色具有芳香气味的液体。单环芳烃的沸点随分子中碳原子数目的增加而升高。侧链的位置对其没有大的影响,例如二甲苯的三个异构体的沸点很接近,难于分离。单环芳烃熔点的变化与分子的对称性有关,对称性较大的分子熔点高于对称性小的分子。例如,苯是高度对称的分子,它的熔点比甲苯、乙苯高得多;对二甲苯分子的对称性比邻二甲苯和间二甲苯大,因此其熔点也是三种异构体中最高的。一般来说,熔点越高,异构体的溶解度也就越小,越易结晶,利用这一性质,通过重结晶可以从二甲苯的邻、间、对位三种异构体中分离出异构体。

单环芳烃的相对密度小于1,故比水轻。单环芳烃不溶于水,可溶于醇、醚,特别易溶于二甘醇、环丁砜和 N,N-二甲基甲酰胺等溶剂,因此常用这些溶剂来萃取芳烃。

芳烃易燃,燃烧时产生浓烟,其蒸气有毒,长期接触易引起肺炎和癌症,使用时应注意防护。苯、甲苯、二甲苯是很好的溶剂,又是三大合成材料塑料、橡胶和纤维的原料。一些常见芳烃的物理常数见表 6-3。

表 6-3 　　　　　　　　　　　常见芳烃的物理常数

化合物	熔点/℃	沸点/℃	化合物	熔点/℃	沸点/℃
苯	5.5	80	联苯	70	255
甲苯	−95	111	二苯甲烷	26	263
邻二甲苯	−25	144	三苯甲烷	93	360
间二甲苯	−48	139	苯乙烯	−31	145
对二甲苯	13	138	苯乙炔	−45	142
六甲基苯	165	264	萘	80	218
乙苯	−95	136	四氢化萘	−30	208
正丙苯	−99	159	蒽	217	354
异丙苯	−96	152	菲	101	340

6.6　单环芳烃的化学性质

芳烃的化学性质主要是容易进行取代反应,而难进行加成和氧化反应。当苯环上连有侧链时,直接与苯环相连的 α-C 上的 α-H 表现出较大的活性,可以在一定条件下发生取代、氧化反应。

6.6.1　亲电取代反应

苯及其同系物易受亲电试剂进攻,苯环上的氢原子被取代,从而发生亲电取代反应。亲电取代反应是芳烃最重要的性质,主要有卤化、硝化、磺化、烷基化和酰基化反应等。

1. 卤化反应

在 Fe 或 FeX_3 的催化作用下,苯与卤素作用生成卤苯,同时放出卤化氢。

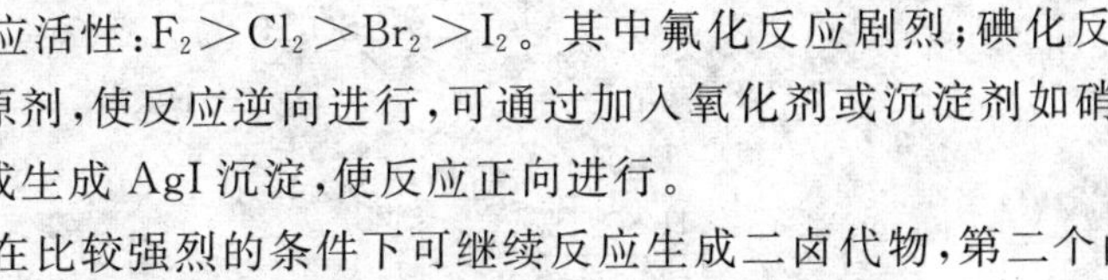

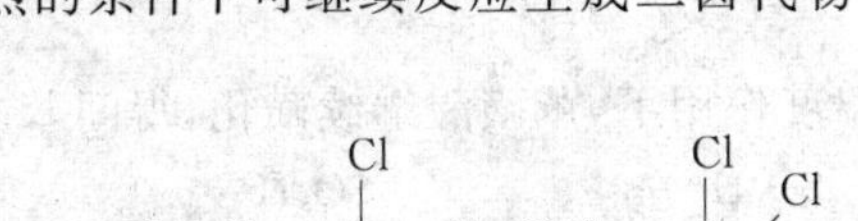

苯与卤素反应活性:$F_2 > Cl_2 > Br_2 > I_2$。其中氟化反应剧烈;碘化反应缓慢,并且生成的 HI 是强还原剂,使反应逆向进行,可通过加入氧化剂或沉淀剂如硝酸或硝酸银,使生成的 HI 分解或生成 AgI 沉淀,使反应正向进行。

氯苯和溴苯在比较强烈的条件下可继续反应生成二卤代物,第二个卤素原子进入第一个卤素原子的邻、对位。

烷基苯的卤化比苯容易,且主要得到邻、对位取代物。

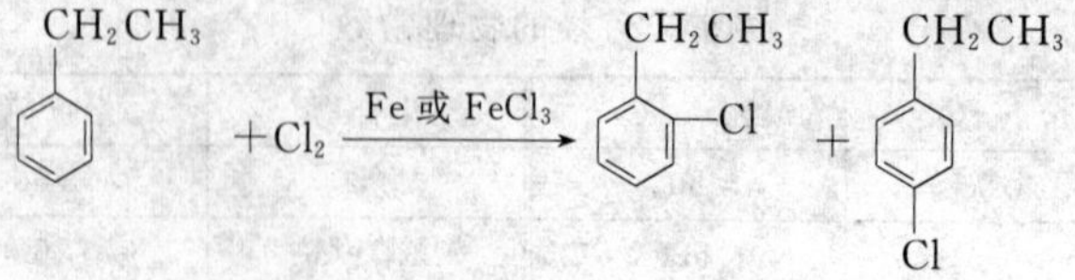

2. 硝化反应

苯与浓硝酸和浓硫酸的混合物(简称混酸)于 50～60 ℃反应,苯环上的氢原子被硝基(—NO_2)取代,生成硝基苯。硝基苯为浅黄色油状液体,有苦杏仁味,其蒸气有毒。

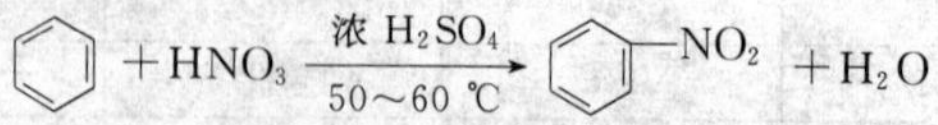

反应中,浓硫酸起催化剂和脱水剂的作用。硝基苯在较高温度下可继续与混酸作用,主要生成间二硝基苯。

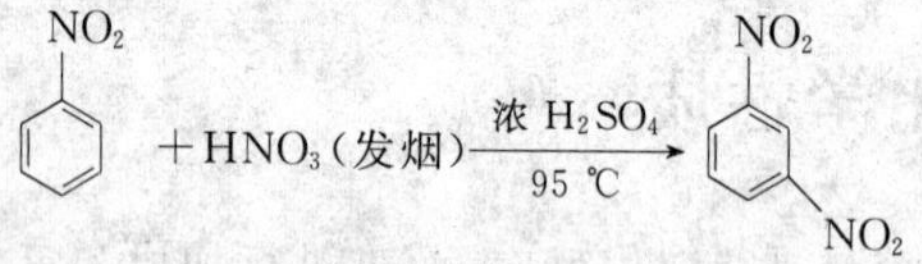

甲苯比苯容易硝化,主要得到邻硝基甲苯(58%)和对硝基甲苯(38%)。硝基甲苯进一步硝化最终得到 2,4,6-三硝基甲苯,即炸药 TNT。

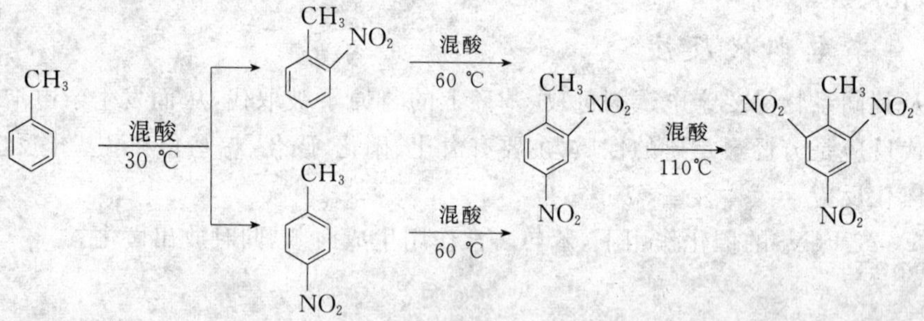

3. 磺化反应

苯与浓硫酸或发烟硫酸共热,环上的氢原子被磺酸基(—SO_3H)取代生成苯磺酸。苯的磺化反应是可逆反应,其逆过程称为水解反应。故常用发烟硫酸进行磺化,以减少可逆反应的发生。

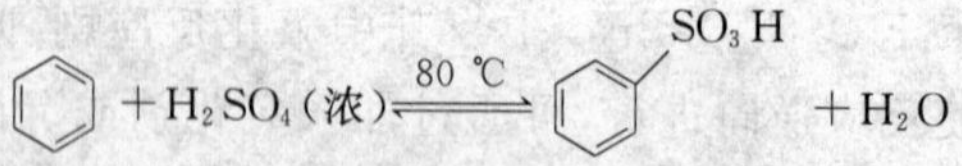

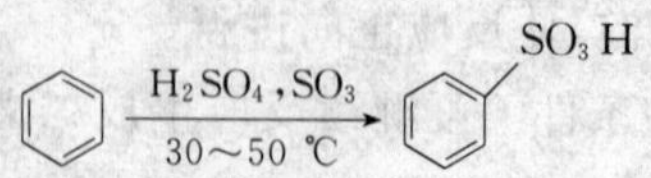

在发烟硫酸及较高温度作用下,苯磺酸继续磺化,得间苯二磺酸。

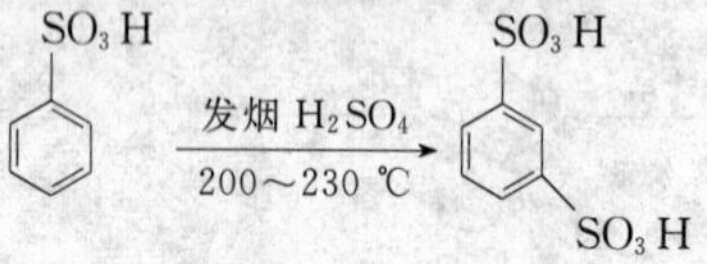

甲苯的磺化比苯容易,在常温条件下,主要得到邻甲苯磺酸和对甲苯磺酸。

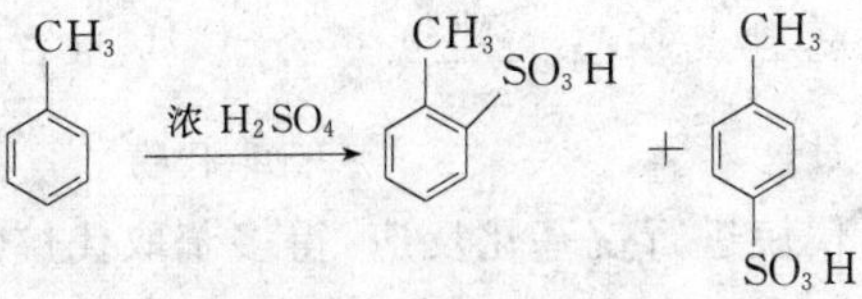

$$\text{甲苯} \xrightarrow{\text{浓 } H_2SO_4} \text{邻甲苯磺酸} + \text{对甲苯磺酸}$$

室温	32%	62%
100 ℃	13%	79%

在 100～120 ℃下进行磺化反应,主要产物是对甲苯磺酸。

在过热蒸汽作用下或与稀硫酸、稀盐酸共热到 150～200 ℃时,可水解脱去磺酸基。

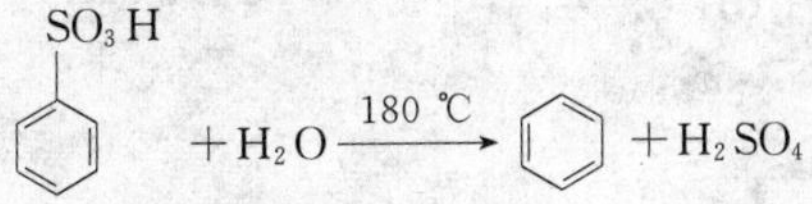

$$\text{苯磺酸} + H_2O \xrightarrow{180\ ℃} \text{苯} + H_2SO_4$$

磺化反应在有机化学上有广泛用途。

(1)苯磺酸是一种强酸,易溶于水难溶于有机溶剂。有机化合物分子中引入磺酸基后可增加其水溶性,此性质在染料、药物或洗涤剂中得到广泛应用。

(2)在有机合成上可用－SO_3H 占位,反应完成后再水解脱去。例如:由甲苯制取邻氯甲苯时,若用甲苯直接氯化,得到邻、对位的混合物分离困难。如果用磺酸基先占据甲基的对位,再氯化,就可避免对位产物的生成,产物再水解,可得到高产率的邻氯甲苯。

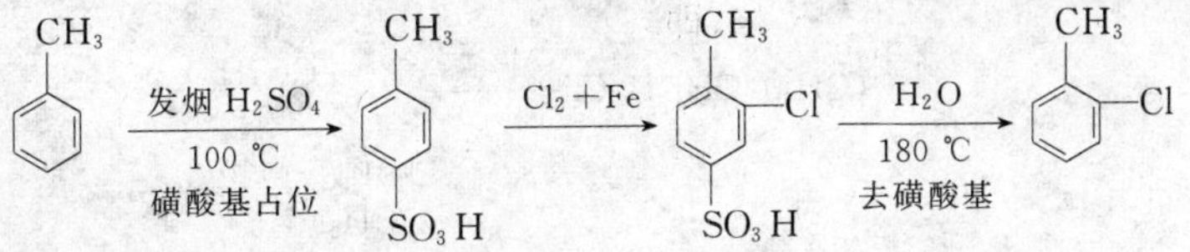

$$\text{甲苯} \xrightarrow[100\ ℃]{\text{发烟 } H_2SO_4} \xrightarrow{\text{磺酸基占位}} \xrightarrow{Cl_2+Fe} \xrightarrow[\text{去磺酸基}]{H_2O,\ 180\ ℃} \text{邻氯甲苯}$$

(3)用于芳烃化合物的鉴别、分离和提纯。

4. 傅瑞德尔-克拉夫茨(Friedel－Crafts)反应

1877 年,傅瑞德尔(C. Friedel)和克拉夫茨(J. M. Crafts)发现了制备烷基苯和芳香酮的反应,简称为傅-克反应。在无水 $AlCl_3$ 催化下,在苯环上引入烷基的反应称傅-克烷基化反应;在苯环上引入酰基的反应称傅-克酰基化反应。

(1)烷基化反应

苯与烷基化试剂在无水 $AlCl_3$ 的催化作用下生成烷基苯。

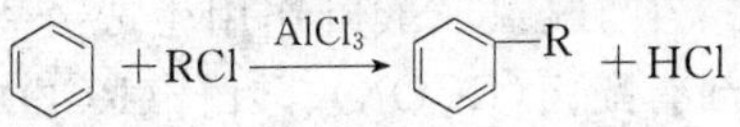

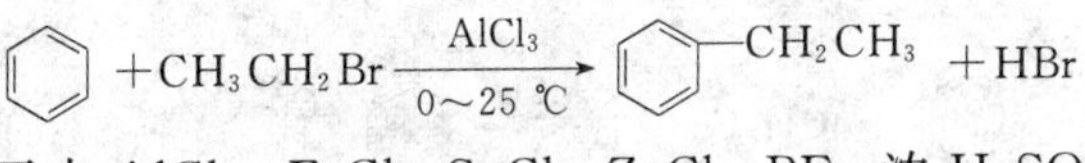

$$\text{苯} + RCl \xrightarrow{AlCl_3} \text{R-苯} + HCl$$

$$\text{苯} + CH_3CH_2Br \xrightarrow[0～25\ ℃]{AlCl_3} \text{乙苯} + HBr$$

常用的催化剂有无水 $AlCl_3$、$FeCl_3$、$SnCl_4$、$ZnCl_2$、BF_3、浓 H_2SO_4 等,其中无水 $AlCl_3$ 的催化活性最高。常用的烷基化试剂有卤代烃、烯烃和醇。

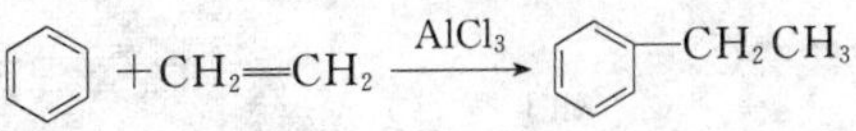

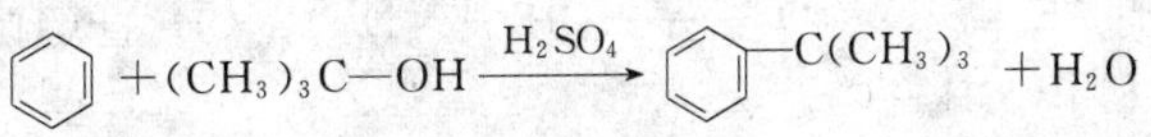

$$\text{苯} + CH_2=CH_2 \xrightarrow{AlCl_3} \text{乙苯}$$

$$\text{苯} + (CH_3)_3C-OH \xrightarrow{H_2SO_4} \text{叔丁基苯} + H_2O$$

傅-克烷基化反应的特点:

①烷基苯比苯更易进行亲电取代反应,烷基化反应往往不能停留在一元取代的阶段。因此,要想得到一元取代产物须严格控制反应条件和原料加入的方式及配比。如:

$$\text{C}_6\text{H}_6 + \text{C}_2\text{H}_5\text{Br} \xrightarrow{\text{AlCl}_3} \text{C}_6\text{H}_5\text{-C}_2\text{H}_5 + \text{HBr}$$

过量　　　　　　　　　　　　　一元取代物

芳烃还可以和多元卤代烷进行烷基化反应,得多苯取代烷烃:

$$2\,\text{C}_6\text{H}_6 + \text{CH}_2\text{Cl}_2 \xrightarrow{\text{AlCl}_3} \text{C}_6\text{H}_5\text{-CH}_2\text{-C}_6\text{H}_5$$

②当烷基化试剂含有三个或三个以上直链碳原子时,易发生重排,引入的烷基会发生碳链异构现象,主要得到异构化产物。如:

$$\text{C}_6\text{H}_6 + \text{CH}_3\text{CH}_2\text{CH}_2\text{Cl} \xrightarrow{\text{AlCl}_3} \text{C}_6\text{H}_5\text{-CH}_2\text{CH}_2\text{CH}_3 + \text{C}_6\text{H}_5\text{-CHCH}_3(\text{CH}_3)$$

30%　　　　　　　　　70%

原因:反应中的活性中间体碳正离子发生重排,产生更稳定的碳正离子。

$$\text{CH}_3\text{CH}_2\text{CH}_2\text{Cl} + \text{AlCl}_3 \longrightarrow \text{CH}_3\overset{+}{\text{C}}\text{H}_2\text{CH}_2 + \text{AlCl}_4^-$$

不稳定

$$\text{CH}_3\text{-}\underset{\text{H}}{\overset{\text{H}}{\text{C}}}\text{-}\overset{+}{\text{C}}\text{H}_2 \longrightarrow \text{CH}_3\overset{+}{\text{C}}\text{HCH}_3$$

稳定

再如:

$$\text{C}_6\text{H}_6 + (\text{CH}_3)_2\text{CHCH}_2\text{Cl} \xrightarrow{\text{AlCl}_3} \text{C}_6\text{H}_5\text{-C}(\text{CH}_3)_3$$

唯一产物

$$\text{C}_6\text{H}_6 + (\text{CH}_3)_3\text{CCH}_2\text{Cl} \xrightarrow{\text{AlCl}_3} \text{C}_6\text{H}_5\text{-C}(\text{CH}_3)(\text{CH}_2\text{CH}_3)(\text{CH}_3) + \text{HCl}$$

③当芳环上连有吸电子基(如−NO$_2$、−SO$_3$H、−COOH、−CN 等)时,反应不发生。

$$\text{C}_6\text{H}_5\text{NO}_2 + \text{CH}_3\text{CH}_2\text{Br} \xrightarrow{\text{AlCl}_3} (-) \quad \text{不反应}$$

(2)酰基化反应

芳烃在无水 AlCl$_3$ 催化下,与酰氯或酸酐作用生成芳香酮。常用的催化剂与烷基化反应相同,常用的酰基化试剂有酰卤(RCOX)、酸酐[(RCO)$_2$O]、羧酸(RCOOH)。

$$\text{C}_6\text{H}_6 + \text{CH}_3\text{COCl} \xrightarrow{\text{AlCl}_3} \text{C}_6\text{H}_5\text{-CO-CH}_3 + \text{HCl}$$

$$\text{C}_6\text{H}_5\text{CH}_3 + (\text{CH}_3\text{CO})_2\text{O} \xrightarrow{\text{AlCl}_3} \text{CH}_3\text{-C}_6\text{H}_4\text{-CO-CH}_3 + \text{CH}_3\text{COOH}$$

傅-克酰基化反应的特点:

①由于酰基是吸电子基,当苯环引入一个酰基后,活性降低,故不会像烷基化反应生

成多元取代物的混合物。

②不发生重排，可制得直链烃取代产物。例如：

$$\text{〇} + CH_3CH_2\text{—}\overset{\overset{\displaystyle O}{\parallel}}{C}\text{—}Cl \xrightarrow{AlCl_3} \text{〇}\text{—}\overset{\overset{\displaystyle O}{\parallel}}{C}\text{—}CH_2CH_3 \xrightarrow[\text{克莱门森还原法}]{Zn-Hg/HCl} \text{〇}\text{—}CH_2CH_2CH_3$$

③由于生成的 $AlCl_4^-$ 无法还原为 $AlCl_3$，所以，反应 1 mol 就消耗 1 mol $AlCl_3$，催化剂用量很大。

④当芳环上有吸电子基团（如 $-NO_2$、$-SO_3H$、$-COOH$、$-CN$ 等）时，则不能发生反应。所以，常用硝基苯作为傅-克反应的溶剂。

$$\text{〇}\text{—}NO_2 + R\text{—}\overset{\overset{\displaystyle O}{\parallel}}{C}\text{—}Cl \text{（或 RCl）} \xrightarrow{AlCl_3} (-)\text{不反应}$$

⑤由傅-克酰基化反应可制备一系列芳香酮和苯的同系物。例如：

$$\text{〇} + Cl\text{—}\overset{\overset{\displaystyle O}{\parallel}}{C}\text{—}Cl \xrightarrow{AlCl_3} \text{〇}\text{—}\overset{\overset{\displaystyle O}{\parallel}}{C}\text{—}Cl \xrightarrow{AlCl_3} \text{〇}\text{—}\overset{\overset{\displaystyle O}{\parallel}}{C}\text{—}\text{〇}$$

练习 6-4 写出下列反应的主产物。

(1) $3 \text{〇} + CHCl_3 \xrightarrow{AlCl_3}$　　(2) $\text{〇} + (CH_3)_2CHCH_2Cl \xrightarrow{AlCl_3}$

练习 6-5 下列化合物哪些可发生傅-克反应，哪些不能？

(1) 〇—CH_3　　(2) 〇—NO_2　　(3) 〇—CN　　(4) 〇—NH_2

---

5. 氯甲基化反应

将 HCl 通入苯、三聚甲醛、无水 $ZnCl_2$ 的悬浮液中反应，使苯环上的一个氢原子被氯甲基取代的反应叫氯甲基化反应。

$$3 \text{〇} + (HCHO)_3 + 3HCl \xrightarrow[60\ ℃]{\text{无水 } ZnCl_2} 3 \text{〇}\text{—}CH_2Cl + 3H_2O$$

氯甲基化反应在有机合成上很重要，因为 $-CH_2Cl$（氯甲基）很容易转为：

$-CH_2OH$	$-CH_2CN$	$-CH_2COOH$	$-CH_2NH_2$	$-CHO$
羟甲基	氰甲基	羧甲基	氨甲基	醛基

例：

$$\text{〇}\text{—}CH_2Cl \begin{cases} \xrightarrow{NaOH/H_2O} \text{〇}\text{—}CH_2OH \\ \xrightarrow{NaCN} \text{〇}\text{—}CH_2CN \xrightarrow[H^+\text{ 或 }OH^-]{H_2O} \text{〇}\text{—}CH_2COOH \end{cases}$$

6.6.2 氧化反应

苯环很稳定，不能被高锰酸钾氧化，但在高温和五氧化二钒等催化剂作用下，被空气氧化成顺丁烯二酸酐。

$$2 \bigcirc + 9O_2 \xrightarrow[\text{400～500 ℃}]{V_2O_5} 2 \begin{array}{c} \text{H-C-C} \\ \parallel \quad \quad \backslash \\ \text{H-C-C} \end{array}\hspace{-0.5em}O + 4CO_2 + 4H_2O$$

这是顺丁烯二酸酐的工业制法。

6.6.3 加成反应

芳烃容易起取代反应而难于加成,但在特定条件下,也可发生某些加成反应。

1.催化加氢

苯在高温和催化剂(雷尼 Ni,Pt,Pd)存在下,与氢气加成生成环己烷。

$$\bigcirc + H_2 \xrightarrow[\text{180～250 ℃}]{Ni} \bigcirc$$

这是工业生产环己烷的重要方法,产品纯度高。

2.光照加氯

在日光或紫外线照射下,苯与氯气发生加成反应生成六氯代环己烷,俗称"六六六"。

$$\bigcirc + Cl_2 \xrightarrow[\text{50 ℃}]{\text{日光或紫外线}} \bigcirc$$

"六六六"($C_6H_6Cl_6$)是杀虫剂,曾作为农药大量使用,但由于结构稳定,不易分解,残留期很长,施用后污染环境,危害人体健康,现已被高效有机磷农药所代替。

6.6.4 芳烃侧链上的反应(α-H 原子的反应)

1.卤化反应

苯环侧链的卤代反应与烷烃的卤代反应一样,属于自由基反应。在光照射或高温条件下,苯环侧链上的 α-H 原子易被卤素(氯或溴)取代。

$$\bigcirc\text{CH}_3 + Cl_2 \xrightarrow[\text{或高温}]{\text{紫外光}} \bigcirc\text{CH}_2\text{Cl} \xrightarrow{Cl_2} \bigcirc\text{CHCl}_2 \xrightarrow{Cl_2} \bigcirc\text{CCl}_3$$

氯化苄　　　苯二氯甲烷　　　苯三氯甲烷

无论侧链多长,卤代反应主要发生在 α-H 原子上。

$$\bigcirc\text{CH}_2\text{CH}_3 + Cl_2 \xrightarrow[\text{或高温}]{\text{紫外光}} \bigcirc\text{Cl-CHCH}_3 + \bigcirc\text{CH}_2\text{CH}_2\text{Cl}$$

α-氯代乙苯　　　β-氯代乙苯
91%　　　　　　9%

$$\bigcirc\text{—CH}_2\text{—CH}_2\text{—CH—CH}_3 + Br_2 \xrightarrow[\text{或高温}]{\text{紫外光}} \bigcirc\text{—CHCH}_2\text{—CH—CH}_3$$

2.氧化反应

苯环侧链上有 α-H 原子时,苯环的侧链较易被氧化成羧酸,不论侧链长短,产物都是苯甲酸。

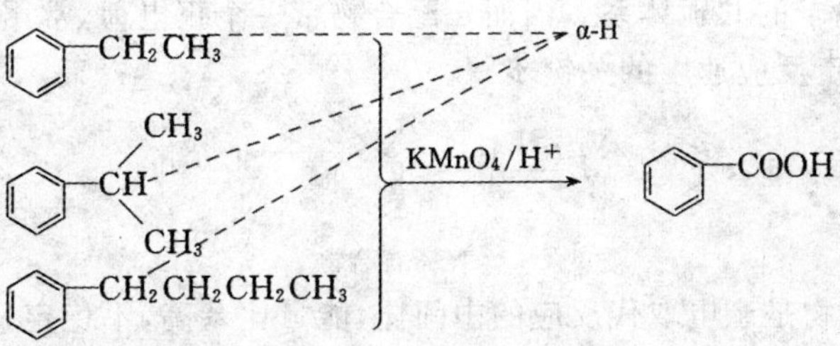

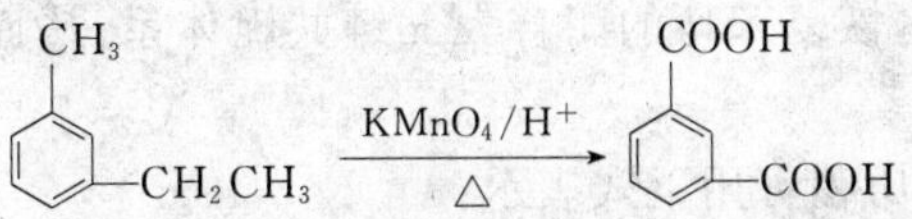

当与苯环相连的侧链碳（α-C）上无氢原子（α-H）时，该侧链不能被氧化。

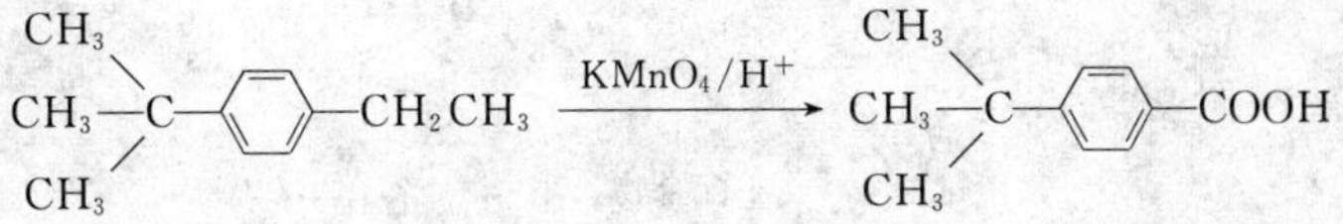

练习 6-6 写出下列反应的主产物。

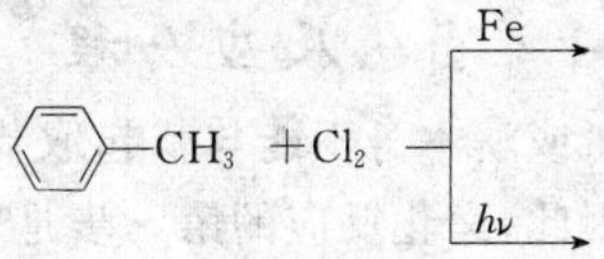

6.7 苯环上亲电取代反应的历程

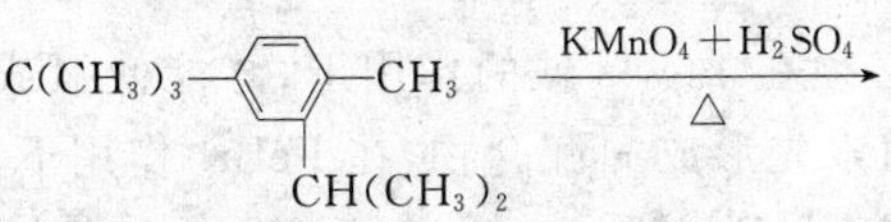

苯在进行卤代、硝化、磺化和傅-克反应时，所用的试剂、催化剂和产物虽然各不相同，但是都有一个共同的特点，就是苯环上的一个氢原子被试剂中带正电荷的部分所取代。

从苯的结构可知，两个"救生圈"形的 π 电子云分布在苯环碳原子所在平面的上、下方，容易受亲电试剂（E^+）的进攻。这种亲电性进攻类似烯烃亲电加成反应中的第一步，不过紧接着不是负离子进攻苯环，而是环上脱去质子（H^+）而恢复苯环结构，得到取代产物。卤素、硝酸、硫酸等称为亲电试剂。亲电取代反应分三步进行。

第一步：亲电试剂本身在催化剂作用下离解出亲电性正离子 E^+。

$$亲电试剂 \xrightarrow{催化剂} E^+$$

第二步：首先，亲电试剂 E^+ 进攻苯环，与苯环上的 π 电子形成 π-配合物。此时无新键形成，π-配合物仍保持苯环结构。

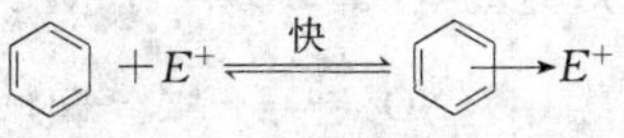

π-配合物

接着，E^+ 进一步从苯环的大 π 键体系中获得两个电子，与苯环上的一个碳原子形成 σ 键，称为 σ-配合物。在 σ-配合物中，和亲电试剂相连的碳原子，由原来的 sp^2 杂化变为

sp^3 杂化,苯环的闭合共轭体系遭到破坏,苯环上余下的四个 π 电子离域在环的五个碳原子上,形成一个缺电子的共轭体系。因而 σ-配合物带一个正电荷,常用开口虚线圆圈和正电荷表示。这是决定反应速度的关键步骤。

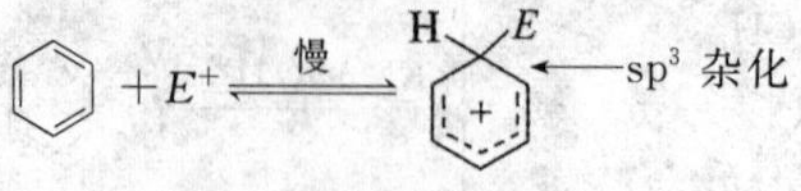

σ-配合物

第三步:σ-配合物是亲电取代反应的中间体,能量比苯高,不稳定,很容易从 sp^3 杂化碳原子上失去一个质子,恢复苯环的闭合大 π 键共轭体系,从而降低体系能量,生成稳定的取代产物。

亲电取代反应的总历程可用下式表示:

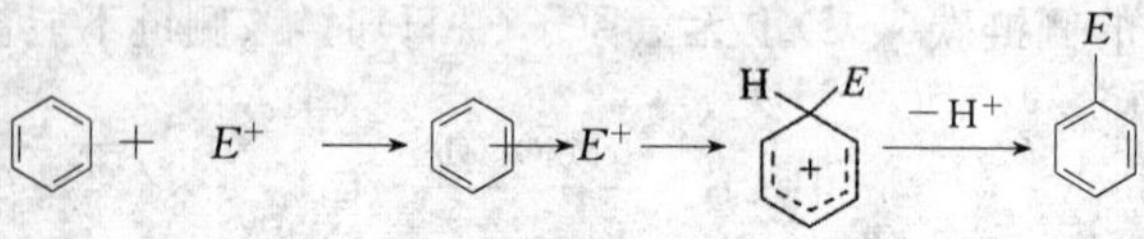

亲电试剂　　π-配合物　　σ-配合物

整个反应的结果相当于亲电试剂 E^+ 取代了 H^+,由于是亲电试剂首先进攻而引发的取代反应,所以叫亲电取代反应。

6.7.1 卤化反应历程

氯或溴本身不能与苯起取代反应,必须在 Lewis 酸的作用下,才能使氯或溴分子极化。因此,卤化反应的第一步是苯环与卤素先形成 π-配合物,在 $FeBr_3$ 作用下,进一步生成 σ-配合物,苯环两个 π 电子与 Br^+ 生成 C—Br 键。

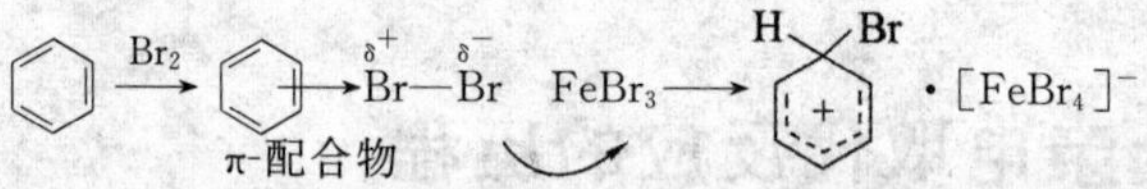

π-配合物

被进攻的碳原子脱离了共轭体系,剩下的四个 π 电子离域在其余的五个碳原子上,形成带一个正电荷的缺电子共轭体系。在 $FeBr_4^-$ 的作用下,消去一个质子,恢复苯环结构,生成了溴苯,从 σ-配合物分解得到的质子与 $FeBr_4^-$ 作用生成溴化氢,并使催化剂 $FeBr_3$ 再生。

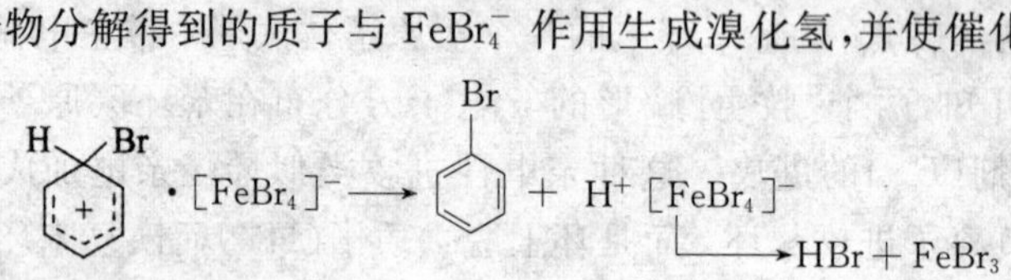

6.7.2 硝化反应历程

在硝化反应中,浓硫酸不仅是脱水剂,而且它与硝酸作用先生成质子化的硝酸和酸式硫酸根,质子化的硝酸在硫酸存在下,分解生成硝基正离子(NO_2^+)。硝基正离子是一个强亲电试剂,进攻苯环发生亲电取代反应。

$$H_2SO_4 + HONO_2 \xrightleftharpoons{\text{快}} H_2O^+NO_2 + HSO_4^-$$

$$H_2O^+NO_2 \xrightleftharpoons{\text{慢}} NO_2^+ + H_2O$$

$$H_2O + H_2SO_4 \xrightleftharpoons{} H_3O^+ + HSO_4^-$$

$$2H_2SO_4 + HONO_2 \xrightleftharpoons{} NO_2^+ + 2HSO_4^- + H_3O^+$$

硝基正离子首先进攻苯环的π键，生成了活性中间体σ-配合物；随即σ-配合物很快消除 H^+，恢复苯环结构。

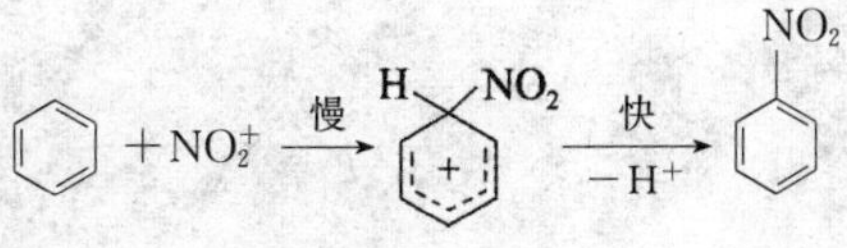

6.7.3 磺化反应历程

磺化反应历程是由三氧化硫中带部分正电荷的硫原子进攻苯环而发生的亲电取代反应。

$$2H_2SO_4 \rightleftharpoons H_3O^+ + HSO_4^- + SO_3$$

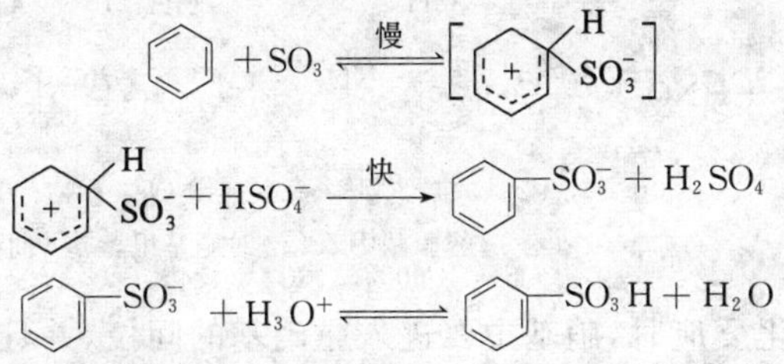

6.7.4 傅-克反应历程

傅-克烷基化反应的历程是，催化剂无水 $AlCl_3$ 等路易斯酸与烷基化剂如卤代烷作用，生成亲电试剂烷基碳正离子。

$$RCl + AlCl_3 \longrightarrow [RClAlCl_3] \longrightarrow R^+ + AlCl_4^-$$

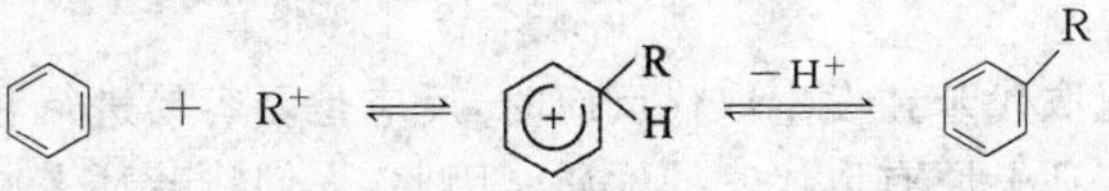

傅-克酰基化反应的历程是，催化剂与酰基化试剂作用，生成酰基碳正离子。

$$CH_3—\overset{\overset{O}{\|}}{C}—Cl + AlCl_3 \rightleftharpoons CH_3—\underset{+}{\overset{\overset{O}{\|}}{C}} + [AlCl_4]^-$$

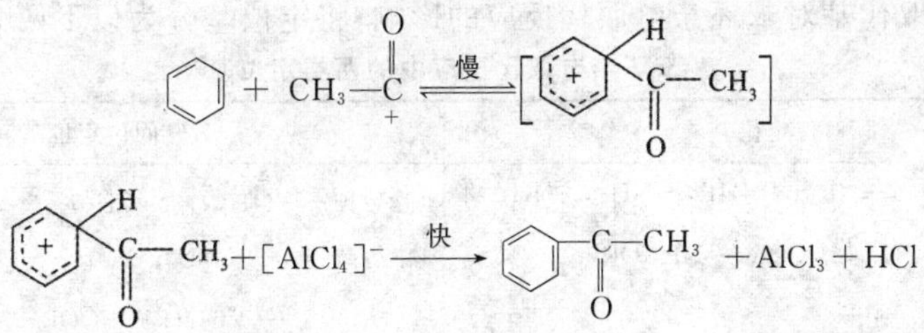

由反应历程可以解释为什么烷基化反应易发生重排，得到异构化产物，而酰基化反应不发生重排，得到直链产物。

6.8 苯环上亲电取代的定位规律

6.8.1 定位规律

苯的一元取代物只有一种，而一元取代苯进行取代反应时，理论上可得到邻、间、对三种二元取代物的比例应为 2∶2∶1(因为有两个邻位、两个间位、一个对位)。

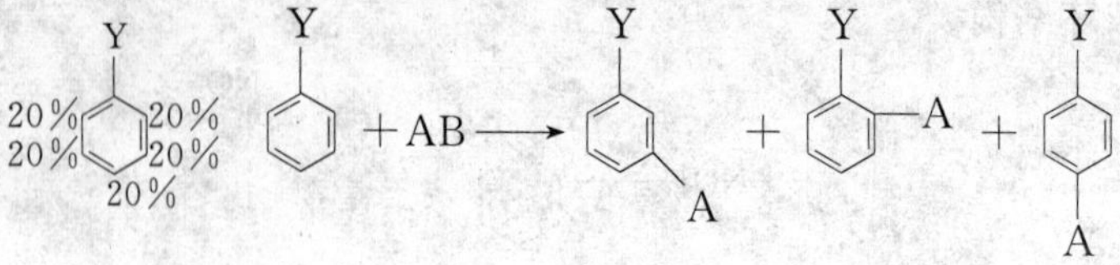

然而实验事实并非如此,这些位置上的氢原子被取代的机会不是均等的。例如甲苯进行硝化反应时,硝基主要进入甲基的邻位和对位,并且该硝化反应比苯容易。

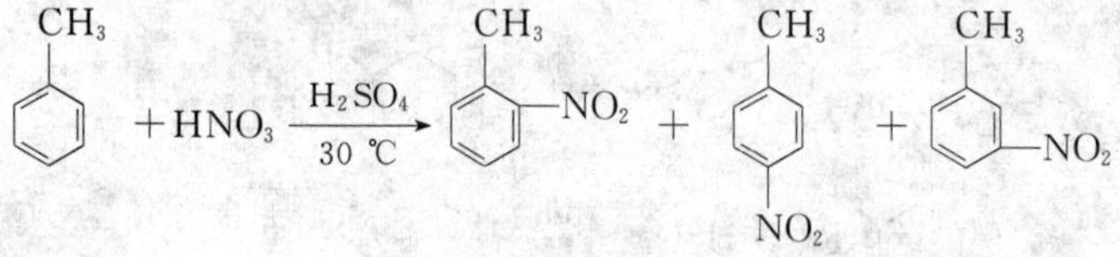

邻硝基甲苯　对硝基甲苯　间硝基甲苯
60%　　　　34%　　　　3%

硝基苯再进行硝化反应时,硝基主要进入原硝基的间位,并且该硝化反应比苯困难。

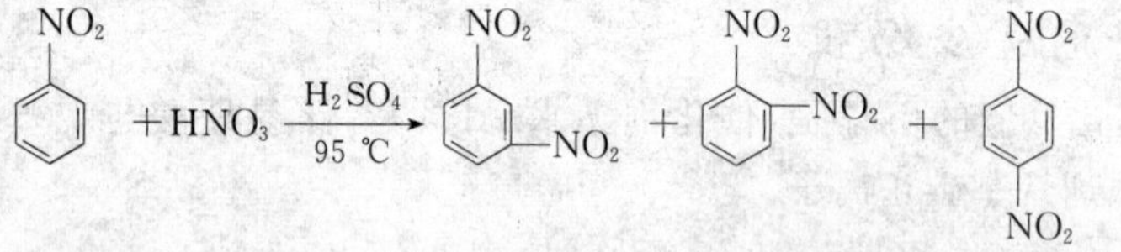

间二硝基苯　邻二硝基苯　对二硝基苯
93%　　　　6.5%　　　　0.5%

由此可见,一元取代苯在发生取代反应时,反应是否容易进行和新基团进入环上哪个位置,主要取决于芳环上原有取代基的性质。因此,人们将芳环上原有的取代基叫做定位基。定位基有两个作用:一是影响亲电取代反应进行的难易;二是决定新基团进入苯环的位置。定位基的这两个作用称为定位效应或定位规律。

1. 定位基的分类

根据原有取代基对苯环亲电取代反应的影响,将定位基分为以下两大类,见表 6-4。

表 6-4　　　　　苯环亲电取代反应中的两类定位基

邻、对位定位基		间位定位基	
强致活	$-O^-$,$-NR_2$,$-NHR$,$-NH_2$,$-OH$	强致钝	$-\overset{+}{N}H_3$,$-\overset{+}{N}(CH_3)_3$,$-NO_2$,$-CF_3$,$-CCl_3$
中等致活	$-OCH_3$,$-OCOR$,$-NHCOR$,	中等致钝	$-C\equiv N$,$-SO_3H$,$-CHO$,$-COR$,
较弱致活	$-R$,$-Ph$		$-COOH$,$-COOR$,$-CONH_2$
较弱致钝	$-F$,$-Cl$,$-Br$,$-I$,$-CH_2Cl$		

(1)第一类定位基,又称为邻对位定位基。它们使新引入的基团进入其邻位和对位(邻对位产物之和大于 60%)。除卤素之外,均为供电子基,使芳环上电子云密度增加,活化芳环,亲电取代活性大于苯。

(2)第二类定位基,又称为间位定位基。它们使新引入基团主要进入定位基的间位(间位产物大于 40%)。间位定位基都是吸电子基,使芳环上电子云密度降低,钝化芳环,亲电取代反应活性小于苯。

2.两类定位基的结构特征

(1)邻对位定位基:与苯环直接相连的原子上只有单键,且多数有孤对电子(除—R 和—Ph 外)或是负离子。这些基团可与芳环形成 p—π 共轭,使芳环上电子云密度增加。

(2)间位定位基:与苯环直接相连的原子上有重键,且重键的另一端是电负性大的元素或带正电荷。这些基团可以与芳环发生 π—π 共轭,使芳环电子云密度降低。

6.8.2 定位规律的理论解释

苯环上取代基的定位效应,可用电子效应解释,也可从生成的 σ 配合物的稳定性来解释,还有空间效应的影响。本书主要从电子效应和空间效应的影响加以解释。

1.定位基的电子效应

(1)邻对位定位基

除卤素外,其他邻对位定位基都使邻对位的电子云密度增加,亲电试剂必然进攻电子云密度大的邻对位,亲电取代反应较苯容易。

①甲基

在甲苯中,无论诱导效应还是 σ—π 超共轭效应,甲基都表现为供电子性(+I 和+C),使苯环上电子云密度增加,更有利于亲电试剂的进攻。所以,甲基使苯环活化。但由于在共轭体系中,电子云的传递是交替极化,使甲基的邻位和对位上电子云密度增加得更多些,所以亲电试剂主要进攻其邻位和对位。

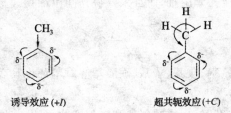

诱导效应 (+I)　　　　超共轭效应(+C)

②羟基

羟基是较强的邻对位定位基。由于羟基中氧的电负性比碳的电负性大,对苯环表现出吸电子诱导效应(−I),使苯环电子云密度降低。但又由于羟基氧原子上 p 轨道上的未共用电子对可与苯环上的 π 电子云形成 p—π 共轭体系,使氧原子上的电子云向苯环转移。由于给电子共轭效应(+C)大于吸电子诱导效应(−I),所以总的结果羟基使苯环电子云密度增加,尤其是邻对位增加较多。所以苯酚比苯更容易发生亲电取代反应,且取代基主要进入羟基的邻位和对位。

由于 p—π＞σ—π,故羟基的供电性大于甲基,所以苯酚比甲苯更容易进行亲电取代反应。

其他与苯环相连的带有未共用电子对的基团,如—NH₂、—N(CH₃)₂、—ÖCH₃ 等对苯环的电子效应与羟基类似。

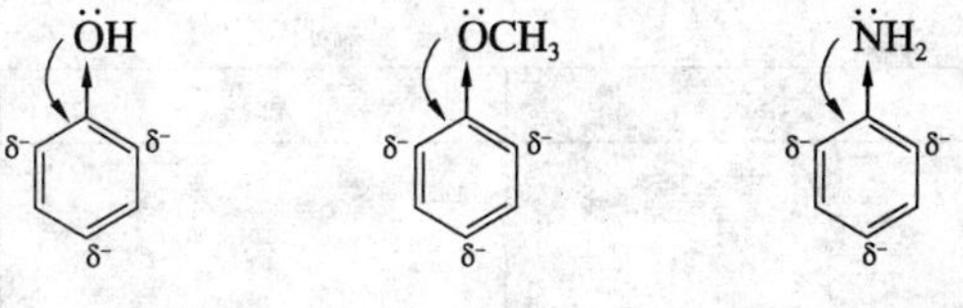

③卤素原子

在卤苯中,具有与苯酚相似的情况。即共轭与诱导效应方向相反。但不同的是,在卤苯中$+C<-I$,总的结果是苯环上电子云密度降低。因此,卤苯比苯难进行亲电取代反应。但当亲电取代发生时,由于共轭效应使苯环的邻、对位电子云密度增加,亲电试剂主要进攻电子云密度较高的邻、对位。所以,卤素是钝化芳环的邻、对位定位基。如氯苯。

诱导效应:$-I$(电负性 Cl>C)

共轭效应:$+C$(Cl 上孤对电子与苯环共轭,形成 p-π 共轭)

总结果:$-I>+C$,使苯环上电子云密度降低

所以$-$Cl 是致钝基

(2)间位定位基

间位定位基均为吸电子基,通过吸电子诱导效应和吸电子共轭效应使苯环电子云密度降低,尤其是邻对位降低得更多,所以亲电取代主要发生在电子云密度相对较高的间位。同时吸电子基使苯环钝化,故亲电取代反应比苯困难。如硝基。

硝基是一个间位定位基,它与苯环相连时,因氮原子的电负性比碳大,所以对苯环具有吸电子诱导效应($-I$);同时硝基中的氮氧双键与苯环的大 π 键形成 π−π 共轭体系,使苯环上的电子云向着电负性大的氮原子和氧原子方向转移($-C$)。两种电子效应作用方向一致,均使苯环上电子云密度降低,尤其是硝基的邻、对位降低得更多。因此,硝基不仅使苯环钝化,亲电取代反应比苯困难,而且主要得到间位产物。

其他间位定位基,如氰基、羧基、羰基、磺酸基等对苯环也具有类似硝基的电子效应。

2.定位基的立体效应

苯环上有邻对位定位基时,生成的邻位和对位产物之比,与原有取代基和进攻基团的体积有关,这是取代基的立体效应所致。见表 6-5 和表 6-6。立体效应又称空间阻碍效应或空间位阻效应。

表 6-5 　　　　　　　　　　　　烷基苯硝化时异构体的分布

化合物	苯环上原有取代基	异构体分布/%		
		邻位	对位	间位
甲苯	$-CH_3$	58.5	37.2	4.3
乙苯	$-CH_2CH_3$	45.0	48.5	4.5
异丙苯	$-CH(CH_3)_2$	30.0	62.3	7.7
叔丁苯	$-C(CH_3)_3$	15.8	72.7	11.5

可见,随着苯环上原有取代基体积的增大,产物中对位异构体的比例升高。

表 6-6 　　　　　　　　　　　　氯苯氯化、溴化和磺化时异构体的分布

引入基团	异构体分布/%		
	邻位	对位	间位
$-Cl$	39	55	6
$-Br$	11	87	2
$-SO_3H$	1	99	0

可见,当环上原有基团空间位阻不变时,新引入基团体积越大,邻位异构体的比例越少,对位异构体的比例越多。

苯环上已有一个取代基时,第二个取代基进入苯环的位置和活性,主要取决于苯环上已有取代基的定位效应和立体效应。此外,温度和催化剂等也有一定的影响。

练习 6-7 下列化合物一元硝化,主要生成哪些产物(用箭头表示硝基进入的位置)?

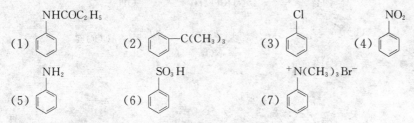

6.8.3 二元取代苯的定位规律

二元取代苯发生取代反应时,反应进行的难易和第三个基团进入苯环的位置主要取决于已有两个定位基的性质、相对位置、空间位阻等条件,一般可能有以下几种情况:

1. 两定位基定位效应一致

若苯环上原有两个定位基的定位效应一致时,则第三个基团进入两定位基一致指向的位置。

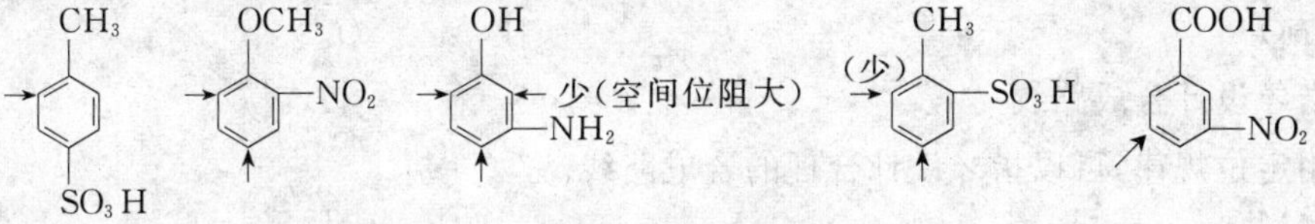

2. 两定位基定位效应不一致

(1)两个定位基属于同一类,第三个基团进入苯环的位置由定位效应强的定位基决定。

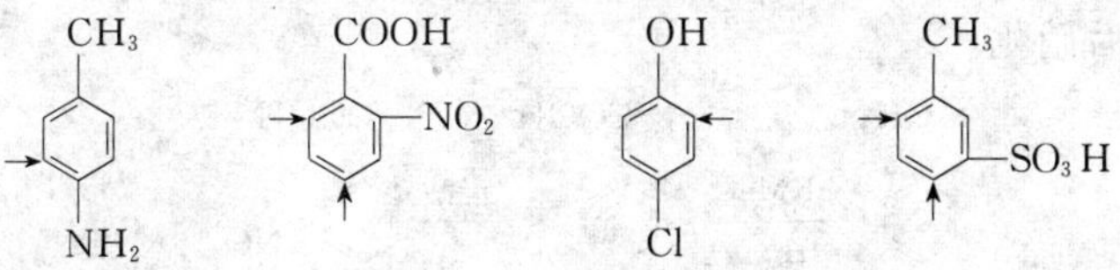

(2)两个定位基属于不同类时,第三个基团进入苯环的位置主要由邻、对位定位基决定。

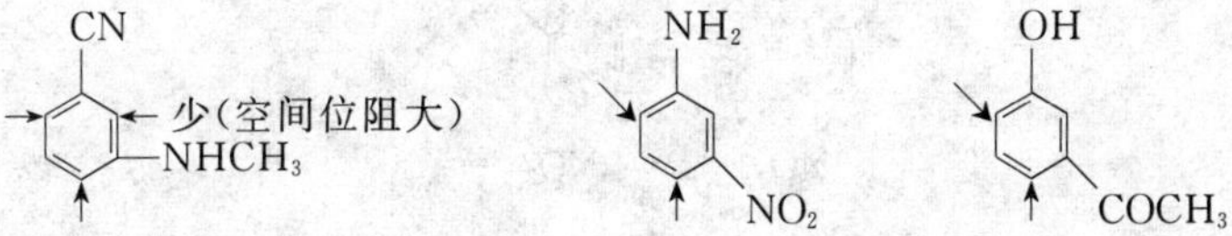

练习 6-8 下列化合物一元硝化,主要生成哪些产物(用箭头表示硝基进入的位置)?

(1) 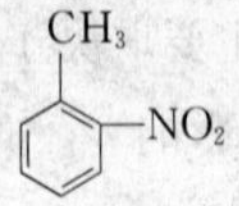 邻硝基甲苯 (CH_3, NO_2)　(2) 对氯甲苯 (CH_3, Cl)　(3) 对羟基苯磺酸 (OH, SO_3H)　(4) 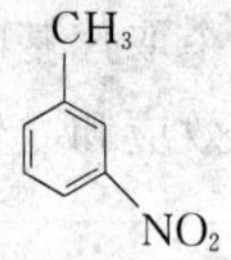 间硝基甲苯 (CH_3, NO_2)

(5) 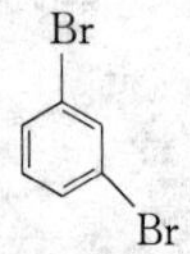 间二溴苯 (Br, Br)　(6) 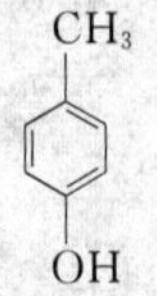 对甲基苯酚 (CH_3, OH)　(7) 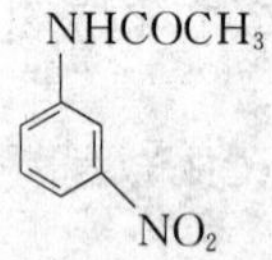 间硝基乙酰苯胺 ($NHCOCH_3$, NO_2)　(8) 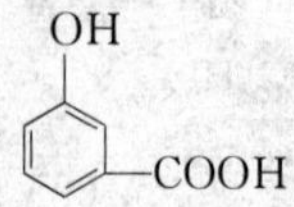 间羟基苯甲酸 (OH, $COOH$)

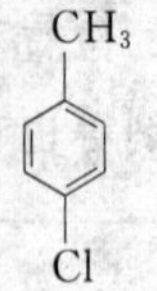

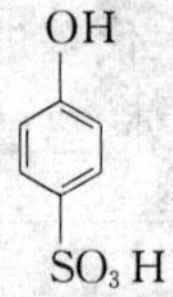

(9) 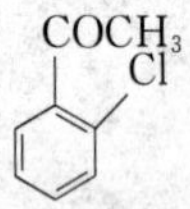 邻氯苯乙酮 ($COCH_3$, Cl)　(10) 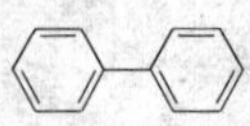 联苯

6.8.4　定位规律在有机合成中的应用

1.预测反应的主产物

根据芳烃取代反应的定位规律,可以预测化学反应时的主产物。例如:

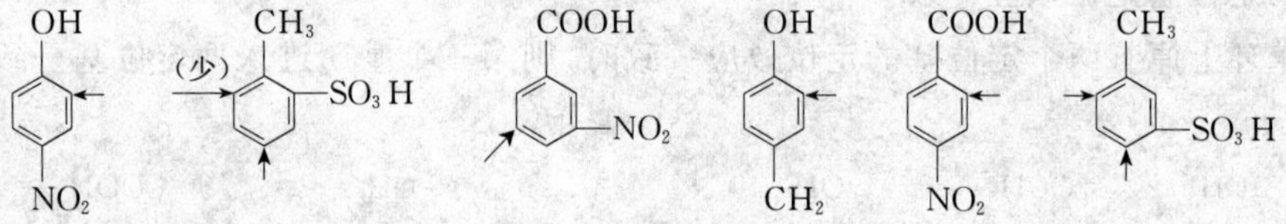

[结构式: 苯酚 (OH, NO₂); 甲苯磺酸 (少) (CH₃, SO₃H); 间硝基苯甲酸 (COOH, NO₂); 对甲苯酚 (OH, CH₂); 对硝基苯甲酸 (COOH, NO₂); 甲苯磺酸 (CH₃, SO₃H)]

2.指导设计合成路线

利用定位规律,可以指导设计合理的合成路线。

例1:

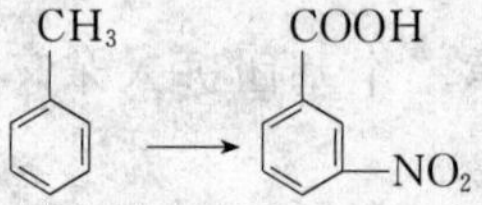

[结构式: 甲苯 (CH_3) → 间硝基苯甲酸 ($COOH$, NO_2)]

必须先氧化,后硝化。

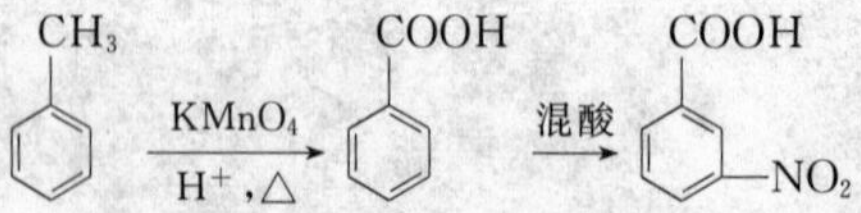

[结构式: 甲苯 (CH_3) $\xrightarrow[H^+,\triangle]{KMnO_4}$ 苯甲酸 ($COOH$) $\xrightarrow{混酸}$ 间硝基苯甲酸 ($COOH$, NO_2)]

例2:

[结构式: 对硝基甲苯 (CH_3, NO_2) → 产物 ($COOH$, NO_2, NO_2)]

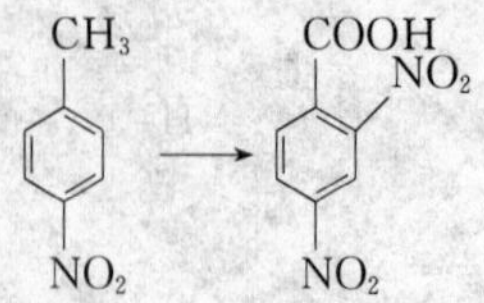

路线1:先硝化,后氧化

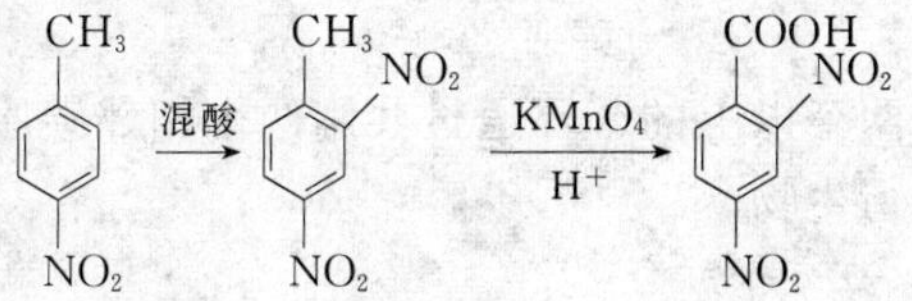

路线2:先氧化,后硝化

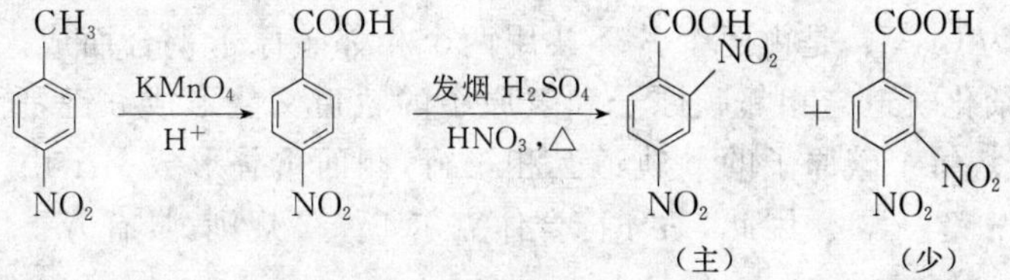

路线2的反应条件高,且有副产物,所以路线1为优选路线。

例3:

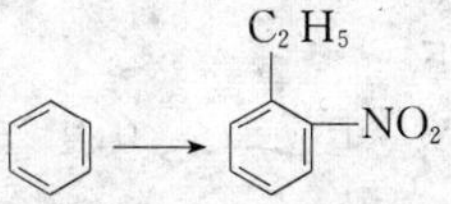

用—SO_3H占据乙基的对位,再硝化,避免对位产物的生成,最后脱去—SO_3H。

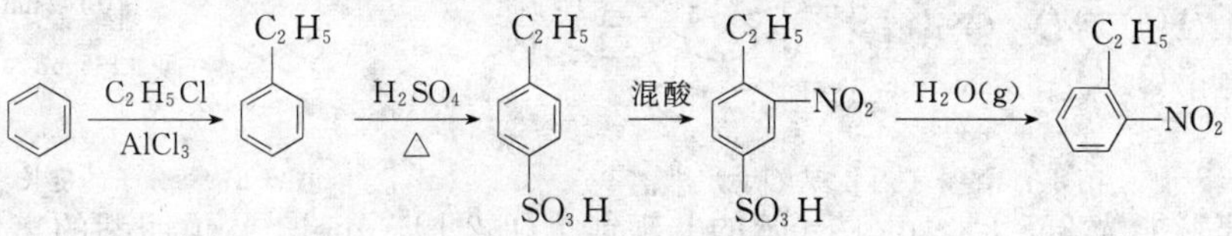

例4:

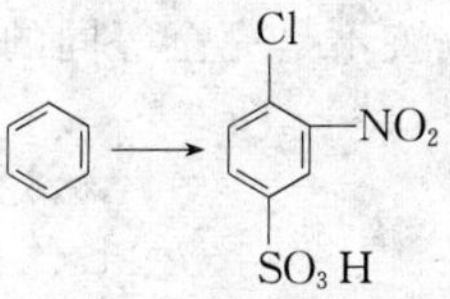

只有—Cl是邻、对位定位基,故应先氯化,再磺化,最后硝化。

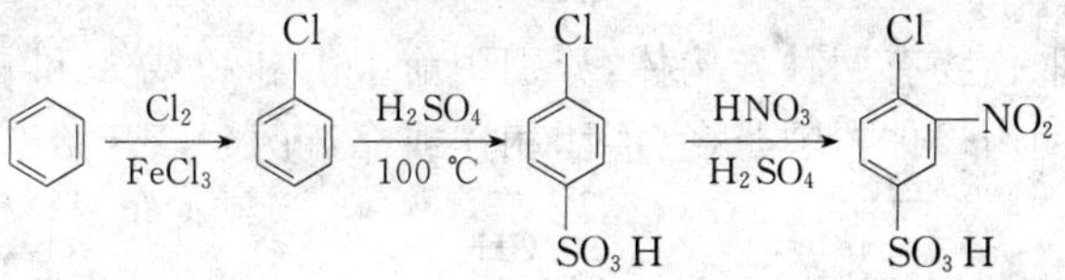

练习6-9　以苯或甲苯为原料合成下列化合物。

(1)间硝基溴苯　　　　　　　　(2)3-硝基-4-氯苯磺酸

(3)4-硝基-2-氯甲苯　　　　　　(4)3-硝基-5-氯苯甲酸

(5)2-硝基-6-溴甲苯　　　　　　(6)3,5-二硝基苯甲酸

6.9 稠环芳烃

稠环芳烃是由两个或两个以上的苯环通过共用两个相邻碳原子稠合在一起。重要的稠环芳烃有萘、蒽、菲及其衍生物。

6.9.1 萘及其衍生物

1.萘分子的结构和命名

萘的分子式为 $C_{10}H_8$，是由两个苯环共用两个相邻碳原子稠合而成。萘分子中每个碳原子均以 sp^2 杂化轨道与相邻碳原子和氢原子的轨道交叠形成 σ 键，所以萘分子中的 18 个原子共平面。每个碳原子的 p 轨道互相平行，侧面重叠形成一个由 10 个 p 轨道组成的闭合共轭大 π 键（π_{10}^{10}）。因此，萘环符合休克尔 $4n+2$ 规则，具有芳香性。如图 6-5 所示。

但萘和苯的结构不完全相同，萘分子中两个共用碳上的 p 轨道除了彼此重叠外，还分别与相邻的另外两个碳上的 p 轨道重叠，因此闭合大 π 键电子云在萘环上不是均匀分布，导致键长不完全等同。如图 6-6 所示。

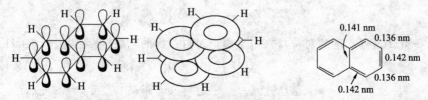

图 6-5　萘分子的 p 轨道构成 π_{10}^{10} 键　　图 6-6　萘分子的键长

萘的离域能为 $255\ kJ\cdot mol^{-1}$（苯的共轭能为 $152\ kJ\cdot mol^{-1}$），说明萘的离域程度不及苯，所以萘的芳香性比苯弱，化学性质比苯活泼，更易进行亲电取代反应。

萘分子中 10 个碳原子的相对位置不是完全等同的，为了区别，对其编号如下：

1、4、5、8 位又称为 α 位

2、3、6、7 位又称为 β 位

电荷密度 $\alpha>\beta$

可见，萘的一元取代物有两种异构体，分别用前缀 1-和 2-或 α-和 β-加以区别；多元取代物，以优先的官能团为母体，从与该官能团相连或靠近的 α-C 开始编号。例如：

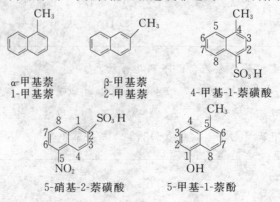

α-甲基萘　　　　　β-甲基萘　　　　　4-甲基-1-萘磺酸
1-甲基萘　　　　　2-甲基萘

5-硝基-2-萘磺酸　　　5-甲基-1-萘酚

2.萘的性质

萘为白色闪光状晶体,熔点 80.5 ℃,沸点 218 ℃,有特殊气味,易升华,蒸气有杀菌作用,常用作防蛀剂。不溶于水,易溶于乙醇和乙醚等有机溶剂,萘存在于煤焦油中,是重要的化工原料。

萘的化学性质与苯相似,但由于萘环上闭合大 π 键电子云密度分布不是完全平均化的,所以反应活性与苯相比,易进行亲电取代反应,也易进行加成和氧化反应。

(1)亲电取代反应

萘比苯更易发生亲电取代反应。根据测定,萘分子的 α-位电子云密度比 β-位大,因此亲电取代主要发生在 α-位;但由于 β-位取代产物的热力学稳定性大于 α-位取代产物,所以当温度较高时,主要为 β-位取代产物。

①卤化反应

在 Fe 或 $FeCl_3$ 存在下,将 Cl_2 通入萘的苯溶液中,主要得到 α-氯萘。

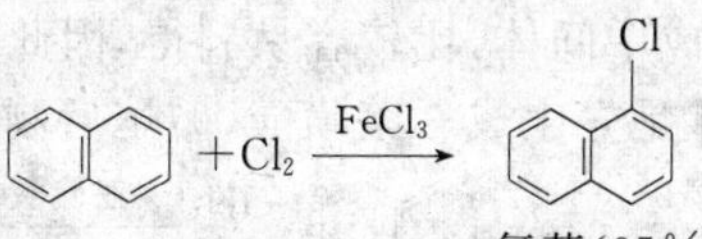

α-氯萘(95%)

α-氯萘为无色液体,沸点 259 ℃,可做高沸点溶剂和增塑剂。

萘与溴在 CCl_4 溶液中,不需要催化剂就可进行。

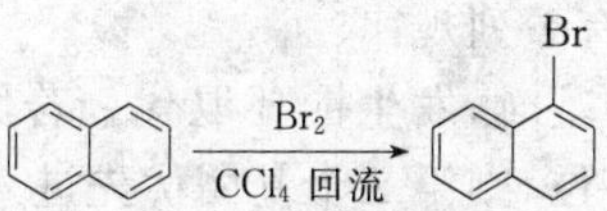

(75%)

次氯酸叔丁酯负载到 SiO_2 上是近年开发的一种新的氯化剂,与芳烃反应时条件温和,转化率高,选择性好。例如:

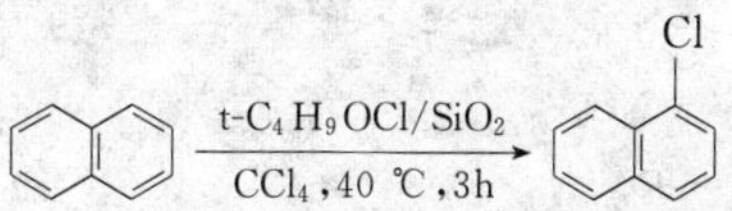

(转化率93%,选择性100%)

②硝化反应

萘与混酸在常温下就可以反应,生成 α-硝基萘。

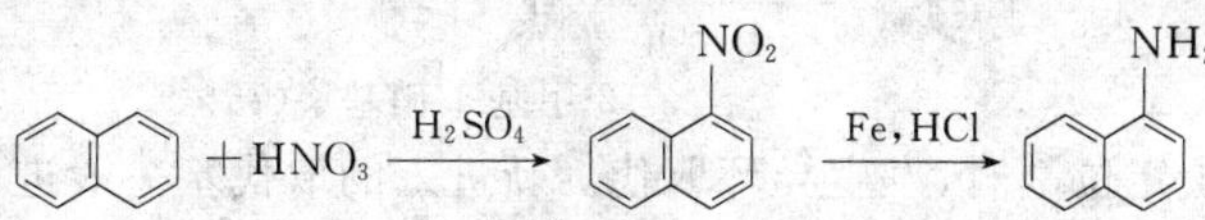

α-硝基萘(90%~95%)

α-硝基萘主要用于制备 α-萘胺,是合成染料和农药的中间体。

③磺化反应

同苯一样,萘的磺化也是可逆的。用浓硫酸在较低温(60 ℃)磺化时,主要得 α-萘磺酸;但如果在较高温(165 ℃)下磺化时,则主要得 β-萘磺酸。α-萘磺酸与硫酸在较高温度下加热,也能转变为 β-萘磺酸。

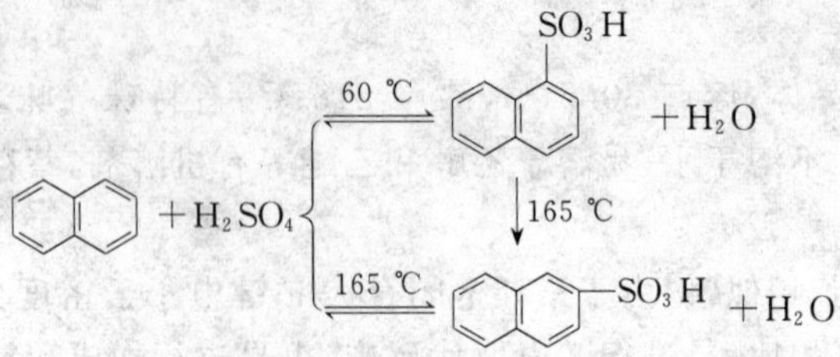

磺酸基的体积比较大,萘环 1 位上的—SO_3H 与 8 位上的氢原子之间存在着立体张力,故 α-萘磺酸不如 β-萘磺酸稳定。

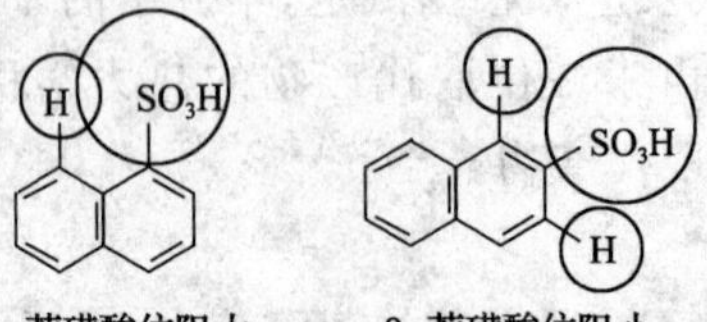

α- 萘磺酸位阻大   β- 萘磺酸位阻小

β-萘磺酸是重要的有机合成中间体,比较容易制得,因此萘的其他 β-衍生物往往通过其转化。例如,β-萘胺的合成就是先生成 β-萘磺酸,碱熔后制得 β-萘酚,再转化成萘胺。

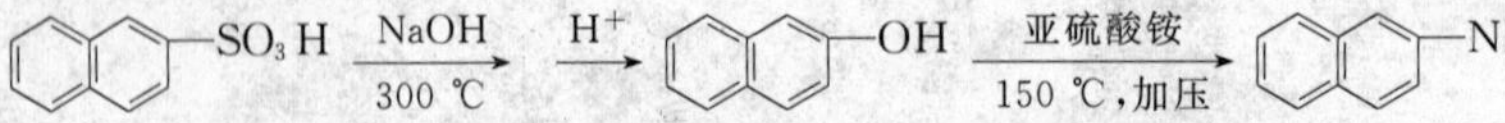

(2)萘环上的亲电取代反应定位规律

萘分子有两个苯环,第二个取代基进入的位置可以是同环,也可以是异环,这主要取决于原有取代基的定位作用。一般有下列规律:

当萘环上已有一个邻、对位定位基时,发生同环取代。若原定位基在 1 位,则第二个基团优先进入 4 位;若原定位基在 2 位,则第二个基团优先进入 1 位。

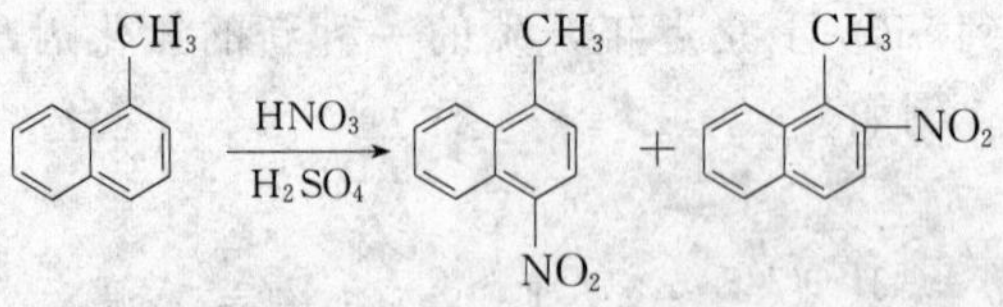

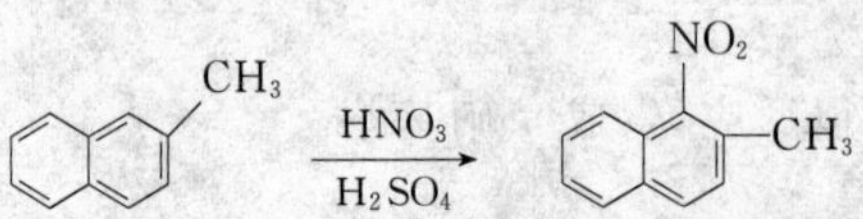

2-甲基-1-硝基萘(75%)

当萘环上有间位定位基时,发生异环取代。新进入的取代基一般进入异环的 α 位。

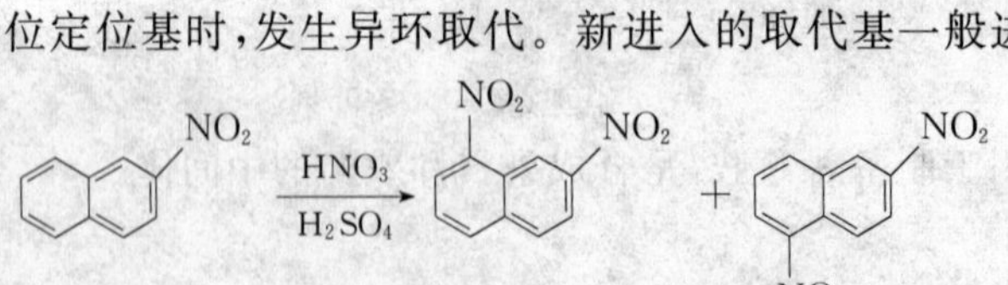

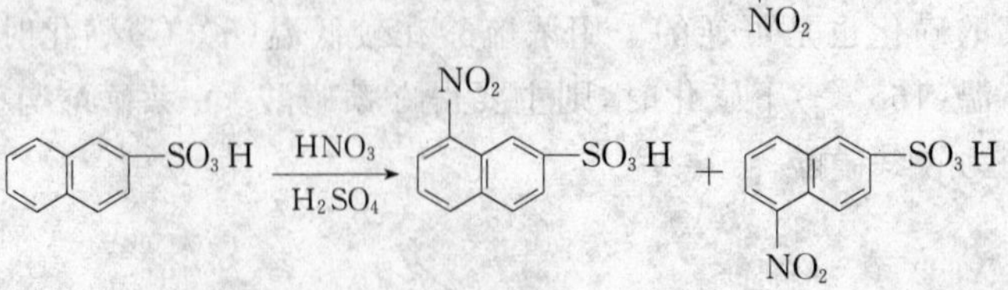

萘环的取代比苯环复杂得多,受反应条件、试剂的影响很大,例外的情况较多,上述规

则只是一般情况。

(3)氧化反应

萘较苯容易被氧化，在低温下，用弱氧化剂氧化得 1,4-萘醌。

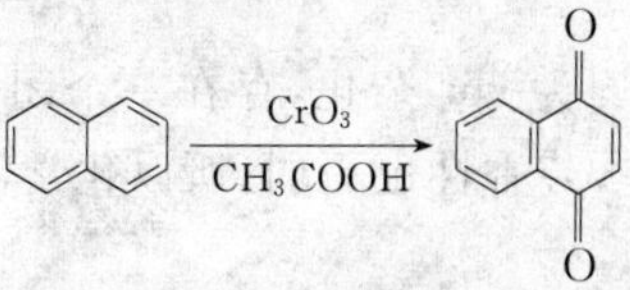

在强烈条件下氧化，生成邻苯二甲酸酐。这是工业上生产邻苯二甲酸酐的一种方法。

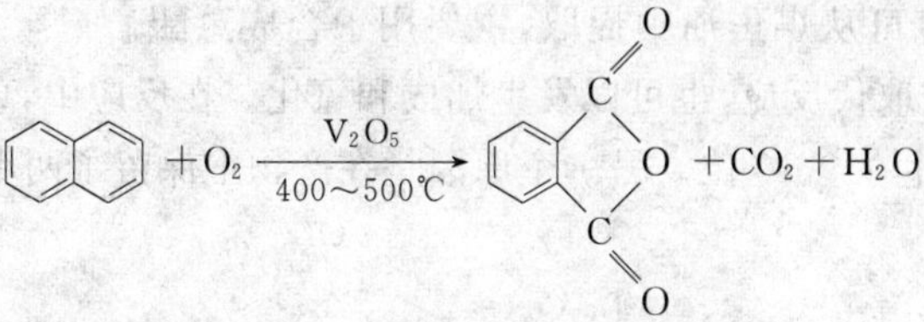

萘环比侧链更易氧化，所以不能用侧链氧化法制萘甲酸。

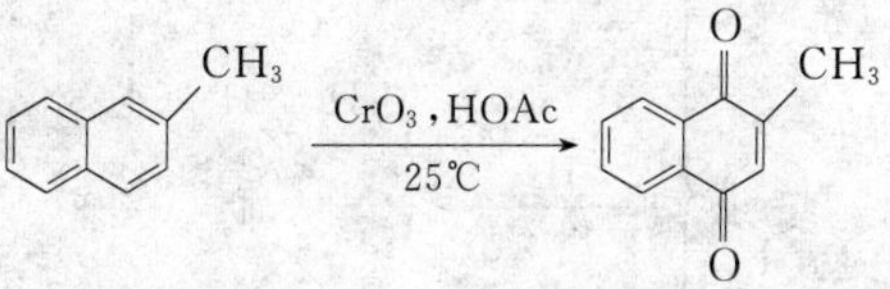

取代萘氧化时，决定于取代基的性质，取代基为邻、对位定位基时，使所在的环活化，氧化时同环破裂；取代基为间位定位基时，使所在的环钝化，氧化时异环破裂。

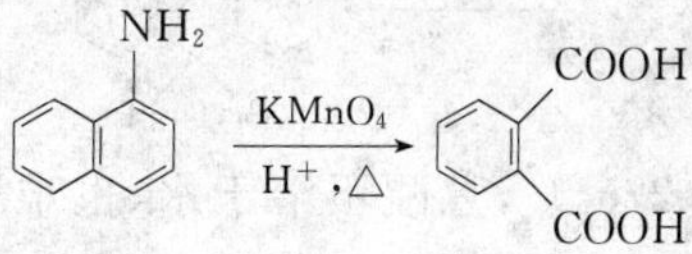

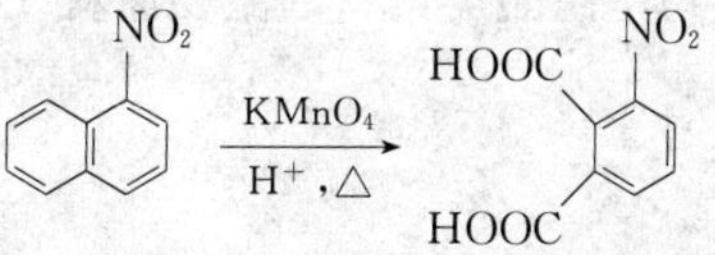

一般来说，萘氧化的产物为苯的衍生物，仍保留一个苯环，表明苯比萘稳定。

(4)催化加氢

萘比苯容易加成，在不同条件下可以发生部分加氢或全部加氢。

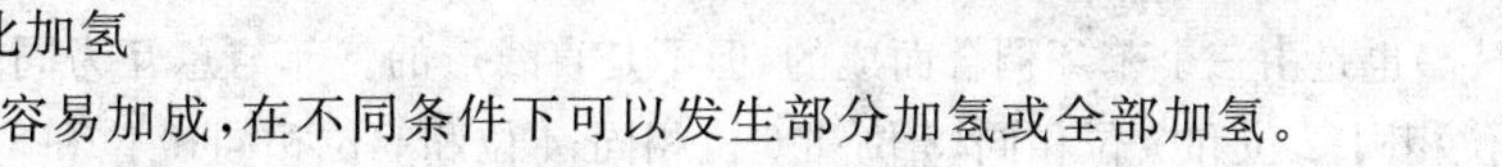

四氢化萘 b. p. 207.2 ℃　　十氢化萘 b. p. 191.7 ℃

四氢化萘和十氢化萘均是无色液体，能溶解硫黄、脂肪和其他化合物，是良好的高沸点溶剂，常用于涂料工业。

6.9.2 蒽

1. 蒽的结构特点

蒽($C_{14}H_{10}$)是由三个苯环稠合而成的直线型稠环化合物。命名时有固定编号。

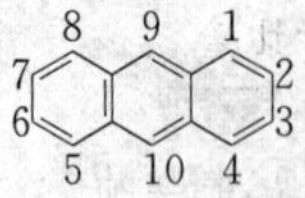

其中:1,4,5,8——α 位,活泼性居中
2,3,6,7——β 位,最不活泼
9,10——γ 位,最活泼

蒽

蒽是平面型分子,14 个 C 均为 sp² 杂化,存在一个闭合的离域大 π 键。但与苯和萘相比,π 电子云平均化程度更差,芳香性也更弱,所以化学活性也更大。

2. 蒽的性质

蒽为白色晶体,具有蓝色的荧光,熔点 216 ℃,沸点 340 ℃,它不溶于水,难溶于乙醇和乙醚,能溶于苯,蒽可从煤焦油中提取,主要用于合成蒽醌。

蒽可以发生亲电取代反应,也可以发生加成和氧化。在反应中,蒽环 C_9、C_{10} 位电子云密度最高,反应主要发生在 9、10 位。另一个原因是在产物中保留了两个苯环,产物较稳定。

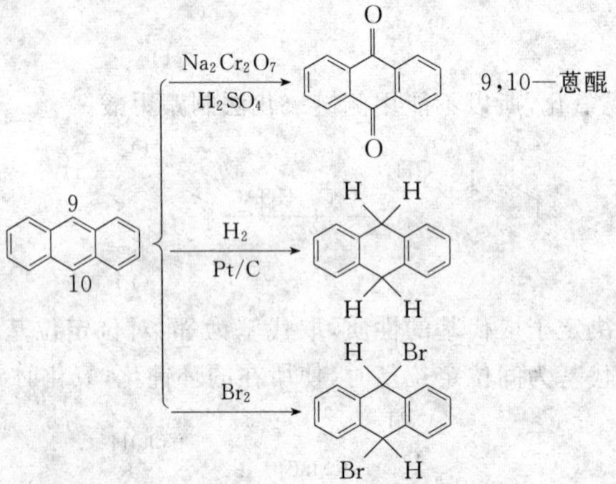

$Na_2Cr_2O_7$
H_2SO_4

9,10—蒽醌

H_2
Pt/C

Br_2

蒽醌是浅黄色晶体,熔点 275 ℃,蒽醌不溶于水,也难溶于多数有机溶剂,但易溶于浓硫酸。9,10-蒽醌及其衍生物是蒽醌类染料的主要原料。

6.9.3 菲

1. 菲的结构特点

菲($C_{14}H_{10}$)也是由三个苯环稠合而成的,但不是直线形的。菲与蒽互为同分异构体,其中 1 位和 8 位相同;2 位和 7 位相同;3 位和 6 位相同;4 位和 5 位相同;9 位和 10 位相同。

菲: 或

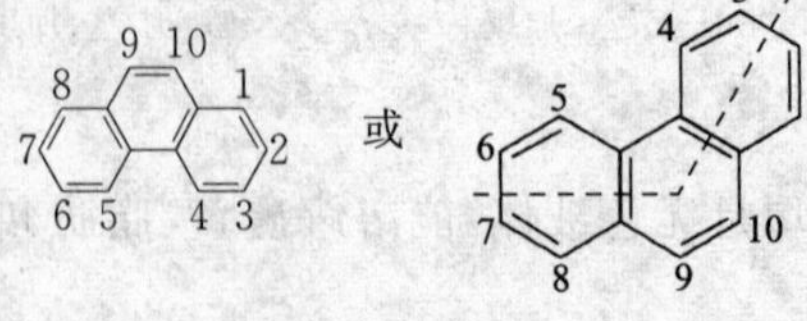

菲的结构与蒽相似,但 π 电子云平均化程度比蒽好,所以芳香性比蒽强,故菲比蒽稳定。苯、萘、蒽、菲的离域能比较见表 6-7。

表 6-7　　　　　　　　　　　苯、萘、蒽、菲的离域能比较

	苯	萘	蒽	菲
离域能(kJ·mol⁻¹)	152	255	351	381.6
每个环的离域能(kJ·mol⁻¹)	152	128	117	127.2

由表 6-7 可得出芳香性顺序为苯＞萘＞菲＞蒽。

2.菲的性质

菲是白色片状晶体,熔点 101 ℃,沸点 340 ℃,不溶于水,易溶于苯和乙醚,溶液呈蓝色荧光。菲也存在于煤焦油中。

菲的化学性质与蒽相似,可以发生亲电取代、加成和氧化反应,反应中以 C₉、C₁₀ 位活性最高。菲的氧化产物为 9,10-菲醌。

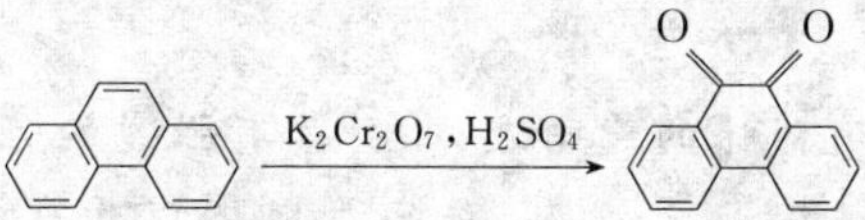

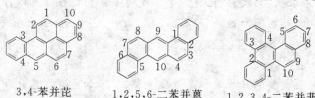

9,10-菲醌是一种农药,可防治小麦莠病和红薯黑斑病等。

6.10　致癌芳烃

某些稠环芳烃具有致癌性,称为致癌芳烃。这类化合物都含四个或更多的苯环。

3,4-苯并芘　　1,2,5,6-二苯并蒽　　1,2,3,4-二苯并菲

常见的致癌芳烃有 3,4-苯并芘,1,2,5,6-二苯并蒽和 1,2,3,4-二苯并菲等。

其中 3,4-苯并芘是由 5 个苯环构成的多环芳烃,1933 年第一次由沥青中分离出来的一种致癌烃。3,4-苯并芘常温下为浅黄色晶状固体,熔点 179 ℃,沸点 312 ℃,难溶于水,易溶于苯、甲苯、丙酮、乙烷等有机溶剂。环境中 3,4-苯并芘主要来源于工业生产和生活中煤炭、石油和天然气燃烧产生的废气;机动车辆排出的废气;加工橡胶、熏制食品以及纸烟与烟草的烟气等。据报道,一包香烟内含有 0.32 μg 的 3,4-苯并芘;每烧 1 kg 煤,可产生0.2 mg 的 3,4-苯并芘;100 g 煤烟中含 6.4 mg 的 3,4-苯并芘;汽车排气中的炭黑,每1 g中就有 75.4 μg 的 3,4-苯并芘,这种汽车每行驶 1 h,就排出大约 300 μg 的 3,4-苯并芘。大气中致癌物质有 3,4-苯并芘、二苯并芘等十多种多环芳香烃。由于 3,4-苯并芘较为稳定,在环境中广泛存在,且与其他多环芳烃化合物的含量有一定相关性,所以都把 3,4-苯并芘作为大气致病物质的代表。3,4-苯并芘是一种强的环境致癌物,可诱发皮肤、肺和消化道癌症,是环境污染主要监测项目之一。

另外,蒽和菲的衍生物多有致癌性,当蒽的 9 位或 10 位上有烃基时,其致癌性增强。例如下列化合物都有显著的致癌作用。

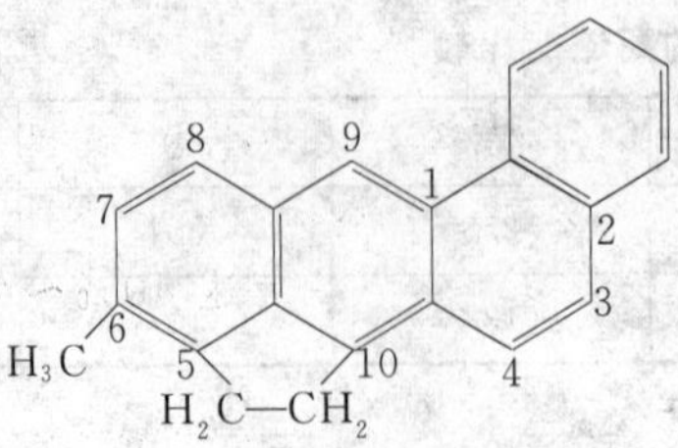

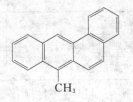

6-甲基-5,10-亚乙基-1,2-苯并蒽　　　　10-甲基-1,2-苯并蒽

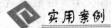

苯、甲苯、二甲苯的生产应用

1.苯

苯在常温下为一种无色、有甜味的透明液体,并具有强烈的芳香气味;密度(15 ℃) 0.885 g·cm^{-3},沸点80.10 ℃,熔点5.53 ℃;难溶于水,易溶于有机溶剂,本身也可作为有机溶剂。苯可燃,有毒,经常接触苯,皮肤可因脱脂而变干燥,脱屑,有的出现过敏性湿疹。长期吸入苯可导致再生障碍性贫血。

苯是一种石油化工基本原料。苯的产量和生产技术水平是一个国家石油化工发展水平的标志之一。

工业用途:苯经取代、加成、氧化反应等生成的一系列化合物可以作为制取苯乙烯、环己烷、顺丁烯二酸酐、硝基苯和塑料、橡胶、纤维、染料、去污剂、杀虫剂等的原料。苯也可用作汽油抗爆剂。

工业生产方法:

工业上生产苯最重要的三种过程是催化重整、甲苯加氢脱烷基化和蒸汽裂解。

(1)从煤焦油中提取。在煤炼焦过程中生成的轻焦油含有大量的苯。这种方法得到的苯纯度比较低,而且环境污染严重,工艺比较落后。

(2)从石油中提取。在原油中含有少量的苯,从石油产品中提取苯是最广泛使用的制备方法。

(3)烷烃芳构化。在500~525 ℃、8~50个大气压下,各种沸点在60~200 ℃之间的脂肪烃,经铂-铼催化剂,通过脱氢、环化转化为苯和其他芳香烃。

(4)蒸气裂解。蒸气裂解是由乙烷、丙烷或丁烷等低分子烷烃以及石脑油、重柴油等石油组分生产烯烃的一种过程。其副产物之一裂解汽油富含苯,可以分馏出苯。

(5)甲苯催化加氢脱烷基化。用铬、钼或氧化铂等作催化剂,500~600 ℃高温和40~60个大气压的条件下,甲苯与氢气混合可以生成苯,这一过程称为加氢脱烷基化作用。

2.甲苯

甲苯是无色液体,沸点110.6 ℃,气味与苯相似,不溶于水,可溶于有机溶剂。甲苯有毒,其毒性与苯相似,对神经系统的毒害作用比苯重,对造血系统的毒害作用比苯轻。

工业用途:甲苯大量用作溶剂和高辛烷值汽油添加剂,是有机化工的重要原料。甲苯衍生的一系列中间体,广泛用于染料、医药、农药、炸药、助剂和香料等精细化学品的生产,也用于合成材料工业。

工业生产方法：

(1)煤焦化副产的粗苯馏分中含甲苯15%～20%（质量），用硫酸洗除粗苯馏分中不饱和烃和杂质，再经碱中和、水洗、精馏，可得到纯度很高的甲苯。

(2)催化重整油中含芳烃50%～60%（体积），其中甲苯含量可达40%～45%。先进行溶剂萃取，后经精馏得到高纯度甲苯。

(3)裂解汽油中芳烃含量为70%（质量）左右，其中15%～20%是甲苯。经加氢、萃取、精馏，可得到纯度99.5%以上的甲苯。

3.二甲苯

二甲苯存在邻、间、对三种异构体，在工业上，二甲苯即指上述异构体的混合物。二甲苯为无色透明液体，沸点为137～140 ℃，易燃，毒性中等；在水中不溶，与乙醇、氯仿或乙醚能任意混合，本身是良好的溶剂，也是重要的有机化工原料。

工业用途：广泛用于涂料、树脂、染料、油墨等行业做溶剂；医药、炸药、农药等行业做合成单体或溶剂；也可作为高辛烷值汽油组分；还可以用于去除车身的沥青。

工业生产方法：

(1)由炼焦副产品回收二甲苯。二甲苯是生产苯的副产品，根据粗苯各组分的沸点不同，用精馏的方法提取沸程135～145 ℃的馏分，得二甲苯。

(2)铂重整法用常压蒸馏得到的轻汽油（初馏点约138 ℃），截取大于65 ℃馏分，先经催化加氢，再经铂重整、萃取和精馏，得到苯、甲苯、二甲苯等产物。

(3)甲苯歧化法。此法是在催化剂作用下，使一个甲苯的甲基转移到另一个甲苯上，生成苯和二甲苯。

(4)将石油轻馏分混合苯经加氢精制、催化重整和分离，或将焦化粗苯经洗涤和分馏，均可得二甲苯。

【习　题】

1.命名下列化合物。

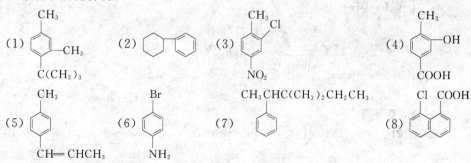

2.写出下列化合物的构造式。

(1)2-硝基-3,5-二溴甲苯　　　(2)三苯甲烷　　　(3)溴化苄（苄基溴）

(4)(Z)-1-苯基-2-丁烯　　　(5)均三硝基苯　　　(6)5-羟基-2-萘磺酸

3.用化学方法鉴别下列化合物。

(1)苯、1,3-环己二烯、环己烷　　　(2)苯乙炔、苯乙烯、乙苯、环己烷

(3)甲苯、甲基环己烷、3-甲基环己烯　　　(4)苯、甲苯、环己烷、环己烯、苯乙炔

4.用箭头表示下列化合物一元硝化时硝基进入的主要位置主要产物。

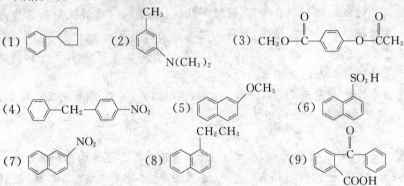

5.排列下列各组化合物亲电取代反应的活性("＞"连接)。

(1)苯　甲苯　间二甲苯　对二甲苯　溴苯

(2)$C_6H_5NHCOCH_3$　$C_6H_5COCH_3$　苯

(3)苯甲酸　对苯二甲酸　对甲基苯甲酸　对二甲苯

(4)A.

B.

C.

D.

6.下列化合物具有芳香性的是(　　)。

A.

B.

C.

D.

7.完成下列反应式。

(1)

(2)

(3)

(4)

(5)

(6)

(7)

(8) 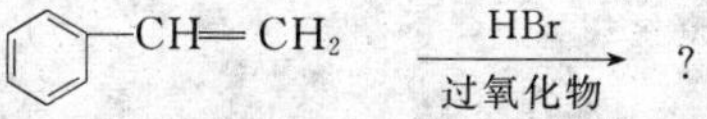 $\text{C}_6\text{H}_5\text{CH}=\text{CH}_2 \xrightarrow[\text{过氧化物}]{\text{HBr}} ?$

(9) 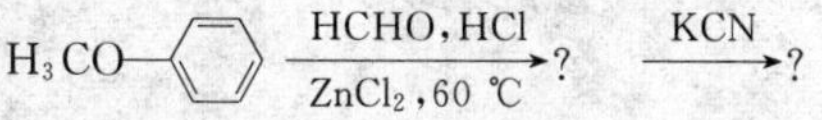 $\text{H}_3\text{CO}-\text{C}_6\text{H}_5 \xrightarrow[\text{ZnCl}_2,60\,℃]{\text{HCHO,HCl}} ? \xrightarrow{\text{KCN}} ?$

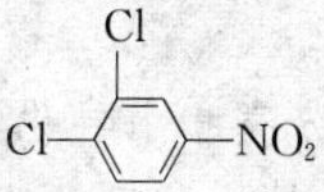

(10) 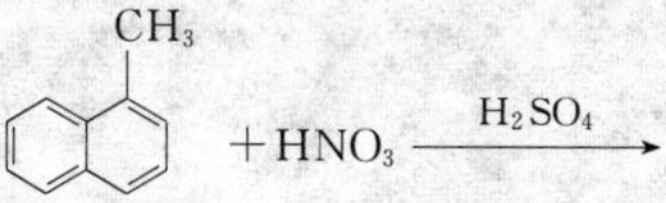 1-甲基萘 $+ \text{HNO}_3 \xrightarrow{\text{H}_2\text{SO}_4}$

8. 由苯、甲苯及其他无机试剂制备下列化合物。

(1) 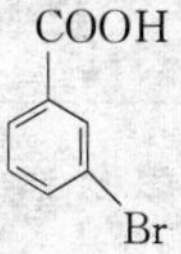 间溴苯甲酸 COOH Br

(2) 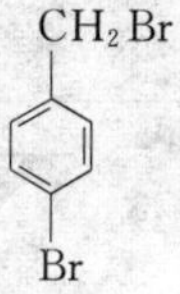 对溴苄溴 CH$_2$Br Br

(3) 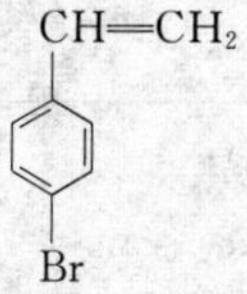 对溴苯乙烯 CH=CH$_2$ Br

(4) 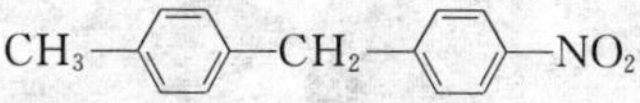 CH$_3$—C$_6$H$_4$—CH$_2$—C$_6$H$_4$—NO$_2$

(5) Cl—C$_6$H$_3$(Cl)—NO$_2$

(6) 2,6-二硝基苯甲酸 NO$_2$ COOH NO$_2$

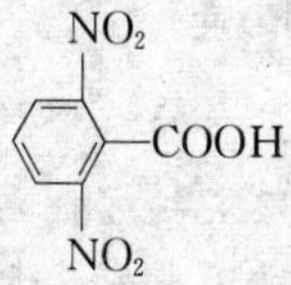

9. A、B、C 三种芳香烃的分子式为 C_9H_{12}。当以 $KMnO_4$ 的酸性溶液氧化后,A 变为一元羧酸,B 变为二元羧酸,C 变为三元羧酸。经浓硝酸和浓硫酸硝化后,A 和 B 分别生成两种一硝基化合物,而 C 只生成一种一硝基化合物。试通过反应式确定 A、B、C 的结构和名称,并写出有关方程式。

10. 某烃 A 的分子式为 $C_{16}H_{16}$,强氧化得苯甲酸,臭氧化还原水解得苯乙醛。试推测 A 的构造式,并写出各步反应方程式。

11. 某烃 A(C_9H_8)与硝酸银的氨溶液反应生成白色沉淀,催化氢化生成 B(C_9H_{12})。将 B 用酸性重铬酸钾氧化得到 C($C_8H_6O_4$),C 经加热得到 D($C_8H_4O_3$),若将化合物 A 和丁二烯作用则得到另一个不饱和化合物 E。试推导 A、B、C、D 和 E 的构造式,并写出各步反应方程式。

第 7 章

卤代烃

【学习目标】

☞ 掌握卤代烷烃的命名、分类和主要化学反应；
☞ 掌握主要卤代烃的物理性质和制备方法；
☞ 理解亲核取代反应机理和影响亲核取代反应的因素；
☞ 掌握卤代烯烃和卤代芳烃的分类和化学性质。

卤代烃是指烃分子中的一个或几个氢原子被卤原子（F、Cl、Br、I）取代后形成的化合物，是有机化学中的一类重要的有机化合物，被广泛用作农药、麻醉剂、灭火剂、溶剂等。前面学习了甲烷气体在光的照射下发生反应，生成 CH_3Cl、CH_2Cl_2、$CHCl_3$ 和 CCl_4 等，这些产物都是卤代烃。在日常生活中，我们也经常遇到卤代烃，如冰箱中所使用的制冷剂氟利昂就是卤代烃，一般含有 CF_2Cl_2、$CFCl_3$ 等。

卤代烃通常用 R—X 表示，官能团是卤素（—X）。

7.1 卤代烃的分类和命名

7.1.1 卤代烃的分类

卤代烃的分类一般有以下三种方法：

1. 按卤代烃分子中的 R 基不同，可分为卤代开链脂肪烃和卤代环烃。卤代开链脂肪烃根据 R 基的不同又可分卤代烷烃、卤代烯烃和卤代炔烃。卤代环烃根据环的结构又可分为卤代脂环烃和卤代芳烃。

具体分类如下：

卤代烃
- 卤代开链脂肪烃
  - 卤代烷烃：CH_3Cl、CH_3CH_2Cl
  - 卤代烯烃：$CH_2=CHCl$
  - 卤代炔烃：$CH\equiv CCH_2Cl$
- 卤代环烃
  - 卤代脂环烃： 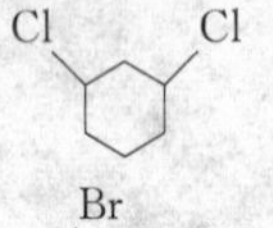
  - 卤代芳烃：

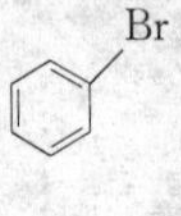

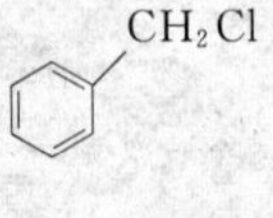

2.按卤原子所连碳原子类型不同,可分为伯卤代烃、仲卤代烃和叔卤代烃。如:

$$CH_3CH_2CH_2Br$$
1-溴丙烷(1°RX)

$$CH_3—CH—CH_3$$
$$\quad\quad\quad |$$
$$\quad\quad\quad Br$$
2-溴丙烷(2°RX)

$$\quad\quad\quad CH_3$$
$$\quad\quad\quad |$$
$$Cl—C—CH_3$$
$$\quad\quad\quad |$$
$$\quad\quad\quad CH_3$$
2-甲基-2-氯丙烷(3°RX)

3.按卤代烃分子中的卤原子数目多少,可分为一卤代烃、二卤代烃和多卤代烃。如: CH_3Cl 为一卤代烃, CH_2Cl_2 为二卤代烃,而氟利昂则为多卤代烃。

卤代烃的三种分类方法不是截然分开的,而是相互交叉的,可以根据不同的应用需要进行相应的分类。

7.1.2 卤代烃的命名

卤代烃的命名有习惯命名法和系统命名法。简单的卤代烃通常采用习惯命名法,比较复杂的卤代烃则多采用系统命名法。

一、习惯命名法

1.根据卤代烃分子中的烷基和卤素的名称来进行命名。如:

$$\quad\quad\quad CH_3$$
$$\quad\quad\quad |$$
$$Cl—C—CH_3$$
$$\quad\quad\quad |$$
$$\quad\quad\quad CH_3$$
叔丁基氯

$$CH_3—CH—Cl$$
$$\quad\quad |$$
$$\quad\quad CH_3$$
异丙基氯

环己基氯

苄基氯

该方法只适用于结构简单的卤代烃。

2.某些多卤代烃常用俗名或商品名进行命名。如:

$$CHX_3 \quad CHBr_3 \quad CHCl_3 \quad CHI_3 \quad CCl_2F_2$$
卤仿　　溴仿　　氯仿　　碘仿　　氟利昂-1,2

"六六六"(林丹)

$$CCl_4$$
四氯化碳

二、系统命名法

1.卤代烷烃的命名

卤代烷烃的命名与烷烃的命名相似。其基本方法是:选择含有卤原子的最长碳链为主链,把支链和卤原子看作取代基,按照主链所含碳原子数目称为"某烷";主链碳原子的编号从靠近支链一端开始;主链上的支链和卤原子根据次序规则,以"较优"基团列在后的原则排列,由于卤素优于烷基,所以命名时把烷基、卤原子的位置、名称依次写在烷烃名称之前。

$$CH_3CH_2—CH—CH—CH—CH_2CH_3$$
$$\quad\quad\quad\quad |\quad\quad\quad |$$
$$\quad\quad\quad\quad Br\quad\quad\quad CH_3$$
3-甲基-5-溴庚烷

$$CH_3—CH_2—CH—CH_2—CH_2—CH_3$$
$$\quad\quad\quad\quad |\quad\quad\quad\quad |$$
$$\quad\quad\quad\quad Br\quad\quad\quad\quad CH_3$$
3-甲基-1-溴戊烷

$$CH_3—CH—CH_2—C—CH—CH_3$$
$$\quad\quad |\quad\quad\quad |\quad |$$
$$\quad\quad Cl\quad\quad Cl\ CH_3$$
$$\quad\quad\quad\quad\quad |$$
$$\quad\quad\quad\quad\quad Cl$$
2-甲基-3,3,5-三氯己烷

当有两个或多个不相同卤素时,卤原子之间的优先次序从低到高是氟、氯、溴、碘。例如：

$$CH_3$$
$$BrCH_2CHFCHCH_2I$$

2-甲基-3-氟-4-溴-1-碘丁烷

2.卤代烯烃的命名

一些卤代烃的分子中含有双键或其他不饱和键,这类化合物的命名与烯烃、炔烃等的命名相似。其命名规则是:选择含有不饱和键的最长碳链为主链,将卤素看作取代基进行命名,编号时使不饱和键的序号最小。

CH₂=C—CH₂Cl   CH₂=CH—CH—CH₂Cl
    | |
    CH₃   CH₃

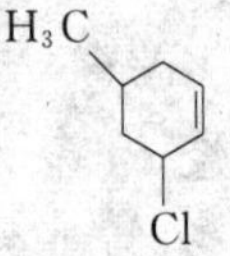

2-甲基-3-氯丙烯   3-甲基-4-氯-1-丁烯   5-甲基-3-氯环己烯

3.卤代芳烃的命名

分子中含有芳环的卤代烃通常称为卤代芳烃,这类化合物的命名通常是以芳烃为母体进行命名,如果侧链比较复杂,可以将芳基作为取代基进行命名。

间氯甲苯   4-硝基-2-氯甲苯   2-苯基-1-氯丙烷

练习 7-1   用系统命名法命名下列化合物。

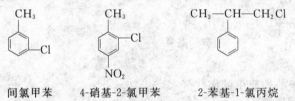

(1) 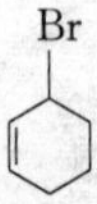   (2) 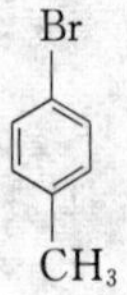   (3)    (4)CH₂=CHCH₂Cl

(5) CH₃—CH—CH₂—CH=CH₂
             |
             Br

(6) 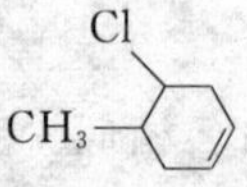 CH₃

7.2   卤代烃的来源和制法

含卤素的有机物在自然界中天然存在的一般很少,现已得到的含卤素的天然有机化合物基本上是从海洋中分离得到的,日常使用的卤代烃大都是人工合成的。

7.2.1   烃的卤代

一、烷烃光照或加热直接卤代

烷烃光照或加热直接卤代常得到混合物,所以一般不宜用作制备反应。但调节原料比例和反应条件,可得到一卤代烷为主的产物。工业上用这种方法制备氯甲烷和氯戊烷。

二、α-H 的取代

对于烯丙型或苄甲基型化合物可直接通过卤化得到,反应条件不同产物不同。

$$CH_3CH=CH_2 + Cl_2 \begin{cases} \xrightarrow{<200\,℃,加成} CH_3\underset{\underset{Cl}{|}}{CH}-\underset{\underset{Cl}{|}}{CH_2} \\ \xrightarrow{>300\,℃,取代} CH_2\underset{\underset{Cl}{|}}{CH}=CH_2 \end{cases}$$

具有烯丙基结构的化合物在高温下发生 α-H 的自由基取代反应,但有机化合物在高温下一般不稳定,因此对于化工生产不利。

三、不饱和烃的加成

烯烃和炔烃与卤化氢或卤素加成,可得到一卤代烃和多卤代烃。

$$CH_3CH_2CH=CH_2 + HBr \xrightarrow{CH_3COOH} CH_3-CH_2-\underset{\underset{Br}{|}}{CH}-CH_3 \quad 84\%$$

$$\text{⬡}-CH=CH_2 \xrightarrow{HBr} \text{⬡}-\underset{\overset{Br}{|}}{CH}-CH_3 \quad 90\%$$

$$CH\equiv CH + HCl \xrightarrow{HgCl_2} CH_2=CHCl$$

四、芳烃的卤化

芳烃在不同条件下与卤素(Cl$_2$ 或 Br$_2$)作用,可发生芳环上或侧链上的取代反应。

$$2\,\text{⬡}-CH_3 + 2Cl_2 \xrightarrow{FeCl_3} \underset{\underset{Cl}{|}}{\text{⬡}}-CH_3 + Cl-\text{⬡}-CH_3 + 2HCl$$

$$\text{⬡}-CH_2CH_3 + Cl_2 \xrightarrow{光} \text{⬡}-CHClCH_3 + HCl$$

7.2.2 氯甲基化反应

氯甲基化反应是制备苄氯的重要方法,在有机合成中非常重要。

$$3\,\text{⬡} + (HCHO)_3 + 3HCl \xrightarrow[60℃]{无水 ZnCl_2} 3\,\text{⬡}-CH_2Cl + 3H_2O$$

苯环上有第一类取代基时,反应易进行;有第二类取代基和卤素时则反应难进行。

7.2.3 由醇制备卤代烃

醇与卤化氢反应是制备卤代烃最常用的方法之一。卤代烃可以看作是醇与氢卤酸反应失水后形成的一类化合物,反应通式如下:

$$ROH + HX \rightleftharpoons RX + H_2O$$

这是一元卤代烷最重要、最常用的合成方法,常用的试剂为无水卤化氢、氢卤酸或溴化钠与硫酸的混合物,亦可用三卤化磷、磷与卤素或五氯化磷。

如实验室中制备 1-溴丁烷,就是用正丁醇与溴化钠和硫酸的混合溶液反应。

$$CH_3CH_2CH_2CH_2OH \xrightarrow[H_2SO_4]{NaBr} CH_3CH_2CH_2CH_2Br$$

由伯醇和仲醇制备卤代烃多数采用 SOCl$_2$ 或 PBr$_3$ 处理,反应效果及转化率均很理想,目前已成为由醇制备卤代烃的首选方法。

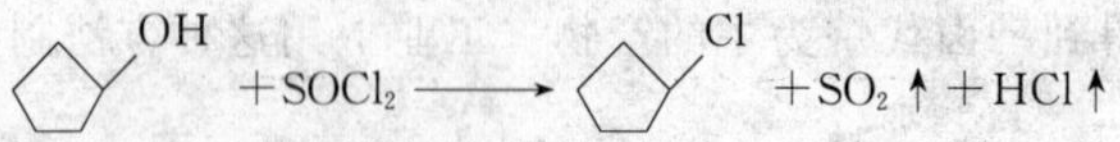

$$\text{环戊醇} + SOCl_2 \longrightarrow \text{氯代环戊烷} + SO_2 \uparrow + HCl \uparrow$$

$$3\ CH_3-CH_2-\underset{\underset{OH}{|}}{CH}-CH_3 + PBr_3 \xrightarrow{C_2H_5OC_2H_5} 3\ CH_3-CH_2-\underset{\underset{Br}{|}}{CH}-CH_3 + H_3PO_3$$

练习 7-2 完成下列转变。

(1) $CH_3CH=CH_2 \longrightarrow \underset{\underset{Br}{|}}{CH_2}\underset{\underset{Br}{|}}{CH}-\underset{\underset{OH}{|}}{CH_2}$ (2) 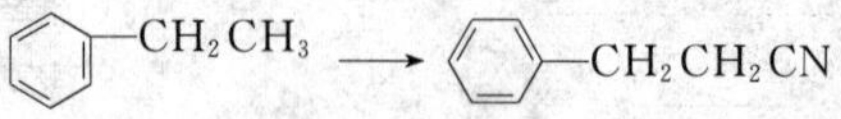 苯$-CH_2CH_3 \longrightarrow$ 苯$-CH_2CH_2CN$

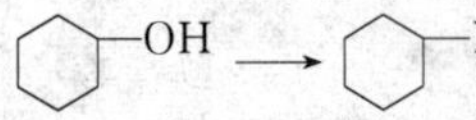

(3) 环己醇$-OH \longrightarrow$ 环己基$-I$ (4) 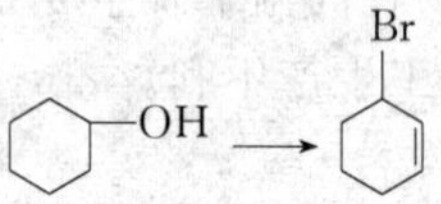 环己醇$-OH \longrightarrow$ 溴代环己烯

7.3 卤代烷烃的物理性质

一、状态

在常温常压下,除氟甲烷、氯甲烷、氯乙烷和溴甲烷是气体外,一般卤代烃都是液体,十五个碳以上的卤代烃是固体。

二、沸点

卤代烷烃的沸点随着相对分子质量的增大而增大。在同分异构体中,直链卤代烷烃的沸点最高,支链越多、沸点越低。烃基相同时,卤代烷烃的沸点按氯代烷、溴代烷、碘代烷的次序而递增(见表 7-1)。

三、溶解性

卤代烷烃不溶于水,易溶于乙醇、乙醚等弱极性或非极性有机溶剂。某些卤代烷烃本身就是很好的溶剂,如二氯甲烷、氯仿、四氯化碳等,常用来从水中提取有机化合物,也可作为干洗剂,如氯仿等。

四、相对密度

通常情况下,卤代烷的相对密度随分子中的碳原子数的增加而降低(见表 7-1)。

纯一卤代烷无色,碘代烷易分解产生游离碘,故长期放置的碘代烷常带有红或棕色。卤烷在铜丝上燃烧时能产生绿色火焰,可作为鉴定卤素的简便方法(氟代烃例外)。

表 7-1 卤代烷烃的物理常数

烷基或 卤代烷名称	氯化物		溴化物		碘化物	
	沸点/℃	相对密度 (20 ℃)	沸点/℃	相对密度 (20 ℃)	沸点/℃	相对密度 (20 ℃)
甲基	−24.2	0.916	3.5	1.676	42.4	2.279
乙基	12.3	0.898	38.4	1.460	72.3	1.936
正丙基	46.6	0.891	71.0	1.354	102.5	1.749

（续表）

烷基或 卤代烷名称	氯化物		溴化物		碘化物	
	沸点/℃	相对密度 (20 ℃)	沸点/℃	相对密度 (20 ℃)	沸点/℃	相对密度 (20 ℃)
异丙基	35.7	0.862	59.4	1.314	89.5	1.703
正丁基	78.5	0.886	101.6	1.276	130.5	1.615
仲丁基	68.3	0.873	91.2	1.259	120	1.592
异丁基	68.9	0.875	91.5	1.264	120.4	1.605
叔丁基	52.0	0.842	73.3	1.221	100	1.545
二卤甲烷	40.0	1.327	97.0	2.492	181	3.325
1,2-二卤乙烷	83.5	1.235	131	2.180	200	2.13
三卤甲烷	61.2	1.483	149.5	2.890	218	4.008
四卤甲烷	76.8	1.594	189.5	3.27	升华	4.230

7.4 卤代烷烃的化学性质

卤代烷烃分子中由于含有电负性比较大的卤原子,从而使得 C—X 键中的一对共用电子对不同程度地偏向卤原子,卤原子便带有较多的负电荷,与卤原子直接相连的 α-C 带有较多的正电荷,形成极性共价键,可用 $C^{\delta+}$—$X^{\delta-}$ 来表示。因此,卤代烷烃中的 C—X 键比较活泼,使卤素原子易被其他原子或基团取代或与金属反应。另外,由于受卤原子吸电子诱导效应的影响,卤代烷 β 位上 C—H 键的极性增大,即 β-H 的酸性增强,在强碱性试剂作用下,易脱去 β-H 和卤原子,发生消除反应。

$$R{-}CH{-}CH_2^{\delta+}\quad\begin{array}{l}\longleftarrow\text{与金属反应}\\ \longleftarrow\text{取代反应}\\ \longleftarrow\text{消除反应}\end{array}$$

H　X$^{\delta-}$

7.4.1 取代反应

在卤代烃分子中,卤原子易被带有负离子(如 OH^-、RO^-、CN^- 等)或孤对电子(如 NH_3、H_2O: 等)的原子或基团取代,转化为一系列其他有机化合物。因此卤代烃的取代反应在有机合成上具有重要意义。

一、被羟基取代

卤代烃与强碱水溶液共热,分子中的卤原子可被羟基取代生成醇。

$$RX + H_2O \xrightarrow[\triangle]{NaOH} ROH + HX$$

该反应为可逆反应。为了加快反应速度和提高醇的转化率,必须在强碱(如 NaOH、KOH 等)的水溶液中共热,同时除去副产物卤化氢。

$$R{-}X + NaOH \xrightarrow[\triangle]{H_2O} R{-}OH + NaX$$

一般卤代烃都可由相应的醇制得,因此这个反应似乎没有什么合成价值,但实际上在一些比较复杂的分子中要引入一个羟基常比引入一个卤原子更困难。因此该反应常用于制备特殊的醇。例如:从苄氯制得苄醇;从烯丙基氯制得烯丙醇。

$$\text{(苯环)}-CH_2Cl + NaOH \xrightarrow{H_2O} \text{(苯环)}-CH_2OH + NaCl$$

$$CH_2\!=\!CHCH_2Cl + NaOH \xrightarrow{H_2O} CH_2\!=\!CHCH_2\!-\!OH + NaCl$$

二、被烷氧基取代

卤代烷与醇钠作用,卤原子被烷氧基(—OR)取代而生成醚类化合物。

$$RX + R'ONa \xrightarrow{\triangle} ROR' + NaX$$

$$\quad\quad \text{醇钠} \quad\quad\quad \text{醚}$$

该反应是合成混合醚的重要方法,称为威廉姆逊(Williamson)合成法。例如:

$$CH_3Br + CH_3CH_2ONa \xrightarrow{\triangle} CH_3CH_2OCH_3 + NaBr$$

$$\text{溴甲烷} \quad\quad \text{乙醇钠} \quad\quad\quad \text{甲乙醚}$$

该反应中使用的卤代烷一般为伯卤代烷,用仲卤代烷需要严格控制条件;如果用叔卤代烷和醇钠作用,往往主要发生消除反应,得到烯烃,而得不到相应的醚。如环己基甲醚的制备,需要用环己醇钠与溴甲烷反应。

$$\text{(环己基-ONa)} + CH_3Br \longrightarrow \text{(环己基-OCH}_3\text{)} + NaBr$$

叔丁基溴与甲醇钠反应,主要产物是异丁烯,而不是甲基叔丁基醚。

$$\begin{array}{c} CH_3 \\ | \\ CH_3-C-Br \\ | \\ CH_3 \end{array} + CH_3ONa \longrightarrow \begin{array}{c} CH_3-C\!=\!CH_2 \\ | \\ CH_3 \end{array} + (CH_3)_3COCH_3$$

$$\quad\quad\quad\quad\quad\quad\quad\quad 92\% \quad\quad\quad\quad\quad 8\%$$

三、被氰基取代

卤代烷与氰化钠或氰化钾在乙醇溶液中共热回流,卤原子被氰基(—CN)取代,得到腈。

$$RX + NaCN \xrightarrow{\text{乙醇}} RCN + NaX$$

$$CH_3CH_2CH_2Cl + NaCN \xrightarrow{\text{乙醇}} CH_3CH_2CH_2CN + NaCl$$

用途:(1) 在有机合成上常用此类反应来增长碳链。

(2)通过氰基可转化成羧酸(—COOH)、伯胺(—CH_2NH_2)和酰胺(—CONH_2)等化合物,是制备这些化合物的方法之一。例如:

$$CH_3CH_2CH_2CN \xrightarrow{H_3O^+} CH_3CH_2CH_2COOH$$

但应注意,反应中所使用的 NaCN 或 KCN 及生成的丁腈均有剧毒,因此在实验和生产过程中必须注意通风,以确保安全。

四、被氨基取代

卤代烷与氨(胺)的水溶液或醇溶液作用,卤原子被氨基取代生成胺。此反应也称为卤代烷的氨(胺)解。

卤代烷与大大过量的氨反应可以制备伯胺。

$$CH_3CH_2CH_2CH_2Br + 2NH_3 \longrightarrow CH_3CH_2CH_2CH_2NH_2 + NH_4Br$$

正丁胺

$$ClCH_2CH_2Cl + 4NH_3 \xrightarrow[115\sim120\ ℃,5\ h]{封闭容器} H_2NCH_2CH_2NH_2 + 2NH_4Cl$$

乙二胺

由于产物具有亲核性,反应很难停留在一取代阶段。如果卤代烷过量,产物是各种取代的伯、仲、叔胺及季铵盐。

$$RNH_2 \xrightarrow[ROH]{RX} R_2NH \xrightarrow[ROH]{RX} R_3N \xrightarrow[ROH]{RX} R_4N^+X^-$$

五、与硝酸银反应

卤代烷与硝酸银的醇溶液作用,卤原子被硝酸根取代生成硝酸酯,同时产生卤化银沉淀。此反应可用于卤代烷的定性鉴定。

$$RX + AgNO_3 \xrightarrow{乙醇} RONO_2 + AgX \downarrow$$

反应活性次序:RI＞RBr＞RCl;叔卤代烷＞仲卤代烷＞伯卤代烷。

此反应可用于卤代烷的定性鉴定。根据生成 AgX 沉淀的速率和颜色鉴别卤代烷。通常叔卤烃室温下即与硝酸银的醇溶液反应,仲卤代烷稍后出现沉淀,伯卤代烷需要加热才能使反应进行。

六、卤化物的互换

由于氯化钠和溴化钠不溶于丙酮,碘化钠易溶于丙酮,所以将氯代烷或溴代烷的丙酮溶液与碘化钠共热,可生成氯化钠和溴化钠沉淀。

$$RCl + NaI \xrightarrow{丙酮} RI + NaCl \downarrow$$

$$RBr + NaI \xrightarrow{丙酮} RI + NaBr \downarrow$$

反应活性次序:伯卤代烷＞仲卤代烷＞叔卤代烷。

这是制备碘代烷比较方便而且产率较高的方法。有机分析上还用来检验氯代烷和溴代烷。

练习 7-3 下列卤代烷中与硝酸银反应最快的是（　　　），反应最慢的是（　　　）。

(1) $CH_3CH_2CH_2Cl$　(2) $CH_3CH_2CH_2I$　(3) $CH_3CH_2CH_2Br$

练习 7-4 用最简单的化学方法鉴别下列化合物。

(1) $CH_3CH_2CHClCH_3$　(2) $(CH_3)_3C-Cl$　(3) $CH_3CH_2CH_2CH_2Cl$

7.4.2 消除反应

卤代烷与 KOH 或 NaOH 溶液反应时,不仅可能发生取代反应,而且还可以发生卤代烷分子脱去卤化氢生成不饱和烃的反应。例如,1-溴丁烷与稀的 NaOH 水溶液共热时,主要生成正丁醇——取代反应;而与浓的 NaOH 乙醇溶液共热时,则主要生成 1-丁烯——消除反应。

$$CH_3CH_2CH_2CH_2Br + NaOH(稀水溶液) \xrightarrow{\triangle} CH_3CH_2CH_2CH_2OH + NaBr$$

正丁醇

$$CH_3CH_2CH_2CH_2Br + NaOH(浓乙醇溶液) \xrightarrow{\triangle} CH_3CH_2CH=CH_2 + NaBr + H_2O$$

1-丁烯

这种由分子内脱去一个简单分子(如 H_2O、HX、NH_3 等)生成不饱和键的反应,叫做消除反应。卤代烷分子中的卤素 X 和 β-H 同时消去,故又称为 β-消除反应,用符号 E(Elimination)表示。

$$RCH\!-\!CH_2 + KOH \xrightarrow[\triangle]{C_2H_5OH} RCH\!=\!CH_2 + KX + H_2O$$
$$\quad\;\;|\quad\;\;|$$
$$\quad\;\;H\quad\;X$$

当含有两个或两个以上 β-H 的卤代烷发生消除反应时,将按不同方式脱去卤化氢,生成不同产物。大量实验事实证明,其主要产物是脱去含氢较少的 β-C 上的氢,即卤代烷**脱卤化氢时,主要生成双键碳原子上连有较多取代基的烯烃**。这是一条经验规律,叫查依采夫(Saytzeff)规则。

$$CH_3CH\!-\!CH_2 \xrightarrow[\triangle]{NaOH,C_2H_5OH} CH_3CH\!=\!CHCH_3 + CH_3CH_2CH\!=\!CH_2$$

$$\underset{\;\;H\;\;Br\;\;H}{\beta\quad\alpha\quad\beta}\qquad\qquad\qquad\qquad 81\%\qquad\qquad 19\%$$

$$CH_3CH_2CCH_3 \xrightarrow[\text{乙醇}]{KOH} CH_3CH\!=\!CCH_3 + CH_3CH_2C\!=\!CH_2$$
$$\qquad\qquad\qquad\qquad\quad 71\%\qquad\qquad 29\%$$

卤代烷与强碱反应时,主要是生成取代产物还是消除产物与很多因素有关,不仅与碱的浓度有关,卤代烷的结构也是主要影响因素之一。

消除反应的活性:3°RX > 2°RX >1°RX;RI>RBr>RCl。

即叔卤代烷最易脱卤化氢,仲卤代烷次之,而伯卤代烷最难;碘代烷最易脱卤化氢,氯代烷最不易脱卤化氢。如前所述,卤代烷与氢氧化钠、醇钠、氰化钾、氨等发生取代反应,通常是指伯卤代烷而言,因为许多仲卤代烷,尤其是叔卤代烷与这些试剂反应时,主要生成消除产物。

$$CH_3CH_2Br \xrightarrow[\triangle]{C_2H_5ONa,C_2H_5OH} CH_2\!=\!CH_2 + CH_3\!-\!CH_2\!-\!O\!-\!C_2H_5$$
$$\qquad\qquad\qquad\qquad 10\%\qquad\qquad 90\%$$

$$CH_3\!-\!CH\!-\!CH_3 \xrightarrow[\triangle]{C_2H_5ONa,C_2H_5OH} CH_3CH\!=\!CH_2 + (CH_3)_2CH\!-\!O\!-\!C_2H_5$$
$$\qquad\qquad\qquad\qquad\qquad 79\%\qquad\qquad 21\%$$

$$CH_3\!-\!C\!-\!CH_3 \xrightarrow[C_2H_5OH]{C_2H_5ONa} CH_3\!-\!C\!=\!CH_2 + CH_3\!-\!C\!-\!O\!-\!C_2H_5$$
$$\qquad\qquad\qquad\qquad 91\%\qquad\qquad\qquad 9\%$$

总之,卤代烃与碱作用所发生的取代和消除反应,是两个同时发生的相互竞争的反应。水溶液有利于取代,醇溶液有利于消除;伯卤代烷有利于取代,叔卤代烷有利于消除。

练习 7-5 写出下列卤代烃发生消除反应的主要产物。

(1)2,3-二甲基-2-溴丁烷　　　(2)3-乙基-2-溴戊烷

(3)2-甲基-3-溴丁烷　　　(4)1-甲基-2-碘环己烷　　　(5)2-溴己烷

7.4.3　与金属镁的反应

卤代烃能够与多种金属,如 Mg、Al、Na、K 等反应生成有机金属化合物。在这类化合物中,金属直接与碳相连,其中的碳原子是以带负电荷的形态存在的,从而使金属有机化合物中的烃基具有较强的碱性。金属有机化合物在有机合成领域中占有极其重要的地位,金属有机化合物中最重要的是格氏试剂和有机锂化合物。

一、格氏试剂的制备

卤代烷在无水乙醚中与金属镁作用,生成烷基卤化镁,又称为格利雅(Grignard)试剂,简称格氏试剂,一般用 RMgX 表示。格氏试剂是金属有机化合物中最重要的一类化合物,在有机合成上应用十分广泛。

$$R-X + Mg \xrightarrow{\text{无水乙醚}} RMgX \quad \text{烷基卤化镁}$$

乙醚既是溶剂又是稳定剂,与格氏试剂形成配位化合物:

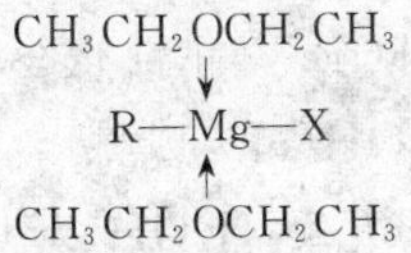

$$\begin{array}{c} CH_3CH_2OCH_2CH_3 \\ \uparrow \\ R-Mg-X \\ \uparrow \\ CH_3CH_2OCH_2CH_3 \end{array}$$

苯、四氢呋喃(THF)和其他醚类也可作为溶剂。烷基卤化镁能溶于乙醚,不需分离可直接用于各种合成。该制备反应生成的金属有机化合物产率总是很高。

$$CH_3CH_2Br + Mg \xrightarrow{\text{乙醚}} CH_3CH_2MgBr \quad 97\% \text{ 乙基溴化镁}$$

卤代烃与镁反应制备格氏试剂的活性顺序:RI>RBr>RCl。

二、格氏试剂的化学反应

1. 与含活泼氢的化合物作用

烷基卤化镁分子中,由于碳的电负性比镁的电负性大得多,C—Mg 键是很强的极性键,性质非常活泼,能与水、醇、酸等含活泼氢的化合物作用生成相应的烷烃。

上述反应定量进行,可用于有机分析中测定化合物所含活泼氢的数目。

2. 与醛、酮、酯、二氧化碳、环氧乙烷等反应

格氏试剂能和多种化合物作用生成烃、醇、醛、酮、羧酸等物质。例如:格氏试剂与 CO_2 作用,经水解后可制得羧酸。

$$RMgX + CO_2 \xrightarrow{\text{无水乙醚}} RC\overset{\displaystyle O}{\overset{\|}{—}}OMgX \xrightarrow{H_2O}{H^+} RC\overset{\displaystyle O}{\overset{\|}{—}}OH + Mg\overset{\displaystyle X}{\underset{\displaystyle OH}{\big\langle}}$$

三、注意事项

1.由于格氏试剂能与许多含活泼氢的物质作用,生成相应的烷烃而使格氏试剂遭到破坏,因此在制备格氏试剂时必须避免与水、醇、酸等物质接触,必须用干燥的仪器。

$$CH_3CH_2MgBr + H_2O \longrightarrow CH_3CH_3 + Mg(OH)Br$$

2.格氏试剂能缓慢吸收空气中的 CO_2 和氧气,因此在制备时,应尽量避免与空气接触。

$$RMgX + O_2 \longrightarrow ROMgX \xrightarrow{H^+}{H_2O} ROH + Mg(OH)X$$

练习 7-6 写出 $CH_3CH_2CH_2CH_2Br$ 与下列化合物反应的主要产物。

(1)KOH(水)　　　　(2)浓 KOH(醇),加热　　　　(3)Mg,乙醚

(4)NaCN　　　　(5)$AgNO_3/C_2H_5OH$,加热　　　　(6)NaI/丙酮

练习 7-7 下列化合物可否用来制备格氏试剂？为什么？

(1)$CH_3OCH_2CH_2Br$　　　(2)$HOCH_2CH_2Br$　　　(3)$CH\equiv C—CH_2Cl$

练习 7-8 完成下列反应。

(1)$(CH_3)_3C—Br + Mg \xrightarrow{\text{无水乙醚}}$?

(2)$CH_3CH_2CH=CH_2 + HBr \xrightarrow{H_2O_2}$? $\xrightarrow{Mg}{\text{无水乙醚}}$? $\xrightarrow{H_2O}$? + ?

7.5 卤代烃亲核取代反应历程

在卤代烷的取代反应中,卤素一般被负离子(如 OH^-、RO^-、CN^- 等)或具有未共用电子对的基团(如 $:NH_3$、$H_2O:$ 等)所取代。这些离子或基团都具有较大的电子云密度,能与卤代烷中带正电荷部分($\alpha\text{-}C$)结合,它们具有亲核性。因此把产生这些负离子和基团的分子称为亲核试剂,常用 Nu 代表。卤代烷的取代反应一般是由亲核试剂进攻所引起的,这种取代反应称为亲核取代反应,以 S_N(Nucleophilic Substitution)表示。可用下列通式表示:

$$Nu\overset{..}{:} + R—\overset{\delta^+}{C}H_2—\overset{\delta^-}{X} \longrightarrow R—CH_2—Nu + X\overset{..}{:}$$

　　　亲核试剂　　　卤代烃　　　　取代产物　　　　离去基团

卤代烷的亲核取代反应是一类重要反应。化学家在研究水解速度与反应物浓度的关系时发现,有些卤代烷的水解仅与卤代烷的浓度有关;另一些卤代烷的水解速度则与卤代烷和碱的浓度都有关系。根据大量实验总结,卤代烷的亲核取代反应是按照两种不同的历程进行的。

7.5.1 双分子亲核取代反应(S_N2)历程

溴甲烷的碱性水解反应,其水解速度与卤代烷浓度成正比,也与碱浓度成正比,在动力学上属于二级反应。

$$OH^- + CH_3Br \longrightarrow CH_3OH + Br^-$$

$$v = k[CH_3Br][OH^-]$$

反应速度与卤代烷及亲核试剂两种物质的浓度有关,称为双分子亲核取代反应机理,用 S_N2 表示。

S_N2 反应是通过形成过渡态一步完成的。

$$OH^- + H\cdots\overset{\displaystyle H}{\underset{\displaystyle H}{C}}-Br \longrightarrow [HO---\overset{\displaystyle H}{\underset{\displaystyle H}{C}}---Br] \longrightarrow HO-\overset{\displaystyle H}{\underset{\displaystyle H}{C}}\cdots H + Br^-$$

进攻试剂　　底物 (sp³)　　　　　　　过渡态 (sp²)　　　　　　　产物 (sp³)　　离去基

反应中 OH^- 从溴原子的背面沿着 C—Br 键的轴线进攻中心碳原子,在逐渐接近的过程中,O—C 间的键部分形成,C—Br 键逐渐伸长变弱,但并没有完全断开,当体系处于 C—O 键尚未完全形成,C—Br 键也未完全断裂的状态时,称为过渡态(过渡态的 C—O 键和 C—Br 键均以虚线表示)。这时三个氢原子与碳原子在一个平面上,进攻试剂和离去基分别处在该平面的两侧。同时,碳原子由 sp³ 杂化状态转变为 sp² 杂化状态,体系的能量最高(见图 7-1)。当 OH^- 进一步接

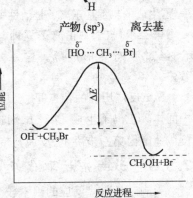

图 7-1　S_N2 机理的能量—反应进程图

近碳原子并最终形成 O—C 键时,三个氢原子也向溴原子一方偏转,C—Br 键进一步拉长并彻底断裂,溴负离子离去,碳原子又转变为 sp³ 杂化状态。整个过程是连续的,旧键的断裂和新键的形成是同时进行和同时完成的。从过渡态转化成产物时,甲基上的三个氢原子也同时翻转到溴原子这一边,最后翻转成与溴甲烷构型相反的醇,就像伞被大风吹翻转一样。这种转化过程,称为瓦尔登(Walden)转化,也称构型翻转。

S_N2 反应历程的特点是:旧键的断裂和新键的形成同时进行,反应一步完成,反应速率取决于卤代烷与亲核试剂的浓度。

S_N2 反应历程的标志是完全的构型转化。

7.5.2 单分子亲核取代反应(S_N1)历程

叔丁基溴在氢氧化钠水溶液中的水解反应,其反应速度仅与叔丁基溴的浓度成正比,与亲核试剂 OH^- 的浓度无关,在动力学上属于一级反应。

$$OH^- + (CH_3)_3CBr \longrightarrow (CH_3)_3COH + Br^-$$

$$v = k[(CH_3)_3CBr]$$

反应速度仅与卤代烷的浓度有关,称为单分子亲核取代反应机理,用 S_N1 表示。

S_N1 反应是经过两步完成的。

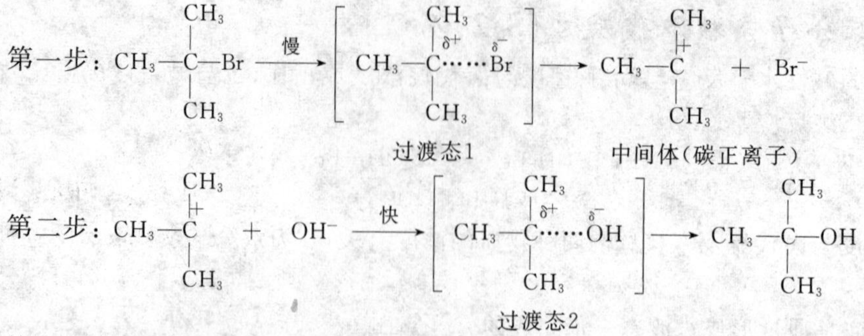

第一步：CH_3—$\overset{\underset{\displaystyle CH_3}{|}}{\underset{\displaystyle |}{\overset{\displaystyle CH_3}{C}}}$—$Br$ $\xrightarrow{慢}$ $\left[CH_3-\overset{\underset{\displaystyle CH_3}{|}}{\underset{|}{\overset{CH_3}{C}}}\overset{\delta+}{\cdots\cdots}\overset{\delta-}{Br} \right]$ $\longrightarrow$ $CH_3-\overset{\underset{\displaystyle CH_3}{|}}{\overset{CH_3}{\overset{+}{C}}}$ $+$ Br^-

过渡态1   中间体(碳正离子)

第二步：$CH_3-\overset{\underset{\displaystyle CH_3}{|}}{\overset{CH_3}{\overset{+}{C}}}$ $+$ OH^- $\xrightarrow{快}$ $\left[CH_3-\overset{\underset{\displaystyle CH_3}{|}}{\underset{|}{\overset{CH_3}{C}}}\overset{\delta+}{\cdots\cdots}\overset{\delta-}{OH} \right]$ $\longrightarrow$ $CH_3-\overset{\underset{\displaystyle CH_3}{|}}{\overset{CH_3}{C}}-OH$

过渡态2

第一步,在溶剂作用下,叔丁基溴分子逐步极化,经过渡态 1,最后电离为叔丁基正离子和溴负离子。这一步是将极性共价键异裂为离子,故活化能高(见图7-2),反应速率慢,生成的叔丁基正离子是活性中间体。

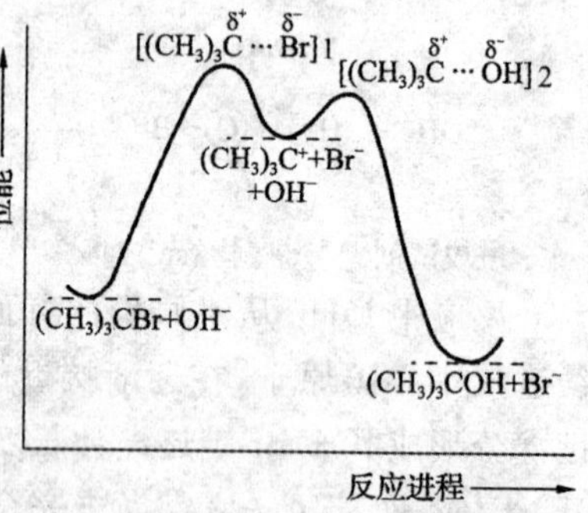

图 7-2 S_N1 机理的能量—反应进程图

第二步,叔丁基正离子立即与亲核试剂(OH^-)结合,经过渡态 2 形成醇。这一步活化能较低,反应较快。

S_N1 反应历程的特点是:反应分两步完成,有活性中间体碳正离子生成,亲核试剂进攻碳正离子形成醇,反应速度由第一步决定,反应速度仅与卤代烷的浓度成正比,与亲核试剂的浓度无关。

7.5.3 影响亲核取代反应活性的因素

影响亲核取代反应的因素较多,这里只讨论反应物的结构和离去基的影响。

一、烷基(R)结构——电子效应和空间效应

1. 对 S_N1 历程的影响

不同结构的卤代烷按 S_N1 历程进行取代反应时,它们的活泼顺序为:

叔卤代烷 ＞仲卤代烷＞伯卤代烷＞卤代甲烷

电子效应是影响 S_N1 历程的主要因素。因为 S_N1 历程中决定反应速度的是活性中间体碳正离子的形成,中间体愈稳定反应速率愈大。碳正离子的稳定性次序为:

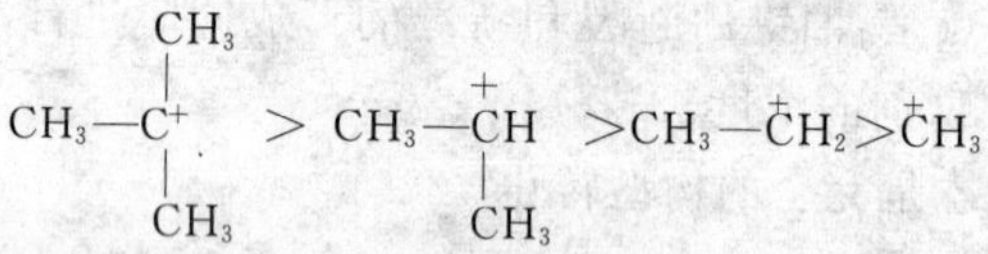

$CH_3-\overset{\underset{\displaystyle CH_3}{|}}{\underset{|}{\overset{CH_3}{\overset{+}{C}}}}$ ＞ $CH_3-\overset{\underset{\displaystyle CH_3}{|}}{\overset{+}{C}H}$ ＞$CH_3-\overset{+}{C}H_2$＞$\overset{+}{C}H_3$

从空间效应分析三级卤代烷中心 C 原子上连有三个烷基,比较拥挤,形成碳正离子时,中心碳原子由 sp^3 杂化变为 sp^2 杂化,呈平面三角形结构,烷基之间距离增大,故有利于离解。

2. 对 S_N2 历程的影响

不同结构的卤代烷按 S_N2 历程进行取代反应时,它们的活泼顺序为:

卤代甲烷 ＞ 伯卤代烷 ＞仲卤代烷 ＞叔卤代烷

可从烷基的电子效应和空间效应来解释。

电子效应:α-C 原子上的 H 原子逐一被烷基取代后,α-C 原子的电子云密度增大,这

样不利于亲核试剂对反应中心的进攻。

空间效应：S_N2 历程要经过一个过渡态，当 α-C 原子周围取代的烃基数目愈多，空间就愈拥挤，立体障碍也将愈大，进攻试剂必须克服较大的阻力，才能接近中心 C 原子而达到过渡态。所以随着 α-C 原子上烷基的增加，S_N2 反应速度将依次下降。

对于伯卤烷来说，当 β-C 原子上有取代基时，也影响 S_N2 的反应速度。中心 C 原子上连有体积较大的叔丁基，严重阻碍了亲核试剂从背面进攻，因此，反应速度显著降低。

$$Nu\text{---}\overset{\text{H}}{\underset{\text{H}}{C}}\text{---}X \qquad Nu\text{---}\overset{\text{CH}_3}{\underset{\text{H}_3\text{C}}{C}}\text{---}X \qquad \overset{\text{H}_3\text{C}}{\underset{\text{H}_3\text{C}}{\overset{}{C}}}\text{---CH}_2\text{---}X$$

例如，新戊基溴的醇解反应，由于原先生成的新戊基碳正离子易于重排为较稳定的叔戊基碳正离子而从 S_N2 变为 S_N1 历程反应。

$$CH_3\text{-}\overset{CH_3}{\underset{CH_3}{\overset{|}{C}}}\text{-}CH_2Br \xrightarrow[-Br^-]{C_2H_5OH/C_2H_5ONa} CH_3\text{-}\overset{CH_3}{\underset{CH_3}{\overset{|}{C}}}\text{-}CH_2^+ \xrightarrow[\text{碳正离子重排}]{\text{甲基迁移}} CH_3CH_2\text{-}\overset{+}{\underset{CH_3}{\overset{}{C}}}\text{-}CH_3$$

$$\xrightarrow[S_N1]{C_2H_5O^-} CH_3CH_2\text{-}\overset{}{\underset{OCH_2CH_3}{\overset{|}{CH}}}\text{-}CH_3$$

碳正离子重排是 S_N1 反应历程的标志。

二、离去基的影响

卤原子不同的卤代烷，其亲核取代反应的活泼性强弱次序是：

$$\text{碘代烷} > \text{溴代烷} > \text{氯代烷}$$

无论反应按 S_N1 还是 S_N2 历程进行，都必须断裂 C—X 键。因此离去基不同，S_N1、S_N2 反应速率不同。

实验表明，离去基的碱性越弱，越易离去。假使离去基特别容易离去，那么反应中有较多的碳正离子中间体生成，反应就按 S_N1 历程进行（如 R—I）；假使离去基不容易离去，反应就按 S_N2 历程进行（如 R—Cl）。

卤素离子的碱性次序是 $I^- < Br^- < Cl^-$，故它们的离去倾向是 $I^- > Br^- > Cl^-$。

综上所述，卤代烷的亲核取代反应总是以 S_N1 和 S_N2 历程同时进行，并相互竞争，只是在某一特定的条件下哪个占优势的问题。一般伯卤代烷主要按 S_N2 历程进行，叔卤代烷主要按 S_N1 历程进行，仲卤代烷则可以按两种历程进行。

$$\xrightarrow{\quad\quad S_N2 \text{ 增加}\quad\quad}$$
$$RX = CH_3X \quad 1° \quad 2° \quad 3°$$
$$\xleftarrow{\quad\quad S_N1 \text{ 增加}\quad\quad}$$

实际情况要复杂很多，改变实验条件，如亲核试剂的性质和浓度、溶剂的极性等因素，对取代反应的历程都有一定的影响。卤代烷与强亲核试剂作用时，主要按 S_N2 历程进行；极性较强的溶剂存在时，主要按 S_N1 历程进行。例如：$C_6H_5CH_2Cl$ 水解的反应，在水中按 S_N1 历程进行，在极性较小的丙酮中则按 S_N2 历程进行。

练习 7-9 卤代烷与氢氧化钠在水与乙醇混合物中进行反应,下列反应情况中哪些属于 S_N2 历程,哪些属于 S_N1 历程?

(1)伯卤代烷反应速率大于叔卤代烷; (2)碱的浓度增加,反应速度无明显变化;

(3)两步反应,第一步是决定的步骤; (4)产物有绝对构型转化;

(5)有碳正离子中间体生成; (6)增加溶剂含醇量,反应速率加快。

练习 7-10 将以下化合物按照 S_N2 反应速率排列成序。

$CH_3CH_2CH_2Br$ $(CH_3)_3CCH_2Br$ $(CH_3)_2CHCH_2Br$

练习 7-11 将以下化合物按照 S_N1 反应速率排列成序。

$CH_3CH_2CH_2CH_2Br$ $(CH_3)_3C—Br$ $CH_3CH_2CH(CH_3)Br$

7.6 卤代烯烃和卤代芳烃

卤代烯烃和卤代芳烃分子中均含有卤原子,因此具有与卤代烷烃相似的性质;但由于卤原子与双键或苯环的位置不同,相互影响也不同,从而使卤原子的活泼性也有显著的差别。通常根据它们的相对位置可把常见的一元卤代烯烃和卤代芳烃分为三类。

1. 乙烯型和苯基型卤代烃:即卤原子直接与双键碳原子相连。

通式为 $RCH=CH—X$。如:$CH_2=CH—Cl$、![苯环-Cl]

2. 烯丙型和苄基型卤代烃:即卤原子与双键相隔一个饱和碳原子。

通式为 $RCH=CHCH_2—X$。如:$CH_2=CHCH_2—Cl$、![苯环-CH₂Cl]

3. 孤立型卤代烃:即卤原子与双键相隔两个或多个饱和碳原子。

通式为 $RCH=CH(CH_2)_n—X$。如:

孤立型卤代烃由于卤原子与双键相隔较远,影响较小,所以卤原子的活泼性基本上与卤代烷烃中的卤原子相同。而乙烯型和苯基型与烯丙型和苄基型卤代烃中卤原子活泼性相差较大,下面主要介绍这两类。

7.6.1 乙烯型和苯基型卤化物

以氯乙烯和氯苯为例讨论。

具有 C=C—Cl 构造的氯乙烯,在 C、C、Cl 三个原子之间存在共轭 π 键,即氯原子的 p 轨道与 C=C 双键的 π 轨道构成共轭体系,分子中存在着 p—π 共轭效应,如图 7-3 所示。

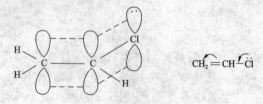

图 7-3 氯乙烯分子中的 p—π 共轭

这样就增强了 $CH_2=CH—Cl$ 分子中 Cl 原子与相邻 C 原子之间的结合能力,使得 Cl

原子较难离去,因此氯乙烯与亲核试剂 NaOH、NaOR、NaCN、NH₃ 等很难发生取代反应,同样也难与金属镁或 AgNO₃ 的醇溶液反应。即使溴乙烯与 AgNO₃ 醇溶液一起加热数日也不发生反应。这一性质可用来鉴别卤烷和乙烯型卤烃。

氯苯与氯乙烯相似,分子中也存在着 p-π 共轭效应,如图 7-4 所示。

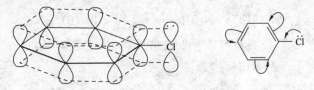

图 7-4 氯苯分子中的 p-π 共轭

因此氯苯与氯乙烯相似,氯苯分子中的氯原子也较难离去。在一般条件下,也不与 NaOH、NaOR、NaCN、NH₃ 反应,只有在强烈条件下才能发生反应。

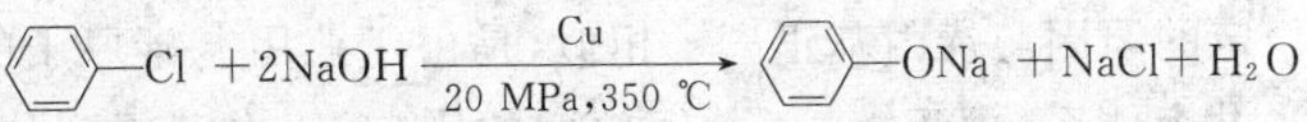

$$\text{—Cl} + 2\text{NaOH} \xrightarrow[\text{20 MPa, 350 ℃}]{\text{Cu}} \text{—ONa} + \text{NaCl} + H_2O$$

另外,氯苯在干醚中也难与金属镁生成格氏试剂,需在四氢呋喃或乙二醇二甲醚等溶剂中,在较强烈条件下才能生成格氏试剂。

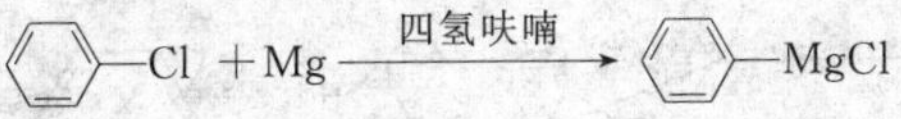

$$\text{—Cl} + \text{Mg} \xrightarrow{\text{四氢呋喃}} \text{—MgCl}$$

溴苯则比氯苯易生成格氏试剂。与乙烯型卤烃相似,卤苯与 AgNO₃ 醇溶液也难发生反应。

7.6.2 烯丙型和苄基型卤化物

以烯丙基氯和苄基氯为例讨论。

与乙烯型氯化物不同,烯丙型氯化物分子中的氯原子与亲核试剂 NaOH、NaOR、NaCN、NH₃ 等比较容易发生取代反应,同样也较容易与金属镁或 AgNO₃ 的醇溶液反应,这一性质常用来鉴别烯丙型卤化物。

$$CH_2=CH-CH_2-Cl + NaOH \xrightarrow{H_2O} CH_2=CH-CH_2-OH + NaCl$$

氯原子的活泼性是由其构造的特殊性决定的。烯丙基氯失去 Cl⁻ 离子后生成了 $CH_2=CH-CH_2^+$ 正离子。在该正离子中,带正电荷的碳原子(原来与氯原子相连的碳原子)的空 p 轨道与 C=C 双键的 π 轨道构成共轭体系,如图 7-5(i)所示。由于共轭效应的存在,正电荷不再集中在原来与氯原子相连的碳原子上,而是分散在共轭体系的碳原子上,如图 7-5(ii)所示,从而降低了 $CH_2=CH-CH_2^+$ 正离子的能量,稳定了 $CH_2=CH-CH_2^+$ 正离子。越稳定的碳正离子越容易生成,这是烯丙基氯分子中氯原子比较活泼的原因。

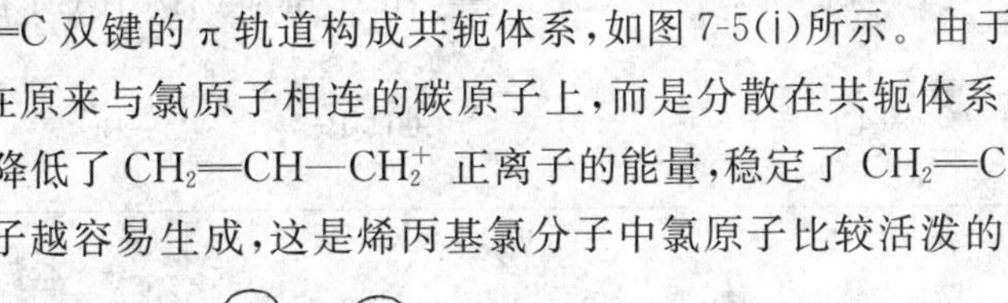

(ⅰ)

$$\overset{\delta^+}{CH_2} ==== CH ==== \overset{\delta^+}{CH_2}$$

(ⅱ)

图 7-5 烯丙基正离子的 p-π 共轭

因为有稳定的碳正离子中间体生成,中间离子体也是稳定的过渡态,所以一般认为烯丙基氯对 S_N1 和 S_N2 历程都是活泼的。

苄基氯分子中的氯原子与烯丙基氯分子中的氯原子相似,也比较活泼,苄基氯也比较容易与亲核试剂 NaOH、NaOR、NaCN、NH_3 发生取代反应。

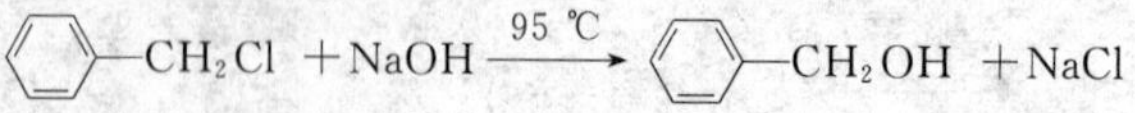

$$\text{C}_6\text{H}_5-\text{CH}_2\text{Cl} + \text{NaOH} \xrightarrow{95\ ℃} \text{C}_6\text{H}_5-\text{CH}_2\text{OH} + \text{NaCl}$$

与氯苯不同,苄基氯较容易与 Mg 生成格氏试剂,也较容易与 $AgNO_3$ 的醇溶液反应,故可用此反应鉴定苄基型卤化物。

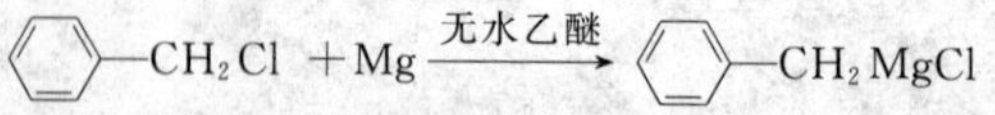

$$\text{C}_6\text{H}_5-\text{CH}_2\text{Cl} + \text{Mg} \xrightarrow{\text{无水乙醚}} \text{C}_6\text{H}_5-\text{CH}_2\text{MgCl}$$

苄基氯分子中氯原子活泼的原因是氯原子离去后生成稳定的苄基正离子。

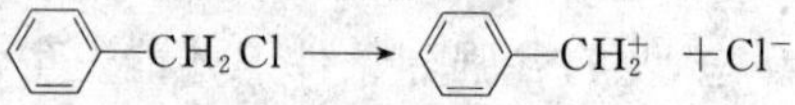

$$\text{C}_6\text{H}_5-\text{CH}_2\text{Cl} \longrightarrow \text{C}_6\text{H}_5-\text{CH}_2^+ + \text{Cl}^-$$

苄基正离子稳定的原因与烯丙基正离子相似,是由于亚甲基碳原子的空 p 轨道与苯环的 π 轨道构成了共轭体系,由于 p—π 共轭效应的影响,正电荷得到分散,从而使苄基正离子稳定(见图 7-6)。

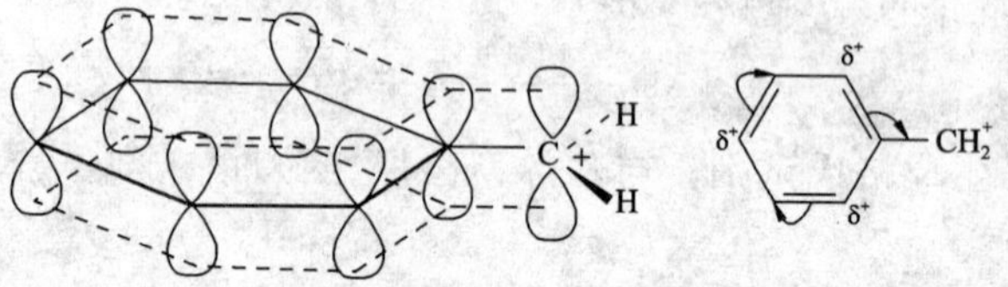

图 7-6 苄基正离子的 p 轨道

练习 7-12 完成下列反应。

(1) $CH_2=CHCH_2Br + NaCN \rightarrow$

(2) $CH_2=\overset{\displaystyle |}{\underset{\displaystyle Br}{C}}-CH_2Br \xrightarrow[\text{KOH}]{H_2O}$

(3)  $\text{C}_6\text{H}_5-CH_2Cl + RONa \xrightarrow{\triangle}$

(4) $CH_2=CHCH_2I + NH_3(过量) \rightarrow$

练习 7-13 试用化学方法区别下列各组化合物。

(1) CH_3CH_2Br 和 $CH_2=CHBr$

(2) $CH_2=CHCH_2Br$ 和 $CH_3CH_2CH_2Br$

(3) 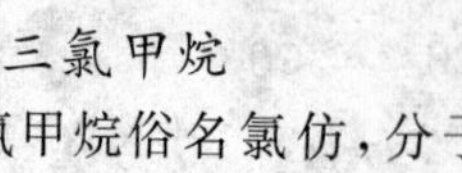 环己基-Cl 和 C_6H_5-Cl

(4) 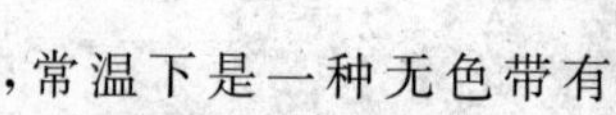 C_6H_5-CH_2Br 和 C_6H_5-Br

7.7 重要的多卤代烃

一、三氯甲烷

三氯甲烷俗名氯仿,分子式为 $CHCl_3$,常温下是一种无色带有甜味的液体,沸点 62 ℃,比水重,不易燃烧,也不溶于水,能溶解油脂、蜡、有机玻璃和橡胶等,常用来提取中草药有效成分和精制抗菌素,还被广泛用作合成原料,常用作粮油食品等分析中的有机溶剂。医药上曾用作麻醉剂,但因其在空气中会逐渐被氧化分解产生剧毒的光气,现已不再使用。三氯甲烷应置于棕色瓶中保存,装满到瓶口加以封闭,以防止和空气接触。通常还可加入 1% 乙醇以破坏可能生成的光气。

$$CHCl_3 + O_2 \longrightarrow \overset{Cl}{\underset{Cl}{C}} = O + HCl$$

二、四氯化碳

四氯化碳的分子式是 CCl_4,常温下为无色有特殊气味的液体,沸点 76.8 ℃,密度大,不溶于水,能溶解脂肪、沥青、橡胶、油漆等多种有机物,是一种常用的有机溶剂,也可作干洗剂。四氯化碳有一定毒性,能损害肝脏。是一种常用的灭火剂,适用于扑灭油类燃烧和电源附近的火灾。由于四氯化碳可破坏臭氧层,国际环境会议决定在 1995 年年底逐步停止生产。

三、氟利昂

分子中含有氟和氯或溴的多卤代烷,叫做氟氯代烷,商品名氟利昂(Freon)。氟利昂实际是指含一个和两个碳原子的氟氯代烷,常用 F 表示。对于不同的氟氯代烷,通常利用其各自含有的碳、氢、氟、氯或溴的原子数来区别,用 F-abc 表示:$a =$ 碳原子数 -1,$a = 0$ 时不列出;$b =$ 氢原子数 $+1$;$c =$ 氟原子数;氯原子数不列。例如:

	ClF_2C-CF_2Cl	$ClF_2C-CFCl_2$	$CFCl_3$	CF_2Cl_2	CF_3Cl
商品名代号	F-114	F-113	F-11	F-12	F-13

在常温下,氟利昂是无色气体或易挥发液体,略有香味,无毒、无腐蚀性、不燃,具有较高的化学稳定性,主要用作制冷剂。但由于它破坏大气臭氧层,目前已停止生产和使用,采用其他的替代品。

四、四氟乙烯

四氟乙烯分子式为 $CF_2 = CF_2$,是无色,无臭、低毒气体;熔点 -142.5 ℃,沸点 -76.3 ℃;易溶于四氯化碳和 1,2-二氯乙烷等有机溶剂;是生产聚四氟乙烯的单体,也是最主要的含氟单体。

在引发剂(如过硫酸钾等)作用下,于 $40 \sim 80$ ℃ 和 $0.3 \sim 3$ MPa 压力下,四氟乙烯聚合生成聚四氟乙烯。

$$nCF_2 = CF_2 \xrightarrow{(NH_4)_2S_2O_8} \left(CF_2 - CF_2 \right)_n$$

聚四氟乙烯(PTFE),商品名特氟隆(Teflon),俗称"塑料王"。是白色或浅灰色固体,本身对人没有毒性,是当今世界上耐腐蚀性能最佳材料之一。聚四氟乙烯几乎不溶于任何溶剂,不与强酸、强碱反应,甚至在王水中煮沸也无变化,具有优异的化学稳定性和热稳定性。另外,还具有良好的密封性、高润滑不黏性、电绝缘性和良好的抗老化能力,耐温优异(能在 $+250$℃ 至 -180℃ 的温度下长期工作)。主要用于制造垫圈、阀门、管件、衬里材料和电绝缘材料等,而用于国防、电器、电子、化工、机械、建筑、医疗、纺织、食品和航空等工业部门因加工困难和价值高而受到限制。

【习　题】

1. 写出 $C_5H_{11}Cl$ 的所有异构体,用系统命名法命名,并指出其属于伯、仲、叔氯代烃中的哪一种。

2. 写出下列化合物的结构式。

(1) 2-甲基-3-溴丁烷　　　　(2) 叔丁基碘　　　　　(3) 2-氯-1,4-戊二烯

(4) α-溴萘　　　　　　　　(5) 1,1-二氯-2-溴丙烯　　(6) 对氯叔丁苯

(7) 2-甲基-4-氯-5-溴-2-戊烯　(8) 烯丙基氯　　　　　　(9) 苄溴

(10) 二氟二氯甲烷

3. 命名下列化合物。

(1) $ClCH_2CH_2Cl$

(2) $CH_3\!-\!\bigcirc\!-\!CH_2Br$

(3) $CH_3\!-\!\underset{}{CH}\!-\!\underset{\overset{|}{CH_2CH_3}}{CH}\!-\!\underset{}{CH}\!-\!CH_3$　（Br在第一个CH上，CH_3在第三个CH上）

(4) $CH_3\!-\!C\!\equiv\!C\!-\!CH_2\!-\!\underset{\overset{|}{Br}}{C}\!=\!CH_2$

(5) $\underset{\overset{|}{Br}}{\overset{\overset{CH_3}{|}}{C}}(CH_3)\!-\!CH_2\!-\!CH_2\!-\!\underset{\overset{|}{Cl}}{CH}\!-\!CH_3$

(6) $CH_3CHCH_2CHCH_3$ （第一个CH连苯基，第二个CH连Br）

4. 完成下列反应式。

(1) $CH_3CH\!=\!CH_2 + HBr \longrightarrow ? \xrightarrow{NaCN} ?$

(2) $CH_3\!-\!\bigcirc\!-\!Br \xrightarrow[\text{无水乙醚}]{Mg} ? \xrightarrow{C_2H_5OH} ? + ?$

(3) $CH_3CH_2CH_2CH_2Br + CH_3CH_2ONa \longrightarrow ? + ?$

(4) $CH_3\!-\!\underset{\overset{|}{CH_3}}{CH}\!-\!\underset{\overset{|}{Cl}}{CH}\!-\!CH_3 \xrightarrow[C_2H_5OH]{KOH,\triangle} ? \xrightarrow{HBr} ?$

(5) $\bigcirc\!\!\overset{CH=CHBr}{\underset{CH_2Cl}{}} \xrightarrow{KCN} ?$

(6) $Cl\!-\!\bigcirc\!-\!CHClCH_3 + H_2O \xrightarrow{NaHCO_3} ?$

(7) $CH_2\!=\!CH\!-\!CH_3 + Cl_2 \xrightarrow{500\,℃} ? \xrightarrow[\text{丙酮}]{KI} ?$

(8) $\bigcirc\!-\!CH_2\!-\!\underset{\overset{|}{Br}}{CH}\!-\!CH_3 \xrightarrow[\triangle,\text{乙醇}]{KOH} ?$

(9) $Cl\!-\!\bigcirc\!-\!Br \xrightarrow[\text{无水乙醚}]{Mg} ?$

5. 用化学方法鉴别下列各组化合物。

(1) 1-溴丙烷、2-溴丙烯、3-溴丙烯　　(2) 1-氯戊烷、2-溴丁烷、1-碘丙烷

(3) 苄氯、氯苯和氯代环己烷

6. 将下列各组化合物按反应速率大小顺序排列。

(1) 按 S_N1 反应:

(a) $CH_3CH_2CH_2CH_2Br$　　　$(CH_3)_3C\!-\!Br$　　　$CH_3CH_2CH(CH_3)Br$

(b) $\bigcirc\!-\!CH_2Br$　　　$\bigcirc\!-\!CH_2CH_2Br$　　　$\bigcirc\!-\!CHBrCH_3$

(2)按 S_N2 反应：

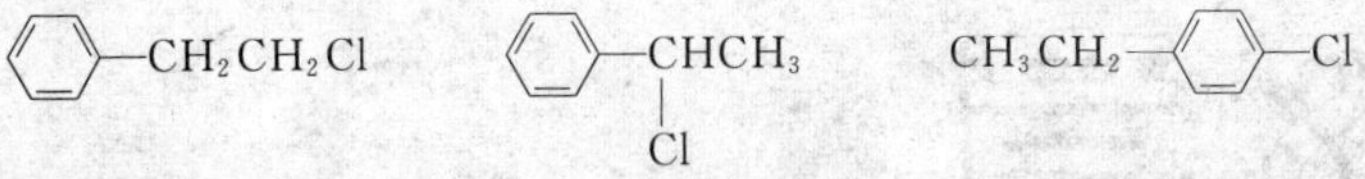

(3)与硝酸银/乙醇反应：

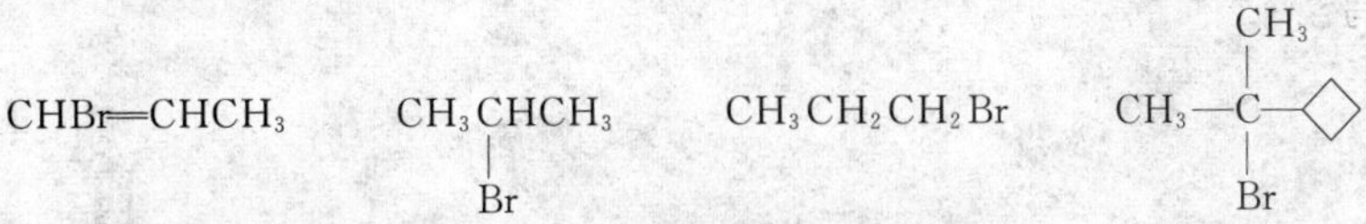

7. 由指定的原料(其他有机或无机试剂可任选)合成以下化合物。

(1) $CH_3CH=CH_2 \longrightarrow CH_2=CHCH_2I$

(2)

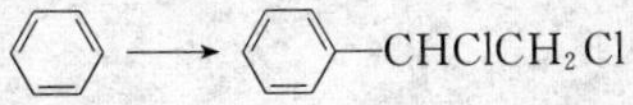

(3)

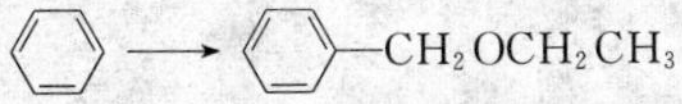

8. 分子式为 C_3H_7Br 的化合物 A，与 KOH 的乙醇溶液共热得 B，B 的分子式为 C_3H_6，如使 B 与 HBr 作用，则得到 A 的同分异构体 C。推导出 A、B、C 的结构式，并写出各步反应式。

9. 分子式为 $C_5H_{11}Cl$ 的 A、B 两种化合物，它们与 KOH 的乙醇溶液作用时，生成的主要产物都是 C。C 可使高锰酸钾溶液褪色，并生成乙酸和酮，C 与氯化氢加成生成 A。写出 A、B、C 的结构式。

10. 某烃 A(C_4H_8)在常温下与 Cl_2 作用生成 B($C_4H_8Cl_2$)，在高温下则生成 C(C_4H_7Cl)。C 与稀 NaOH 水溶液作用生成 D(C_4H_7OH)，C 与热浓 KOH 乙醇溶液作用生成 E(C_4H_6)。E 能与顺丁烯二甲酸酐反应生成 F($C_8H_8O_3$)。试推导 A～F 的构造式，并写出相关反应方程式。

醇、醚、酚

【学习目标】

☞ 掌握醇、醚、酚的分类和命名方法；

☞ 掌握醇、醚、酚的结构特点、化学性质及制备方法；

☞ 了解醇、醚、酚的物理性质以及氢键对其性质的影响；

☞ 了解一些重要的醇、醚、酚的用途。

醇、醚、酚是烃的含氧衍生物。醇和酚的分子中均含有羟基(—OH)官能团。羟基直接与脂肪烃基相连的是醇类化合物，直接与芳基相连的是酚类化合物。醚是氧原子直接与两个烃基相连的化合物(R—O—R、Ar—O—Ar 或 R—O—Ar)，通常是由醇或酚制得，是醇或酚的官能团异构体。

8.1 醇

醇也可以看作是烃类分子中饱和碳原子上的氢原子被羟基取代后的衍生物。一元醇也可以看作水分子中一个氢原子被烷基取代的衍生物。

羟基(—OH)是醇的官能团，又称醇羟基。

8.1.1 醇的分类、同分异构和命名

一、醇的分类

1.根据分子中烃基的种类分为脂肪醇、脂环醇和芳香醇或饱和醇与不饱和醇。

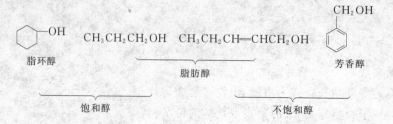

2. 根据分子中羟基所连接的碳原子的类型分为伯(1°)醇、仲(2°)醇和叔(3°)醇。

$$CH_3CH_2CH_2CH_2OH \qquad CH_3CH(CH_3)CH_2OH \qquad CH_3CH_2CH(CH_3)OH \qquad (CH_3)_3COH$$

伯醇(1°醇) 　　　　　　　伯醇(1°醇) 　　　　　　　仲醇(2°醇) 　　　　叔醇(3°醇)

3. 根据醇分子中所含羟基的数目分为一元醇、二元醇、三元醇等，二元醇以上的醇也称为多元醇。

$$CH_3CH_2OH \qquad \underset{\substack{| \\ OH}}{CH_2}-\underset{\substack{| \\ OH}}{CH_2} \qquad \underset{\substack{| \\ OH}}{CH_2}-\underset{\substack{| \\ OH}}{CH}-\underset{\substack{| \\ OH}}{CH_2} \qquad \underset{\substack{| \\ CH_2OH}}{CH_2OH-\overset{\substack{CH_2OH \\ |}}{C}-CH_2OH}$$

一元醇(乙醇) 　　二元醇(乙二醇) 　　三元醇(丙三醇) 　　　四元醇(新戊四醇)

二、醇的同分异构

醇的同分异构主要有碳链异构、官能团位置异构、官能团异构。醇和醚互为同分异构，属于官能团异构。就醇而言，其同分异构主要是碳链。异构和官能团位置异构。

$$CH_3-CH_2-O-CH_2-CH_3 \qquad\qquad CH_3-CH_2-CH_2-CH_2-OH$$

乙醚 　　　　　　　　　　　　　　　正丁醇

$$CH_3-CH_2-\underset{\substack{| \\ OH}}{CH}-CH_3 \qquad CH_3-\underset{\substack{| \\ CH_3}}{CH}-CH_2-OH \qquad CH_3-\underset{\substack{| \\ CH_3}}{\overset{\substack{CH_3 \\ |}}{C}}-OH$$

仲丁醇 　　　　　　　　异丁醇 　　　　　　　　叔丁醇

三、醇的命名

1. 普通命名法

结构简单的醇可用普通命名法命名，即在"醇"字前加上烃基的名称，"基"字一般可以省去。

$$CH_3-OH \qquad CH_2=CH-CH_2-OH \qquad CH_3CH_2CH_2CH_2-OH$$

甲醇 　　　　　　烯丙醇 　　　　　　　　正戊醇

$$CH_3-\underset{\substack{| \\ CH_3}}{\overset{\substack{CH_3 \\ |}}{C}}-CH_2OH \qquad \text{环己基}-OH \qquad \text{苯基}-CH_2OH$$

新戊醇 　　　　　　　环己醇 　　　　　　　苄醇

2. 衍生物命名法

衍生物命名法是以甲醇为母体，把其他醇看作甲醇的烃基衍生物来命名。

$$CH_3CH_2CH_2CH_2OH \qquad \underset{\substack{| \\ CH_3}}{CH_3CHCH_2OH} \qquad \underset{\substack{| \\ CH_3}}{CH_3CH_2CHOH} \qquad \left(\text{苯基}\right)_3COH$$

正丙基甲醇 　　　　　异丙基甲醇 　　　　甲基乙基甲醇 　　　　三苯甲醇

3. 系统命名法

选择含有羟基的最长碳链为主链，把支链看作取代基，从靠近羟基一端开始编号，按照主链所含碳原子数目称为"某醇"，将取代基的位次、名称及羟基的位次依次写在醇的名称前面。

命名不饱和醇时,主链应包含羟基和不饱和键,从距羟基最近的一端给主链编号,按主链所含碳原子的数目称为"某烯醇"或"某炔醇",羟基的位置注于"醇"字前。命名芳香醇时,将芳香环看作取代基。例如:

$$CH_3CH_2\overset{\displaystyle CH_3}{\underset{\displaystyle CH_3}{C}}H\overset{\displaystyle OH}{\underset{}{C}}H\overset{\displaystyle}{\underset{\displaystyle Cl}{C}}HCH_2CH_3$$

3-甲基-5-氯-4-庚醇　　　　2-甲基-3-苯基-1-丙醇　　　　4-甲基环己醇

$CH_3CH{=}CHCH_2OH$　　　$CH{\equiv}CCH_2OH$

2-丁烯醇(巴豆醇)　　　　2-丙炔-1-醇

3-苯基-2-丙烯醇

二元醇及多元醇的命名应选择含有尽可能多羟基的最长碳链为主链,羟基的数目写在"醇"字的前面,用二、三、四等数字标明。

$$CH_3\overset{\displaystyle}{\underset{\displaystyle OH}{C}}HCH_2\overset{\displaystyle}{\underset{\displaystyle OH}{C}}HCH_3$$

2,4-戊二醇

$$CH_3CH_2CH_2\overset{\displaystyle OH}{\underset{}{C}}H\overset{\displaystyle}{\underset{\displaystyle CH_3}{C}}HCH_3$$

3-甲基-2,5-庚二醇

顺-1,2-环己二醇

一些醇有俗名。例如:

	甲醇	乙醇	乙二醇	丙三醇	新戊四醇	苯甲醇
俗名	木精	酒精	甘醇	甘油	季戊四醇	苄醇

练习 8-1 命名下列化合物或写出结构式。

(1)$(CH_3)_3CCH_2OH$　　　(2)$CH_3CH_2CH(OH)CH_3$　　　(3)

(4)2-对羟基苯乙醇　　　(5)3-甲基-3-丁烯-2-醇　　　(6)1,3-环己二醇
(7)仲丁基异丁基甲醇　　　(8)环己基甲醇　　　(9)甘油

8.1.2　醇的结构

醇分子的结构特点是羟基直接与 sp^3 杂化的碳原子相连,如图 8-1 所示。氧原子亦处于 sp^3 杂化状态,其中两对未共用的电子各占据一个轨道,其余的两个 sp^3 杂化轨道分别与氢原子及碳原子结合,形成一个 C—O σ 键和一个 H—O σ 键。由于氧的电负性较大,醇分子中氧原子上的电子云密度较高,而与之相连的碳和氢上的电子云密度较小,所以整个分子具有极性,对醇的物理性质和化学性质有较大的影响。

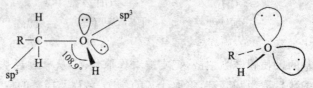

图 8-1　醇分子中的价键及氧原子未共用电子对分布示意图

8.1.3 醇的物理性质

低级的一元醇为无色液体,具有特殊的气味。高于 11 个碳原子的醇在室温下为固体,多数无臭无味。许多香精油中含有特殊香气的醇,如叶醇(顺-3-己烯-1-醇)有极强的清香气味,2-苯乙醇有玫瑰香气,可用于配制香精。

高沸点是醇的重要特征。一般沸点随相对分子质量增加而升高,从已讨论过的烃和卤代烃的沸点变化规律可见,相对分子质量相近的化合物沸点相近。但是,醇的沸点却比相对分子质量相近的烃类化合物的沸点高得多。如正丁醇,其沸点较相对分子质量相近的烃和卤代烃高出 80℃ 左右。一些醇的物理常数见表 8-1。

表 8-1 一些醇的物理常数

名称	沸点/℃	熔点/℃	相对密度(20℃)	折射率(20℃)	溶解度(g/100g 水)
甲醇	64.96	−93.9	0.7914	1.3288	∞
乙醇	78.5	−117.3	0.7893	1.3611	∞
1-丙醇	97.4	−126.5	0.8035	1.3850	∞
2-丙醇	82.4	−89.5	0.7855	1.3776	∞
1-丁醇	117.25	−89.53	0.8098	1.3993	8.0
2-丁醇	99.5	−114.7	0.8063	1.3978	12.5
2-甲基-1-丙醇	108.39	−108	0.802	1.3968	11.1
2-甲基-2-丙醇	82.2	25.5	0.7877	1.3878	∞
1-戊醇	138	−79	0.8144	1.4101	2.2
2-戊醇	118.9	−50	0.8103	1.4053	4.9
2-甲基-2-丁醇	102	−8.4	0.8059	1.4052	∞
环己醇	161.1	25.15	0.9624	1.4641	3.6
苯甲醇	205.35	−15.3	1.0419	1.5396	4
三苯甲醇	380	164.2	1.1994	1.1994	不溶
乙二醇	198	−11.5	1.1088	1.4318	∞
丙三醇	290	20	1.2613	1.4746	∞

醇具有高的沸点是因为液体醇分子间的氢键缔合作用。

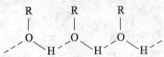

要使液体醇变成以单分子状态存在的气体,就必须使氢键断裂。氢键断裂约需 $25 \, kJ \cdot mol^{-1}$ 的能量。因此必须加热到较高的温度以供给较多的能量才能使醇沸腾。

醇的溶解度同样表现出与烃类化合物不同的特性。低级醇易溶于水,甲醇、乙醇和丙醇都可以与水任意混溶。一方面是因为醇和水分子都含有羟基,它们之间也能形成氢键,因而容易相互溶解。另一方面,由于醇分子中还含有烃基,根据"相似相溶"理论,也易溶于有机溶剂。随着醇分子的碳原子数增加,烃基部分的相对含量增高,水溶性急剧下降。正丁醇 25℃ 时的水溶性降为 7.9%,而正己醇仅为 0.2%,高级醇几乎不溶于水。

饱和醇的密度大于饱和烃,但小于 1,芳香醇的密度大于 1。

低级醇还能与一些无机盐类(如 $MgCl_2$、$CaCl_2$、$CuSO_4$ 等)形成结晶状的分子化合物,称为结晶醇,亦叫醇化物,如 $CaCl_2 \cdot 4C_2H_5OH$、$CaCl_2 \cdot 4CH_3OH$、$MgCl_2 \cdot 6CH_3OH$ 等。醇化物不溶于有机溶剂而溶于水,因此不能用无水 $CaCl_2$ 去除醇所含的水分,但可用无水 $CaCl_2$ 除去醚类中少量的醇。

练习 8-2 按照沸点由低到高的顺序排列以下各组化合物。

(1)1-戊醇、2-甲基-2-丁醇、3-甲基-2-丁醇　　　(2)丙醇、1,3-丙二醇、丙三醇

练习 8-3 比较下列化合物的水溶性。

1-丁醇、1,4-丁二醇、1,2,3-丁三醇

8.1.4　醇的化学性质

由于醇羟基中氧原子的电负性比碳原子和氢原子大,因此氧原子上的电子云密度偏高,易于接受质子或作为亲核试剂发生某些化学反应。醇分子中的碳氧键和氧氢键均为较强的极性键,在一定条件下易发生键的断裂,碳氧键断裂能发生亲核取代反应或消除反应,氧氢键断裂能发生酯化反应。由于羟基吸电子诱导效应的影响,增强了 α-H 和 β-H 的活性,易于发生 α-H 的氧化和 β-H 的消除反应。综上所述,醇的主要化学性质可归纳如下:

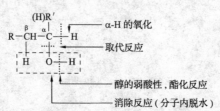

一、醇的弱酸性

醇分子中存在 H—O 极性键,其电离平衡中可以产生质子和烃氧基负离子。

$$ROH + H_2O \Longrightarrow RO^- + H_3O^+$$

常见的几个醇的 pK_a 值为:

CH_3OH	CH_3CH_2OH	$(CH_3)_2CH\text{—}OH$	$(CH_3)_3COH$	$ClCH_2CH_2OH$	Cl_3CCH_2OH
~15.9	~17.0	~18.0	~19.0	~14.5	12.2

pK_a

由于醇分子中的烃基具有推电子诱导效应(+I),羟基 α-C 上的烷基增多,酸性减弱;较强吸电子基存在于 α-C 的醇其酸性增强。

醇的酸性强弱次序为 $CH_3OH > 1°ROH > 2°ROH > 3°ROH$。

醇的酸性虽然很弱,但也足以使格氏试剂发生分解。

$$R\text{—}OH + R'MgX \longrightarrow R'\text{—}H + ROMgX$$

醇羟基可被一些活泼的金属如 Na、K、Mg、Al 等置换,放出氢气并生成醇金属化合物。

$$2C_2H_5OH + 2Na \longrightarrow 2C_2H_5ONa + H_2\uparrow$$

$$6\ CH_3\overset{\underset{\displaystyle |}{CH_3}}{CH}\text{—}OH + 2Al \longrightarrow 2\ (CH_3\overset{\underset{\displaystyle |}{CH_3}}{CH}\text{—}O)_3Al + 3H_2\uparrow$$

还原剂
有机合成中常用的试剂

醇的反应活性为甲醇＞伯醇＞仲醇＞叔醇。

用途：

(1)醇与金属钠的反应比水与金属钠的反应缓和得多,实验中常用乙醇或丁醇来处理残留的金属钠。

(2)生成的醇钠遇水发生分解,该反应可逆,平衡偏向于生成氢氧化钠和醇。

$$C_2H_5ONa + H_2O \rightleftharpoons C_2H_5OH + NaOH$$

说明醇是比水弱的酸,即醇羟基比水难于解离出氢离子,表明其共轭碱 RO^- 易和质子结合。因此,醇钠是比 NaOH 更强的碱,一些不能和 NaOH 作用的弱酸可以和醇钠反应生成盐。此为工业制备乙醇钠的方法。

(3)醇金属化合物遇微量水即分解,可用此方法除去醇中的微量水。如常用乙醇镁除去乙醇中的微量水。

$$(C_2H_5O)_2Mg + H_2O \longrightarrow 2C_2H_5OH + MgO$$

二、醇的弱碱性

醇羟基氧原子上的未共用电子对,可以与质子作用形成锌离子,醇表现出弱碱性。如与无机强酸作用生成锌盐。

$$C_2H_5OH + HI \rightleftharpoons C_2H_5\overset{+}{O}HI^- \\ | \\ H$$

$$nC_4H_9OH + H_2SO_4 \rightleftharpoons nC_4H_9\overset{+}{O}H_2SO_4^- H$$

利用不溶于水的醇可以溶于无机强酸(常用浓 H_2SO_4)的性质,可鉴别和分离醇、烷烃或卤代烃。

三、生成卤代烃

1.与氢卤酸反应

醇容易与氢卤酸反应,生成卤代烃和水。

$$\underset{\text{醇}}{R-OH} + HX \rightleftharpoons \underset{\text{卤代烃}}{RX} + H_2O$$

此反应是可逆反应,为提高卤代烃产量,通常可采用使反应物之一过量或除去一种产物的方法,使平衡向右移动。醇与氢卤酸反应属亲核取代反应。

(1)反应相对活性

不同的氢卤酸与醇反应的活性次序是 HI＞HBr＞HCl。如正丁醇与浓 HI 作用,加热即可生成碘代烷;与浓 HBr 反应必须在 H_2SO_4 存在并加热的条件下才能生成溴代烷;与浓 HCl 作用必须有 $ZnCl_2$ 存在并加热才能生成氯代烷。

$$CH_3CH_2CH_2CH_2OH + HI(浓) \xrightarrow{\triangle} CH_3CH_2CH_2CH_2I$$

$$CH_3CH_2CH_2CH_2OH + HBr(浓) \xrightarrow[\triangle]{H_2SO_4} CH_3CH_2CH_2CH_2Br$$

$$CH_3CH_2CH_2CH_2OH + HCl(浓) \xrightarrow[\triangle]{ZnCl_2} CH_3CH_2CH_2CH_2Cl$$

不同醇的反应活性次序是：

$$\underset{S_N1}{\underline{\text{烯丙基型醇,苄基型醇}\approx\text{叔醇＞仲醇}}} \underset{S_N2}{\underline{\text{伯醇}<CH_3OH}}$$

(2)某些特定结构的醇与 HX 反应时常会发生重排,生成结构不同的卤代烃。

$$CH_3-\overset{\overset{\displaystyle CH_3}{|}}{\underset{\underset{\displaystyle CH_3}{|}}{C}}-CH_2OH + HBr \longrightarrow CH_3-\overset{\overset{\displaystyle CH_3}{|}}{\underset{\underset{\displaystyle CH_3}{|}}{C}}-CH_2Br + CH_3-\overset{\overset{\displaystyle CH_3}{|}}{\underset{\underset{\displaystyle Br}{|}}{C}}-CH_2CH_3$$

重排产物

这是由于在反应过程中生成的碳正离子不稳定,容易重排生成比较稳定的碳正离子。

$$CH_3-\overset{\overset{\displaystyle CH_3}{|}}{\underset{\underset{\displaystyle CH_3}{|}}{C}}-CH_2OH + H^+ \rightleftharpoons CH_3-\overset{\overset{\displaystyle CH_3}{|}}{\underset{\underset{\displaystyle CH_3}{|}}{C}}-CH_2\overset{+}{O}H_2 \overset{S_N1}{\rightleftharpoons} CH_3-\overset{\overset{\displaystyle CH_3}{|}}{\underset{\underset{\displaystyle CH_3}{|}}{C}}-\overset{+}{C}H_2$$

$$\xrightarrow[\text{电子重排}]{\text{甲基带着一对}} CH_3-\overset{\overset{\displaystyle CH_3}{|}}{\underset{\underset{\displaystyle +}{}}{C}}-CH_2CH_3 \xrightarrow{Br^-} CH_3-\overset{\overset{\displaystyle CH_3}{|}}{\underset{\underset{\displaystyle Br}{|}}{C}}-CH_2CH_3$$

当伯醇或仲醇的 β-C 上具有两个或三个烷基或芳基时,在酸作用下能发生重排反应。

(3)卢卡斯(Lucas)试剂

无水 $ZnCl_2$ 溶于浓盐酸而形成的溶液叫卢卡斯试剂。实验室里常用它来区别低级的伯醇、仲醇和叔醇。低级醇可以溶解在卢卡斯试剂中,生成的氯代烷则不溶而出现混浊或分层。不同的醇与卢卡斯试剂反应的速度不同,叔醇反应最快,很快出现分层或混浊;仲醇次之;伯醇最慢,长时间不出现混浊,加热才出现分层或混浊。

$$R-\overset{\overset{\displaystyle R'}{|}}{\underset{\underset{\displaystyle R''}{|}}{C}}-OH + HCl(浓) \xrightarrow[20℃]{\text{无水 }ZnCl_2} R-\overset{\overset{\displaystyle R'}{|}}{\underset{\underset{\displaystyle R''}{|}}{C}}-Cl + H_2O \quad \text{立即出现混浊}$$

$$R-\overset{}{\underset{\underset{\displaystyle R'}{|}}{C}}HOH + HCl(浓) \xrightarrow[20℃]{\text{无水 }ZnCl_2} R-\overset{}{\underset{\underset{\displaystyle R'}{|}}{C}}H-Cl + H_2O \quad \text{数分钟后出现混浊}$$

$$RCH_2OH + HCl(浓) \xrightarrow[\triangle]{\text{无水 }ZnCl_2} RCH_2Cl + H_2O \quad \text{室温下不混浊}$$

但卢卡斯试剂只能鉴别六个碳原子以下的醇,因为高级醇本身就不溶于卢卡斯试剂。

2.与卤化磷反应

醇也能与卤化磷、亚硫酰氯(二氯亚砜)等反应生成相应的卤代烃。

$$3ROH + PX_3 \longrightarrow 3RX + H_3PO_3 \quad \text{适用 } X=I,Br$$

因为红磷和溴或碘能很快作用生成 PBr_3 或 PI_3,所以实际操作中往往是用红磷和溴或碘代替 PBr_3 或 PI_3。

$$2P + 3Br_2(或 I_2) \longrightarrow 2PBr_3(或 PI_3)$$
$$6C_4H_9OH + 2P + 3Br_2 \longrightarrow 6C_4H_9Br + 2H_3PO_3$$
$$6C_2H_5OH + 2P + 3I_2 \longrightarrow 6C_2H_5I + 2H_3PO_3$$

PCl_3 和醇反应比较复杂,不用来制备氯代烃。因为它的副反应很严重,尤其是和伯醇作用时,产物常常是亚磷酸酯而不是氯代烃。且用 PCl_5 制备氯代烃也不太好,仍有酯生成,一般磷酸酯很难被除净,因此影响产物的质量。

$$3ROH + PCl_3 \longrightarrow (RO)_3P + 3HCl$$
亚磷酸酯

$$ROH + PCl_5 \longrightarrow RCl + POCl_3 + HCl$$
$$POCl_3 + 3ROH \longrightarrow (RO)_3PO + 3HCl$$
磷酸酯

目前由醇(特别是伯醇)制备氯代烃最常用的方法是用 $SOCl_2$(二氯亚砜或亚硫酰氯)作试剂,产物较纯净。

$$R-OH + SOCl_2 \xrightarrow{\text{吡啶}} RCl + SO_2 + HCl$$

练习 8-4　写出下列反应的产物。

(1) $\begin{array}{c} CH_3 \\ | \\ CH_3-C-CH_2-OH \\ | \\ CH_3 \end{array} \xrightarrow{NaBr + H_2SO_4}$

(2) 苯环$-\overset{\displaystyle |}{\underset{\displaystyle OH}{C}H}-CH_3 \xrightarrow{PBr_3}$

(3) $CH_3(CH_2)_3CH_2OH \xrightarrow[ZnCl_2]{HCl}$

(4) $HOCH_2CH_2CH_2OH \xrightarrow[ZnCl_2]{HCl}$

四、酯化反应

醇与无机含氧酸、酰氯、羧酸作用,发生分子间脱水生成酯。

1. 硫酸酯

醇与硫酸反应速度快,生成硫酸氢酯。

$$C_2H_5-OH + HOSO_3H \xrightarrow{<100℃} C_2H_5-OSO_3H + H_2O$$
硫酸氢乙酯

常用的乳化剂十二烷基磺酸钠就是通过硫酸氢酯制备的。

$$C_{12}H_{25}OH \xrightarrow[40\sim50℃]{\text{发烟 } H_2SO_4} C_{12}H_{25}OSO_3H$$
$$C_{12}H_{25}OSO_3H + NaOH \longrightarrow C_{12}H_{25}OSO_3Na + H_2O$$

硫酸氢甲酯和硫酸氢乙酯减压蒸馏,就可以得到硫酸二甲酯和硫酸二乙酯。它们都是很好的烷基化试剂。

$$2CH_3O\overset{\displaystyle O}{\underset{\displaystyle O}{\overset{\|}{\underset{\|}{S}}}}OH \xrightarrow{\text{减压蒸馏}} CH_3O\overset{\displaystyle O}{\underset{\displaystyle O}{\overset{\|}{\underset{\|}{S}}}}OCH_3 + H_2SO_4$$

硫酸二甲酯有剧毒,对于呼吸器官和皮肤有强烈的刺激作用,使用时要特别小心。

2. 硝酸酯

HNO_3 能很快地和伯醇作用生成酯,和叔醇作用生成烯烃。硝酸酯有一个特性,受热会发生爆炸。所以在处理和制备硝酸酯时必须小心。

$$ROH + HONO_2 \longrightarrow RONO_2 + H_2O$$

多元醇的硝酸酯是烈性炸药。例如:

$$\begin{array}{c} CH_2OH \\ | \\ CHOH \\ | \\ CH_2OH \end{array} + 3HNO_3 \longrightarrow \begin{array}{c} CH_2ONO_2 \\ | \\ CHONO_2 \\ | \\ CH_2ONO_2 \end{array} + 3H_2O$$

甘油三硝酸酯俗称硝化甘油,能用于血管舒张,治疗心绞痛和胆绞痛。

3.磷酸酯

醇与磷酸反应的逆反应更容易,因此一般是由醇和 $POCl_3$ 为原料来制备磷酸酯。例如:

$$3ROH + H_3PO_4 \rightleftharpoons (RO)_3PO + 3H_2O \quad \text{逆反应更容易}$$
$$\text{磷酸酯}$$

$$3C_8H_{17}OH + \underset{Cl}{\overset{Cl}{Cl-P=O}} \longrightarrow (C_8H_{17}O)_3PO + 3HCl$$
$$\text{磷酸三辛酯}$$

磷酸酯是一类很重要的化合物,常用作萃取剂、增塑剂。

4.羧酸酯

醇与酰氯、酸酐或羧酸反应,生成羧酸酯。

$$CH_3CH_2-OH + CH_3\overset{O}{\overset{\|}{C}}-Cl \longrightarrow CH_3\overset{O}{\overset{\|}{C}}-O-CH_2CH_3 + HCl$$

$$CH_3CH_2-OH + CH_3\overset{O}{\overset{\|}{C}}-OH \overset{H^+}{\rightleftharpoons} CH_3\overset{O}{\overset{\|}{C}}-O-CH_2CH_3 + H_2O$$

五、脱水反应

醇的脱水有两种方式:分子间脱水和分子内脱水。究竟以哪种脱水方式为主,取决于醇的结构和反应条件。

1.分子内脱水生成烯烃

在较高的温度下或有催化剂存在的条件下,醇发生分子内脱水生成烯烃。例如:

$$CH_3CH_2OH \xrightarrow[170\,℃]{H_2SO_4} CH_2=CH_2 + H_2O$$
$$\text{乙醇} \qquad\qquad \text{乙烯}$$

$$\underset{\text{环己醇}}{\text{OH}} \xrightarrow[\triangle]{H_3PO_4} \underset{\text{环己烯}}{} + H_2O$$

醇的脱水消除多以含氧酸如硫酸、磷酸等为催化剂,这些催化剂又称脱水剂。醇的结构不同,消除反应活性也不同。各种醇的消除反应活性顺序和卤代反应相同,即叔醇＞仲醇＞伯醇。

当脱水消除可能生成两种不同的烯烃时,与卤代烃的消除反应一样,醇的消除反应的发生方向也遵守查依采夫规则,即从含氢较少的邻位碳上脱除氢,生成双键上带有较多取代基的烯烃。

$$CH_3CH_2\underset{OH}{\overset{CH_3}{\overset{|}{C}}}CH_3 \xrightarrow{H^+} CH_3CH=\overset{CH_3}{\overset{|}{C}}-CH_3 + CH_3CH_2\overset{CH_3}{\overset{|}{C}}=CH_2$$
$$\text{主产物} \qquad\qquad \text{少量产物}$$

如果在可能生成的几个产物中有共轭烯烃,则共轭烯烃是主要产物或唯一产物。

$$\text{◯}-CH_2\underset{OH}{\overset{}{C}}HCH_2CH_3 \xrightarrow{H^+} \text{◯}-CH=CHCH_2CH_3$$
$$\text{唯一产物}$$

生成的 C=C 键和苯环形成 π-π 共轭体系,因而稳定,易于形成。

2.分子间脱水生成醚

两个醇分子之间发生脱水反应生成醚。例如:

$$CH_3CH_2-\boxed{OH+H}-O-CH_2CH_3 \xrightarrow[\text{或 } Al_2O_3,260 \text{ }℃]{\text{浓 } H_2SO_4,130\sim150 \text{ }℃} CH_3CH_2-O-CH_2CH_3+H_2O$$

醇的两种脱水反应互为竞争反应,低温条件下主要发生分子间脱水,而高温条件下主要发生分子内脱水。叔醇只发生分子内脱水。

六、氧化和脱氢反应

由于羟基的影响,醇分子中的 α-氢原子比较活泼,容易被氧化剂氧化或在催化剂存在下脱氢。不同结构的醇的氧化产物各不相同,伯醇、仲醇可以被氧化,伯醇的氧化产物是醛、酸;仲醇的氧化产物是酮。叔醇因为连接羟基的叔碳原子上没有氢,所以不容易氧化。

1.氧化

氧化醇时可用的氧化剂很多,通常有 $KMnO_4$、浓 HNO_3、$Na_2Cr_2O_7/H_2SO_4$、CrO_3/H_2SO_4、$CrO_3 \cdot 2C_5H_5N$(吡啶)等,它们的氧化能力以 $KMnO_4$ 和 HNO_3 为最强。

$$CH_3CH_2OH \xrightarrow{K_2Cr_2O_7/H_2SO_4} CH_3-\overset{\overset{\displaystyle O}{\|}}{C}-H\uparrow \quad \text{乙醛蒸出,脱离反应体系}$$

$$\downarrow [O] \text{ 若继续反应}$$

$$CH_3COOH$$

$$\bigcirc\!\!-OH \xrightarrow{Na_2Cr_2O_7/H_2SO_4} \bigcirc\!\!=O \quad \text{环己酮}$$

若由醇制备醛,必须把生成的醛立即从反应物中分离出来,以免醛继续被氧化生成羧酸。反应需要在低于醇的沸点而高于醛的沸点的温度下进行。此法只适用于制备沸点较低的醛,沸点较高的醛或与原料醇的沸点接近的醛要用其他方法制备分离。

醛很容易氧化成酸,但如果在伯醇氧化制醛时使用 MnO_2 或 CrO_3/吡啶(Py)等弱氧化剂,则能将伯醇氧化为相应的醛,产物可停留在醛这步,并对分子中的双键和叁键没有影响。

$$CH_2=CHCH_2OH \xrightarrow{MnO_2} CH_2=CHCHO$$

$$CH_3CH_2CH_2CH_2OH \xrightarrow[CH_2Cl_2]{CrO_3-Py} CH_3CH_2CH_2CHO$$

脂环醇如用 HNO_3 等强氧化剂氧化,则碳环破裂生成含相同碳原子数的二元羧酸。

$$\bigcirc\!\!-OH \xrightarrow[V_2O_5,55\sim60\text{ }℃]{50\%HNO_3} \begin{array}{l} CH_2-CH_2COOH \\ | \\ CH_2-CH_2COOH \end{array} \quad \text{己二酸}$$

高锰酸钾和重铬酸钾的硫酸溶液在常温时能氧化大多数伯醇、仲醇使溶液变色。叔醇不能发生氧化反应,因此可用这个方法区别叔醇与伯醇、仲醇。

例如检查司机是否酒后驾车的呼吸分析仪,就是根据乙醇被重铬酸钾的硫酸溶液氧化后颜色发生变化而设计的。

$$CH_3CH_2OH+Cr_2O_7^{2-} \longrightarrow CH_3CHO + Cr^{3+}$$
$$\underset{\text{橙红色}}{} \qquad\qquad \downarrow K_2Cr_2O_7 \quad \underset{\text{绿色}}{}$$
$$CH_3COOH$$

2. 催化脱氢

伯醇、仲醇的蒸气在高温下通过催化剂 Cu 或 Ag 发生脱氢反应,生成醛或酮。醇的催化脱氢大多用于工业生产。如:

$$CH_3OH \underset{700\ ℃}{\overset{Ag\ 或\ Cu}{\rightleftharpoons}} \underset{甲醛}{H-\overset{\displaystyle O}{\overset{\|}{C}}-H} +H_2$$

$$CH_3CH_2OH \underset{550\ ℃}{\overset{Ag\ 或\ Cu}{\rightleftharpoons}} \underset{乙醛}{CH_3-\overset{\displaystyle O}{\overset{\|}{C}}-H} +H_2$$

$$\underset{\underset{OH}{|}}{CH_3CHCH_3} \underset{380\ ℃}{\overset{ZnO}{\rightleftharpoons}} \underset{丙酮}{CH_3-\overset{\displaystyle O}{\overset{\|}{C}}-CH_3} +H_2$$

一般醇的催化脱氢反应是可逆的,为了使反应完全,往往通入一些空气使消除下来的氢转变成水。现在工厂中由甲醇制甲醛,乙醇制乙醛都是采用这个方法。

$$\underset{\underset{R(H)}{|}}{\overset{\overset{H}{|}}{R-C-OH}} +1/2\ O_2 \underset{\triangle}{\overset{Ag\ 或\ Cu}{\longrightarrow}} \underset{\underset{R(H)}{|}}{R-C=O} +H_2O$$

叔醇分子中没有 α-氢不能脱氢,只能脱水生成烯烃。

练习 8-5 完成下列转化。

$$CH_3CH_2CH_2CH_2OH \longrightarrow CH_3-\overset{\displaystyle O}{\overset{\|}{C}}-CH_2CH_3$$

练习 8-6 写出下列反应的产物。

$$\underset{\underset{OH}{|}}{CH_3-CH-\overset{\overset{\displaystyle CH_3}{|}}{CH}-CH_3} \ \begin{array}{c} \overset{H_2SO_4(浓),170\ ℃}{\longrightarrow} \\ \overline{\underset{H_2SO_4(浓),140\ ℃}{\longrightarrow}} \end{array} \overset{HBr}{\underset{\triangle}{\longrightarrow}}$$

8.1.5 醇的制备方法

一、烯烃水合

一些简单的醇如乙醇、异丙醇、叔丁醇等,在工业上可用烯烃直接水合,即用相应的烯烃与水蒸气在加热、加压和催化剂存在下直接生成醇。例如:

$$CH_2\!=\!CH_2+HOH \underset{280\sim300\ ℃,8MPa}{\overset{H_3PO_4-硅藻土}{\longrightarrow}} CH_3-CH_2-OH$$

$$CH_3-CH\!=\!CH_2+HOH \underset{195\ ℃,2MPa}{\overset{H_3PO_4-硅藻土}{\longrightarrow}} \underset{\underset{OH}{|}}{CH_3-CH-CH_3}$$

不对称烯烃与水在酸催化下的直接水合按马氏规则进行。除乙烯水合生成伯醇外,其他烯烃直接水合可得仲醇和叔醇。也可用烯烃间接水合,即烯烃用 98% 的硫酸吸收后先生成烷基硫酸氢酯,再经水解得到醇。例如:

$$CH_3-\overset{\overset{\displaystyle CH_3}{|}}{C}=CH_2 \xrightarrow{H_2SO_4} CH_3-\overset{\overset{\displaystyle CH_3}{|}}{\underset{\underset{\displaystyle OSO_3H}{|}}{C}}-CH_3 \xrightarrow{H_2O} CH_3-\overset{\overset{\displaystyle CH_3}{|}}{\underset{\underset{\displaystyle OH}{|}}{C}}-CH_3$$

二、从醛、酮、羧酸及其酯还原

醛、酮、羧酸和羧酸酯的分子中都含有羰基,经催化加氢(催化剂为镍、铂或钯)或用还原剂($LiAlH_4$ 或 $NaBH_4$)还原生成醇。除酮还原生成仲醇外,醛、羧酸、羧酸酯还原都生成伯醇。

$$CH_3CH_2CH_2CHO \xrightarrow[\textcircled{2}H^+/H_2O]{\textcircled{1}NaBH_4} CH_3CH_2CH_2CH_2OH \quad 85\%$$

$$CH_3CH_2-\overset{\overset{\displaystyle O}{\|}}{C}-CH_3 \xrightarrow[\textcircled{2}H^+/H_2O]{\textcircled{1}NaBH_4} CH_3\underset{\underset{\displaystyle OH}{|}}{C}HCH_2CH_3 \quad 87\%$$

三、从格氏试剂制备

格氏试剂与醛或酮在无水乙醚或四氢呋喃溶液中发生加成反应,烃基加到羰基的碳原子上,—MgX 部分加到氧原子上,加成产物经水解即生成醇。

$$\overset{}{\underset{}{}}C=O + R-MgX \xrightarrow{醚} \overset{R}{\underset{}{}}C-OMgX \xrightarrow{H_2O} \overset{R}{\underset{}{}}C-OH + Mg(OH)X$$

该方法是制备各种醇的重要方法。通常从甲醛可以得到伯醇,其他醛则得到仲醇,从酮可以得到叔醇。

$$\overset{\overset{\displaystyle H}{|}}{\underset{\underset{\displaystyle H}{|}}{}}C=O \xrightarrow[干醚]{R''MgX} R''-\overset{\overset{\displaystyle H}{|}}{\underset{\underset{\displaystyle H}{|}}{C}}-OMgX \xrightarrow{H_2O} R''-\overset{\overset{\displaystyle H}{|}}{\underset{\underset{\displaystyle H}{|}}{C}}-OH + Mg(OH)X \quad 1°醇$$

$$\overset{\overset{\displaystyle R}{|}}{\underset{\underset{\displaystyle H}{|}}{}}C=O \xrightarrow[干醚]{R''MgX} R''-\overset{\overset{\displaystyle R}{|}}{\underset{\underset{\displaystyle H}{|}}{C}}-OMgX \xrightarrow{H_2O} R''-\overset{\overset{\displaystyle R}{|}}{\underset{\underset{\displaystyle H}{|}}{C}}-OH + Mg(OH)X \quad 2°醇$$

$$\overset{\overset{\displaystyle R}{|}}{\underset{\underset{\displaystyle R'}{|}}{}}C=O \xrightarrow[干醚]{R''MgX} R''-\overset{\overset{\displaystyle R}{|}}{\underset{\underset{\displaystyle R'}{|}}{C}}-OMgX \xrightarrow{H_2O} R''-\overset{\overset{\displaystyle R}{|}}{\underset{\underset{\displaystyle R'}{|}}{C}}-OH + Mg(OH)X \quad 3°醇$$

四、卤代烃水解

通过卤代物的水解可以制得醇,但有很大的局限性。首先产生烯烃副产物,其次通常是由醇来制卤代烃而不是由卤代烃来制醇,只有在相应的卤代烃容易得到时才采用这个方法。例如,用 α-氯丙烯水解制烯丙醇。α-氯丙烯很容易由丙烯高温氯化得到。

$$CH_2=CHCH_2-\boxed{Cl+H}-OH \xrightarrow{Na_2CO_3} CH_2=CHCH_2OH + HCl\uparrow$$

由芳卤代烷,例如苯氯甲烷(苄氯)可制备苄醇,同样苄氯容易由甲苯高温氯化得到。

$$\underset{\text{(苯环)}}{\overset{\displaystyle CH_2Cl}{}} \xrightarrow[或 Na_2CO_3]{NaOH 水溶液} \underset{\text{(苯环)}}{\overset{\displaystyle CH_2OH}{}}$$

8.1.6 重要的醇

一、甲醇

甲醇最早由木材干馏而得,故称木精。近代工业上以合成气($CO+H_2$)或天然气(甲烷)为原料,在高温、高压和催化剂存在下合成甲醇。

$$CO+2H_2 \xrightarrow[30\sim32MPa,380\sim410℃]{CuO,ZnO-Cr_2O_3} CH_3OH$$

$$CH_4+\frac{1}{2}O_2 \xrightarrow[通过钢管]{100MPa,200℃} CH_3OH$$

甲醇为无色液体,易燃,爆炸极限为 $6.0\%\sim36.5\%$(体积);有毒性,甲醇蒸气与眼接触可引起失明,饮用亦可致盲。甲醇用途很广,主要用来制备甲醛以及在有机合成工业中用作甲基化试剂和溶剂,也可加入汽油或单独用作汽车或飞机的燃料。

二、乙醇

乙醇俗称酒精。我国古代就知道用酒曲发酵酿酒。目前工业上以乙烯为原料大量生产乙醇,但发酵方法仍是工业上生产乙醇的方法之一。最高可得到 95.6% 乙醇。

实验室中制备无水乙醇(或称绝对乙醇)时,首先将 95.6% 乙醇与生石灰(CaO)共热,蒸馏得到 99.5% 乙醇,再用镁处理除去微量水分可得 99.95% 乙醇。工业上是先在 95.6% 乙醇中加入一定量的苯,再进行蒸馏制得无水乙醇。检验乙醇中是否含有水分,可加入少量无水硫酸铜,如呈蓝色(生成 $CuSO_4 \cdot 5H_2O$)就表明有水存在。

乙醇能与 $CaCl_2$ 或 $MgCl_2$ 形成 $CaCl_2 \cdot 4C_2H_5OH$ 或 $MgCl_2 \cdot 6C_2H_5OH$ 结晶络合物,称为结晶醇。低级醇都有与氯化钙等形成络合物的性质,所以实验室中常用的干燥剂无水氯化钙不能干燥醇。10 个碳原子以下的醇还能和橙色的硝酸铈铵生成酒红色的络合物,在有机分析上可以用来鉴定醇。利用此反应原理制成的仪器可检验驾驶员是否酒后驾车,非常灵敏。

$$(NH_4)_2Ce(NO_3)_6+2ROH \longrightarrow Ce(NO_3)_4[ROH]_2+2NH_4NO_3$$

乙醇的用途极广,是各种有机合成工业的重要原料,也是常用的溶剂。$70\%\sim75\%$ 乙醇的杀菌能力最强,用作防腐、消毒剂。乙醇易燃,它的蒸气爆炸极限为 $3.28\%\sim18.95\%$,闪点 $4℃$,使用时须注意安全。

三、乙二醇

乙二醇俗称甘醇,是多元醇中最简单、工业上最重要的二元醇。它可由乙烯制备,目前工业上普遍采用环氧乙烷水合法制备乙二醇。

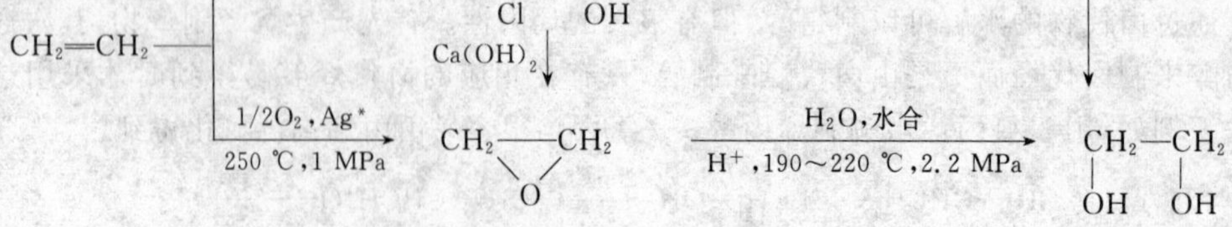

* 以 Ag 为主催化剂,另加钙、钡、铈等碳酸盐作助催化剂

乙二醇是带有甜味但有毒性的黏稠液体,因分子中含有的两个羟基以氢键相互缔合,所以乙二醇的沸点和相对密度(见表 8-1)均比同碳数的一元醇高。乙二醇可与水混溶,

但不溶于乙醚。含 40%（体积）乙二醇的水溶液冰点为 $-25℃$，含 60%（体积）乙二醇的水溶液冰点为 $-49℃$，是很好的防冻剂。乙二醇的沸点高（198℃），是高沸点溶剂。乙二醇也是合成聚酯纤维涤纶、炸药乙二醇二硝酸酯的原料。聚乙二醇醚类 $RO + CH_2CH_2O +_n H$ 是一类非离子型表面活性剂。

四、丙三醇

丙三醇俗称甘油，以油脂的形式广泛存在于自然界中。丙三醇最早由油脂水解制备。近代工业上以石油裂解气中的丙烯为原料，用氯丙烯法（氯化法）或丙烯氧化法（氧化法）制备。

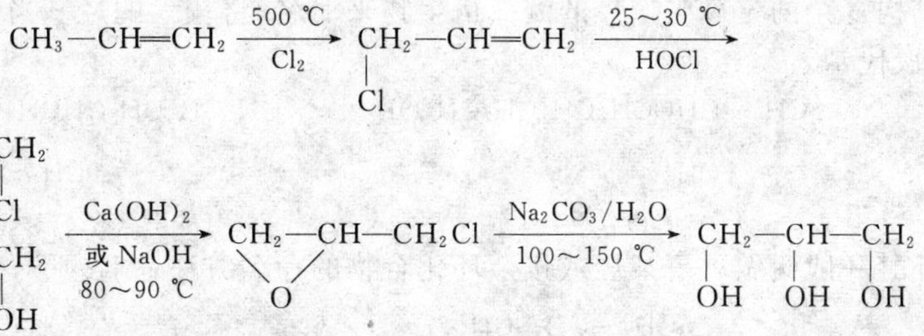

$$CH_3-CH=CH_2 \xrightarrow[Cl_2]{500 ℃} \underset{Cl}{CH_2-CH=CH_2} \xrightarrow[HOCl]{25\sim30 ℃}$$

$$\underset{\substack{Cl \quad OH \quad Cl \\ CH_2-CH-CH_2 \\ Cl \quad Cl \quad OH}}{CH_2-CH-CH_2} \xrightarrow[\substack{或 NaOH \\ 80\sim90 ℃}]{Ca(OH)_2} CH_2-CH-CH_2Cl \xrightarrow[100\sim150 ℃]{Na_2CO_3/H_2O} \underset{OH \quad OH \quad OH}{CH_2-CH-CH_2}$$

甘油是有甜味的无色黏稠液体，沸点比乙二醇更高。甘油与水可混溶，吸湿性强，能吸收空气中的水分，不溶于乙醚、氯仿等有机溶剂。甘油在工业上用途极为广泛，可用来制造三硝酸酯炸药或医药，也可用来合成树脂，在印刷工业、化妆品工业、烟草工业中作为润湿剂。

8.2　醚

8.2.1　醚的结构、分类和命名

一、结构

醚中的氧为 sp^3 杂化，其中两个杂化轨道分别与两个碳形成两个 σ 键，余下两个杂化轨道各被一对孤对电子占据，形成"V"字型结构，键角接近 $109.5°$，如甲醚为 $110°$。故醚为极性分子，可以作为路易斯碱，接受质子形成盐，也可与水、醇等形成氢键。

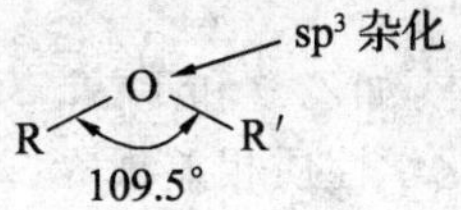

醚的通式 $Ar-O-Ar$；$R-O-R$；$R-O-R'$；$Ar-O-R$。

二、分类

饱和醚 { 简单醚　$CH_3CH_2OCH_2CH_3$ / 混合醚　$CH_3OCH_2CH_3$

不饱和醚　$CH_3OCH_2CH=CH_2$　$CH_2=CHOCH=CH_2$

芳香醚 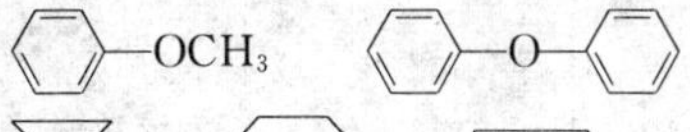　

环醚 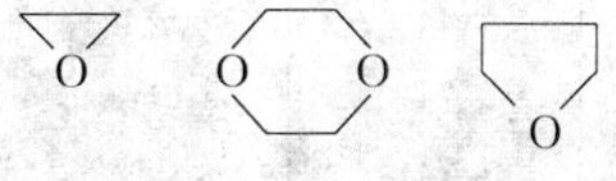　

大环多醚（冠醚）

三、命名

1. 简单醚按氧原子所连烃基称"某醚"。烃基为烷基时,往往将"二"字省略,不饱和醚和芳醚一般保留"二"字。

$$CH_3-O-CH_3 \qquad \text{（二）甲醚} \qquad \text{二苯醚} \qquad CH_2=CHOCH=CH_2$$

（二）甲醚　　　　　二苯醚　　　　　二乙烯基醚

2. 混合醚一般把较小的烃基放在前面,芳基在前,烃基在后,称为"某基某基醚"。

$$CH_3OCH_2CH=CH_2 \qquad \qquad CH_3-O-CH_2CH_3$$

甲基烯丙基醚　　　　　苯乙醚　　　　　甲乙醚

3. 结构复杂的醚可当作烃的烷氧衍生物来命名,将较大的烃基当作母体,—OR(烷氧基)看作取代基。

$$CH_3-CHOCH_2CH_2CH_2CH_2OH \qquad CH_3CH_2CH_2CHCH_2CH_3$$
$$\quad\quad | \qquad\qquad\qquad\qquad\qquad\qquad\qquad\qquad\qquad | $$
$$\quad\quad CH_3 \qquad\qquad\qquad\qquad\qquad\qquad\qquad\qquad OCH_3$$

4-异丙氧基-1-丁醇　　　　　　　　3-甲氧基己烷

4. 环醚一般叫做环氧某烃或按杂环化合物的命名方法命名。

$$CH_2-CH-CH_3$$

1,2-环氧丙烷　　　　1,4-二氧六环　　　1,4-环氧丁烷
　　　　　　　　　　　　　　　　　　　（四氢呋喃）

5. 多元醚命名时,首先写出多元醇的名称,再写出另一部分烃基的数目和名称,最后加上"醚"字。

$$CH_2OCH_2CH_3$$
$$| \qquad\qquad\qquad \text{乙二醇二乙醚}$$
$$CH_2OCH_2CH_3$$

练习 8-7　命名下列化合物或写出结构式。

(1) $C_2H_5OC(CH_3)_3$ 　　　　　　　　(2) $CH_2=CH-CH_2-O-CH_3$

(3) $CH_3-\!\langle\bigcirc\rangle\!-O-CH_2-CH_3$ 　　　(4) 2-乙氧基乙醇

8.2.2　醚的物理性质

醚和相应的醇、酚为同分异构体,如乙醚和丁醇、苯甲醚和甲基苯酚及苯甲醇。但是,由于结构不同,它们的物理性质和化学性质相差很大。

醚分子中的氧不和氢原子相连,分子间不能形成氢键,因而其沸点比同相对分子质量的醇低得多,而与同相对分子质量的烃相似,见表 8-2 。

表 8-2　　　　　　　　　醚、醇、烷的沸点及溶解度比较

化合物	相对分子质量	沸点(℃)	溶解度(g/100 g H_2O)
甲醚　CH_3-O-CH_3	46	−24	溶
乙醇　CH_3CH_2OH	46	78	任意混溶
丙烷　$CH_3CH_2CH_3$	44	−42	不溶
乙醚　$C_2H_5-O-C_2H_5$	74	36	7.5
1-丁醇　$CH_3CH_2CH_2CH_2OH$	74	118	7.9
正戊烷　$CH_3(CH_2)_3CH_3$	72	35	不溶

醚的溶解性表现出两个方面的特征,一方面,因为醚中含有烃基,因而易溶于烃类及其他有机溶剂中;另一方面,醚又具有一定程度的水溶性,其在水中的溶解度大多与同相对分子质量的醇相近(见表 8-2)。这是因为其分子中的氧也能和水形成氢键。

$$R \underset{R}{\overset{\cdots}{O}} \cdots H \overset{H}{\underset{O}{\cdots}} H$$

乙醚、异丙醚等是常用的有机溶剂。

醚易燃。低相对分子质量的醚沸点低,易挥发,其蒸气与空气混合到一定比例范围时,遇明火发生猛烈爆炸。因此在使用及保管醚时,要注意通风,附近不能有明火。

液体醚的比重都小于 1。

8.2.3 醚的化学性质

醚是一类稳定的化合物,通常条件下不和碱、氧化剂和还原剂反应,在常温下不与金属钠起反应,可以用金属钠来干燥。醚的稳定性稍次于烷烃,只能发生有限的化学反应,因此常用作反应的溶剂。当然,其稳定性是相对的,由于醚链(C—O—C)的存在,它又可以发生一些特殊的反应。

一、形成锌盐和配位化合物

醚在水中的溶解度有限,但却能溶解在浓硫酸中,这是因为醚分子中氧原子上的孤对电子和酸的质子相结合,形成了一种类似于盐的化合物,这种化合物称为锌盐,生成的锌盐溶解在浓硫酸中。其他无机强酸,如氢卤酸也可和醚形成锌盐。

$$R \overset{\cdots}{\underset{}{O}} R + H_2SO_4 \longrightarrow R \overset{+}{\underset{H}{\overset{\cdots}{O}}} R \cdot HSO_4^-$$

但醚的碱性很弱,生成的盐不稳定,遇水很容易分解为原来的醚。这为鉴别和分离醚和烷烃或卤代烷等提供了一个方便的方法。

醚还可以将氧元素上的未共用电子对与缺电子的试剂如 BF_3、$AlCl_3$、$RMgX$ 等作用形成配位化合物。

$$R \overset{\cdots}{\underset{\cdots}{O}} R + BF_3 \longrightarrow \underset{R}{\overset{R}{O}} \longrightarrow BF_3$$

$$2(CH_3CH_2)_2O + RMgX \longrightarrow \overset{(CH_3CH_2)_2O}{\underset{(CH_3CH_2)_2O}{}} Mg \overset{R}{\underset{X}{}}$$

二、醚键的断裂反应

醚和浓 HI 或 HBr 一起加热,碳氧键断裂,生成卤代烷和醇。如果用过量的 HI 或 HBr,则生成的醇发生卤代反应,也变成碘代烷或溴代烷。

$$R-O-R' + H-I \overset{\triangle}{\longrightarrow} R-I + R'-OH$$
$$\Big| HI$$
$$\longrightarrow R'-I$$

醚键断裂时,一般是较小的烷基生成卤代烷,较大的烷基生成醇。例如:

$$CH_3CHCH_2OCH_2CH_3 + HI \xrightarrow{\triangle} CH_3CHCH_2OH + CH_3CH_2I$$
$$\qquad\quad | \qquad\qquad\qquad\qquad\qquad\quad |$$
$$\qquad\quad CH_3 \qquad\qquad\qquad\qquad\qquad CH_3$$

芳烃基和烷基构成的混合醚,一般是烷氧键断裂,生成酚和卤代烷。

$$\underset{}{\bigcirc}\text{—}OCH_3 + HI \xrightarrow{100\,℃} \underset{}{\bigcirc}\text{—}OH + CH_3I$$

三、过氧化物的形成

虽然醚对一般氧化剂是稳定的,但当较长时间和空气接触时,也能被空气中的氧气氧化,生成过氧化物。通常认为氧化发生在 α-碳氢键上。

$$CH_3CH_2\text{—}OCH_2CH_3 + O_2 \longrightarrow CH_3CH_2\text{—}O\overset{O\text{—}OH}{\underset{}{CHCH_3}}$$

醚的过氧化物具有高度的爆炸性,当醚中的过氧化物含量较高时,受热易发生爆炸。因此,在蒸馏醚时应注意不要蒸干,蒸馏前应测定是否含有过氧化物。

1.检验过氧化物的方法

(1)可用硫酸亚铁和硫氰化钾(KSCN)混合溶液与醚振荡,如有过氧化物存在,会将亚铁离子氧化成铁离子,后者与 SCN^- 作用生成血红色的配离子。

$$过氧化物 + Fe^{2+} \longrightarrow Fe^{3+} \xrightarrow{SCN^-} Fe(SCN)_6^{3-} \quad 红色$$

(2)可用淀粉-碘化钾试纸检验,试纸显蓝色,证明有过氧化物存在,KI 被氧化成 I_2,其反应为:

$$过氧化物 + KI \longrightarrow I_2 \xrightarrow{淀粉} 蓝色配合物$$

2.除去过氧化物的方法

(1)可在蒸馏以前加入适量的 5% $FeSO_4$ 于醚中并摇动,使过氧化物分解破坏。

(2)贮藏时,可在醚中加入少许金属钠或铁屑,以避免过氧化物的形成。

练习 8-8 完成下列反应。

$(1)C_2H_5OC_2H_5 + HCl \longrightarrow$

$(2)CH_3CH_2\text{—}CH\text{—}CH_2CH_3 \xrightarrow[\triangle]{HBr}$
$$\qquad\qquad\qquad | $$
$$\qquad\qquad\quad O\text{—}CH_3$$

8.2.4 醚的制备方法

一、醇分子间脱水

在酸的催化作用下加热,醇分子间脱水,生成醚。浓硫酸是常用的催化剂。

$$R\text{—}\boxed{OH + H}\text{—}O\text{—}R \xrightarrow[\triangle]{H^+} R\text{—}O\text{—}R + H_2O$$

$$CH_3CH_2OH + CH_3CH_2OH \xrightarrow{H_2SO_4 \atop 140\,℃} CH_3CH_2\text{—}O\text{—}CH_2CH_3 + H_2O$$

由于醇在强酸的催化作用下,可以发生分子内的脱水消除,生成烯烃,因此控制适当的反应条件很重要。如上例的乙醇脱水,在 140 ℃时主要是分子间脱水,生成乙醚;而在170 ℃时,则主要是分子内脱水,生成乙烯。

这个方法只适于简单醚和某些芳烃基与脂肪烃基组成的混合醚,如:

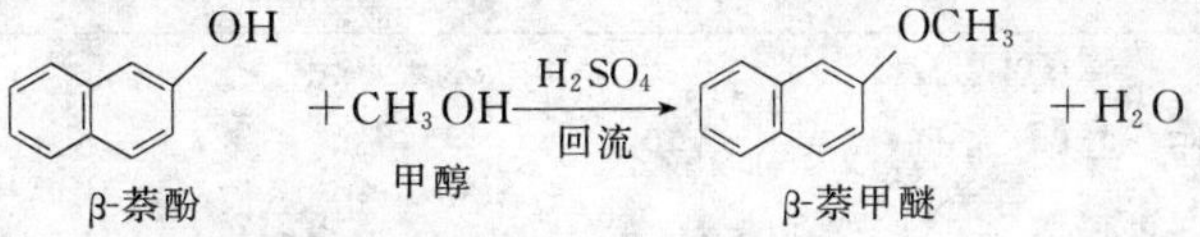

$$\beta\text{-萘酚} + CH_3OH \xrightarrow[\text{回流}]{H_2SO_4} \beta\text{-萘甲醚} + H_2O$$

因为酚类分子间不易脱水,所以它和甲醇分子间脱水,生成混合醚。对于脂肪族混合醚,用两种醇脱水,则至少要得到三种醚的混合物,因此这个反应一般不适用。

二、威廉姆逊合成法

在讨论卤代烃的亲核取代反应时,已经提到用醇钠或酚钠和卤代烃反应生成醚,这是制备醚的常用方法,称为威廉姆逊(Williamson)合成法。此方法既可制备简单醚,又可制备混合醚。例如:

$$R-ONa + R'-X \longrightarrow R-O-R' + NaX$$
$$(CH_3)_3C-ONa + CH_3-I \longrightarrow (CH_3)_3C-OCH_3 + NaI$$

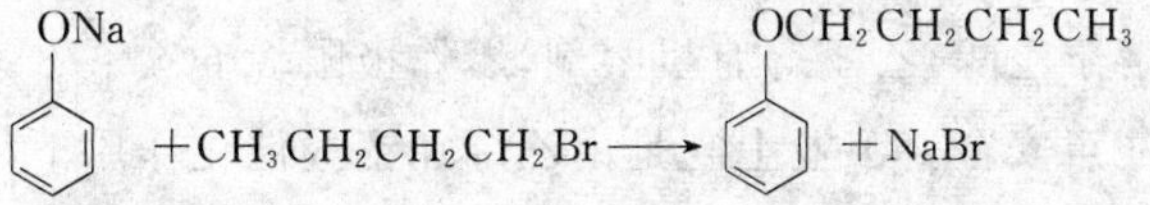

$$C_6H_5ONa + CH_3CH_2CH_2CH_2Br \longrightarrow C_6H_5OCH_2CH_2CH_2CH_3 + NaBr$$

在制备脂肪族混合醚时,只能选用伯卤代烷与醇钠为原料。因为醇钠既是亲核试剂,又是强碱,仲、叔卤代烷(特别是叔卤代烷)在强碱条件下主要发生消除反应而生成烯烃。例如,制备乙基叔丁基醚时,可能有如下两条合成路线:

路线 1: $(CH_3)_3C-ONa + CH_3CH_2Cl \longrightarrow (CH_3)_3C-OCH_2CH_3 + NaCl$ 85%

路线 2: $(CH_3)_3C-Cl + CH_3CH_2ONa \longrightarrow\!\!\!\!\!| (CH_3)_3C-OCH_2CH_3 + NaCl$

$\longrightarrow (CH_3)_2C=CH_2 + CH_3CH_2OH + NaCl$

在制备芳基混合醚时,如上例中的苯基正丁基醚,一般用酚钠而不是芳卤烃为原料。这是因为芳卤烃难于发生亲核取代反应,而酚钠稳定易于制备,使反应易于施行。

在制备甲基醚时,常用碘甲烷作为甲基化试剂。另一个常用的甲基化试剂是硫酸二甲酯,它和碘甲烷一样活泼,易于发生反应,且价格便宜得多。

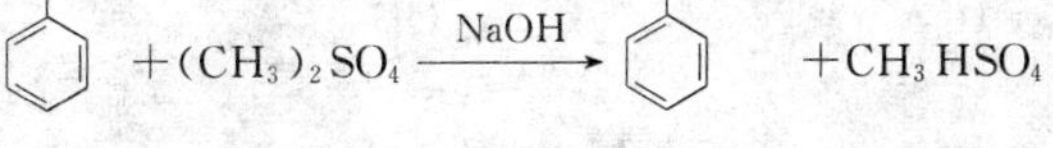

$$C_6H_5OH + (CH_3)_2SO_4 \xrightarrow{NaOH} C_6H_5OCH_3 + CH_3HSO_4$$

但硫酸二甲酯毒性较强,使用时要注意防护。

练习 8-9 用威廉姆逊合成法制备下列混合醚。
(1)甲基仲丁基醚　　(2)乙基叔丁基醚　　(3)苯基乙基醚

8.2.5　环醚与冠醚

一、环醚

碳链两端或碳链中间两个碳原子与氧原子形成环状结构的醚,称为环醚。例如:

$$\underset{\underset{O}{\diagup\diagdown}}{CH_2-CH_2} \qquad CH_3-\underset{\underset{O}{\diagup\diagdown}}{CH-CH_2} \qquad ClCH_2-\underset{\underset{O}{\diagup\diagdown}}{CH-CH_2}$$

　　环氧乙烷(氧化乙烯)　　　环氧丙烷　　　　环氧氯丙烷

五元环和六元环的环醚,性质比较稳定。三元环的环醚又称环氧化合物,由于环易开裂,容易与各种不同试剂发生反应而生成各种不同的产物。三元环醚结构最简单,是在合成上有广泛应用的重要合成原料。

环氧乙烷是最简单和最重要的环醚,它是无色有毒气体,沸点 10.7℃,易于液化,可与水混溶,也可溶于乙醇、乙醚等有机溶剂,爆炸极限 3.6%～78%(体积),一般贮存于钢瓶中,使用时应注意安全。工业上它是由乙烯在银的催化作用下氧化制得的。

$$CH_2{=}CH_2 + O_2 \xrightarrow[\triangle]{Ag} \underset{O}{\triangle}$$

环氧乙烷的化学性质很活泼,容易在酸或碱催化下与亲核试剂发生亲核取代反应而使环开裂,生成开环产物。

1. 酸催化开环反应

在酸性条件下,环氧乙烷在室温或温热的条件下,就可以和水、醇等发生反应,开环生成邻二醇或烃氧基醇。

$$\underset{O}{\triangle} \begin{array}{c} \xrightarrow[H^+]{H_2O} \quad \underset{\underset{OH}{|}}{CH_2}-\underset{\underset{OH}{|}}{CH_2} \\[3mm] \xrightarrow[H^+]{ROH} \quad \underset{\underset{OH}{|}}{CH_2}-\underset{\underset{OR}{|}}{CH_2} \end{array}$$

乙二醇与环氧乙烷继续作用,生成一缩二乙二醇(二甘醇)、二缩三乙二醇(三甘醇),最终生成聚乙二醇。

$$\underset{\underset{OH}{|}}{CH_2}-\underset{\underset{OH}{|}}{CH_2} + \underset{\underset{O}{\diagup\diagdown}}{CH_2-CH_2} \longrightarrow \underset{\underset{OH}{|}}{CH_2}-CH_2-O-CH_2-\underset{\underset{OH}{|}}{CH_2}$$

一缩二乙二醇(二甘醇)

$$\underset{\underset{OH}{|}}{CH_2}-CH_2-O-CH_2-\underset{\underset{OH}{|}}{CH_2} + \underset{\underset{O}{\diagup\diagdown}}{CH_2-CH_2} \longrightarrow \underset{\underset{OH}{|}}{CH_2}-CH_2-O-CH_2-CH_2-O-CH_2-\underset{\underset{OH}{|}}{CH_2}$$

二缩三乙二醇(三甘醇)

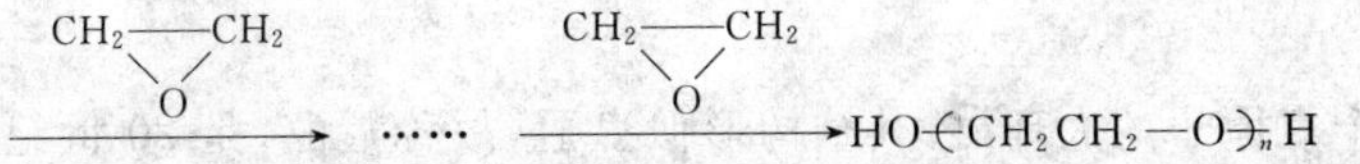

$$\longrightarrow \cdots\cdots \longrightarrow HO(CH_2CH_2-O)_nH \quad 聚乙二醇$$

聚乙二醇无毒、无刺激性,具有良好的水溶性,与许多有机物有良好的相溶性,是重要的高沸点溶剂。其系列化合物具有优良的润滑性、保湿性、抗静电性等,在化妆品、制药、橡胶及食品加工等行业中均有着极为广泛的应用。

乙二醇单烷基醚继续与环氧乙烷作用,逐步生成二甘醇单烷基醚、三甘醇单烷基醚等。

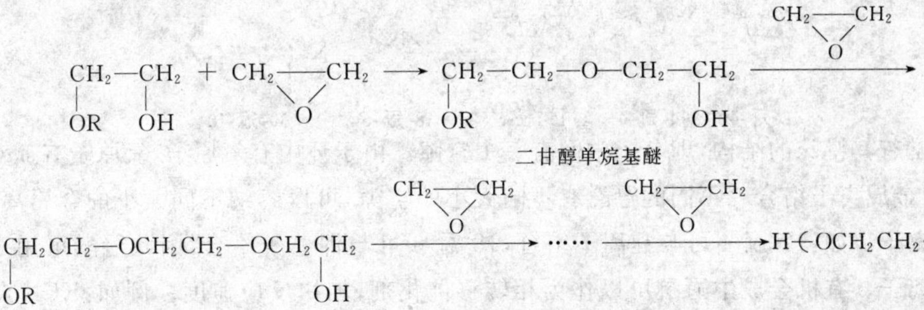

二甘醇单烷基醚

三甘醇单烷基醚　　　　　　　　　聚乙二醇单烷基醚

乙二醇单烷基醚是一类重要的非离子表面活性剂。

2. 与氨反应

环氧乙烷与氨作用,首先生成乙醇胺(或称 β-羟基乙胺),乙醇胺继续与环氧乙烷作用,生成二乙醇胺和三乙醇胺。

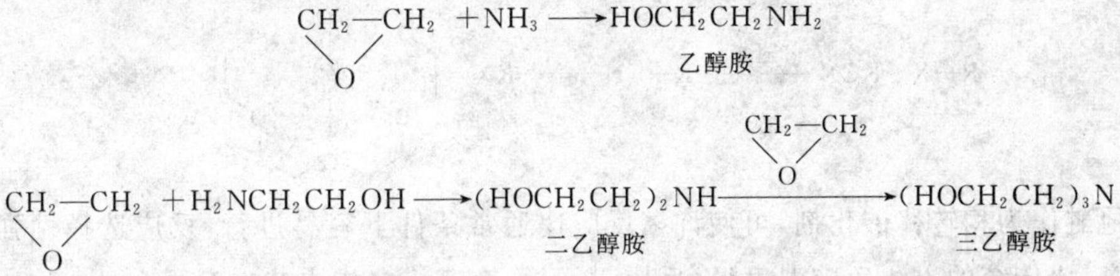

$$CH_2-CH_2 + NH_3 \longrightarrow HOCH_2CH_2NH_2$$
乙醇胺

$$CH_2-CH_2 + H_2NCH_2CH_2OH \longrightarrow (HOCH_2CH_2)_2NH \longrightarrow (HOCH_2CH_2)_3N$$
二乙醇胺　　　　　　　　三乙醇胺

三种乙醇胺均是无色黏稠液体,有氨气味、有碱性,可用于脱除天然气和石油中酸性气体如 CO_2 和 H_2S,也可用于洗涤剂、乳化剂、湿润剂、防腐剂、防水剂、化妆用香脂等的制备。

3. 与格氏试剂反应

环氧乙烷易与格氏试剂发生反应,这是一个在合成上有着重要应用的反应。

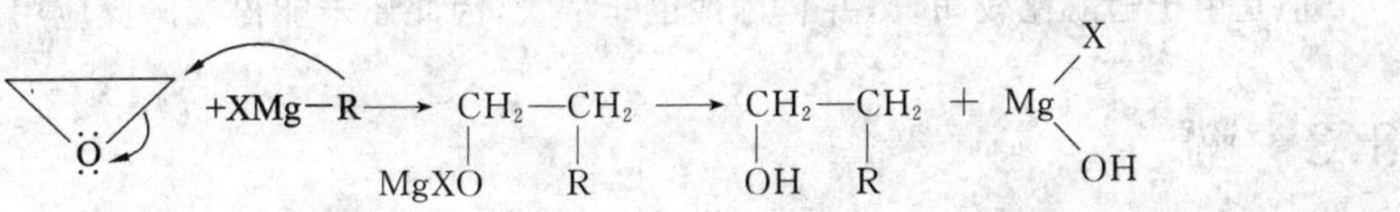

$$+XMg-R \longrightarrow CH_2-CH_2 \longrightarrow CH_2-CH_2 + Mg$$
$$\quad\quad MgXO \quad R \quad\quad OH \quad R \quad\quad X,OH$$

产物相当于在格氏试剂烃基上增加两个碳原子的伯醇。例如,制备 4-甲基-1-戊醇。

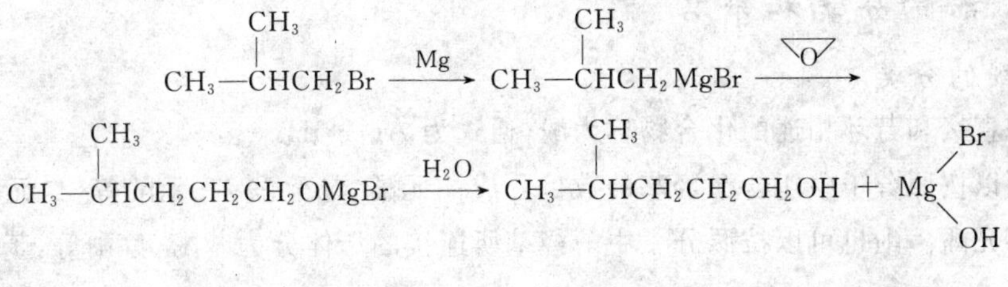

$$CH_3-CHCH_2Br \xrightarrow{Mg} CH_3-CHCH_2MgBr \xrightarrow{\quad}$$

$$CH_3-CHCH_2CH_2CH_2OMgBr \xrightarrow{H_2O} CH_3-CHCH_2CH_2CH_2OH + Mg$$

二、冠醚

冠醚是含有多个氧原子的大环醚,其结构形似皇冠,故称冠醚,是 20 世纪 70 年代发展起来的具有特殊络合性能的化合物。它的名称可用 X-冠-Y 表示,X 表示环上所有原子的数目,Y 表示环上氧原子的数目。例如:

12-冠-4   14-冠-4   15-冠-5   18-冠-6   30-冠-10

冠醚有其特殊的结构,即分子中间有一个空隙。由于环中有氧原子,氧原子有孤对电子,可与金属离子络合。不同的冠醚有不同大小的空隙,可以容纳不同大小的金属离子,形成配离子。如:12-冠-4 可与锂离子络合,18-冠-6 可与钾离子络合,因此冠醚可用于分离金属离子。有机合成中冠醚可以作为相转移催化剂,加快反应速度。例如:KCN 与卤代烃反应,由于 KCN 不溶于有机溶剂,KCN 与卤代烃的反应在有机溶剂中不容易进行,但加入 18-冠-6 后反应立刻进行。其原因是,冠醚可以溶于有机溶剂,K^+ 通过与冠醚络合进入反应体系中,CN^- 通过与 K^+ 之间的作用,也进入反应体系中,从而顺利地与卤代烃反应,冠醚的这种作用为相转移催化作用。

$$R-X+KCN \xrightarrow{\text{冠醚}} R-CN + KX$$

冠醚作为相转移催化剂,可使许多反应比通常条件下容易进行,反应选择性强,产品纯度高,比传统的方法反应温度低、反应时间短,在有机合成中非常有用。

$$\bigcirc +KMnO_4 \longrightarrow 反应不易发生$$

$$\bigcirc +KMnO_4 \xrightarrow{\text{18-冠-6}} 反应即刻发生$$

但是由于冠醚比较昂贵,并且毒性也非常大,因此还未能得到广泛应用。

8.3 酚

8.3.1 酚的分类和命名

一、酚的分类

羟基直接和芳环相连的化合物称为酚,通式为 Ar—OH。

酚可以按照分子中所含酚羟基的数目分成一元酚、二元酚、三元酚等,二元以上的酚统称为多元酚。酚也可以按照分子中酚羟基所连接的母体分为苯酚、萘酚等,苯酚是酚类中最简单但又最重要的酚。

一元酚：

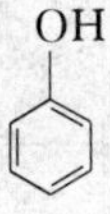

苯酚 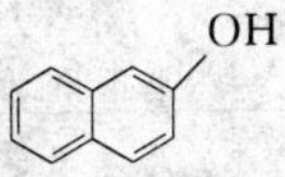   2-萘酚(β-萘酚)

二元酚：

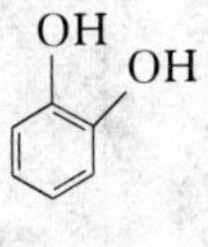

1,2-苯二酚   1,3-苯二酚   1,4-苯二酚
邻苯二酚   间苯二酚   对苯二酚
儿茶酚   树脂酚(雷锁辛)   氢化苯醌

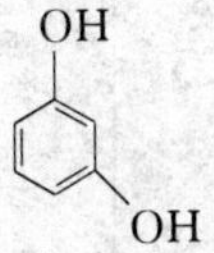

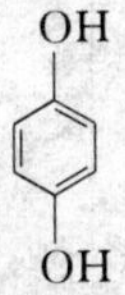

三元酚：

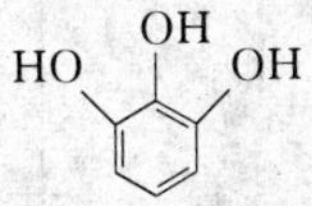

1,2,3-苯三酚   1,3,5-苯三酚
连苯三酚(焦性没食子酸)   均苯三酚

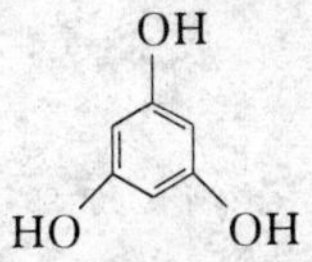

二、酚的命名

酚的命名是以芳环的名称加"酚"字,如有取代基再加上取代基的位置和名称而得的。当芳环上有比羟基优先的基团时,则把羟基看作取代基来命名。

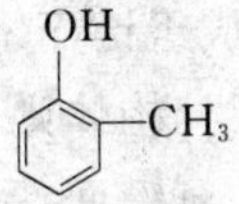

邻甲基苯酚 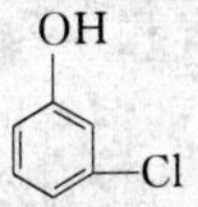   间氯苯酚 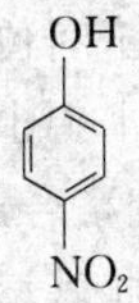   对硝基苯酚 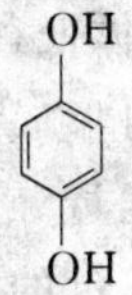   对苯二酚

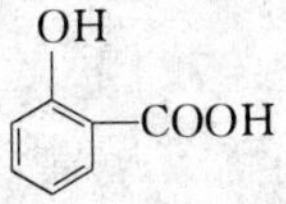

邻羟基苯甲酸 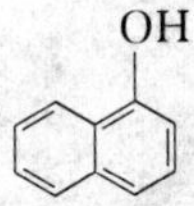   α-萘酚 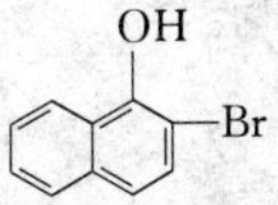   β-溴-α-萘酚 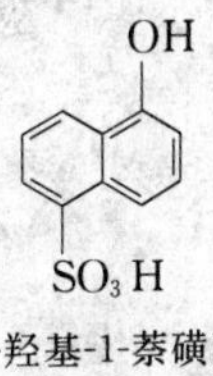   5-羟基-1-萘磺酸

8.3.2 酚的物理性质

除少数烷基酚为高沸点液体外,大多数的酚都为无色晶体,但酚类在空气中易被氧化而呈粉红色或红色。由于分子间能形成氢键,酚有较高的沸点,其熔点也比相应的烃高。酚虽然含有羟基,但仅微溶或不溶于水,能溶于乙醇、乙醚、苯等有机溶剂。这是因为芳基在分子中占有较大的比例,酚类在水中的溶解度随羟基数目增加而增大。酚有难闻的气味和极强的毒性,杀菌和防腐作用是酚类化合物的重要特性之一,消毒用的"来苏水"即甲酚(甲基苯酚各异构体的混合物)与肥皂溶液的混合液。

常见酚的物理常数见表 8-3。

表 8-3   常见酚的物理常数

名称	熔点(℃)	沸点(℃)	溶解度 (g/100g 水,25℃)	pK_a
苯酚	41	182	9	9.96
邻甲苯酚	31	191	2.5	9.92
间甲苯酚	11	201	2.6	9.90
对甲苯酚	35	202	2.3	9.92
邻氯苯酚	9	175	2.8	8.49
邻硝基苯酚	45	217	0.2	7.21
间硝基苯酚	96	分解	1.4	8.3
对硝基苯酚	114	分解	1.7	7.16
2,4-二硝基苯酚	113	分解	0.6	4.00
2,4,6-三硝基苯酚	122	分解	1.4	0.71
邻苯二酚	105	246	45.1	9.4
间苯二酚	110	276	111	9.4
对苯二酚	173	286	8	10.35
α-萘酚	96	278～280(升华)	0.03	9.34
β-萘酚	122	285	0.1	9.51

　　由表 8-3 可知,在硝基苯酚的三个异构体中,邻位异构体的熔点和在水中的溶解度都比间位、对位异构体低得多。由于间位、对位异构体分子间形成氢键而缔合,故沸点较高,它们与水分子也可形成氢键,在水中也有一定的溶解度。邻位异构体则不然,由于相邻的羟基和硝基之间通过分子内氢键螯合成环,难以形成分子间的氢键而缔合,同时也降低了它与水分子形成氢键的能力,因此其熔点和水中的溶解度都较低。在三个异构体中唯有邻位异构体可随水蒸气蒸馏出来。

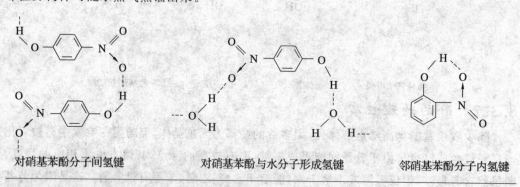

对硝基苯酚分子间氢键　　　　　　对硝基苯酚与水分子形成氢键　　　　　　邻硝基苯酚分子内氢键

　　练习 8-10　下列化合物中哪些能形成分子内氢键?

8.3.3　酚的化学性质

一、酚的结构

在苯酚分子中,氧原子以 sp^2 杂化轨道参与成键,酚羟基中氧原子的一对孤对电子所在的 p 轨道与苯环的六个碳原子的 p 轨道平行,形成 p-π 共轭体系。因此,酚的化学性质主要表现在:

1.由于氧原子上电子云密度降低,减弱了 O—H 键,有利于苯酚离解成为质子和苯氧负离子,且苯氧负离子上的负电荷可以更好地离域而分散到整个共轭体系而使苯氧负离子比较稳定,因此酚容易离解出质子而呈酸性。可表示如下:

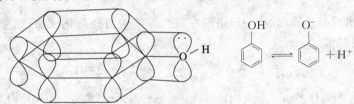

同时由于形成 p-π 共轭体系,C—O 键加强,与醇分子中的 C—O 键相比,较难断裂,不能像醇羟基那样发生亲核取代反应或消除反应。

2.由于形成 p-π 共轭体系(+C),致使苯环上电子云密度升高。因此,苯环的亲电取代反应活性增加。

3.由于酚的特殊结构,它具有特殊的显色反应。

二、酚羟基上的反应

1.酸性

由下列 pK_a 值可知,苯酚的酸性比羧酸、碳酸弱,比水、醇强。

	$R-\overset{O}{\underset{}{C}}-OH$	H_2CO_3	(萘酚)	(苯酚)	H_2O	$R-OH$
pK_a	~5	~6.35	9.65	9.98	14	16~19

酚可以与氢氧化钠反应生成酚钠,故酚可以溶于氢氧化钠溶液中。

$$\text{C}_6\text{H}_5\text{OH} + \text{NaOH} \longrightarrow \text{C}_6\text{H}_5\text{ONa} + \text{H}_2\text{O}$$

酚的酸性比碳酸的酸性弱,向酚钠溶液中通入二氧化碳,酚又可以游离出来。利用此反应可以把酚同其他有机物分离。

$$\underset{\text{溶于水}}{\text{C}_6\text{H}_5\text{ONa}} + \text{CO}_2 + \text{H}_2\text{O} \longrightarrow \underset{\text{不溶于水}}{\text{C}_6\text{H}_5\text{OH}} + \text{NaHCO}_3$$

酚的酸性受到与芳环相连的其他基团的影响。当芳环上连有吸电子基团时,由于共轭效应和诱导效应的影响,使氧氢之间的电子云向芳环上移动,氧氢之间的电子云密度减小,更易解离出氢离子,从而显示出更强的酸性。相反,当芳环上连有给电子基团时,由于共轭效应和诱导效应的影响,使氧氢之间的电子云增大,氧氢之间的共价键增强,难解离出氢离子,表现为酸性降低。某些取代苯酚的 pK_a 值见表 8-4。

表 8-4 　　　　　　　　　　　　　　某些取代苯酚的 pK_a 值

R	pK_a(25 ℃)			R	pK_a(25 ℃)		
	邻	间	对		邻	间	对
—H	10.0	10.0	10.0	—Br	8.42	8.87	9.26
—CH₃	10.29	10.09	10.26	—I	8.46	8.88	9.20
—F	8.81	9.28	9.81	—OCH₃	9.98	9.65	10.21
—Cl	8.48	9.02	9.38	—NO₂	7.22	8.39	7.15

2. 醚的生成

酚直接脱水成醚比较困难,一般由酚在碱性溶液中与烃基化试剂(如卤代烃、烷基硫酸酯等)反应来制备。

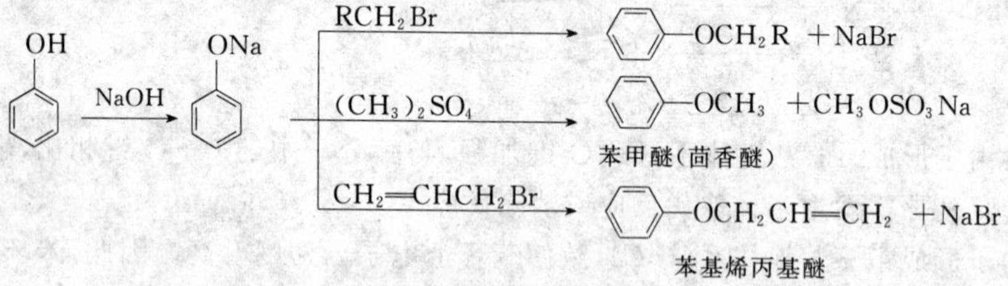

如植物生长调节剂 2,4-二氯苯氧乙酸的制备反应为:

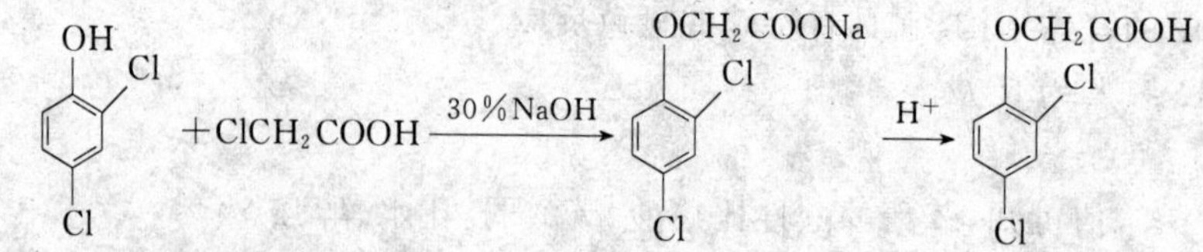

二芳基醚的制备比较困难,但在高温催化剂作用下,苯酚也可以脱水生成二苯醚。

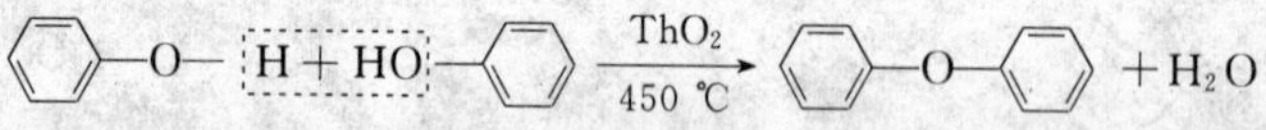

若用酚盐(酚氧负离子)与卤代烃反应,或用卤代芳烃上卤原子的邻位或对位有强的吸电子基团,则生成二烃(苯)基醚较容易,例如:

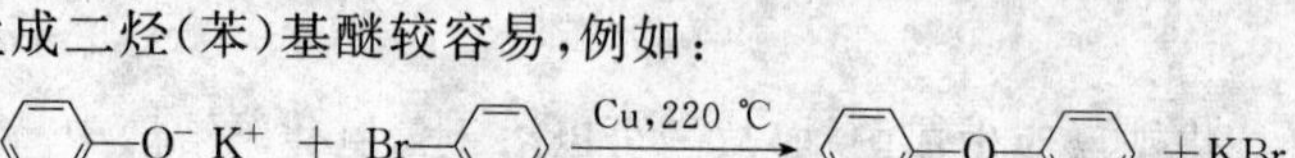

酚醚的化学性质比较稳定,不易被氧化。除二芳基醚外,芳基烷基醚与浓 HI 或 HBr 酸作用可以得到原来的酚。该反应可在有机合成上保护酚羟基,例如:

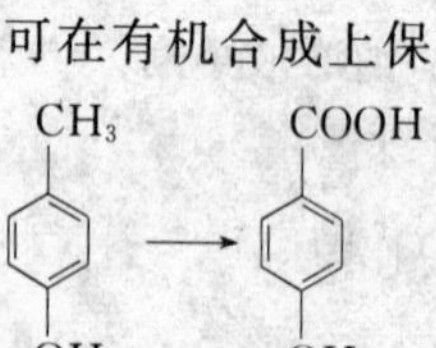

为了防止酚羟基被氧化,不能直接用氧化剂氧化制备产物,需先将羟基保护起来。

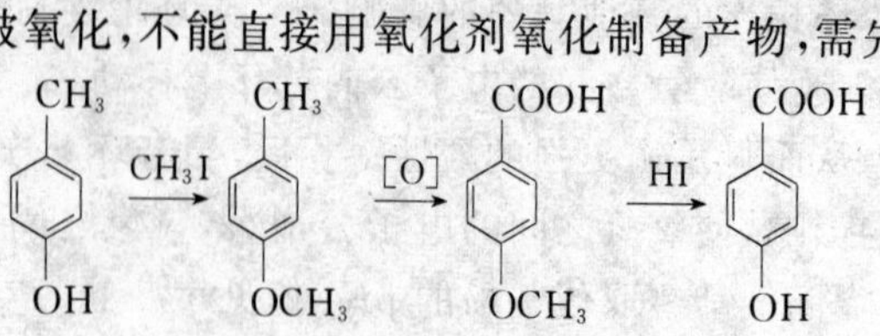

3.酯的生成

由于酚的亲核性较弱,直接生成酯比较困难,因此,酚酯一般采用酰氯或酸酐与酚或酚盐作用制备。例如:

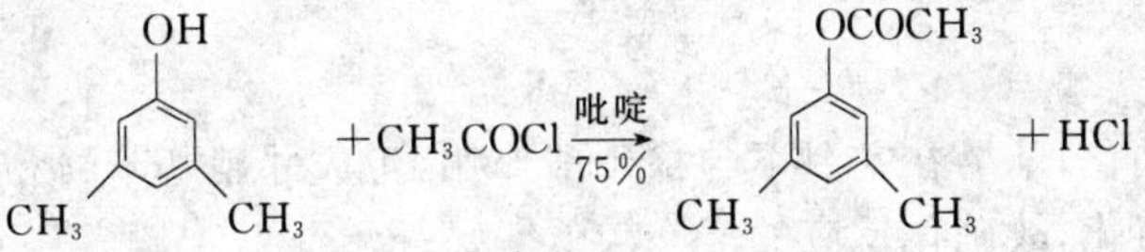

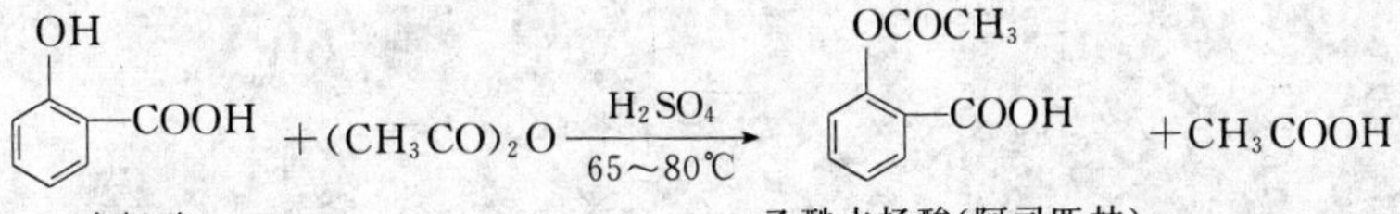

水杨酸   乙酰水杨酸(阿司匹林)

4.与三氯化铁的显色反应

大多数酚与三氯化铁能发生反应,生成带有颜色的络离子,不同的酚反应所产生的颜色各不相同,一般有紫色、蓝色、绿色、棕色等(见表8-5)。此反应可用于酚的鉴别。

$$6C_6H_5OH + FeCl_3 \longrightarrow [Fe(OC_6H_5)_6]^{3-} + 6H^+ + 3Cl^-$$

与三氯化铁发生显色反应的不只限于酚类,具有烯醇式结构的化合物(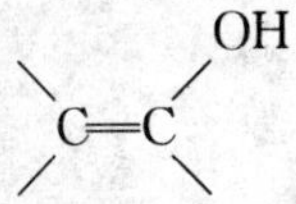)也有这个显色反应。

表 8-5   酚和三氯化铁反应产生的颜色

化合物	生成的颜色	化合物	生成的颜色
苯酚	紫色	间苯二酚	紫色
邻甲苯酚	蓝色	对苯二酚	暗绿色
间甲苯酚	蓝色	1,2,3-苯三酚	淡棕红色
对甲苯酚	蓝色	1,3,5-苯三酚	紫色
邻苯二酚	绿色	α-萘酚	紫色

三、酚环上的反应

羟基是强的邻对位定位基,可使苯环活化,易在邻位、对位发生卤化、硝化、磺化、烷基化等亲电取代反应。

1.卤代反应

酚很容易卤化,苯酚的溴化比苯快 10^{11} 倍,苯酚与溴水在常温下可立即反应生成2,4,6-三溴苯酚白色沉淀。

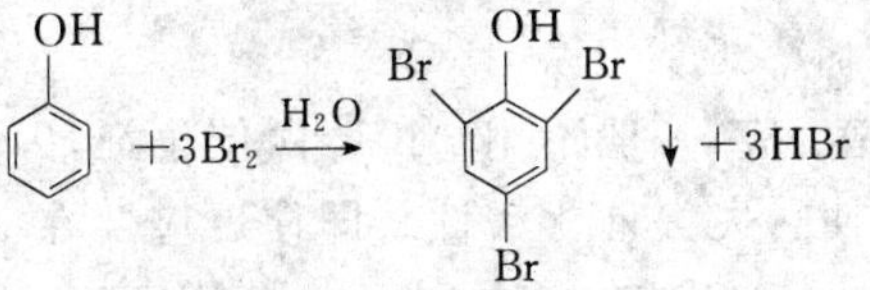

反应很灵敏,很稀的苯酚溶液(10 ppm)就能与溴水生成沉淀,故此反应可用作苯酚的鉴别和定量测定。

如需要制取一溴代苯酚,则要在非极性溶剂(如 CS_2、CCl_4)中和低温下进行。

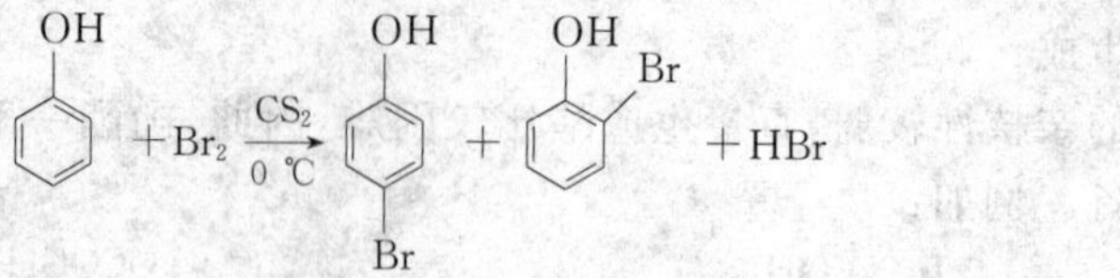

2. 硝化反应

苯酚比苯易硝化,苯酚在室温下与稀硝酸作用,生成邻硝基苯酚和对硝基苯酚的混合物。由于苯酚易氧化,故硝化反应的产率较低。

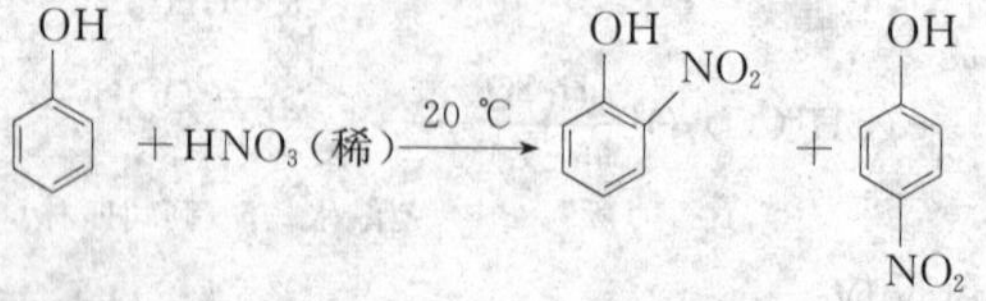

邻硝基苯酚和对硝基苯酚可随水蒸气蒸馏出来。

苯酚与浓硝酸作用,大部分苯酚被氧化,所以多硝基苯酚不能直接用苯酚硝化来制备。制备多硝基苯酚通常先在苯酚中引入两个磺酸基,使苯环钝化,不易被氧化。例如:

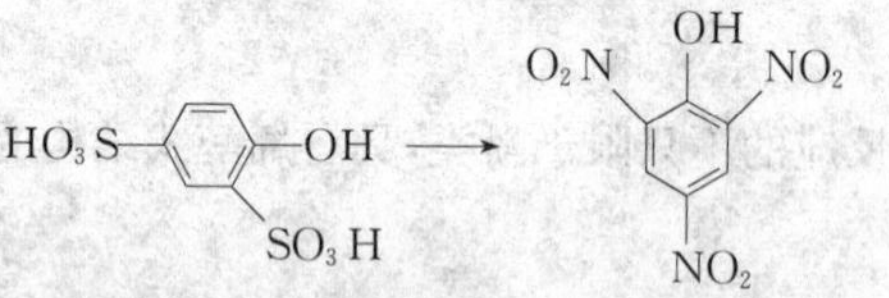

2,4,6-三硝基苯酚(苦味酸)多用羟基苯磺酸与浓硝酸作用生成。它易与多种重金属作用生成更易爆炸的苦味酸盐,是一种酸性染料和照相药品,医药上用于外科收敛剂。

3. 磺化反应

室温下苯酚与浓硫酸作用发生磺化反应得到邻位产物,升高温度主要得到对位产物。

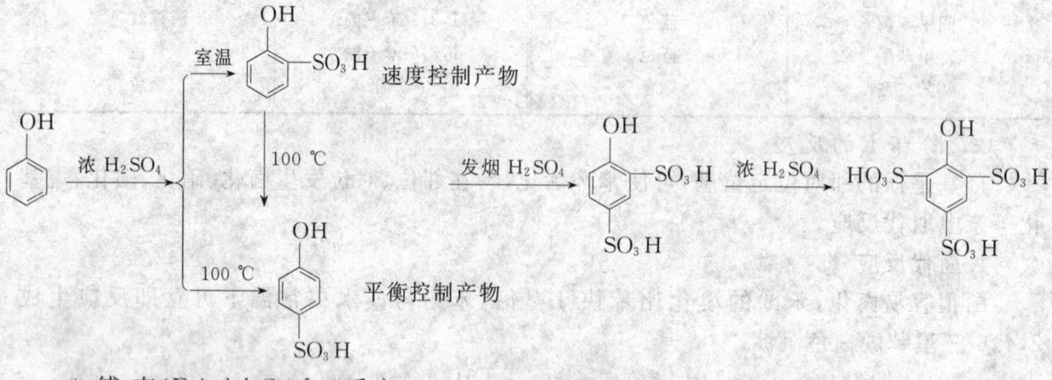

4. 傅-克(Friedel-Crafts)反应

苯酚很容易进行傅-克反应,一般不用 $AlCl_3$ 做催化剂,因为 $AlCl_3$ 可与酚羟基形成铝的配盐($PhOAlCl_2$),而使它失去催化活性。即使反应要在 $AlCl_3$ 的催化下进行,也必须使用过量的 $AlCl_3$。因此,酚的傅-克反应常在较弱的催化剂如 HF、BF_3、H_3PO_4、PPA(聚磷酸)、浓硫酸或酸性阳离子交换树脂等作用下进行。

一般酚的烷基化反应是用醇或烯烃为烷基化试剂。例如:

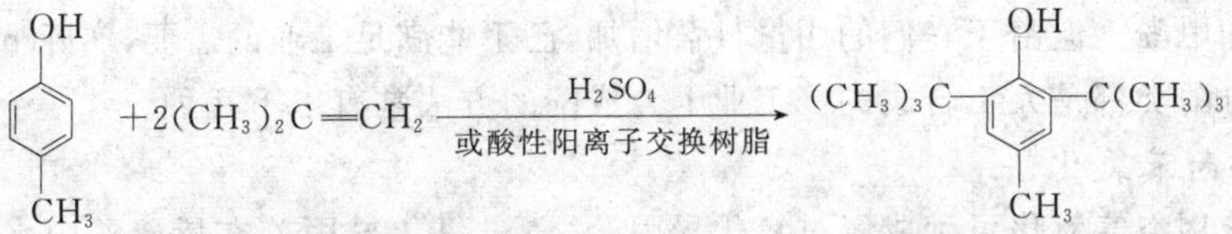

4-甲基-2,6-二叔丁基苯酚(BHT)(白色,m. p. 70 ℃)
(简称:二六四抗氧化剂)(食品防腐剂)

酚的酰基化反应也比较容易进行。例如:

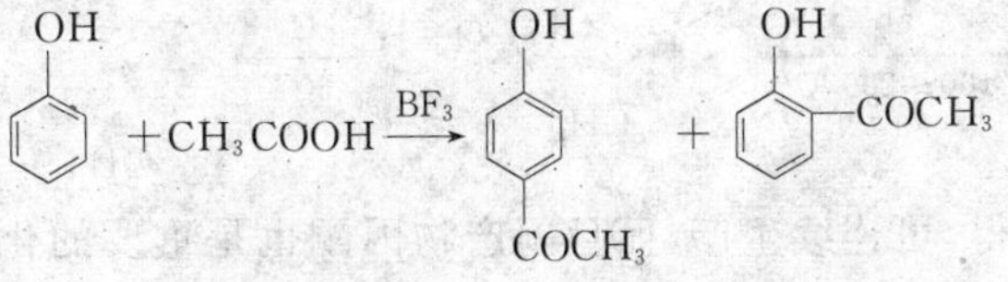

95%　　　　微量

四、氧化反应

酚类化合物容易发生氧化反应,氧化物的颜色随着氧化程度的深化而逐渐加深,由无色而呈粉红色、红色以至深褐色。酚不仅容易被一些氧化剂氧化,而且也容易被空气中的氧氧化。如无色苯酚在空气中放置会很快变红。

用氧化剂如高锰酸钾和重铬酸钾的硫酸溶液等氧化苯酚,可得苯醌。

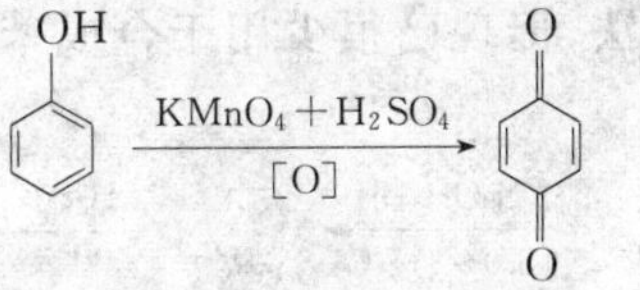

多元酚更易被氧化。例如,室温下弱氧化剂 Ag_2O 即可将邻或对苯酚氧化成醌。

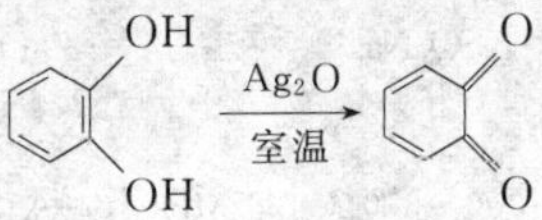

具有醌结构的化合物都有颜色。在食品和化学试剂中,常加一些酚类化合物如对苯二酚、焦性没食子酸等用来作为"抗氧化剂"。这些抗氧化剂首先和氧作用,以防止或延迟食品、化学试剂因被氧化而变质。

五、还原反应

酚通过催化加氢,苯环被还原成环己烷的衍生物。如由苯酚催化加氢制备环己醇,这是工业上生产环己醇的重要方法。

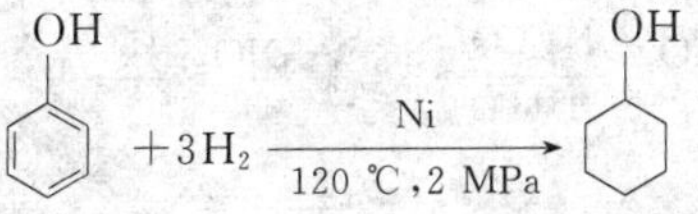

练习8-11　比较下列化合物的酸性。

(1)  苯酚OH　　(2)  CH_3-O-苯-OH　　(3) HO-苯-NO_2

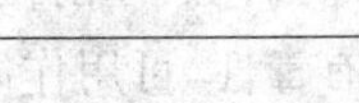

8.3.4　酚的制备方法

苯酚和甲酚存在于煤焦油分馏所得的酚油中,用烧碱和硫酸处理后再经分馏可得到工业苯酚和甲酚。但由于它们的用量日益增加,已不能满足工业的需要,实际上目前所使用的大部分酚类都是人工合成的。工业上合成酚的方法常有以下几种。

一、异丙苯氧化法

异丙苯用空气氧化可生成氢过氧化异丙苯,氢过氧化异丙苯在稀硫酸中水解生成苯酚和丙酮。

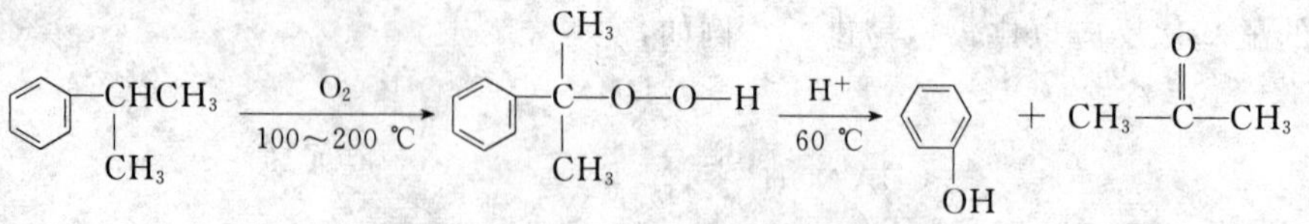

此法原料价廉易得,可连续生产,而且副产物丙酮也是重要的化工原料(生产 1 吨苯酚的同时可得 0.6 吨丙酮),是目前工业上合成苯酚的主要方法。

二、芳磺酸盐碱熔法

苯与浓硫酸反应生成苯磺酸,苯磺酸用亚硫酸钠中和成钠盐,再与 NaOH 共熔而生成酚钠,酸化后可得到苯酚。

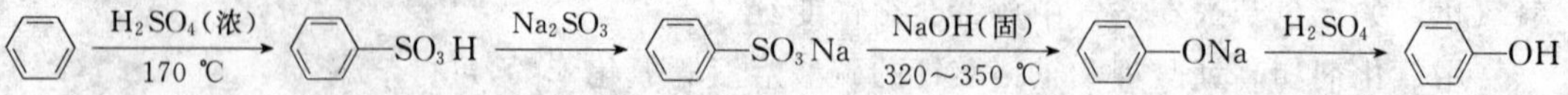

此法曾是工业上制备酚的主要方法,但现已很少用于合成苯酚,主要用于合成其他酚。如 β-萘酚的合成,过程如下:

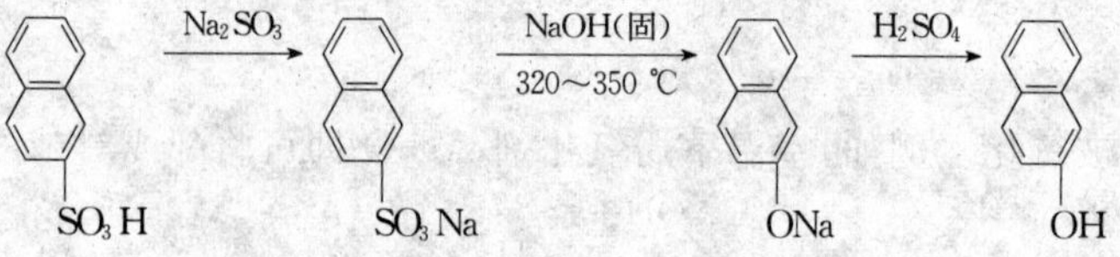

三、芳卤衍生物水解法

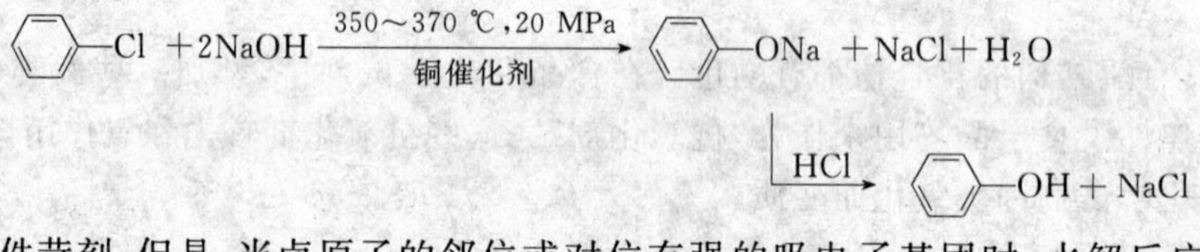

该反应条件苛刻,但是,当卤原子的邻位或对位有强的吸电子基团时,水解反应容易进行。

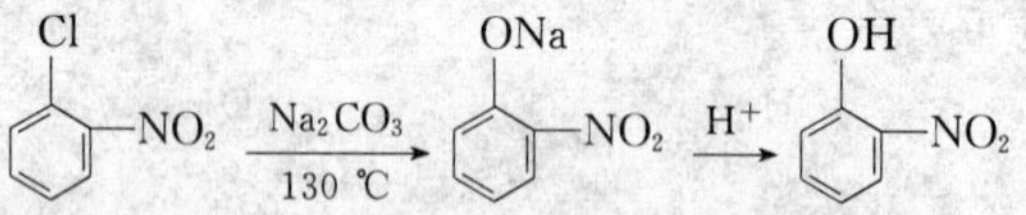

8.3.5 重要的酚

一、苯酚

苯酚简称酚,俗名石炭酸,为具有特殊气味的无色晶体,暴露于光和空气中易被氧化变为粉红色渐至深褐色。苯酚微溶于冷水,在 65 ℃以上时可与水混溶,易溶于乙醇、乙醚等有机溶剂。酚有毒性,可用作防腐剂和消毒剂。苯酚是有机合成的重要原料,也是有着广泛用途的工业原料,可以用来制备酚醛树脂、药物、染料、纤维素、炸药、除莠剂、杀菌剂、木材防腐剂等。

二、甲苯酚

甲苯酚简称甲酚。有邻、间、对位三种异构体,都存在于煤焦油中,由于它们的沸点相近,不易分离。工业应用的往往是三种异构体未分离的粗甲酚。甲酚可由苯磺酸钠碱熔制备或由氯甲苯与氢氧化钠加压加热(300～320 ℃)制备。

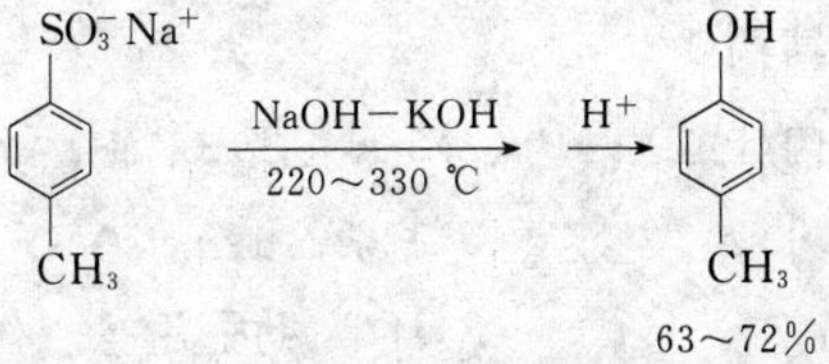

邻、对位甲苯酚均为无色晶体,间位甲苯酚为无色或淡黄色液体,有苯酚气味,是制备染料、炸药、农药、电木的原料。甲酚的杀菌力比苯酚大,可作木材、铁路枕木的防腐剂。

三、对苯二酚

对苯二酚可由苯胺氧化为对苯醌,再经缓和还原剂还原而得。

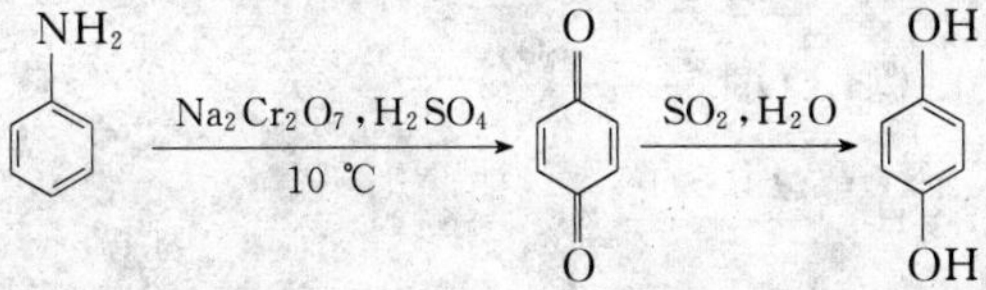

对苯二酚是无色固体,熔点 170 ℃,溶于水、乙醇、乙醚。对苯二酚极易氧化成醌,它是一种强还原剂,可用作显影剂,也可用作防止高分子单体聚合的阻聚剂。

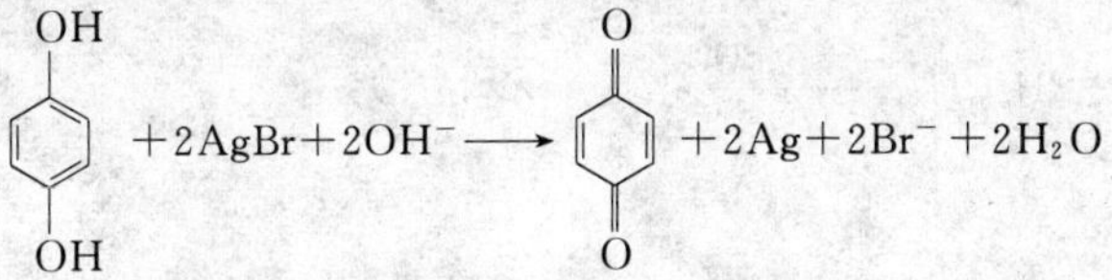

四、萘酚

萘酚有 α-萘酚和 β-萘酚两种异构体,其中 β-萘酚较为重要。它们都是由相应的萘磺酸钠经碱熔而得。α-萘酚为针状晶体,β-萘酚为片状晶体,能溶于醇、醚等有机溶剂。它们的物理常数见表 8-3。萘酚的化学性质与苯酚相似,萘酚广泛用于制备偶氮染料,是重要的染料中间体。β-萘酚还可用作杀菌剂、抗氧化剂。

【习　题】

1.命名下列化合物。

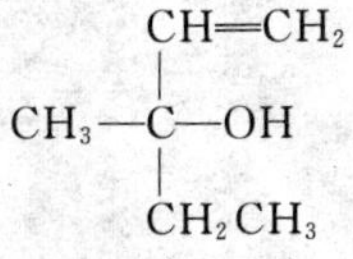

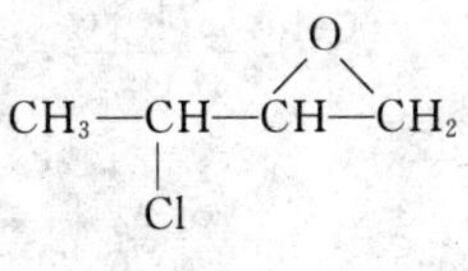

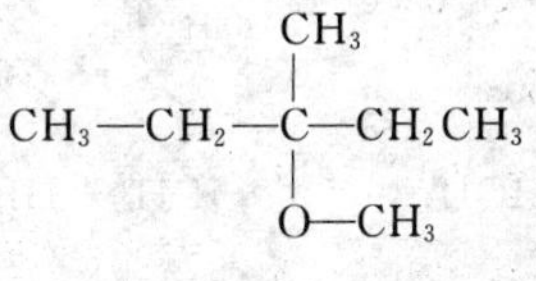

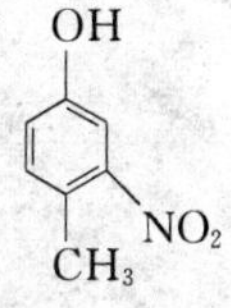

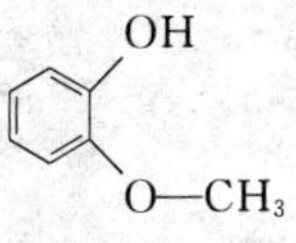

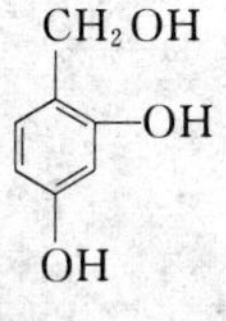

(7)

$$CH_3CH_2\underset{\underset{\underset{OH}{|}}{CHCH_3}}{\overset{\overset{CH_3}{|}}{\underset{}{C}}}=C\overset{CH_3}{}$$

(8)

$$CH_3CH\underset{\underset{OH}{|}}{}\overset{\overset{CH_3}{|}}{CH}\underset{\underset{OH}{|}}{CHCH_3}$$

2.写出下列化合物的结构式。

(1)3-苯基-2-丙烯醇(肉桂醇)　　(2)5-苯基-3-戊烯-1-醇　　(3)季戊四醇

(4)二甲基乙基甲醇　　　　　　　(5)α-萘乙醚　　　　　　　(6)乙基烯丙基醚

(7)二苄醚　　　　　　　　　　　(8)环氧氯丙烷

(9)4-异丙基-2,6-二溴苯酚　　　　(10)苦味酸

3.完成下列反应。

(1) $\bigotimes$—OC$_2$H$_5$ +HI —→ ?

(2) $\bigotimes$—CH$_2$OH + CH$_3\overset{\overset{O}{\|}}{C}$OH $\xrightarrow{\text{浓 H}_2\text{SO}_4}$?

(3) CH$_3$CH—CHCH$_2$CH$_3$ $\xrightarrow[\triangle]{\text{浓 H}_2\text{SO}_4}$? $\xrightarrow{\text{HCl}}$?
　　　　|　　|
　　　CH$_3$　OH

(4) $\bigcirc$—OH $\xrightarrow[\triangle]{\text{H}_2\text{SO}_4}$? $\xrightarrow[\text{KMnO}_4]{\text{稀,冷}}$?

(5) $\bigotimes$—CH—CH$_2$CH$_3$ $\xrightarrow[\text{170 ℃}]{\text{浓 H}_2\text{SO}_4}$?
　　　　|
　　　OH

(6) CH$_3\underset{\underset{OH}{|}}{CH}CH_3$ $\xrightarrow[\text{140 ℃}]{\text{浓 H}_2\text{SO}_4}$?

(7) CH$_3$OCH(CH$_3$)$_2$ +HI(1 mol) —→ ?

(8) $\bigotimes$—CH$_2$OH $\xrightarrow{\text{PBr}_3}$? $\xrightarrow[\text{干醚}]{\text{Mg}}$? $\xrightarrow{\overset{\triangle}{\text{O}}}$? $\xrightarrow{\text{H}_2\text{O/H}^+}$?

(9) CH$_3$CH$_2\underset{\underset{OH}{|}}{CH}CH_3$ $\xrightarrow[\text{KMnO}_4]{\text{OH}^-}$?

(10) $\bigotimes\overset{OH}{}$—CH$_3$ $\xrightarrow[\text{H}_2\text{O}]{\text{NaOH}}$? $\xrightarrow{?}$ $\bigotimes\overset{OCH_3}{}$—CH$_3$ $\xrightarrow[\text{H}_2\text{O,}\triangle]{\text{KMnO}_4}$? $\xrightarrow[\triangle]{\text{浓 HI}}$? +?

(11) HOH$_2$C—$\bigotimes$—OH +HBr —→ ?

(12) (CH$_3$)$_3$C—OH $\xrightarrow{\text{Na}}$? $\xrightarrow{\text{CH}_3\text{CH}_2\text{CH}_2\text{Br}}$?

4.下列各醇与卢卡斯试剂反应速率最快和最慢的分别是哪个?

(1)正丁醇、仲丁醇、烯丙醇、叔丁醇　　　(2)苄醇、2-苯基乙醇、1-苯基乙醇、仲丁醇

5.分离下列化合物。

(1)苯和苯酚　　　　　　　　　　　(2)乙醚中混有少量乙醇

6.用简单化学方法鉴别下列各组化合物。

(1)乙醇、乙醚和氯乙烷　　　　　　(2)苯甲醇、苯甲醚和对甲基苯酚

(3)正丙醚、环己醇和环己烯

7.完成下列制备,写出反应过程(其他原料自选)。

(1)由苯酚制备苯基正丁基醚　　　　(2)由苯酚制备 2-苯氧基乙醇

(3)由异丙醇制备 3-甲基-1-丁醇　　　(4)由甲苯制备 4-甲基-2-溴苯酚

(5)由甲苯制备 4-甲基-2-溴苯酚

8.写出邻甲基苯酚与下列试剂作用的反应式。

(1)$FeCl_3$　　　　(2)Br_2 水溶液　　　(3)$NaOH$　　　　(4)$CH_3COCl /NaOH$

(5)$CH_3CH_2Br/AlCl_3$　(6)稀 HNO_3　　(7)浓 H_2SO_4　　(8)$NaOH/(CH_3)_2SO_4$

9.由高至低排序下列各化合物的酸性。

(1)乙醇　　　　　　　(2)苯酚　　　　　(3)对甲基苯酚　　　(4)对硝基苯酚

(5)2,4-二硝基苯酚　　(6)2,4,6-三硝基苯酚　　　　　　　(7)水

10.某化合物 A,分子式为 $C_9H_{12}O$,不溶于水,也不溶于 $NaOH$ 水溶液。A 和过量的氢碘酸作用得到化合物 B、C;B 和 C 与 $NaOH$ 水溶液共热,产物遇 $FeCl_3$ 醇溶液均不显色。从 C 得到的产物经证明为乙醇。试写出 A、B 和 C 的结构式,并写出各步反应式。

11.分子式为 C_7H_8O 的芳香族化合物 A,与金属钠无反应;在浓氢碘酸作用下得到 B 及 C。B 能溶于氢氧化钠水溶液,并与三氯化铁作用产生紫色。C 与硝酸银乙醇溶液作用产生黄色沉淀。推测 A、B、C 的结构,并写出各步反应式。

12.分子式为 $C_6H_{10}O$ 的化合物 A,能与卢卡斯试剂反应,亦可被 $KMnO_4$ 氧化,并能吸收 1 mol Br_2。A 经催化加氢得 B。将 B 氧化得 C,C 分子式为 $C_6H_{10}O$。将 B 在加热条件下与浓 H_2SO_4 作用的产物还原可得到环己烷。试推测 A 可能的结构,写出各步骤的反应式。

13.某有机物 A,相对分子质量为 74,它含有 64.87% 的碳和 13.5% 的氢。A 被 $KMnO_4$ 的浓硫酸溶液氧化时,可先后得到醛和羧酸。A 与 KBr 和浓硫酸共热可生成 B,B 与 KOH 的醇溶液作用生成 C,C 与 HBr 作用生成 D,D 水解生成 E,E 是 A 的同分异构体,但不能被 $KMnO_4$ 的浓溶液氧化。推测 A~E 的结构式。

第9章

醛、酮、醌

【学习目标】

☞ 掌握醛、酮的分类和命名法；

☞ 了解醛、酮的物理性质；

☞ 掌握醛、酮的制备方法及化学性质；

☞ 理解羰基结构与性质之间的联系和亲核加成反应机理；

☞ 了解几种重要醛、酮的性质和用途。

☞ 了解醌的命名、结构和化学性质。

羰基化合物的结构特征是分子中含有羰基，即碳氧双键（C=O）。羰基至少与一个氢原子相连的化合物叫作醛；羰基与两个烃基相连的化合物叫作酮，烃基可以是烷基、烯基、环烷基或芳基等。通式如下：

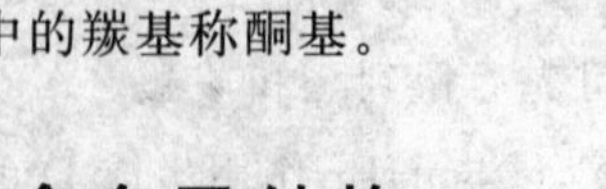

$$\underset{醛}{R-\overset{\displaystyle O}{\overset{\|}{C}}-H} \qquad \underset{酮}{R-\overset{\displaystyle O}{\overset{\|}{C}}-R}$$

醛的结构可简写为 RCHO，其官能团 $-\overset{\displaystyle O}{\overset{\|}{C}}-H$（简写为—CHO）又称为醛基。酮的结构可简写为 RCOR′，酮分子中的羰基称酮基。

9.1　醛和酮的分类、命名及结构

9.1.1　醛和酮的分类

根据醛、酮的羰基上连接烃基的情况，可把醛、酮分为脂肪族和芳香族醛、酮两大类。根据烃基是否饱和又可分为饱和及不饱和醛、酮。根据分子中含有羰基的数目，可以分为一元、二元、多元醛、酮等。

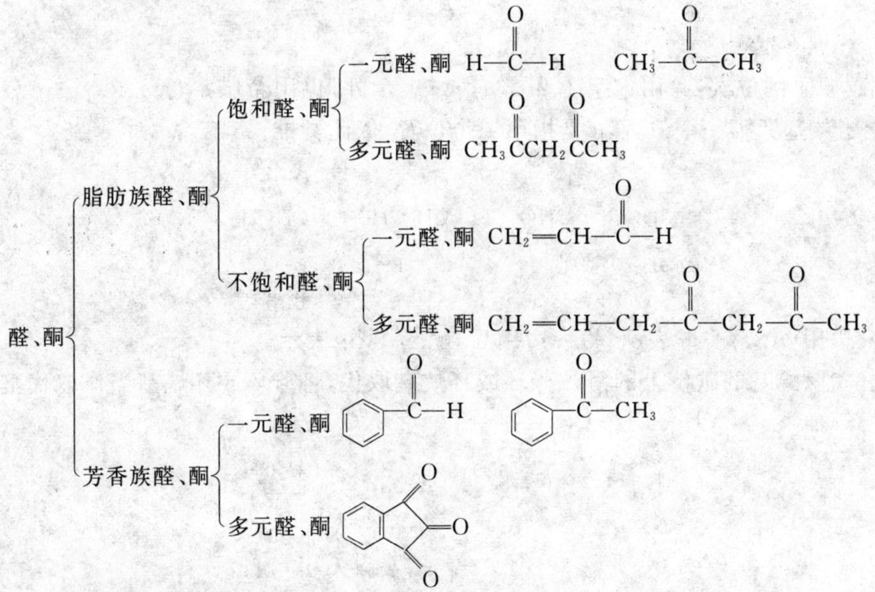

9.1.2 醛和酮的命名

一、普通命名法

结构较简单的醛、酮，根据烃基来命名。例如，简单的醛，在与羰基相连的烃基名称后加“醛”字。

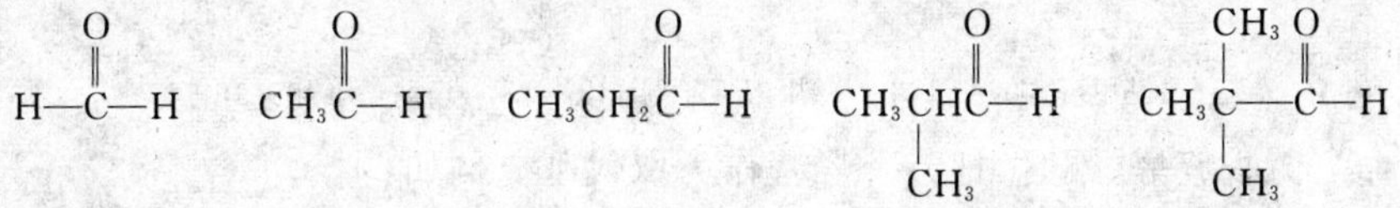

甲醛　乙醛　丙醛　异丁醛　新戊醛

简单的酮，根据两个烃基来命名，把简单的烃基放在前面，较复杂的烃基放在后面，最后加“甲酮”（“甲”字可以省略）。

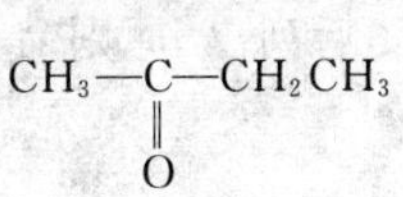

甲基乙基甲酮（简称甲乙酮）

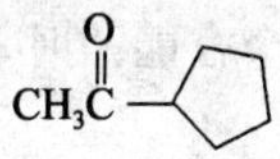

甲基环戊基酮

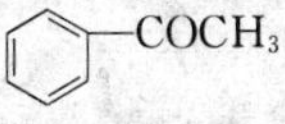

甲基苯基酮

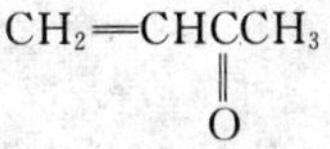

甲基乙烯基酮

二、系统命名法

以包含羰基的最长碳链为主链。从靠近羰基的一端开始，依次标明碳原子的位次。醛分子中醛基总是处于第一位，命名时可不加以标明。酮分子中羰基的位次（除丙酮、丁酮外）必须标明，因为它有位置异构体。

$$CH_3CH_2CH_2CH_2CHO \qquad CH_3CH_2CH_2\underset{\underset{O}{\|}}{C}-CH_3 \qquad CH_3CH_2-\underset{\underset{O}{\|}}{C}-CH_2CH_3$$

戊醛 　　　　　　　　 2-戊酮 　　　　　　　　 3-戊酮

醛、酮碳原子的位次,除用数字 1、2、3、4……表示外,也用希腊字母 α、β、γ……表示。α 是指官能团羰基旁第一个位置,β 是指第二个位置,依此类推。

$$CH_3\underset{\underset{OH}{|}}{CH}CH_2-CHO \qquad\qquad CH_3\underset{\underset{Br}{|}}{CH}-\underset{\underset{O}{\|}}{C}-\underset{\underset{Br}{|}}{CH}CH_3$$

β-羟基丁醛 　　　　　　　　 α,α′-二溴-3-戊酮

酮中一边用 α、β、γ……表示,另一边用 α′、β′、γ′……表示。

(1)含醛基、酮基的碳链上的氢被芳环或环烷基取代,将芳环或环烷基当作取代基。

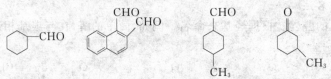

2-苯丙醛

1-环己基-1-丙酮

(2)醛基与芳环、脂环或杂环上的碳原子直接相连时,将环作为取代基,环系名称之后加"醛"字;若羰基在环内的脂环酮,称为"环某酮"。例如:

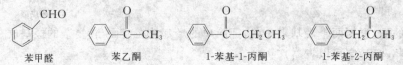

环己基甲醛 　　　 1,2-萘二甲醛 　　　 4-甲基环己基甲醛 　　　 3-甲基环己酮

(3)命名芳香族醛、酮时,把芳香烃基作为取代基。例如:

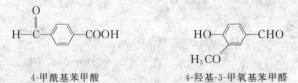

苯甲醛 　　　 苯乙酮 　　　 1-苯基-1-丙酮 　　　 1-苯基-2-丙酮

当芳环上连有多个官能团时,则按"优先基团后列出"原则命名。

$$H-\underset{\underset{O}{\|}}{C}-\!\!\!\!\!\bigcirc\!\!\!\!\!-COOH \qquad\qquad \text{HO}-\!\!\!\!\!\bigcirc\!\!\!\!\!-CHO$$

4-甲酰基苯甲酸 　　　　　　　 4-羟基-3-甲氧基苯甲醛

(4)如含有两个以上羰基的化合物,可用二醛、二酮等表示;醛作取代基时,可用词头"甲酰基"或"氧代"表示;酮作取代基时,用词头"氧代"表示。

$$\underset{\underset{CHO}{|}}{CHO} \qquad CH_3\underset{\underset{O}{\|}}{C}-CH_2-\underset{\underset{O}{\|}}{C}-CH_3 \qquad CH_3\underset{\underset{O}{\|}}{C}CH_2-CHO$$

乙二醛 　　　　　　 2,4-戊二酮 　　　　　　 3-氧代丁醛(3-丁酮醛)

(5)不饱和醛、酮命名时选择含有不饱和键和羰基的最长碳链为母体,从靠近羰基一端编号,称"某烯(炔)醛(酮)"。

$$CH_2=CH-CH-CH-CHO$$
　　　　　|　　|
　　　　CH_3 CH_3

2,3-二甲基-4-戊烯醛

$$CH_3CH=CH-CH-C-CH_3$$
　　　　　　　|　‖
　　　　　　CH_3 O

3-甲基-4-己烯-2-酮

某些醛常用俗名。例如：

苦杏仁油(苯甲醛)　　水杨醛(2-羟基苯甲醛)　　肉桂醛(3-苯基丙烯醛)

练习 9-1 命名下列化合物或写出结构式。

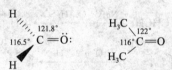

(3)3-甲基丁醛　　　　　(4)4-氯-2-戊酮　　　　　(5)3-苯基丙烯醛

9.1.3 羰基的结构

羰基是醛、酮的官能团,它与醛、酮的物理化学性质密切相关。羰基具有平面三角形结构,如图 9-1 所示,甲醛和丙酮分子中的键角均在 120°左右。

H
⋮⋮ 121.8°
116.5° C=Ö:
H

H_3C
＼ 122°
116°C=O
H_3C／

图 9-1 甲醛和丙酮分子中的键角

这说明羰基碳原子以 sp^2 杂化状态参与成键,即碳原子以三个 sp^2 轨道与其他三个原子的轨道重叠形成三个 σ 键,这三个键在同一个平面上。碳原子上未参加杂化的 p 轨道与氧原子上的 p 轨道在侧面相互重叠形成一个 π 键(如图 9-2)。

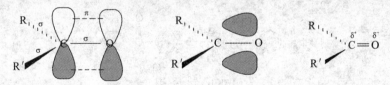

图 9-2 羰基的结构

由于氧原子的电负性比碳原子大,所以成键处的电子云不均匀地分布在碳氧原子之间,氧原子处电子云密度较高,带有部分负电荷,而碳原子处的电子云密度较低,带有部分正电荷。因此醛、酮具有较高的偶极矩($7.67\times10^{-30}\sim9.34\times10^{-30}$ C·m),例如丙醛的偶极矩为 8.34×10^{-30} C·m,并且在物理性质和化学性质上得到反映。

9.2 醛、酮的制备方法

一、醇的氧化
伯醇氧化可得到醛;仲醇氧化得到酮。

$$RCH_2OH \xrightarrow{[O]} RCHO$$

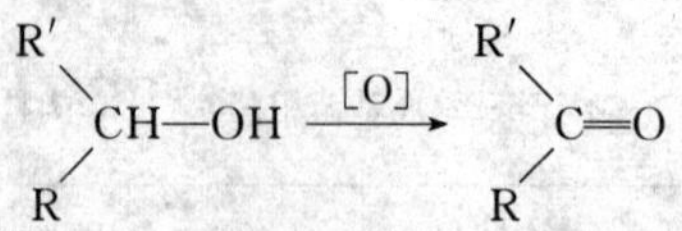

$$\underset{R}{\overset{R'}{\underset{|}{CH-OH}}} \xrightarrow{[O]} \underset{R}{\overset{R'}{C=O}}$$

常用的氧化剂是重铬酸钠/硫酸。醛很容易进一步被氧化成羧酸,在制备过程中一方面要控制反应条件,另一方面由于低相对分子质量的醛比相应的醇沸点低,可随时将生成的醛蒸出,使其与氧化剂分离。

$$CH_3CH_2CH_2OH \xrightarrow[70\ ℃]{Na_2Cr_2O_7/H_2SO_4} CH_3CH_2CHO$$
丙醇(b. p. 97℃)　　　　　　　　　　丙醛(b. p. 49 ℃)

对于相对分子质量较高的伯醇,可以在非水溶剂(如二氯甲烷)中用三氧化铬吡啶复合物作氧化剂,可得较高产率的醛。

$$CH_3(CH_2)_5CH_2OH \xrightarrow[CH_2Cl_2/25\ ℃]{CrO_3 \cdot 2C_5H_5N} CH_3(CH_2)_5CHO$$

酮不易被继续氧化,因此,酮更适合用醇的氧化来制备。

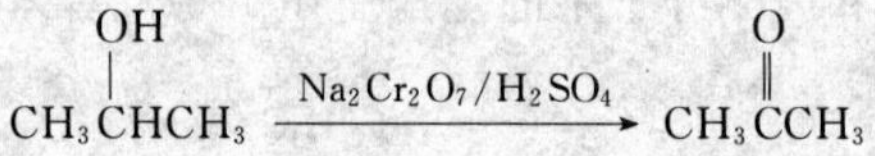

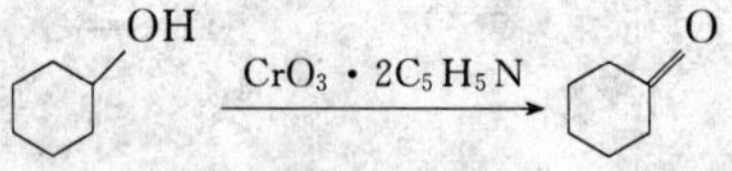

$$\underset{}{\overset{OH}{\underset{|}{CH_3CHCH_3}}} \xrightarrow{Na_2Cr_2O_7/H_2SO_4} CH_3\overset{O}{\overset{||}{C}}CH_3$$

环己醇 $\xrightarrow{CrO_3 \cdot 2C_5H_5N}$ 环己酮
98%

二、傅-克酰基化反应
芳烃的酰基化反应是制备芳酮的一个重要方法。由于酰基对芳环的亲电取代有钝化作用,当引入苯环后,苯环的活性降低,不易生成多元取代的混合物,故在有机合成上被广泛采用。

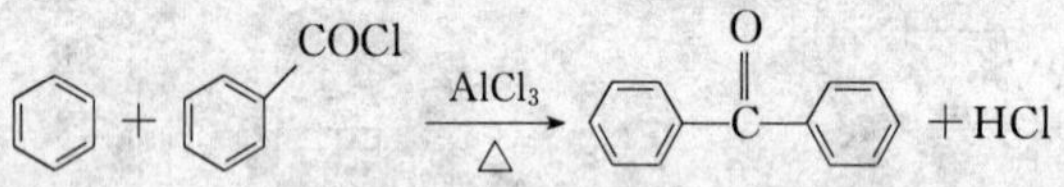

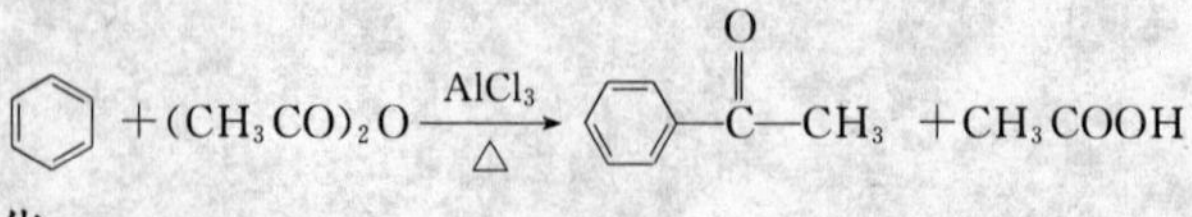

$$苯 + 苯COCl \xrightarrow[\triangle]{AlCl_3} 苯-CO-苯 + HCl$$

$$苯 + (CH_3CO)_2O \xrightarrow[\triangle]{AlCl_3} 苯-\overset{O}{\overset{||}{C}}-CH_3 + CH_3COOH$$

三、芳烃的氧化
芳烃侧链上的 α-氢原子在合适的条件下,例如 MnO_2/H_2SO_4、$CrO_3/(CH_3CO)_2O$ 等氧化时,侧链甲基氧化为醛羰基(必须控制反应条件以及氧化剂用量、加料方式等),具有两个 α-氢原子的烃则被氧化为酮羰基。

$$PhCH_3 \xrightarrow{MnO_2,H_2SO_4} PhCHO$$

$$PhCH_2CH_3 \xrightarrow{MnO_2,H_2SO_4} PhCOCH_3$$

$$PhCH_3 \xrightarrow{CrO_3,(CH_3CO)_2O} PhCH(OCOCH_3)_2 \xrightarrow{H_3O^+} PhCHO$$

四、羰基合成法

α-烯烃与一氧化碳和氢气,在某些金属羰基化合物如八羰基二钴$[Co(CO)_4]_2$的催化作用下,发生反应生成多个碳原子的醛。这个反应叫羰基合成法,是工业上制备醛的重要方法。

$$RCH\!=\!CH_2+CO+H_2 \xrightarrow[100\sim200\,℃,20\sim30\,MPa]{[Co(CO)_4]_2} RCH_2CH_2CHO+\ \underset{\underset{CH_3}{\mid}}{RCHCHO}$$

羰基合成相当于氢原子和甲酰基(—CHO)加到了C=C双键上,其产物以直链醛为主,是有机合成中增加一个碳原子的方法之一。近年来对该方法作了改进,使用途较大的正构醛的生成比例显著增加。例如用正丁基磷羰基钴为催化剂的合成过程:

$$CH_3CH\!=\!CH_2+CO+H_2 \xrightarrow[160\,℃,5\sim6\,MPa]{Co(CO)_4[P(n\text{-}C_4H_9)]_2} CH_3CH_2CH_2CHO+\ \underset{\underset{CH_3}{\mid}}{CH_3CHCHO}$$

$$5 \qquad : \qquad 1$$

9.3 醛、酮的物理性质

室温下除甲醛是气体外,其他12个碳原子以下的醛、酮都是液体,更高级醛、酮是固体。低级醛带有刺鼻的气味,但中级醛($C_8\sim C_{13}$)则有果香味,常用于香料工业。

醛、酮是极性化合物,但醛、酮分子间不能形成氢键,所以醛、酮的沸点较相对分子质量相近的烷烃和醚高,但比相对分子质量相近的醇低。例如:

	丁烷	丙醛	丙酮	丙醇	甲乙醚
相对分子质量	58	58	58	60	60
沸点/℃	−0.5	49	56.1	97.4	10.8

醛、酮分子中的羰基可以与水分子形成氢键。所以低级醛、酮能溶于水,随着分子中碳原子数的增加,其在水中的溶解度逐渐降低,六个碳原子以上的醛、酮不溶于水而溶于有机溶剂中。脂肪族醛酮的相对密度小于1,芳香族醛酮的相对密度大于1。

一些常见醛、酮的物理常数见表9-1。

表 9-1   **一些常见醛、酮的物理常数**

化合物	熔点(℃)	沸点(℃)	相对密度(d_4^{20})	折光率(n_D^{20})	溶解度(g/100g 水)
甲醛	−92	−21	0.815	1.3746	很大
乙醛	−123	20.8	0.781	1.3316	∞
丙醛	−81	49	0.807	1.3636	20
丁醛	−99	75.7	0.817	1.3843	7
戊醛	−91	103	0.8095	1.394	微溶
苯甲醛	−26	178	1.046	1.5456	0.3
丙酮	−95	56.1	0.7899	1.3588	∞
丁酮	−86	80	0.8054	1.3788	26
2-戊酮	−77.8	102.4	0.8089	1.3902	微溶
3-戊酮	−39	101.7	0.8138	1.3922	5

9.4 醛、酮的化学性质

由于羰基的极性,碳氧双键加成反应的历程与烯烃碳碳双键加成反应的历程有显著的差异。碳碳双键上的加成是由亲电试剂进攻而引起的亲电加成,羰基上的加成是由亲核试剂向电子云密度较低的羰基碳进攻而引起的亲核加成。醛、酮的加成反应大多是可逆的,而烯烃的亲电加成反应一般是不可逆的。含有 α-H 原子的醛、酮也存在超共轭效应,由于氧的电负性比碳的大得多,因此醛、酮的超共轭效应比烯烃强得多,有促使 α-H 原子变为质子的趋势。一些涉及 α-H 的反应是醛、酮化学性质的主要部分。此外,醛、酮处于氧化－还原反应的中间价态,它们既可被氧化,又可被还原,所以氧化－还原反应也是醛、酮的一类重要反应。

综上所述,醛、酮的化学反应可归纳如下:

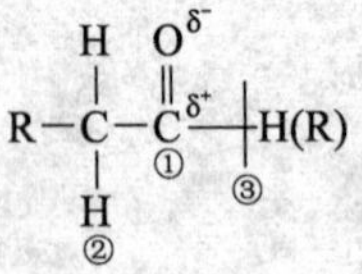

①羰基上的亲核加成反应
②α-H 原子的反应
③醛、酮的氧化、还原反应

9.4.1 羰基的亲核加成反应

一、与氢氰酸的加成反应

一般醛、大多数脂肪族酮与 HCN 可以顺利地反应,但苯甲醛、ArCOR、ArCOAr 和较大环酮与 HCN 反应较困难。

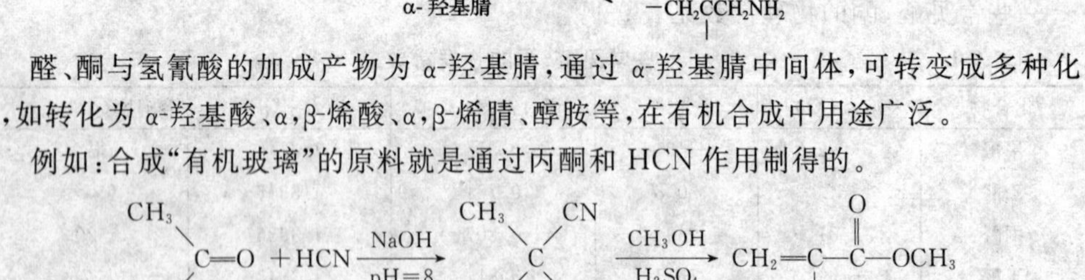

α-羟基腈

醛、酮与氢氰酸的加成产物为 α-羟基腈,通过 α-羟基腈中间体,可转变成多种化合物,如转化为 α-羟基酸、α,β-烯酸、α,β-烯腈、醇胺等,在有机合成中用途广泛。

例如:合成"有机玻璃"的原料就是通过丙酮和 HCN 作用制得的。

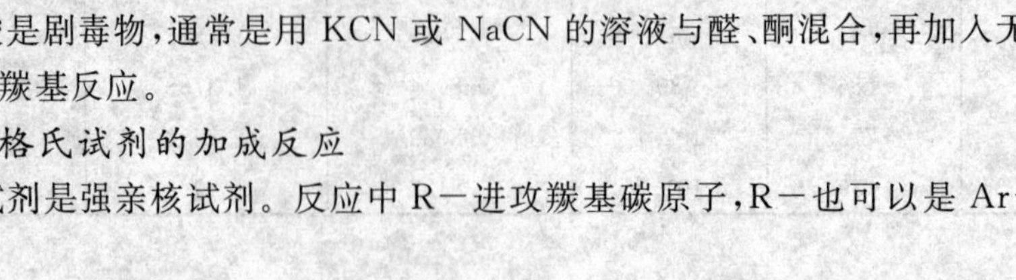

α-甲基丙烯酸甲酯(90%)(有机玻璃单体)

氢氰酸是剧毒物,通常是用 KCN 或 NaCN 的溶液与醛、酮混合,再加入无机酸,生成的 HCN 与羰基反应。

二、与格氏试剂的加成反应

格氏试剂是强亲核试剂。反应中 R－进攻羰基碳原子,R－也可以是 Ar－。加成产物水解得相应的醇,是制备结构复杂醇的重要方法,也是增长碳链的方法之一。

$$\overset{\delta-}{R}-\overset{\delta+}{MgX} + \overset{\delta+}{\underset{}{>}}C=\overset{\delta-}{O} \longrightarrow R-\overset{|}{\underset{|}{C}}-OMgX \overset{H_2O}{\longrightarrow} R-\overset{|}{\underset{|}{C}}-OH + Mg\overset{OH}{\underset{X}{<}}$$

甲醛与格氏试剂反应,得到伯醇。

$$HCHO + \langle\!\!\!\!\!\text{◯}\!\!\!\!\!\rangle-MgBr \overset{干醚}{\longrightarrow} \langle\!\!\!\!\!\text{◯}\!\!\!\!\!\rangle-CH_2OMgBr \overset{H_2O}{\underset{H^+}{\longrightarrow}} \langle\!\!\!\!\!\text{◯}\!\!\!\!\!\rangle-CH_2OH$$

苯甲醇

其他醛与格氏试剂反应,得到仲醇。

$$CH_3CHO + CH_3CH_2MgBr \overset{干醚}{\longrightarrow} CH_3\underset{OMgBr}{\overset{|}{CH}}CH_2CH_3 \overset{H_2O}{\underset{H^+}{\longrightarrow}} CH_3\underset{OH}{\overset{|}{CH}}CH_2CH_3$$

2-丁醇

酮与格氏试剂反应,得到叔醇。

$$CH_3\underset{O}{\overset{\|}{C}}CH_3 + \langle\!\!\!\!\!\text{◯}\!\!\!\!\!\rangle-MgBr \overset{干醚}{\longrightarrow} \langle\!\!\!\!\!\text{◯}\!\!\!\!\!\rangle\underset{OMgBr}{\overset{CH_3}{\overset{|}{\underset{|}{C}}CH_3}} \overset{H_2O}{\underset{H^+}{\longrightarrow}} \langle\!\!\!\!\!\text{◯}\!\!\!\!\!\rangle\underset{OH}{\overset{CH_3}{\overset{|}{\underset{|}{C}}CH_3}}$$

2-苯基-2-丙醇

此反应是增长碳链的方法,具体增加碳原子数随格氏试剂中烃基的碳原子数的变化而定。例如,合成 3-甲基-3-己醇可以用三种方法:

$$CH_3CH_2-\underset{OH}{\overset{CH_3}{\overset{|}{\underset{|}{C}}}}-CH_2CH_2CH_3$$

A. $CH_3CH_2\underset{O}{\overset{\|}{C}}CH_3 + CH_3CH_2CH_2MgBr \overset{干醚}{\longrightarrow} \overset{水解}{\longrightarrow} 产物$

B. $CH_3\underset{O}{\overset{\|}{C}}CH_2CH_2CH_3 + CH_3CH_2MgBr \overset{干醚}{\longrightarrow} \overset{水解}{\longrightarrow} 产物$

C. $CH_3CH_2\underset{O}{\overset{\|}{C}}CH_2CH_2CH_3 + CH_3MgBr \overset{干醚}{\longrightarrow} \overset{水解}{\longrightarrow} 产物$

三、与亚硫酸氢钠的加成反应

醛、脂肪族甲基酮、8 个碳原子以下的环酮与亚硫酸氢钠饱和溶液反应,生成 α-羟基磺酸钠。

$$\underset{R'}{\overset{R}{>}}C=O + \underset{OH}{\overset{O}{\overset{\|}{:S}}}-ONa \rightleftharpoons R-\underset{R'}{\overset{O}{\overset{\|}{\underset{|}{C}}}}-SO_3H \rightleftharpoons R-\underset{R'}{\overset{OH}{\overset{|}{\underset{|}{C}}}}-SO_3Na$$

$$R' = CH_3, H$$

产物 α-羟基磺酸钠为白色晶体,不溶于饱和的亚硫酸氢钠溶液,易分离析出。向产物的水溶液中加入酸或碱时,加成产物分解得原来的醛或酮。故此反应可用于提纯醛、酮。

$$\begin{array}{c} R \\ | \\ C=O \\ | \\ H \\ (R') \end{array} \xrightarrow{NaHSO_3} \begin{array}{c} R \quad OH \\ \ \backslash / \\ C \\ / \ \backslash \\ H \quad SO_3Na \\ (R') \end{array} \begin{array}{l} \xrightarrow{\text{稀 } NaHCO_3} RCHO + Na_2SO_3 + CO_2 \uparrow + H_2O \\ \\ \xrightarrow{\text{稀 } HCl} RCHO + NaCl + SO_2 \uparrow + H_2O \end{array}$$

醛、酮与亚硫酸氢钠饱和溶液反应受烃基的空间效应影响较大,一般 R 和 R′体积越大,越不利于 $NaHSO_3$ 对羰基的加成。

若利用 $NaHSO_3$ 与羰基化合物加成的可逆性,将 NaCN 与 α-羟基磺酸钠作用,使生成的 HCN 与分解出的羰基化合物加成生成 α-羟基腈,避免直接使用 HCN。

$$\text{—CHO} + NaHSO_3 \xrightleftharpoons{H_2O} \text{—}\begin{array}{c} OH \\ | \\ CH \\ | \\ SO_3Na \end{array} \xrightarrow[H_2O]{NaCN} \text{—}\begin{array}{c} OH \\ | \\ CH \\ | \\ CN \end{array}$$

四、与醇的加成反应

由于醇分子的亲核性较弱,醇与醛、酮加成是可逆反应,在干燥氯化氢的催化下,发生加成反应生成半缩醛。半缩醛又能继续与过量的醇作用,脱水生成缩醛。例如:

$$\begin{array}{c} R \\ \backslash \\ C=O \\ / \\ R' \end{array} + R''OH \rightleftharpoons \begin{array}{c} R \quad OH \\ \backslash / \\ C \\ / \ \backslash \\ R' \quad OR'' \end{array} \xrightleftharpoons{R''OH/HCl} \begin{array}{c} R \quad OR'' \\ \backslash / \\ C \\ / \ \backslash \\ R' \quad OR'' \end{array} + H_2O$$

半缩醛(R′=H)酮   缩醛(R′=H)酮

等物质量的醇、醛反应生成的加成产物叫半缩醛,半缩醛不稳定,在同样的条件下与另一分子醇发生分子间脱水,生成稳定的醚型产物——缩醛。酮也生成半缩酮、缩酮(通称为缩醛),但反应困难些。

缩醛(酮)可以看作是同碳二元醇的醚,性质与醚相似,不受碱的影响,对氧化剂及还原剂稳定。但缩醛(酮)又与醚不同,在稀酸中易水解变为原来的醛(酮)。该方法在有机合成上用于保护醛(酮)羰基。例如有机合成上常用 1,2-二醇或 1,3-二醇来生成缩醛(酮)。

$$\begin{array}{c} R \\ \backslash \\ C=O \\ / \\ R \end{array} + \begin{array}{c} \backslash \\ / \end{array}\begin{array}{c} OH \\ OH \end{array} \xrightarrow{H^+} \quad + \quad H_2O$$

$$\begin{array}{c} \text{环己酮} \end{array} + \begin{array}{c} HO-CH_2 \\ | \\ HO-CH_2 \end{array} \xrightarrow[\triangle]{H^+} \begin{array}{c} O-CH_2 \\ | \\ O-CH_2 \end{array} + H_2O$$

80%~85%

例如用 $CH_2=CHCH_2CH_2CHO$ 合成 $CH_3CH_2CH_2CH_2CHO$,采用如下合成过程:

$$O=CHCH_2CH_2CH=CH_2 \xrightarrow[CH_3OH]{\text{干 } HCl} (CH_3O)_2CHCH_2CH_2CH=CH_2 \xrightarrow{H_2}{Ni}$$

$$(CH_3O)_2CHCH_2CH_2CH_2CH_3 \xrightarrow{\text{稀 } HCl} O=CHCH_2CH_2CH_2CH_3$$

五、与氨及其衍生物的加成-消除反应

氨和它的衍生物能与醛、酮的羰基加成,再脱去一分子水,生成缩合产物。

$$\begin{array}{c} \backslash \\ C=O \\ / \end{array} + H_2N-Y \rightarrow \begin{array}{c} \backslash \\ C-NY \\ / | \ | \\ \boxed{OH H} \end{array} \xrightarrow{-H_2O} \begin{array}{c} \backslash \\ C=N-Y \\ / \end{array}$$

常用的氨的衍生物有:

NH$_2$OH　　NH$_2$—NH$_2$　　(苯肼结构)　　(2,4-二硝基苯肼结构)　　H$_2$N—C—NHNH$_2$

羟胺　　　肼　　　　苯肼　　2,4-二硝基苯肼　　　　氨基脲

它们与醛、酮进行加成-消除反应,具有广泛实用价值。

$$\diagdown C=O + NH_2OH \longrightarrow \diagdown C-N-OH \xrightarrow{-H_2O} \diagdown C=N-OH$$
羟胺　　　　　　　　　　（OH H）　　　肟,(白↓)有固定熔点

$$\diagdown C=O + NH_2-NH_2 \longrightarrow \diagdown C-N-NH_2 \xrightarrow{-H_2O} \diagdown C=N-NH_2$$
肼　　　　　　　　　　（OH H）　　　腙,(白↓)有固定熔点

$$\diagdown C=O + NH_2-NH-C_6H_5 \longrightarrow \diagdown C-N-NH-C_6H_5 \xrightarrow{-H_2O} \diagdown C=N-NH-C_6H_5$$
苯肼　　　　　　　　　　（OH H）　　　苯腙,(黄↓)有固定熔点

$$\diagdown C=O + NH_2-NH-(2,4-二硝基苯) \xrightarrow{-H_2O} \diagdown C=N-NH-(2,4-二硝基苯)$$
2,4-二硝基苯肼　　　　　　　2,4-二硝基苯腙(黄↓)

$$\diagdown C=O + NH_2NH-C-NH_2 \xrightarrow{-H_2O} \diagdown C=N-NH-C-NH_2$$
氨基脲　　　　　　　　　缩氨脲(白↓)

以上产物均为有固定熔点和晶型的固体,收率高,易提纯,在稀酸的作用下可水解为原来的醛、酮。常用于分离、提纯、鉴别羰基化合物。其中 2,4-二硝基苯肼与醛、酮反应得黄色晶体,现象明显,反应灵敏,常作为鉴定醛、酮的试剂,称为羰基试剂。

$$(环己酮)=O + NH_2OH \longrightarrow (环己酮)=NOH + H_2O$$
环己酮肟　　m.p. 90 ℃

$$CH_3CCH_3 + H_2N-NHCOHN_2 \longrightarrow CH_3C=N-HNCONH_2 + H_2O$$
　‖　　　　　　　　　　　　　|
　O　　　　　　　　　　　　CH$_3$　　丙酮缩氨脲　m.p. 189 ℃

$$(苯基)-CH=O + NH_2-NH-(2,4-二硝基苯) \longrightarrow (苯基)-CH=N-NH-(2,4-二硝基苯) + H_2O$$
苯甲醛-2,4-二硝基苯腙　黄色晶体

练习 9-2 写出丙酮与下列试剂反应的方程式。

(1)HCN　(2)C$_2$H$_5$OH　(3)①C$_6$H$_5$MgBr ②H$_2$O　(4)NH$_2$OH　(5)NaHSO$_3$

练习 9-3 用简便合理的方法除去正丁醇中含有的少量正丁醛。

9.4.2 氧化反应和还原反应

一、氧化反应

1.醛的氧化

醛基易被氧化成羧基,比较弱的氧化剂如托伦(Tollens)试剂、斐林(Fehling)试剂等就能将醛氧化成羧酸,而酮在此条件下不能被氧化。

托伦试剂是二氨合银离子$[Ag(NH_3)_2]^+$溶液,能氧化醛为羧酸的铵盐,托伦试剂本身被还原为金属银,当反应器壁光滑洁净时形成银镜,故又称为银镜反应。

$$RCHO+2Ag(NH_3)_2OH \longrightarrow RCO_2^- NH_4^+ +2Ag\downarrow +3NH_3+H_2O$$

托伦试剂既可氧化脂肪醛、芳香醛,也可氧化 α-羟基酮,但在同样的条件下不与其他酮发生反应。

$$\underset{R-\overset{\overset{\text{O}}{\|}}{C}-\overset{\overset{\text{OH}}{|}}{C}H-R}{} +2Ag(NH_3)_2OH \longrightarrow \underset{R-\overset{\overset{\text{O}}{\|}}{C}-\overset{\overset{\text{O}}{\|}}{C}-R}{} +2Ag\downarrow +4NH_3+2H_2O$$

斐林试剂是由硫酸铜和酒石酸钾钠碱溶液等量混合而成的,其中酒石酸钾钠的作用是使铜离子形成配合物,而不致在碱性溶液中生成氢氧化铜沉淀。Cu^{2+} 作为氧化剂,与醛作用后被还原为砖红色的氧化亚铜沉淀析出。

$$RCHO+2Cu^{2+}\underset{\text{络离子}}{}+5OH^- \overset{\triangle}{\longrightarrow} RCOO^-+\underset{\text{砖红色}}{Cu_2O\downarrow}+3H_2O$$

甲醛可使斐林试剂中的 Cu^{2+} 还原成单质的铜。其他脂肪醛可使斐林试剂中的 Cu^{2+} 还原成 Cu_2O 沉淀。酮及芳香醛不与斐林试剂反应。

托伦试剂和斐林试剂对双键不发生氧化作用,可用于对 α,β-不饱和醛的选择性氧化,生成产物是 α,β-不饱和羧酸。

$$CH_3CH\text{=}CHCHO\xrightarrow[\text{或 Fehling}]{\text{Tollens}}CH_3CH\text{=}CHCOOH$$
$$\underset{\text{巴豆醛}}{}$$

2.酮的氧化

在通常情况下,酮很难被氧化,若采用硝酸、高锰酸钾等强氧化剂在剧烈条件下氧化时则发生碳链断裂反应,生成多种羧酸混合物,因此没有制备价值。

环己酮在强氧化剂作用下被氧化成己二酸,是工业生产己二酸的有效方法。

$$\bigcirc\text{=O} \xrightarrow[V_2O_5]{60\%HNO_3} \begin{matrix}CH_2CH_2CO_2H\\ |\\ CH_2CH_2CO_2H\end{matrix}$$

二、还原反应

1.催化氢化

醛经催化氢化可还原成伯醇,酮可还原成仲醇。

$$\begin{matrix}R\\ |\\ \underset{(R)H}{C}\text{=O}\end{matrix} +H_2 \xrightarrow{\text{Ni 或 Pd 或 Pt}} \begin{matrix}R\\ |\\ \underset{(R)H}{CH\text{---}OH}\end{matrix}$$

催化氢化的选择性不强,分子中同时存在的不饱和键,如双键、叁键、$-NO_2$、$-CN$、$-CO_2R$、$-CONH_2$、$-COCl$ 等也同时会被还原。

$$CH_3CH=CH-CHO + H_2 \xrightarrow{Ni} CH_3CH_2CH_2CH_2OH$$

2. 金属氢化物还原

醛、酮用金属氢化物如氢化铝锂（$LiAlH_4$）、硼氢化钠（$NaBH_4$）还原时，羰基被还原为醇羟基。

$$\underset{(R)H}{\overset{R}{\diagdown}}C=O \xrightarrow[\text{②}H^+/H_2O]{\text{①}NaBH_4 \text{ 或 } LiAlH_4} \underset{(R)H}{\overset{R}{\diagdown}}CH-OH$$

$LiAlH_4$ 极易水解，反应需在无水条件下进行，$NaBH_4$ 与水、质子性溶剂作用缓慢，使用比较方便，但是其还原能力比 $LiAlH_4$ 弱。$LiAlH_4$ 的还原能力比较强，与催化氢化相近。与催化氢化相比，$LiAlH_4$ 不能还原碳碳双键、叁键（双键与羰基共轭时仍可被 $LiAlH_4$ 还原），但可以还原羧基，而催化氢化不能还原羧基。$NaBH_4$ 只能还原醛、酮与酰氯。

$$CH_3CH=CHCHO \xrightarrow[\text{②}H^+/H_2O]{\text{①}NaBH_4} CH_3CH=CHCH_2OH$$
巴豆醛   巴豆醇

3. 麦尔外英—彭杜尔夫还原

在异丙醇和异丙醇铝存在下，醛、酮可以被还原为醇，分子中其他不饱和基团不受影响，此反应称为麦尔外英—彭杜尔夫（Meerwein-Ponndorf）还原，是欧芬脑尔（Oppenauer）氧化的逆反应。

$$PhCH=CHCHO + (CH_3)_2CHOH \xrightarrow{Al[OCH(CH_3)_2]_3} PhCH=CHCH_2OH + (CH_3)_2C=O$$

$$O_2N-\underset{NHCOCHCl_2}{\underset{|}{\underset{}{\bigcirc}}}\overset{O}{\overset{\|}{C}}CHCH_2OH \xrightarrow[(CH_3)_2CHOH]{Al[OCH(CH_3)_2]_3} O_2N-\underset{NHCOCHCl_2}{\overset{OH}{\underset{|}{\overset{|}{\bigcirc}CHCHCH_2OH}}}$$

4. 克莱门森还原

醛、酮与锌汞齐和浓盐酸一起回流反应，羰基即被还原为亚甲基，称为克莱门森（Clemmensen）还原。

$$\underset{(R)H}{\overset{R}{\diagdown}}C=O \xrightarrow[\triangle]{Zn-Hg, HCl} \underset{(R)H}{\overset{R}{\diagdown}}CH_2$$

克莱门森还原只适用于对酸稳定的化合物的还原。芳香酮利用此法产率较好。

$$\bigcirc\text{-}COCH_2CH_2CH_3 \xrightarrow[HCl]{Zn-Hg} \bigcirc\text{-}CH_2CH_2CH_2CH_3$$

5. 乌尔夫—凯惜尔—黄鸣龙还原

将醛或酮与肼反应则转变为腙，然后将腙与乙醇钠及乙醇在封闭管或高压釜中加热到约 180 ℃，放出氮气而生成烃，这种方法称为乌尔夫—凯惜尔（Wolff-Kishner）还原法。

$$\underset{(R)H}{\overset{R}{\diagdown}}C=O \xrightarrow{NH_2NH_2} \underset{(R)H}{\overset{R}{\diagdown}}C=NNH_2 \xrightarrow[C_2H_5OH]{C_2H_5ONa} \underset{(R)H}{\overset{R}{\diagdown}}CH_2 + N_2\uparrow$$

我国化学家黄鸣龙(Huang Minglong, 1898－1979)改进此还原法,将醛或酮、氢氧化钠、肼的水溶液和一个高沸点的水溶性溶剂如二聚乙二醇$[O(CH_2CH_2OH)_2]$或三聚乙二醇$[(CH_2OCH_2CH_2OH)_2]$一起加热,使醛或酮转变为腙,然后将水和过量的肼蒸出,待温度达到腙开始分解的温度(195～200 ℃)时,再回流 3～4 小时反应即可完成。这样的改进使得反应能在常压下进行,反应时间大大缩短(由 50～100 小时缩短到 3～5 小时),还可以使用便宜的肼的水溶液,同时反应产率显著提高。该改进的方法称为乌尔夫－凯惜尔－黄鸣龙(Wolff-Kishner-Huang Minglong)还原。

$$PhCOCH_2CH_3 \xrightarrow[\triangle]{NH_2NH_2, NaOH, O(CH_2CH_2OH)_2} PhCH_2CH_2CH_3$$
$$82\%$$

通过芳烃酰基化反应制得芳香酮,经克莱门森还原法或黄鸣龙还原法将羰基还原为亚甲基,是在芳环上引入直链烷基的一种间接方法。

$$\langle \rangle + CH_3CH_2\overset{O}{\underset{\|}{C}}-Cl \xrightarrow{无水\ AlCl_3} \langle \rangle\overset{O}{\underset{\|}{C}}CH_2CH_3 \xrightarrow[(HOCH_2CH_2)_2O, \triangle]{NH_2NH_2, NaOH} \langle \rangle-CH_2CH_2CH_3$$

目前此反应又得到了进一步改进,用二甲基亚砜作溶剂,反应温度降低至 100 ℃,更有利于工业化生产。

乌尔夫－凯惜尔－黄鸣龙还原适用于对碱稳定的化合物的还原,若要还原对碱敏感的化合物,可用克莱门森还原,这两种方法互为补充。

三、康尼查罗反应

不含 α-氢原子的醛在浓碱溶液中,一分子被氧化成羧酸,另一分子被还原为伯醇,这种歧化反应称为康尼查罗(Cannizzaro)反应。

$$2HCHO \xrightarrow[(2)H_3O^+]{(1)30\%NaOH} HCOOH + CH_3OH$$

$$2PhCHO \xrightarrow[(2)H_3O^+]{(1)40\%NaOH} PhCOOH + PhCH_2OH$$

两个不同的不含 α-氢原子的醛在浓碱存在下,将发生交叉康尼查罗反应,生成各种可能产物的混合物。但是用甲醛与其他不含 α-氢原子的醛进行交叉康尼查罗反应,由于甲醛的羰基优先被 OH^- 进攻,自身被氧化为甲酸,而另一个醛则被还原为伯醇。

$$HCHO + \langle \rangle-CHO \xrightarrow{浓\ NaOH} HCOO^- + \langle \rangle-CH_2OH$$

此外一些分子还可以发生分子内交叉康尼查罗反应。

$$\overset{CHO}{\underset{CHO}{|}} \xrightarrow[H_2O]{浓\ NaOH} HOCH_2-COONa \xrightarrow{H_3O^+} HOCH_2COOH$$

$$PhCOCHO \xrightarrow[(2)H_3O^+]{(1)浓\ OH^-} Ph\underset{\underset{OH}{|}}{CH}COOH$$

练习 9-4　写出下列反应的产物或反应条件。

(1) $CH_2{=}CHCH_2CH_2CHO \xrightarrow[\triangle]{KMnO_4/H^+}$

(2) $CH_3{-}CH{=}CH{-}CHO \xrightarrow{Tollens}$

(3) $C_6H_5COCH_3 + C_6H_5MgBr \xrightarrow{干醚} \xrightarrow[H_2O]{H^+}$

(4) 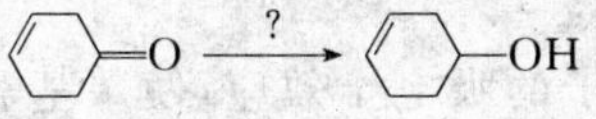

(5) $(CH_3)_3CCHO + HCHO \xrightarrow{浓\ OH^-} ? + ?$

9.4.3　α-H 原子的反应

在含有 α-H 原子的醛、酮分子中，由于羰基的 π 电子云与 α-碳氢键之间的 σ 电子云相互交叠产生 σ-π 超共轭效应，削弱了 α-碳氢键，使 α-H 更加活泼，酸性有所增强。例如乙烷中 C－H 键的 pK_a 约为 40，而丙酮或乙醛中 C－H 键的 pK_a 约为 19～20。因此醛、酮分子中的 α-H 表现出特别的活性。

对于脂肪醛、酮来说，α-H 的活性主要表现在以 H^+ 的形式离解出来，并转移到羰基氧上，形成所谓的烯醇式异构体，但平衡主要偏向酮式一边。例如：

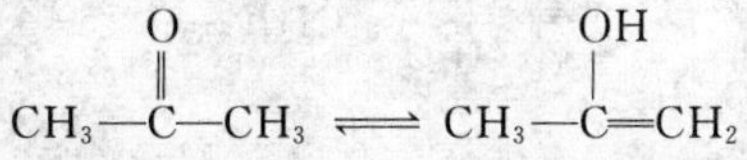

酮式(99.9%)　　　　烯醇式(0.1%)

简单醛、酮中烯醇式含量虽然很少，但在很多情况下，醛、酮都是以烯醇式参与反应。当烯醇式与试剂作用时，平衡右移，酮式不断转变为烯醇式，直至酮式作用完为止。

碱可以夺取 α-H 产生碳负离子，继而形成烯醇负离子。

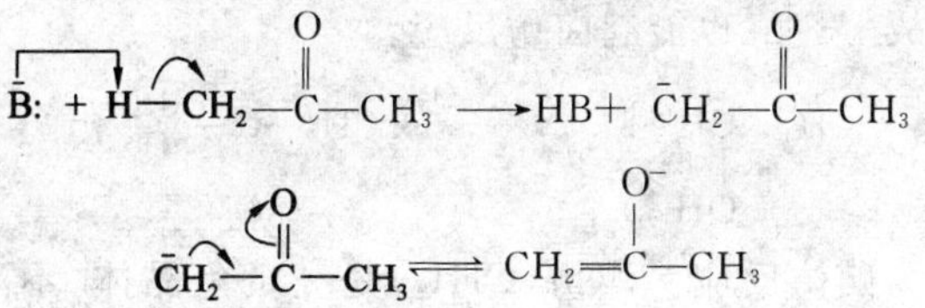

烯醇负离子中存在 p-π 共轭效应，负电荷得到分散，因而烯醇负离子比较稳定。醛、酮有许多反应是通过碳负离子进行的。

酸也可以促进羰基化合物的烯醇化。这是由于 H^+ 与氧结合后增加了羰基的诱导效应，从而使 α-氢容易离解。

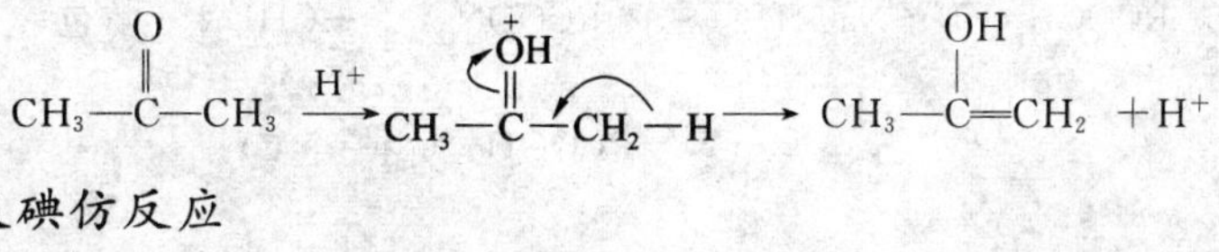

一、卤代及碘仿反应

醛、酮分子中的 α-H 原子在酸性或中性条件下容易被卤素取代，生成 α-卤代醛或α-卤代酮。例如：

$$\text{C}_6\text{H}_5\text{-}\overset{\text{O}}{\overset{\|}{\text{C}}}\text{-CH}_3 + \text{Br}_2 \xrightarrow[\text{微量 AlCl}_3]{\text{乙醚}} \text{C}_6\text{H}_5\text{-}\overset{\text{O}}{\overset{\|}{\text{C}}}\text{-CH}_2\text{Br} + \text{HBr}$$

α-卤代酮是一类催泪性很强的化合物。

反应是通过烯醇式进行的。和简单烯一样,烯醇是依靠它们的 π 电子具有亲核性来反应的,但是烯醇比简单烯活泼得多,因为在反应中,羟基作为一个电子给予体参与反应。

$$\text{C}_6\text{H}_5\text{-}\overset{\text{O}}{\overset{\|}{\text{C}}}\text{-CH}_3 \rightleftharpoons \text{C}_6\text{H}_5\text{-}\overset{\text{O-H}}{\overset{|}{\text{C}}}\text{=CH}_2 \quad \overset{\curvearrowright}{\text{Br-Br}} \quad \text{C}_6\text{H}_5\text{-}\overset{\text{O}}{\overset{\|}{\text{C}}}\text{-CH}_2\text{Br} + \text{HBr}$$

酸催化可控制反应在一卤代阶段。由于引入卤原子的吸电子效应,使羰基氧原子上的电子云密度降低,再质子化形成烯醇要比未卤代时困难。

卤代反应也可被碱催化,但反应很难停留在一卤代阶段。如果 α-C 为甲基,例如乙醛或甲基酮(CH₃CO—),则三个氢都可被卤素取代。这是由于 α-H 被卤素取代后,卤原子的吸电子诱导效应使还没有取代的 α-氢更活泼,更容易被取代。例如:

$$\text{CH}_3\text{-}\overset{\text{O}}{\overset{\|}{\text{C}}}\text{-CH}_3 + \text{X}_2 \xrightarrow{\text{NaOH}} \text{CH}_3\text{-}\overset{\text{O}}{\overset{\|}{\text{C}}}\text{-CX}_3$$

生成的 1,1,1-三卤代丙酮由于羰基氧和三个卤原子的吸电子作用,使碳碳键不牢固,在碱的作用下会发生断裂,生成卤仿和相应的羧酸盐。例如:

$$\text{CH}_3\text{-}\overset{}{\underset{\overset{\|}{\text{O}}}{\text{C}}}\text{-}\overset{\text{X}}{\overset{}{\underset{\text{X}}{\text{C}}}}\text{X} \xrightarrow[\text{H}_2\text{O}]{\text{NaOH}} \text{CH}_3\overset{\text{O}}{\overset{\|}{\text{C}}}\text{-O}^- + \text{CHX}_3$$

因为有卤仿生成,故称为卤仿反应。卤仿反应通式:

$$\text{RCOCH}_3 + 3\text{X}_2 + 4\text{OH}^- \longrightarrow \text{RCOO}^- + \text{CHX}_3 + 3\text{X}^- + 3\text{H}_2\text{O}$$

乙醇和 α-C 上有甲基的仲醇 $\text{CH}_3\overset{}{\underset{\overset{|}{\text{OH}}}{\text{CH}}}\text{-R}$ 也可以被卤素的碱溶液(即次卤酸盐溶液)

氧化成乙醛和甲基酮,故上述醇也能起卤仿反应。

$$\text{CH}_3\text{-}\overset{}{\underset{\overset{|}{\text{OH}}}{\text{C}}}\text{H-}\overset{\text{R}}{\underset{\text{(H)}}{}}\downarrow \xrightarrow{\text{NaOI}} \text{CH}_3\text{-}\overset{}{\underset{\overset{\|}{\text{O}}}{\text{C}}}\text{-}\overset{\text{R}}{\underset{\text{(H)}}{}}\downarrow$$

当卤素是碘时,称为碘仿反应。碘仿(CHI₃)是亮黄色晶体,不溶于水。利用碘仿反应可鉴别乙醛、甲基酮、乙醇和 α-C 上有甲基的仲醇。

次氯酸钠和次溴酸钠虽然也能发生类似的卤仿反应,但生成的氯仿、溴仿都是无色液体,不宜于鉴别。

甲基酮的卤仿反应是制备少一个碳原子羧酸的途径。

$$\text{RCOCH}_3 + \text{I}_2 + \text{NaOH} \longrightarrow \text{RCOONa} + \text{CHI}_3\downarrow \text{ 黄色}$$
$$\downarrow \text{H}^+$$
$$\text{RCOOH} \quad (\text{少一个 C})$$

例如:

$$(\text{CH}_3)_2\text{C=CHCOCH}_3 \xrightarrow[\text{②H}_3\text{O}^+]{\text{①Cl}_2,\text{OH}^-,\text{H}_2\text{O},1,4\text{-二氧六环}} (\text{CH}_3)_2\text{C=CHCOOH} + \text{CHCl}_3$$

二、羟醛缩合反应

在稀碱催化下,含 α-H 的醛发生分子间的加成反应,生成 β-羟基醛,这类反应称为羟醛缩合(Aldol condensation)反应。例如:

$$CH_3-\underset{O}{CH} + HCH_2-\underset{O}{C}-H \overset{\text{稀 }OH^-}{\rightleftharpoons} CH_3\underset{OH}{CH}-CH_2CHO$$

β-羟基醛在加热下很容易脱水生成 α,β-不饱和醛。

$$CH_3-\underset{\boxed{OH\quad H}}{CH}-CHCHO \xrightarrow{\triangle} CH_3CH=CHCHO+H_2O$$

除乙醛外,其他醛的羟醛缩合所得产物都是在 α-碳上带有支链的羟基醛或烯醛。

$$CH_3CH_2\underset{H}{C}{\overset{O}{=}} + \underset{CH_3}{H}-CHCHO \xrightarrow{\text{稀碱}} CH_3CH_2\underset{CH_3}{CH}\overset{OH}{CH}CHO \xrightarrow{\triangle} CH_3CH_2CH=\underset{CH_3}{C}CHO$$

2-甲基-3-羟基戊醛　　　　2-甲基-2-戊烯醛

通过羟醛缩合可以得到比原料多一倍碳原子的醛或醇,在有机合成中常用于增长碳链。如工业上用乙醛制备丁醇,由丁醛制备 α-乙基己醛等。

关于羟醛缩合反应的几点说明:

(1)不含 α-H 的醛,如甲醛、苯甲醛、2,2-二甲基丙醛等不发生羟醛缩合反应。

(2)如果使用两种不同的含有 α-H 的醛,则可得到四种羟醛缩合产物的混合物,不易分离,无制备意义。

(3)如果一个含 α-H 的醛和另一个不含 α-H 的醛反应,可得到收率好的单一产物。

$$\text{C}_6\text{H}_5-CHO +CH_3CH_2CHO \overset{\text{稀 }NaOH}{=\!=\!=\!=} \text{C}_6\text{H}_5-\underset{OHCH_3}{CHCHCHO} \xrightarrow[-H_2O]{\triangle} \text{C}_6\text{H}_5-CH=\underset{CH_3}{C}CHO$$

芳醛与含有 α-氢的酸酐作用生成 α,β-不饱和羧酸,称为柏琴(Perkin)反应。例如苯甲醛与乙酸酐及乙酸钾共热,发生缩合。

$$\text{C}_6\text{H}_5-CHO +(CH_3CO)_2O \xrightarrow[17\sim180\ ℃]{CH_3COOK} \text{C}_6\text{H}_5-CH=CHCOOK +CH_3COOH$$

又如,季戊四醇就是利用甲醛和乙醛为原料,通过羟醛缩合和交叉康尼查罗反应制备的。

$$CH_3CHO \xrightarrow[\text{稀 }OH^-]{HCHO} (HOCH_2)_3CCHO \xrightarrow[\text{浓 }OH^-]{HCHO} C(CH_2OH)_4$$

(4)两分子酮进行缩合时,由于电子效应和空间效应的影响,在同样的条件下,只能得到少量缩合产物。例如:

$$CH_3-\underset{O}{C}-CH_3 + H-CH_2-\underset{O}{C}-CH_3 \overset{\text{稀 }OH^-}{=\!=\!=\!=} CH_3-\underset{OH}{\overset{CH_3}{C}}-CH_2\overset{O}{C}CH_3$$

1%

如果采用特殊装置,将产物不断从平衡体系中移出,则可使酮大部分转化为 β-羟基酮。

练习 9-5 完成下列反应。

(1) [环己基]—CH₂CHO $\xrightarrow{\text{稀 OH}^-}$ $\xrightarrow[\triangle]{-H_2O}$ (2) $CH_3\overset{\displaystyle O}{\overset{\|}{C}}CH_2CH_2CH_3 + I_2 + NaOH \longrightarrow$

(3) [环丙基]$\overset{\displaystyle O}{\overset{\|}{C}}$—CH₃ $\xrightarrow{\text{Br}_2,\text{OH}^-,\text{H}_2\text{O}}$ (4) [环己酮] $\xrightarrow{\text{稀 OH}^-}$ $\xrightarrow[\triangle]{-H_2O}$

练习 9-6 用化学方法鉴别乙醇、丙醇、2-丁酮和 3-戊酮。

练习 9-7 以乙醛为原料合成 2-乙基-1-己醇。

9.5 羰基亲核加成反应历程

羰基的亲核加成反应是醛、酮的典型反应,可将其大致分为两类,一类是简单加成反应,一类是复杂加成反应。

9.5.1 简单的亲核加成反应机理

醛、酮和氢氰酸、亚硫酸氢钠等的加成反应是简单的亲核加成反应,现以氢氰酸对醛、酮的亲核加成反应为例来进行分析。

一、反应机理

在实验中发现,HCN 与羰基化合物的加成是受碱催化的,微量碱的加入不但使反应迅速完成,而且也能提高产率。如 HCN 与丙酮反应,无碱存在时 3~4 小时内只有一半的原料起反应;当加入一滴 KOH 溶液后,反应在两分钟内就可以完成。如在反应中加入酸,则反应速度减慢,酸的浓度越大,反应速度越慢。在碱催化下,氢氰酸对于羰基的亲核加成反应机理为:

(1)活性亲核试剂 CN⁻ 的生成。

$$\boxed{HO^- + H} - CN \underset{}{\overset{\text{快}}{\rightleftharpoons}} H_2O + CN^-$$

(2)亲核试剂 CN⁻ 对羰基的亲核加成。

$$CN^- + \quad \overset{}{C}{=}O \quad \overset{\text{慢}}{\rightleftharpoons} \quad \overset{\displaystyle O^-}{\underset{\displaystyle CN}{\overset{|}{C}}}$$

(3)水对羰基氧的亲电加成。

$$\overset{\displaystyle O^-}{\underset{\displaystyle CN}{\overset{|}{C}}} + HOH \rightleftharpoons \overset{\displaystyle OH}{\underset{\displaystyle CN}{\overset{|}{C}}}$$

α-羟基腈

从上述反应机理可知,由于 HCN 的电离度很小,中性条件下氰酸根的浓度很小,故反应速度慢。加入 OH⁻ 则中和了 H⁺,CN⁻ 的浓度增大,反应速度加快。而加入 H⁺ 后抑制了 HCN 的电离,CN⁻ 的浓度大大减小,反应很难进行。

醛、酮与各类亲核试剂的加成反应历程可用如下通式来表示:

$$\diagdown C = O + Nu^- \xrightarrow{\text{慢}} \diagup C \diagdown \begin{matrix} O^- \\ \text{} \\ Nu \end{matrix} \xrightleftharpoons{H^+} \diagup C \diagdown \begin{matrix} OH \\ \text{} \\ Nu \end{matrix}$$

不同的亲核试剂对各类羰基化合物的加成反应的 K_c 值各不相同,有的很小,实际上不反应;有的很大,实际上是不可逆反应。通常将 K_c 值在 10^4 以下者看作是可逆反应。HCN 与醛酮加成的 K_c 值在 $10^{-3} \sim 10^3$ 之间,因此 HCN 对醛酮加成是一种可逆反应。

二、影响亲核加成的因素

影响亲核加成的因素主要有空间因素、电子效应和试剂的亲核性。

1. 空间因素对亲核加成反应的影响

空间效应是影响羰基亲核加成反应活性的主要因素之一。醛、酮分子 RCOR′ 中羰基碳原子上连接的基团(R、R′)和亲核试剂(Nu)的空间体积愈大,空间位阻愈大,阻碍亲核试剂对羰基碳的进攻,反应的平衡常数愈小。另一方面羰基碳原子为 sp² 杂化,键角约为 120°,加成产物使该碳原子转化为 sp³ 杂化,键角减小到 109°,基团的体积大,加成产物的空间位阻增大,基团之间的排斥力增大,使亲核加成反应难以发生。如:

$$\begin{matrix} CH_3 \\ \diagdown \\ CH_3CH_2 \diagup \end{matrix} C = O + HCN \rightleftharpoons \begin{matrix} CH_3 \quad OH \\ \diagdown \diagup \\ C \\ \diagup \diagdown \\ CH_3CH_2 \quad CN \end{matrix} \qquad K_c = 38$$

$$\begin{matrix} (CH_3)_3C \\ \diagdown \\ (CH_3)_3C \diagup \end{matrix} C = O + HCN \rightleftharpoons \begin{matrix} (CH_3)_3C \quad OH \\ \diagdown \diagup \\ C \\ \diagup \diagdown \\ (CH_3)_3C \quad CN \end{matrix} \qquad K_c \leqslant 1$$

2. 电子效应对亲核加成反应的影响

在亲核试剂 Nu⁻ 与醛、酮的加成反应中,羰基所连接基团的电子效应,对反应活性有较大的影响。当羰基连有吸电子基团时,羰基碳上的正电性增加,有利于亲核加成的进行,吸电子基团越多,吸电子能力越强,反应越快。相反,当羰基连有供电子基团时,不利于亲核加成反应的进行。

醛类中又以甲醛的反应活性最大,它甚至能和弱亲核试剂水作用。

酮进行亲核加成反应的活性比醛低。芳基与羰基因共轭效应而使羰基稳定,与羰基处于共轭位置的双键亦使羰基的活性降低,与烷基相比羰基的活性低。所以芳醛比脂肪醛亲核加成反应活性低。醛、酮与亲核试剂反应的一般活性顺序为:

$$\begin{matrix} H \\ \diagdown \\ C = O \\ \diagup \\ H \end{matrix} > CH_3 - \overset{\displaystyle O}{\underset{\displaystyle \|}{C}} - H > R - \overset{\displaystyle O}{\underset{\displaystyle \|}{C}} - H > \text{C}_6\text{H}_5 - \overset{\displaystyle O}{\underset{\displaystyle \|}{C}} - H > CH_3 \overset{\displaystyle O}{\underset{\displaystyle \|}{C}} CH_3 >$$

$$\overset{\displaystyle O}{\underset{\displaystyle \|}{\bigcirc}} > CH_3 - \overset{\displaystyle O}{\underset{\displaystyle \|}{C}} - R > R - \overset{\displaystyle O}{\underset{\displaystyle \|}{C}} - R' > \text{C}_6\text{H}_5 - \overset{\displaystyle O}{\underset{\displaystyle \|}{C}} - CH_3 > \text{C}_6\text{H}_5 - \overset{\displaystyle O}{\underset{\displaystyle \|}{C}} - \text{C}_6\text{H}_5$$

3.试剂的亲核性对亲核加成反应的影响

在醛、酮的亲核加成反应中,随着亲核试剂亲核性的增加,反应的平衡常数增大。例如,乙醛在与较弱的亲核试剂水和中等强度的亲核试剂 HCN 进行亲核加成时其平衡常数相差很大。

$$
\begin{array}{c}
\underset{CH_3}{\overset{H}{}}C{=}O + HOH \rightleftharpoons CH_3{-}\underset{H}{\overset{OH}{\underset{|}{\overset{|}{C}}}}{-}OH \quad K_c \approx 1
\end{array}
$$

$$
\begin{array}{c}
\underset{CH_3}{\overset{H}{}}C{=}O + HCN \rightleftharpoons CH_3{-}\underset{H}{\overset{OH}{\underset{|}{\overset{|}{C}}}}{-}CN \quad K_c > 10^4
\end{array}
$$

9.5.2 复杂的亲核加成反应机理

前面已经介绍,醛、酮与氨及氨的衍生物反应时,首先是亲核试剂对于羰基的加成,形成加成产物醇胺,醇胺很不稳定,容易消除一分子水而生成含有 C=N 键的产物。整个过程为加成-消除过程。其机理可表示如下:

$$
\begin{array}{c}
\diagdown C{=}O + H^+ \underset{快}{\rightleftharpoons} \diagdown C{=}\overset{+}{O}H \xrightarrow[慢]{:NH_2Y} {-}\underset{|}{\overset{OH}{\overset{|}{C}}}{-}\overset{+}{N}H_2Y \underset{快}{\rightleftharpoons}
\end{array}
$$

$$
\begin{array}{c}
{-}\underset{|}{\overset{\overset{+}{O}H_2}{\overset{|}{C}}}{-}NHY \underset{快}{\overset{-H_2O}{\rightleftharpoons}} \diagup C{=}\overset{+}{N}HY \underset{快}{\overset{-H^+}{\rightleftharpoons}} \diagup C{=}N{-}Y
\end{array}
$$

其中 Y 可以是 H、R、Ar、OH、NH_2、NHR、NHAr、$NHCONH_2$ 等。

这些反应为酸所催化,H^+ 加在羰基氧上使羰基碳原子的正电性增加,有利于亲核试剂的进攻。一般使用弱酸如乙酸为催化剂,若使用酸性太强的酸,则酸与氨(胺)反应形成铵盐,使氨(胺)的亲核能力减弱,甚至失去亲核能力,而不利于反应的进行。如:

$$
:NH_2Y + H^+ \rightleftharpoons {}^+NH_3Y
$$

因此,在 NH_2Y 对醛、酮的加成反应中,有一个最适合的 pH,既使羰基质子化,又使 NH_2Y 有亲核能力而顺利地反应。例如,实验证明,羟胺与丙酮的反应在 pH=5 时反应速度最快。

9.6 重要的醛、酮

一、甲醛

甲醛无色、有刺激性的气体,易溶于水。37%~40%的甲醛水溶液(内含 8%的甲醇)商业上叫"福尔马林"(Formalin)。因为甲醛能使蛋白质凝固,所以常用作消毒剂和防腐剂。

现在甲醛产量的 90%均采用甲醇为原料,反应如下:

$$
CH_3OH + \frac{1}{2}O_2 \xrightarrow[250\sim300\ ℃]{Ag} HCHO + H_2O
$$

甲醛是结构上比较特殊的醛,羰基直接连接两个氢原子,因此它表现出特殊的化学活性。甲醛和氨作用生成一个结构复杂的化合物六亚甲基四胺,商品名叫乌洛托品。

$$6HCHO + 4NH_3 \longrightarrow \text{（六亚甲基四胺）} + 6H_2O$$

六亚甲基四胺是无色晶体,熔点 263 ℃,易溶于水,有甜味,燃烧时产生炽热的火焰。乌洛托品在医药上用作利尿剂和尿道消毒剂,在塑料工业上用作固化剂,也是制造烈性炸药的原料。

甲醛非常容易聚合,在不同的条件下生成三聚甲醛和多聚甲醛,它们加热到一定的温度都解聚成甲醛。聚甲醛是白色粉末,是具有优良综合性能的工程塑料,在较大的温度范围内有很好的机械强度和硬度,自润性和耐磨性也很好,可以代替金属材料制造汽车、飞机的零件、泵、轴承等。

二、乙醛

过去工业上生产乙醛主要由乙炔水合和乙醇氧化制得。

$$CH\equiv CH + H_2O \xrightarrow{Hg^{2+}/H_2SO_4} CH_3CHO$$

$$C_2H_5OH + \frac{1}{2}O_2 \xrightarrow[540\sim550\,℃]{Ag} CH_3CHO + H_2O$$

随着石油化工的发展,乙烯氧化法开始成为合成乙醛的最主要路线。

$$CH_2\!=\!CH_2 + \frac{1}{2}O_2 \xrightarrow[120\,℃,1MPa]{CuCl_2-PdCl_2} CH_3CHO$$

乙醛是无色、有刺激气味的液体,沸点 20.8 ℃,可溶于水、乙醇及乙醚中。在少量硫酸和干燥 HCl 存在下乙醛聚合成环状的三聚或四聚、多聚乙醛。

$$CH_3CHO \underset{\triangle,\text{浓} H_2SO_4/\text{干} HCl}{\rightleftharpoons} \text{（三聚乙醛）}$$

三聚乙醛是有香味的液体,沸点 124 ℃,在硫酸存在下解聚成乙醛,所以三聚乙醛是储存乙醛的最方便的方法。四聚乙醛是一种不溶于水的白色固体,沸点 246 ℃,可用作固体无烟燃料。乙醛是有机合成的重要原料,可用来合成乙酸、丁醇、季戊四醇等产品。

三、丙酮

丙酮在常温下是无色液体,沸点 56.1 ℃,具有令人愉快的香味,易溶于水、乙醇、乙醚等。丙酮是一种优良的溶剂,广泛地用于油漆、合成纤维等工业。丙酮还是合成环氧树脂、有机玻璃等的原料。

丙酮的工业制法也很多,主要通过异丙苯氧化法同时获得丙酮和苯酚。除异丙醇氧化及异丙苯氧化法可制得丙酮之外,随着石油工业的发展,也可由丙烯直接氧化法制得。

$$CH_3\!-\!CH\!=\!CH_2 + \frac{1}{2}O_2 \xrightarrow[110\,℃,1\,MPa]{PdCl_2-CuCl_2} \underset{92\%}{CH_3\!-\!\overset{\displaystyle O}{\overset{\|}{C}}\!-\!CH_3}$$

四、环己酮

环己酮是一种脂环族饱和酮,它可由环己醇催化脱氢或氧化制备。工业上则从苯酚催化加氢先制得环己醇,再经氧化而生成环己酮。

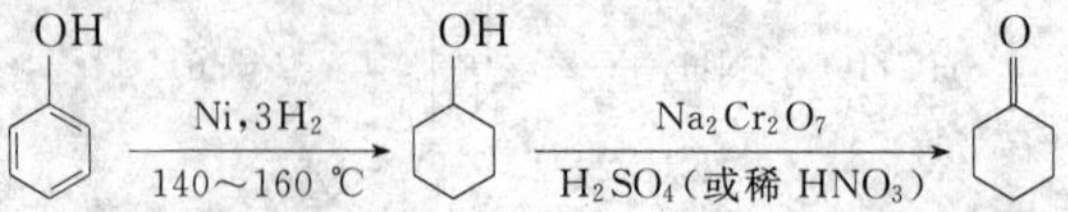

此法的缺点是 75% 的苯酚和 25% 的环己酮会形成恒沸液,难以分离。

近年来开发了环己烷空气氧化制取环己酮的方法。此法是将苯在气相下氢化成环己烷,再用钴盐作催化剂,经空气氧化生成环己醇和环己酮的混合物。环己醇再脱氢可得环己酮。

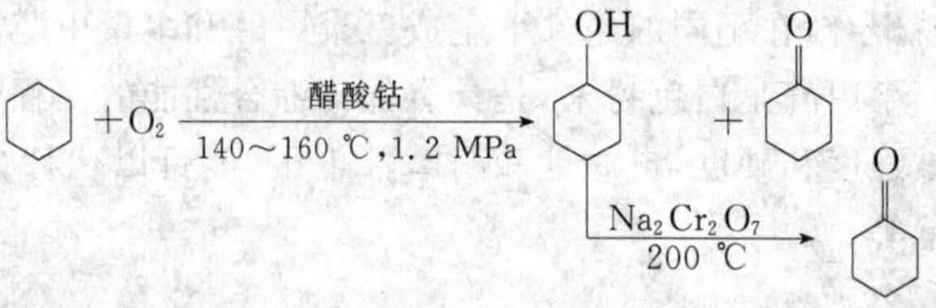

环己酮为无色油状液体,有丙酮的气味,沸点 155.7 ℃,微溶于水,易溶于乙醇和乙醚,环己酮氧化后生成己二酸,它是制造尼龙—66 的原料。环己酮与羟胺作用生成环己酮肟,可用来生产尼龙—6。

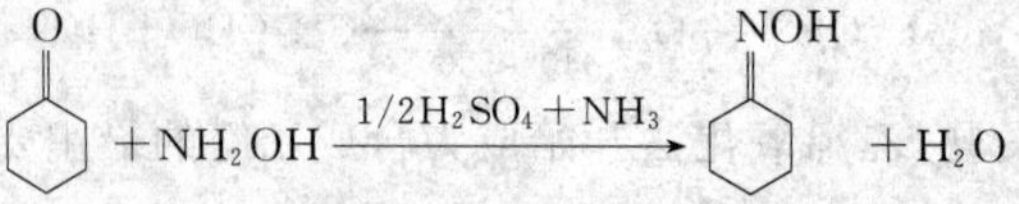

五、苯甲醛

苯甲醛是无色液体,沸点为 178 ℃,有苦杏仁味,微溶于水,易溶于乙醇、乙醚等。

苯甲醛的工业制法有甲苯控制氧化法和苯二氯甲烷水解法。

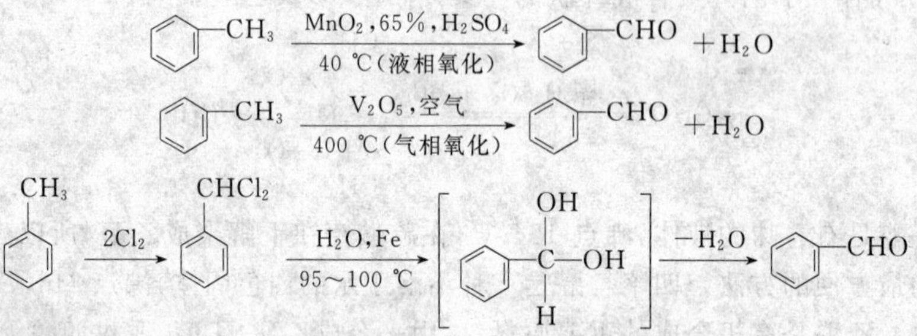

苯甲醛在室温时能被空气氧化成苯甲酸,故保存苯甲醛时,常加入少量抗氧化剂如对苯二酚等,以阻止自动氧化,且用棕色瓶保存。苯甲醛在工业上是有机合成的一个重要原料,用于制备香料、染料和药物等,它本身也可用作香料。

9.7 醌

醌类化合物是一类具有特殊不饱和环己二酮结构的化合物。最简单、最重要的醌是苯醌,它有邻位和对位两种异构体,不存在间位异构体。

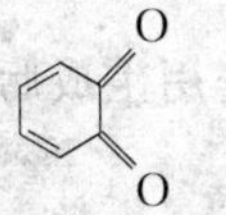

邻苯醌 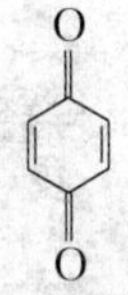　　　对苯醌

凡是含有 ══ 或 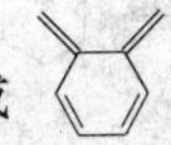 型的结构均称为醌型结构。含有醌型结构的化合物大多有颜色,对位醌一般呈黄色,邻位醌一般呈红色或橙色,所以,醌型结构是许多染料和指示剂的母体结构。多种植物色素中也存在醌型结构。

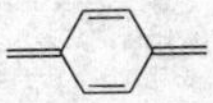

9.7.1　醌的命名

醌一般是指苯醌、萘醌、蒽醌和菲醌及其衍生物,其衍生物的命名是以苯醌、萘醌、蒽醌等作为母体来命名。例如:

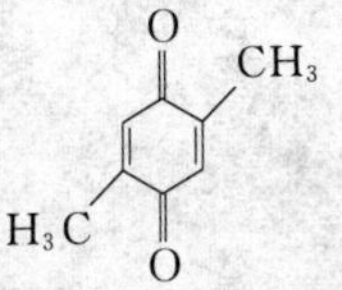

2,5-二甲基-1,4-苯醌 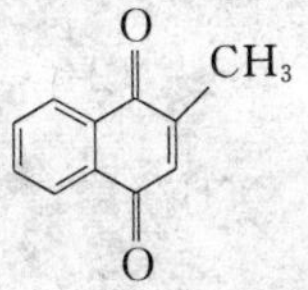　　2-甲基-1,4-萘醌 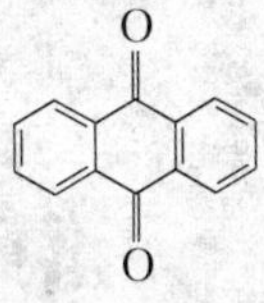　　9,10-蒽醌 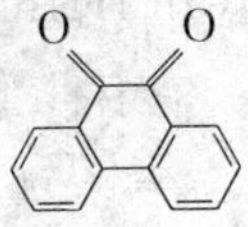　　9,10-菲醌

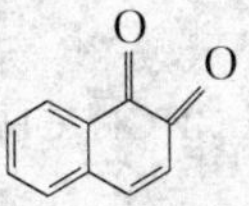

1,2-萘醌 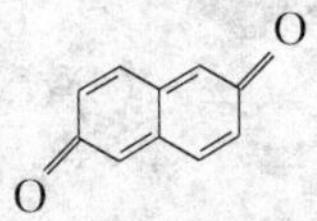　　　2,6-萘醌

9.7.2　醌的化学性质

醌类化合物具有环状不饱和二酮的结构,分子中既含有碳碳双键又含有羰基,所以醌具有烯烃和羰基的典型性质。

一、碳碳双键的加成

醌分子中的碳碳双键可与卤素等亲电试剂进行加成反应。如对苯醌与溴发生加成反应生成四溴化物。

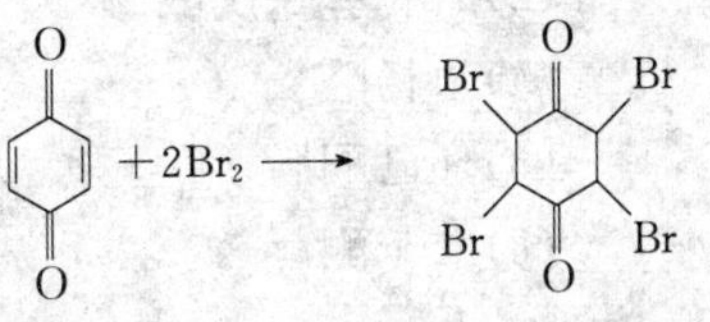

$+2Br_2 \longrightarrow$

2,3,5,6-四溴环己二酮

对苯醌中的烯键受两个羰基的影响,成为一个典型的亲电试剂,能与共轭二烯烃发生狄尔斯-阿尔德(Diels-Alder)反应。

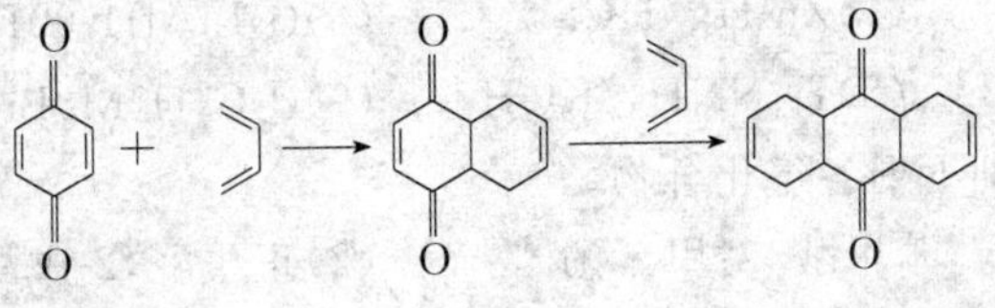

二、羰基的加成

醌能与亲核试剂反应,如对苯醌与羟胺作用生成肟。由于分子内有两个羰基,因而可生成两种肟。

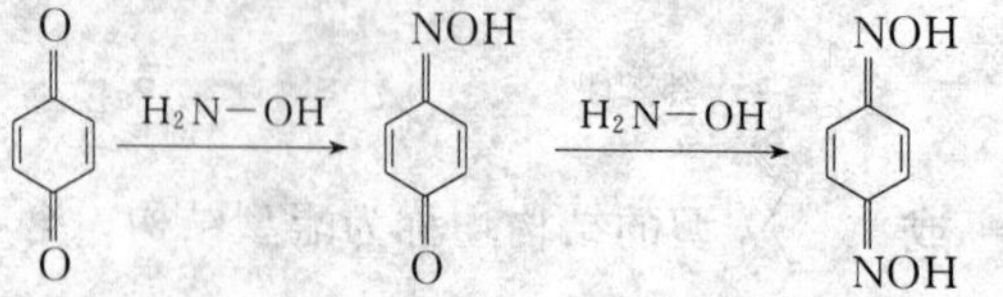

对苯醌单肟   对苯醌双肟

【习　题】

1.命名下列化合物。

(1) 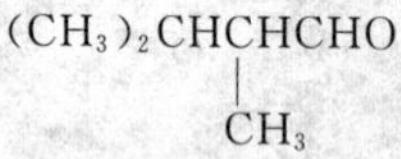 $(CH_3)_2CHCHCHO$
$\qquad\qquad\quad\ |$
$\qquad\qquad\quad CH_3$

(2) 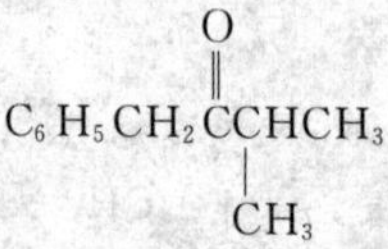 $C_6H_5CH_2CCHCH_3$

(3)

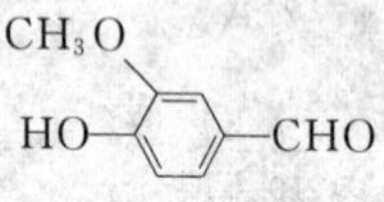

(4)

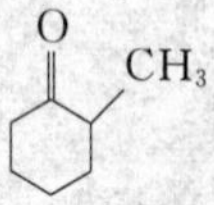

(5)

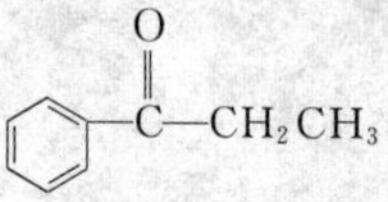

(6) $(CH_3)_2C{=\!\!=}CHCH_2CHO$

(7) 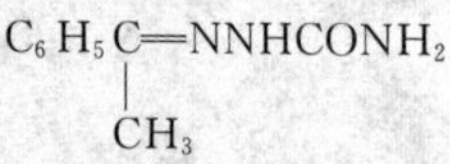 $C_6H_5C{=\!\!=}NNHCONH_2$
$\qquad\quad\ |$
$\qquad\quad CH_3$

(8) 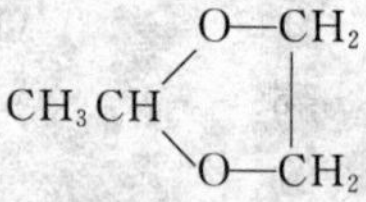 CH_3CH

(9)

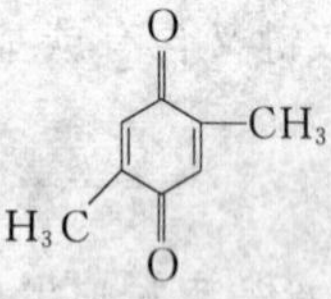

2.写出下列化合物的构造式。

(1)肉桂醛　　　　　　　(2)2-甲基-3-戊酮

(3)对氯苯乙酮　　　　　(4)水杨醛

(5)2-己烯二醛　　　　　(6)环己酮肟

(7)丙酮苯腙　　　　　　(8)二苯酮

(9)2-氯-1,4-萘醌

3.苯丙酮对下列试剂有无反应?如有反应请写出反应式。

(1)HCN　　　　　　(2)$C_2H_5OH/$干 HCl　　(3)NaHSO₃

(4)Br₂/NaOH　　　(5)Zn-Hg/HCl　　　　(6)①LiAlH₄②H₂O/H⁺

(7)Ag(NH₃)₂OH　　(8)H₂NNH₂/KOH　　　(9)①C₆H₅MgBr②H₂O/H⁺

4.用化学方法鉴别下列各组化合物。

(1)苯乙醛,苯乙酮,苯甲醛,对甲苯酚　　(2)正戊醛,2-戊酮,3-戊酮,2-戊醇

(3)甲醛,乙醛,丙烯醛,烯丙醇　　　　　　　　　(4)苯甲醛,苯甲醚,苄氯,氯苯

5.完成下列反应式。

(1) $2CH_3CH_2CH_2CHO \xrightarrow{\text{稀 } OH^-} \xrightarrow{NaBH_4}$

(2) $\xrightarrow{(\quad)}$ $\xrightarrow{H_2N-OH}$

(3) $2CH_3CH_2CHO \xrightarrow[\triangle]{OH^-} \xrightarrow[\triangle]{Zn-Hg,HCl} \xrightarrow{H_2,Ni}$

(4) $+HCHO \xrightarrow{\text{浓 } NaOH}$

(5) CH_3CO——$CHO \xrightarrow{HCN}$

(6) $3HCHO+CH_3CHO \xrightarrow{\text{稀 } NaOH}$

(7) $CH_3\overset{O}{\underset{\|}{C}}CHO +2CH_3OH \xrightarrow[\text{干醚}]{\text{干 } HCl} \xrightarrow{C_2H_5MgBr} \xrightarrow[H^+]{H_2O}$

(8) $\xrightarrow[\text{干醚}]{C_6H_5MgBr} \xrightarrow{H_3O^+}$

(9) $CH_3\underset{\underset{OH}{|}}{C}HCH_3 \xrightarrow[\triangle]{Cu} \xrightarrow[\text{稀 } NaOH,\triangle]{C_6H_5CHO} \xrightarrow{NaBH_4}$

(10) $\xrightarrow[\text{干醚}]{Mg} \xrightarrow[\text{干醚}]{CH_3COCH_3} \xrightarrow{H_2O/H^+}$

6.下列化合物中哪些能起碘仿反应?哪些能和饱和亚硫酸氢钠发生反应?哪些能发生歧化反应?写出反应式。

(1) 丙醇　　(2)乙醇　　(3)甲醛　　(4)2-戊酮　　(5)环己酮

(6)二乙基酮　　(7)丙酮　　(8)2-戊醇　　(9)苯乙酮　　(10)2,2-二甲基丙醛

7.将下列化合物按与 HCN 反应活性大小排序。

(1)CH_3CHO　　(2)$ClCH_2CHO$　　(3)Cl_3CCHO　　(4) $CH_3\overset{}{\underset{\underset{O}{\|}}{C}}CH_3$

(5) $CH_3CH_2\overset{}{\underset{\underset{O}{\|}}{C}}CH_3$　(6) $CH_3\overset{}{\underset{\underset{O}{\|}}{C}}C_6H_5$　(7)C_6H_5CHO　　(8) $CH_3\underset{\underset{CH_3}{|}}{C}HCHO$

8.分子式为 $C_8H_{14}O$ 的化合物 A 可使溴的四氯化碳溶液很快褪色,也可与苯肼反应。A 氧化后可得到丙酮与化合物 B,B 与次碘酸钠反应生成碘仿与丁二酸。试写出化合物 A、B 的构造式,并用反应式表示上述化学变化。

9.化合物 A 的分子式为 $C_7H_{16}O$,氧化后的产物能与苯肼作用生成苯腙;A 用浓硫酸加热分子内脱水得 B,B 经高锰酸钾氧化后得正丁酸和 C,C 能发生碘仿反应生成 D。推测 A、B、C、D 的结构,并写出相关反应方程式。

10.化合物 A 的分子式为 $C_{10}H_{12}O_2$,不溶于氢氧化钠溶液,能与羟胺、氨基脲反应,但

不与托伦试剂作用。A 经 LiAlH$_4$ 还原得到 B,B 分子式为 C$_{10}$H$_{14}$O$_2$,A 与 B 都能发生碘仿反应。A 与 HI 反应生成 C,C 分子式为 C$_9$H$_{12}$O$_2$,能溶于氢氧化钠溶液,经克莱门森还原生成 D,D 分子式为 C$_9$H$_{12}$O。A 经高锰酸钾氧化生成对甲氧基苯甲酸。写出 A~D 的构造式及各步反应式。

11.以指定化合物为原料完成下列转化。

(1) CH$_2$=CH$_2$ $\longrightarrow$ CH$_3$CH$_2$CH$_2$CH$_2$OH

(2) 环己醇(OH) $\longrightarrow$ 环戊烯-CHO

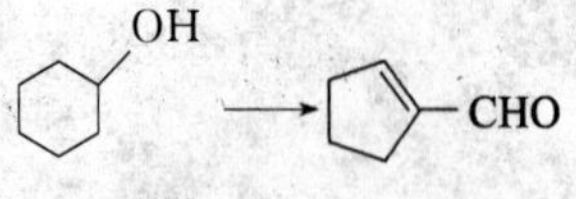

(3) 甲苯 $\longrightarrow$ 对位 COOH/OHC 取代苯

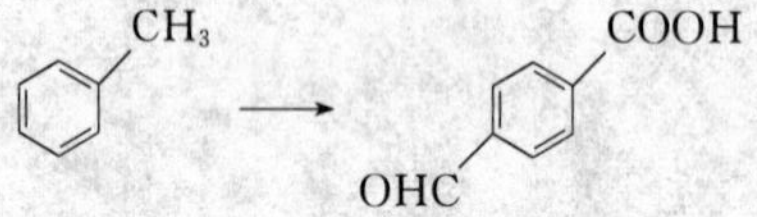

(4) CH$_2$=CHCH$_3$ $\longrightarrow$ CH$_3$-C(OH)(CH$_3$)-CH$_3$

(5) 由苯和丁二酸酐合成 苯-CH$_2$CH$_2$CH$_2$COOH

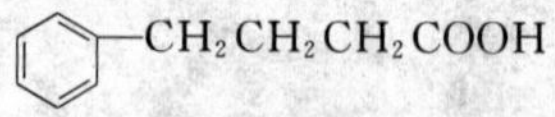

(6) 由丁烯合成 CH$_3$CH$_2$CH$_2$CH$_2$CH$_2$OH

第 10 章

羧酸及其衍生物

【学习目标】

☞ 掌握羧酸及其衍生物的系统命名法及某些俗名；

☞ 了解羧酸及其衍生物的物理性质；

☞ 理解羧酸的酸性与结构的关系，能比较各类化合物酸碱性强弱；

☞ 掌握羧酸及其衍生物的化学性质及其制备方法；

☞ 了解几种重要羧酸的性质和用途；

☞ 掌握乙酰乙酸乙酯和丙二酸二乙酯在有机合成中的应用。

分子中含有羧基的化合物称为羧酸。羧基以—COOH 表示。羧酸又可看作是烃分子中的氢原子被羧基取代的衍生物，通式为 RCOOH 或 ArCOOH。羧酸分子中的羧基上的羟基被其他原子或基团取代后生成的化合物叫做羧酸衍生物。

羧酸是许多有机物氧化的最后产物，它在自然界普遍存在（以酯的形式），在工业、农业、医药和人们的日常生活中有着广泛的应用。

10.1 羧酸

10.1.1 羧酸的结构、分类与命名

一、结构

在羧酸分子中，羧基碳原子采用 sp^2 杂化，其未参与杂化的 p 轨道与一个氧原子的 p 轨道形成 C=O 中的 π 键，而羧基中羟基氧原子上的未共用电子对与羧基中的 C=O 形成 p-π 共轭体系（如图 10-1 所示），从而使羟基氧原子上的电子向 C=O 转移，结果使C=O 和 C—O 的键长趋于平均化。

X 射线衍射测定结果表明：甲酸分子中 C=O 的键长（0.123 nm）比醛、酮分子中 C=O 的键长（0.120 nm）略长，而甲酸分子中 C—O 的键长（0.136 nm）比醇分子中 C—O 的键长（0.143 nm）稍短。

二、分类

根据分子中烃基的结构，可把羧酸分为脂肪族羧酸（饱和脂肪族羧酸和不饱和脂肪族

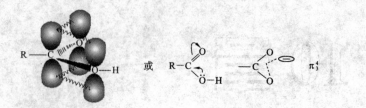

图 10-1　羧基的 p-π 共轭示意图

羧酸)、脂环族羧酸(饱和脂环族羧酸和不饱和脂环族羧酸)、芳香族羧酸等;根据分子中羧基的数目,又可把羧酸分为一元羧酸、二元羧酸、多元羧酸等。例如:

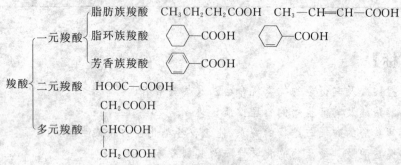

三、命名

1.羧酸常用俗名

羧酸的俗名通常根据天然来源命名。脂肪族羧酸很早就被人们所熟知,因而常根据其来源而有俗名。常见羧酸的俗名有蚁酸、酪酸、棕榈酸、油酸、亚油酸、安息香酸、水杨酸等。常见羧酸的俗名见表 10-1。

2.系统命名法

与醛的命名相同,即选择含羧基的最长碳链为主链,若分子中含有双键或叁键,则选含羧基和双键(或叁键)的最长碳链为主链,靠近羧基一端开始编号;根据主链碳原子的数目称为"某酸"或"某烯(炔)酸"。取代基的位置也可用希腊字母 α-、β-、γ-、δ-等标明(普通命名法)。应注意的是:羧基永远作为 C—1,因此 C—2 相当于普通命名中的 α 位,C—3 相当于普通命名中的 β 位,依此类推。不可将希腊字母用在 IUPAC 名称或将阿拉伯数字混在普通名称中。

$$\overset{5}{CH_3}-\overset{4}{CH_2}-\overset{3}{CH}-\overset{2}{CH}-\overset{1}{COOH}$$
$$\overset{\delta}{}\quad\overset{\gamma}{}\quad\overset{\beta|}{}\quad\overset{\alpha|}{}$$
$$CH_3\quad CH_3$$

2,3-二甲基戊酸

α,β-二甲基戊酸

$$\overset{5}{Br}-\overset{4}{CH_2}-\overset{3}{CH}=\overset{2}{CH}-\overset{1}{CH_2}-COOH$$
$$\overset{\delta}{}\quad\overset{\gamma}{}\quad\overset{\beta}{}\quad\overset{\alpha}{}$$

5-溴-3-戊烯酸

δ-溴-β-戊烯酸

对于脂环族羧酸和芳香族羧酸,则把脂环或芳环看作取代基来命名。

苯甲酸(安息香酸)　　　3-苯基丁酸或β-苯基丁酸　　　1-萘乙酸或α-萘乙酸

邻羟基苯甲酸(水杨酸)　　3-苯基丙烯酸(肉桂酸)　　　环戊基甲酸

二元羧酸,选择含两个羧基的碳链为主链,按碳原子数目称为"某二酸"。

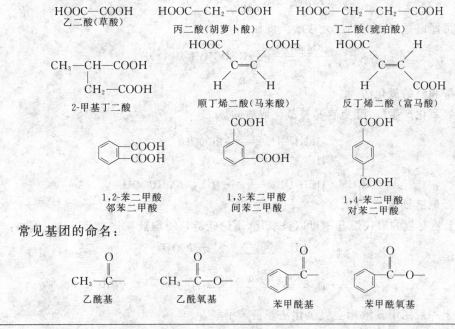

常见基团的命名:

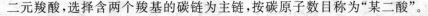

乙酰基　　　乙酰氧基　　　苯甲酰基　　　苯甲酰氧基

练习 10-1 命名或写出下列化合物的结构式。

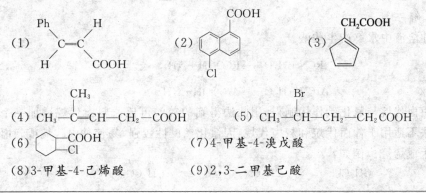

(4) CH_3—$\overset{\overset{\displaystyle CH_3}{|}}{C}$=CH—$CH_2$—COOH　　(5) CH_3—$\overset{\overset{\displaystyle Br}{|}}{C}H$—$CH_2$—$CH_2$COOH

(6) 环己基—COOH, Cl　　(7) 4-甲基-4-溴戊酸

(8) 3-甲基-4-己烯酸　　(9) 2,3-二甲基己酸

10.1.2　羧酸的制备方法

一、氧化法

1. 烃的氧化

石蜡(C_{26}~C_{30}正烷烃)在高锰酸钾的催化下,在 120~150℃通入空气氧化,发生碳链断裂,产生不同长短碳链的一系列羧酸、醇、酯等。

$$C_{26}\sim C_{30} \xrightarrow[O_2,120℃]{KMnO_4} \begin{cases} C_1\sim C_9\ \text{酸}\quad 20\%\sim25\% \\ C_{10}\sim C_{20}\ \text{酸}\quad 50\%\sim60\% \\ \text{深度氧化 } CO,CO_2\quad 10\% \end{cases}$$

烯烃通过氧化,碳链在双键处断裂得到羧酸。例如:

$$RCH=CH_2 \xrightarrow{H^+,KMnO_4} RCOOH + CO_2\uparrow + H_2O$$

$$RCH=CHR \xrightarrow[KMnO_4]{H^+} 2RCOOH$$

环状烯烃通过氧化得到二元羧酸。例如：

$$\xrightarrow{KMnO_4, H_2SO_4} HOOC(CH_2)_4COOH$$

己二酸

2. 伯醇和醛的氧化法

伯醇经氧化产生醛,醛更容易被氧化成羧酸。

$$RCH_2OH \xrightarrow{KMnO_4} RCOOH$$

$$CH_3CH_2\overset{\overset{\textstyle CH_3}{|}}{C}HCH_2OH \xrightarrow{KMnO_4} CH_3CH_2\overset{\overset{\textstyle CH_3}{|}}{C}HCOOH$$

3. 芳烃侧链氧化

α-碳上连有氢的取代烷基苯可以被氧化,不论碳链长短均被氧化成苯甲酸。例如：

$$\underset{}{\bigcirc}\!-CH_3 \xrightarrow[\triangle]{KMnO_4} \underset{}{\bigcirc}\!-COOH$$

$$O_2N\!-\!\bigcirc\!-\!CH_3 \xrightarrow[\triangle]{KMnO_4 \text{ 或 } K_2Cr_2O_7} O_2N\!-\!\bigcirc\!-\!COOH$$

工业上一般用甲苯液相空气氧化法制备苯甲酸。

$$\bigcirc\!-\!CH_3 + O_2(空气) \xrightarrow[140\sim160℃, 0.29MPa]{环烷酸钴} \bigcirc\!-\!COOH + H_2O$$

二、腈水解

腈在酸性溶液中水解产生羧酸。

$$RCN + H_2O \xrightarrow{H^+} RCOOH + NH_3$$

$$ArCN + H_2O \xrightarrow{H^+} ArCOOH + NH_3$$

腈一般由卤代烷与氰化钠作用制得,用此法得到的羧酸可比原料卤代烷增加一个碳原子。但此法不适用于仲卤代烷和叔卤代烷,因氰化钠碱性较强,易使仲卤代烷或叔卤代烷脱卤化氢生成烯烃。例如：

$$\underset{}{\bigcirc}\!-CH_2Cl \xrightarrow{NaCN} \underset{}{\bigcirc}\!-CH_2CN \xrightarrow{70\% H_2SO_4} \underset{}{\bigcirc}\!-CH_2COOH$$

$$n\text{-}C_4H_9Br \xrightarrow{NaCN} n\text{-}C_4H_9CN \xrightarrow{NaOH} n\text{-}C_4H_9COO^- \xrightarrow{H^+} n\text{-}C_4H_9COOH$$

三、格氏试剂合成法

将 CO_2 气体通到格氏试剂的醚溶液中,或将格氏试剂倾入干冰中。在后一方法中,干冰不仅作为试剂,而且也作为冷却剂。

格氏试剂加成到 CO_2 的碳氧双键上生成羧酸的镁盐,再用无机酸处理这个镁盐就得到游离的羧酸。

$$RMgX + CO_2 \longrightarrow RCOOMgX \xrightarrow{H^+} RCOOH + Mg^{2+} + X^-$$

$$CH_3CH_2\overset{\overset{\textstyle }{|}}{C}HCH_3 + CO_2 \xrightarrow[低温]{干醚} CH_3CH_2\overset{\overset{\textstyle }{|}}{C}HCH_3 \xrightarrow{H_2O} CH_3CH_2\overset{\overset{\textstyle }{|}}{C}HCH_3$$
$$\underset{MgX}{} \qquad\qquad \underset{CO_2MgX}{} \qquad\qquad \underset{COOH}{}$$

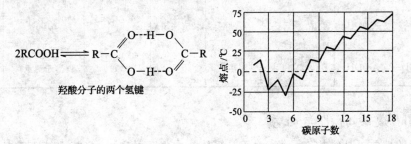

格氏试剂可由卤代烃制备,通过此法可制得比原料多一个碳原子的羧酸。

10.1.3 羧酸的物理性质

低级的饱和一元羧酸为液体,$C_4 \sim C_{10}$ 的羧酸都具有强烈的刺鼻气味或恶臭,如丁酸就有腐败奶油的臭味。高级的饱和一元羧酸为蜡状固体,挥发性低,没有气味。脂肪族二元羧酸和芳香族羧酸都是结晶固体。

饱和一元羧酸的沸点随着相对分子质量的增加而升高。羧酸的沸点比相对分子质量相近的醇的沸点要高得多。例如:甲酸的沸点(100.7℃)比相同相对分子质量的乙醇的沸点(78.5℃)高;乙酸的沸点(118℃)比丙醇的沸点(97.4℃)高。这是因为羧酸分子间能以两个氢键形成双分子缔合的二聚体。即使在气态时,也是以二聚体形式存在的。

饱和一元羧酸的熔点也随碳原子数的增加而呈锯齿形上升(参见图10-2),即偶数碳原子羧酸比相邻两个奇数碳原子羧酸的熔点高。二元羧酸由于分子中碳链两端都有羧基,分子间的引力大,熔点比相对分子质量相近的一元羧酸高得多。

$$2RCOOH \rightleftharpoons R-C \cdots \cdots C-R$$

羟酸分子的两个氢键

图 10-2 饱和脂肪一元羧酸的熔点

羧酸与水也能形成氢键。在饱和一元羧酸中,甲酸至丁酸可与水混溶;其他羧酸随碳链的增长,憎水的烃基愈来愈大,水溶性迅速降低。高级一元羧酸不溶于水,而溶于有机溶剂。多元酸的水溶性大于同碳原子数的一元羧酸;而芳香族羧酸水溶性小。

芳香族羧酸一般可以升华,有些能随水蒸气挥发。利用这一特性可以从混合物中分离与提纯芳香族羧酸。一些常见羧酸的名称和物理常数见表10-1。

表 10-1　　一些常见羧酸的名称和物理常数

化学式	系统名	俗名	熔点/℃	沸点/℃	溶解度/(g/100 g H_2O)	pK_a
HCOOH	甲酸	蚁酸	8.4	100.7	∞	3.77
CH_3COOH	乙酸	醋酸	16.6	118	∞	4.76
CH_3CH_2COOH	丙酸	初油酸	−21	141	∞	4.88
$CH_3(CH_2)_2COOH$	丁酸	酪酸	−5	164	∞	4.82
$CH_3(CH_2)_{16}COOH$	十八酸	硬脂酸	71.5~72	369(分解) 287*	不溶	6.37
$CH_2=CH-COOH$	丙烯酸	败脂酸	13	141.6	溶	4.26

(续表)

化学式	系统名	俗名	熔点/℃	沸点/℃	溶解度/(g/100 g H$_2$O)	pK$_a$
CH(CH$_2$)$_7$CH$_3$ || CH(CH$_2$)$_7$COOH	顺-十八碳-9-烯酸	油酸	16	285.6 *	不溶	
COOH | COOH	乙二酸	草酸	189.5	157(升华)	溶 10	pK$_{a1}$1.23 pK$_{a2}$4.19
CH$_2$(COOH)$_2$	丙二酸	胡萝卜酸(缩苹果酸)	135.6	140(分解)	易溶 140	pK$_{a1}$2.83 pK$_{a2}$5.69
CH$_2$—COOH | CH$_2$—COOH	丁二酸	琥珀酸	188 (185)	235 (失水分解)	微溶 6.8	pK$_{a1}$4.16 pK$_{a2}$5.61
C$_6$H$_5$—COOH	苯甲酸	安息香酸	122.4	100(升华) 295	0.34	4.19
邻苯二甲酸	邻苯二羧酸 邻苯二甲酸	酞酸	231(速热) 191(密闭)	213(分解)	0.70	pK$_{a1}$2.89 pK$_{a2}$5.51
HOOC—C$_6$H$_4$—COOH	对苯二羧酸 对苯二甲酸	对酞酸	425(密闭)	300(升华)	0.002	pK$_{a1}$3.51 pK$_{a2}$4.82
C$_6$H$_5$—CH=CHCOOH	3-苯丙烯酸(反式)	肉桂酸	133	300	溶于热水	4.43

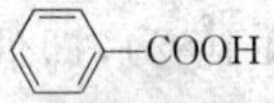

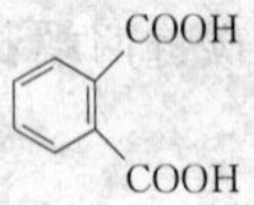

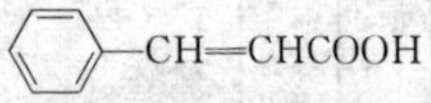

* 在 13332 Pa 压力下。

10.1.4 羧酸的化学性质

羧酸的性质可从结构上预测,由于共轭体系中电子的离域,羟基中氧原子上的电子云密度降低,氧原子便强烈吸引氧氢键的共用电子对,从而使氧氢键极性增强,有利于氧氢键的断裂,使其呈现酸性;也由于羟基中氧原子上未共用电子对的偏移,使羧基碳原子上电子云密度比醛、酮中高,不利于发生亲核加成反应,所以羧酸的羧基没有像醛、酮那样典型的亲核加成反应。

另外,α-H 原子由于受到羧基的影响,其活性升高,容易发生取代反应;羧基的吸电子效应,使羧基与 α-C 原子间的价键容易断裂,能够发生脱羧反应。

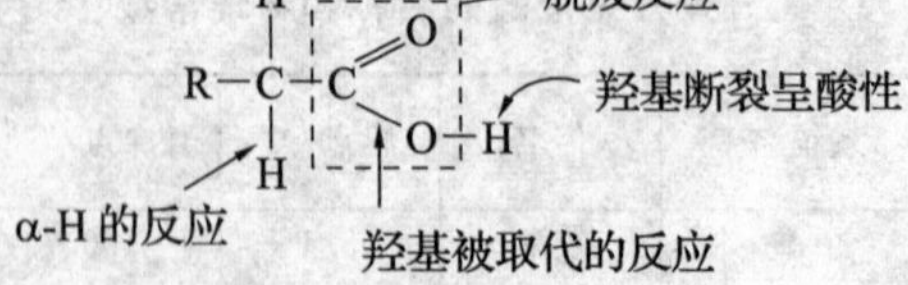

一、酸性

羧酸具有明显的弱酸性,在水溶液中能解离出 H$^+$,并使蓝色石蕊试纸变红。

$$RCOOH + H_2O \rightleftharpoons RCOO^- + H_3O^+$$

羧酸的酸性比醇、酚及其他各类含氧化合物的酸性强(见表 10-2)。

| 表 10-2 | | | 各类含氢化合物的酸性 | | | | |

类别	RCOOH	OH（苯酚）	HOH	ROH	HC≡CH	H₂NH	RH
pK_a	4~5	10	~15.7	16~19	~25	~35	~50

羧酸的酸性比碳酸强,不仅能与氢氧化钠作用生成盐,而且能与碳酸钠、碳酸氢钠作用生成盐。

$$RCOOH + NaOH \longrightarrow RCOONa + H_2O$$

$$RCOOH + NaHCO_3 \longrightarrow RCOONa + H_2O + CO_2 \uparrow$$

羧酸钠盐具有盐的一般性质,易溶于水,不挥发,与强的无机酸作用,又可转化为原来的羧酸。

$$RCOONa + HCl \longrightarrow RCOOH + NaCl$$

实验室中可根据与碳酸氢钠反应放出二氧化碳的性质鉴别羧酸;还可利用羧酸盐与无机酸作用重新转变为羧酸的性质分离、提取或精制羧酸。

羧酸盐具有重要的用途。例如高级脂肪酸的钾盐、钠盐是肥皂的主要成分。在医药上,利用羧酸盐易溶于水的性质,将不溶于水的药物变成水溶性药物。

羧酸具有明显的酸性与它的结构有关。当羧基中的氢原子电离后,羧酸根负离子中的 p-π 共轭作用更强,负电荷平均分布在两个氧原子上,使羧酸根负离子更趋于稳定。羧酸根负离子的结构如图 10-3 所示。

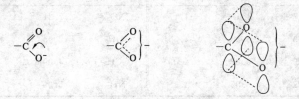

图 10-3 羧酸根负离子的结构

羧酸的酸性强弱与整个分子的结构有关。各种羧酸的酸性强弱规律如下:

(1)饱和一元羧酸中,甲酸的酸性(pKₐ=3.77)最强。例如:

	HCOOH	CH₃COOH	CH₃CH₂COOH
pK_a	3.77	4.76	4.88

这是由于烷基是供电基,使羟基氧原子上电子云密度增加,对氢原子的吸引力增加,从而导致氢原子较难离解为质子,所以一般羧酸的酸性比甲酸弱。

(2)饱和一元羧酸的烃基连有吸电子基团(如—X、—NO₂、—OH 等)时,酸性增强。例如:

	FCH₂COOH	ClCH₂COOH	BrCH₂COOH	ICH₂COOH
pK_a	2.59	2.86	2.90	3.18

酸性减弱 →

	Cl₃CCOOH	Cl₂CHCOOH	ClCH₂COOH	CH₃COOH
pK_a	0.65	1.29	2.86	4.76

$$CH_3CH_2\underset{|}{C}HCOOH \qquad CH_3\underset{|}{C}HCH_2COOH \qquad \underset{|}{C}H_2CH_2CH_2COOH$$
$$Cl \qquad\qquad Cl \qquad\qquad\qquadCl$$

| pKₐ | 2.86 | 4.05 | 4.52 |

这是由于吸电子效应,使羧基中 O—H 键极性增强,易离解出氢离子,因此酸性增强。同时,取代基的电负性越大,取代数目越多,离羧基越近,其酸性越强。

(3)低级的饱和二元羧酸的酸性比饱和一元羧酸的酸性强,特别是乙二酸。这是由于羧基的相互吸电子作用,使分子中两个氢原子都易于离解而使酸性显著增强。但二元羧酸的酸性随碳原子数的增加而相应减弱。

(4)羧基直接连于苯环上的芳香族羧酸比饱和一元羧酸的酸性强,但比甲酸弱。例如:

$$HCOOH \qquad C_6H_5COOH \qquad CH_3COOH \qquad CH_3CH_2COOH$$

| pKₐ | 3.77 | 4.19 | 4.76 | 4.88 |

这是由于苯环的大 π 键和羧基形成了共轭体系,电子云向羧基偏移,减弱了 O—H 键的极性,使氢原子较难离解为质子,故苯甲酸的酸性比甲酸弱。

(5)芳香族羧酸的酸性因芳环上取代基的种类、位置的不同而发生变化。这种变化主要是由于取代基的诱导效应和共轭作用对芳环电子云密度的影响而引起的。表 10-3 列出了一些取代苯甲酸的 pKₐ 值。

表 10-3　　　　　　　　一些取代苯甲酸的 pKₐ 值

	邻—	间—	对—		邻—	间—	对—
H	4.17	4.17	4.17	NO₂	2.21	3.46	3.40
CH₃	3.89	4.28	4.35	OH	2.98	4.12	4.54
Cl	2.89	3.82	4.03	OCH₃	4.09	4.09	4.47
Br	2.82	3.85	4.18	NH₂	5.00	4.82	4.92

从表中数据可明显看出,当取代基在对位或间位时,其电子效应使芳环上电子云密度降低,酸性增强;反之,则酸性减弱。若取代基在邻位,除氨基外,都使酸性增强。

练习 10-2　比较下列化合物的酸性强弱。
(1)CH₃COOH、F₂CHCOOH、C₆H₅OH、CH₃CH₂OH、Cl₂CHCOOH
(2)苯甲酸、对硝基苯甲酸、间硝基苯甲酸、对氯苯甲酸、苯乙酸、乙酸

二、羟基的取代反应

羧酸中的羟基虽不如醇羟基易被取代,但在一定条件下,羧基中的羟基可以被卤素、酰氧基、烷氧基和氨基取代,形成酰卤、酸酐、酯和酰胺等羧酸衍生物。

1.生成酰卤

羧基中的羟基被卤素取代的产物称为酰卤,其中最重要的是酰氯。酰氯是由羧酸与亚硫酰氯、三氯化磷或五氯化磷等氯化剂反应制得。

$$3R\overset{\overset{\displaystyle O}{\|}}{C}\text{—OH} + PCl_3 \longrightarrow 3R\overset{\overset{\displaystyle O}{\|}}{C}\text{—Cl} + H_3PO_3$$

亚磷酸 b. p. 200℃（分解）

$$R\overset{\overset{\displaystyle O}{\|}}{C}\text{—OH} + PCl_5 \longrightarrow R\overset{\overset{\displaystyle O}{\|}}{C}\text{—Cl} + POCl_3 + HCl$$

三氯氧磷 b. p. 107℃

$$R\overset{\overset{\displaystyle O}{\|}}{C}\text{—OH} + SOCl_2 \longrightarrow R\overset{\overset{\displaystyle O}{\|}}{C}\text{—Cl} + SO_2 + HCl$$

酰氯非常活泼,极易水解,所含无机杂质不能水洗除去,只能用蒸馏方法分离。通常是用 PCl_3 来制备沸点较低的酰氯,而用 PCl_5 制备具有较高沸点的酰氯。例如:

$$3CH_3COOH + PCl_3 \longrightarrow 3CH_3COCl + H_3PO_3$$

沸点　　　　118℃　　75℃　　　52℃

亚硫酰氯在实验室中常用来制备酰氯,由于生成的 HCl 和 SO_2 可从反应体系中移出,酰氯的产率可高达 90％以上。但由于使用 $SOCl_2$ 过量,应当在制备与它有较大沸点差别的酰氯中使用,以便于蒸馏分离。

$$CH_3(CH_2)_4COOH + SOCl_2 \longrightarrow CH_3(CH_2)_4COCl + SO_2\uparrow + HCl\uparrow$$

沸点　　205.4℃　　　　　　　　285.5℃

2. 生成酸酐

羧酸在脱水剂乙酰氯、乙酸酐、P_2O_5 等存在下加热,分子间失去一分子水生成酸酐。

$$R\overset{\overset{\displaystyle O}{\|}}{C}\text{—OH} + HO\overset{\overset{\displaystyle O}{\|}}{C}\text{—R} \xrightarrow[\triangle]{\text{脱水剂}} R\overset{\overset{\displaystyle O}{\|}}{C}\text{—O—}\overset{\overset{\displaystyle O}{\|}}{C}\text{—R} + H_2O$$

$$2\ \text{C}_6\text{H}_5\text{—COOH} \xrightarrow[\triangle]{(CH_3CO)_2O} \text{C}_6\text{H}_5\overset{\overset{\displaystyle O}{\|}}{C}\text{—O—}\overset{\overset{\displaystyle O}{\|}}{C}\text{C}_6\text{H}_5$$

酸酐也可由羧酸盐与酰氯反应得到,此方法可以制备混合酸酐。

$$R\overset{\overset{\displaystyle O}{\|}}{C}\text{—ONa} + Cl\overset{\overset{\displaystyle O}{\|}}{C}\text{—R}' \longrightarrow R\overset{\overset{\displaystyle O}{\|}}{C}\text{—O—}\overset{\overset{\displaystyle O}{\|}}{C}\text{—R}' + NaCl$$

五元或六元环状酸酐可由丁二酸、戊二酸受热脱水(不脱羧)而得。例如:

$$\begin{array}{c} CH_2\text{—}\overset{\overset{\displaystyle O}{\|}}{C}\text{—OH} \\ | \qquad\qquad \\ CH_2\text{—}\underset{\underset{\displaystyle O}{\|}}{C}\text{—OH} \end{array} \xrightarrow{\triangle} \begin{array}{c} CH_2\text{—}\overset{\overset{\displaystyle O}{\|}}{C} \\ | \qquad\qquad O \\ CH_2\text{—}\underset{\underset{\displaystyle O}{\|}}{C} \end{array} + H_2O$$

丁二酸酐

$$\underset{\begin{array}{c}CH_2\\|\\CH_2\\|\\CH_2-C\end{array}}{CH_2-C} \overset{O}{\underset{OH}{\overset{\diagdown}{\diagup}}} \overset{\triangle}{\longrightarrow} \underset{\begin{array}{c}CH_2\\|\\CH_2\\|\\CH_2-C\end{array}}{CH_2-C} \overset{O}{\underset{O}{\overset{\diagdown}{\diagup}}} + H_2O$$

戊二酸酐

其他二元羧酸受热反应的规律为：

(1)乙二酸、丙二酸受热脱羧生成一元酸。

$$HOOC-COOH \xrightarrow{150℃} HCOOH + CO_2$$

$$H_2C \overset{COOH}{\underset{COOH}{\diagup\diagdown}} \xrightarrow{\triangle} CH_3COOH + CO_2$$

$$R_2C \overset{COOH}{\underset{COOH}{\diagup\diagdown}} \xrightarrow{\triangle} R_2CHCOOH + CO_2$$

(2)己二酸、庚二酸受热既脱水又脱羧生成环酮。

$$\underset{CH_2CH_2COOH}{CH_2CH_2COOH} \xrightarrow{\triangle} \underset{CH_2-CH_2}{\overset{CH_2-CH_2}{\diagdown}}C=O + CO_2 + H_2O$$

$$\underset{CH_2CH_2COOH}{\overset{CH_2CH_2COOH}{CH_2}} \xrightarrow{\triangle} \underset{CH_2-CH_2}{\overset{CH_2-CH_2}{\diagdown}}C=O + CO_2 + H_2O$$

3.酯化反应

羧酸与醇在酸催化下反应生成酯和水,这个反应称为酯化反应。在同样条件下,酯和水也可作用生成羧酸和醇,称为酯的水解反应。所以酯化反应是可逆反应。

$$RCOOH + R'OH \underset{}{\overset{H^+}{\rightleftharpoons}} RCOOR' + H_2O$$

常用的催化剂有浓硫酸、苯磺酸等。酯化反应一般较慢,催化剂和温度在加速酯化反应速度的同时,也加速水解反应速度。为提高产率,必须使平衡向酯化方向移动。常采用加入过量的价廉原料,以改变反应达到平衡时反应物和产物的组成;或加除水剂,除去反应中所产生的水;也可以将酯从反应体系中不断蒸出。

酯化反应可按两种方式进行：

$$R-\overset{O}{\overset{\|}{C}}-O\boxed{H \quad + \quad HO}-R' \rightleftharpoons R-\overset{O}{\overset{\|}{C}}-O-R' + H_2O \quad (1)$$

$$R-\overset{O}{\overset{\|}{C}}\boxed{-O-H \quad + \quad H-O}-R' \rightleftharpoons R-\overset{O}{\overset{\|}{C}}-O-R' + H_2O \quad (2)$$

实验证明,大多数情况下,酯化反应是按(1)的方式进行的。如用含有示踪原子[18]O的苯甲酸与甲醇反应,结果发现[18]O在生成的酯中。

$$R-\overset{\overset{\textstyle O}{\|}}{C}-\overset{18}{O}H + HO-CH_2-R \rightleftharpoons R-\overset{\overset{\textstyle O}{\|}}{C}-\overset{18}{O}-CH_2R + H_2O$$

酯化反应机理如下：

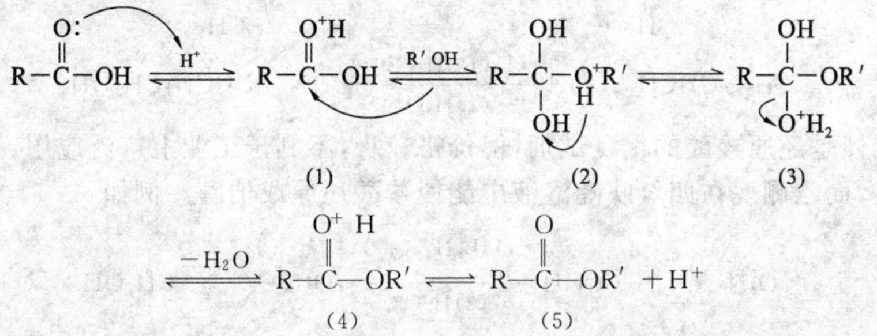

　　首先羧酸中羰基氧接收 H^+ 而成盐(1)，增加了羰基碳的正电性，使醇容易发生亲核加成，形成一个四面体中间体(2)，此步反应是决定反应速度的一步；然后质子转移生成中间体(3)，再失水而成盐(4)，(4)失去 H^+ 即形成酯(5)。反应是经历了亲核加成—消除的过程。总的结果羧基上的羟基被烷氧基取代，是羧基上的亲核取代反应。

　　由机理可知，反应中间体是一个四面体结构，比反应物位阻加大，所以羧酸和醇的结构对酯化难易影响很大。一般说来，羧酸或醇分子中烃基的空间位阻加大都会使酯化反应速度变慢。例如：在盐酸催化下，下列羧酸与甲醇酯化的相对速度为：

$$\begin{array}{ccccc} CH_3COOH & C_2H_5COOH & (CH_3)_2CHCOOH & (CH_3)_3CCOOH & (C_2H_5)_3CCOOH \\ 1 & 0.84 & 0.33 & 0.027 & 0.0016 \end{array}$$

结构不同的醇和羧酸进行酯化反应时的活性顺序为：

$$CH_3OH > RCH_2OH > R_2CHOH$$
$$CH_3COOH > RCH_2COOH > R_2CHCOOH > R_3CCOOH$$

4.生成酰胺

　　羧酸可以与氨(或胺)反应形成酰胺。羧酸与氨(或胺)反应首先形成铵盐，干燥的羧酸铵受热脱水得到酰胺。

$$RCOOH \xrightarrow{NH_3} RCOO^- N^+ H_4 \overset{\triangle}{\rightleftharpoons} R-\overset{\overset{\textstyle O}{\|}}{C}-NH_2 + H_2O$$

$$RCOOH \xrightarrow{R'NH_2} RCOO^- N^+ H_3R' \overset{\triangle}{\rightleftharpoons} R-\overset{\overset{\textstyle O}{\|}}{C}-NHR' + H_2O$$

　　这是一个可逆反应，但在铵盐分解的温度下，生成的水可通过蒸馏除去，使平衡转移，反应可趋于完全。如丙酰胺可用此法制取：

$$CH_3CH_2COOH + NH_3 \longrightarrow \underset{\text{丙酸铵}}{CH_3CH_2COONH_4} \xrightarrow[\triangle]{-H_2O} \underset{\text{丙酰胺}}{CH_3CH_2CONH_2}$$

羧酸与芳胺作用可直接得到酰胺。

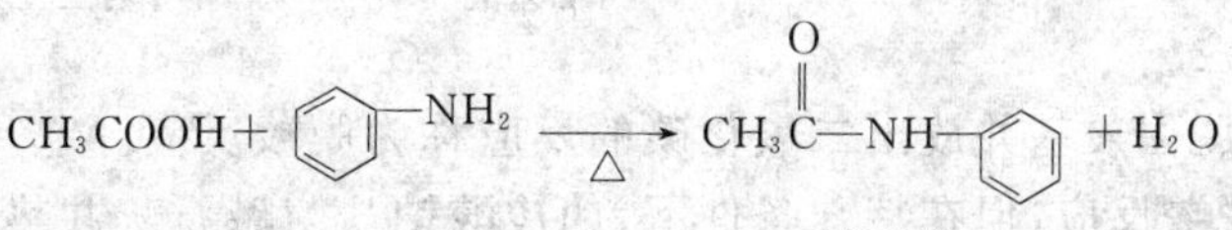

三、还原反应

羧基含有碳氧双键，但受羟基的影响，难于被一般还原剂或催化氢化法还原。强还原

剂四氢铝锂却能顺利地将羧酸还原为伯醇,反应在无水乙醚或四氢呋喃中进行。例如:

$$CH_3-\overset{\overset{\displaystyle CH_3}{|}}{\underset{\underset{\displaystyle CH_3}{|}}{C}}-COOH \xrightarrow[\text{(2)}H_3O^+]{\text{(1)}LiAlH_4/Et_2O} CH_3-\overset{\overset{\displaystyle CH_3}{|}}{\underset{\underset{\displaystyle CH_3}{|}}{C}}-CH_2OH$$

$$CH_2=CHCH_2COOH \xrightarrow[\text{(2)}H_3O^+]{\text{(1)}LiAlH_4/Et_2O} CH_2=CHCH_2CH_2OH$$

四氢铝锂是还原羧酸的优良试剂,但价格较贵,不利于工业上广泛应用。硼氢化钠不能还原羧酸,而乙硼烷在四氢呋喃溶液中能使羧酸还原成伯醇。例如:

$$O_2N-\underset{}{\boxed{}}-COOH \xrightarrow[\text{(2)}H_3O^+]{\text{(1)}B_2H_6/\square O} O_2N-\underset{}{\boxed{}}-CH_2OH$$
$$79\%$$

四、α-氢的反应

羧酸中的羧基和醛、酮中的羰基一样,由于吸电子诱导效应和 σ-π 超共轭效应共同作用使 α-碳上的氢原子易活化而发生取代反应。但羧基的活化作用比羰基小得多,因此羧酸的 α-卤代反应并不容易进行,需要在红磷或三卤化磷的催化下才能逐渐被氯或溴取代。

$$CH_3COOH \xrightarrow{Cl_2,P} CH_2ClCOOH \xrightarrow{Cl_2,P} CHCl_2COOH \xrightarrow{Cl_2,P} CCl_3COOH$$

控制卤素的量和反应条件可以制取不同的卤代酸。

$$CH_3CH_2CH_2COOH \xrightarrow{Br_2,P} CH_3CH_2\underset{\underset{\displaystyle Br}{|}}{C}HCOOH \quad 82\%$$

这是工业生产一氯乙酸的方法。一氯乙酸是染料、医药、农药、树脂及其他有机合成的重要中间体。

α-卤代酸是制备其他 α-取代酸的母体,例如 α-溴代丙酸可以制备 α-羟基酸、α-氨基酸、α,β-不饱和酸以及 α-氰基酸等。

$$CH_3\underset{\underset{\displaystyle Br}{|}}{C}HCOOH$$

$$\xrightarrow[H_2O]{OH^-} CH_3\underset{\underset{\displaystyle OH}{|}}{C}HCOOH \quad \text{α-羟基酸(乳酸)}$$

$$\xrightarrow[\text{醇}]{OH^-} CH_2=CHCOOH \quad \text{α,β-不饱和酸}$$

$$\xrightarrow{NH_3} CH_3\underset{\underset{\displaystyle NH_2}{|}}{C}HCOOH \quad \text{α-氨基酸}$$

$$\xrightarrow{KCN} CH_3\underset{\underset{\displaystyle CN}{|}}{C}HCOOH \xrightarrow[H_2O]{H^+} CH_3\underset{\underset{\displaystyle COOH}{|}}{C}HCOOH$$
$$\qquad\qquad\qquad \text{α-氰基酸} \qquad\qquad \text{甲基丙二酸}$$

五、脱羧反应

羧酸分子中脱去羧基并放出二氧化碳的反应称为脱羧反应。饱和一元羧酸对热稳定,通常不发生脱羧反应,但在特殊条件下,如羧酸钠盐与碱石灰共热,也可以发生脱羧反应。

$$CH_3COONa + NaOH(CaO) \xrightarrow{\triangle} CH_4 + Na_2CO_3$$

这是实验室用来制取纯甲烷的方法。

但当羧酸的 α-碳上连有吸电子基团（如硝基、卤素、酰基、氰基和不饱和键等）时，羧基不稳定，受热容易进行脱羧反应。例如：

$$Cl_3C-COOH \xrightarrow{\triangle} CHCl_3 + CO_2 \uparrow$$

$$CH_3\overset{O}{\overset{\|}{C}}CH_2COOH \xrightarrow{\triangle} CH_3\overset{O}{\overset{\|}{C}}CH_3 + CO_2 \uparrow$$

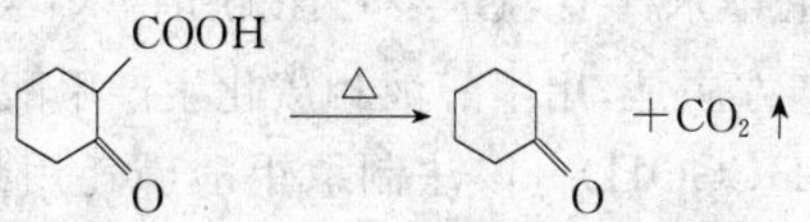

芳香族羧酸比脂肪族羧酸容易脱羧，尤其是芳环上连有吸电子基团时更容易发生脱羧反应。

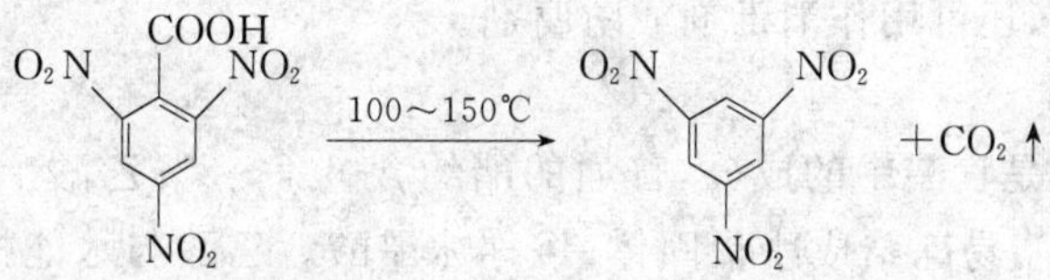

练习 10-3　写出苯乙酸与下列试剂反应的产物。

(1) NaHCO_3 　　　　　(2) P/Br_2/△ 　　　　　(3) LiAlH_4

(4) C_2H_5OH/H_2SO_4 　　(5) PCl_5 　　　　　(6) NH_3/△

10.1.5　重要的羧酸

一、甲酸

甲酸俗称蚁酸，是无色而有刺激性的液体，沸点 100.7℃，它的腐蚀性极强，使用时要避免与皮肤接触。

甲酸的结构比较特殊，与同系物中的其他酸不同的是分子中的羧基和氢原子相连。它既具有羧基的结构，同时又有醛基的结构，故有还原性。

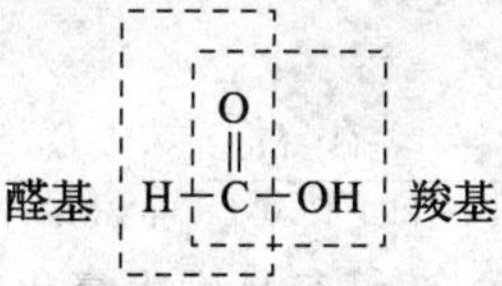

$$醛基 \quad \boxed{H-\overset{O}{\overset{\|}{C}}} - \boxed{OH} \quad 羧基$$

因此，甲酸即有羧酸的一般通性，也有醛类的某些性质。例如甲酸有还原性，不仅容易被高锰酸钾氧化，还能被弱氧化剂如托伦试剂氧化而发生银镜反应，这也是甲酸的鉴定反应。

$$HCOOH \xrightarrow{Ag(NH_3)_2OH} CO_2 + H_2O + Ag \downarrow$$

甲酸与浓硫酸等脱水剂共热即分解生成一氧化碳和水。实验室中常利用此反应来制得少量纯的一氧化碳。

$$HCOOH \xrightarrow[60\sim80℃]{H_2SO_4} CO + H_2O$$

若甲酸加热到 160℃ 以上,可脱羧生成二氧化碳和氢。

$$HCOOH \xrightarrow{160℃} CO_2 + H_2$$

甲酸传统生产方法是用一氧化碳和粉状苛性钠在 120～125 ℃和 0.6～0.8 MPa 下反应制得甲酸盐,然后用硫酸酸化制得。

$$CO + NaOH \xrightarrow[120℃]{0.6～0.8\ MPa} HCOONa$$

$$2HCOONa + H_2SO_4 \longrightarrow 2HCOOH + Na_2SO_4$$

目前世界上先进的生产方法是,用甲醇液相羰化生产甲酸甲酯($HCOOCH_3$),再用甲酸甲酯直接水解分离制取($HCOOH$),该法制取甲酸碱耗用量少,生产成本约为甲酸钠酸解法的二分之一,具有较大经济竞争优势。

工业上甲酸可用来制备某些染料,用作酸性还原剂,也可作橡胶的凝聚剂。在医药上,因甲酸有杀菌力,还可用作消毒剂或防腐剂。

二、乙酸

乙酸俗名醋酸,是食醋中的成分,普通的醋约含 6%～8%乙酸。乙酸为无色有刺激性液体,熔点 16.6℃,易冻结成冰状固体,俗称冰醋酸。乙酸与水能按任何比例混溶,也能溶于其他溶剂中。

工业上是用乙醛氧化法和甲醇羰化法制乙酸。乙醛一般先由乙烯或乙醇氧化或电石制得,再用空气中的氧在催化剂存在下将乙醛氧化成乙酸。

$$CH_3CHO \xrightarrow{O_2,(CH_3COO)_2Mn} CH_3COOH$$

甲醇在铑的作用下,可在常压下与一氧化碳直接化合生成乙酸。

$$CH_3OH + CO \xrightarrow{RhX(CO)[P(C_6H_5)_3]} CH_3COOH$$

乙酸是重要的化工原料,是合成许多有机物如染料、香料、塑料、医药等不可缺少的原料,同时也用于合成乙酸的衍生物如乙酸酯、乙酐等,也是常用的有机溶剂。

三、丙烯酸

丙烯酸($CH_2{=}CH{-}COOH$)是最简单的不饱和酸,为无色液体,沸点 141.6 ℃,熔点 13 ℃,具有刺鼻的酸味,能与水混溶。

丙烯酸能从丙烯气相氧化制得。

$$CH_2{=}CH{-}CH_3 \xrightarrow[280～360\ ℃,0.2～0.3\ MPa]{O_2,MoO_3} CH_2{=}CH{-}COOH$$

丙烯酸兼有羧酸和烯烃的性质,双键容易发生氧化和聚合反应。丙烯酸聚合时,控制反应条件,可以得到不同平均相对分子质量的聚丙烯酸,按相对分子质量的不同,它们的性质和用途也不一样,在工业上可用作阻垢剂、分散剂、涂料黏合剂等。

四、苯甲酸

苯甲酸俗称安息香酸,在自然界存在于安息香胶、洋水仙、桂皮内。苯甲酸是一种最简单的芳香族羧酸,是白色晶体,能升华,微溶于水,易溶于乙醇和乙醚。

工业上制取苯甲酸主要采用甲苯氧化法和甲苯氯化后水解法。

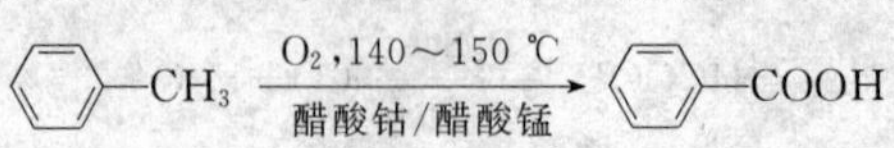

$$\text{C}_6\text{H}_5-\text{CH}_3 \xrightarrow[100\sim150℃]{\text{Cl}_2,光} \text{C}_6\text{H}_5-\text{CCl}_3 \xrightarrow[100\sim150℃]{\text{H}_2\text{O},\text{ZnCl}_2} \text{C}_6\text{H}_5-\text{COOH}$$

苯甲酸及其钠盐是常用的食品防腐剂(但有些国家认为它有毒,禁止使用)。苯甲酸是有机合成的重要原料,用以制备香料、染料和药物等,还可以代替安息香酯作定香剂。

五、水杨酸

邻羟基苯甲酸俗称水杨酸,这是因为它最初是由水杨柳或柳树皮水解而得到的。工业上生产水杨酸的方法是使苯酚钠在加压下与二氧化碳反应而成。

$$\text{C}_6\text{H}_5\text{ONa} + \text{CO}_2 \xrightarrow[0.6\sim0.7\text{ MPa}]{120\sim140℃} \text{(ONa)(COONa)} \xrightarrow{\text{H}^+} \text{(OH)(COOH)}$$

此反应用途广泛,是合成酚酸的一般方法。

水杨酸是无色晶体,熔点 159℃,稍溶于水,易溶于乙醇和乙醚,能随水蒸气挥发,也能升华。水杨酸分子中具有羧基和酚羟基,所以它有羧酸和酚的一般性质。例如它能与 FeCl_3 发生显色反应,它受热也可以脱羧。

$$\text{(OH)(COOH)} \xrightarrow[200\sim220℃]{\triangle} \text{(OH)} + \text{CO}_2$$

水杨酸具有消毒、防腐、解热镇痛和抗风湿作用,其衍生物很多作为药物。例如,水杨酸在磷酸(或硫酸)存在下与乙酸酐反应生成乙酰水杨酸。

$$\text{(COOH)(OH)} + (\text{CH}_3\text{CO})_2\text{O} \xrightarrow{\text{H}_3\text{PO}_4} \text{(COOH)(O-CO-CH}_3) + \text{CH}_3\text{COOH}$$

乙酰水杨酸

乙酰水杨酸俗称阿斯匹林,是一种常用的解热镇痛药。

六、乙二酸

乙二酸俗称草酸,通常以钾盐和钙盐的形式存在于多种植物体内。工业上通常采用将甲酸钠迅速加热至 $360\sim400℃$ 制得草酸钠,再用硫酸酸化制得草酸。

$$2\text{HCOONa} \xrightarrow{360\sim400℃} \begin{matrix}\text{COONa}\\|\\\text{COONa}\end{matrix} \xrightarrow{\text{H}_2\text{SO}_4} \begin{matrix}\text{COOH}\\|\\\text{COOH}\end{matrix}$$

草酸是无色晶体,熔点为 189.5℃。通常草酸含有 2 分子结晶水 $\text{H}_2\text{C}_2\text{O}_4 \cdot 2\text{H}_2\text{O}$,熔点为 101.5℃。草酸溶于水和乙醇,不溶于乙醚。由于草酸的两个羧基直接相连,羧基的强诱导作用使草酸的酸性比其他的二元羧酸强且容易脱羧。

$$\text{HOOC-COOH} \xrightarrow{150℃} \text{HCOOH} + \text{CO}_2$$

草酸容易被氧化。在酸性条件下,高锰酸钾可以定量地把草酸氧化成二氧化碳和水。在定量分析中常用草酸为基准物标定高锰酸钾溶液。

$$5\begin{matrix}\text{COOH}\\|\\\text{COOH}\end{matrix} + 2\text{KMnO}_4 + 3\text{H}_2\text{SO}_4 = \text{K}_2\text{SO}_4 + 2\text{MnSO}_4 + 10\text{CO}_2 + 8\text{H}_2\text{O}$$

草酸能与许多金属形成络离子,可用于除去铁锈和蓝墨水的痕迹。草酸还可用作漂白剂和媒染剂。

10.2 羧酸衍生物

10.2.1 羧酸衍生物的分类和命名

羧酸分子中的羧基上的羟基被其他原子或基团取代后生成的化合物叫做羧酸衍生物。羧酸衍生物的结构中都含有酰基,根据酰基所连接的基团不同,把羧酸衍生物分为酰卤、酸酐、酯和酰胺。

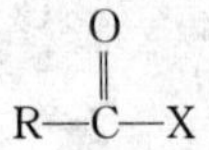

酰卤 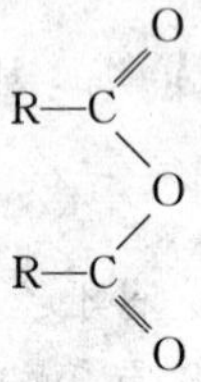　　　　　　　　酸酐 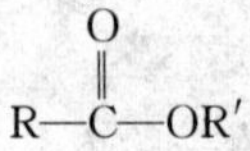　　　　　　　酯 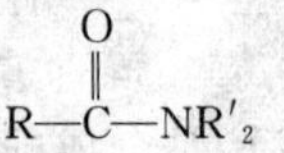　　　　　酰胺

一、酰卤

酰卤的命名是在酰基名称后面加上卤原子的名称,称为"某酰卤"。

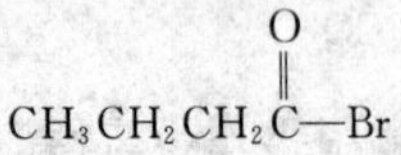

丁酰溴 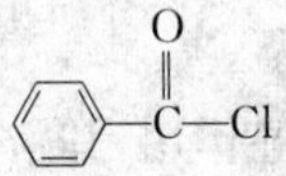　　　　　苯甲酰氯 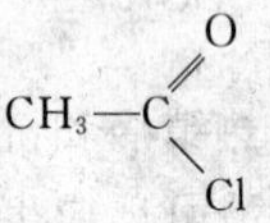　　　　乙酰氯 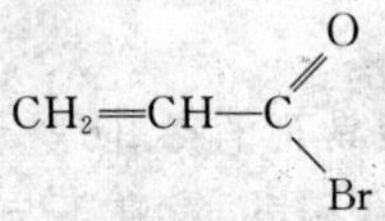　　　　丙烯酰溴

二、酸酐

酸酐是根据它水解后生成相应的羧酸来命名。酸酐中含有两个相同或不同的酰基时,分别称为单酐或混酐。混酐的命名与混合醚相似。

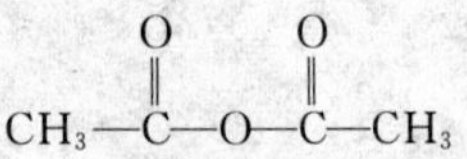

乙酸酐 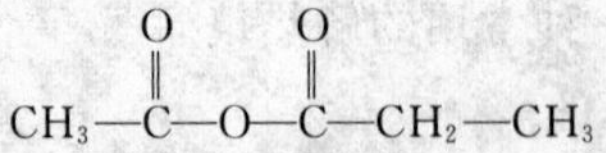　　　　　　乙酸丙酸酐 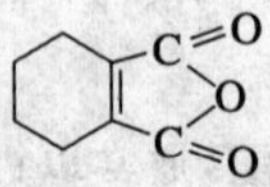　　　　　1,2-环己烯二甲酸酐 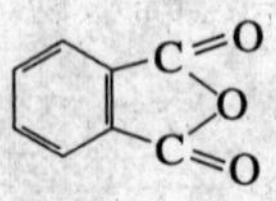　邻苯二甲酸酐

三、酯

酯根据其水解生成的羧酸和醇命名,称为"某酸某酯",多元醇酯称为"某醇某酸酯"。

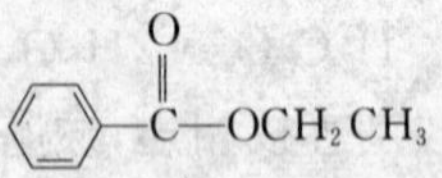

苯甲酸乙酯 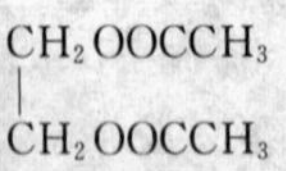　　　乙二醇二乙酸酯 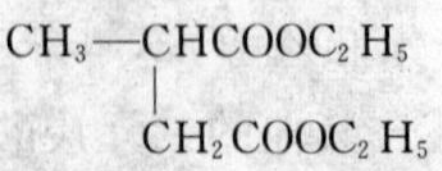　　　甲基丁二酸二乙酯 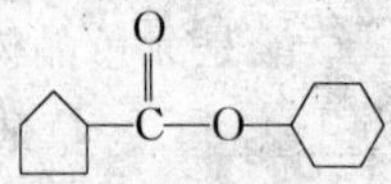　　环戊基甲酸环己酯

四、酰胺

酰胺的命名是在酰基名称后面加上"胺"字,称为"某酰胺"。

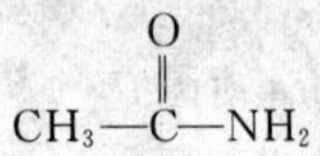

乙酰胺 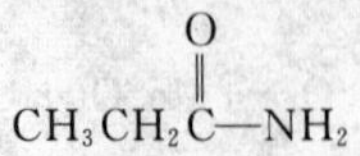　　　　丙酰胺 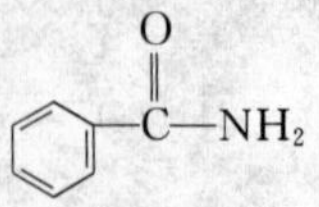　　　　苯甲酰胺 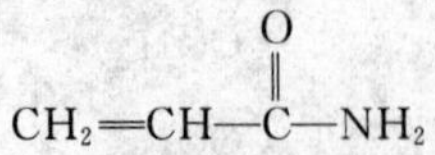　　　　丙烯酰胺

酰胺氮上若有烃基,命名时,把氮原子上所连烃基作为取代基,写名称时用"N"表示

其位次。

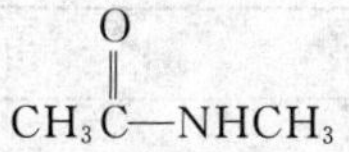

N-甲基乙酰胺 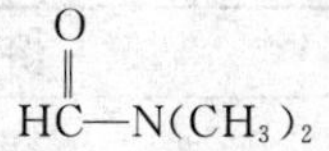　　　N,N-二甲基甲酰胺 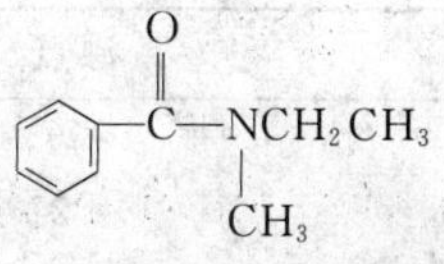　　　N-甲基-N-乙基苯甲酰胺

含有—CONH—结构的环状酰胺,称为内酰胺。

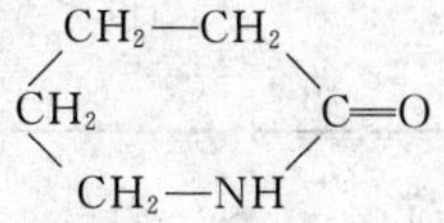

ε-己内酰胺

10.2.2　羧酸衍生物的制备方法

一、由羧酸制备

此法可用于各类羧酸衍生物的制备(参见本章羧酸的化学性质)。

二、由羧酸的衍生物间相互转化制备

羧酸衍生物通过亲核取代反应,可以相互转化,是制备各种衍生物的常用方法。(参见本章羧酸衍生物的化学性质)。

10.2.3　羧酸衍生物的物理性质

甲酰氯和甲酸酐不存在,低级的酰卤和酸酐是具有刺激气味的无色液体,高级的为固体;低级的酯是易挥发并有芳香气味的无色液体;酰胺除甲酰胺和某些 N-取代酰胺外,均是固体。

酰卤和酯分子间没有氢键缔合,故酰卤和酯的沸点较相应的羧酸低;酸酐的沸点较相应的羧酸高,但较相对分子质量相当的羧酸低;酰胺分子间可以通过氢键缔合,因此,酰胺分子间的偶极作用力比较大,其熔点、沸点都较相应的羧酸高。当酰胺氮上的氢都被烷基取代后,分子间不能形成氢键,熔点和沸点都降低。

酰卤与酸酐不溶于水,低级的遇水分解。酰胺能与质子性溶剂分子缔合,低级的酰胺能溶于水。如 N,N-二甲基甲酰胺(DMF)能与水混溶,是很好的非质子性极性溶剂,能与许多有机溶剂混溶。酯在水中的溶解度较小,但易溶于有机溶剂,也能溶解许多有机物,如乙酸乙酯是常用的溶剂。常见羧酸衍生物的物理常数见表 10-4。

表 10-4　　　　　常见羧酸衍生物的物理常数

名称	沸点/℃	熔点/℃	相对密度 d_4^{20}
乙酰氯	52.0	-112	1.104
丙酰氯	80.0	-94	1.065
苯甲酰氯	197.2	-1	1.212
乙酸酐	139.6	-73	1.082
丙酸酐	168	-45	1.212
苯甲酸酐	360	42	1.199
邻苯二甲酸酐	284.5	132	1.527
甲酸乙酯	54	-80	0.969

（续表）

名称	沸点/℃	熔点/℃	相对密度 d_4^{20}
乙酸乙酯	77.1	−84	0.901
苯甲酸乙酯	213	−35	1.051
乙酰胺	222	82	1.159
丙酰胺	213	80	1.042
乙酰苯胺	305	114	1.21
N,N-二甲基甲酰胺	153	−61	0.948

10.2.4 羧酸衍生物的化学性质

羧酸衍生物的结构中含有相同的官能团酰基，所以它们的性质很相似，都可发生酰基上的亲核取代反应，如与水、醇、氨(胺)等发生水解、醇解、氨解反应，只是在反应活性上有较大的差异。化学反应的活性次序为：酰卤＞酸酐＞酯＞酰胺。

一、水解

酰氯、酸酐、酯和酰胺都可以和水反应，生成相应的羧酸。

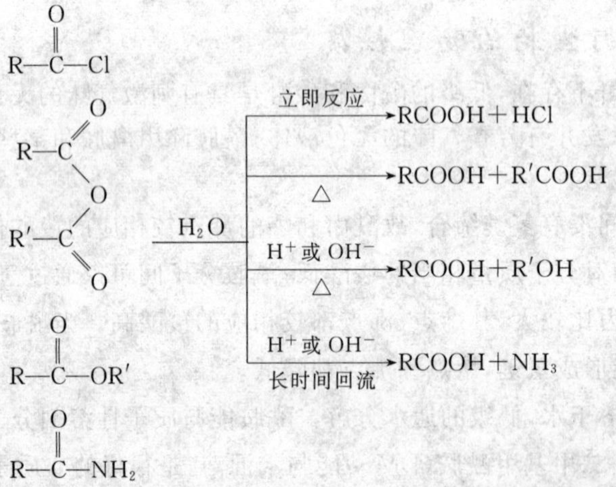

酰氯遇冷水即能迅速水解，酸酐需与热水作用，酯的水解需加热并使用酸或碱催化剂，而酰胺的水解则在酸或碱的催化下经长时间回流才能完成。

酯的水解在理论上和生产上都有重要意义。酸催化下的水解是酯化反应的逆反应，水解不能进行完全。碱催化下的水解生成的羧酸可与碱生成盐而从平衡体系中除去，所以水解反应可以进行到底。酯的碱性水解反应也称为皂化反应。

$$R-\overset{\overset{\displaystyle O}{\|}}{C}-OR' + HOH \underset{}{\overset{H^+}{\rightleftharpoons}} R-\overset{\overset{\displaystyle O}{\|}}{C}-OH + R'OH$$

$$R-\overset{\overset{\displaystyle O}{\|}}{C}-OR' + HOH \xrightarrow{OH^-} R-\overset{\overset{\displaystyle O}{\|}}{C}-O^- + R'OH$$

二、醇解

酰氯、酸酐、酯和酰胺与醇反应，生成相应的酯。

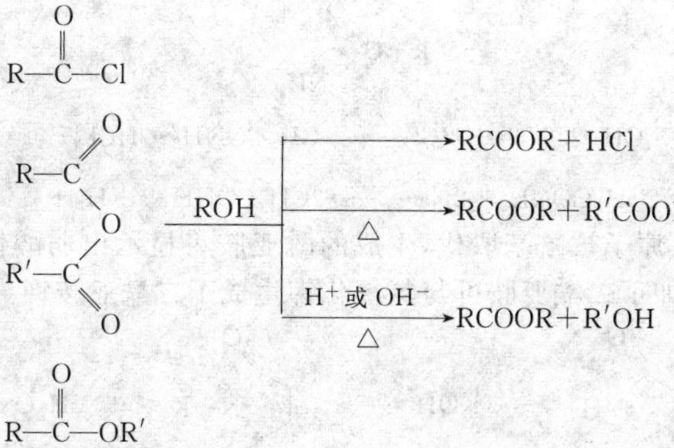

$$R-\overset{\overset{\displaystyle O}{\|}}{C}-Cl$$

$$R-\overset{\overset{\displaystyle O}{\|}}{C}-O-\overset{\overset{\displaystyle O}{\|}}{C}-R'$$

$$R-\overset{\overset{\displaystyle O}{\|}}{C}-OR'$$

$$\xrightarrow{ROH}\ \begin{cases} \xrightarrow{}\ RCOOR + HCl \\[6pt] \xrightarrow{\triangle}\ RCOOR + R'COOH \\[6pt] \xrightarrow[\triangle]{H^+ 或 OH^-}\ RCOOR + R'OH \end{cases}$$

　　酰卤、酸酐可直接和醇作用生成酯,酯和醇需要在酸或碱催化下发生反应,酰胺的醇解反应需用过量的醇才能生成酯并放出氨。酰胺的醇解反应难以进行。

　　酯的醇解反应可生成另一种酯,称为酯交换反应。酯交换反应常用来制取高级醇的酯,因为结构复杂的高级醇一般难与羧酸直接酯化,往往是先制得低级醇的酯,再利用酯交换反应,即可得到所需要高级醇的酯。工业上,采用了酯交换反应合成涤纶树脂的单体对苯二甲酸二乙二醇酯。

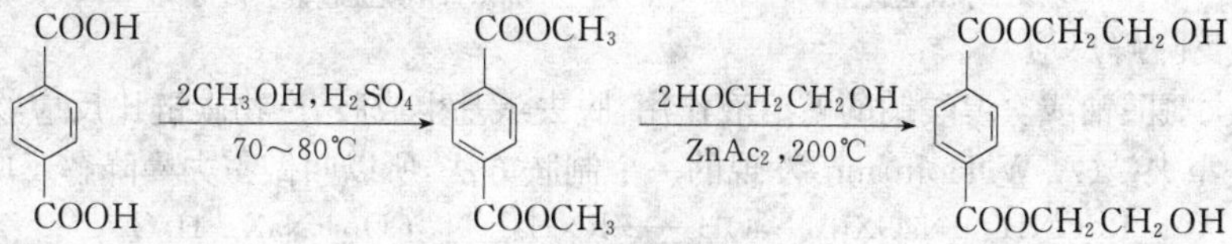

三、氨解

酰氯、酸酐、酯可以发生氨解反应,产物是酰胺。

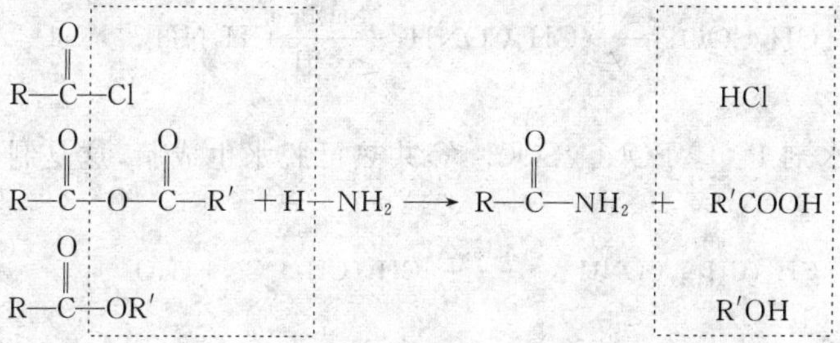

　　由于氨本身是碱,所以氨解反应比水解反应更易进行。酰氯和酸酐与氨的反应都很剧烈,需要在冷却或稀释的条件下缓慢混合进行反应。

　　酰胺的氨解反应和醇解反应一样,也是可逆反应,必须用过量的胺才能得到 N-烷基取代酰胺。

$$RCONH_2 \xrightarrow{过量\ R'NH_2} RCONHR' + NH_3\uparrow$$

四、酰胺的特性

1.酰胺的酸碱性

　　胺是碱性物质,而酰胺一般是中性化合物。酰胺分子中的酰基与氨基氮原子上未共用电子对形成 p-π 共轭,由于酰基吸电子共轭效应的影响,使氮原子上的电子云密度有所降低,因而减弱了碱性。同时氮氢键的极性增强,而表现出明显的酸性。

　　酰胺与强酸生成不稳定的盐,遇水立即分解;能与金属钠反应放出 H_2。例如:

$$R-C \overset{O}{\underset{NH_2}{\big\langle}}$$

$$CH_3CONH_2 + HCl \xrightarrow{\text{乙醚}} CH_3CONH_2 \cdot HCl\downarrow$$

$$2CH_3CONH_2 + 2Na \xrightarrow{\text{乙醚}} 2CH_3CONHNa + H_2\uparrow$$

若 NH_3 的两个氢原子被酰基取代,生成的酰亚胺将显示出弱酸性,它能与强碱的水溶液作用生成盐。例如丁二酰亚胺可与氢氧化钾生成丁二酰亚胺钾。

$$\text{（丁二酰亚胺）NH} + KOH \longrightarrow \text{N—K} + H_2O$$

邻苯二甲酰亚胺可与氢氧化钠生成邻苯二甲酰亚胺钠。

$$\text{NH} + NaOH \longrightarrow \text{N—Na} + H_2O$$

邻苯二甲酰亚胺　　　　　　　　邻苯二甲酰亚胺钠

2. 霍夫曼降解反应

酰胺与次氯酸钠或次溴酸钠的碱溶液作用,脱去羰基生成胺,产物碳链比反应物少了一个碳原子,这是霍夫曼(A. W. Hofmann)发现的一个制胺方法,所以叫做霍夫曼降解反应。

$$RCONH_2 + NaOX + 2NaOH \longrightarrow RNH_2 + Na_2CO_3 + NaX + H_2O$$

羧酸先转变成酰胺,酰胺利用霍夫曼降解反应制备少一个碳原子的胺。含 8 个碳以下的酰胺,采用此法制备产率较高。

$$CH_3COOH \xrightarrow[\triangle]{NH_3} CH_3CONH_2 \xrightarrow[NaOH]{NaOBr} CH_3NH_2$$

3. 脱水反应

酰胺与强的脱水剂 P_2O_5、$POCl_3$、$SOCl_2$ 等共热可脱水生成腈,这是制备腈的方法之一。

$$CH_3(CH_2)_4CONH_2 \xrightarrow{SOCl_2,\triangle} CH_3(CH_2)_4CN + H_2O$$

10.3 乙酰乙酸乙酯在有机合成中的应用

乙酰乙酸乙酯是无色,有水果香味的液体,沸点 180.4 ℃,在沸点时有分解现象,微溶于水,易溶于乙醇、乙醚等有机溶剂。

10.3.1 乙酰乙酸乙酯的合成——克莱森酯缩合反应

酯分子中的 α-H 原子由于受到酯基的影响变得较活泼,用醇钠等强碱处理时,两分子的酯脱去一分子醇生成 β-酮酸酯,这个反应称为克莱森(Claisen)酯缩合反应。例如:

$$2CH_3COOC_2H_5 \xrightarrow[(2)H_3O^+]{(1)C_2H_5ONa} CH_3\overset{O}{\overset{\|}{C}}CH_2COOC_2H_5 + C_2H_5OH$$

乙酰乙酸乙酯

反应结果是一分子酯的 α-氢被另一分子酯的酰基取代。反应机理如下:

$$C_2H_5O^- + H \overset{\frown}{-} CH_2COOC_2H_5 \rightleftharpoons {}^-CH_2COOC_2H_5 + C_2H_5OH$$

$$\text{(1)}$$

$$CH_3 \overset{O}{\overset{\|}{-}} C - OC_2H_5 + {}^-CH_2COOC_2H_5 \rightleftharpoons CH_3 - \underset{OC_2H_5}{\overset{O^-}{\overset{|}{\underset{|}{C}}}} - CH_2COOC_2H_5$$

$$\text{(2)}$$

$$CH_3 - \underset{OC_2H_5}{\overset{O^-}{\overset{|}{\underset{|}{C}}}} - CH_2COOC_2H_5 \rightleftharpoons CH_3 \overset{O}{\overset{\|}{-}} CCH_2COOC_2H_5 + C_2H_5O^-$$

$$\text{(3)}$$

$$CH_3 \overset{O}{\overset{\|}{-}} CCH_2COOC_2H_5 + C_2H_5O^- \rightleftharpoons CH_3 \overset{O}{\overset{\|}{-}} C - {}^-CHCOOC_2H_5 + CH_3CH_2OH$$

$$\downarrow H^+$$

$$CH_3 \overset{O}{\overset{\|}{-}} CCH_2COOC_2H_5$$

　　缩合反应分四步进行,前三步反应是可逆的。首先乙酸乙酯在醇钠作用下生成碳负离子(1);然后(1)对另一分子酯的羰基进行亲核加成得正四面体氧负离子中间体(2);(2)经消除生成 β-丁酮酸乙酯(3);β-丁酮酸乙酯($pK_a=11$)是一比较强的酸,与醇钠作用生成稳定的 β-丁酮酸乙酯盐,此步反应不可逆,从而使缩合反应进行到底。最后酸化得游离的 β-丁酮酸乙酯。

　　凡具有两个 α-氢原子的酯,用乙醇钠处理一般都可顺利地发生酯缩合反应,通式为:

$$2RCH_2COOR' \xrightarrow[\text{(2)}H_3O^+]{\text{(1)}C_2H_5ONa} RCH_2\overset{O}{\overset{\|}{C}}\underset{R}{\overset{}{\overset{|}{C}H}}COOR' + R'OH$$

　　只有一个 α-氢原子的酯在乙醇钠作用下,缩合反应不易进行,需采用一个更强的碱(如三苯甲基钠),缩合反应才可顺利完成。例如:

$$2(CH_3)_2CHCOOC_2H_5 \xrightarrow{Ph_3C^-Na^+} (CH_3)_2CHCO\underset{CH_3}{\overset{CH_3}{\overset{|}{\underset{|}{C}}}}COOC_2H_5$$

$$55\%$$

　　两种不同的含有 α-氢的酯进行酯缩合时,可能有四种产物,在合成上无意义。但不具有 α-氢的酯(如苯甲酸酯、甲酸酯、草酸酯和碳酸酯等)与具有 α-氢的酯进行酯缩合反应时,可得到单一产物。例如:

$$C_6H_5COOC_2H_5 + CH_3COOC_2H_5 \xrightarrow[\text{(2)}H_3O^+]{\text{(1)}NaOH} C_6H_5\overset{O}{\overset{\|}{C}}CH_2COOC_2H_5 + C_2H_5OH$$

10.3.2　乙酰乙酸乙酯的互变异构现象

　　大量的实验事实证明,乙酰乙酸乙酯存在两种结构形式,一方面乙酰乙酸乙酯能使溴的四氯化碳溶液褪色,使三氯化铁显色,与金属钠反应放出氢气,表明其具有烯醇的结构;另一方面发现乙酰乙酸乙酯能与氢氰酸、亚硫酸氢钠加成,与羟胺、苯肼试剂生成肟或腙,显示具有甲基酮的结构。即乙酰乙酸乙酯是以酮式与烯醇式两种形式存在,存在酮式—

烯醇式互变异构,并保持下列动态平衡:

$$CH_3-\overset{O}{\overset{\|}{C}}-CH_2-COOC_2H_5 \rightleftharpoons CH_3-\overset{OH}{\overset{|}{C}}=CH-COOC_2H_5$$

酮式92.5%　　　　　　　　　　　烯醇7.5%

简单的烯醇式(例如乙烯醇)是不稳定的,而乙酰乙酸乙酯分子的烯醇式却较为稳定,其原因一方面是由于通过分子内氢键形成一个较稳定的六元环。另一方面是烯醇分子中羟基氧原子上的未共用电子对与碳碳双键和碳氧双键形成p-π共轭体系,降低了分子的能量。

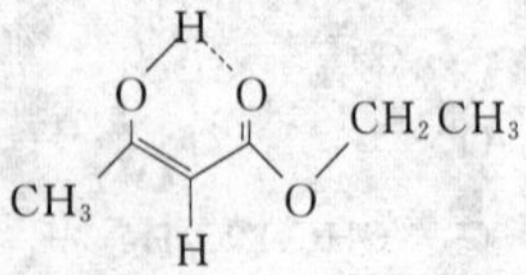

在乙酰乙酸乙酯的平衡体系中,烯醇式结构的含量与溶剂的性质有关。溶剂的极性越小越有利于形成分子内氢键,烯醇式的含量越高(见表10-5)。

表 10-5　　　　　乙酰乙酸乙酯在不同溶剂中的烯醇式含量

溶剂	水	甲醇	乙醇	乙酸乙酯	苯	乙醚	正己烷
烯醇式含量/%	0.40	6.87	10.52	12.9	16.2	27.1	46.4

具有酮式和烯醇式互变异构现象的化合物不限于乙酰乙酸乙酯,分子中含有

$$-\overset{O}{\overset{\|}{C}}-CH_2-\overset{O}{\overset{\|}{C}}-$$ 构造的 β二羰基化合物通常都有互变异构现象,甚至某些简单的羰基化合物也存在互变异构现象。但构造不同,烯醇式的含量不同。对于简单的羰基化合物,其烯醇式含量甚少。表10-6列出了某些化合物的烯醇式含量。

表 10-6　　　　　　　　　某些化合物的烯醇式含量

酮式	烯醇式	烯醇式含量/%
CH_3-CH 下 O	$CH_2=CH$ 下 OH	0
CH_3-C-CH_3，O	$CH_2=C-CH_3$，OH	1.5×10^{-4}
$C_2H_5O-C-CH_2-C-OC_2H_5$，O、O	$C_2H_5O-C=CH-C-OC_2H_5$，OH、O	0.1
$CH_3-C-CH_2-C-OC_2H_5$，O、O	$CH_3-C=CH-C-C_2H_5$，OH、O	7.5
$CH_3-C-CH_2-C-CH_3$，O、O	$CH_3-C=CH-C-CH_3$，OH、O	76
$C_6H_5-C-CH_2-C-CH_3$，O、O	$C_6H_5-C=CH-C-CH_3$，OH、O	96

10.3.3　乙酰乙酸乙酯在有机合成中的应用

一、乙酰乙酸乙酯的酮式分解和酸式分解

1. 乙酰乙酸乙酯酮式分解

乙酰乙酸乙酯在碱性条件下水解，酸化后生成 β-酮酸——乙酰乙酸。羧基的 α-C 上有一个吸电子的酰基，因此它很容易脱羧，在加热情况下放出 CO_2，生成丙酮，这一过程称为乙酰乙酸乙酯的酮式分解。

$$CH_3CCH_2COC_2H_5 \xrightarrow[H_2O,\triangle]{稀\ NaOH} CH_3CCH_2CONa \xrightarrow{H^+} CH_3CCH_2COH \xrightarrow[\triangle]{-CO_2} CH_3CCH_3$$

2. 乙酰乙酸乙酯酸式分解

用浓碱溶液和乙酰乙酸乙酯同时加热，然后酸化，得到的主要产物是两个酸，所以称为酸式分解。

$$CH_3CCH_2COC_2H_5 \xrightarrow[\triangle]{浓\ NaOH} \xrightarrow{H^+} 2\ CH_3COH + C_2H_5OH$$

二、乙酰乙酸乙酯在有机合成中的应用

乙酰乙酸乙酯依次进行烷基化或酰基化、酮式分解或酸式分解等一系列反应，在合成上的应用称为乙酰乙酸乙酯合成法。乙酰乙酸乙酯是合成取代丙酮最常用的试剂。

1. 一烷基取代丙酮的合成

乙酰乙酸乙酯进行一次烷基化反应就得到一烷基取代的乙酰乙酸乙酯，然后用稀 NaOH 溶液水解，酸化反应混合物，加热脱羧得到一取代丙酮。

$$CH_3CCH_2COC_2H_5 \xrightarrow[(2)R-X]{\overset{(1)C_2H_5ONa}{C_2H_5OH}} CH_3CCHCOC_2H_5 \xrightarrow[H_2O]{NaOH}$$
$$\underset{R}{}$$

$$CH_3CCHCO^- \xrightarrow{H^+} CH_3CCHCOH \xrightarrow[\triangle]{-CO_2} CH_3CCH_2R$$

2. α,α-二烷基取代丙酮的合成

二次烷基化的乙酰乙酸乙酯，经酮式分解得到 α,α-二烷基取代丙酮。

$$CH_3COCH_2COOC_2H_5 \xrightarrow[(2)RX]{(1)C_2H_5ONa,C_2H_5OH} CH_3COCHRCOOC_2H_5 \xrightarrow[(2)R'X]{(1)(CH_3)_3COK,(CH_3)_3COH}$$

$$CH_3COCRR'COOC_2H_5 \xrightarrow[(2)H^+(3)-CO_2,\triangle]{(1)稀\ NaOH,H_2O} CH_3COCH\overset{R}{\underset{}{-}}R'$$

3. 二元酮合成

乙酰乙酸乙酯钠 $\{[CH_3COCHCOOC_2H_5]Na\}$ 与碘作用，然后进行酮式分解得 γ-二酮，如以多亚甲基二卤化物 $X(CH_2)_nX$ 代替碘进行相似的反应，则可得到两个羰基相距更远的二酮。

$$2[CH_3COCHCOOC_2H_5]Na+I_2 \longrightarrow \begin{array}{c} CH_3COCHCOOC_2H_5 \\ | \\ CH_3COCHCOOC_2H_5 \end{array}$$

$$\xrightarrow{\text{稀 NaOH}} \begin{matrix} CH_3COCHCOONa \\ | \\ CH_3COCHCOONa \end{matrix} \xrightarrow[\text{(2)} -CO_2,\triangle]{\text{(1)}H^+} CH_3COCH_2CH_2COCH_3$$

4. β-二酮的合成

酰基化的乙酰乙酸乙酯经酮式分解，得到 β-二酮，这是合成 β-二酮的一种方法。

$$\underset{\overset{\parallel}{O}}{CH_3}\overset{O}{\underset{\parallel}{C}}CH_2\overset{O}{\underset{\parallel}{C}}OC_2H_5 \xrightarrow{C_2H_5ONa/C_2H_5OH} \underset{Na^+}{CH_3\overset{O}{\underset{\parallel}{C}}\overset{\bar{\cdot\cdot}}{C}H\overset{O}{\underset{\parallel}{C}}OC_2H_5} \xrightarrow{RCOCl}$$

$$\underset{\underset{COR}{|}}{CH_3\overset{O}{\underset{\parallel}{C}}CH\overset{O}{\underset{\parallel}{C}}OC_2H_5} \xrightarrow[\text{(2)}H^+ \text{(3)} -CO_2,\triangle]{\text{(1)稀 NaOH,}H_2O} CH_3\overset{O}{\underset{\parallel}{C}}CH_2\overset{O}{\underset{\parallel}{C}}OR$$

5. γ-二酮的合成

如果以 α-卤代酮来进行乙酰乙酸乙酯的烷基化反应，产物经酮式分解得到 γ-二酮，这是合成 γ-二酮的一种方法。

$$CH_3\overset{O}{\underset{\parallel}{C}}CH_2\overset{O}{\underset{\parallel}{C}}OC_2H_5 \xrightarrow{C_2H_5ONa/C_2H_5OH} \underset{Na^+}{CH_3\overset{O}{\underset{\parallel}{C}}\overset{\bar{\cdot\cdot}}{C}H\overset{O}{\underset{\parallel}{C}}OC_2H_5} \xrightarrow{BrCH_2COR}$$

$$\underset{\underset{CH_2COR}{|}}{CH_3\overset{O}{\underset{\parallel}{C}}CH\overset{O}{\underset{\parallel}{C}}OC_2H_5} \xrightarrow[\text{(2)}H^+ \text{(3)} -CO_2,\triangle]{\text{(1)稀 NaOH,}H_2O} CH_3\overset{O}{\underset{\parallel}{C}}CH_2CH_2\overset{O}{\underset{\parallel}{C}}OR$$

6. γ-酮酸的合成

如果用 α-卤代羧酸酯进行乙酰乙酸乙酯的烷基化反应，产物再经酮式分解得到 γ-酮酸，这是合成 γ-酮酸的一种方法。

$$CH_3\overset{O}{\underset{\parallel}{C}}CH_2\overset{O}{\underset{\parallel}{C}}OC_2H_5 \xrightarrow{C_2H_5ONa/C_2H_5OH} \underset{Na^+}{CH_3\overset{O}{\underset{\parallel}{C}}\overset{\bar{\cdot\cdot}}{C}H\overset{O}{\underset{\parallel}{C}}OC_2H_5} \xrightarrow{BrCH_2COOC_2H_5}$$

$$\underset{\underset{CH_2COOC_2H_5}{|}}{CH_3\overset{O}{\underset{\parallel}{C}}CH\overset{O}{\underset{\parallel}{C}}OC_2H_5} \xrightarrow[\text{(2)}H^+ \text{(3)} -CO_2,\triangle]{\text{(1)稀 NaOH,}H_2O} CH_3\overset{O}{\underset{\parallel}{C}}CH_2CH_2COOH$$

练习 10-4 写出下列化合物与乙酰乙酸乙酯反应，经稀碱水解、酸化、加热脱羧，最后生成的产物。

(1)烯丙基溴　　　(2)溴丙酮　　　(3)1,3-二溴丙烷

10.4　丙二酸二乙酯在有机合成中的应用

丙二酸二乙酯为无色有香味的液体，不溶于水，能与醇、醚混溶。沸点 198.8 ℃，熔点 -50 ℃。它在合成羧酸中有重要作用，又是合成染料、香料、药物的中间体。

10.4.1　丙二酸二乙酯的合成

丙二酸二乙酯可由氯乙酸制成氰基乙酸,然后同时进行水解和酯化制得。

$$ClCH_2COOH \xrightarrow{OH^-} ClCH_2COONa \xrightarrow{CN^-} NCCH_2COONa \xrightarrow[H_2SO_4]{C_2H_5OH} CH_2(COOC_2H_5)_2$$

$$\xrightarrow{H_3O^+} CH_2(COOH)_2 \xrightarrow[2C_2H_5OH]{H^+} CH_2(COOC_2H_5)_2$$

10.4.2　丙二酸二乙酯在有机合成中的应用

丙二酸二乙酯与乙酰乙酸乙酯的性质是相似的。丙二酸二乙酯分子中亚甲基上的质子也具有酸性,能与醇钠反应生成钠盐。后者是强亲核试剂,可与卤代烃作用得到烃基化产物,水解后生成相应烃基取代的丙二酸,它受热脱羧即可得到取代的乙酸。与强碱作用也形成碳负离子,碳负离子作为强亲核试剂也可以与卤代烃发生亲核取代反应得烃基取代的丙二酸二乙酯。

$$CH_2(COOC_2H_5)_2 \xrightarrow[C_2H_5OH]{C_2H_5OH} Na^+[CH(COOC_2H_5)_2]^- \xrightarrow{RX} RCH(COOC_2H_5)_2$$

丙二酸二乙酯的烃基化、酰基化、水解、脱羧等一系列反应在有机合成中的应用,称为丙二酸二乙酯合成法。

1. 一取代乙酸和二取代乙酸的合成

丙二酸二乙酯通过烷基化可制备取代乙酸。丙二酸二乙酯含有两个羰基。由于受到两个羰基拉电子效应的影响,丙二酸二乙酯的 $\alpha-H$ 具有显著的酸性($pK_a \approx 14$)。当丙二酸二乙酯与强碱(例如 $C_2H_5ONa-C_2H_5OH$)作用时,可生成丙二酸二乙酯碳负离子。

$$CH_3(COOC_2H_5)_2 \xrightarrow[C_2H_5OH]{C_2H_5ONa} Na^+[CH(COOC_2H_5)_2]^-$$

这个碳负离子可作为亲核试剂与卤代烃进行 S_N2 反应。反应的结果,对于丙二酸二乙酯来说,是 α-C 上引进烷基——烷基化。

$$R\text{-}X + Na^+[CH(COOC_2H_5)_2]^- \xrightarrow{S_N2} R\text{-}CH(COOC_2H_5)_2 + NaX$$
一取代丙二酸二乙酯

一取代丙二酸二乙酯还有一个 α-H,仍可转化为碳负离子,并进一步烷基化。

$$R\text{-}CH(COOC_2H_5)_2 \xrightarrow[C_2H_5OH]{C_2H_5ONa} Na^+[R\text{-}C(COOC_2H_5)_2]^- \xrightarrow[S_N2]{R'\text{-}X} R-\underset{\underset{\text{二取代丙二酸二乙酯}}{R'}}{\overset{}{C}}(COOC_2H_5)_2$$

当引进两个不同的烷基时,先引进体积较大的烷基;即使 $R=R'$ 时,也要分两次引入。

一取代或二取代丙二酸二乙酯在碱溶液中进行水解后,用酸酸化生成相应的酸,然后加热(约 150℃),则失去二氧化碳生成一取代或二取代乙酸。

$$R\text{-}CH(COOC_2H_5)_2 \xrightarrow[\text{②}H_3O^+]{\text{①}OH^-,H_2O} R\text{-}CH(COOH)_2 \xrightarrow{-CO_2} R\text{-}CH_2COOH$$
一取代乙酸

$$R-\underset{R'}{\overset{}{C}}(COOC_2H_5)_2 \xrightarrow[\text{②}H_3O^+]{\text{①}OH^-,H_2O} R-\underset{R'}{\overset{}{C}}(COOH)_2 \xrightarrow[\triangle]{-CO_2} R-\underset{\underset{\text{二取代乙酸}}{R'}}{\overset{}{C}}HCOOH$$

如上所述,丙二酸二乙酯合成法中的两个关键步骤是:(1)丙二酸二乙酯的烷基化;(2)水解和脱羧。烷基化试剂通常采用卤代烃。因为发生的是 S_N2 反应,因此卤代甲烷和伯卤代烃、烯丙基型和苄基型卤代烃可获得最好的产率,大多数仲卤代烃只能得较低的产率,而用叔卤代烃则主要是消除产物,故仲、叔卤代烃不能作为丙二酸二乙酯合成法的原料。

2.二元酸的合成

当使用二卤代烃 $X(CH_2)_nX$ 时,控制原料比(丙二酸二乙酯与二卤烃的比例为 2:1)可合成二元羧酸。例如:

$$2CH_2(COOC_2H_5)_2 + 2C_2H_5ONa \xrightarrow{C_2H_5OH} 2Na^+[CH(COOC_2H_5)_2]^- \xrightarrow{BrCH_2CH_2Br}$$

$$(C_2H_5OOC)_2CHCH_2CH_2CH(COOC_2H_5)_2 \xrightarrow[\triangle, -CO_2]{H_3O^+, H_2O} HOOCCH_2CH_2CH_2CH_2COOH$$

丙二酸二乙酯合成法是制备各种取代乙酸(一取代乙酸、二取代乙酸、环烷基甲酸、二元羧酸等)最有效的方法。例如:

实用案例

天然香料和合成香料

香料是能够散发香味的挥发性物质,包括天然香料和合成香料。天然香料广泛分布于植物中,也存在于动物的腺囊中。大自然的香味总是短暂的,为了获得持久的芳香,人们最早是从植物和动物中提取香料。从薄荷、丁香、玫瑰里提取薄荷油、丁香油和玫瑰油;从雄麝的腺里取得麝香酮;从抹香鲸身上取得龙涎香等。

天然香料是有限的。人们研究明白香料的成分和结构后开始研制更多、更有用的香料。合成香料主要含有三类化合物:醛类、酮类和酯类。醛类化合物中主要是一些芳香族化合物,如柠檬醛有强烈的柠檬香味,苯甲醛发出一种苦杏仁香味,香草醛的气味很诱人,还有一些醛类散发着肉桂香、紫丁香气味,这些醛类被用来做香料和调味料;酮类化合物中主要是含碳环的酮类,如紫罗酮、麝香酮和灵猫香酮等;酯类化合物大多能散发香味,乙酸乙酯散发香蕉香,异戊酸戊酯散发橘子香,异戊酸异戊酯散发苹果香等。

单一香料的香味往往过于单纯,经过调和后生成的混合香料叫做香精,香味更加醇厚,经久不褪。根据用途,香精可分为各种香气类型。由于香料品种不同,不同比例混合成的香精各有风韵:浓烈的、淡雅的、优美的、清新的。一瓶普通的香水常常由几十种人造香料配合而成,其中包括起主要香气作用的主香剂,起保持香气作用的定香剂,以及起增添特色作用的修饰剂。如在玫瑰香精中,主香剂有香叶醇、苯乙醇、香茅醇和玫瑰醇等,定香剂有安息香膏、苏合香膏、土鲁香育和桂皮酸等,修饰剂有桂醇、松香油、柠檬油、苯乙醛、紫罗兰酮等。

香料具有防腐、杀菌性能。几千年前,古人就知道用香料涂抹尸体可以保存很长时间,檀香、乳香、安息香等首先在庆典和宗教仪式上作为焚香使用,古埃及人用乳香制造的香尸(木乃伊),至今还保存在金字塔里。我国出土的古尸千年不腐,其中也有龙脑、安息香等香料的功劳。牙膏里添加薄荷脑、丁香油、茴香油等香料,使人刷牙后口腔舒爽,还能杀菌、消毒。

香料也具有很好的药用功能。我国古代的药物著作中对龙脑、沉香、胡椒、砂仁、丁香和肉桂等芳香物质分别做了医疗性能的介绍,将它们用来做通窍醒脑、调气、止痛、活血舒筋和散淤消肿的药物。芳香物质中,麝香通经络治中风,苏合香开郁豁痰,丁香善治牙痛。目前有一种花香疗法:让病人一面嗅着阵阵花香,一面听着悦耳音乐。

香料还有驱蚊作用。我国生产的驱蚊油,含有邻苯二甲酸二甲酯等香料;国际上出售一种驱蚊烛,完全不用杀虫剂,只用香料,点燃后蚊子 5 米内闻味而逃。花露水含酒精 70%～75%,既香飘四溢,又可消毒、杀菌,防止蚊虫叮咬,并可止痒和消肿,这也与其含有多种香料有关。

香料同人们的生活关系越来越密切。如人们食用的糖果、饼干、汽水、面包、冰淇淋等食品里,含有的果香就是来自于加入的菠萝精、草莓精、香兰素等人造香料。在制造皮革、橡胶、涂料、油墨时,也要添加一些香料,用来覆盖掉原来的难闻气味,使产品更受欢迎。生活中给人们带来美妙感觉的香水、空气清新剂等更是与香料密不可分。

【习　题】

1.命名下列化合物。

(1) 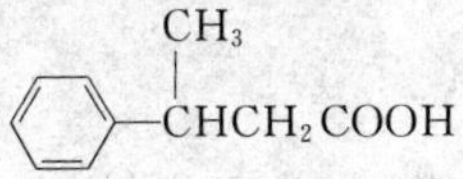 苯环—CH(CH₃)CH₂COOH

(2) 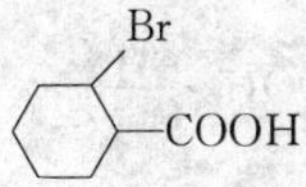 环己烷,Br,—COOH

(3) 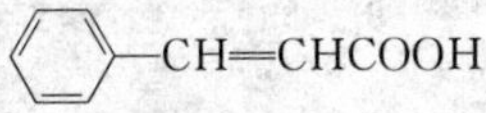 苯环—CH=CHCOOH

(4)  H₂N—苯环—COOH

(5) HO—C(CH₂COOH)(CH₃)CH₂COOH

(6) CH₃COCH(CH₂C₆H₅)COOH

(7) 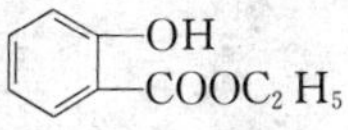 苯环—OH,—COOC₂H₅

(8) 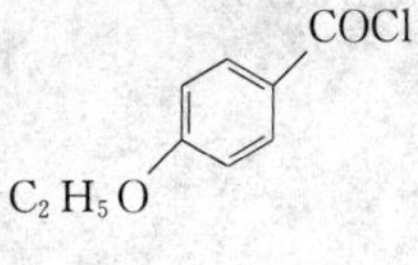 C₂H₅O—苯环—COCl

(9) CH₃—C(=O)—O—C(=O)—C(CH₃)₃

(10) (CH₃)₂CHCON(CH₃)₂

2.写出下列化合物的结构。

(1)5-甲基-1-萘甲酸

(2)水杨酸

(3)β-甲基-α,γ-二氯戊酸

(4)对苯二甲酰氯

(5)N-甲基苯甲酰胺

(6)α-甲基丙烯酸甲酯

3.比较下列各组化合物的酸性。

(1)乙酸,丙酸,氯乙酸,三氯乙酸

(2)对甲基苯甲酸,对氯苯甲酸,苯甲酸,苯酚

(3)醋酸,石炭酸,酪酸,蚁酸,草酸,胡萝卜酸,安息香酸

(4)

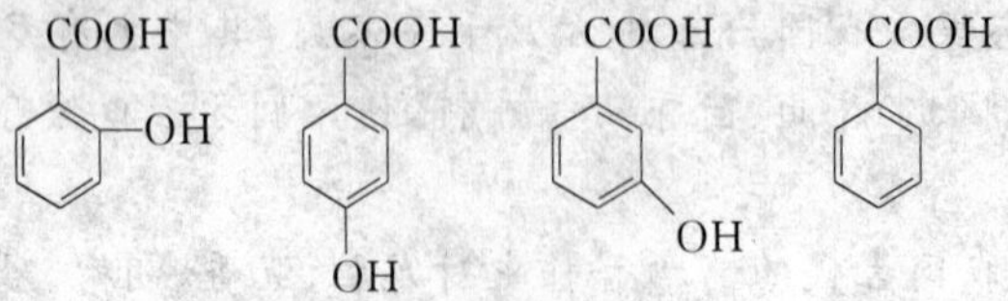

4.用化学方法区别下列各组化合物。

(1)甲酸,乙酸,乙醛,乙醇   (2)α-羟基苯乙酸,邻羟基苯甲酸,丙二酸

(3)水杨酸,安息香酸,肉桂酸   (4)乙酰氯,乙酸酐,乙酸乙酯,乙酰胺

5.用化学方法分离苯甲酸、对甲苯酚、苯甲醛的混合物。

6.完成下列反应式,并写出各化合物的结构。

(1) $A(C_8H_{13}Br) \xrightarrow{Mg/Et_2O} B \xrightarrow[(2)H_3O^+]{(1)CO_2} C(C_9H_{14}O_2) \xrightarrow{H_2/Ni} \beta\text{-环己基丙酸}$

(2) $A(C_2H_4O_2) \xrightarrow{SOCl_2} B(C_2H_3ClO) \xrightarrow[AlCl_3]{C_6H_6} C(C_8H_8O) \xrightarrow{D} \xrightarrow{H_3O^+} E(C_6H_5CHCH_2C_6H_5)$ 带 OH 和 CH$_3$

(3) $CH_3CH_2CH_2CH{=}CH_2 \xrightarrow[\triangle]{KMnO_4} ? \xrightarrow{SOCl_2} ? \xrightarrow{CH_3COONa} ?$

(4) 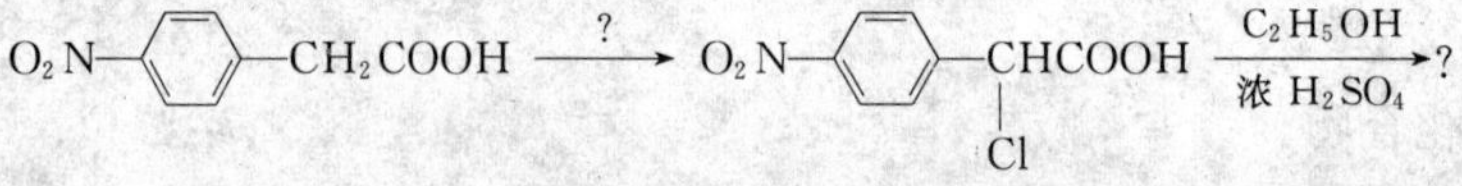 $O_2N{-}\bigcirc{-}CH_2COOH \xrightarrow{?} O_2N{-}\bigcirc{-}CHCHCOOH$ (Cl) $\xrightarrow[\text{浓 }H_2SO_4]{C_2H_5OH} ?$

(5) $HOOCCH_2CHCH_2COOH$ (CH$_3$) $\xrightarrow{300\ ℃} ? \xrightarrow{CH_3OH} ? \xrightarrow{SOCl_2} ?$

(6) 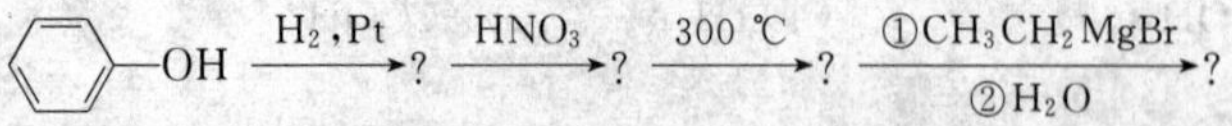 $\bigcirc{-}OH \xrightarrow{H_2,Pt} ? \xrightarrow{HNO_3} ? \xrightarrow{300\ ℃} ? \xrightarrow[②H_2O]{①CH_3CH_2MgBr} ?$

(7) $CH_3{-}CH_2{-}CH_2{-}COONa + CH_3I \longrightarrow ?$

(8)

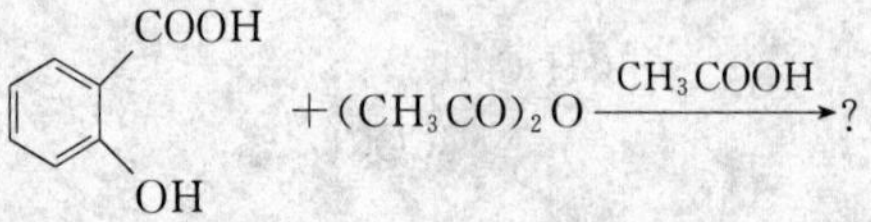

(9)

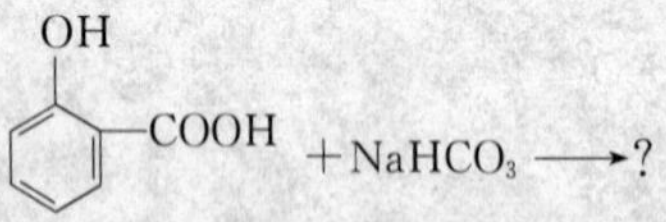

(10)

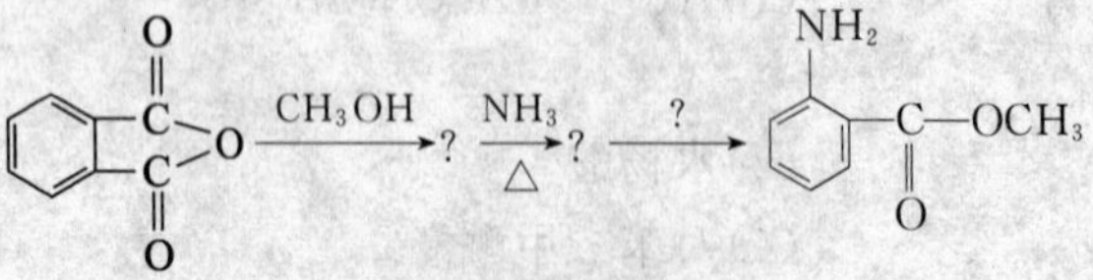

7.以指定化合物为原料完成下列转化。

(1) $CH_3CH_2OH \longrightarrow CH_2$ (COOC$_2$H$_5$) (COOC$_2$H$_5$)

(2) $CH_3CHCH_3 \longrightarrow CH_3CHCOOH$
 　　　$\overset{\displaystyle |}{OH}$ 　　　　　$\overset{\displaystyle |}{CH_3}$

(3) $\langle\!\!\bigcirc\!\!\rangle$—$Br \longrightarrow \langle\!\!\bigcirc\!\!\rangle$—$COOCH_2CH_3$

(4) $CH_3CH_2CH{=}CH_2 \longrightarrow CH_3CH_2CH_2COOH$

8. 以乙酰乙酸乙酯或丙二酸二乙酯法合成下列化合物。

(1)2-庚酮　　　　　　　　　　　(2)苯甲酰丙酮

(3)3-乙基-2-戊酮　　　　　　　　(4)2-甲基丁酸

9. 某化合物 A 的分子式为 $C_7H_{12}O_4$,已知其为羧酸,依次与下列试剂作用：(1)$SOCl_2$；(2)C_2H_5OH；(3)催化加氢(高温)；(4)浓硫酸；(5)高锰酸钾,得到一种二元羧酸 B。将 B 单独加热,生成丁酸。试推测 A 的结构,并写出各步化学反应式。

10. 化合物 A 含有 C、H、O、N 四种元素,溶于水,不溶于乙醚。A 受热后失去一分子水生成化合物 B,B 与 NaOH 水溶液回流反应,放出有气味的气体,残余物酸化后得到一种不含氮的酸性物质 C。C 与 $LiAlH_4$ 反应生成的物质 D 与浓硫酸共热,得到一个烯烃 E,E 的相对分子质量为 56。E 经高锰酸钾氧化有气体放出,并生成一个酮 F。根据以上实验结果推断化合物 A~F 的构造,并写出各步反应式。

11. 化合物 A 的分子式为 $C_4H_6O_2$,不溶于 NaOH 溶液,与碳酸钠无作用,可使溴水褪色,有类似乙酸乙酯的香味。A 与 NaOH 水溶液共热后生成乙酸钠和乙醛。另一种化合物 B 的分子式与 A 相同,不溶于 NaOH 溶液,与碳酸钠无作用,可使溴水褪色,且有类似乙酸乙酯的香味。但 B 与 NaOH 水溶液共热后生成甲醇和一种羧酸钠盐。此钠盐用硫酸中和后蒸馏出的有机物可使溴水褪色。写出化合物 A、B 的构造式。

12. 分子式为 $C_6H_{12}O$ 的化合物 A,氧化后得 B($C_6H_{10}O_4$)。B 能溶于碱,若与乙酐(脱水剂)一起蒸馏则得化合物 C。C 能与苯肼作用,用锌汞齐及盐酸处理得化合物 D。D 的分子式为 C_5H_{10}。写出 A、B、C、D 的构造式。

第 11 章

含氮有机化合物

【学习目标】

☞ 掌握硝基化合物、胺的命名和结构；

☞ 掌握硝基化合物的性质（重点芳香族硝基化合物的还原）及应用，理解硝基对苯环上邻、对位基团的影响；

☞ 重点掌握胺的化学性质和制备，氨基保护在有机合成中的应用；

☞ 掌握脂肪族和芳香族伯、仲、叔胺的鉴别方法；

☞ 熟练掌握芳香族重氮化反应和重氮盐的性质，以及重氮盐在有机合成中的应用；

☞ 初步认识偶氮染料、腈、三聚氰胺等化合物。

含氮有机化合物的特点是分子中含有氮元素，可以看作是烃分子中的氢原子被含氮官能团取代的产物。常见的比较简单的含氮有机化合物见表 11-1。

表 11-1   常见的比较简单的含氮有机化合物

化合物类型	官能团	举例	化合物类型	官能团	举例
硝酸酯	$-ONO_2$	$CH_3CH_2ONO_2$	酰胺	$-\overset{\overset{O}{\parallel}}{C}-NH_2$	$CH_3-\overset{\overset{O}{\parallel}}{C}-NH_2$
亚硝酸酯	$-ONO$	CH_3CH_2ONO	季铵化合物		$(CH_3)_4N^+OH^-$
硝基化合物	$-NO_2$	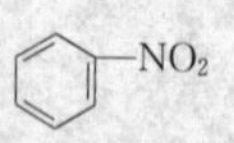 ⬡$-NO_2$	氨基酸	$-NH_2$, $-COOH$	$CH_3\overset{\overset{NH_2}{\mid}}{C}HCOOH$
亚硝基化合物	$-NO$	CH_3CH_2NO	重氮化合物	$-N=N-$	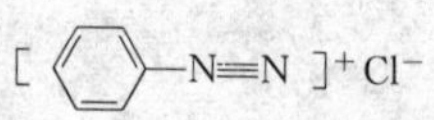 $[$⬡$-N{=}N]^+Cl^-$
腈	$-CN$	$CH_2=CHCN$	偶氮化合物	$-N=N-$	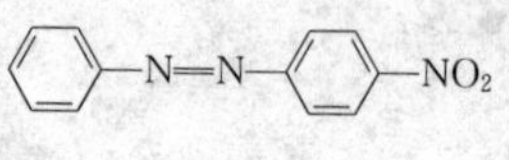 ⬡$-N=N-$⬡$-NO_2$
胺	$-NH_2$	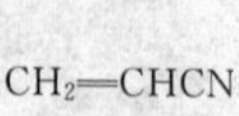 ⬡$-NH_2$			

本章重点讨论硝基化合物、胺、季铵盐、重氮化合物和偶氮化合物等含氮有机化合物，简单介绍腈、三聚氰胺等化合物。

11.1 硝基化合物

分子中含有硝基 $-N\diagdown^O_O$ 的化合物称为硝基化合物,通式为 $R-NO_2$、$Ar-NO_2$,与亚硝酸酯($R-ONO$)互为同分异构体。

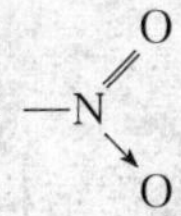

11.1.1 硝基化合物的分类、命名和结构

一、硝基化合物的分类

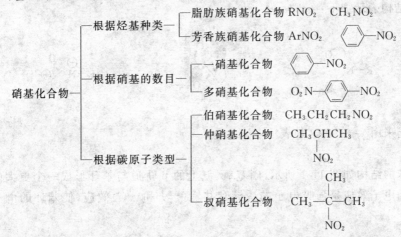

二、硝基化合物的命名

硝基化合物的命名与卤代烃相类似,也是以烃为母体而硝基为取代基。例如:

CH₃NO₂
硝基甲烷

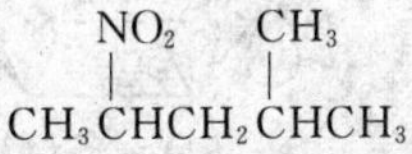

$\overset{NO_2}{CH_3CHCH_2}\overset{CH_3}{CHCH_3}$
2-甲基-4-硝基戊烷

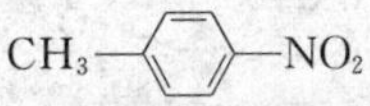

CH₃———NO₂
对硝基甲苯

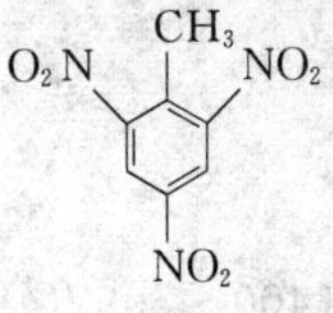

2,4,6-三硝基甲苯
TNT

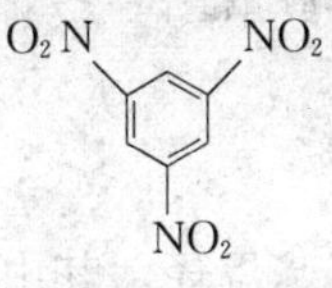

1,3,5-三硝基苯
TNB

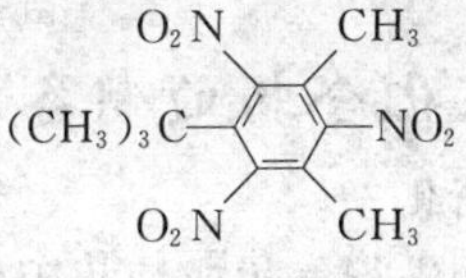

1,3-甲基-2,4,6-三硝基-5-叔丁苯
二甲苯麝香

含有多个官能团的硝基化合物,仍然以硝基为取代基。例如:

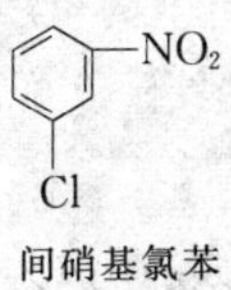

间硝基氯苯

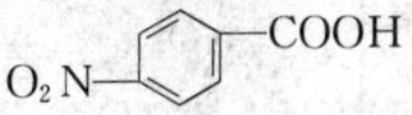

对硝基苯甲酸

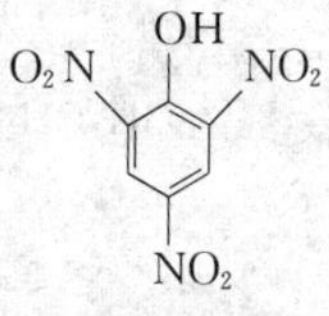

2,4,6-三硝基苯酚(苦味酸)

三、硝基化合物的结构

硝基化合物一般表示为 $R-N\overset{O}{\underset{O}{}}$，表明其中的硝基由一个 N=O 双键和一个 N→O 配位键组成。

用电子衍射法测定 CH_3NO_2 的分子结构，表明硝基是对称结构，两个氮氧键键长相等，均为 0.121 nm，键角 O—N—O 是 $127°$（接近 $120°$）。这表明硝基中的氮原子是采用 sp^2 杂化的，它以三个 sp^2 杂化轨道与两个氧原子和一个碳原子形成三个共平面的 σ 键，未参与杂化的一对 p 电子所在的 p 轨道与每个氧原子的一个 p 轨道形成一个共轭 π 键体系 π_3^4。其结构表示如下：

本书仍采用 $-N\overset{O}{\underset{O}{}}$ 这种表示方法。

硝基苯的结构如图 11-1 所示，硝基氧、氮上的 p 轨道与苯环形成一个更大的共轭体系。硝基的电子效应是强吸电子的诱导和共轭（$-I$ 和 $-C$）效应，使苯环的电子云密度降低。

图 11-1　硝基苯的结构

11.1.2　硝基化合物的制备

一、烷烃的硝化

烷烃可与硝酸进行气相或液相硝化，生成硝基烷烃。其中以高温（$400\sim500$ ℃）气相硝化更具有工业生产价值，主要产物为一硝基化合物。

$$CH_3CH_2CH_3 \xrightarrow[400\ ℃]{HNO_3} \begin{cases} CH_3CH_2CH_2NO_2 & 32\% \\ CH_3\underset{\underset{NO_2}{|}}{CH}CH_3 & 33\% \\ CH_3CH_2NO_2 & 26\% \\ CH_3NO_2 & 9\% \end{cases}$$

烷烃硝化产物为混合物，不需要分离而直接应用，是纤维素、涂料、聚合物、蜡质物和合成树脂等的良好溶剂。

二、芳烃的硝化

就工业应用而言,芳香族硝基化合物的用途远胜过脂肪族硝基化合物。硝基化合物可由芳烃及其衍生物直接硝化得到。如苯与浓硝酸和浓硫酸在 50～60 ℃下作用,得到硝基苯。

$$\bigcirc + HNO_3 \xrightarrow[50\sim60\ ℃]{\text{浓 } H_2SO_4} \bigcirc —NO_2 + H_2O$$

硝基苯是淡黄色、有苦杏仁气味的油状液体,可随水蒸气蒸馏,可以通过呼吸道和皮肤进入血液,破坏血红素输送氧的能力,毒性很大。硝基苯是重要的工业原料,主要用于制备苯胺,也可用作高沸点溶剂和缓和氧化剂。

甲苯经过分步硝化可以制得 2,4,6-三硝基甲苯(TNT),参见 6.6。

2,4,6-三硝基甲苯(TNT)是黄色针状晶体,是一种重要的炸药,其熔点较低,熔融方便,易同其他成分混合,易灌注到弹壳内,须经起爆剂(雷汞)引发才猛烈爆炸,既便宜又安全,为军事和民用筑路、开山、采矿等爆破工程中使用。

11.1.3　硝基化合物的性质

一、硝基化合物的物理性质

硝基化合物由于具有较强的极性,一般都具有较大的偶极矩(如 CH_3NO_2 的偶极矩为 11.34×10^{-30} C·m,$PhNO_2$ 的偶极矩为 14.34×10^{-30} C·m),其沸点和熔点比相应的烃类化合物显著增高,也比相应的卤代烃高。

脂肪族硝基化合物一般为无色、高沸点的液体。芳香族硝基化合物中除单环一硝基化合物为无色或淡黄色的高沸点液体外,多硝基化合物则为黄色固体。硝基化合物难溶于水,是许多有机化合物的优良溶剂,能溶解油脂、纤维素酯和许多合成树脂。

硝基化合物有毒,它的蒸气能透过皮肤,引起肝、肾和血液中毒,亦可引起高铁血红蛋白白血症,所以生产中尽可能不用其做溶剂。

多硝基化合物具有爆炸性,如 2,4,6-三硝基甲苯(TNT)和 1,3,5-三硝基苯(TNB)都是高能炸药。

硝基化合物多具有特殊气味,如硝基苯带有苦杏仁气味,叔丁基的某些多硝基化合物具有强烈香味;如二甲苯麝香等曾经用作化妆品的芳香剂,但因其中含有多个硝基,现已被限制使用。硝基化合物的密度大于 1。常见硝基化合物的物理常数见表 11-2。

表 11-2 　　　　　　　　　　　**常见硝基化合物的物理常数**

名称	熔点/℃	沸点/℃	相对密度 d_4^{20}
硝基甲烷	−28.6	101.2	1.1354(22 ℃)
1-硝基丙烷	−104	131.2	1.00
2-硝基丙烷	−91.3	120.3	0.99
硝基苯	5.7	210.8	1.203
邻二硝基苯	118	319	1.565
间二硝基苯	89.8	291	1.571
对二硝基苯	174	299	1.625
均三硝基苯	122	分解	1.688
邻硝基甲苯	−4	222	1.163
间硝基甲苯	16	231	1.157
对硝基甲苯	52	238.5	1.286
2,4-二硝基甲苯	70	300	1.521
α-硝基萘	61	304	1.332

二、硝基化合物的化学性质

1. 还原反应

硝基化合物易被还原,脂肪族硝基化合物可在酸性还原系统中(Fe、Zn、Sn 和 HCl)或催化加氢得到伯胺。

$$RNO_2 + 3H_2 \xrightarrow{Ni} RNH_2 + 2H_2O$$

芳香族硝基化合物的还原有很大的价值,本节主要讨论芳香族硝基化合物的还原。

芳香族硝基化合物在不同的还原剂和介质条件下得到不同的还原产物。如硝基苯还原过程和中间产物如下:

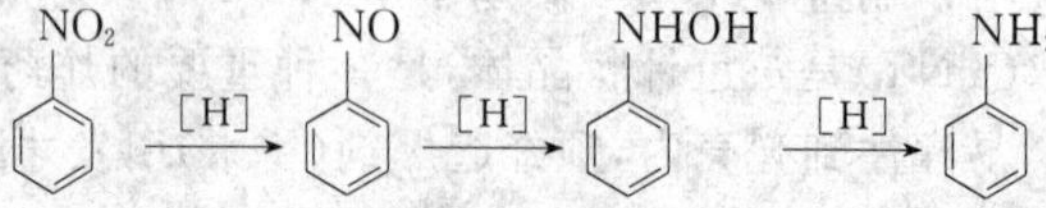

(1)金属和强酸性介质　凡是在电动势系列中处于氢之前的金属,如锂、钠、钾、镁、铝、锌、铁、锡等,与强无机酸(如 HCl)组成还原剂,最终生成苯胺,不能停留在中间产物。

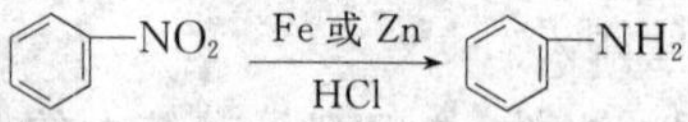

(2)金属和中性、弱酸性介质　还原生成 N-羟基苯胺,也可以还原成苯胺。

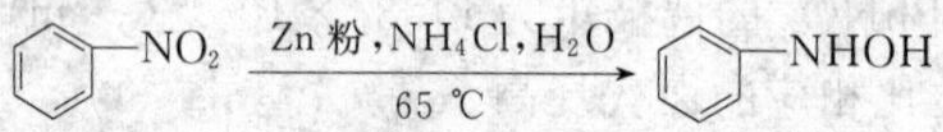

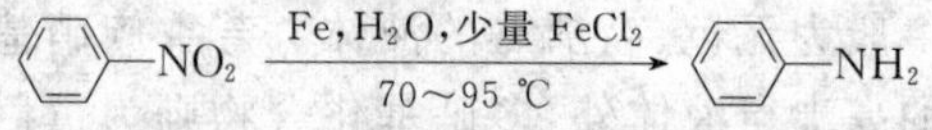

(3)金属和碱性介质　碱性条件下还原时,中间产物亚硝基苯和 N-羟基苯胺会相互作用而生成双分子缩合产物。

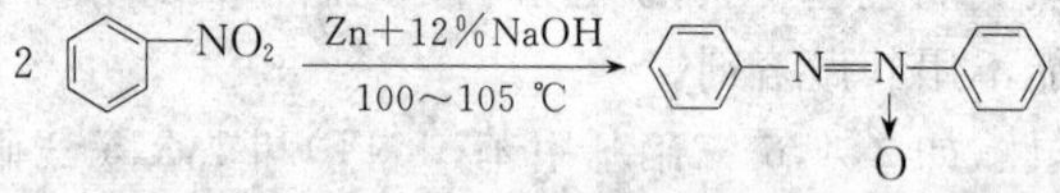

氧化偶氮苯

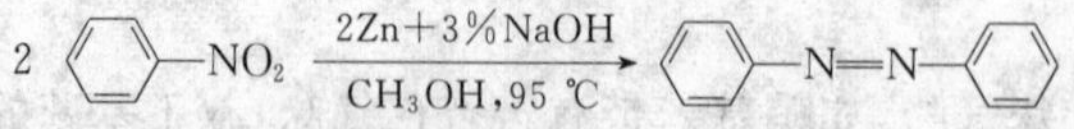

偶氮苯

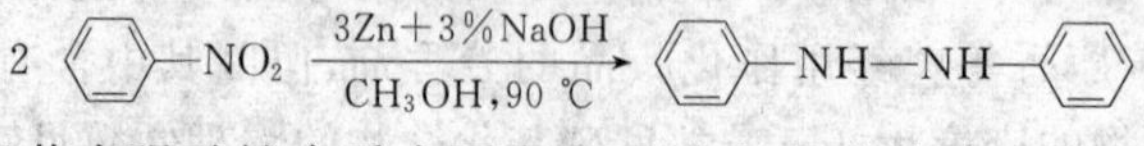

氢化偶氮苯

氢化偶氮苯在强酸性介质中可发生重排生成联苯胺。

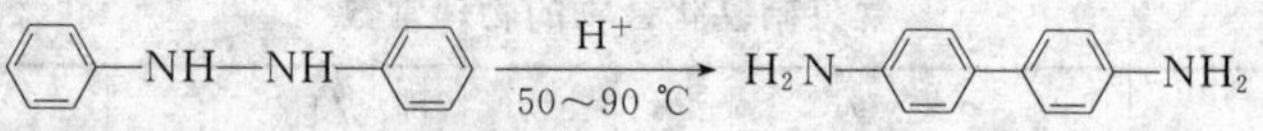

联苯胺曾经是染料工业的重要原料,但它是一种强致癌物,长期接触可引起膀胱癌,发病潜伏期 15~20 年,现在工业上已停止使用。

(4)硫化物还原　硫化物如 Na_2S、$NaHS$、$(NH_4)_2S$、NH_4HS 等和多硫化物如 Na_2S_2 等可作还原剂。此法也称为硫化碱还原法,适用于高沸点、不溶于水的芳胺的制备。

硫化物和多硫化物还可对多硝基化合物选择性还原。但选择性还原发生在哪一个硝基上,目前还没有规律可循,反应机理尚不清楚。

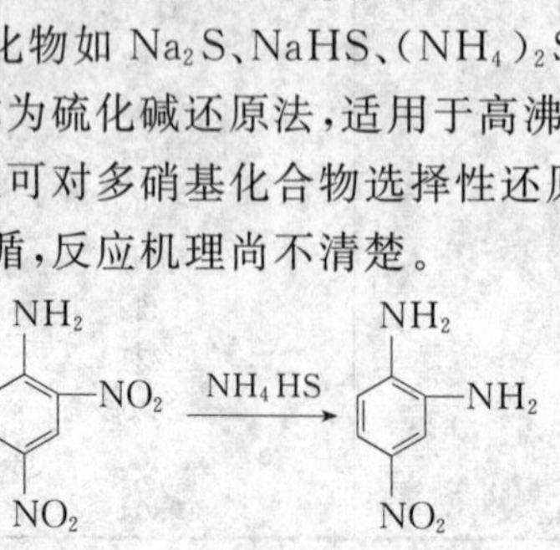

邻位还原

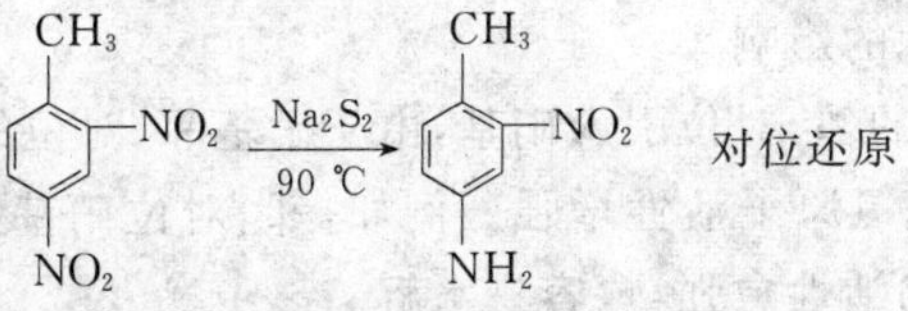

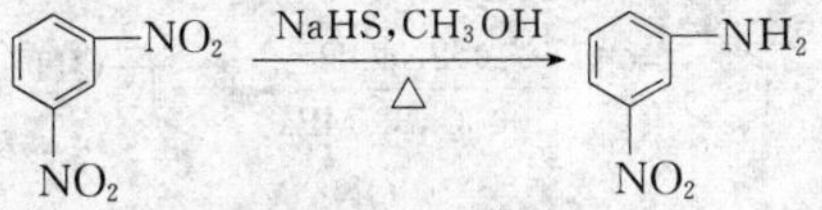

（5）氢化锂铝还原：氢化锂铝是很强的还原剂，能还原羰基、羧基、酰胺、酯、硝基、氰基等，但对双键－C＝C－和叁键－C≡C－没有作用。

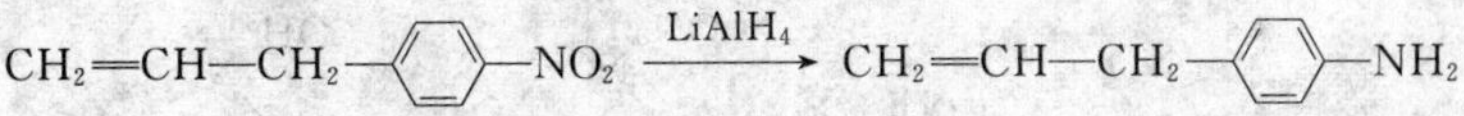

（6）催化氢化：还原硝基化合物为胺。

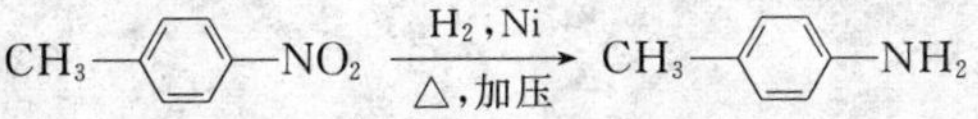

2. 和碱作用

硝基为强吸电子基团，使含有 α-H 的硝基化合物能具有一定的酸性。

	CH_3NO_2	$CH_3CH_2NO_2$	$\begin{matrix}CH_3CHCH_3\\ \mid \\ NO_2\end{matrix}$
pK_a	10.2	8.5	7.8

所以含有 α-氢的硝基化合物可溶于氢氧化钠溶液中，无 α-氢的硝基化合物（如硝基苯 $PhNO_2$）则不溶于氢氧化钠溶液。利用这个性质，可鉴定是否含有 α-氢的伯、仲硝基化合物和叔硝基化合物。

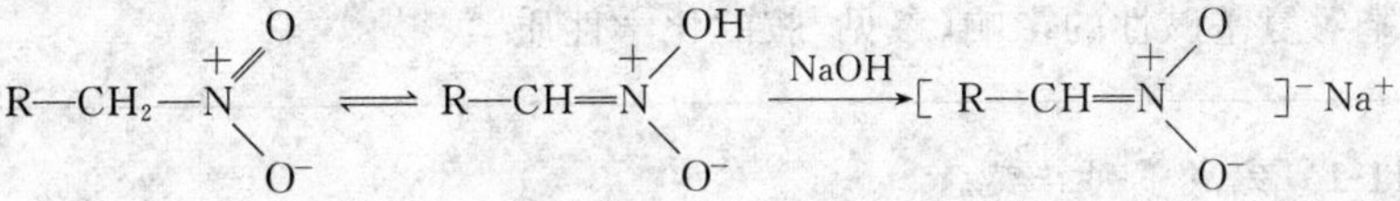

生成的钠盐溶于水，酸化后又可重新回到原来的硝基化合物。

$$CH_3CH_2NO_2+NaOH \longrightarrow [CH_3CHNO_2]^-Na^+ \xrightarrow{HCl} CH_3CH_2NO_2+NaCl$$

3. 硝基对苯环和取代基的影响

（1）硝基对苯环亲电取代反应的影响

硝基是间位定位基，对苯环呈现出强的吸电子诱导效应（－I）和吸电子共轭效应（－C），使苯环电子云密度降低，亲电取代反应比苯困难。

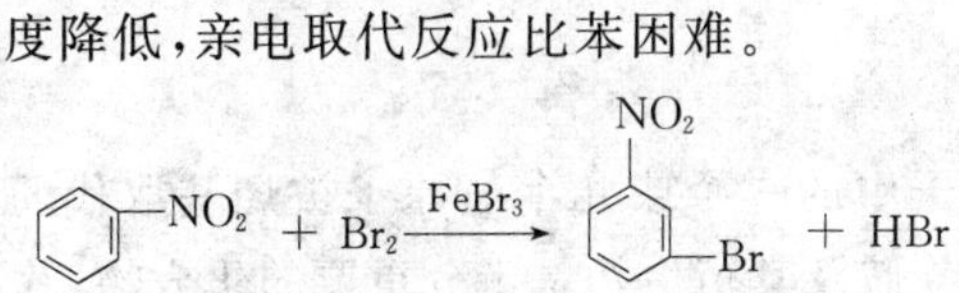

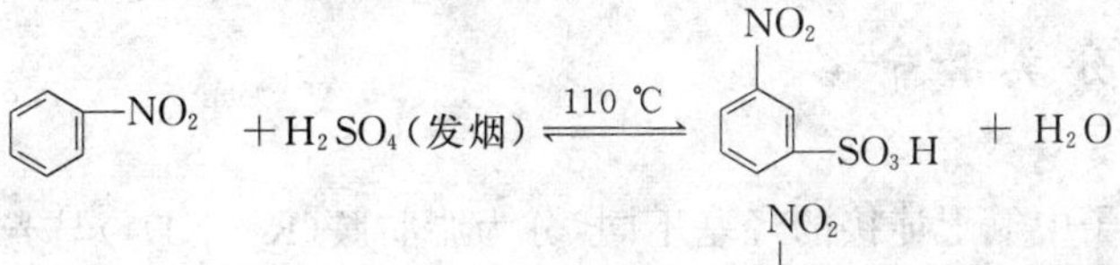

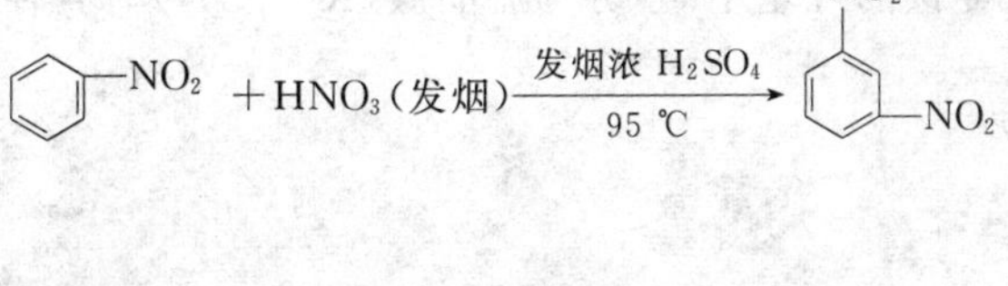

（2）硝基对卤素活性的影响

氯苯分子中氯原子的邻、对位引入硝基，由于硝基邻、对位的电子云密度降低，从而使 C—Cl 键极性增强，因此氯原子活性增强。例如，邻、对位硝基氯苯就容易水解，而且邻、对位硝基愈多，卤原子的活性愈强，愈容易水解。

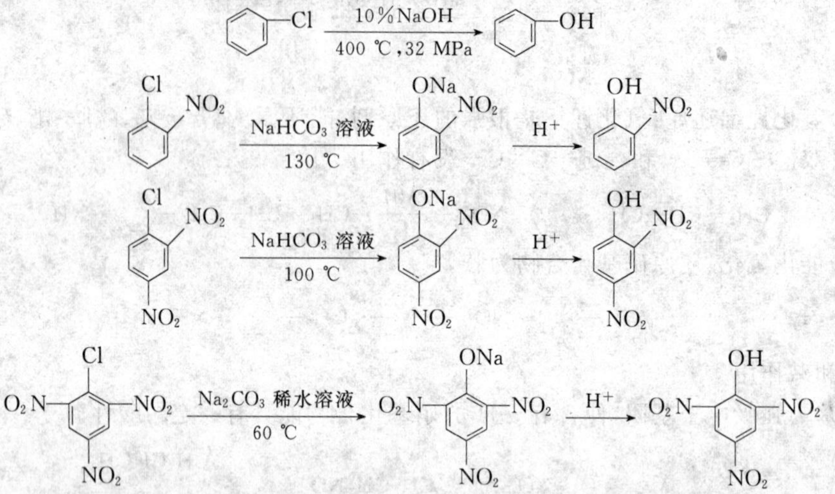

$$\underset{\text{（氯苯）}}{C_6H_5Cl} \xrightarrow[\text{400 ℃, 32 MPa}]{10\% \text{NaOH}} C_6H_5OH$$

邻硝基氯苯 $\xrightarrow[\text{130 ℃}]{\text{NaHCO}_3 \text{ 溶液}}$ 邻硝基苯酚钠 $\xrightarrow{H^+}$ 邻硝基苯酚

2,4-二硝基氯苯 $\xrightarrow[\text{100 ℃}]{\text{NaHCO}_3 \text{ 溶液}}$ 2,4-二硝基苯酚钠 $\xrightarrow{H^+}$ 2,4-二硝基苯酚

2,4,6-三硝基氯苯 $\xrightarrow[\text{60 ℃}]{\text{Na}_2\text{CO}_3 \text{ 稀水溶液}}$ 2,4,6-三硝基苯酚钠 $\xrightarrow{H^+}$ 2,4,6-三硝基苯酚

2,4,6-三硝基苯酚俗名苦味酸，有强的苦味，为黄色片状结晶，不溶于冷水，能溶于热水、乙醇、乙醚中，具有强酸性，其酸性几乎与无机酸相近。苦味酸是一种染料，也是制造其他染料的原料。干燥的苦味酸受到振动可发生爆炸，故保存和运输时应使其处于湿润状态。

（3）硝基对酚或羧酸酸性的影响（参见"酚的化学性质"和"羧酸的化学性质"）。

（4）硝基对氨基碱性的影响（参见"胺的化学性质"）。

练习 11-1 完成下列转变。

（1）甲苯→对硝基甲苯　　　（2）2,4-二硝基甲苯→4-甲基-3-硝基苯胺

练习 11-2 用化学方法区别下列各组化合物。

（1）硝基苯和硝基己烷　　　（2）苯酚和苦味酸

11.2　胺

胺可以看作是氨分子中的一个或几个氢原子被烃基取代的衍生物。氨基（—NH₂）是胺类化合物的官能团。胺及其衍生物是十分重要的化合物，其与生命活动关系密切。

11.2.1　胺的分类和命名

一、胺的分类

1.根据胺分子中氮上连接的烃基不同，分为脂肪胺（R—NH₂）与芳香胺（Ar—NH₂）。

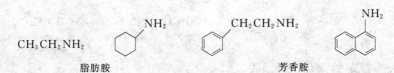

脂肪胺　　　　　　　　　　　芳香胺

2. 根据胺分子中与氮原子相连的烃基的数目,可分为伯胺(1°胺)、仲胺(2°胺)和叔胺(3°胺)。

$$NH_3 \qquad RNH_2 \qquad R_2NH \qquad R_3N$$

氨　　　　　伯胺(1°胺)　　　仲胺(2°胺)　　　叔胺(3°胺)

3. 根据胺分子中所含氨基的数目,可分为一元、二元或多元胺。

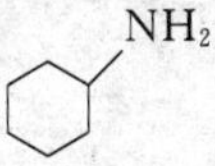

一元胺　　　　　$H_2NCH_2CH_2NH_2$　　　　多元胺
　　　　　　　　　二元胺

4. 季铵类　相当于氢氧化铵 NH_4OH 和卤化铵 NH_4X 的四个氢全被烃基取代所得到的化合物,叫做季铵碱($[R_4N]^+OH^-$)和季铵盐($[R_4N]^+X^-$)。

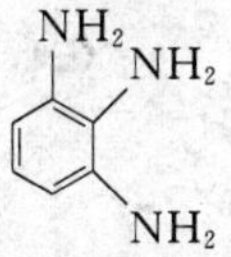

提示:

(1)伯、仲、叔胺与伯、仲、叔卤代烃或醇的分类依据不同,胺的分类着眼于氮原子上烃基的数目。例如叔丁醇是叔醇,而叔丁胺属于伯胺。

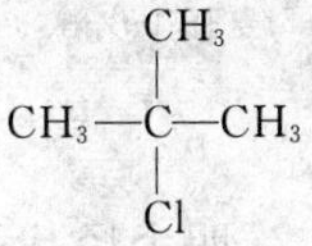

叔卤代烃(3°卤烃) 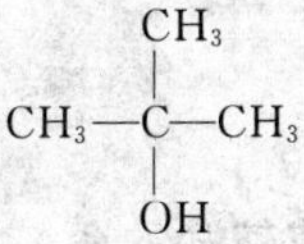　　　叔醇(3°醇) 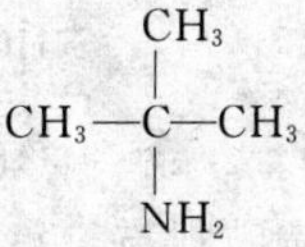　　　　伯胺(1°胺)

(2)掌握氨、胺和铵的用法。氨是 NH_3,氨分子从形式上去掉一个氢原子后的剩余部分叫做氨基—NH_2。氨分子中氢原子被烃基取代生成的有机化合物叫做胺。季铵类的名称用铵,表示它与 NH_4^+ 的关系。

二、胺的命名

1. 结构简单的胺可以以胺为母体,根据烃基的名称命名,即在烃基的名称后加上"胺"字。

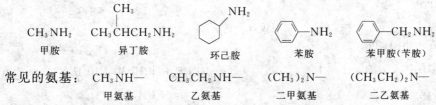

CH_3NH_2　　　$CH_3CHCH_2NH_2$　　　　　　苯胺　　　苯甲胺(苄胺)
甲胺　　　　　异丁胺　　　　环己胺

常见的氨基:　CH_3NH-　　　CH_3CH_2NH-　　　$(CH_3)_2N-$　　　$(CH_3CH_2)_2N-$
　　　　　　　甲氨基　　　　乙氨基　　　　二甲氨基　　　二乙氨基

2. 若氮原子上所连烃基相同,用二或三表明烃基的数目;若氮原子上所连烃基不同,则按基团的次序规则,"优先基团后列出"写出其名称;"基"字一般可省略。当仲胺和叔胺分子中烃基不同时,命名时选"优先"基团为母体,其他基团为取代基,并在前面冠以"N",突出它是连在氮原子上。

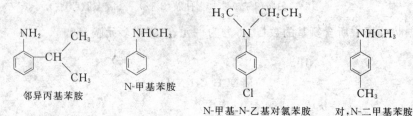

CH_3NHCH_3 二甲胺

二苯胺

$CH_3NHCH_2CH_3$
甲乙胺
N-甲基乙胺

$(CH_3)_2NCH_2CH_2CH_3$
二甲丙胺
N,N-二甲基丙胺

3. 含有两个氨基的化合物为二胺。

$H_2NCH_2CH_2NH_2$ $H_2NCH_2CH_2CH_2CH_2CH_2CH_2NH_2$ $H_2NCH_2CH_2CH_2CH_2NH_2$

1,2-乙二胺   1,6-己二胺   1,4-丁二胺(腐胺)

4. 芳香胺的命名一般把芳香胺定为母体,其他烃基为取代基。命名时应标出烃基的位置,连接在氮上的烃基用"N-某基"来表示。

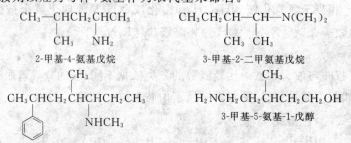

邻异丙基苯胺   N-甲基苯胺   N-甲基-N-乙基对氯苯胺   对,N-二甲基苯胺

5. 复杂的胺则以烃为母体,氨基作为取代基来命名。

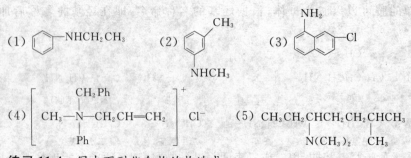

2-甲基-4-氨基戊烷   3-甲基-2-二甲氨基戊烷

4-甲基-2-苯基-5-甲氨基庚烷   3-甲基-5-氨基-1-戊醇

6. 季铵盐或季铵碱则与氢氧化铵或铵盐的命名相似。当四个烃基不同时,按"优先基团后列出"原则排序。

$(CH_3)_4N^+Cl^-$ $[(CH_3)_3N^+CH_2CH_3]OH^-$ $[CH_3{-}\phi{-}N(CH_3)_3]^+Br^-$

氯化四甲铵   氢氧化三甲基乙基铵   溴化三甲基对甲苯基铵

练习 11-3 命名下列化合物。

(1) ⬡—$NHCH_2CH_3$ (2) ⬡ (CH_3, $NHCH_3$)   (3) ⬡ (NH_2, Cl)

(4) $\left[CH_3{-}\underset{Ph}{\overset{CH_2Ph}{N}}{-}CH_2CH{=}CH_2 \right]^+ Cl^-$ (5) $CH_3CH_2\underset{N(CH_3)_2}{CH}CH_2CH_2\underset{CH_3}{CH}CH_3$

练习 11-4 写出下列化合物的构造式。

(1)三正丙胺   (2)N-乙基对硝基苯胺   (3)氢氧化二甲基乙基异丙基铵

(4)乙二胺   (5)2-二甲氨基丁烷   (6)苄胺

11.2.2 胺的结构

氨（NH_3）分子中，氮原子采用 sp^3 杂化，其中三个 sp^3 轨道分别与三个氢原子的 s 轨道形成三个 N—H σ键，第四个 sp^3 杂化轨道则被成对电子所占有。氮原子处于正四面体中心，整个氨分子呈四面体棱锥形构型（图11-2）。

胺分子的构型与氨的结构相似，也是四面体棱锥形构型，氨基中的氮原子也是 sp^3 杂化。以甲胺和三甲胺分子为例，其构型见图11-3和图11-4。

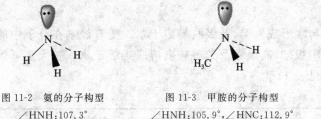

图11-2　氨的分子构型　　　　图11-3　甲胺的分子构型　　　　图11-4　三甲胺的分子构型

∠HNH:107.3°　　　∠HNH:105.9°,∠HNC:112.9°　　　∠CNC:108°

N—H:0.1008 nm　　N—H:0.1011 nm,N—C:0.1474 nm　　N—C:0.147 nm

苯胺中的氮原子采用 sp^2 杂化。因此，除了σ键以外，氮原子上的未共用电子对还可与芳环的 π 电子形成 p-π 共轭体系（π_7^8）（图11-5）。共轭的结果使 π 电子向苯环转移，即氨基（—NH_2）的 $+C > -I$，氨基（—NH_2）对苯环起到推电子作用，如苯胺分子（图11-6）中氨基（—NH_2）的存在，使苯环上的亲电取代活性增强，苯胺的碱性和亲核性都有明显的减弱。

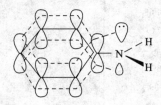

图11-5　苯胺分子中的 p-π 共轭体系　　　　图11-6　苯胺分子的电子效应

∠HNH:113.9°,∠HNH 与苯环平面夹角为39.4°

11.2.3 胺的物理性质

常温下，甲胺、二甲胺、三甲胺是气体，低级和中级脂肪胺为无色气体或液体，高级脂肪胺为固体，芳香胺为高沸点的液体或低熔点的固体。

低级胺具有氨的气味或鱼腥味，如三甲胺有鱼腥味；高级胺没有气味；芳香胺有特殊气味，并有较大的毒性，无论是吸入其蒸气或是皮肤接触都会引进中毒；某些芳香胺致癌，如联苯胺、β-萘胺有强烈致癌性；某些二胺有恶臭味，如 1,4-丁二胺（腐胺）、1,5-戊二胺（尸胺）。

由于胺是极性化合物，除叔胺外，其他胺分子间可通过氢键缔合，因此胺的熔点和沸点比相对分子质量相近的非极性化合物高。但由于氮的电负性比氧小，所以胺形成的氢键弱于醇或羧酸形成的氢键，因而胺的熔点和沸点比相对分子质量相近的醇和羧酸低。例如：

| | CH₃OCH₃ | CH₃NHCH₃ | CH₃CH₂NH₂ | CH₃CH₂OH | HCOOH |

	CH_3OCH_3	CH_3NHCH_3	$CH_3CH_2NH_2$	CH_3CH_2OH	$HCOOH$
相对分子质量	46	45	45	46	46
沸点/℃	−24	7.5	17	78.5	100.7

伯、仲、叔胺的沸点为伯胺＞仲胺＞叔胺。显然，叔胺没有 N—H 键，因此不能形成氢键，沸点较低。

	$CH_3CH_2CH_2NH_2$（1°胺）	$CH_3NHCH_2CH_3$（2°胺）	$(CH_3)_3N$（3°胺）
沸点/℃	49	37	3

由于所有的三类胺都能与水形成氢键，低级胺易溶于水。随着烃基在分子中的比例增大，溶解度迅速下降，所以中级胺、高级胺及芳香胺微溶或难溶于水。胺大多可溶于有机溶剂。常见胺的物理常数见表 11-3。

表 11-3　　　　　　　　常见胺的物理常数

名称	熔点/℃	沸点/℃	相对密度(d_4^{20})	溶解度/(g·(100 g H₂O)⁻¹)
甲胺	−92	−7.5	0.7961(−10 ℃)	易溶
二甲胺	−96	7.5	0.6604(0 ℃)	易溶
三甲胺	−117	3	0.7229(25 ℃)	91
乙胺	−80	17	0.706(0 ℃)	∞
二乙胺	−39	55	0.705	易溶
三乙胺	−115	89	0.756	14
正丙胺	−83	49	0.719	∞
异丙胺	−101	34	0.8889	∞
正丁胺	−50	78	0.740	易溶
环己胺	−17.7	134	0.86	微溶
乙二胺	8.5	117	0.899	溶
己二胺	42	204	0.90	溶
苯胺	−6.3	184	1.022	3.7
苄胺		185	0.98	∞
N-甲基苯胺	−57	196	0.989	难溶
N,N-二甲基苯胺	2.5	194	0.956	1.4
二苯胺	54	302	1.159	不溶
三苯胺	127	365	0.774(0 ℃)	不溶
邻苯二胺	104	252	1.03	3
间苯二胺	63	287	1.139(5 ℃)	25
对苯二胺	142	267	1.205	3.8
联苯胺	127	401	1.250	0.05
α-萘胺	50	301	1.131	难溶
β-萘胺	113	306	1.061(25 ℃)	不溶

练习 11-5　比较正丙醇、正丙胺、甲乙胺、三甲胺和正丁烷的沸点高低。

11.2.4 胺的化学性质

胺的化学性质主要取决于氮原子上的未共用电子对。当它提供未共用电子对给质子或路易斯酸时,胺显碱性;当它作为亲核试剂时,能与卤代烃发生烃基化反应,能与酰卤、酸酐等酰基化试剂发生酰化反应,还能和亚硝酸反应;当它和氧化剂作用时,氮原子提供未共用电子对时,胺表现出还原性。此外芳香胺的氨基增强了芳环亲电取代反应的活性。

一、碱性

与氨相似,氨基中的氮原子上含有一对未共用电子对,有与其他原子共享这对电子的倾向,所以胺具有碱性和亲核性。

胺和氨相似,具有碱性,能与大多数酸作用成盐。

$$R-\overset{..}{N}H_2 + HCl \longrightarrow R-\overset{+}{N}H_3 Cl^-$$

$$R-\overset{..}{N}H_2 + HOSO_3H \longrightarrow R-\overset{+}{N}H_3^- OSO_3H$$

胺的碱性较弱,其盐与氢氧化钠溶液作用时,释放出游离胺。

$$R-\overset{+}{N}H_3 Cl^- + NaOH \longrightarrow RNH_2 + NaCl + H_2O$$

胺的碱性强弱可用 K_b 或 pK_b 表示:

$$R-\overset{..}{N}H_2 + H_2O \overset{K_b}{\rightleftharpoons} R-\overset{+}{N}H_3 + OH^-$$

$$K_b = \frac{[R-\overset{+}{N}H_3][OH^-]}{[RNH_2]} \quad pK_b = -\log K_b$$

某些胺的 pK_b 值见表 11-4。

表 11-4　　　　　　　　　　　某些胺的 pK_b 值

名称	pK_b	名称	pK_b	名称	pK_b
甲胺	3.38	苯胺	9.37	对甲基苯胺	8.90
二甲胺	3.27	N-甲基苯胺	9.6	对氯苯胺	10.02
三甲胺	4.21	N,N-二甲基苯胺	9.62	邻硝基苯胺	13.82
乙胺	3.29	二苯胺	13.21	间硝基苯胺	11.53
二乙胺	3.0	邻甲基苯胺	9.56	对硝基苯胺	13.0
三乙胺	3.25	间甲基苯胺	9.28	2,4-二硝基苯胺	14.26

从表 11-4 的数值可以看出胺类的碱性变化规律。

1. 脂肪胺＞氨＞芳香胺

胺的碱性强弱取决于氮原子上未共用电子对和质子结合的难易,而氮原子接受质子的能力又与氮原子上电子云密度大小以及氮原子上所连基团的空间位阻有关。在脂肪胺中,由于烷基的 $+I$ 效应,使氨基上的电子云密度增加,接受质子的能力增强,所以脂肪胺的碱性大于氨。在芳香胺中,由于氨基的未共用电子对与芳环的大 π 键形成 p-π 共轭体系,使氨基上的电子云密度降低,接受质子的能力减弱,所以它的碱性比氨弱。

2. 脂肪胺

在气态时碱性为:$(CH_3)_3N > (CH_3)_2NH > CH_3NH_2 > NH_3$

在水溶液中碱性为:$(CH_3)_2NH > CH_3NH_2 > (CH_3)_3N > NH_3$

pK_b　　　　3.27　　　3.38　　　4.21　　　4.76

气态时,仅有烷基的供电子效应,烷基越多,供电子效应越大,故碱性次序如上。在水溶液中,碱性的强弱决定于电子效应、溶剂化效应等。铵正离子与水的溶剂化作用即胺的氮原子上的氢与水形成氢键的作用。胺的氮原子上的氢越多,溶剂化作用越大,铵正离子越稳定,胺的碱性越强。

$$R-\overset{+}{\underset{H-OH_2}{\overset{H-OH_2}{N}}}-H-OH_2 \qquad R_2-\overset{+}{\underset{H-OH_2}{\overset{H-OH_2}{N}}}-H-OH_2 \qquad R_3-\overset{+}{\underset{H}{\overset{H}{N}}}-H-O\overset{H}{\underset{H}{}}$$

3. 芳香胺

(1) $ArNH_2 > Ar_2NH > Ar_3N$

例如:

$$NH_3 > \text{（苯基）}-NH_2 > \text{（苯基）}_2NH > \text{（苯基）}_3N$$

pK_b   4.76   9.37   13.21   中性

芳香胺的碱性比氨弱,而且三苯胺的碱性比二苯胺弱,二苯胺比苯胺弱。这是由于苯环与氮原子发生吸电子共轭效应,使氮原子电子云密度降低,同时阻碍氮原子接受质子的空间效应增大,而且这两种作用都随着氮原子上所连接的苯环数目增加而增大。

(2) $\text{（苯基）}-NH_2 > \text{（苯基）}-NHCH_3 > \text{（苯基）}-N(CH_3)_2$

pK_b   9.37   9.6   9.62

从烃基的空间效应看,烃基数目增多,空间阻碍相应增大,N,N-二甲基苯胺中二个甲基的空间效应比供电子作用更显著,所以碱性比 N-甲基苯胺还要弱。

4. 取代芳胺

对取代芳胺,当苯环上连有供电子基团时,碱性略有增强;当连有吸电子基团时,碱性则降低;邻位连有吸电子基团时,由于 $-C$ 和 $-I$ 效应、空间效应和分子内氢键等原因,碱性降低要比间位或对位大得多。

pK_b   8.90   9.37   10.02   11.53   13.0   13.82   14.26

综合以上,考查胺类化合物的碱性强弱,要综合电子效应、溶剂化效应、立体效应和氢键的共同作用。

胺类是弱碱,它可与强酸形成可溶于水的碱盐,遇强碱后可被游离出来。利用这些性质,可以利用这一性质进行胺的分离、提纯和定性鉴别胺。

$$[CH_3CH_2NH_3]^+Cl^- \xrightarrow{NaOH} CH_3CH_2NH_2 + NaCl + H_2O$$

$$CH_3CH_2NH_2 + HCl \longrightarrow [CH_3CH_2NH_3]^+Cl^- \text{ 或 } CH_3CH_2NH_2 + HCl$$

乙胺盐酸盐

练习 11-6　解释下列事实，苄胺（$C_6H_5CH_2NH_2$）的碱性与烷基胺基本相同，而与芳胺不同。

练习 11-7　比较下列化合物的碱性（以"＞"连接）。

(1) 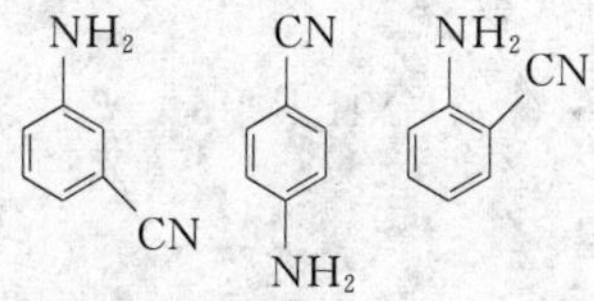　(2) CH_3CONH_2　CH_3NH_2　NH_3

(3) 环己胺　苯胺　对氯苯胺　对甲苯胺　对硝基苯胺

练习 11-8　用化学方法分离甲胺和甲苯的混合物。

二、烃基化反应

氨或胺作为亲核试剂与卤代烃、醇、酚等发生取代反应，生成伯胺、仲胺、叔胺和季铵盐。此反应可用于工业上生产胺类。

$$\ddot{N}H_3 + RBr \longrightarrow R\overset{+}{N}H_3 \xrightarrow{OH^-} RNH_2 \quad \text{伯胺}$$

$$R\ddot{N}H_2 + RBr \longrightarrow R_2\overset{+}{N}H_2 \xrightarrow{OH^-} R_2NH \quad \text{仲胺}$$

$$R_2\ddot{N}H + RBr \longrightarrow R_3\overset{+}{N}H \xrightarrow{OH^-} R_3N \quad \text{叔胺}$$

$$R_3\ddot{N} + RBr \longrightarrow R_4\overset{+}{N}Br^- \quad \text{季铵盐}$$

反应特点：

(1)产物往往得到的是混合物。

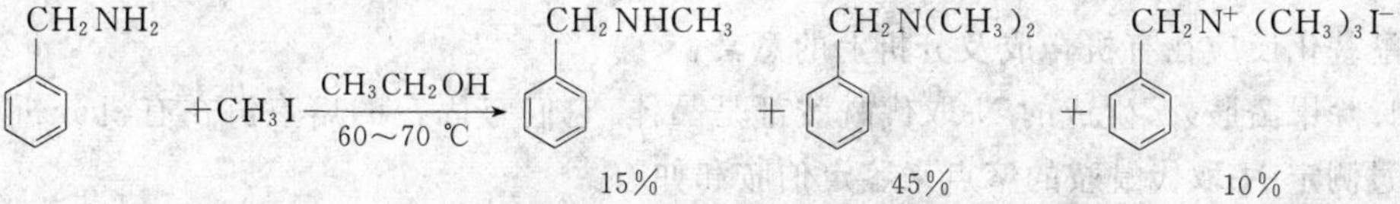

调节原料的配比以及控制反应温度、时间等其他条件，可以得到其中的一种胺为主要产物。如使用过量的氨，则主要制得伯胺；使用过量的卤代烃，则主要得叔胺和季铵盐。当 R 为较大烃基时，可采用分馏的方法将三种胺分离；当 R 为较小烃基时，由于生成的三种胺沸点接近，需要高效精馏才能将它们分开而得到纯品。

$$CH_3(CH_2)_3\underset{\displaystyle Br}{\underset{|}{C}}HCOOH + \underset{\text{过量}}{2NH_3} \longrightarrow \underset{62\%\sim67\%}{CH_3(CH_2)_3\underset{\displaystyle NH_2}{\underset{|}{C}}HCOOH} + NH_4Br$$

(2)一般用伯卤代烃、苄卤、伯醇和苄醇。

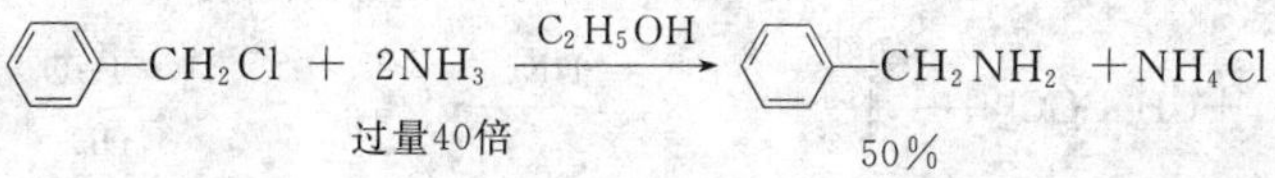

芳香胺烃基化的活性低于脂肪胺。在硫酸等催化剂作用下，芳香胺能与醇发生反应。例如：

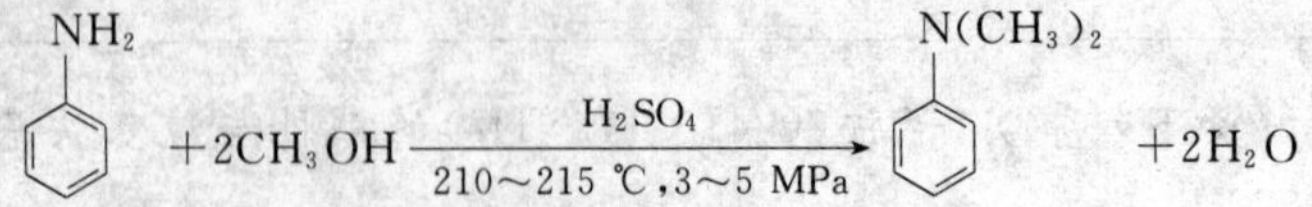

$$\text{C}_6\text{H}_5\text{NH}_2 + 2\text{CH}_3\text{OH} \xrightarrow[210\sim215\,℃,3\sim5\,\text{MPa}]{\text{H}_2\text{SO}_4} \text{C}_6\text{H}_5\text{N(CH}_3)_2 + 2\text{H}_2\text{O}$$

这是工业上合成 N,N-二甲基苯胺的方法。

芳卤烃不活泼,需要高温、高压等剧烈条件才能进行反应。

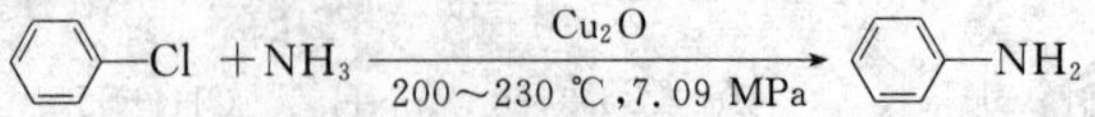

$$\text{C}_6\text{H}_5\text{-Cl} + \text{NH}_3 \xrightarrow[200\sim230\,℃,7.09\,\text{MPa}]{\text{Cu}_2\text{O}} \text{C}_6\text{H}_5\text{-NH}_2$$

这是工业上生产苯胺的方法之一。

三、酰基化反应

伯胺、仲胺易与酰氯或酸酐等酰基化试剂作用,生成 N-取代酰胺或 N,N-二取代酰胺。叔胺的氮原子上没有氢原子,不能进行酰基化反应。

$$\text{RNH}_2 \xrightarrow[\text{或}(\text{R}'\text{CO})_2\text{O}]{\text{R}'\text{COCl}} \text{RNHCOR}'$$

$$\text{R}_2\text{NH} \xrightarrow[\text{或}(\text{R}'\text{CO})_2\text{O}]{\text{R}'\text{COCl}} \text{R}_2\text{NCOR}'$$

$$\text{R}_3\text{N} \xrightarrow[\text{或}(\text{R}'\text{CO})_2\text{O}]{\text{R}'\text{COCl}} (-)\text{不反应}$$

胺的反应活性:脂肪胺＞芳香胺,伯胺＞仲胺。

酰基化试剂的活性:酰卤＞酸酐＞羧酸。

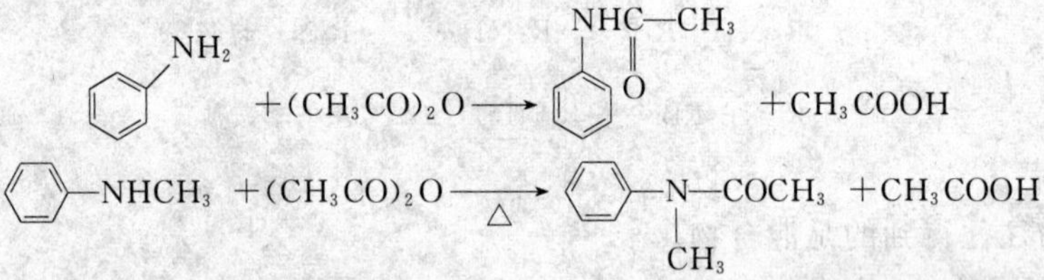

酰基化反应在有机合成及分析上的意义:

1.除甲酰胺外,生成的 N-取代酰胺都是晶体,它们有固定的熔点。在有机分析上可以通过测定 N-取代酰胺的熔点来鉴定伯胺和仲胺。

2.N-取代酰胺在酸或碱的水溶液中加热易水解生成原来的胺,可用此方法分离、提纯胺。

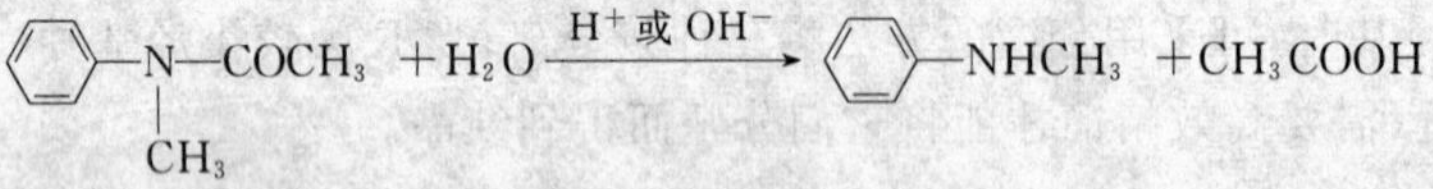

3.有机合成中常利用酰基化反应来保护氨基。氨基易被氧化,N-取代酰胺则较稳定,又易水解转变为氨基。例如,对苯胺进行硝化时,为防止苯胺的氧化,可先对苯胺进行酰基化,把氨基"保护"起来,待苯环上导入硝基后,再水解除去酰基,可得到对硝基苯胺。

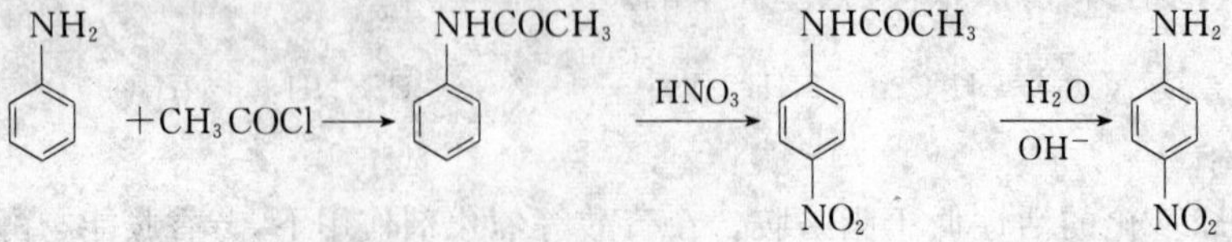

另外,N-取代酰氨基仍是邻、对位定位基,但活性低于氨基,降低了苯环上氨基的活

性。因此芳胺酰化可以调节氨基的定位。

$$\text{苯胺(NH}_2\text{)} \xrightarrow[\text{乙酸}]{(CH_3CO)_2O} \text{(NHCOCH}_3\text{)} \xrightarrow[\text{H}^+\ \text{或 OH}^-]{Br_2 \quad H_2O} \text{对溴苯胺(NH}_2,\ Br)$$

$$\text{苯胺(NH}_2\text{)} \xrightarrow{(CH_3CO)_2O} \text{(NHCOCH}_3\text{)} \left\{ \begin{array}{l} \xrightarrow[\text{乙酸}]{HNO_3} \xrightarrow[\text{H}^+\ \text{或 OH}^-]{H_2O} \text{对硝基苯胺(NH}_2,\ NO_2) \\[2em] \xrightarrow[\text{乙酐}]{HNO_3} \xrightarrow[\text{H}^+\ \text{或 OH}^-]{H_2O} \text{邻硝基苯胺(NH}_2,\ NO_2) \end{array} \right.$$

四、磺酰化反应(兴斯堡—Hinsberg 反应)

在氢氧化钠存在下,伯胺、仲胺与磺酰化试剂反应生成磺酰胺的反应称磺酰化反应,又称兴斯堡(Hinsberg)反应。叔胺氮原子上无氢原子,不能发生磺酰化反应。

常用的磺酰化试剂是苯磺酰氯和对甲基苯磺酰氯。

$$\left. \begin{array}{l} RNH_2 \\[1.5em] R_2NH \\[1.5em] R_3N \end{array} \right\} \xrightarrow{\text{苯}-SO_2Cl} \left\{ \begin{array}{l} \text{苯}-SO_2NHR \xrightarrow{NaOH} [\text{苯}-SO_2N-R]^-Na^+ \\ \quad\text{白色固体} \qquad\qquad\qquad \text{溶于碱} \\[1.5em] \text{苯}-SO_2NR_2 \xrightarrow{NaOH} \text{不溶于碱,仍为固体} \\ \quad\text{白色固体} \\[1.5em] \text{无反应} \end{array} \right.$$

伯胺生成的磺酰胺可溶于氢氧化钠溶液生成盐;仲胺生成的磺酰胺不能溶于氢氧化钠溶液而呈固体析出;叔胺不发生磺酰化反应,也不溶于氢氧化钠溶液而出现分层现象。因此,利用兴斯堡反应可以鉴别或分离伯、仲、叔胺。

例如:N-甲基苯胺中混有少量苯胺和 N,N-二甲苯胺,怎样提纯 N-甲基胺?

解:

A 苯(NHCH₃)
B 苯(NH₂)
C 苯(N(CH₃)₂)

$$\xrightarrow{H_3C-\text{苯}-SO_2Cl}$$

$$\left\{ \begin{array}{l} \text{苯-N(CH}_3)-SO_2-\text{苯}-CH_3\ (D) \\[1.5em] \text{苯-N-SO}_2-\text{苯}-CH_3\ (E) \\[1.5em] \text{苯-N(CH}_3)_2 \end{array} \right\} \xrightarrow{\text{蒸馏除去 C,NaOH 水洗除 E}}$$

有机相 $\text{苯-N(CH}_3)-SO_2-\text{苯}-CH_3 \xrightarrow[\triangle]{H^+} \text{苯-NH(CH}_3)\cdot HCl \xrightarrow{OH^-} \text{苯-NHCH}_3$ 纯 A

五、与亚硝酸反应

亚硝酸（HNO_2）不稳定,反应时由亚硝酸钠与盐酸或硫酸作用而得。

1. 脂肪胺与亚硝酸的反应

伯胺与亚硝酸反应生成不稳定的重氮盐。

$$RCH_2CH_2NH_2 \xrightarrow[\text{低温}]{NaNO_2 + HCl} \underset{\text{重氮盐}}{RCH_2CH_2N_2^+Cl^-} \xrightarrow{\text{分解}} RCH_2\overset{+}{C}H_2 + N_2\uparrow + Cl^-$$

即便在低温下,重氮盐也易分解放出 N_2,生成的碳正离子可以发生各种不同的反应生成烯烃、醇和卤代烃等混合物,在合成上没有价值。但放出的氮气是定量的,可用于氨基的定量分析。

仲胺与亚硝酸反应生成黄色油状液体或固体的 N-亚硝基化合物(简称亚硝胺)。N-亚硝基化合物与稀酸共热,分解生成原来的仲胺,可以用来分离或提纯仲胺。

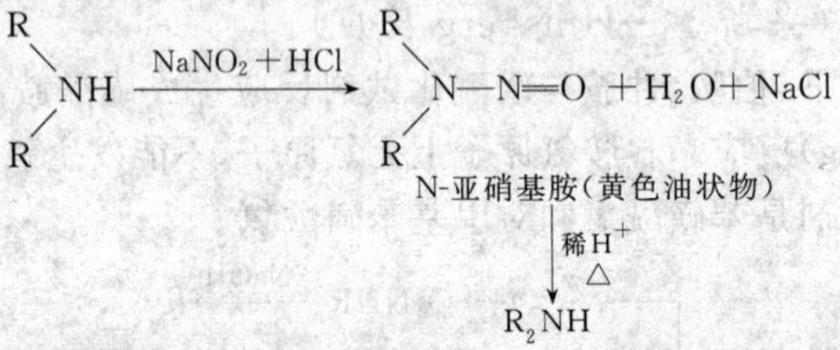

一系列动物实验证明,N-亚硝基化合物毒性很大,有强烈的致癌作用,现已被《中国医学百科全书》列为化学致癌物。

叔胺在同样条件下,与亚硝酸不发生类似的反应。

2. 芳香胺与亚硝酸的反应

芳香族伯胺与亚硝酸在低温及强酸水溶液中反应,生成芳香重氮盐,这个反应称为重氮化反应。

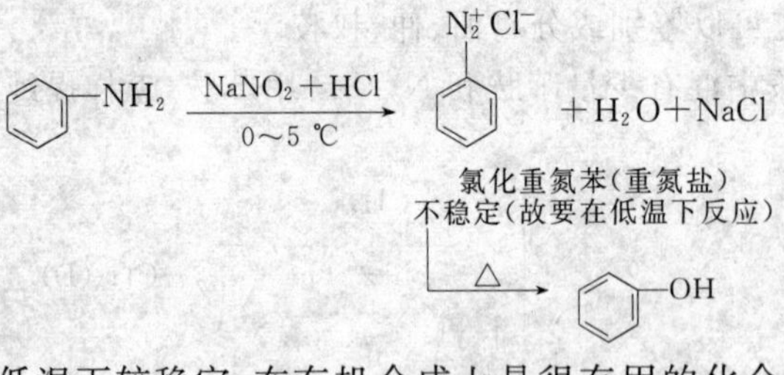

芳香族重氮盐在低温下较稳定,在有机合成上是很有用的化合物。但芳香族重氮盐受热易分解放出氮气,并生成酚。

芳香族仲胺与亚硝酸反应生成棕色油状和黄色固体的亚硝基胺,酸性条件下容易重排,生成对亚硝基化合物。

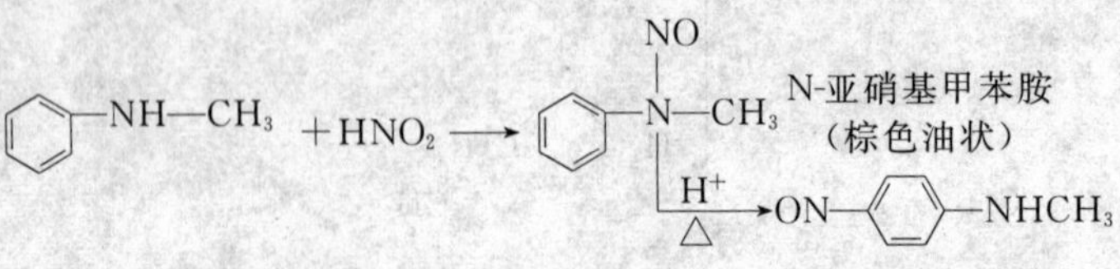

$$\bigcirc\text{—NH—}\bigcirc + HNO_2 \longrightarrow \bigcirc\text{—N(NO)—}\bigcirc + H_2O$$

N-亚硝基二苯胺
（黄色固体）

芳香族叔胺与亚硝酸反应,亚硝基上到苯环,生成对亚硝基胺。

$$\bigcirc\text{—N(CH}_3)_2 + HNO_2 \longrightarrow ON\text{—}\bigcirc\text{—N(CH}_3)_2$$

对亚硝基-N,N-二甲基苯胺
（绿色叶片状）

综上所述,可以利用亚硝酸与脂肪族和芳香族胺反应结果的不同,鉴别伯、仲、叔胺。具体如下:

（1）0 ℃时有氮气逸出为脂肪族伯胺。

（2）有黄色油状液体并从水层分离而出的为脂肪族仲胺,黄色油状液体或固体为芳香族仲胺。

（3）无可见的反应现象为脂肪族叔胺。

（4）0 ℃时无氮气逸出,而室温下有氮气逸出,则为芳香族伯胺。

（5）有绿色叶片状固体为芳香族叔胺。

六、芳香胺的特性

芳香胺中氨基的未共用电子对与芳环的 π 电子形成 p-π 共轭体系,使芳环的电子云密度增大,因此芳香胺特别容易在芳环上发生亲电取代反应。例如,苯胺非常容易进行卤代反应,而且常常生成多卤代产物。

1. 卤代反应

苯胺很容易发生卤代反应,但难控制在一元阶段。

$$\bigcirc\text{—NH}_2 + 3Br_2 \longrightarrow \text{(2,4,6-三溴苯胺)} + 3HBr$$

2,4,6-三溴苯胺（白↓）
可用于鉴别苯胺

此反应能定量完成,可用于苯胺的定性或定量分析。

如要制取一溴苯胺,则应先降低苯胺的活性,再进行溴代,其方法有两种。

方法一:先进行酰基化以降低氨基的致活作用,再进行溴代反应,最后在酸或碱性条件下水解,可得到对溴苯胺。

$$\bigcirc\text{—NH}_2 \xrightarrow{(CH_3CO)_2O} \bigcirc\text{—NHCOCH}_3 \xrightarrow[\mp CH_3COOH]{Br_2} \bigcirc\text{—NHCOCH}_3(Br) \xrightarrow[OH^- \text{或} H^+]{H_2O} \bigcirc\text{—NH}_2(Br)$$

方法二:先将苯胺溶于浓硫酸中,形成苯胺硫酸盐;因铵正离子是间位定位基,使溴化反应发生在氨基的间位;最后再用碱液处理,得间溴苯胺。

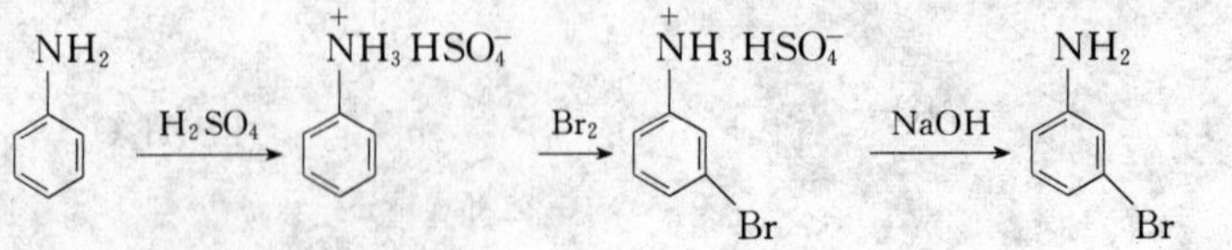

2.磺化反应

将苯胺溶于浓硫酸中,首先生成苯胺硫酸盐,再高温(180 ℃)加热脱水并重排,生成对氨基苯磺酸。这是工业上合成对氨基苯磺酸的方法。

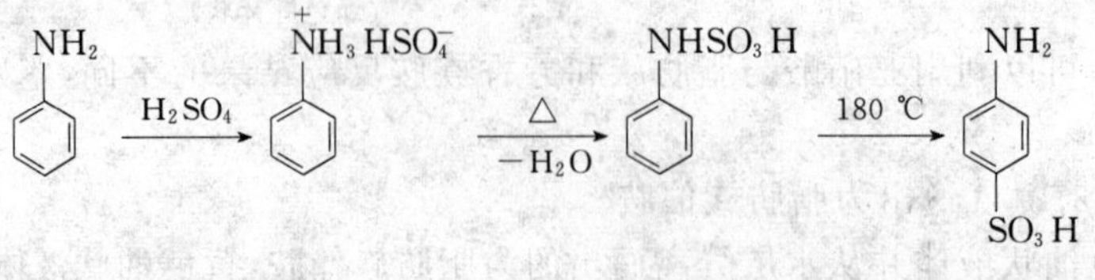

对氨基苯磺酸为白色晶体,在 280～300 ℃时分解,在冷水中微溶,溶于沸水,不溶于有机溶剂。它有明显的酸性,能溶于氢氧化钠溶液和碳酸钠溶液,呈现出不同于一般芳胺或芳磺酸的特征性质。这是由于对氨基苯磺酸分子是以内盐形式存在。这种内盐是强酸弱碱型的盐,在强碱性溶液中可形成磺酸钠盐,内盐被破坏。

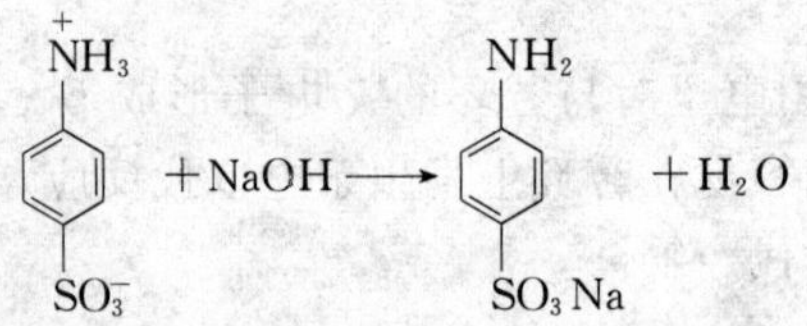

对氨基苯磺酸是一种重要的染料中间体,还可用于农药杀菌剂,防治小麦锈病,另外还是香料、食品色素、医药、建材等行业的理想原料中间体。

例如:对氨基苯磺酸的酰胺就是磺胺(抗菌消炎药),是最简单的磺胺药物。它的合成方法如下:

3.硝化反应

芳香族伯胺直接硝化氨基易被硝酸氧化,必须先把氨基保护起来(乙酰化或成盐),然后再进行硝化。

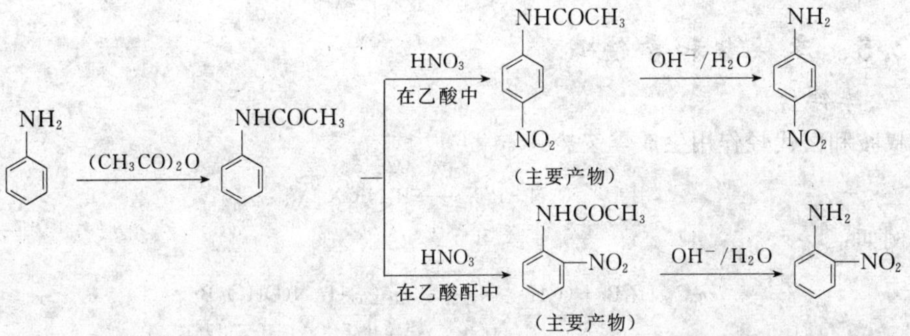

如果要求得到间硝基苯胺，可先将苯胺溶于浓硫酸中，使之形成苯胺硫酸盐保护氨基。因铵正离子是间位定位基，进行硝化时，产物必然是间位产物，最后再用碱液处理，又把产物间硝基苯胺游离出来。

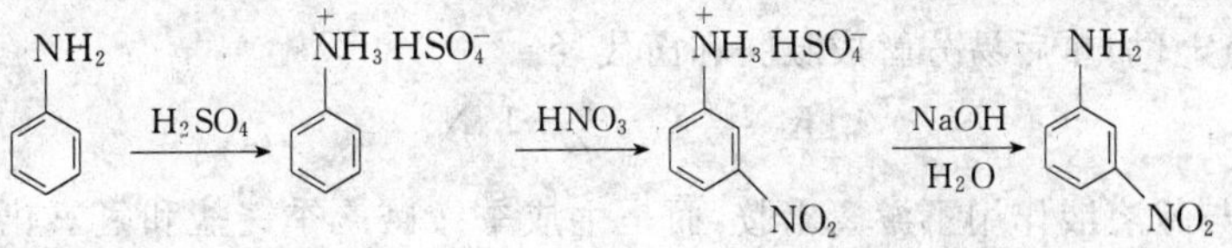

4. 氧化反应

胺容易氧化，芳香胺更容易被氧化。新制的纯苯胺是无色的，但暴露在空气中很快就变成黄色然后变成红棕色。用氧化剂处理苯胺时，生成复杂的产物。例如，苯胺被漂白粉氧化即呈现明显紫色，生成含有醌型结构的化合物，可以利用这一性质来鉴别苯胺。

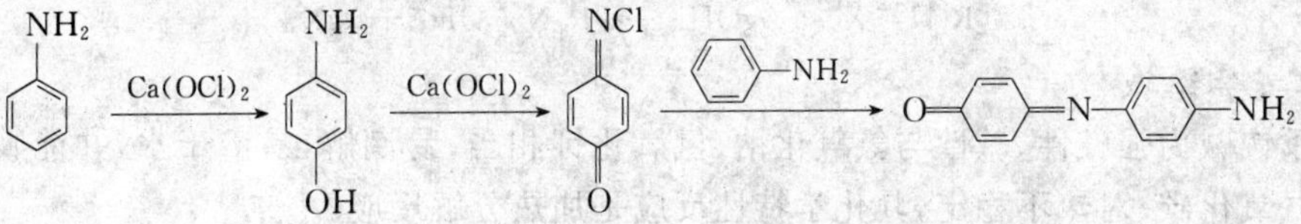

苯胺用重铬酸钾或三氯化铁等氧化剂氧化可得黑色染料苯胺黑，也是具有复杂醌型结构的化合物。

在一定的条件下，苯胺的氧化产物主要是对苯醌。

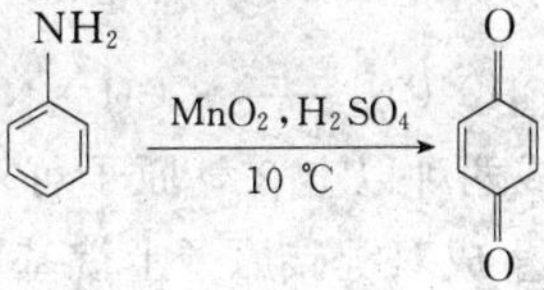

练习 11-9　用化学方法鉴别下列各组化合物。

(1) 苯胺　N-甲基苯胺　N,N-二甲基苯胺　　　(2) 苯胺　苯酚　环己胺

练习 11-10　完成下列转化。

(1) 由苯合成对硝基苯胺　　　(2) 由甲苯合成二苄胺

(3) 由苯胺合成间溴苯胺　　　(4) 由苯胺合成 4-氨基-3,5-二硝基苯磺酸

11.2.5 季铵盐和季铵碱

一、季铵盐

叔胺和卤代烃作用生成季铵盐。

$$R_3N + R'X \longrightarrow R_3\overset{+}{N}R'X^-$$

例如：

$$n\text{-}C_{16}H_{33}Br + (CH_3)_3N \overset{\triangle}{\longrightarrow} n\text{-}C_{16}H_{33}\overset{+}{N}(CH_3)_3Br^-$$

溴化正十六烷基三甲基铵

$$\text{◯}-CH_2Cl + (CH_3)_3N \overset{\triangle}{\longrightarrow} \text{◯}-CH_2\overset{+}{N}(CH_3)_3Cl^-$$

氯化苯甲基三甲基铵

季铵盐是白色晶体,有盐的性质,能溶于水,不溶于有机溶剂。它与无机盐卤化铵相似,对热不稳定,加热后易分解成叔胺和卤代烃。

$$[R_4N]^+X^- \overset{\triangle}{\longrightarrow} R_3N + RX$$

季铵盐与碱溶液作用不游离出胺,而是生成季铵碱。季铵盐和氢氧化钠水溶液作用生成稳定的季铵碱,但反应是可逆的。这表明季铵碱的碱性与氢氧化钠相当。

$$[R_4N]^+X^- + NaOH \rightleftharpoons [R_4N]^+OH^- + NaX$$

一般利用氢氧化银或湿的氧化银和季铵盐的醇溶液作用,因生成卤化银沉淀而破坏了可逆平衡,可制得季铵碱。

$$[R_4N]^+X^- + AgOH \longrightarrow [R_4N]^+OH^- + AgX\downarrow$$

二、季铵碱

季铵碱为强碱性,碱性与氢氧化钠、氢氧化钾相当;易潮解,易溶于水,并能吸收空气中的二氧化碳;对热不稳定,其化学特性反应是加热分解反应。

1.烃基上无 β-H 的季铵碱在加热下分解生成叔胺和醇。例如：

$$(CH_3)_4\overset{+}{N}OH^- \overset{\triangle}{\longrightarrow} (CH_3)_3N + CH_3OH$$

2.β-碳上有氢原子时,加热分解生成叔胺、烯烃和水。例如：

$$[(CH_3)_3\overset{+}{N}-CH_2CH_2CH_3]OH^- \overset{\triangle}{\longrightarrow} (CH_3)_3N + CH_3CH=CH_2\uparrow + H_2O$$

3.当季铵碱分子中有两种或两种以上 β-氢原子可被消除时,反应主要从含氢较多的β-碳原子上消去氢原子,即主要生成双键碳原子上烷基取代较少的烯烃。例如：

$$\underset{\overset{|}{\underset{+N(CH_3)_3OH}{}}}{CH_3-CH_2-CH-CH_3} \overset{\triangle}{\longrightarrow} CH_3CH_2CH=CH_2 + CH_3CH=CHCH_3 + (CH_3)_3N$$

95%   5%

$$\left[(CH_3)_2\overset{+}{N}\underset{\overset{|}{CH_2CH_2CH_3}}{\overset{\overset{|}{CH_2CH_3}}{}}\right]OH^- \overset{\triangle}{\longrightarrow} CH_2=CH_2\uparrow + CH_3CH=CH_2\uparrow + nC_3H_7N(CH_3)_2$$

98%   2%

这是季铵碱的特有规律,称为霍夫曼(Hofmann)规则。该消除反应的取向恰好与卤代烃的消除反应取向查依采夫(Saytzeff)规则相反。

胺经彻底甲基化后生成季铵盐,再用湿的氧化银处理得到相应的季铵碱,季铵碱受热分解生成叔胺、烯烃和水的反应称为霍夫曼彻底甲基化或霍夫曼降解。

根据消耗的碘甲烷的摩尔数可推知胺的类型;测定烯烃的结构即可推知 R 的骨架。

$$RCH_2CH_2-NH_2 \xrightarrow{3CH_3I} RCH_2CH_2-\overset{\overset{CH_3}{|}}{\underset{\underset{CH_3}{|}}{N}}{}^+-CH_3 \ I^- \xrightarrow{AgOH} \left[RCH_2CH_2-\overset{\overset{CH_3}{|}}{\underset{\underset{CH_3}{|}}{N}}{}^+-CH_3\right]OH^-$$

$$\xrightarrow{\triangle} RCH=CH_2+(CH_3)_3N+H_2O$$

例如:

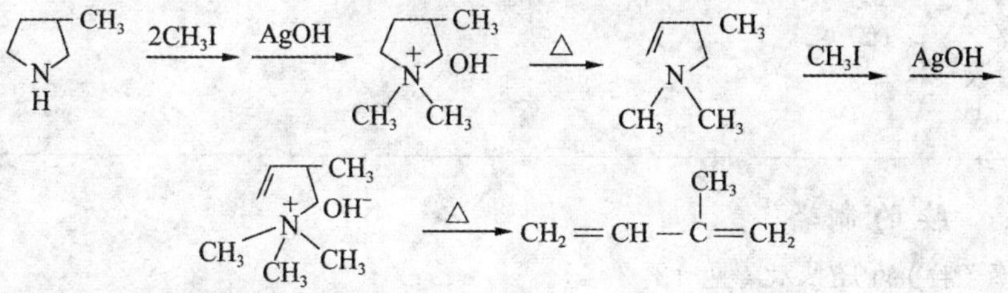

三、季铵盐和季铵碱的主要用途

1.阳离子表面活性剂

含有一个 C_{12} 以上烷基的季铵盐是一种阳离子表面活性剂,具有杀菌、柔软、防静电等功能,还用于制备有机膨润土,在涂料工业中用于控制油漆的流动性,在油田钻探中用来配制钻井油浆以及用作各种加工中的润滑剂。如溴化二甲基十二烷基苄基铵,商品名"新洁尔灭",水溶液呈碱性,医药上通常用其 0.1% 的溶液作为外科手术器械的消毒剂。

2.动植物激素

某些低级碳链的季铵盐或季铵碱具有生理活性,例如矮壮素$[(CH_3)_3NCH_2CH_2Cl]^+ Cl^-$是一种植物调节剂,使植株变矮,秆茎变粗,叶色变绿,具有提高农作物耐旱、耐盐碱和抗倒伏的能力。乙酰胆碱是人体神经刺激传导中的重要物质,与神经分裂症的神经紊乱有关,对动物神经有调节保护作用。

$$\left[CH_3-\overset{\overset{CH_3}{|}}{\underset{\underset{CH_3}{|}}{N}}{}^+-CH_2CH_2\overset{\overset{O}{\|}}{C}CH_3\right]OH^- \quad 乙酰胆碱$$

3.有机合成中的相转移催化剂(简称 PTC)

有机合成中常遇到非均相有机反应,这类反应的速率很慢,效果差。近年来发现了能使水相中的反应转入有机相的试剂,从而加快反应速率,提高收率,用这种试剂的反应称为相转移催化反应。季铵盐可作为相转移催化剂。

水相　　$Na^+ CN^- + Q^+ X^- \longrightarrow Na^+ X^- + Q^+ CN^-$

界面　——————————↑——————————↓——————————

有机相　$R-CN + Q^+ X^- \longleftarrow R-X + Q^+ CN^-$

一般含 16 个碳的季铵盐可产生较好的催化效果。常用的相转移催化剂有氯化三乙基苄基铵、溴化四正丁基铵、溴化三甲基十六烷基铵等。

$$CH_3(CH_2)_7Cl+NaCN \xrightarrow[\text{回流 1.5 h}]{[(CH_3CH_2CH_2CH_2)_3NC_{16}H_{33}]^+Cl^-} CH_3(CH_2)_7CN+NaCl$$

99%

该反应如果没有催化剂氯化三正丁基十六烷基铵,两周也不反应,但加入 0.01~0.03 mol的催化剂后,加热回流1.5 h,产率可达 99%。

___

练习 11-11 写出下列季铵碱彻底甲基化反应的产物。

(1)$[(CH_3CH_2)_3NCH(CH_3)_2]^+OH^-$ 　(2)$\left[(CH_3)_2\overset{+}{N}\begin{matrix} CH_2CH_3 \\ CH_2CH_2CH_3 \end{matrix} \right] OH^-$

(3)

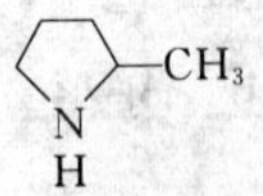

11.2.6　胺的制备

一、氨(胺)的烃基化(见 12.2.4)

卤素直接连在苯环上很难被氨基取代,但在液态氨中氯苯和溴苯能与强碱 KNH_2(或 $NaNH_2$)作用,卤素被氨基取代生成苯胺。

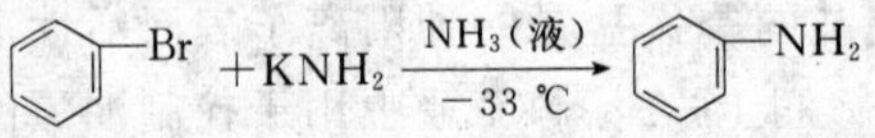

二、含氮化合物的还原

1. 硝基化合物的还原(见 12.1.3)

2. 腈、酰胺化合物的还原

腈、酰胺都可催化氢化或用 $LiAlH_4$ 还原为相应的胺。

(1)腈的还原　腈可用催化氢化或化学还原的方法还原得到伯胺,这是制备伯胺的一个方法,可增加一个碳原子。

$$RCN \xrightarrow{H_2/Pt,\triangle} RCH_2NH_2$$

腈催化氢化的催化剂工业上用雷尼镍。例如:

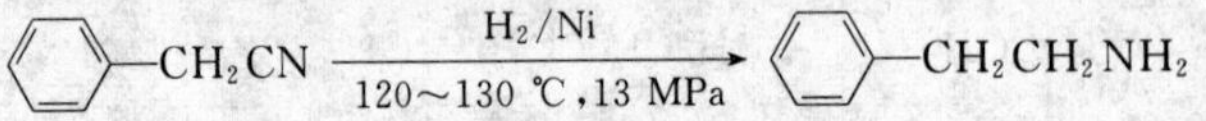

还可用金属 Na 和乙醇组成的还原剂还原腈。例如:

$$CH_3CH_2CN \xrightarrow{Na-C_2H_5OH} CH_3CH_2CH_2NH_2$$

用 $LiAlH_4$ 还原腈为伯胺,产率较高。例如:

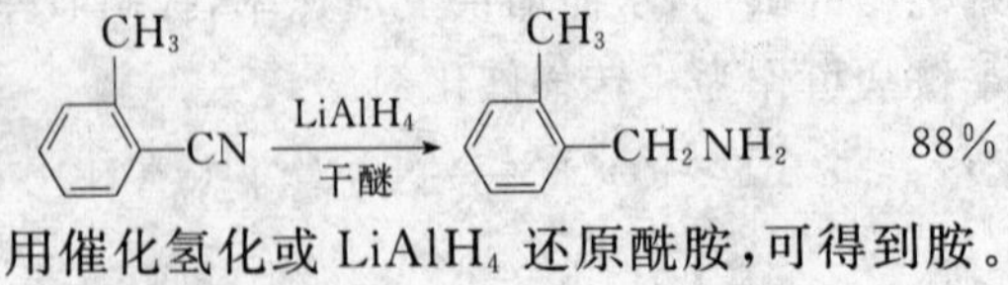

　88%

(2)酰胺的还原　用催化氢化或 $LiAlH_4$ 还原酰胺,可得到胺。

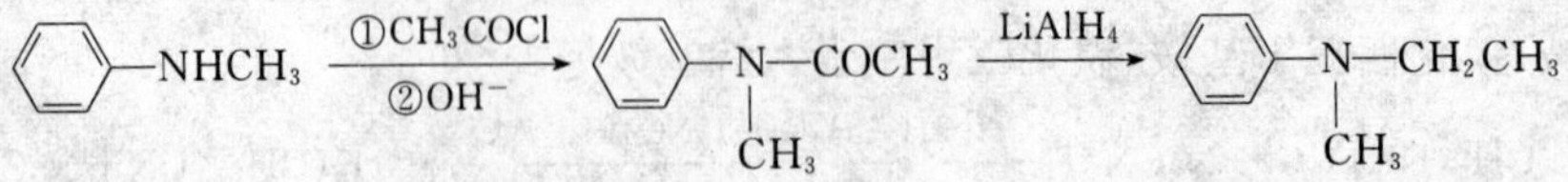

N-甲基-N-乙酰基苯胺　　　　　　N-甲基-N-乙基苯胺(91%)

三、醛或酮的还原胺化

将醛或酮与氨或胺作用后,再进行催化氢化即得到胺。

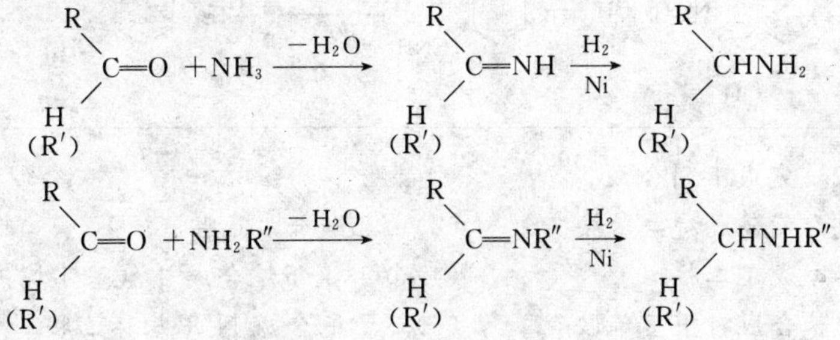

例如:

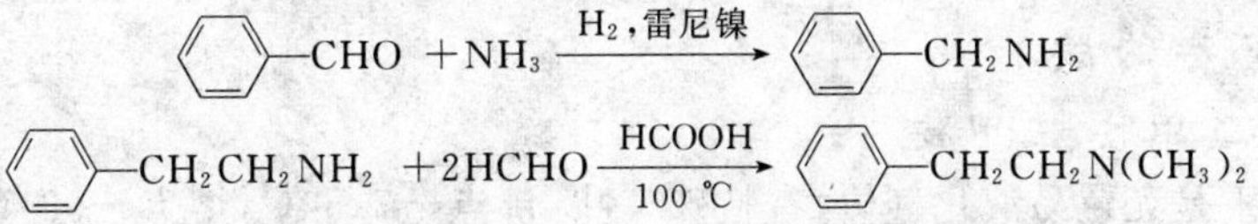

N,N-二甲基苯乙胺,74%~89%

四、加布里埃尔(Gabriel)合成法

将邻苯二甲酰亚胺在碱性溶液中与卤代烃发生反应,生成 N-烷基邻苯二甲酰亚胺,再将 N-烷基邻苯二甲酰亚胺水解,得到伯胺。此法是制取纯净伯胺的有效方法。

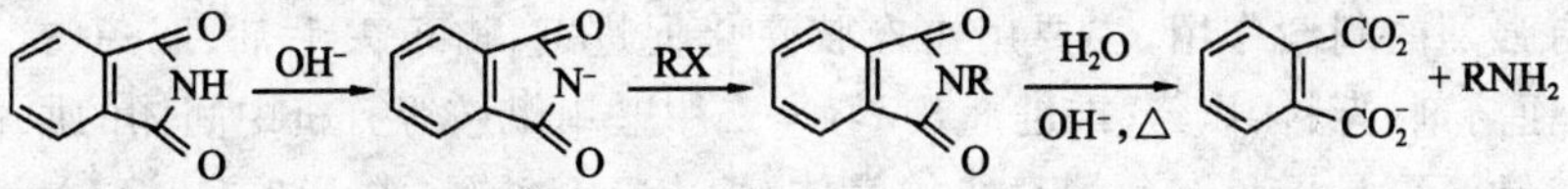

例如:用加布里埃尔合成法合成丙胺。

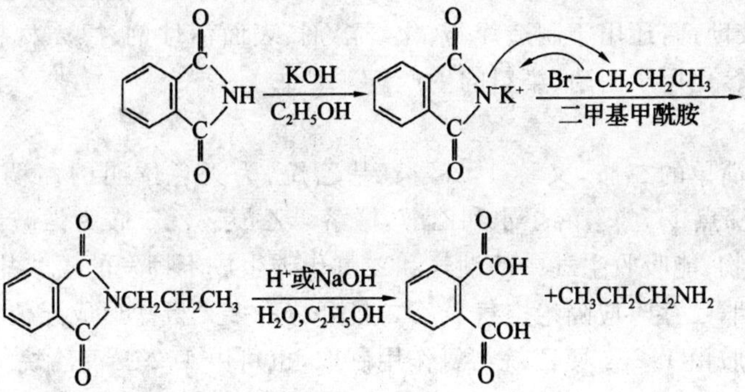

五、霍夫曼(Hofmann)降解反应

此法是制备伯胺独特而又可靠的方法,产率高、纯度高,可得到比原来的酰胺少一个碳原子的胺。

$$R-\overset{\overset{\displaystyle O}{\|}}{C}-NH_2 + NaOX + 2NaOH \longrightarrow R-NH_2 + Na_2CO_3 + NaX + H_2O$$

例如:

$$(CH_3)_3CCH_2\overset{\overset{\displaystyle O}{\|}}{C}-NH_2 \xrightarrow[NaOH]{NaOBr} (CH_3)_3CCH_2-NH_2$$

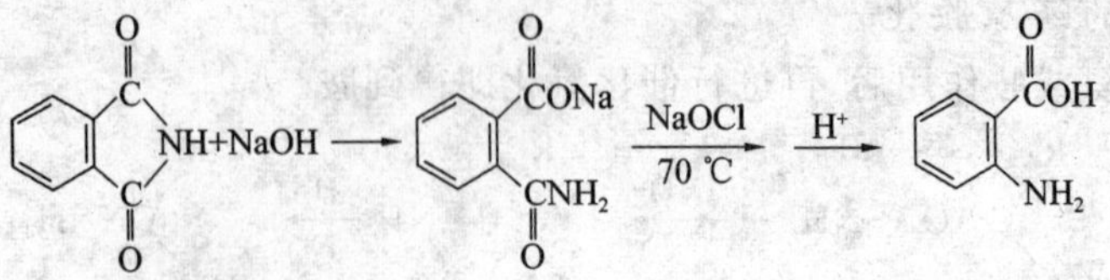

练习 11-12 完成下列合成。

(1) 由对氯乙苯合成对氯苯胺   (2) 由己酸合成己胺

(3) 由乙醇合成丁二胺   (4) 由 1-溴丁烷合成 2-氨基丁烷

(5) 对溴甲苯合成对甲基苯胺   (6) 环己酮合成 N-甲基环己胺

11.2.7　重要的胺

一、甲胺、二甲胺、三甲胺

甲胺常温下是无色易液化气体,有特殊气味,沸点 -7.5 ℃,熔点 -92 ℃,易溶于水,溶于乙醇、乙醚等,水溶液呈碱性,能与酸生成盐,易燃,爆炸极限 $4.9\%\sim20.8\%$（$V\%$）,有低毒性、刺激性和腐蚀性。甲胺在农药、医药、染料、有机工业上均有广泛用途。

二甲胺为无色气体,高浓度的带有氨味,低浓度的有烂鱼味,熔点 -96 ℃,沸点 7.5 ℃,易溶于水,溶于乙醇、乙醚,水溶液呈碱性,易燃,爆炸极限 $2.8\%\sim14.4\%$,对眼和呼吸道有强烈的刺激作用,主要用作橡胶硫化促进剂、皮革去毛剂、医药（抗菌素）、农药、纺织工业溶剂、染料、炸药、推进剂及 N,N-二甲基甲酰胺等有机中间体的原料。

三甲胺常温下是无色有鱼油臭味的气体,熔点 -117 ℃,沸点 3 ℃,溶于水、乙醇、乙醚等,水溶液呈碱性,对人的眼、鼻、咽喉和呼吸道有刺激作用,主要用于制造氯化胆碱、离子交换树脂、橡胶助剂,还用于制造炸药、化纤溶剂、表面活性剂、感光材料、显影剂、植物生长激素、矮壮素,也用于医药、染料的生产。

二、乙二胺

乙二胺是最简单的二胺,又称 1,2-二氨基乙烷,为无色透明的黏稠液体,有氨的气味,熔点 8.5 ℃,沸点 117 ℃,溶于水和乙醇,微溶于乙醚。乙二胺为强碱,遇酸易成盐;溶于水时生成水合物;能吸收空气中的潮气和二氧化碳生成不挥发的碳酸盐,能随水蒸气挥发,在空气中发烟,贮存时应隔绝空气。乙二胺可与许多无机盐形成配位化合物。

工业上乙二胺由 1,2-二氯乙烷与氨作用制取,也可由 1,2-二溴乙烷与氨反应制取。

$$ClCH_2CH_2Cl+4NH_3 \xrightarrow[9.5\ MPa]{145\sim180\ ℃} H_2NCH_2CH_2NH_2+2NH_4Cl$$

乙二胺与氯乙酸反应生成乙二胺四乙酸盐,后者酸化后得到乙二胺四乙酸(依地酸),简称EDTA。

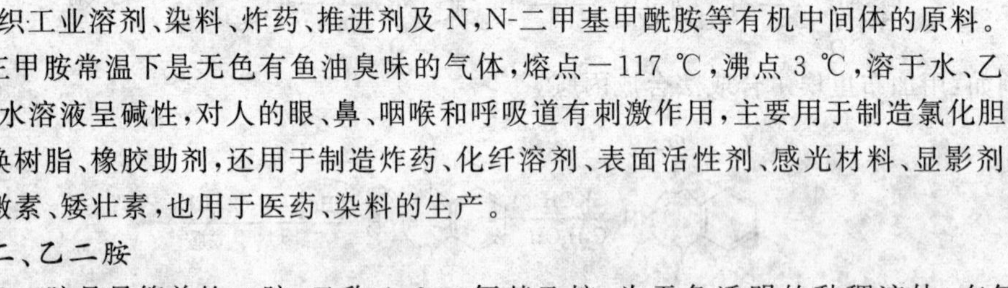

　　乙二胺四乙酸是一种白色晶体粉末,是金属螯合剂,广泛用于水处理剂、洗涤用添加剂、照明化学品、造纸化学品、油田化学品、锅炉清洗剂、分析试剂和重金属解毒剂。

　　乙二胺是重要的化工原料和试剂,广泛用于制造药物、乳化剂、农药、离子交换树脂等,也是黏合剂环氧树脂的固化剂,以及酪蛋白、白蛋白和虫胶等的良好溶剂。

三、己二胺

　　己二胺(1,6-己二胺)是重要的二元胺,为无色片状晶体,有吡啶气味,有刺激性,熔点42 ℃,沸点204 ℃,溶于水,易溶于乙醇、乙醚、苯,能吸收空气中的二氧化碳和水分。己二胺是聚酰胺尼龙-66、尼龙-610、尼龙-612的重要单体。工业上主要制法有三种:

　　1. 以己二酸与氨反应生成铵盐,铵盐加热失水生成己二腈,后者催化氢化得己二胺。

$$HOOC(CH_2)_4COOH + 2NH_3 \longrightarrow H_4NOOC(CH_2)_4COONH_4 \xrightarrow[-4H_2O]{220\sim280\ ℃}$$

$$NC(CH_2)_4CN \xrightarrow[NaOH,3\ MPa]{H_2,Ni,75\ ℃} H_2NCH_2(CH_2)_4CH_2NH_2$$

　　2. 以1,3-丁二烯为原料,与氯气1,4-加成,生成1,4-二氯-2-丁烯,后者与氰化钠反应后,再催化氢化生成己二胺。

$$CH_2{=}CHCH{=}CH_2 + Cl_2 \xrightarrow{200\sim300\ ℃} ClCH_2CH{=}CHCH_2Cl \xrightarrow[NaCN]{80\sim100\ ℃}$$

$$NCCH_2CH{=}CHCH_2CN \xrightarrow{H_2,Ni} H_2NCH_2(CH_2)_4CH_2NH_2$$

　　3. 以丙烯腈为原料,在适当的条件下电解还原二聚,在阴极产生己二腈,产率很高(85%～90%),后者催化氢化得己二胺。此种方法生产工艺流程短,产率高,杂质少。

$$CH_2{=}CH{-}CN \xrightarrow[电解]{50\ ℃} NC(CH_2)_4CN \xrightarrow{H_2,Ni} H_2N(CH_2)_6NH_2$$

四、苯胺

　　苯胺是无色油状液体,露置在空气中会逐渐变为深棕色,久置变为棕黑色,有特殊气味,沸点184 ℃,熔点-6.3 ℃,微溶于水,能溶于醇及醚,可随水蒸气挥发,可用水蒸气蒸馏方法进行纯化。苯胺有毒,能被皮肤吸收引起中毒,空气中允许浓度5mg·m^{-3}。

　　苯胺主要从硝基苯还原制得。苯胺是有机化工原料,由苯胺可制染料和染料中间体,也用于制造橡胶促进剂、磺胺类药物等。

五、萘胺

　　萘胺有α-萘胺(1-萘胺)和β-萘胺(2-萘胺)两种同分异构体。

　　α-萘胺为无色针状晶体,熔点50 ℃,沸点301 ℃,微溶于水,溶于乙醇、乙醚,具有不愉快的气味,在空气中逐渐氧化成红色。α-萘胺由α-硝基萘还原制得。

　　β-萘胺是白色到淡红色片状物,略有芳香气味,熔点113 ℃,沸点306 ℃,溶于热水、乙醇、乙醚、苯,随水蒸气挥发。β-萘胺由β-萘酚制备。

萘胺主要用作合成染料中间体,本身也曾用作色基。萘胺可经皮肤吸收,生成高铁血红蛋白,造成血液中毒。两种萘胺均为致癌物质,其中 β-萘胺是烈性致癌物质,主要引起膀胱癌。

11.3 重氮化合物和偶氮化合物

重氮化合物和偶氮化合物分子中都含有—N=N—官能团。

—N=N—两端都与烃基相连的称为偶氮化合物。

$$CH_3-N=N-CH_3$$
偶氮甲烷

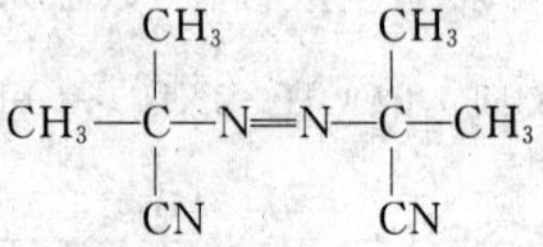

$$CH_3-\underset{CN}{\overset{CH_3}{\underset{|}{\overset{|}{C}}}}-N=N-\underset{CN}{\overset{CH_3}{\underset{|}{\overset{|}{C}}}}-CH_3$$
偶氮二异丁腈

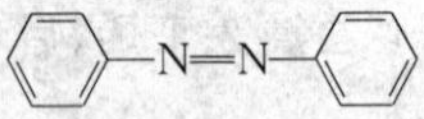

偶氮苯

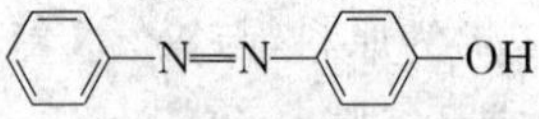

对羟偶氮苯

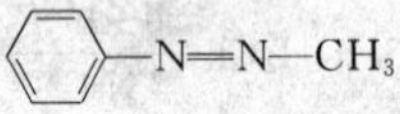

甲基偶氮苯

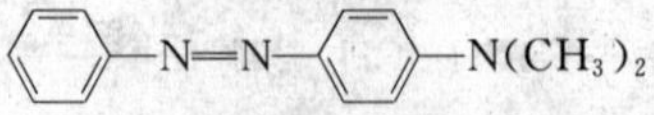

对二甲氨基偶氮苯

—N=N—只有一端与烃基相连,而另一端与非碳原子相连的称为重氮化合物。

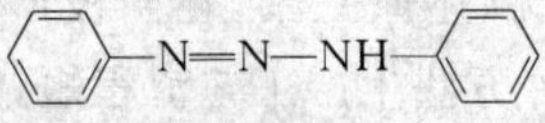

苯重氮氨基苯

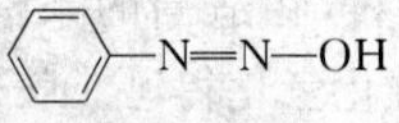

氢氧化重氮苯

11.3.1 芳香族重氮化反应

芳香族伯胺在低温及强酸性条件下与亚硝酸作用可生成重氮盐的反应称为重氮化反应。

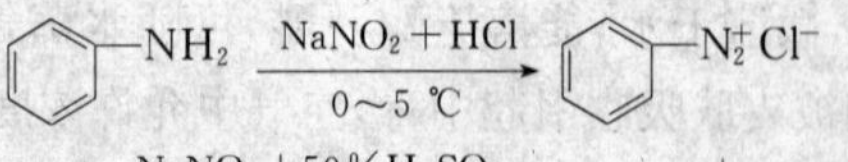

$$\underset{}{\text{—NH}_2} \xrightarrow[0\sim5\ ℃]{\text{NaNO}_2+\text{HCl}} \underset{}{\text{—N}_2^+\text{Cl}^-}$$

$$C_6H_5-NH_2 \xrightarrow[0\sim5\ ℃]{\text{NaNO}_2+50\%\text{H}_2\text{SO}_4} [C_6H_5-\overset{+}{N}=N]HSO_4^-$$
重氮盐

提示:

1.重氮化反应必须在低温下(5 ℃以下)进行,以免重氮盐分解。

2.亚硝酸不能过量。因为亚硝酸有氧化性,会使重氮盐分解。如过量,可用尿素除去。

$$2HNO_2+H_2NCONH_2 \longrightarrow 2N_2\uparrow+CO_2\uparrow+3H_2O$$

3.重氮化反应必须保持强酸性条件,弱酸性条件下易发生副反应。

4.反应终点常用 KI—淀粉试纸测定。因为过量的亚硝酸可以将 I^- 氧化成 I_2 使淀粉变蓝,表示反应达到终点。

$$2KI+2HCl+2HNO_2 \longrightarrow I_2\downarrow+2NO\uparrow+2KCl+2H_2O$$

由于脂肪重氮盐极不稳定,所以一般所指的重氮盐均为芳香重氮盐。

11.3.2 芳香族重氮盐的结构和性质

一、重氮盐的结构

重氮盐和铵盐相似,其结构可表示为 $\left[\right]$ ⌬—$\overset{+}{N}$≡N: Cl⁻、Ar—$\overset{+}{N}$≡N: 或 Ar—$\overset{..}{N}$ =$\overset{+}{N}$: 。

重氮离子的 C—N—N 是直线型的,芳环的 π 轨道与重氮离子的 π 轨道共轭,形成 π_8^8。由于电子的离域作用增加了芳香重氮盐的稳定性,才使得它们在低温下能稳定存在而不分解。苯重氮离子的结构如图 11-7 所示。

图 11-7 苯重氮离子的结构

二、重氮盐的性质

重氮盐是无色晶体,离子型化合物,易溶于水而不溶于一般有机溶剂如乙醚,水溶液能导电。干燥的重氮盐对热和振动都很敏感,容易发生爆炸。所以重氮盐一般不制成固体,而制成溶液,其溶液在低温下稳定,温度升高也分解放出氮气。因此重氮盐只能在低温下保存,随用随制,不作长期保存。使用时通常不必分离出纯品,只用重氮化的混合液进行下一步反应。

11.3.3 重氮盐的反应及其在有机合成上的应用

重氮盐的化学性质非常活泼,能发生的反应归纳为两类:放氮反应和保留氮的反应两类。

$$
\begin{array}{c}
\text{留氮反应} \\
\overline{\text{还原 偶合}} \\
\downarrow \quad \downarrow \\
⌬—\overset{+}{N}\!\!=\!\!N\!:\!X \\
\nearrow \\
\text{亲核取代—放氮反应}
\end{array}
$$

一、放氮反应(亲核取代反应)

重氮盐在不同条件下可以被羟基、卤素、氰基或氢原子取代,同时放出氮气。这类反应可以将重氮基转变为其他基团。

1. 被羟基取代(水解反应)

当重氮盐和酸液共热时发生水解生成酚并放出氮气。

$$⌬\text{NH}_2 \xrightarrow[0\sim5\ ℃]{\text{NaNO}_2+\text{H}_2\text{SO}_4} ⌬\text{N}_2\text{SO}_4\text{H} \xrightarrow[\text{H}^+,\ \triangle]{\text{H}_2\text{O}} ⌬\text{OH} +\text{N}_2\uparrow+\text{H}_2\text{SO}_4$$

提示:

(1)该反应在酸性条件下进行,防止生成的酚与未反应的重氮盐发生偶联反应。

(2)该反应使用重氮硫酸氢盐,而不使用重氮盐酸盐,是因为使用重氮盐酸盐除生成酚外,会有副产物氯苯类化合物生成。

这是制备酚类化合物的又一种方法,用来制取一些不能用碱熔法制取的酚类。

例如,间硝基苯酚就不宜用间硝基苯磺酸钠碱熔来制取,而采用如下方法制备间硝基苯酚:

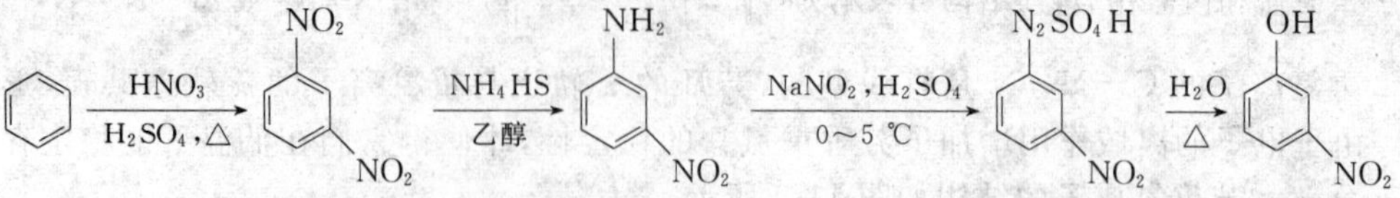

2.被卤素取代

重氮盐在卤化亚铜盐的催化下,重氮基被氯、溴原子取代的反应称为桑德迈尔(Sandmeyer)反应。

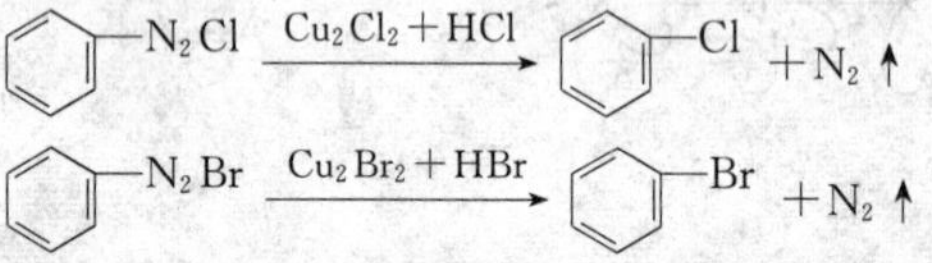

桑德迈尔反应
(Sandmeyer)

Cu_2X_2易分解,需新鲜制备,盖特曼(Gattermann)改用铜粉作催化剂,称为盖特曼反应。铜粉的用量为催化量,但收率较低。

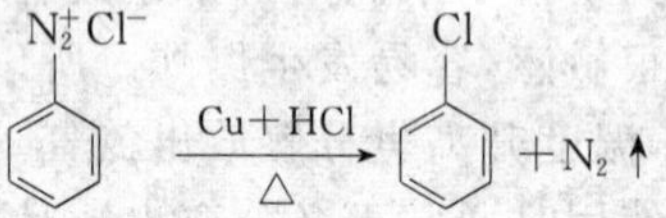

盖特曼反应
(Gattermann)

用苯的亲电取代制备氯苯和溴苯得到的是邻、对位混合物,而此法可得纯品,收率高。

例如:由苯合成间溴氯苯。

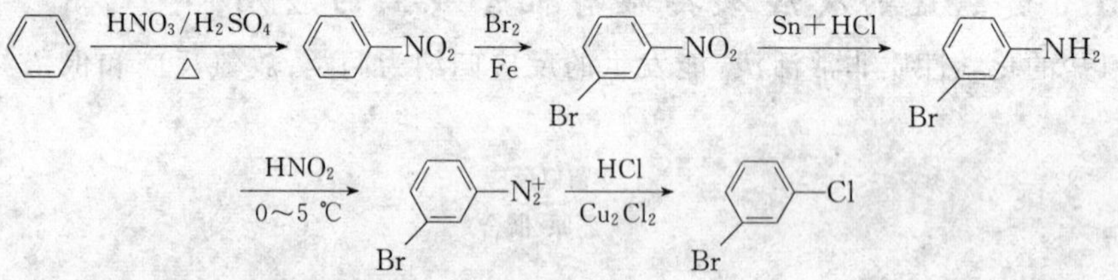

重氮盐转化成碘代芳烃不需要催化剂,只要将碘化钾与重氮盐溶液共热,产率较高。

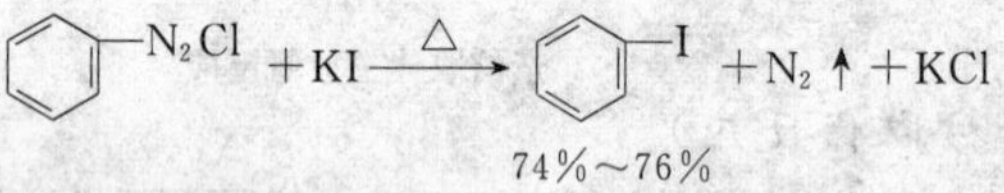

$$74\% \sim 76\%$$

重氮盐也可转化成氟代芳烃。首先将氟硼酸加到重氮盐中,生成重氮盐氟硼酸沉淀,经分离干燥后再加热分解,可制得氟代芳烃。此反应称为希曼(Schiemann)反应。

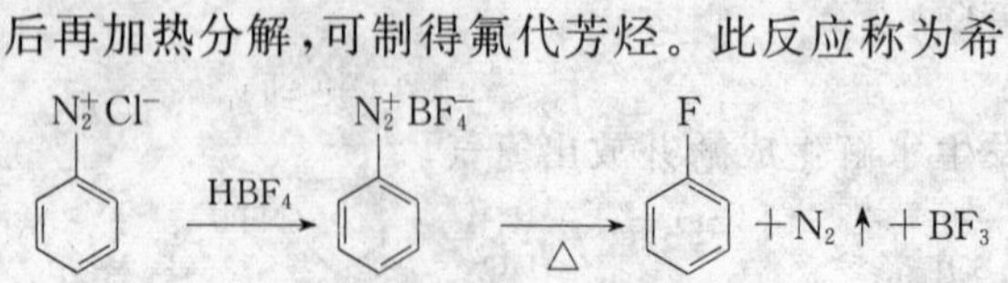

Schiemann 反应

在芳环上直接用亲电取代难以引入碘、氟原子,以上两个反应是制备碘代芳烃和氟代芳烃的好方法。

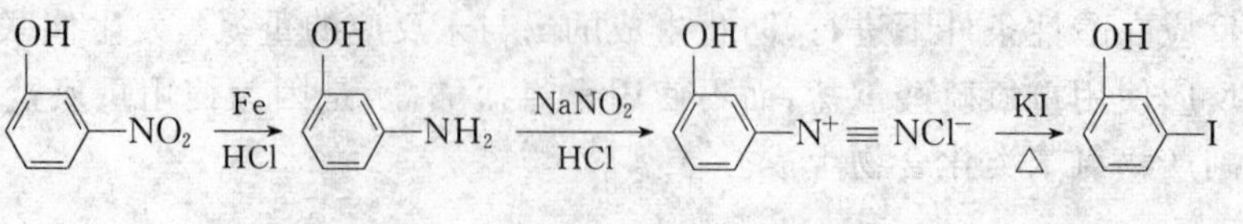

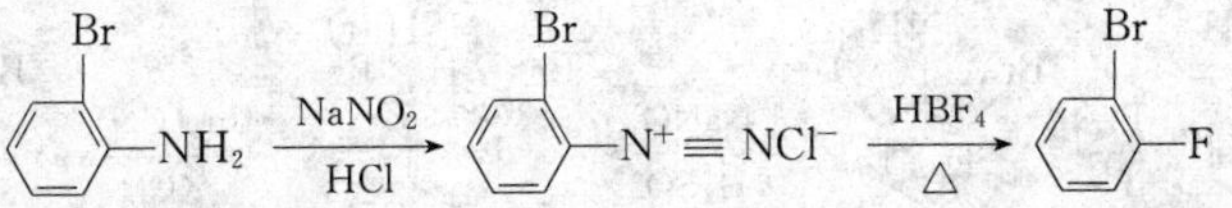

3. 被氰基取代

在氰化亚铜或铜粉催化下,重氮盐与氰化钾水溶液作用,重氮基被氰基取代的反应也称为桑德迈尔(Sandmeyer)反应。

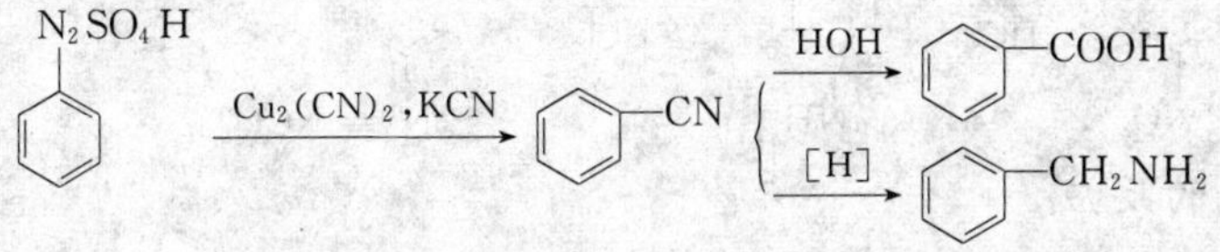

氰基可以水解生成羧酸,还原生成伯胺,这是通过重氮盐在苯环上引入羧基和氨基的方法。例如:

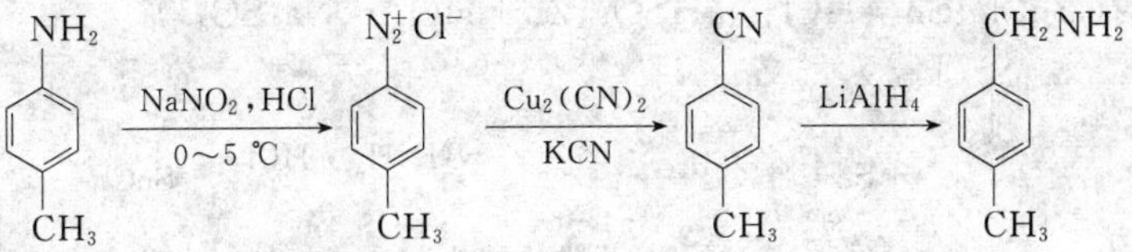

4. 被氢原子取代

次磷酸或碱性甲醛溶液可使重氮基被氢原子取代。

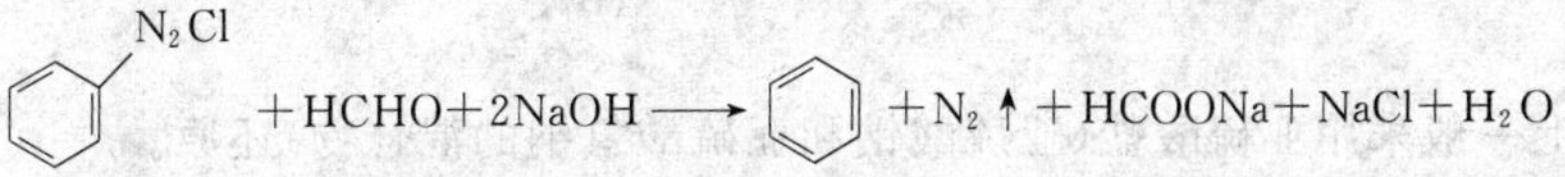

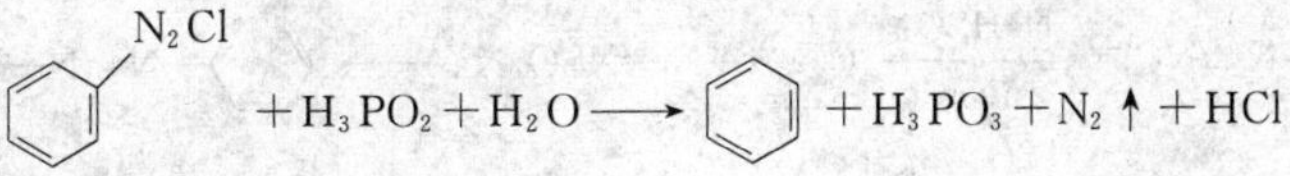

$$+ HCHO + 2NaOH \longrightarrow \quad + N_2 \uparrow + HCOONa + NaCl + H_2O$$

$$+ H_3PO_2 + H_2O \longrightarrow \quad + H_3PO_3 + N_2 \uparrow + HCl$$

例如:由对甲基苯胺合成间甲基苯胺。

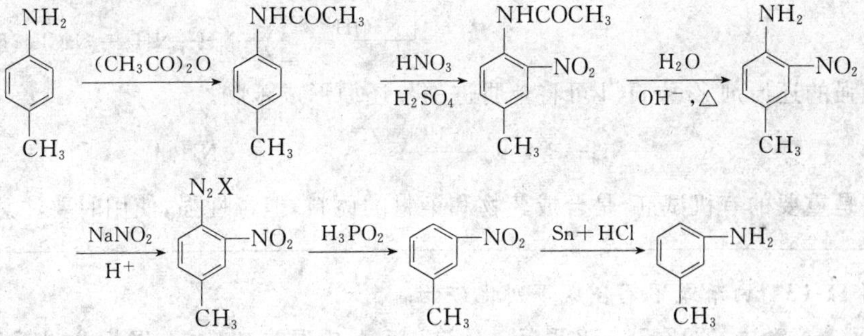

通过此反应,可以将芳胺变为芳烃。在有机合成中,可以起到用—NH_2在特定位置上的占位、定位作用。

上述重氮基被其他基团取代的反应,可用来制备一般不能用直接方法来制取的化合物。例如:由硝基苯制备 2,6-二溴苯甲酸。

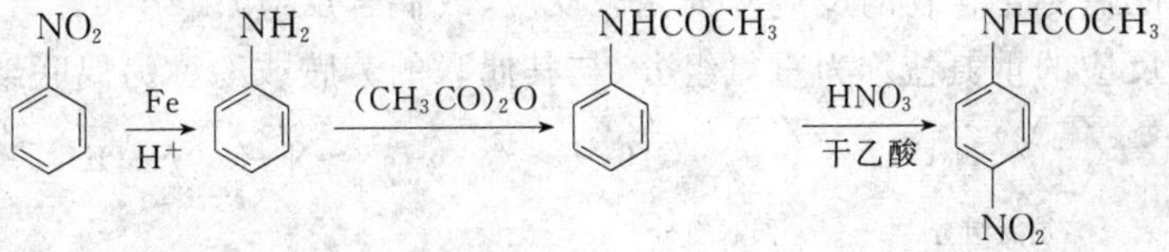

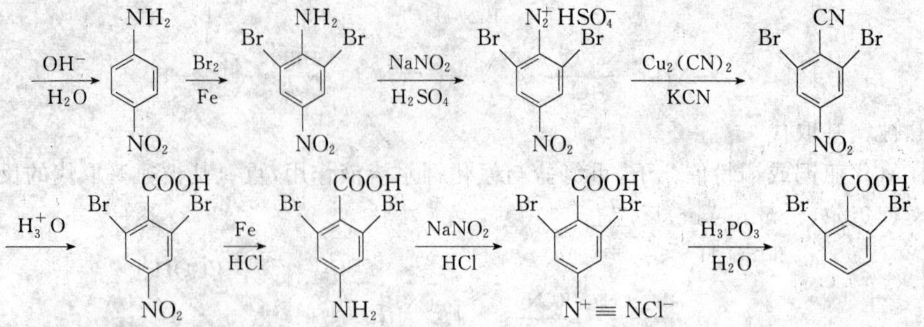

二、保留氮的反应

1. 还原反应

重氮盐可以发生留氮还原反应，转变为相应的苯肼。苯肼进一步还原，可得到苯胺。常用的还原剂有 $SnCl_2$、Sn+HCl、$NaHSO_3$、Zn+HOAc、Na_2SO_3 等。

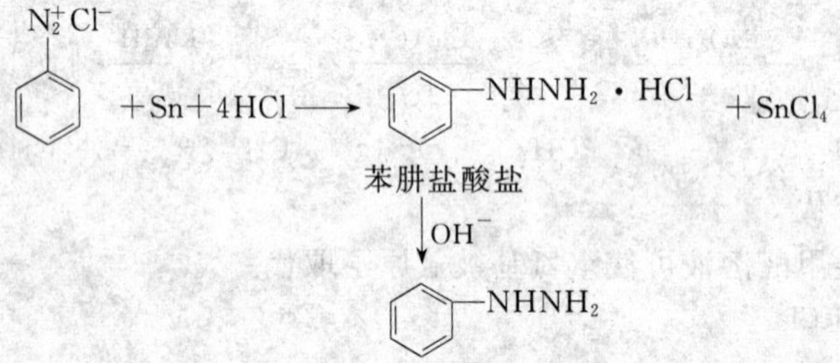

工业上一般采用亚硫酸盐(亚硫酸钠和亚硫酸氢钠的混合物)还原。

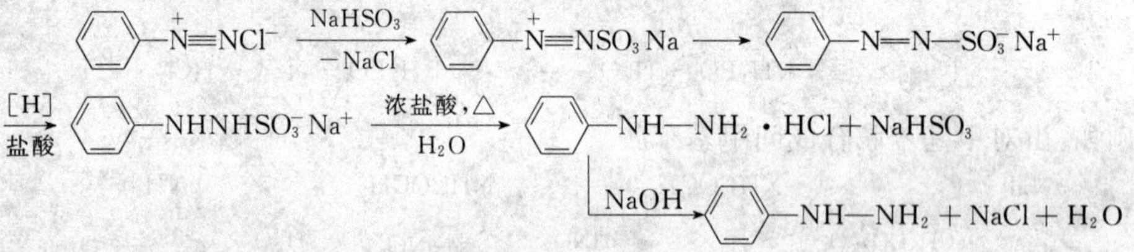

用较强的还原剂 Zn+HCl 可将苯肼进一步还原形成苯胺。

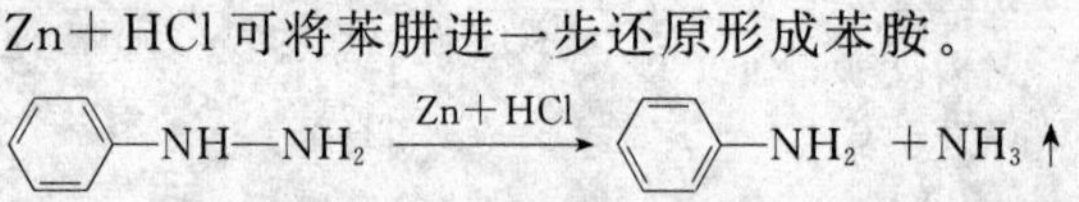

苯肼是重要的有机试剂，是合成药物和染料的原料，但毒性强，使用时要注意安全。

练习 11-13 由苯或甲苯合成下列化合物。

(1)间溴苯酚　(2)3,5-二溴甲苯　(3)3-溴-4-碘甲苯　(4)4-甲基-2-溴苯甲酸

---

2. 偶联反应

重氮盐在弱酸、中性或弱碱性溶液中，与芳胺或酚类化合物进行芳香亲电取代反应，生成颜色鲜艳的偶氮化合物的反应称为偶联反应(或偶合反应)。

参加偶联反应的重氮盐称为重氮组分，与其偶联的芳胺或酚称为偶联组分。例如：

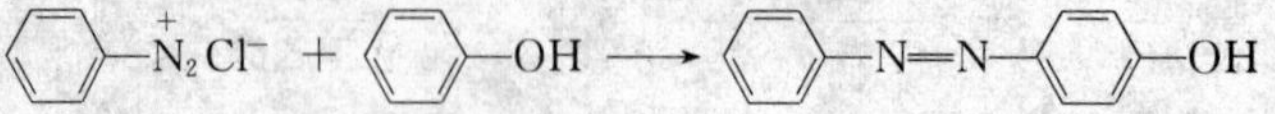

重氮组分　　偶联组分

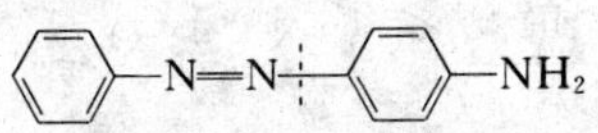

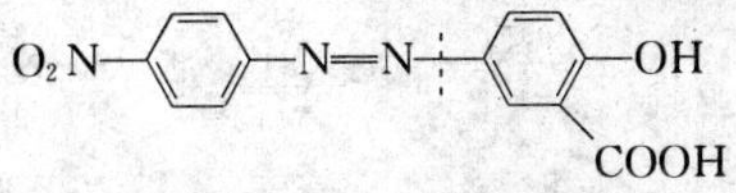

重氮组分　　　　　偶联组分　　　　　　　重氮组分　　　　偶联组分

偶联反应是芳环上的亲电取代反应。由于重氮阳离子是弱的亲电试剂,所以只能与芳胺、酚等活性高的偶联组分进行反应。如果重氮阳离子的邻、对位上有吸电子基团(如硝基)时,重氮阳离子的亲电能力会增强。

(1)与胺偶联

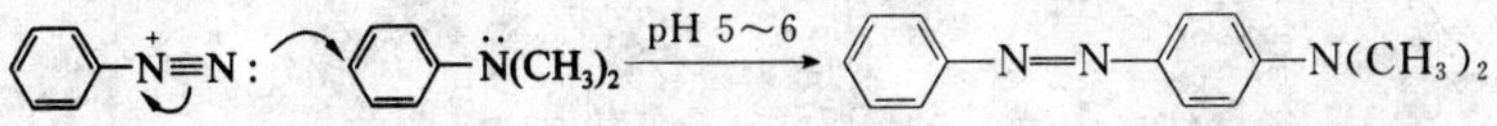

对二甲氨基偶氮苯(黄色)

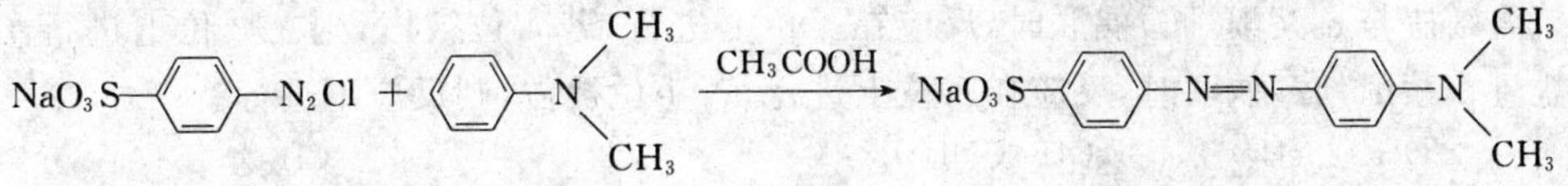

对二甲基氨基偶氮苯磺酸钠

反应要在中性或弱酸性溶液中进行,原因是:

①在中性或弱酸性溶液中,重氮离子浓度最大,且氨基是游离的,不影响芳胺的反应活性。

②若溶液酸性太强(pH<5),则芳胺成铵盐,$-N^+H_3$ 钝化苯环,偶联反应难进行或进行很慢。

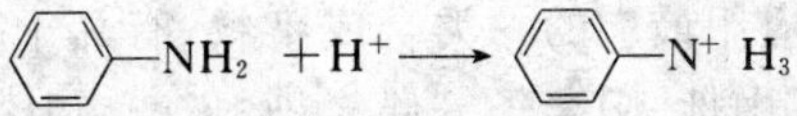

③重氮盐与伯或仲芳胺发生偶联反应,可以是苯环上的氢原子被取代,也可以是氨基上的氢原子被取代。例如,氯化重氮苯与苯胺偶联时,先生成苯基重氮氨基苯。

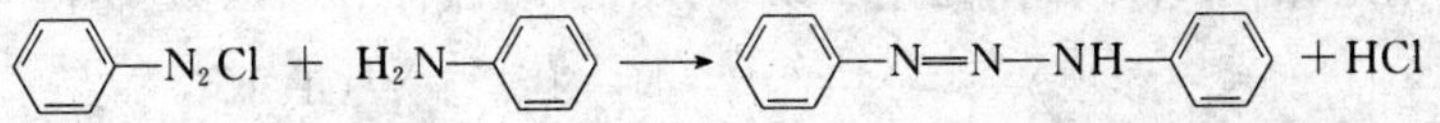

苯基重氮氨基苯

如果将生成的苯基重氮氨基苯和盐酸或苯胺盐酸盐一起加热到30~40 ℃,则分子发生重排,生成对氨基偶氮苯。

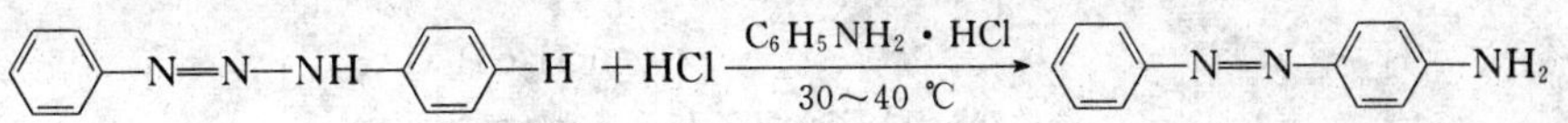

对氨基偶氮苯

(2)与酚偶联

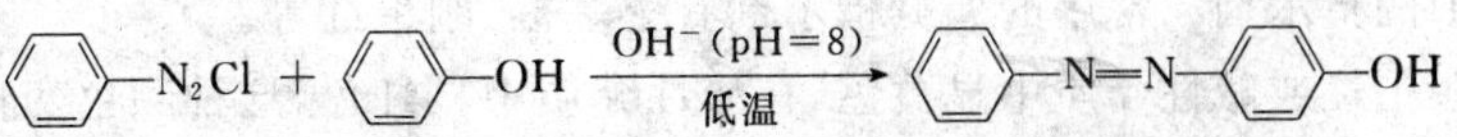

对羟基偶氮苯(橘红色)

反应要在弱碱性条件下进行,因在弱碱性条件下酚生成酚盐负离子,使苯环活性增强,有利于亲电试剂重氮阳离子的进攻,对偶联反应有利。

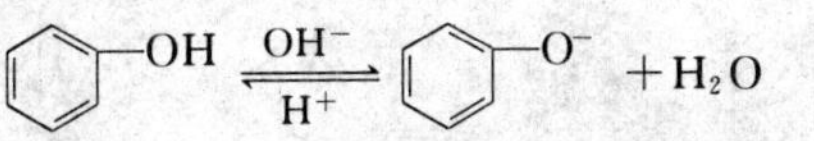

但碱性不能太强(pH 不能大于10),因碱性太强,重氮盐会转变为不活泼的苯基重氮酸或重氮酸盐离子。而苯基重氮酸或重氮酸盐离子都不能发生偶联反应。

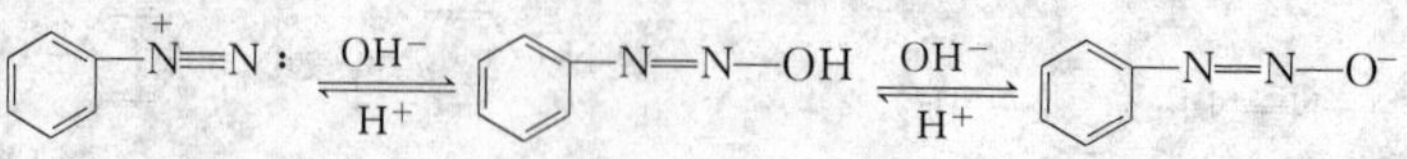

可偶合　　　　　　　　不偶合　　　　　　　不偶合

提示：

①偶联反应总是优先发生在对位,若对位被占,则在邻位上反应,间位不能发生偶联反应。例如：

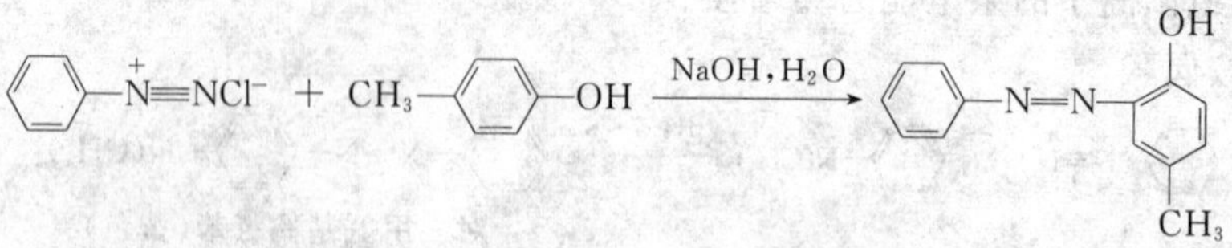

重氮盐与 α-萘酚(胺)偶联时,反应在 4 位上进行,若 4 位被占,则在 2 位上进行。重氮盐与 β-萘酚(胺)偶联时,反应在 1 位上进行,若 1 位被占,则反应不进行。

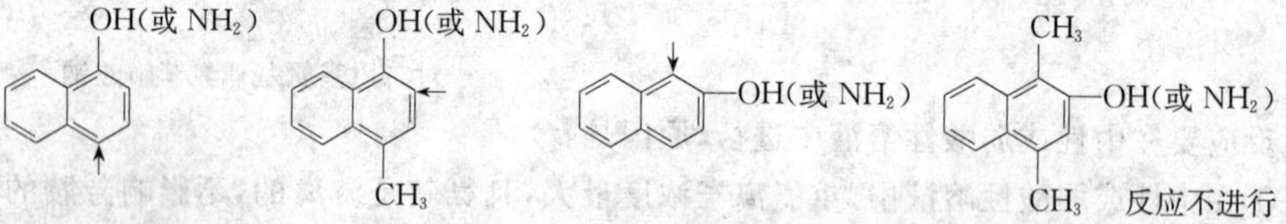

②重氮阳离子的邻、对位上有吸电子基团(如硝基)时,反应活性增强,对偶联反应有利。

③通过偶联反应可以合成许多重要的偶氮染料和指示剂。

芳香族偶氮化合物具有各种鲜艳的颜色,性质稳定,可用作染料,称为偶氮染料。偶氮染料是染料中品种最多、应用最广的一类合成染料,有几千个化合物,约占全部染料的一半,包括酸性、媒染、分散、中性、阳离子等偶氮染料,颜色从黄到黑各色品种俱全,而以黄、橙、红、蓝品种最多,色调最为鲜艳。偶氮染料除用来染天然织品(棉、毛、丝、麻)或合成纤维制品(涤纶、醋酸纤维)外,还用于染纸张、皮革、食品、胶片、塑料等。例如：

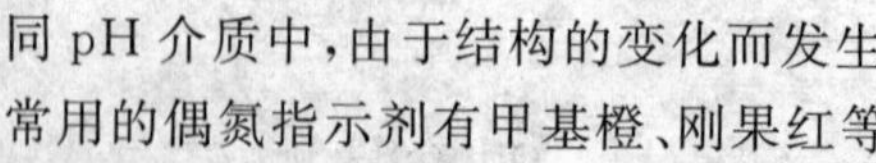

分散黄　涤纶纤维染色

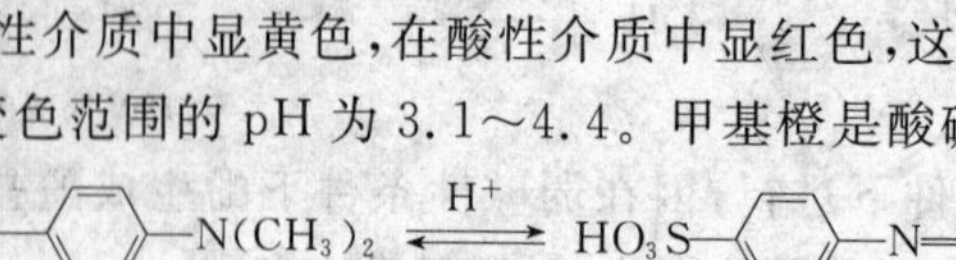

分散红S-FL　涤纶和乙酸纤维的染色

某些偶氮化合物在不同 pH 介质中,由于结构的变化而发生颜色的改变,从而可以用作分析化学中的指示剂。常用的偶氮指示剂有甲基橙、刚果红等。

甲基橙在中性或碱性介质中显黄色,在酸性介质中显红色,这种颜色变化是由可逆的两性离子结构引起的,变色范围的 pH 为 3.1～4.4。甲基橙是酸碱滴定的常用指示剂。

偶氮化合物可用适当的还原剂 $SnCl_2 + HCl$ 或 $Na_2S_2O_4$(连二亚硫酸钠)还原成氢化

偶氮化合物,继续还原则双键断裂而生成两分子芳胺。

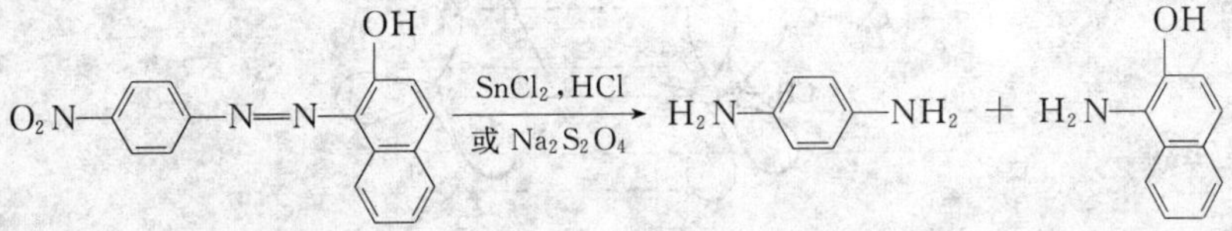

从生成的芳胺结构能够推测原偶氮化合物的结构,因此常用于剖析偶氮化合物的结构,也可用于制备氨基酚和二胺。

练习 11-14　完成下列反应式。

(1)

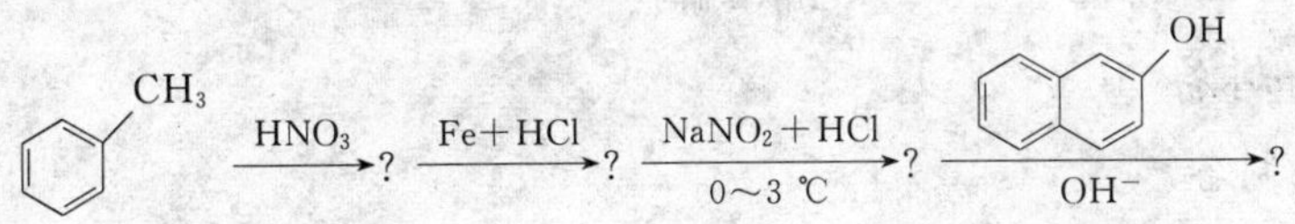

(2)

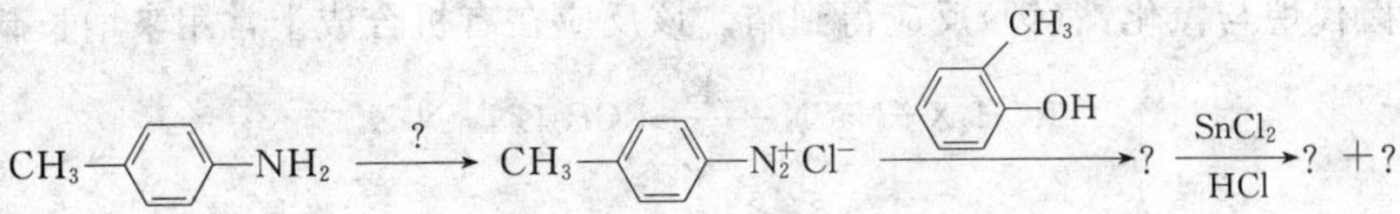

练习 11-15　在下列偶氮化合物中,指出重氮组分和偶联组分。

(1)

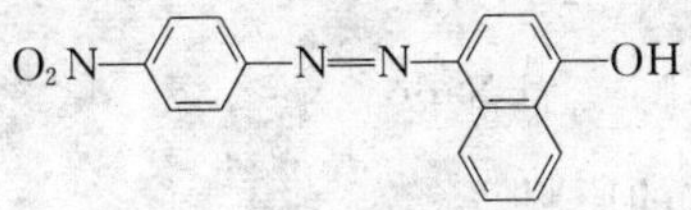

(2)

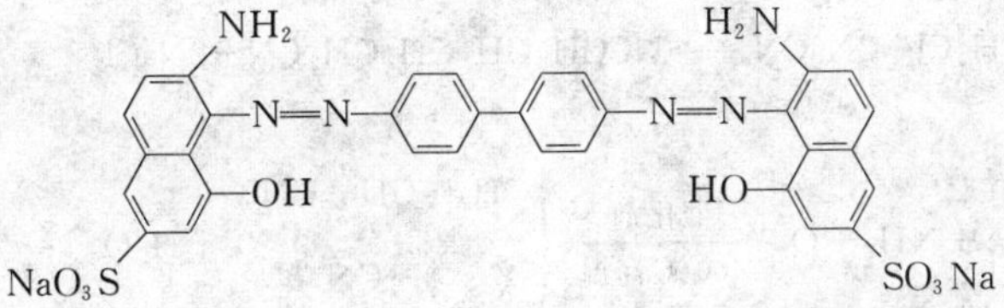

(3) 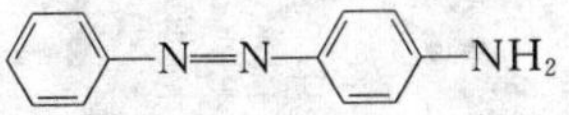 　　(4)

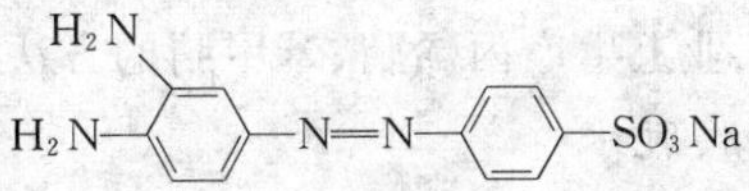

11.4　腈

腈类化合物可看成是 HCN 分子中的氢原子被烃基取代的结果。通式是 $RC\equiv N$,官能团是氰基($-C\equiv N$)。氰基中的碳和氮原子均采用 sp 杂化,碳和氮之间除了 $C_{sp}-N_{sp}$ 形成 σ 键,还有两个 C_p-N_p 侧面平行交盖形成的 π 键。氮原子还有一对孤对电子在 sp 轨道上。乙腈的结构如图 11-8 所示。

11.4.1　腈的命名

按照腈分子中所含碳原子数目称"某腈",或以烷烃为母体,氰基作为取代基,称为"氰基某烷"。

$$CH_3CN \qquad CH_3CH_2CN \qquad NCCH_2CH_2CH_2CH_2CN$$

乙腈(氰基甲烷)　　丙腈(氰基乙烷)　　　　1,6-己二腈

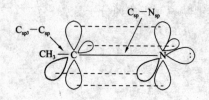

图 11-8　乙腈的结构

苯甲腈　　　　苯乙腈(苄腈)　　　　丙烯腈

11.4.2　腈的制备

一、由卤代烃制备

伯、仲卤代烷与氰化钠(钾)反应得到腈。该反应在有机合成上常用来增长碳链。

$$RCH_2X + NaCN \xrightarrow{\text{乙醇}} RCH_2CN + NaX$$

例如：

$$\text{(CH}_2\text{Br)} + NaCN \xrightarrow{\text{乙醇}} \text{(CH}_2\text{CN)} + NaBr$$

己二腈是合成尼龙－66 单体、己二酸和己二胺的原料。

$$ClCH_2CH_2CH_2CH_2Cl + 2NaCN \longrightarrow NCCH_2CH_2CH_2CH_2CN + 2NaCl$$

二、氨催化法

$$\left.\begin{array}{l} CH_2=CH-CH_3 \\ \text{(}\bigcirc\text{)}-CH_3 \end{array}\right\} + NH_3 + O_2 \xrightarrow[\text{400 ℃高温}]{\text{催化剂}} \left\{\begin{array}{l} CH_2=CH-CN \\ \text{(}\bigcirc\text{)}-CN \end{array}\right. + H_2O$$

这是工业上生产丙烯腈、苯甲腈的方法。

三、酰胺脱水

酰胺或羧酸铵盐与五氧化二磷或氯化亚砜（$SOCl_2$）共热、脱水生成腈。

$$RCONH_2 \xrightarrow[\triangle]{P_2O_5} RCN + H_2O$$

四、重氮盐氰解

芳腈还可以由重氮盐与氰化亚铜反应制得(参见 11.3)。

11.4.3　腈的性质

一、物理性质

低级腈是无色液体,高级腈是固体。氰基是强极性基团,其吸电子作用仅次于硝基。腈的分子极性较大,例如：

CH_3-CN　　　　　　　　　C_6H_5-CN
$\mu = 13.14 \times 10^{-30} C \cdot m$　　　　$\mu = 14.58 \times 10^{-30} C \cdot m$

因此它们的沸点比相对分子质量相近的烃、醚、醛、酮、胺都高,而与醇相近,但比羧酸低。例如：

化合物	CH_3CN	$C_2H_5NH_2$	CH_3CHO	C_2H_5OH	$HCOOH$
相对分子质量	41	45	44	46	46
沸点/℃	82	17	20.8	78.5	100.7

腈类与水形成氢键,所以水中溶解度较大,低级腈均溶于水,并能溶解盐类等离子化合物,常用作溶剂及萃取剂。随着相对分子质量的增加,腈在水中的溶解度迅速下降,丁腈以上就难溶于水。纯净的腈无毒,但往往混有异腈($R-N≡C$)而有毒。

二、化学性质

1. 水解

腈在酸或碱的催化下,水解生成羧酸,但在酸催化下得到游离的羧酸和铵盐,而在碱催化下得到羧酸盐和氨。

$$RCN + H_2O \xrightarrow[OH^-]{H^+} \begin{array}{l} RCOOH + NH_4^+ \\ RCOO^- + NH_3 \end{array}$$

例如:

$$CH_3CN + H_2O \xrightarrow[\triangle]{H^+} CH_3COOH + NH_4^+$$

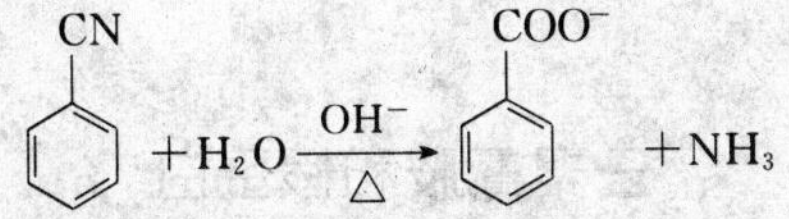

该反应一般情况下难以停留在酰胺阶段。如若想使反应停止在酰胺阶段就必须控制反应条件,例如在浓硫酸(室温下)、氢氧化钠溶液或 6%～12% 过氧化氢的氢氧化钠溶液作用下,可使腈水解控制在酰胺阶段。

$$R-CN \xrightarrow[室温]{浓 H_2SO_4} R-\overset{\overset{\displaystyle O}{\|}}{C}-NH_2$$

工业上用己二腈水解制备己二酸。

2. 醇解

腈的醇溶液与酸(H_2SO_4、HCl)一起共热,则发生醇解生成酯。

$$RCN + R'OH + H_2O \xrightarrow[\triangle]{H^+} RCOOR' + NH_3$$

例如有机玻璃单体 α-甲基丙烯酸甲酯,就是由羟基腈经甲醇和浓硫酸处理,同时发生脱水、水解和酯化反应而得到的,参见 9.4。

3. 加氢还原

腈很容易被还原,如:催化加氢、$LiAlH_4$、$Na-CH_3CH_2OH$ 等催化剂催化还原。

$$R-C≡N \xrightarrow{H_2/Ni} R-CH=NH \xrightarrow{H_2/Ni} RCH_2NH_2$$

这是制备伯胺的方法之一。

例如:

$$CH_3CH_2CN + 2H_2 \xrightarrow{Ni} CH_3CH_2CH_2NH_2$$

$$CH_3CH_2CN \xrightarrow{Na-C_2H_5OH} CH_3CH_2CH_2NH_2$$

工业上用己二腈催化加氢制己二胺(参见11.2.7)

11.4.4　丙烯腈

丙烯腈为无色液体,沸点78 ℃,微溶于水,易溶于一般有机溶剂。它既是合成纤维和合成橡胶的单体,又是重要的有机合成原料。

目前生产丙烯腈的主要方法是氨化氧化法,简称氨氧化法。

$$CH_2{=}CH{-}CH_3 + NH_3 + \frac{3}{2}O_2 \xrightarrow{\text{磷钼酸铋}} CH_2{=}CHCN + 3H_2O$$

丙烯腈在引发剂(如过氧化苯甲酰)存在下,可聚合生成聚丙烯腈。

$$n\ CH_2{=}CH \xrightarrow{\text{引发剂}} {-}(CH_2{-}CH)_n{-}$$
（CN侧基）

聚丙烯腈制成的纤维称为腈纶。腈纶质地柔软,类似羊毛,故有“人造羊毛”之称,它具有强度高,保暖性好,耐日光、耐酸、耐溶剂等优点。

丙烯腈还能与其他化合物共聚,例如丙烯腈与1,3-丁二烯共聚可生成具有耐油、耐寒、耐溶剂等特性的丁腈橡胶(见4.2.4 天然橡胶和合成橡胶)。

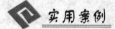 实用案例

三聚氰胺和假蛋白

2008 年 9 月,中国爆发三鹿婴幼儿奶粉受污染事件,导致食用了受污染奶粉的婴幼儿产生肾结石病症,其原因是奶粉中含有在业界被称为“假蛋白”的化学品——三聚氰胺。

一、三聚氰胺为何物?

三聚氰胺是一种三嗪类含氮杂环有机化合物,重要的氮杂环有机化工原料,简称三胺,学名三氨三嗪,俗称蜜胺、蛋白精。其分子式为 $C_3N_6H_6$,结构式和分子模型如下:

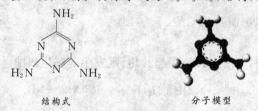

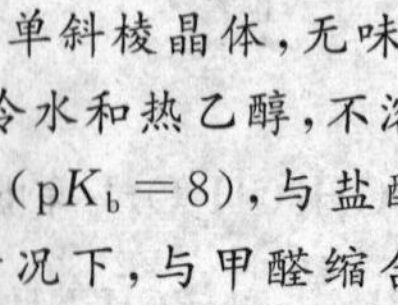

结构式 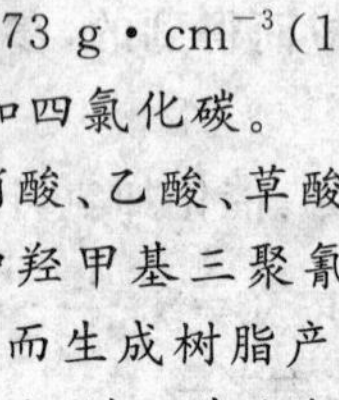　　　　　　分子模型

1.三聚氰胺的性质

三聚氰胺为纯白色单斜棱晶体,无味,密度 1.573 g·cm^{-3}(16 ℃),熔点 354 ℃(分解),溶于热水,微溶于冷水和热乙醇,不溶于醚、苯和四氯化碳。

三聚氰胺呈弱碱性(pK$_b$＝8),与盐酸、硫酸、硝酸、乙酸、草酸等都能形成三聚氰胺盐。在中性或微碱性情况下,与甲醛缩合而成各种羟甲基三聚氰胺。在微酸性溶液中(pH 为 5.5～6.5)与羟甲基的衍生物进行缩合反应而生成树脂产物;遇强酸或强碱水溶液水解,氨基逐步被羟基取代,先生成三聚氰酸二酰胺,进一步水解生成三聚氰酸一酰胺,最后生成三聚氰酸。

三聚氰胺在一般情况下较稳定,但在高温下可能会分解放出氰化物,同时放出不支持燃烧的氮气,因此可作阻燃剂。

2.三聚氰胺的用途

三聚氰胺是一种用途广泛的有机化工中间产物,最主要的用途是作为生产三聚氰胺甲醛树脂(密胺塑料 MF)的原料。该树脂硬度比脲醛树脂高,不易燃、耐水、耐热、耐老化、耐电弧、耐化学腐蚀,有良好的绝缘性能、光泽度和机械强度,广泛运用于木材、塑料、涂料、造纸、纺织、皮革、电气、医药等行业;三聚氰胺与乙醚醚化后可用作纸张处理剂,生产抗皱、抗缩、不腐烂的钞票和军用地图等高

级纸;三聚氰胺还可以在一些涂料中作交联剂、阻燃化学处理剂、减水剂、甲醛清洁剂、增稠剂等。

三聚氰胺/甲醛树脂
密胺塑料 MF

二、三聚氰胺为何充当了"假蛋白"?

三聚氰胺属于化工原料,不是食品添加剂,为何被添加到奶粉中了呢? 因为三聚氰胺的最大特点是含氮量很高,达 66.6%。而蛋白质主要由氨基酸组成,平均含氮量为 16% 左右。根据蛋白质的化学性质,食品工业上普遍采用的、被定为国家标准的是凯氏定氮法,这是 19 世纪后期丹麦人约翰·凯达尔发明的方法。原理很简单:蛋白质含有氮元素,用强酸处理样品,让蛋白质中的氮元素释放出来,测定氮的含量,就可以算出蛋白质的含量。牛奶蛋白质的含氮率约 16%,根据国家标准,把测出的氮含量乘以 6.25,就是蛋白质含量。

可见该方法实际上测的不是蛋白质含量,而是通过测氮含量来推算蛋白质含量,根本不能区分真伪蛋白氮。在通常情况下,因为食物中的主要成分只有蛋白质含有氮,其他主要成分(碳水化合物、脂肪)都不含氮,因此它是一种很准确的测定蛋白质含量的方法。

但是,如果往样品中添加了含氮的其他物质,就可以骗过凯氏定氮法,获得虚高的蛋白质含量。据估算,在植物蛋白粉和饲料中使测试蛋白质含量增加一个百分点,用三聚氰胺的花费只有真实蛋白原料的 1/5。三聚氰胺本身是一种白色晶体粉末,没有特殊气味和味道,所以掺杂后不易被发现。于是不法商人将它掺杂进食品或饲料中,以提高检测时食品中的蛋白质数值。因此在业界三聚氰胺素有"假蛋白"之称,也被人称为"蛋白精"。典型案例除了 2008 年中国三鹿奶粉事件,还有 2007 年美国宠物食品污染事件。

三聚氰胺之所以被当成"蛋白精"来用,还可能是因为觉得它毒性轻微,大鼠口服的半数致死量大于 3 g/kg 体重。美国食品及药物管理局的标准,三聚氰胺可容忍摄入量为每日 0.63 mg/kg 体重。再者因为三聚氰胺进入体内后,不能被代谢,而是从尿液中原样排出。但是,动物实验也表明,长期摄入三聚氰胺会造成生殖、泌尿系统的损害,产生膀胱、肾部结石,并可进一步诱发膀胱癌。实际上三聚氰胺进入体内后,发生取代反应(水解),生成三聚氰酸,三聚氰酸和三聚氰胺形成大的网状结构,造成结石。

面对层出不穷的造假,正规严格的营养测定应该是奶粉中的纯蛋白(或称真蛋白)含量,这就是检测牛奶氮含量的国际标准(ISO 8968)。实际上就是在凯氏定氮法基础上增加一个步骤:先用三氯乙酸处理样品处理液。三氯乙酸能让蛋白质形成沉淀,过滤后,测定沉淀中氮含量,就可以知道蛋白质的真正含量,若需要还可以测定滤液中假蛋白的氮含量。

如果早用此标准,食品和饲料中用非蛋白质的三聚氰胺之类冒充的假蛋白就无所遁形了。

【习　题】

1.命名下列化合物。

(1) $CH_3CH-CHCH_2CH_3$
　　　　|　　|
　　　CH_3　NO_2

(2) $CH_3O-\underset{\text{benzene}}{\bigcirc}-N\begin{smallmatrix}CH_3\\CH_3\end{smallmatrix}$

(3) $O_2N-\bigcirc-NH-\bigcirc-NO_2$

(4) 萘环上带 $N(CH_3)_2$

(5) $\begin{matrix}CH_3 & & H\\ & C=C & \\ H & & CN\end{matrix}$

(6) $NaO_3S-\bigcirc-N=N-\bigcirc-N(CH_3)_2$

(7) $\left[\begin{matrix}CH_2CH_3\\ (CH_3)_2N-CH(CH_3)_2\end{matrix}\right]^+ OH^-$

(8) $\bigcirc-N_2^+ HSO_4^-$

2.写出下列化合物的结构式。

(1)对硝基氯化苄　　　　　　　　(2)3-氨基戊烷

(3)3-甲基-N-甲基苯胺　　　　　(4)碘化甲基烯丙基苄基苯基铵

(5)2-氰基-4-硝基氯化重氮苯　　(6)4-甲基-4'-羟基偶氮苯

3.按由大到小的次序排列下列各组化合物的碱性。

(1)$CH_3CH_2NH_2$、H_2NCONH_2、CH_3CONH_2、$(CH_3CH_2)_2NH$ 和 $[(CH_3CH_2)_4N]^+OH^-$

(2)苯胺、2,4-二硝基苯胺、对硝基苯胺、对甲氧基苯胺和对氯苯胺

(3)甲胺、苯胺、对硝基苯胺、三苯胺、三甲胺、对甲基苯胺、N-乙基苯胺和氨

4.用简单的化学方法鉴别下列各组化合物。

(1)$CH_3NHCH_2CH_2CH_3$、$CH_3CH_2CH_2CH_2NH_2$ 和 $(CH_3)_2NCH_2CH_3$

(2)乙醇、乙醛、乙酸和乙胺

(3) $\bigcirc-N(CH_3)_2$ 和 $\bigcirc-N(CH_3)_2$

(4)三甲胺盐酸盐和溴化四乙基铵

5.用化学方法分离下列化合物。

(1)将苄胺、苄醇及对甲苯酚的混合物分离为三种纯的组分。

(2)分离 $O_2N-\bigcirc-CH_3$ 和 $\bigcirc-CH_2NO_2$ 的混合物

6.完成下列反应式。

(1) $\underset{\text{OCH}_3,\text{NO}_2}{\bigcirc}+3Zn+H_2O \xrightarrow[\triangle]{NaOH} ?$

(2) $CH_3-\bigcirc \xrightarrow[\text{浓 }H_2SO_4]{\text{浓 }HNO_3} ? \xrightarrow[HCl]{Fe} ? \xrightarrow{\text{乙酸酐}} ? \xrightarrow[Fe]{Br_2} ?$

(3) $CH_3CN \xrightarrow[H^+]{H_2O} ? \xrightarrow{SOCl_2} ? \xrightarrow{CH_3CH_2NH_2} ? \xrightarrow[H_2O]{LiAlH_4} ?$

(4) $\bigcirc\bigcirc \xrightarrow[400\sim500\ ℃]{V_2O_5,O_2} \xrightarrow[300\ ℃]{NH_3\cdot H_2O} ? \xrightarrow[NaOH]{NaOCl} ? \xrightarrow{NaNO_2+HCl} ? \xrightarrow{KI} ?$

(5) 甲苯 $\xrightarrow[\text{FeBr}_3]{\text{Br}_2}$? $\xrightarrow[\text{H}_2\text{SO}_4]{\text{HNO}_3}$? $\xrightarrow{?}$ （2-甲基-5-溴苯胺） $\xrightarrow[0\sim5\ \text{℃}]{\text{NaNO}_2+\text{HCl}}$ $\xrightarrow{\text{Cu}_2(\text{CN})_2}$?

(6) $(\text{CH}_3)_2\text{NCH}_2\text{CH}_2\text{CH}=\text{CH}_2 \xrightarrow{\text{CH}_3\text{I}}$? $\xrightarrow[\text{H}_2\text{O}]{\text{Ag}_2\text{O}}$? $\xrightarrow{\triangle}$?

(7) $\text{CH}_3\text{CH}_2\text{COCl}+$ CH_3—苯基—$\text{NHCH}_3 \longrightarrow$?

(8) （2-氨基苯甲酸 COOH，NH$_2$） $\xrightarrow[0\sim5\ \text{℃}]{\text{NaNO}_2+\text{H}_2\text{SO}_4}$? 苯基—$\text{N}(\text{CH}_3)_2$?

7.完成下列合成(无机原料自选)。

(1) 苯 $\longrightarrow$ 1,3,5-三溴苯

(2) 氯苯 $\longrightarrow$ 2,4-二硝基苯胺

(3) 甲苯 $\longrightarrow$ 对氟甲苯

(4) 对丙基苯胺 $\longrightarrow$ 间溴丙苯

(5) 对甲基苯胺 $\longrightarrow$ 对苯二甲酸

(6) 苯胺 $\longrightarrow$ 对溴苯酚

(7) 甲苯 和 $\text{CH}_3\text{I} \longrightarrow [\text{苯基}-\text{CH}_2\text{N}(\text{CH}_3)_3]^+\text{I}^-$

(8) 苯胺 和 苯酚 $\longrightarrow$ 苯基—N=N—苯基—N=N—苯基—OH

8.某化合物 A,分子式为 $\text{C}_7\text{H}_7\text{NO}_2$,无碱性,还原后得到 B,分子式为 $\text{C}_7\text{H}_9\text{N}$,具有碱性。在低温及硫酸存在下,B 和亚硝酸作用生成 C,分子式为 $\text{C}_7\text{H}_7\text{N}_2\text{HSO}_4$,加热 C 放出氮气,并生成对甲苯酚。在碱性溶液中,化合物 C 与苯酚作用生成具有颜色的化合物 $\text{C}_{13}\text{H}_{12}\text{N}_2\text{O}$。推测 A、B、C 的结构式,并用反应式说明推断过程。

9.某化合物 A,分子式为 $\text{C}_6\text{H}_{15}\text{N}$,能溶于稀盐酸,与亚硝酸在室温下作用放出氮气得到 B。B 能进行碘仿反应,B 和浓硫酸共热得到 $\text{C}(\text{C}_6\text{H}_{12})$。C 能使高锰酸钾溶液褪色,而且反应后的产物是乙酸和 2-甲基丙酸。推测 A 的构造式,并用反应式说明推断过程。

10.某碱性化合物 $\text{A}(\text{C}_5\text{H}_{11}\text{N})$,被 KMnO_4 酸性溶液氧化有 CO_2 产生。A 经催化氢化生成化合物 $\text{B}(\text{C}_5\text{H}_{13}\text{N})$,B 也可以由己酰胺加溴和氢氧化钠溶液得到。用过量碘甲烷处理 A 转变成一个盐 $\text{C}(\text{C}_8\text{H}_{18}\text{NI})$,C 用湿的氧化银处理随后热解给出 $\text{D}(\text{C}_5\text{H}_8)$,D 与丁炔二酸二甲酯反应给出 $\text{E}(\text{C}_{11}\text{H}_{14}\text{O}_4)$,E 经钯加氢得 3-甲基苯二酸二甲酯。试推出 A~E 各化合物的结构,并用反应式说明推断过程。

11.一个分子式为 $\text{C}_{12}\text{H}_{11}\text{N}_3\text{O}$ 的染料,用 Zn-HCl 还原后得到两个无色化合物 A 和 B。A 与 FeCl_3 能发生颜色反应,B 不含氧。A 和 B 用酸性 $\text{K}_2\text{Cr}_2\text{O}_7$ 氧化都能得到对苯醌。试推测 A、B 和该染料的结构式。

第12章

含硫和含磷有机化合物

【学习目标】

☞ 了解含硫和含磷有机化合物的类型；

☞ 掌握含硫和含磷有机化合物的命名；

☞ 掌握硫醇、硫酚、硫醚、亚砜和砜的性质和用途；

☞ 了解磺酸及其衍生物的应用；

☞ 掌握膦、季鏻盐的制法和魏悌希反应在烯烃合成中的应用。

前面我们已讨论了第二周期的元素氧和氮所形成的有机化合物,本章讨论第三周期的元素硫和磷所形成的有机化合物。氧、硫和氮、磷分别处于同一主族,价电子层构型相似,见表 12-1。

表 12-1　　　　　　　　　　　氧、硫和氮、磷价电子层构型比较

元素	价电子层构型	元素	价电子层构型
O	$2s^2 2p^4$	N	$2s^2 2p^5$
S	$3s^2 3p^4 3d^0$	P	$3s^2 3p^5 3d^0$

因此硫、磷原子可以形成与氧、氮原子相类似的共价键化合物,产生与含氧和氮化合物类似的化合物和性质。表 12-2 列出了一些结构相似的氧、硫及氮、磷化合物。

表 12-2　　　　　　　　　　一些结构相似的氧、硫及氮、磷化合物

化合物	结构式	化合物	结构式	化合物	结构式
醇	R—OH	醚	R—O—R	季铵盐	$R_4N^+X^-$
硫醇	R—SH	硫醚	R—S—R	季鏻盐	$R_4P^+X^-$
酚	Ar—OH	胺	R_3N		
硫酚	Ar—SH	膦	R_3P		

由于它们所处周期不同,硫和磷两种元素均有可以利用的 3d 轨道,所以有不同于氧、氮的成键方式,因此产生与含氧和含氮化合物不同的化合物和性质。如硫原子可形成高价含硫化合物,如亚砜、砜、亚磺酸、磺酸等;磷原子的三价化合物还可形成亚磷酸、亚膦酸和次亚膦酸及相应的酯,还有五价磷化合物如膦烷、膦酸、次膦酸和相应的酯。

有机硫和磷化合物是维持生命不可缺少的物质，但也有一些有机硫和磷的化合物会给生命过程带来障碍如中毒，甚至危及生命。对这两类化合物进行研究的重要性显而易见。

12.1 含硫有机化合物

分子中含有硫元素，且硫原子和碳原子直接相连的有机化合物称为含硫有机化合物。其中一些我们能感受到它的重要性，如从治疗流脑的首选药磺胺嘧啶、抗菌素青霉素和 V_{B1} 等的结构式中可知，它们均是含硫有机化合物，这些化合物在解除病痛、挽救生命中起着重大作用。

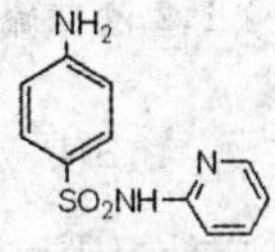

磺胺吡啶 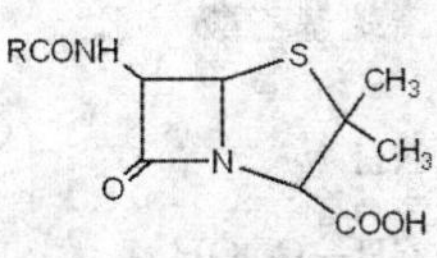   青霉素 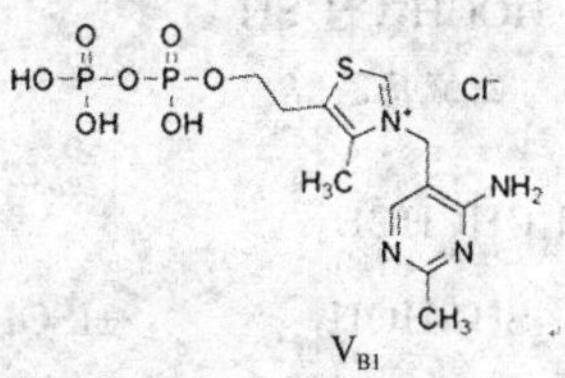 V_{B1}

含硫有机化合物按其分子结构可以分为以下两种类型：

1. 与氧相似的低价含硫化合物，如硫醇、硫酚、硫醚、二硫醚等。

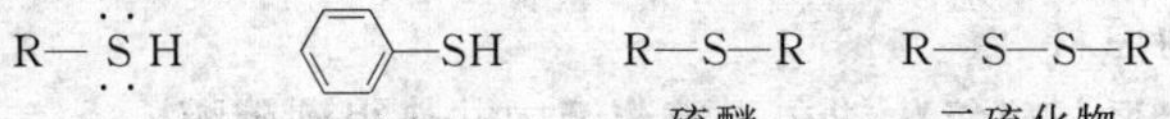

$$R\overset{\cdot\cdot}{-}SH \qquad \text{◯}-SH \qquad R-S-R \qquad R-S-S-R$$

硫醇   硫酚   硫醚   二硫化物

2. 高价的含硫化合物，如亚砜、砜、亚磺酸、磺酸等。

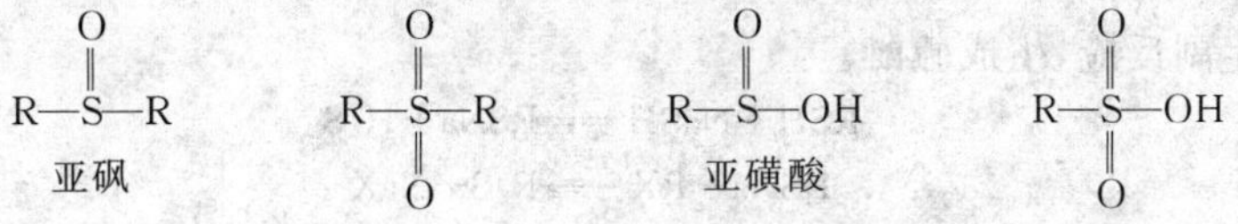

$$\underset{\text{亚砜}}{R\overset{O}{-}S-R} \qquad \underset{\text{砜}}{R\overset{O}{\underset{O}{-}}S-R} \qquad \underset{\text{亚磺酸}}{R\overset{O}{-}S-OH} \qquad \underset{\text{磺酸}}{R\overset{O}{\underset{O}{-}}S-OH}$$

$$\underset{\text{硫醛}}{R\overset{S}{-}C-H} \qquad \underset{\text{硫酮}}{R\overset{S}{-}C-R} \qquad \underset{\text{二硫代羧酸}}{R\overset{S}{-}C-SH} \qquad \underset{\text{硫脲}}{H_2N\overset{S}{-}C-NH_2}$$

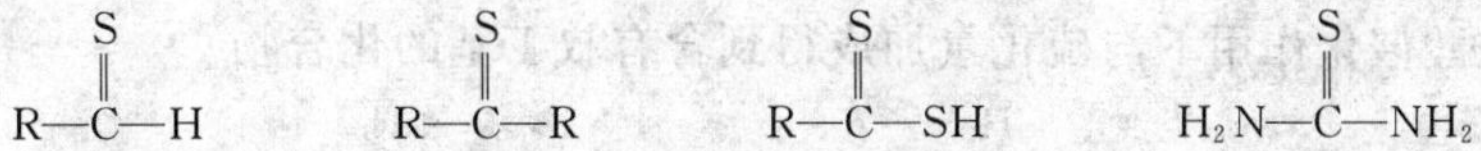

本节主要介绍硫醇、硫酚、硫醚、亚砜、砜、磺酸及其衍生物。

12.1.1 硫醇和硫酚

硫醇和硫酚是硫原子形成的与氧相似的低价含硫化合物，其分子结构中均有一个含硫官能团—SH，叫做硫氢基或巯基。

$$R-SH \qquad \text{◯}-SH$$

硫醇   硫酚

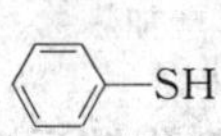

一、硫醇和硫酚的命名

硫醇和硫酚的命名只需在相应的含氧衍生物名前加上"硫"字即可。

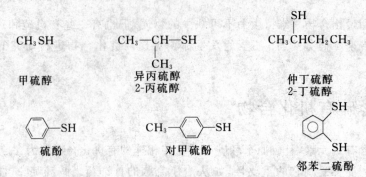

—SH 作为取代基命名时,采用系统命名法(与其他官能团的命名原则相同)。

$$HOCH_2CH_2SH \qquad HS-CH_2COOH$$

2-巯基乙醇 　　　　　　　巯基乙酸 　　　　　　　1,2-乙二硫醇

$$CH_3CHCHCH_2$$
$$\overset{|}{SH}\overset{|}{SH}SHOH$$

2,3-二巯基-1-丁醇

$$HSCH_2\overset{NH_2}{\overset{|}{CH}}-COOH$$

2-氨基-3-巯基丙酸

$$CH\equiv C-\overset{SH}{\overset{|}{CH}}-COOH$$

2-巯基-3-丁炔酸

二、硫醇和硫酚的制法

1. 以卤代烃为原料

(1)伯、仲卤代烃与硫氢化钠在乙醇溶液中共热得到硫醇。

$$RX+NaSH \xrightarrow[\triangle]{C_2H_5OH} RSH+NaX$$

但易发生副反应,生成硫醚。

$$RSH+NaSH \rightleftharpoons RSNa+H_2S$$
$$RSNa+RX \longrightarrow R_2S+NaX$$

这个反应不能使用叔卤代烃。因为在此条件下叔卤代烃主要发生消除反应。可以通过异丁醇在酸催化作用下与硫化氢加成得到含有叔丁基的化合物。

$$CH_3-\overset{CH_2}{\overset{\|}{C}}-CH_2 \ +H_2S \xrightarrow{H_2SO_4} CH_3-\overset{CH_3}{\underset{CH_3}{\overset{|}{\underset{|}{C}}}}-SH$$

(2)卤代烃与硫脲反应,碱性水解后得硫醇。

$$RX+ \ \overset{NH_2}{\underset{NH_2}{\overset{|}{\underset{|}{S=C}}}} \xrightarrow[\text{加热}]{\text{乙醇}} \ R-\overset{NHHX}{\underset{NH_2}{\overset{\|}{\underset{|}{S-C}}}} \longrightarrow RSH+NH_2CN$$

该方法避免了卤代烃与硫氢化钠反应的不利因素。

2. 以醇为原料

醇蒸气与硫化氢混合后在 400 ℃下通过氧化钍进行气相反应可以制得硫醇。这是工业制备硫醇的方法。

$$R-OH+H_2S \xrightarrow[400\ ℃]{ThO_2} R-SH+H_2O$$

3.以高价含硫化合物还原

这是制备硫酚常用的方法。例如:苯磺酰氯同锌和硫酸反应,被还原得到硫酚。

$$\text{⟨⟩} \xrightarrow{\text{ClSO}_3\text{H}} \text{⟨⟩}-\text{SO}_2\text{Cl} \xrightarrow{\text{Zn,H}_2\text{SO}_4} \text{⟨⟩}-\text{SH}$$

三、硫醇和硫酚的性质

1.物理性质

多数硫醇是挥发性液体,有毒且有恶臭,空气中有 $1\times10^{-11}\text{g}\cdot\text{L}^{-1}$ 的乙硫醇时即能为人所感觉。因此硫醇是一种臭味剂,燃气中加入极少量的叔丁硫醇,若密封不严发生泄漏,就可闻到臭味起到预警作用。黄鼠狼受到攻击时,能分泌出含多种硫醇的臭气,防御外敌。硫醇的臭味随着相对分子质量的增加而逐渐减弱,大于 C_9 的硫醇没有不愉快的气味。

硫酚与硫醇近似,也是无色液体,气味也很难闻。尽管硫醇和硫酚的相对分子质量比含碳数相同的醇或酚高,但沸点和水溶性却比相应的醇或酚低。如乙醇能与水以任何比例混溶,而乙硫醇在 100g 水中的溶解度仅为 1.5g。从表 12-3 可以看出它们沸点的变化规律。

表 12-3 　　　　　　　　　　**几种醇、硫醇和酚、硫酚的沸点比较**

	甲硫醇	甲醇	乙硫醇	乙醇	硫酚	苯酚
相对分子质量	48	32	62	46	110	94
沸点/℃	6	65	37	78	168	182

这是因为硫原子的电负性比氧原子小,硫醇或硫酚分子间不能形成氢键,也难与水分子形成氢键,与相应的醇或酚相比,其沸点和在水中的溶解度都低得多。

硫醇和硫酚都易溶于乙醇、乙醚等有机溶剂。

2.化学性质

(1)酸性

硫醇和硫酚的酸性比相应的醇和酚都强。因为硫原子的半径比氧的半径大,3p 轨道比 2p 轨道扩散,与氢的 1s 轨道重叠程度较差,较易极化,所以巯基上的氢原子容易解离而显酸性。均能与碱作用生成相应的盐。

	H_2CO_3	ArSH	ArOH	RSH	ROH
pK_a	6.38	7.8	9.98	10.5	15~19

醇不能与氢氧化钠溶液反应,而硫醇能溶于氢氧化钠溶液生成硫醇钠。但硫醇的酸性比碳酸弱,只能溶于氢氧化钠溶液而不能溶于碳酸氢钠溶液。

$$\text{CH}_3\text{CH}_2\text{SH}+\text{NaOH}\longrightarrow\text{CH}_3\text{CH}_2\text{SNa}+\text{H}_2\text{O}$$
乙硫醇钠

$$\text{CH}_3\text{CH}_2\text{SNa}+\text{CO}_2+\text{H}_2\text{O}\longrightarrow\text{CH}_3\text{CH}_2\text{SH}+\text{NaHCO}_3$$

苯酚能溶于碳酸钠溶液而不能溶于碳酸氢钠溶液,但硫酚的酸性比碳酸强,可溶于碳酸氢钠溶液生成苯硫酚钠。

$$\text{PhSH}+\text{NaHCO}_3\longrightarrow\text{Ph}-\text{SNa}+\text{CO}_2\uparrow+\text{H}_2\text{O}$$
苯硫酚钠

用途：

①鉴别或提纯硫醇或硫酚。

②石油馏分或其他物质中常含有微量硫醇，可用氢氧化钠溶液洗涤脱去硫醇。

（2）与重金属盐反应，生成不溶于水的盐

硫基易与砷、汞、铅、铜等重金属离子反应，生成不溶于水的硫醇盐。例如：

$$2RSH + HgO \longrightarrow (RS)_2Hg \downarrow + H_2O$$

$$2CH_3CH_2SH + (CH_3COO)_2Pb \longrightarrow Pb(SCH_2CH_3)_2 \downarrow + 2CH_3COOH$$

乙硫醇铅

用途：

①利用这个反应鉴别硫醇。

②医药上作为重金属中毒的解毒剂。所谓的重金属中毒，即是体内酶上的硫基与铅或汞等重金属离子发生了上述反应，导致酶失去活性而中毒。

对于重金属中毒者，利用同样的道理，可以向中毒者体内注入含硫基的化合物，作为解毒剂。硫中有孤对电子，可与金属离子络合形成配位键。硫基与金属离子络合，释放出酶，恢复酶的生理活性，从而起到解毒作用。

临床上常用的汞、铅中毒的解毒剂有 2,3-二硫基-1-丙醇（简称二硫基丙醇，BAL）和二硫基丁二酸钠（NaOOCCHSHCHSHCOONa）。例如，汞离子的解毒：

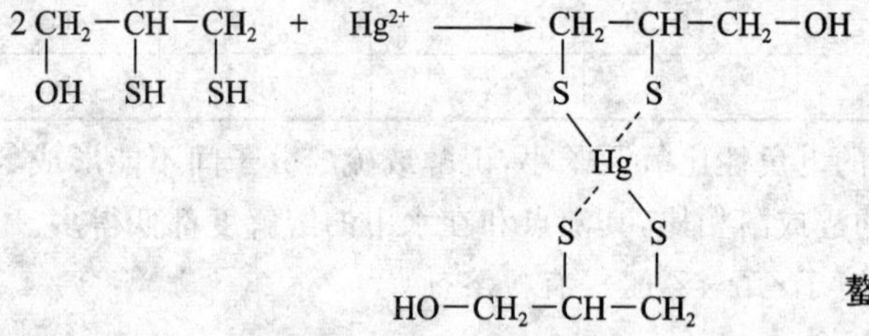

汞离子因被螯合后而由尿排出体外，故而解毒。

③硫化矿辅收剂。工业上用 1,2-己二硫醇、1,6-己二硫醇 $[HS(CH_2)_6SH]$ 等作为铜、铅、锌、铁等多金属硫化矿的辅收剂。

（3）受热分解

硫醇受热或在钼盐催化下氢解放出硫化氢，这是除去石油中硫的方法。

$$RSH \xrightarrow{\triangle} 烯烃 + H_2S$$

$$RSH + H_2 \xrightarrow{MoS_2} RH + H_2S$$

（4）氧化反应

硫有空 d 轨道，硫氢键又易断裂，因此硫醇远比醇易被氧化，氧化反应发生在硫原子上。在低温下空气即可将其氧化成为二硫化物（含二硫键—S—S—）。

$$2RSH + \frac{1}{2}O_2 \longrightarrow RSSR + H_2O$$

实验室中常用氧化剂 I_2 或稀 H_2O_2 将硫醇氧化成二硫化物。

$$2RSH + I_2 \xrightarrow[25\,℃]{C_2H_5OH/H_2O} RSSR + 2HI$$

这种在温和条件下把硫醇氧化成二硫化物的反应在蛋白质化学中很重要。一些多肽本身含巯基,可以通过体内氧化形成含二硫键的蛋白质。在生物体中,S—S 键对保持蛋白质分子的特殊构型具有重要的作用。例如胱氨酸就是半胱氨酸的过硫化物,在酶的作用下两者可以互相转化。

$$2HOOCCHCH_2SH \underset{[H]}{\overset{[O]}{\rightleftharpoons}} HOOCCHCH_2S—SCH_2CHCOOH$$
$$\qquad | \qquad\qquad\qquad | \qquad\qquad\qquad |$$
$$\quad NH_2 \qquad\qquad\qquad NH_2 \qquad\qquad NH_2$$

硫酚也很容易被氧化成二硫醚。将硫酚溶解于二甲亚砜(DMSO)中,在 80~90 ℃反应至无色,可得二芳基二硫醚。

$$X\text{—}⟨\text{苯}⟩\text{—}SH \xrightarrow{DMSO,\triangle} X\text{—}⟨\text{苯}⟩\text{—}S\text{—}S\text{—}⟨\text{苯}⟩\text{—}X \qquad X=H,CH_3,Cl$$

硫醇和硫酚在高锰酸钾、硝酸等强氧化剂的作用下,则发生较强烈的氧化反应,生成磺酸。

$$RSH \xrightarrow{\text{浓 }HNO_3} RSO_3H$$

$$⟨\text{苯}⟩\text{—}SH \xrightarrow{\text{浓 }HNO_3} ⟨\text{苯}⟩\text{—}SO_3H$$

(5)亲核反应

由于硫的价电子离核较远,受核的束缚力小,其极化度较强,加上硫原子周围空间大,空间阻碍小以及溶剂化程度小等因素,导致 RS^- 的给电子能力强,亲核性强,易发生 S_N2 亲核取代反应。

$$CH_3CH_2SH+(CH_3)_2CHCH_2Br \xrightarrow[OH^-]{H_2O} CH_3CH_2SCH_2CH(CH_3)_2$$

硫醇还可以与羰基化合物发生亲核加成反应,与酰卤、酸酐反应生成硫代羧酸酯,与醛、酮反应生成硫代缩醛或缩酮。

丙酮缩二乙硫醇

$$RC\overset{O}{\underset{Cl}{||}} + R'SH \longrightarrow R\text{—}\overset{O}{\overset{||}{C}}\text{—}SR' + HCl$$

12.1.2 硫醚、亚砜和砜

一、硫醚

硫醚可以看成是硫醇分子硫氢基中的氢原子被烃基取代的衍生物。

通式:R—S—R′ 官能团:硫醚键 —S—

1.硫醚的命名

硫醚的命名与相应的醚相同,只需在相应的名称前加上“硫”字。

$$CH_3SCH_3 \qquad CH_3SCH(CH_3)_2 \qquad ClCH_2CH_2SCH_2CH_2Cl \qquad ⟨\text{苯}⟩\text{—}SCH_3$$
二甲硫醚　　甲基异丙基硫醚　　2,2′-二氯二乙硫醚　　苯甲硫醚

2.硫醚的制法

对称的硫醚可由卤代烷和硫化钠反应制得。

$$2CH_3CH_2CH_2CH_2Br + Na_2S \longrightarrow CH_3CH_2CH_2CH_2SCH_2CH_2CH_2CH_3 + 2NaBr$$

不对称的硫醚由卤代烷与硫醇或硫酚盐制备,类似威廉姆逊法(Willimanson)合成法。

$$RS^- + CH_3CH_2Br \longrightarrow RSCH_2CH_3 + Br^-$$

$$\langle \rangle - S^- + CH_3CH_2Br \longrightarrow \langle \rangle - SCH_2CH_3 + Br^-$$

3.硫醚的性质

低级硫醚为无色液体,有刺鼻臭味,如大蒜头和葱头中含有乙硫醚和烯丙基硫醚等。硫醚与水不能形成氢键,故不溶于水,可溶于醇和醚,沸点比相应的醚高。例如甲硫醚的沸点是 38 ℃,甲醚的沸点则是 -24 ℃。

硫醚的化学性质与醚相似,相对比较稳定。但硫原子易形成高价硫化物,与卤代烃反应生成锍盐。

(1)氧化反应

硫醚可被氧化为亚砜或砜。使用等物质的量的 H_2O_2、N_2O_4、$NaIO_4$ 及间氯过氧苯甲酸等作为氧化剂,可使反应控制在生成亚砜的阶段。

$$CH_3SCH_3 \xrightarrow{H_2O_2/HOAc} CH_3-\overset{O}{\underset{}{S}}-CH_3 \quad 二甲亚砜$$

二甲亚砜(DMSO)溶解能力很强,是一种很好的非质子性溶剂。它既能溶解有机物,也能溶解无机物。

过量的 H_2O_2 进一步反应或用 $KMnO_4$ 为氧化剂氧化为砜。

$$(CH_3)_2\ddot{S}: \xrightarrow[HOAc]{30\%H_2O_2} \underset{CH_3}{\overset{CH_3}{S}}=O \xrightarrow[HOAc]{30\%H_2O_2} \underset{CH_3}{\overset{CH_3}{\underset{O}{\overset{O}{S}}}}$$

$$CH_3SCH_3 \xrightarrow{KMnO_4} CH_3-\underset{O}{\overset{O}{S}}-CH_3 \quad 二甲砜$$

(2)与卤代烃形成锍盐

硫醚可与卤代烃形成锍盐。

$$(CH_3)_2\ddot{S}: + CH_3-I \longrightarrow (CH_3)_3S^+I^-$$

碘化三甲锍为晶体,熔点 201 ℃,易溶于水,略溶于乙醇,加热至 215 ℃又分解为碘甲烷和甲硫醚。

$$I^- + CH_3-S^+(CH_3)_2 \xrightarrow{加热} CH_3I + (CH_3)_2S$$

(3)脱硫反应

硫醚和硫醇相似,可发生氢解反应和热解反应。工业上以此反应脱硫。

热解反应:

$$CH_3CH_2SCH_2CH_3 \xrightarrow{400 ℃} CH_2=CH_2 \uparrow + H_2S \uparrow$$

雷尼(Raney)Ni 催化氢解脱硫反应：

$$RSR' \xrightarrow{Ni(H_2)} RH + R'H + H_2S\uparrow$$

二、亚砜和砜

亚砜和砜及其衍生物的命名，只需在类名前加上相应的烃基名称。

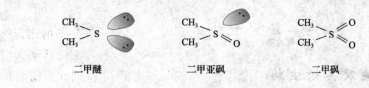

氯化亚砜   二甲亚砜   二苯砜   环丁砜

1.亚砜和砜的结构

硫醚中硫原子的两对未成键电子各自占据一个 sp^3 轨道，氧化成亚砜后，硫原子的一对未成键电子与氧原子结合，形成 σ 键，同时由氧原子提供的一对未成键电子进入硫原子的空 3d 轨道形成 d-pπ 键。如图 12-1 所示。亚砜如果进一步被氧化为砜，其成键方式与亚砜相同，如图 12-2 所示。所以，二甲亚砜为锥形分子，而丙酮是平面构型。

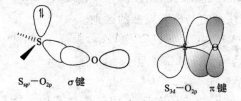

二甲醚   二甲亚砜   二甲砜

$S_{sp^3}-O_{2p}$ σ 键 $S_{3d}-O_{2p}$ π 键

图 12-1 S=O 键中的 σ 键和 π 键   图 12-2 二甲亚砜为锥形分子

亚砜、砜中 S=O 是习惯表示，其实在硫氧键中包含着 d-pπ 键。d-pπ 键较弱，电子对大部分属于氧原子，这一点可以从亚砜分子具有较大的偶极矩得到证实。例如：二甲亚砜的偶极矩为 13.01×10^{-30} C·m，丙酮的偶极矩为 9.34×10^{-30} C·m。

2.二甲亚砜的性质和用途

二甲亚砜(DMSO)是亚砜中分子最小、最有代表性、最重要的化合物。如它这样应用范围广泛的有机化合物并不多见。

（1）优良的强极性非质子溶剂

二甲亚砜为无色液体，沸点 189 ℃，介电常数很大（ε＝48），与水任意混溶，不但可溶解大多数有机化合物，而且可溶解许多无机盐。用二甲亚砜为溶剂可使双分子亲核取代反应速度加快。

由于分子中氧原子上电子出现的几率大，能使正离子强烈地溶剂化，而不使负离子溶剂化，因此，在二甲亚砜中，诸如 OH^-、OR^-、CN^-、NH_2^- 等负离子为很好的亲核试剂。所以二甲亚砜本身是良好的试剂。

二甲亚砜穿透力极强，可用做药物的载体，通过皮肤把药物带入体内。故使用二甲亚砜,应分外小心!

(2)温和的氧化剂

二甲亚砜可被氧化为砜,易被各种还原剂如 $SnCl_2$、Zn + 乙酸、HI、RSH、$LiAlH_4$ 等还原为硫醚。

$$CH_3-\overset{\overset{\displaystyle O}{\|}}{S}-CH_3 \ +2HI \longrightarrow CH_3SCH_3+I_2+H_2O$$

$$CH_3-\overset{\overset{\displaystyle O}{\|}}{S}-CH_3 \ \xrightarrow[\textcircled{2}H_2O]{\textcircled{1}LiAlH_4} CH_3SCH_3$$

二甲亚砜作为氧化剂,常将硫醇、硫酚氧化成二硫化物,且一般产率较高。例如:

$$HSCH_2CH_2CH_2CH_2SH+ \ CH_3\overset{\overset{\displaystyle O}{\|}}{S}CH_3 \longrightarrow \underset{89\%}{\begin{array}{c}CH_2CH_2S\\ |\quad\quad|\\ CH_2CH_2S\end{array}}+H_2O+CH_3SCH_3$$

$$CH_3-\overset{\overset{\displaystyle O}{\|}}{S}-CH_3 \ +2\ \text{⟨苯环⟩}-SH \longrightarrow \text{⟨苯环⟩}-S-S-\text{⟨苯环⟩}+CH_3SCH_3+H_2O$$
$$95\%$$

12.1.3 磺酸及其衍生物

磺酸可以看作硫酸分子中的一个—OH 被烃基取代后的衍生物,通式 $R-SO_3H$。在磺酸分子中硫原子直接与烃基相连,注意它与硫酸氢酯的区别。

$$\underset{\text{硫酸}}{HO-\overset{\overset{\displaystyle O}{\|}}{\underset{\|}{S}}-OH} \qquad \underset{\text{磺酸}}{R-\overset{\overset{\displaystyle O}{\|}}{\underset{\|}{S}}-OH} \qquad \underset{\text{硫酸氢酯}}{RO-\overset{\overset{\displaystyle O}{\|}}{\underset{\|}{S}}-OH}$$

一、磺酸及其衍生物的命名

磺酸及其衍生物的命名很简单,只需在类名前加上相应的烃基名称。

$$\underset{\text{甲磺酸}}{CH_3-\overset{\overset{\displaystyle O}{\|}}{\underset{\|}{S}}-OH} \qquad \underset{\text{对甲苯磺酸}}{CH_3-\text{⟨苯环⟩}-\overset{\overset{\displaystyle O}{\|}}{\underset{\|}{S}}-OH} \qquad \underset{\text{邻羟基苯磺酸}}{\overset{OH}{\text{⟨苯环⟩}}-SO_3H}$$

$$\underset{\text{对氨基苯磺酰胺}}{H_2N-\text{⟨苯环⟩}-\overset{\overset{\displaystyle O}{\|}}{\underset{\|}{S}}-NH_2} \qquad \underset{\text{对甲苯磺酰氯}}{CH_3-\text{⟨苯环⟩}-\overset{\overset{\displaystyle O}{\|}}{\underset{\|}{S}}-Cl}$$

二、磺酸及其衍生物的性质、重要反应和用途

磺酸是有吸湿性的固体,易溶于水,难溶于有机溶剂,酸性非常强,和硫酸的酸性相当,常在合成洗涤剂、染料和药物中引入磺酸基。烷基化的苯磺酸钠是合成洗涤剂常用的主要成分,如十二烷基苯磺酸钠。将磺酸基引入高分子化合物中,用来合成强酸型离子交换树脂。又如糖精是磺酰亚胺类化合物,其学名为邻磺酰苯甲酰亚胺,它比蔗糖甜 500 倍,难溶于水,其钠盐为商品糖精。

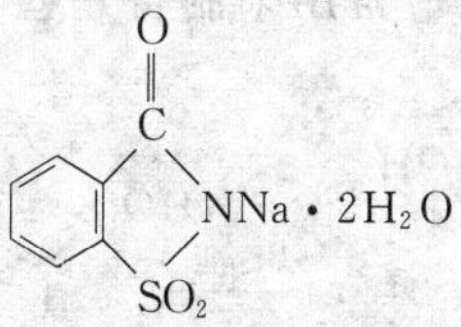

糖精

磺酸的化学反应概括起来有三种:(1)羟基的取代反应;(2)磺酸基的取代反应;(3)芳环上的取代反应。这里讨论前两种。

1.羟基的取代反应

磺酸中的羟基可被卤素、氨基、烷氧基等取代生成相应的磺酸衍生物,如磺酰卤、磺酰胺、磺酸酯。

用五氯化磷或三氯化磷与磺酸共热可制备磺酰氯,也可用过量的氯磺酸与芳烃直接作用来合成。

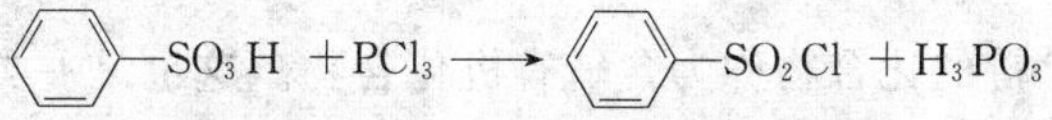

$$\text{苯磺酸}—SO_3H + PCl_3 \longrightarrow \text{苯磺酰氯}—SO_2Cl + H_3PO_3$$

$$—SO_2OH + PCl_5 \longrightarrow —SO_2Cl + POCl_3 + HCl$$

$$+ ClSO_2OH \longrightarrow —SO_2Cl + H_2O$$

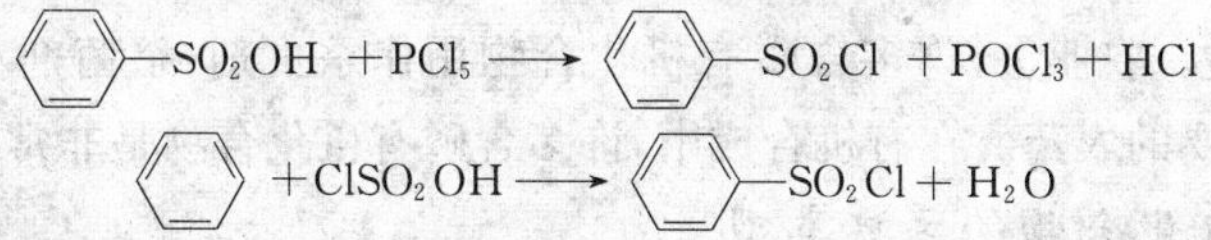

苯磺酰氯为油状液体,凝固点 14.4 ℃,沸点 251.5 ℃,具有刺激性气味,不溶于水。磺酰卤的活性高,是较好的磺酰化试剂,用它与醇钠或氨作用可得相应的磺酸酯或磺酰胺。

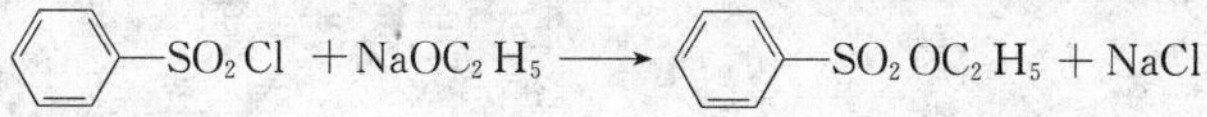

$$—SO_2Cl + NaOC_2H_5 \longrightarrow —SO_2OC_2H_5 + NaCl$$
苯磺酸乙酯

磺酸酯大多为固体,实验室精制比较方便。而且磺酸根(RSO_2O^-)是一个很好的离去基团,易被 X^-、RO^-、RS^-、$RCOO^-$、CN^- 等各种亲核试剂取代,用以合成相应的化合物。

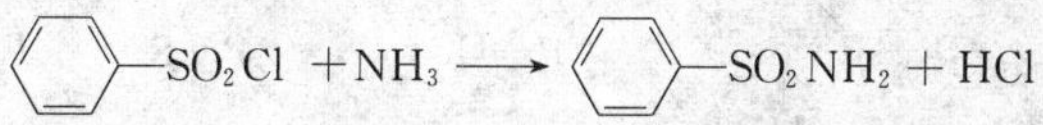

$$—SO_2Cl + NH_3 \longrightarrow —SO_2NH_2 + HCl$$
苯磺酰胺

磺酰胺的水解比羧酸酰胺的水解慢。例如,对乙酰氨基苯磺酰胺水解时,乙酰氨基优先被水解。

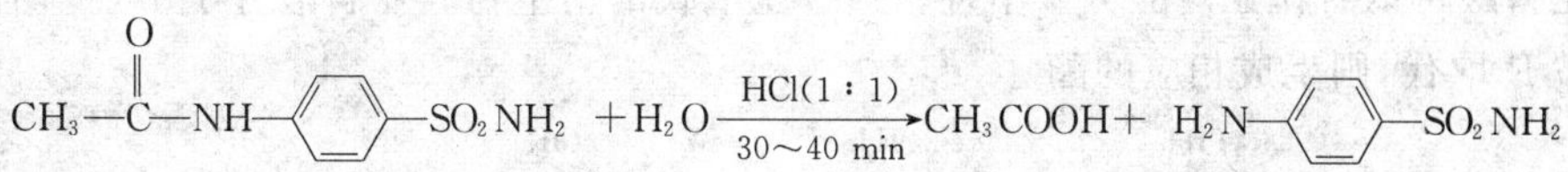

$$CH_3—\overset{O}{\overset{\|}{C}}—NH—\!\!\!\!—SO_2NH_2 + H_2O \xrightarrow[30\sim40\ min]{HCl(1:1)} CH_3COOH + H_2N—\!\!\!\!—SO_2NH_2$$

对氨基苯磺酰胺是白色晶体,难溶于水,分子中既有碱性基团氨基,也有酸性基团磺酰胺基,显两性,它即可溶于酸成盐,也可溶于碱成盐。对氨基苯磺酰胺及其衍生物是在青霉素问世之前,使用最广泛的抗菌磺胺类药物。

2.磺酸基的取代反应

磺酸基是很好的离去基团,可以被—H、—OH 等基团取代,如苯磺酸与水共热则被氢取代。

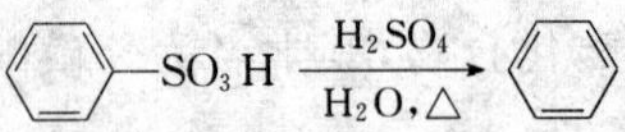

$$\text{PhSO}_3\text{H} \xrightarrow[\text{H}_2\text{O},\triangle]{\text{H}_2\text{SO}_4} \text{Ph}$$

在有机合成中磺酸基的取代反应常用来制备一些特定结构的化合物。例如:由苯酚转化为邻溴苯酚。

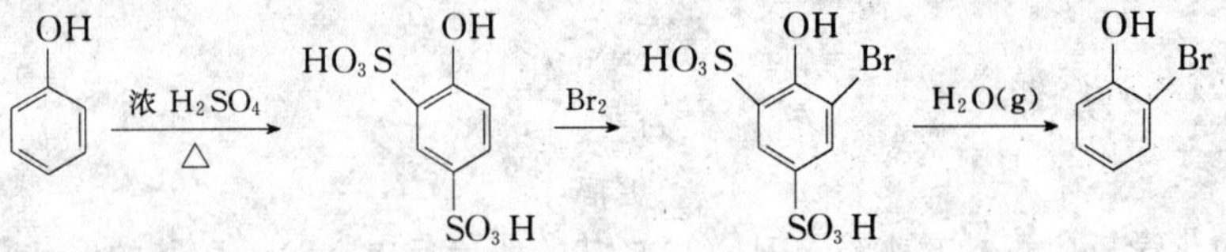

工业上利用苯磺酸与氢氧化钠共熔制苯酚。

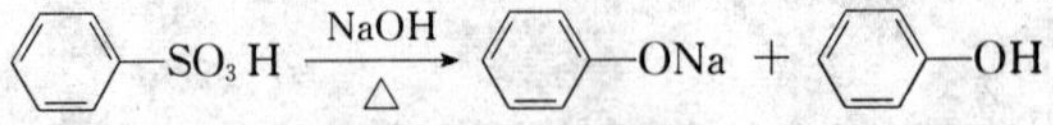

在有机合成中,磺酸基常作为亲水基被引入到分子中,从而增加分子的水溶性。

12.2 含磷有机化合物

分子中含有 C—P 键的化合物称为含磷有机化合物。这也是一类重要的化合物。在生物体中,许多含磷有机化合物是重要组成成分,如核酸、磷脂等是维持生命活动和生物体遗传不可缺少的物质。农业上,许多含磷有机化合物用作杀虫剂、杀菌剂和植物生长调节剂等,是一类极为重要的农药。在有机合成中,许多含磷有机化合物是非常重要的试剂。

一、含磷有机化合物的主要类型

含磷有机化合物的分类方法较多,一般按磷的化合价和结构特点分类。

1. 三价磷化合物

(1)膦类

膦是指分子中含有 C—P 键的有机化合物,可看作是磷化氢 PH_3 的烃基衍生物。与胺相似,根据磷原子上所连烃基的数目,膦可分为伯膦、仲膦、叔膦和季鏻盐等。

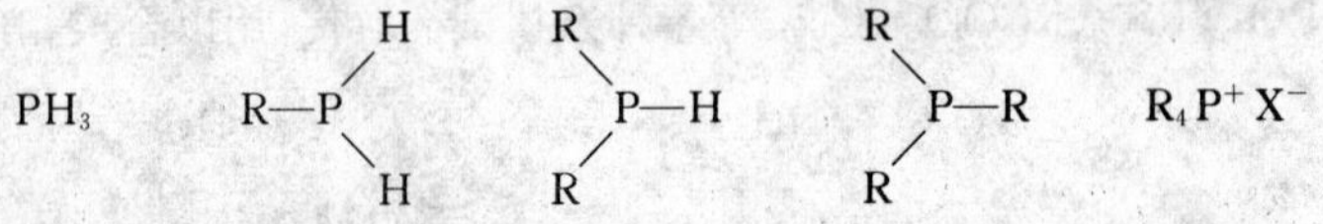

磷化氢　　伯膦　　　仲膦　　　叔膦　　　季鏻盐

(2)亚膦酸和亚膦酸酯

亚膦酸可以看作亚磷酸分子中羟基被烃基取代的衍生物。亚磷酸分子中羟基上的氢原子被 R 取代,则生成相应的酯。

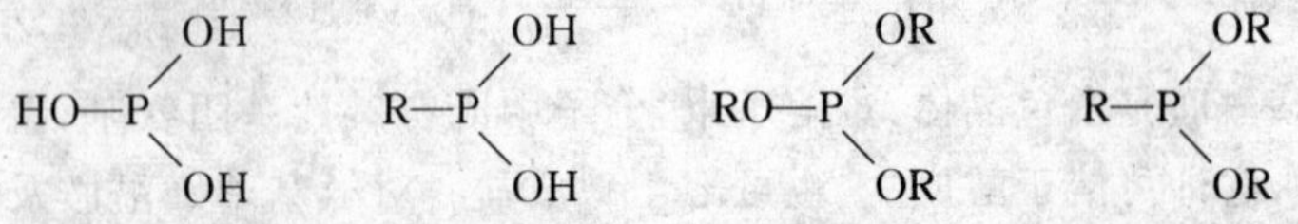

亚磷酸　　　烃基亚膦酸　　　亚磷酸酯　　　烃基亚膦酸酯

2. 五价磷化合物

(1)膦烷

膦烷是一类含有五价磷的烃基有机化合物。

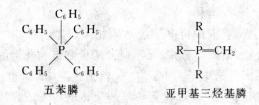

五苯膦　　　　　　　　亚甲基三烃基膦

（2）膦酸和次膦酸

磷酸分子中的羟基被烃基取代的衍生物称膦酸。

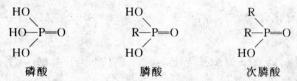

磷酸　　　　　　　膦酸　　　　　　　次膦酸

磷酸、膦酸、次膦酸分子中的羟基上的氢原子被 R 取代,则生成相应的酯。

磷酸酯　　　　　　　膦酸酯　　　　　　　次膦酸酯

二、含磷有机化合物的命名

1.膦、亚膦酸和膦酸的命名,只需在相应的类名前加上烃基的名称。

三乙基膦　　　　　三苯基膦　　　　　苯基膦酸

甲基亚膦酸

2.凡是含氧的酯基,都用前缀 O-烃基表示。"O-烃基"表示烃基连接在氧原子上。

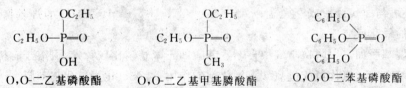

O,O-二乙基磷酸酯　　　O,O-二乙基甲基膦酸酯　　　O,O,O-三苯基磷酸酯

3.膦酸和次膦酸可形成酰卤和酰胺,其名称按羧酸衍生物命名法命名,称膦酰卤或膦酰胺。

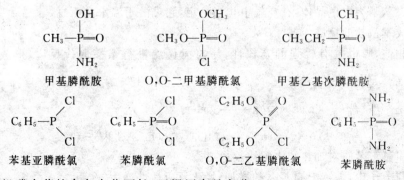

甲基膦酰胺　　　　O,O-二甲基膦酰氯　　　甲基乙基次膦酰胺

苯基亚膦酰氯　　　苯膦酰氯　　　O,O-二乙基膦酰氯　　　苯膦酰胺

4.有机磷农药的命名十分冗长,习惯用商品名称。

三、含磷有机化合物的结构

氮和磷为同主族元素,它们的价电子层结构相似,N 为 $2s^2 2p^3$,P 为 $3s^2 3p^3$。但氮只能形成三价和四价化合物,而磷可分别形成三价、四价和五价化合物。

磷可形成五价的原因是磷原子的电子从 3s 轨道进到 3p 轨道、从 3p 轨道进到 3d 轨道的活化能较小。因此磷的 3d 轨道容易参与杂化轨道的形成,可采取 $sp^3 d$ 杂化状态而形成 5 个共价单键,或者磷原子采取 sp^3 杂化,d 轨道电子参与形成 π 键,而构成结构形式为 $HO-\overset{OH}{\underset{OH}{P}}=O$ 的五价化合物。

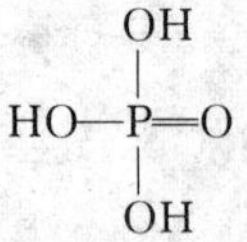

烷基膦与胺相似,磷原子为 sp^3 杂化,一对未成键电子占据一个 sp^3 杂化轨道,具有四面体结构,分子呈棱锥形。

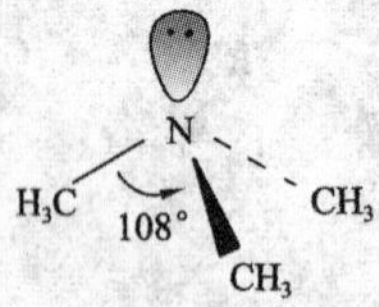

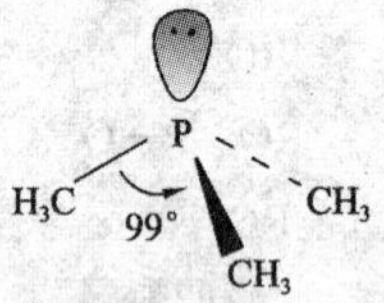

膦与胺相比,∠CPC=99°比∠CNC=108°小,主要原因是磷原子的未成键电子对受到原子核的约束小,轨道体积大,压迫另三个 σ 键,致使键角被压缩变小。

四、烷基膦的重要化学反应

通过对磷原子的电子构型和烷基膦结构的分析可知,三价磷化合物有两个特点:第一,由于磷原子上有未成键电子对,使其具有较强的亲核性;其次,由于磷原子上的空 3d 轨道,使其倾向于转化为五价磷化合物。所以三价磷化合物的化学性质比较活泼,可与电负性大的元素如氧、硫、卤素等成键。例如烷基膦及其衍生物易被氧化,可与质子酸形成季鏻盐,还可与卤代烃形成季鏻盐。

1.膦的氧化反应

低级烷基膦如三甲膦在空气中自燃。芳膦如三苯基膦比较稳定,可溶于有机溶剂。三苯基膦在过氧化氢或过氧酸等氧化剂的作用下,被氧化为氧化三苯膦。

$$Ph_3P: \xrightarrow[H_2O_2]{[O]} Ph_3P=O \quad 氧化三苯膦$$
熔点80 ℃　　　　熔点156.5～157 ℃

氧化三苯膦为白色晶体,在空气中相当稳定,它难溶于温水和乙醚。

2.形成季鏻盐的反应

与胺相似,膦也具有较强的亲核性,易与卤代烷进行亲核取代反应,形成季鏻盐。例如:

$$R_3P: + R'X \longrightarrow R_3\overset{+}{P}-R'X^-$$

$$(C_6H_5)_3P + CH_3Br \longrightarrow (C_6H_5)_3\overset{+}{P}-CH_3Br^- \quad 溴化甲基三苯膦$$

溴化甲基三苯膦对加热和水解比较稳定。

烷基膦分子中,随着 P 上烃基的增加,烃化反应活性增大。

$$R_3P: > R_2PH > RPH_2$$

而胺的烃化反应顺序恰好相反。

$$R_3N < R_2NH < RNH_2$$

原因是氮原子的体积较小，取代基的空间效应要比体积较大的磷原子突出。由膦分子结构可知，磷原子上未成键电子对比较暴露，易于接近缺电子中心，而显示较强的给电子性。例如，三苯基膦易与溴甲烷反应生成季鏻盐溴化甲基三苯膦，而三苯胺则不发生类似的反应。

磷较强的给电子能力还表现在其与过渡金属的配位能力要比氮强得多。三苯基膦与钯络合形成的有机催化剂，例如 $(Ph_3P)_4Pd$ 和 $(Ph_3P)_2PdCl_2$ 在有机合成和有机催化反应中具有特别重要的意义。

3. 魏悌希反应及其应用

(1) 魏悌希 (Wittig) 试剂——磷叶立德的合成

磷叶立德是由德国化学家魏悌希 (G. Wittig) 发现的，他对磷叶立德在有机合成上的应用进行了系统研究，因此获得了诺贝尔化学奖。

季鏻盐在强碱如苯基锂、丁基锂或氢化钠作用下，脱去一个 α-氢生成亚甲基膦烷，称为魏悌希试剂（磷叶立德）。

$$PPh_3 + CH_3Br \longrightarrow [Ph_3P^+ - CH_3]Br^- \xrightarrow{PhLi} Ph_3P = CH_2 \rightleftharpoons Ph_3P^+ - CH_2^-$$

叶立德 (Ylide) 就是正负电荷在相邻原子的内盐。亚甲基膦烷是一种极性很强的内鏻盐，通常为黄红色结晶物，对空气和水极敏感，加热易分解。

说明：

① 碱的强弱视季鏻盐的 α-H 酸性大小而定。

季鏻盐的 α-氢酸性较小时，如 $Ph_3\overset{+}{P} - CH_3$ 需用苯基锂 (PhLi)、丁基锂 (C_4H_9Li) 或氢化钠 (NaH) 等。

季鏻盐的 α-氢酸性较大时，如 $Ph_3\overset{+}{P} - CH_2CO_2Et$、$Ph_3\overset{+}{P} - CH_2Ph$，可用氢氧化钠和乙醇钠等较弱的碱。

② 用来制备魏悌希试剂的卤代烃可以是 CH_3X、$1°RX$ 和 $2°RX$，但是不能用 $3°RX$。

(2) 魏悌希反应

魏悌希试剂作为强亲核试剂与醛、酮作用生成烯烃的反应称为魏悌希反应。

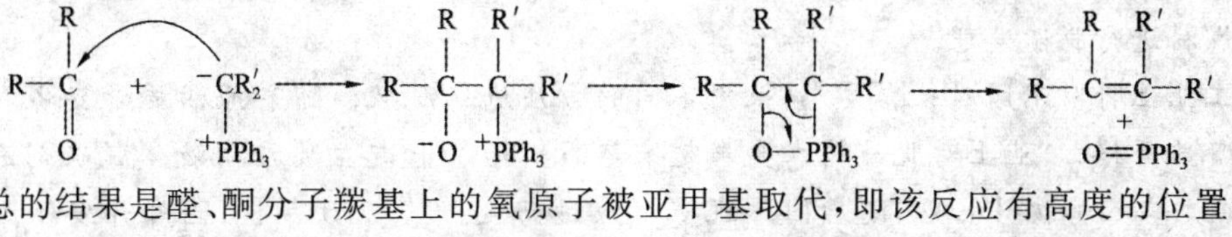

总的结果是醛、酮分子羰基上的氧原子被亚甲基取代，即该反应有高度的位置选择性，醛、酮中羰基的位置决定了产物烯烃分子中双键的位置。

$$(C_6H_5)_3P = CHC_6H_5 + C_6H_5CH = O \longrightarrow C_6H_5CH = CHC_6H_5$$

(3)魏悌希反应的应用

该反应在有机合成上已获得了广泛的应用,主要是合成烯烃类化合物。例如:用魏悌希试剂合成

$$Ph\text{-}C=C\text{-}H,\ H\text{-}C=C\text{-}COOEt$$

。

分析:

$$Ph\text{-}C=C\text{-}H,\ H\text{-}C=C\text{-}COOEt \Rightarrow PhCHO + Ph_3P^+\text{—}\overset{-}{C}HCOOEt \Rightarrow Ph_3P^+\text{—}CH_2COOEt \Rightarrow Ph_3P +$$

$BrCH_2COOEt$

合成路线:

$$BrCH_2COOEt \xrightarrow{Ph_3P} Ph_3P^+\text{—}CH_2CO_2Et \xrightarrow{NaOH} Ph_3P^+\text{—}\overset{-}{C}H\text{—}CO_2Et \xrightarrow[EtOH]{PhCHO} \underset{H}{\overset{Ph}{C}}=\underset{CO_2Et}{\overset{H}{C}}$$

注意:Wittig 反应是一个在精细合成中非常有用的反应,但 Wittig 反应却不符合绿色化学的要求。例如:

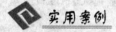

$$\bigcirc\text{=}O + Ph_3P\text{=}CH_2 \longrightarrow \bigcirc\text{=}CH_2 + Ph_3P\text{=}O$$

原子利用率 $=96\div(96+278)=26\%$

此反应为了利用原料 374 份质量中的 96 份质量,产生了 278 份质量的"废物",反应的原子利用率仅为 26%。(原子经济性概念:原料分子中有百分之几的原子转化成了产物。理想的原子经济反应是原料分子中的原子百分之百地转变成产物,不产生副产物或废物,实现废物的"零排放"。)

实用案例

石油脱硫技术与进展

石油是由各种烃类和非烃类化合物组成的复杂混合物,其中含硫很少,高硫石油含硫量>2.0%,低硫石油含硫量<0.5%,一般在 0.5～2.0%。但硫对原油性质的影响很大,对管线有腐蚀作用,造成催化剂中毒,对人体健康有害。含硫石油燃烧产生有毒气体 SO_2 进入大气,造成严重的空气污染,同时也是产生酸雨的主要原因。因此需要对含硫量高的石油燃料进行脱硫处理。

工业上针对不同对象和要求,采用不同的方法进行脱硫。随着原油质量变劣和环保法规日益严格,工业上对脱硫技术要求越来越高。30 年代起主要应用液体脱硫剂乙醇胺(MEA)、二乙醇胺(DEA),随后固体脱硫剂应运而生。50～70 年代,国外开发了细菌脱硫和生物脱硫技术,至今仍在日新月异地发展。80 年代,国外开始使用 N—甲基二乙醇胺(MDEA)和一系列复合型脱硫剂,从而使脱硫理论研究和技术应用得到进一步完善。目前,许多炼厂纷纷推出以节能、增效为主体的新型高效脱硫剂,使脱硫技术达到了前所未有的水平。

1.湿法脱硫技术及发展

湿法脱硫技术是最早出现的脱硫技术。一般采用溶剂进行物理或化学吸收,富硫溶液再经解吸放出 H_2S,使溶剂再生。其中使用醇胺类液体脱硫剂是工业上应用最成功的方法。目前大量使用的湿法脱硫剂有乙醇胺(MEA)、二乙醇胺(DEA)、二甘醇胺、二异丙醇胺(DIPA)、三乙醇胺、N-甲基二乙醇胺(MDEA)等。

湿法脱硫处理量大,连续操作,投资和操作费用低,其应用技术不断发展,高选择性、高效率的液体脱硫剂不断诞生。在所有脱硫剂技术开发中,湿法脱硫仍是目前研究与应用最活跃的领域。例如,针对油田气和炼厂气产品含硫量不断升高,脱 H_2S 的装置负荷逐年增加,洛阳石油化工工程公司研究所生产出一种新型脱硫剂 LHS-1 型,其具有反应热低,选择性高,损失少,抗发泡能力好等优势。

2.干法脱硫技术及发展

干法脱硫是将气体通过固体吸附剂床层来脱除硫化氢。常用的固体吸附剂有海绵铁、活性炭、氧化铝、泡沸石、分子筛等。仅用于处理含微量硫化氢的气体,基本能完全脱去硫化氢。由于该法是间歇操作,设备笨重,投资高,技术发展缓慢。目前美国、加拿大等国家除了对湿法脱硫技术进行深入开发外,也有不少研究集中在干法脱硫方面,例如用 ZnO、TiO_2 物质吸收 H_2S 技术等。

3.生物脱硫技术发展

生物脱硫(简称 BDS)是一种在常温、常压下利用需氧、厌氧菌除去石油含硫杂环化合物中结合硫的一种新技术,包括生物过滤法、生物吸附法和生物滴滤法。生物脱硫技术在生物脱硫过程中,氧化态的含硫污染物必须先经生物还原作用生成硫化物或 H_2S,然后再经生物氧化过程生成单质硫,才能去除。在大多数生物反应器中,微生物种类以细菌为主,真菌为次,极少有酵母菌。常用的细菌是硫杆菌属的氧化亚铁硫杆菌,脱氮硫杆菌及排硫杆菌。最成功的代表是氧化亚铁硫杆菌。

生物脱硫技术是上世纪80年代发展起来的常规脱硫替代新工艺,具有许多优点:不需催化剂和氧化剂(空气除外),不需处理化学污泥,产生很少生物污染,低能耗,回收硫,效率高,无臭味。缺点是过程不易控制,条件要求苛刻等。日本已建成工业化装置,利用氧化亚铁硫杆菌处理炼油厂胺洗装置和克劳斯装置的排出气,硫化氢脱除率达 99%。我国在实验室条件下,用该菌对炼油厂催化干气和工业沼气进行脱硫,硫化氢去除率分别达 71% 和 46%,但目前国内生物脱硫技术还未形成一定规模的工业应用。通过优化脱硫工艺,更有效地控制溶解氧,提高单位硫的产率,并与目前已得到广泛应用的湿法脱硫技术相结合。生物脱硫技术被公认为是 21 世纪的主要脱硫技术。

【习 题】

1.写出下列化合物的结构式。

(1)巯基乙酸 　　　　　　(2)甲基异丁基硫醚

(3)甲磺酰氯 　　　　　　(4)对硝基苯磺酸甲酯

(5)磷酸三苯酯 　　　　　(6)对氨基苯磺酰胺

(7)丙酮缩二乙硫醇 　　　(8)二苯砜

(9)环丁砜　　　　　　　(10)苯基亚膦酸乙酯

2.完成下列反应。

(1) $2CH_3CH_2SH + HgO \longrightarrow$

(2) $\underset{\underset{SH}{|}\ \underset{SH}{|}}{NaOOCCHCHCOONa} + HgO \longrightarrow$

(3) $\underset{\underset{CH_2-OH}{|}}{\overset{\overset{CH_2-SH}{|}}{CH-SH}} + NaOH \longrightarrow$

(4) $HS-CH_2CH_2CH_2CH_2-SH + I_2 \longrightarrow$

(5) $C_6H_5CHO + HS(CH_2)_3SH \xrightarrow{HCl}$

(6) 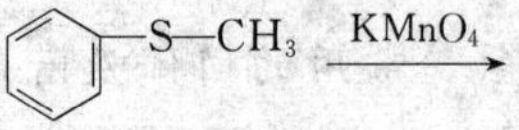 $\text{S—CH}_3 \xrightarrow{KMnO_4}$

(7) 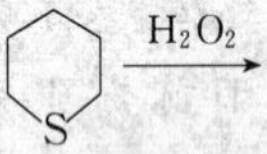 $\xrightarrow{H_2O_2}$

(8) $CH_3CH_2SH + (CH_3)_2CHCH_2Br \xrightarrow[OH^-]{H_2O}$

(9) 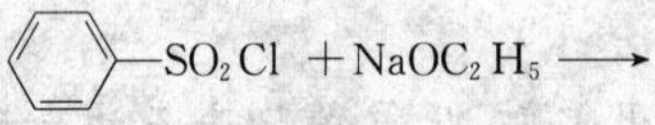 $SO_2Cl + NaOC_2H_5 \longrightarrow$

(10) $PPh_3 + CH_3Br \longrightarrow ? \xrightarrow{PhLi} ? \xrightarrow[DMSO]{NaH} ? \xrightarrow{} ?$

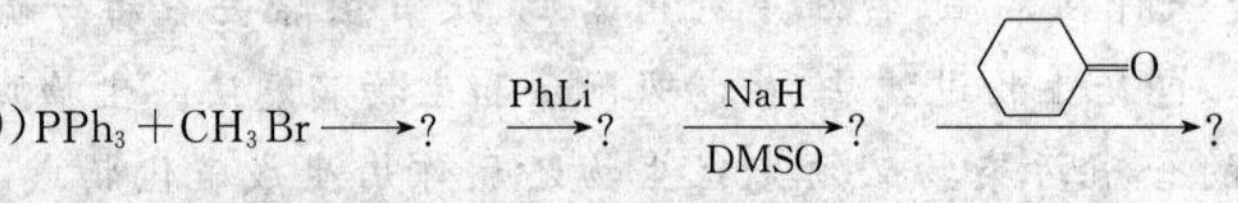

3.用化学方法区别下列各组化合物。

(1) $HSCH_2CH_2SCH_3$ 与 $HOCH_2CH_2SCH_3$

(2) 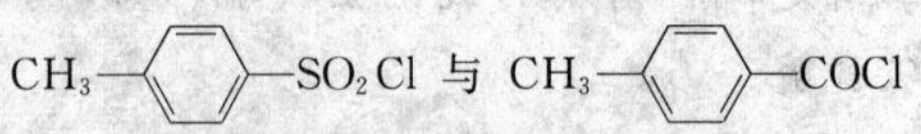 CH_3- $-SO_2Cl$ 与 CH_3- $-COCl$

4.完成下列转变。

(1) 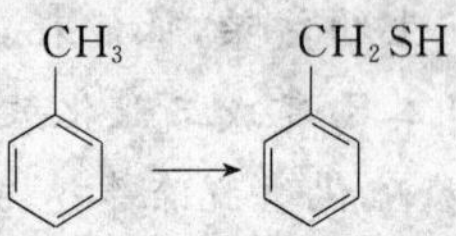 $\longrightarrow$

(2) $CH_2{=}CH_2 \longrightarrow CH_3CH_2SCH_2CH_3$

(3) $CH_3CH{=}CH_2 \longrightarrow (CH_3)_2CHSCH_2CH_2CH_3$

(4) 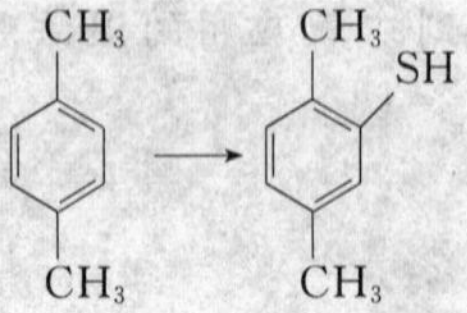 $\longrightarrow$

(5) 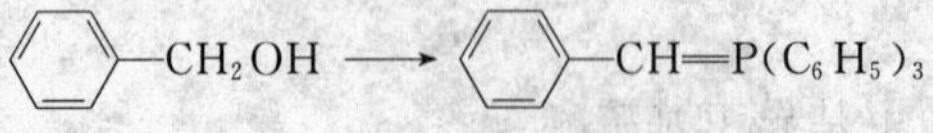 $-CH_2OH \longrightarrow$ $-CH{=}P(C_6H_5)_3$

(6) 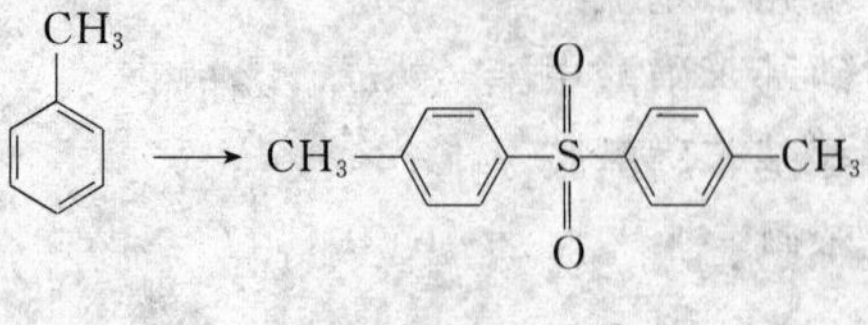 $\longrightarrow CH_3-$ $-CH_3$

第 13 章

杂环化合物

【学习目标】

☞ 掌握杂环化合物的概念及一些主要杂环化合物的命名；

☞ 初步掌握主要杂环化合物的化学反应；

☞ 了解杂环化合物的结构，各类杂环化合物的芳香性与结构的关系；

☞ 了解主要杂环化合物在自然界中的存在方式与应用。

在环状化合物中，组成环的原子除碳原子外还有其他原子时，这类化合物通常称为杂环化合物。碳原子以外的其他原子叫杂原子，最常见的杂原子有氧、硫、氮。环状化合物分为脂杂环化合物和芳杂环化合物。脂杂环化合物的性质与相应的开链化合物相似，本章不做讨论。具有芳香性的环状化合物称芳杂环化合物，简称杂环化合物，可分为单杂环和稠杂环，环中可含有一个、两个或更多个杂原子。例如：

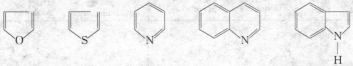

杂环化合物的种类繁多，数目可观，约占全部已知的有机化合物的三分之一。在有机化学领域内，有关杂环化合物的研究工作占了相当大的比重。杂环化合物广泛存在于自然界中，如植物中的叶绿素和动物中的血红素都含有杂环结构，石油、煤焦油中有含硫、含氮及含氧的杂环化合物；许多药物如止痛的吗啡、抗菌消炎的黄连素、抗结核的异烟肼、抗癌的喜树碱和不少维生素、抗菌素、染料等都是杂环化合物。许多杂环化合物的结构相当复杂，而且不少具有重要的生理作用，因此，杂环化合物无论在理论研究或实际应用方面都很重要。

杂环化合物中五员和六员的最常见、最稳定，也用途最广，为本章讨论重点。

13.1 杂环化合物的分类和命名

13.1.1 杂环化合物的分类

杂环化合物按组成环的原子数分为几大类，见表 13-1。最常见和最重要的是五元和六元杂环。在每一类中又可按含杂原子数的多少，分为含有一个杂原子、含有两个杂原子以及含有两个以上杂原子的杂环化合物，还可按环的形式分为单杂环和稠杂环化合物等。

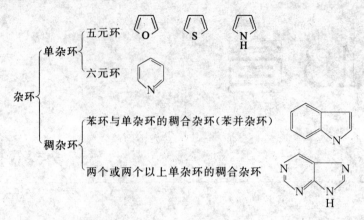

13.1.2 杂环化合物的命名

一、译音法

杂环化合物的命名比较复杂,各国多用习惯名称,我国目前一般习惯采用译音法,即按英文名称译音,选用同音汉字,并以"口"字旁表示为杂环化合物。杂环化合物的分类及命名见表 13-1。

表 13-1 　　　　　　　　　　　　　杂环化合物的分类及命名

分类		含一个杂原子			含两个杂原子		
五元杂环化合物	单环	呋喃 furan	噻吩 thiophene	吡咯 pyrrole	咪唑 imidazole	噁唑 oxazole	噻唑 thiazole
	稠环	苯并呋喃 benzofuran	吲哚 indole		苯并咪唑 benzoimidazole		
六元杂环化合物	单环	吡啶 pyridine			嘧啶 pyrimidine		
	稠环	喹啉 quinoline	异喹啉 isoquinoline				

环上有取代基的杂环化合物,若取代基是烃基、硝基、卤素、氨基、羟基等,则以杂环为母体;若取代基是磺酸基、醛基、羧基等,则以杂环当作取代基。

杂环上原子的编号,一般从杂原子开始,顺着环编号。当环上含有两个及两个以上相同的杂原子时,应从连有取代基(或氢原子)的那个杂原子开始编号,并使另一杂原子的位次保持最小。环上有不同的杂原子时,按 O、S、N 的次序编号。

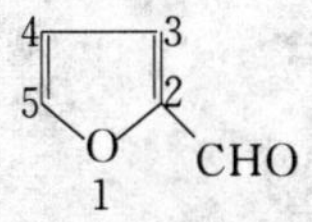

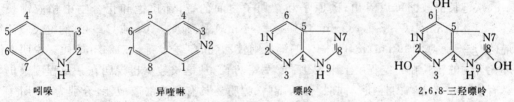

2-呋喃甲醛 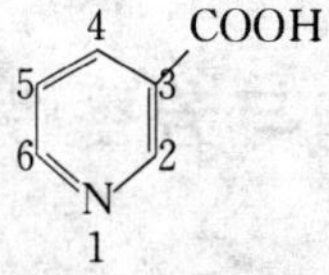   3-吡啶甲酸 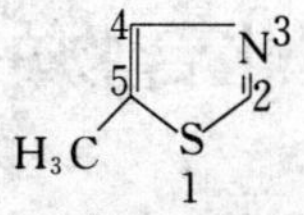   5-甲基噻唑

当环上只有一个杂原子时,有时也把靠近杂原子的位置叫做 α-位,其次是 β-位,再其次是 γ-位。在五元杂环中只有 α- 和 β-位,六元杂环则有 α-、β- 和 γ-位。

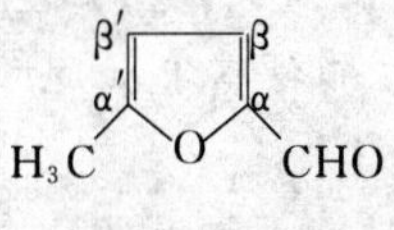

α'-甲基-α-呋喃甲醛 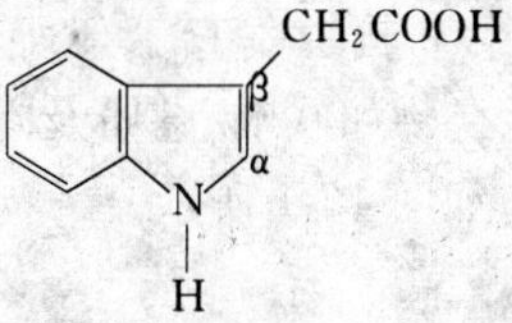   β-吲哚乙酸

当环上连有不同取代基时,编号根据顺序规则及最低系列原则。结构复杂的杂环化合物是将杂环当作取代基来命名。

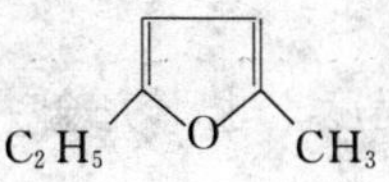

2-甲基-5-乙基呋喃 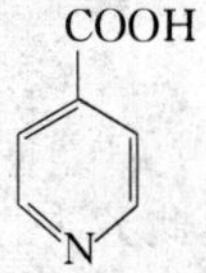   4-吡啶甲酸 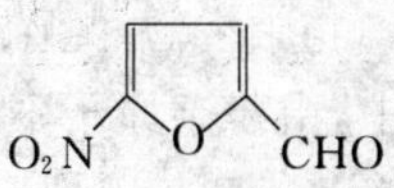   5-硝基-2-呋喃甲醛 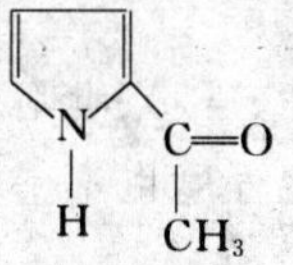   2-乙酰基吡咯

稠杂环的编号一般和稠环芳烃相同,但有少数稠杂环有特殊的编号顺序。

吲哚   异喹啉   嘌呤   2,6,8-三羟嘌呤

二、系统命名法

系统命名法是以相应的碳环为母体来命名,把杂环化合物看作相应碳环中的碳原子被杂原子取代后的产物。命名时,化学介词为"杂"字,称为"某杂某"。"杂"字一般可以省略。例如,五元杂环相应的碳环定名为"茂",茂中的"戊"表示五元环,草头表示具有芳香性。

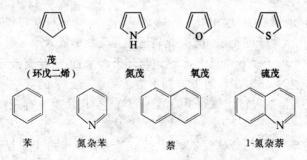

茂   氮茂   氧茂   硫茂
(环戊二烯)

苯   氮杂苯   萘   1-氮杂萘

系统命名法能反映出化合物的结构特点。

13.2 杂环化合物的结构与芳香性

13.2.1 五元杂环化合物的结构

五元杂环化合物如呋喃、噻吩、吡咯在结构上有共同点:即五元环的五个原子都位于同一平面上,彼此以 σ 键相连接;每一碳原子还有一个电子在 p 轨道上,杂原子有两个电子在 p 轨道上,这五个 p 轨道垂直于环所在的平面相互交盖形成一个闭合的共轭体系 π_5^6。因此五元杂环化合物如呋喃、噻吩及吡咯在环上都有六个 π 电子,符合休克尔规则,所以都具有芳香性。如图 13-1 所示。

呋喃　　　　　噻吩　　　　　吡咯

图 13-1　呋喃、噻吩、吡咯的原子轨道示意图

呋喃、噻吩、吡咯分子中,由于杂原子不同,因此芳香性在程度上也不完全一致,键长的平均化程度也不一样。

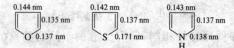

从键长的数据可以看出,碳原子和杂原子之间的键,都比饱和化合物中相应键长(C—O 0.143 nm,C—S 0.182 nm,C—N 0.147 nm)短,而 C_2—C_3 或 C_4—C_5 的键长较乙烯的 C=C 键(0.133 nm)长,C_3—C_4 的键长则较乙烷的 C—C 键(0.154 nm)短。说明杂环化合物的键长在一定程度上平均化了。另一方面,从键长数据也说明在一定程度上仍具有不饱和化合物的性质。同时呋喃、吡咯、噻吩还具有很高的离域能,分别为 67 kJ·mol^{-1}、88 kJ·mol^{-1} 和 117 kJ·mol^{-1},但共轭能均小于苯。所以芳香性强弱顺序如下:苯>噻吩>吡咯>呋喃。

由于呋喃、噻吩、吡咯环中的杂原子上的孤对电子参与了环的共轭体系,使环上的电子云密度增大,故它们都比苯容易发生亲电取代反应,取代通常发生在 α 位上。

13.2.2 六元杂环化合物的结构

六元杂环化合物的结构可以用吡啶为例来说明。吡啶环与苯环很相似,氮原子与碳原子处在同一平面上,原子间是以 sp^2 杂化轨道相互交盖形成六个 σ 键,键角为 120°。环上每一原子还有一个电子在 p 轨道上,p 轨道与环平面垂直,相互交盖形成包括六个原子在内的分子轨道,π 电子分布在环的上方和下方。每个碳原子的第三个 sp^2 杂化轨道与氢原子的 s 轨道交盖形成 σ 键。氮原子的第三个 sp^2 杂化轨道上有一对孤对电子。如图 13-2 所示。

吡啶的结构与苯相似,符合休克尔规则,故有芳香性。但由于氮原子的电负性较强,

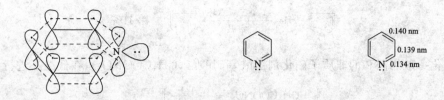

图 13-2 吡啶分子轨道示意图

吡啶环上的电子云密度不像苯那样分布均匀。吡啶的碳碳键长与苯(0.140 nm)近似,但 C—N 键长(0.134 nm)比一般 C—N 单键(0.147 nm)短,而比 C=N 双键(0.128 nm)长。说明吡啶环上电子云密度并非完全平均化。由于氮原子的电负性较大,所以氮原子附近电子云密度较高,环上碳原子的电子云密度有所降低。因此吡啶在发生亲电取代反应时比苯困难,且取代反应主要发生在 β-位上。相对来说,吡啶较易发生亲核取代反应,取代基往往进入 α 位。

由于吡啶环上氮原子的一对孤对电子并不参与形成大 π 键,这一对电子可以与酸结合生成稳定的盐,所以吡啶的碱性较吡咯和苯胺都强。

13.3 五元杂环化合物

13.3.1 呋喃

呋喃存在于松木焦油中,为无色液体,沸点 32℃,相对密度 0.9336,具有类似氯仿的气味,难溶于水,易溶于有机溶剂。它的蒸气遇有被盐酸浸过的松木片时,即呈现绿色,可用来鉴定呋喃的存在。

一、制法

工业上将 α-呋喃甲醛(俗称糠醛)和水蒸气在气相下通过加热至 $400\sim415$ ℃的催化剂(ZnO-Cr$_2$O$_3$-MnO$_2$)糠醛即脱去羰基而成呋喃。

$$\text{[furan-CHO]} + H_2O \xrightarrow[\triangle]{\text{催化剂}} \text{[furan]} + CO_2 + H_2$$

实验室中则采用糠酸在铜催化剂和喹啉介质中加热脱羧而得。

$$\text{[furan-COOH]} + H_2O \xrightarrow[\text{[quinoline]}]{Cu,\triangle} \text{[furan]}$$

二、化学性质

呋喃具有芳香性,较苯活泼,容易发生取代反应。另外,它在一定程度上还具有不饱和化合物的性质,可以发生加成反应。

1. 取代反应

呋喃受无机酸的作用,容易发生环的破裂和树脂化,因此不能使用一般的硝化、磺化试剂,而必须采用比较缓和的试剂。

卤代可直接进行,不需催化剂。

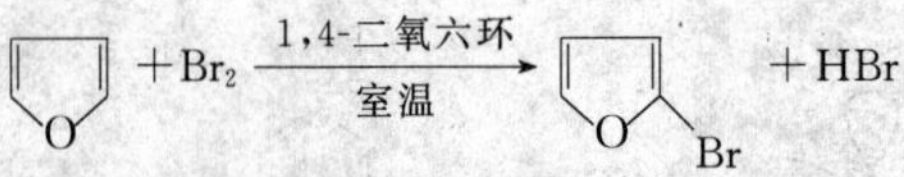

硝化一般用温和的非质子硝化剂乙酰基硝酸酯(CH_3COONO_2),在低温下进行。

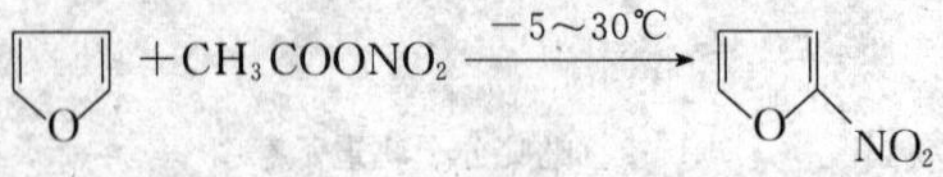

磺化一般用温和的非质子磺化试剂,如吡啶与三氧化硫的混合物作为磺化剂。

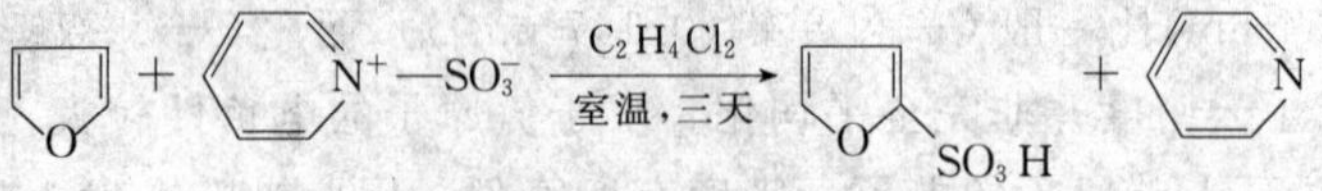

傅-克酰基化反应一般用比较缓和的路易斯酸作催化剂。

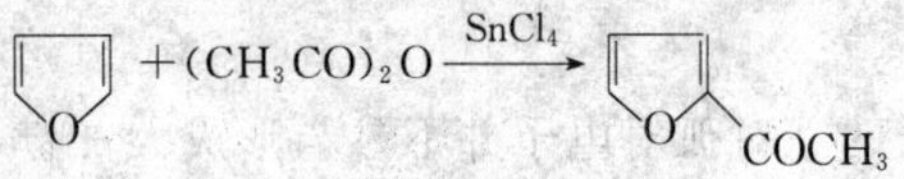

2. 加成反应

呋喃也具有共轭双键的性质,与顺丁烯二酸酐发生 1,4-加成反应,即双烯合成反应,产率很高。

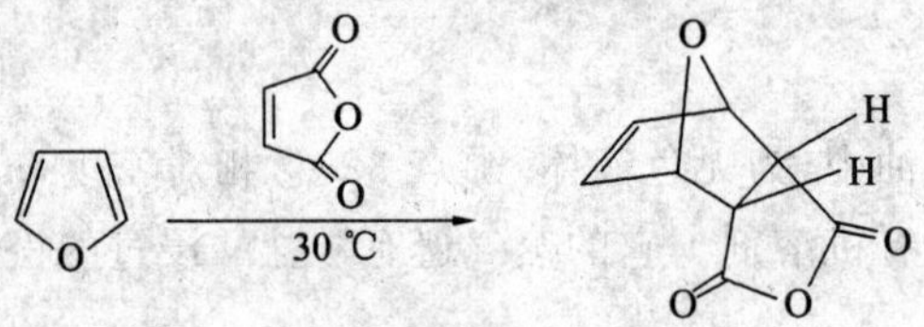

在催化剂作用下,呋喃加氢生成四氢呋喃。

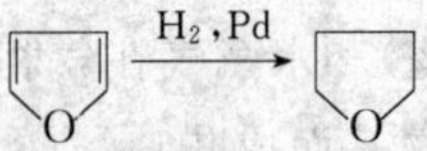

四氢呋喃为无色液体,沸点 65 ℃,是一种优良的溶剂和重要的合成原料,常用于制备己二酸、己二胺、丁二烯等产品。

呋喃的衍生物在自然界中也广泛存在。阿拉伯糖、木糖等五碳糖都是四氢呋喃的衍生物。合成药物中呋喃类化合物也不少,例如抗菌药物呋喃唑酮(痢特灵)、维生素类药物中称为新 B_1(长效 B_1)的呋喃硫胺(实际是四氢呋喃衍生物)等。

13.3.2 糠醛

糠醛学名 α-呋喃甲醛,是呋喃衍生物中最重要的一个。它最初是从米糠与稀酸共热制得的,所以叫做糠醛。

$$(C_5H_8O_4)_n + nH_2O \rightarrow n\,C_5H_{10}O_5$$
多缩戊糖 　　　　　 戊糖

纯糠醛为无色液体,沸点 162 ℃,熔点 -36.5 ℃,相对密度 1.160,可溶于水,并能与醇、醚混溶。在酸性或铁离子催化下糠醛易被空气氧化,使颜色逐渐变深,由黄色变为棕

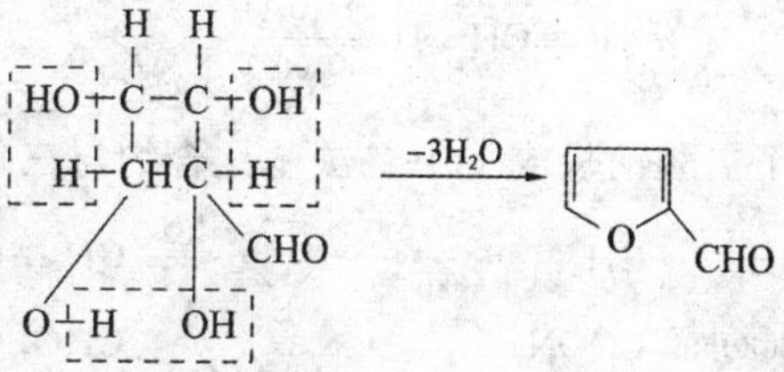

色以至黑色。为防止氧化,可加入少量氢醌作为抗氧化剂,再用碳酸钠中和游离酸。糠醛可发生银镜反应。糠醛在醋酸存在下与苯胺作用显红色,也可用来检验糠醛。

糠醛具有一般醛类的性质,例如:可以被氧化成糠酸,也可以被还原成糠醇。

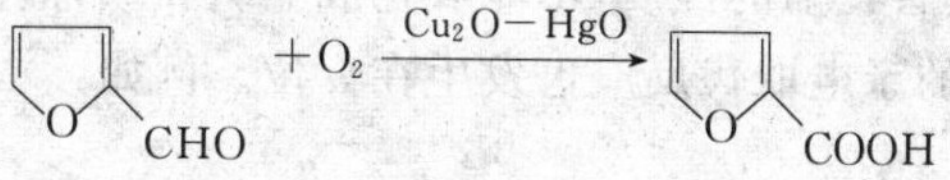

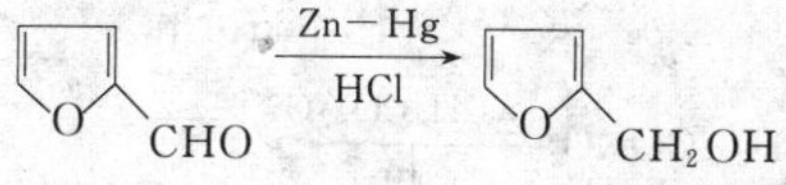

糠醛是不含 α-氢原子的醛,其化学性质与苯甲醛或甲醛相似。例如:

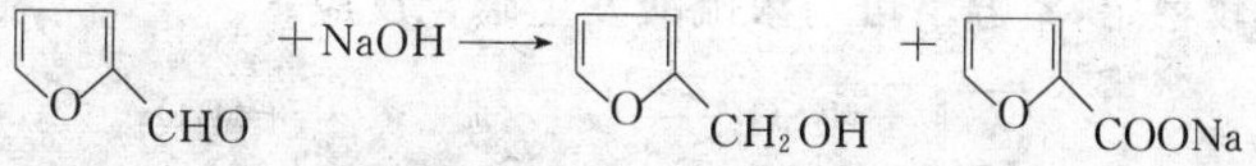

糠醛为常用的优良溶剂,可有选择性地从石油、植物油中萃取其中的不饱和组分,从润滑油和柴油中萃取其中的芳香组分。糠醛也是有机合成中的重要原料,与苯酚缩合可生成类似电木的酚糠醛树脂。由糠醛通过以上反应转变而得的一些化合物也都是有用的化工产品。例如,糠醇为无色液体,沸点 170～171 ℃,是优良的溶剂,是制造糠醇树脂(用作防腐涂料及制玻璃钢)的原料;糠酸(呋喃甲酸)为白色晶体,熔点 133 ℃,可作防腐剂及增塑剂等的原料;四氢糠醇是无色液体,沸点 177 ℃,也是一种优良溶剂和有机合成原料。

13.3.3 噻吩

噻吩存在于煤焦油的粗苯中,约为粗苯含量的 0.5%,石油和页岩油中也含有噻吩及其同系物。由于噻吩及其同系物的沸点与苯及其同系物的沸点非常接近,难以用一般的分馏法分离。如果将煤油中取得的粗苯在室温下用浓硫酸提取,噻吩即被磺化而溶于浓硫酸中,将噻吩磺酸去磺化即可得到噻吩。

一、制法

工业上噻吩由丁烷、丁烯或丁二烯和硫迅速通过 600～650 ℃ 的反应器(接触时间仅为 1 s),然后迅速冷却而制得。

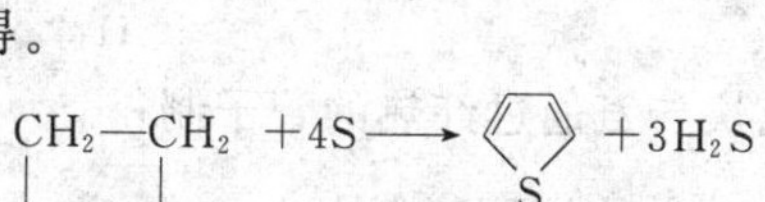

另外,用乙炔通过加热至 300 ℃ 的黄铁矿(分解出 S),或与硫化氢在 Al₂O₃ 存在下加热至 400 ℃ 均可制取噻吩。

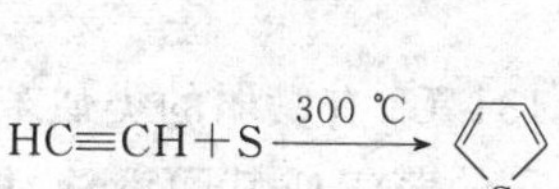

$$HC\equiv CH + H_2S \xrightarrow[400\ ℃]{Al_2O_3} \left[\begin{array}{c} \\ S \end{array}\right]$$

实验室中亦常采用丁二酸钠盐或 1,4-二羰基化合物与三硫化二磷作用制取噻吩。

$$\begin{array}{c} CH_2\!-\!CH_2 \\ | \quad\;\; | \\ COONa\;\; COONa \end{array} \xrightarrow[180\ ℃]{P_2S_3} \left[\begin{array}{c} \\ S \end{array}\right] \xleftarrow{P_2S_3} \begin{array}{c} CH_2\!-\!CH_2 \\ | \quad\;\; | \\ CHO\;\; CHO \end{array}$$

二、性质

噻吩是无色液体,沸点 84 ℃,不易发生水解、聚合反应。它是含一个杂原子的五元杂环化合物中最稳定的。噻吩在浓硫酸存在下,与靛红一同加热显示蓝色,反应灵敏,可用于检验噻吩。噻吩不具备二烯的性质,不能氧化成亚砜和砜,但比苯更易发生亲电取代反应。和呋喃类似,噻吩的亲电取代反应也发生在 α 位。例如:

$$\left[\begin{array}{c} \\ S \end{array}\right] \xrightarrow[AcOH]{Br_2} \left[\begin{array}{c} \\ S \end{array}\right]\!-\!Br$$

$$\left[\begin{array}{c} \\ S \end{array}\right] + CH_3COONO_2 \xrightarrow[-10\ ℃]{(CH_3CO)_2O} \left[\begin{array}{c} \\ S \end{array}\right]\!-\!NO_2 \quad + CH_3COOH$$

噻吩对酸比较稳定,室温下可与浓硫酸发生磺化反应。

$$\left[\begin{array}{c} \\ S \end{array}\right] + H_2SO_4 \xrightarrow{25\ ℃} \left[\begin{array}{c} \\ S \end{array}\right]\!-\!SO_3H \quad + H_2O$$

可利用此性质分离粗苯中的少量噻吩。

噻吩与苯相似,还可以与氯、氢等发生加成反应。噻吩中的硫能使催化剂中毒,不能用催化氢化的方法还原,需使用特殊催化剂。

$$\left[\begin{array}{c} \\ S \end{array}\right] + H_2 \xrightarrow[200\ ℃]{MoS_2} \left[\begin{array}{c} \\ S \end{array}\right]$$

四氢噻吩显示出一般硫醚的性质,易于氧化成砜——环丁砜和亚砜,参见第 12 章。

13.3.4　吡咯

吡咯及其同系物主要存在于骨焦油中,煤焦油中存在的量较少。吡咯可由骨焦油分馏取得;或用稀碱处理,再用酸酸化后分馏提纯。

一、工业制法

1. 呋喃和氨原料:氧化铝为催化剂,呋喃和氨在气相中反应制得。

$$\left[\begin{array}{c} \\ O \end{array}\right] + NH_3 \xrightarrow[450\ ℃]{Al_2O_3} \left[\begin{array}{c} \\ N \\ H \end{array}\right]$$

2. 乙炔和氨为原料:乙炔与氨通过红热的管子制得。

$$HC\equiv CH + NH_3 \longrightarrow \left[\begin{array}{c} \\ N \\ H \end{array}\right]$$

二、性质

吡咯为无色油状液体,沸点 131 ℃,有微弱的类似苯胺的气味,难溶于水,易溶于醇或醚,在空气中颜色逐渐变深。吡咯的蒸气或其醇溶液,能使浸过浓盐酸的松木片变成红色,这个反应可用来检验吡咯及其低级同系物的存在。

吡咯虽可看作是环状的亚胺(分子中存在 $—\overset{..}{N}—$ 基团),但由于 N 上的孤对电子参与了杂环上的共轭体系,不易与质子结合,故而碱性极弱(比一般的仲胺弱得多)。遇浓酸不能形成稳定的盐,而是聚合成红色树脂状物质。吡咯的重要化学性质如下:

1. 弱酸性

由于 N 上孤对电子参加了杂环的共轭体系,吡咯具有弱酸性,与 N 相连的 H 可被碱金属取代形成盐。例如:

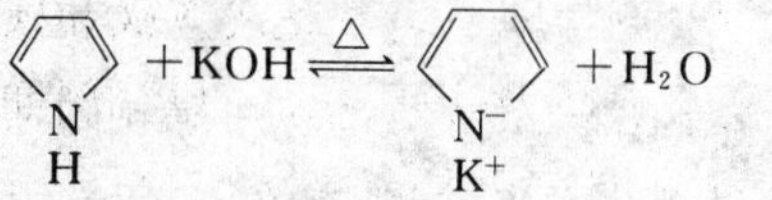

$$\text{吡咯} + KOH \underset{\triangle}{\rightleftharpoons} \text{吡咯}^- + H_2O$$

2. 取代反应

吡咯具有芳香性,比苯容易发生亲电取代反应。由于吡咯遇酸易于聚合,故一般不用酸性试剂进行卤化、磺化等反应。例如,在碱性介质中吡咯与碘作用可生成四碘吡咯。四碘吡咯常用来代替碘仿作伤口消毒剂。

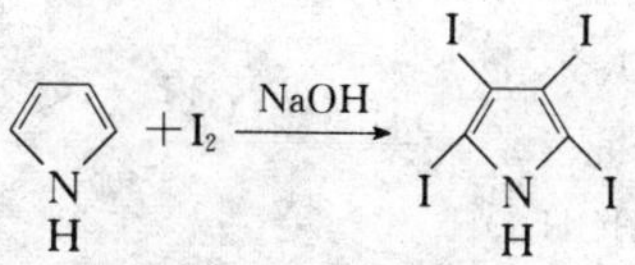

$$\text{吡咯} + I_2 \xrightarrow{NaOH} \text{四碘吡咯}$$

吡咯与吡啶三氧化硫作用,可磺化生成 α-吡咯磺酸。

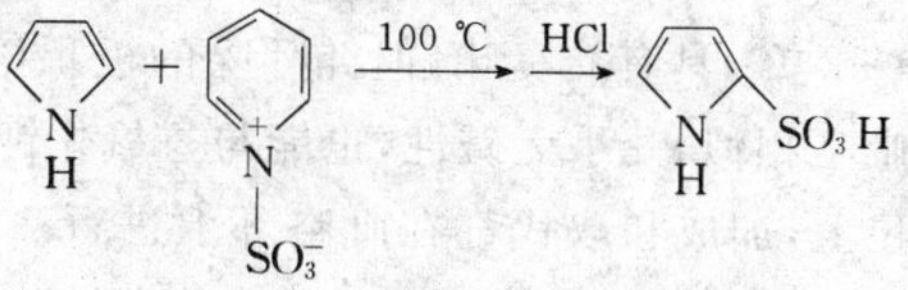

$$\text{吡咯} + \text{吡啶·SO}_3 \xrightarrow{100\ ℃\ HCl} \text{吡咯-}SO_3H$$

吡咯在 −10 ℃时与乙酰基硝酸酯作用,主要得 α-硝基吡咯。

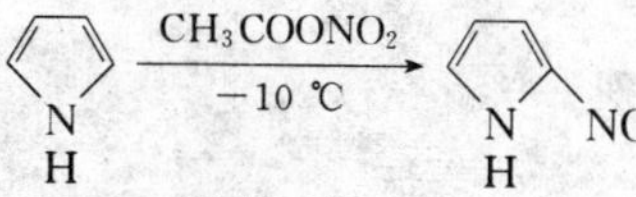

$$\text{吡咯} \xrightarrow[-10\ ℃]{CH_3COONO_2} \text{吡咯-}NO_2$$

在四氯化锡存在下,吡咯亦能发生酰基化反应。

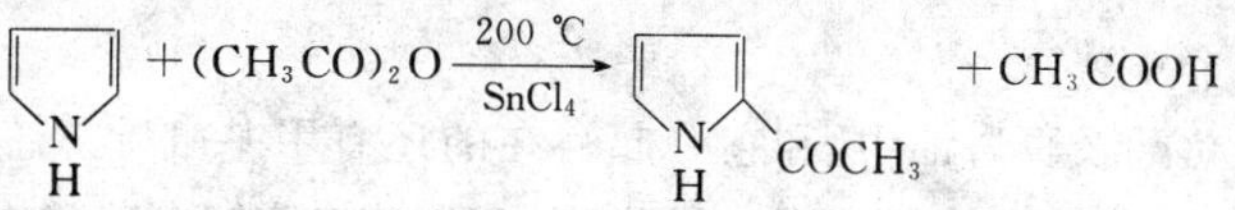

$$\text{吡咯} + (CH_3CO)_2O \xrightarrow[SnCl_4]{200\ ℃} \text{吡咯-}COCH_3 + CH_3COOH$$

与苯酚相似,吡咯很易和芳香族重氮盐发生偶联反应,生成有色的偶氮化合物。

3. 加成反应

吡咯与还原剂作用或催化加氢时,可生成二氢吡咯或四氢吡咯(吡咯烷)。

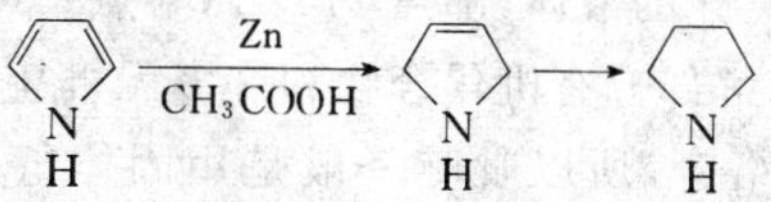

$$\text{吡咯} \xrightarrow[CH_3COOH]{Zn} \text{二氢吡咯} \rightarrow \text{四氢吡咯}$$

二氢吡咯和四氢吡咯都不是共轭体系,因此它们具有脂肪族仲胺的性质,都是较强的碱。

色,这个反应可用来检验吡咯及其低级同系物的存在。

吡咯虽可看作是环状的亚胺(分子中存在 $\underset{|}{-\overset{..}{N}-}$ 基团),但由于 N 上的孤对电子参

与了杂环上的共轭体系,不易与质子结合,故而碱性极弱(比一般的仲胺弱得多)。遇浓酸不能形成稳定的盐,而是聚合成红色树脂状物质。吡咯的重要化学性质如下:

1. 弱酸性

由于 N 上孤对电子参加了杂环的共轭体系,吡咯具有弱酸性,与 N 相连的 H 可被碱金属取代形成盐。例如:

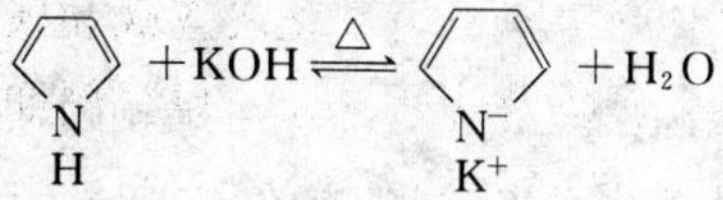

2. 取代反应

吡咯具有芳香性,比苯容易发生亲电取代反应。由于吡咯遇酸易于聚合,故一般不用酸性试剂进行卤化、磺化等反应。例如,在碱性介质中吡咯与碘作用可生成四碘吡咯。四碘吡咯常用来代替碘仿作伤口消毒剂。

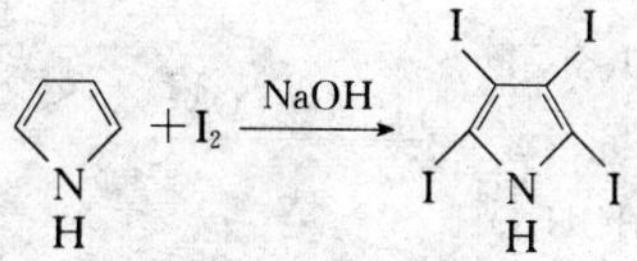

吡咯与吡啶三氧化硫作用,可磺化生成 α-吡咯磺酸。

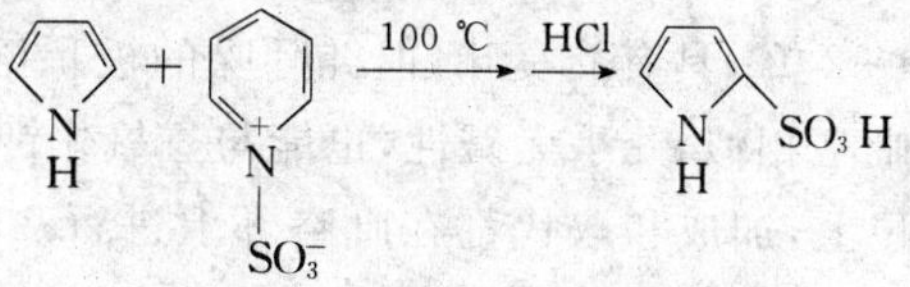

吡咯在 $-10\ ℃$ 时与乙酰基硝酸酯作用,主要得 α-硝基吡咯。

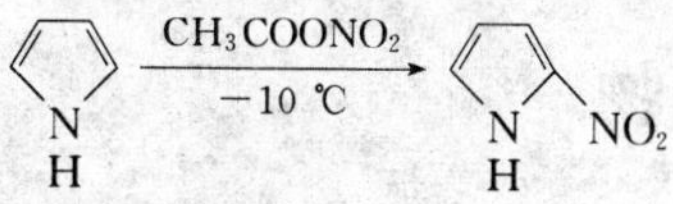

在四氯化锡存在下,吡咯亦能发生酰基化反应。

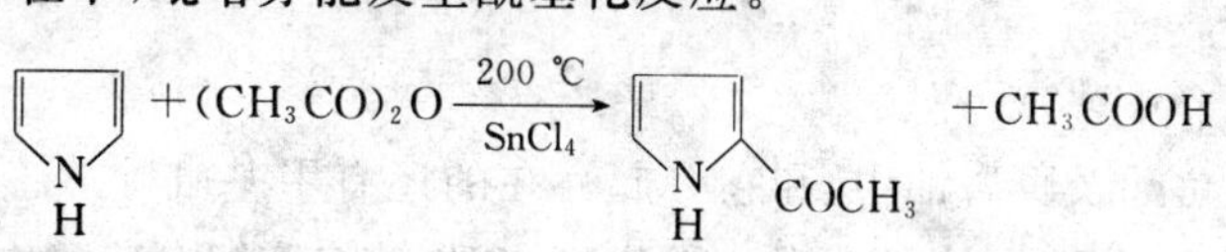

与苯酚相似,吡咯很易和芳香族重氮盐发生偶联反应,生成有色的偶氮化合物。

3. 加成反应

吡咯与还原剂作用或催化加氢时,可生成二氢吡咯或四氢吡咯(吡咯烷)。

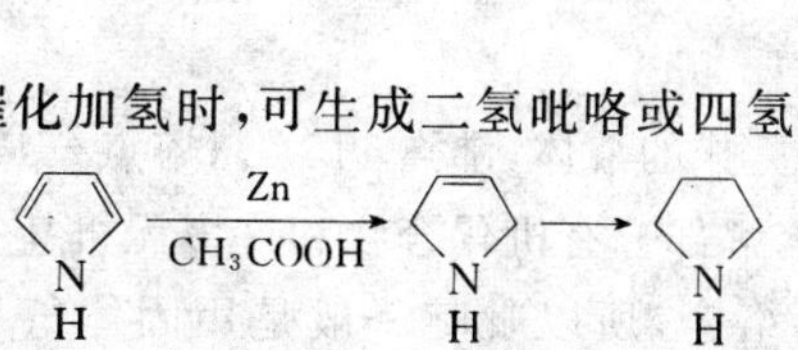

二氢吡咯和四氢吡咯都不是共轭体系,因此它们具有脂肪族仲胺的性质,都是较强的碱。

吡咯的衍生物在自然界中分布很广,植物中的叶绿素和动物中的血红素都是吡咯的衍生物。此外还有胆红素、维生素 B_{12} 等天然物质的分子中都含有吡咯或四氢吡咯环,它们在动植物的生理上起着重要的作用。

13.3.5 吲哚

吲哚是由苯环和吡咯环稠合而成的稠杂环化合物,亦称苯并吡咯。苯并吡咯类化合物有吲哚和异吲哚两类。

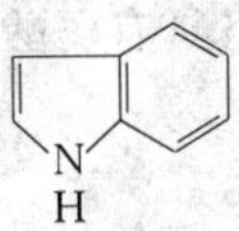

吲哚及其衍生物在自然界中分布很广,常存在于动植物中,如素馨花精油及蛋白质的腐败产物。在动物粪便中,也含有吲哚及其同系物 β-甲基吲哚。一些生物碱,如利血平、麦角碱等都是吲哚的衍生物,它们在动植物体内起着重要的生理作用。

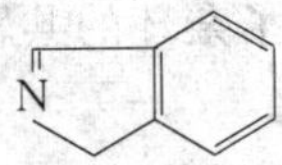

一、实验室制法

由邻甲苯胺和甲醛反应制得。

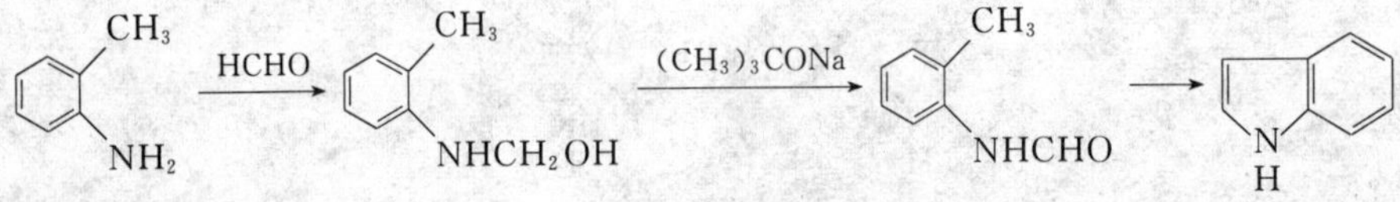

二、性质

吲哚为片状结晶,熔点 52 ℃,具有粪臭味,但纯吲哚的极稀溶液则有香味,可用于制造茉莉香型香精。吲哚与吡咯相似,几乎无碱性,也能与氢氧化钾作用生成吲哚钾。吲哚的亲电取代反应发生在 β 位上,加成和取代都在吡咯环上进行。吲哚也能使浸有盐酸的松木显红色。

13.4 六元杂环化合物

13.4.1 吡啶

一、存在方式和制备

吡啶存在于煤焦油及页岩油中,和它一起存在的还有甲基吡啶。工业上吡啶多从煤焦油中提取,将煤焦油分馏出的轻油部分用硫酸处理,吡啶溶解在硫酸中,再用碱中和,吡啶即游离出来,然后再蒸馏精制。

二、性质

吡啶是无色而具有特殊臭味的液体,沸点 115 ℃,熔点 −42 ℃,相对密度 0.982,可与水、乙醇、乙醚等混溶,还能溶解部分有机化合物和许多无机盐类,因此吡啶是一个很好的溶剂。吡啶能与无水氯化钙络合,所以吡啶一般是用固体氢氧化钾或氢氧化钠进行干燥的。

由于氮原子的电负性比碳原子强,杂环碳原子上的电子云密度有所降低,所以吡啶的

亲电取代不如苯活泼,而与硝基苯类似。吡啶的主要化学性质如下:

1. 碱性

吡啶环上的氮原子有一对孤对电子处于 sp^2 杂化轨道上,它并不参与环上的共轭体系,因此能与质子结合,具有弱碱性。它的碱性比吡咯和苯胺强,但比脂肪胺及氨弱得多。

碱性顺序:三甲胺 > 吡啶 > 苯胺 > 吡咯。

吡啶可与无机酸生成盐。

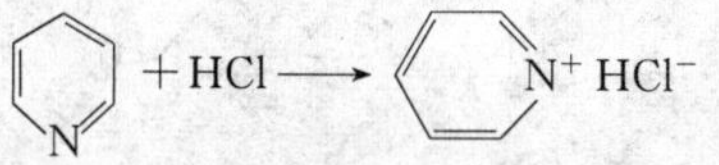

$$\text{吡啶} + HCl \longrightarrow \text{吡啶} N^+ HCl^-$$

因此吡啶可用来吸收反应中所生成的酸,工业上常称吡啶为缚酸剂。

吡啶容易和三氧化硫结合成为无水 N-磺酸吡啶,后者可作为缓和的磺化剂。

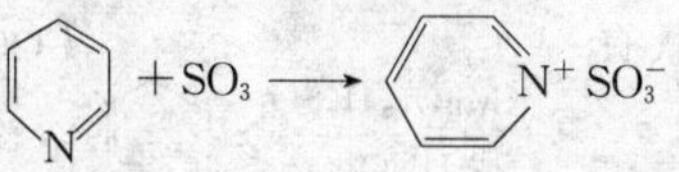

$$\text{吡啶} + SO_3 \longrightarrow \text{吡啶} N^+ SO_3^-$$

吡啶与叔胺相似,也可与卤代烷结合生成相当于季铵盐的产物,这种盐受热则发生分子重排而生成吡啶的同系物。

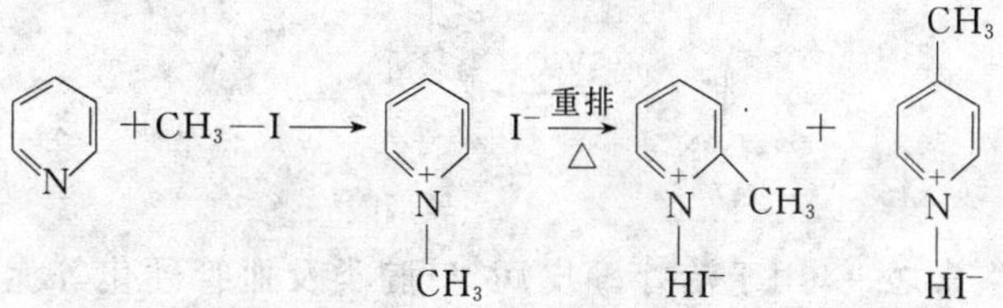

$$\text{吡啶} + CH_3 - I \longrightarrow \underset{CH_3}{\text{吡啶}}^+ I^- \xrightarrow[\triangle]{\text{重排}} \text{吡啶}(CH_3) + \text{吡啶}(CH_3)$$

吡啶与酰氯作用也能生成盐,产物是良好的酰化剂。

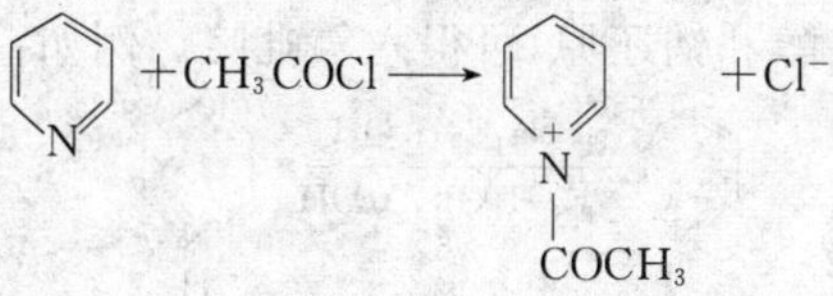

$$\text{吡啶} + CH_3COCl \longrightarrow \underset{COCH_3}{\text{吡啶}}^+ + Cl^-$$

2. 取代反应

吡啶的亲电取代反应类似于硝基苯,发生在 β 位上。较苯难于磺化、硝化和卤化。吡啶不能发生傅—克反应。

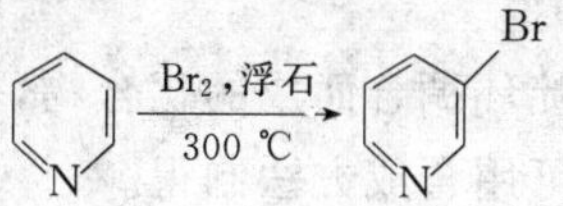

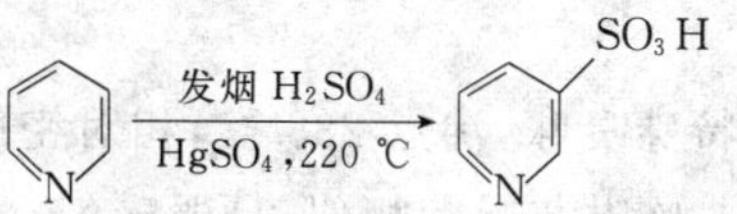

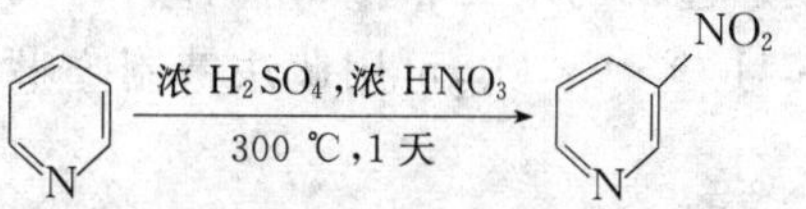

$$\text{吡啶} \xrightarrow[300\,℃]{Br_2,\ 浮石} \text{3-溴吡啶(Br)}$$

$$\text{吡啶} \xrightarrow[HgSO_4,\ 220\,℃]{发烟\ H_2SO_4} \text{吡啶-SO_3H}$$

$$\text{吡啶} \xrightarrow[300\,℃,1天]{浓\ H_2SO_4,浓\ HNO_3} \text{吡啶-NO_2}$$

吡啶可与强的亲核试剂发生亲核取代反应,主要生成 α 取代产物。

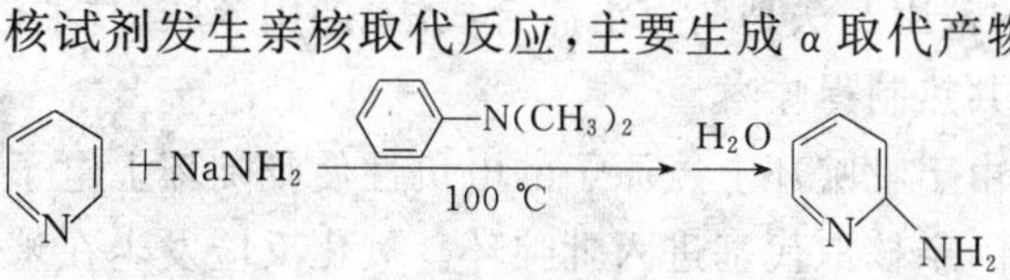

$$\text{吡啶} + NaNH_2 \xrightarrow[100\,℃]{\text{—N(CH_3)_2}} \xrightarrow{H_2O} \text{吡啶-NH_2}$$

与 2-硝基氯苯相似,2-氯吡啶与碱或氨等亲核试剂作用,可生成相应的羟基吡啶或氨基吡啶。

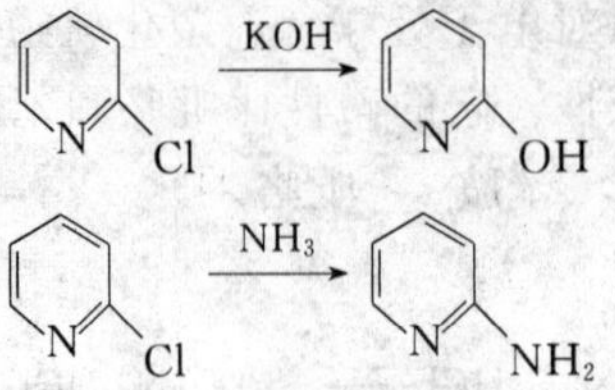

3. 氧化与还原反应

吡啶比苯稳定,不易被氧化剂氧化。吡啶的同系物氧化时,总是侧链先氧化而芳杂环不被破坏,结果生成相应的吡啶甲酸。例如:

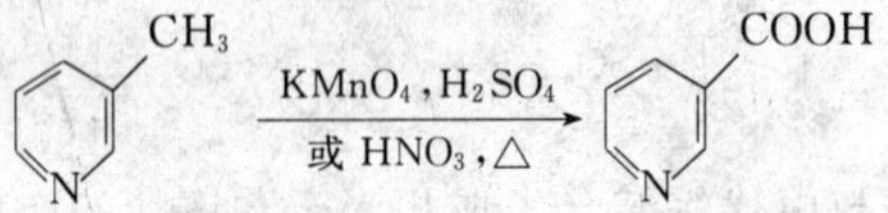

β-甲基吡啶   烟酸

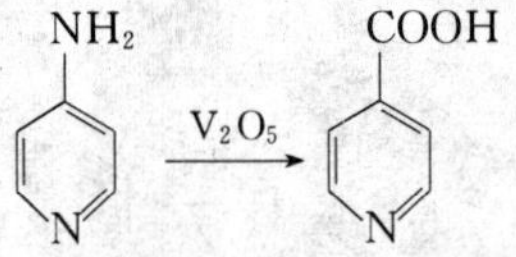

异烟酸

烟酸是 B 族维生素之一,用于治疗癞皮病、口腔类及血管硬化等症。异烟酸是制造抗结核病药物异烟肼(雷米封)的中间体。

吡啶经催化氢化或用乙醇和钠还原,可得六氢吡啶。例如:

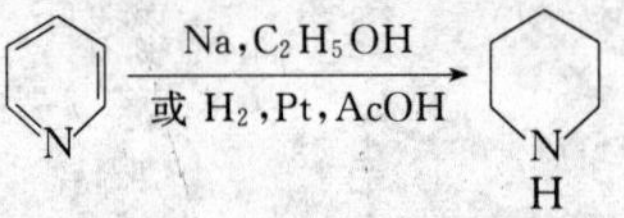

六氢吡啶又称哌啶,为无色具有特殊臭味的液体,沸点 106 ℃,熔点 −7 ℃,易溶于水。它的碱性比吡啶大,化学性质和脂肪族仲胺相似,常用作溶剂及有机合成原料。

13.4.2　喹啉和异喹啉

喹啉和异喹啉都是苯环与吡啶环稠合而成的化合物,是同分异构体,都存在于煤焦油和骨焦油中,可用稀硫酸提取,也可用合成方法制得。

一、喹啉

喹啉是无色油状液体,有特殊臭味,沸点 238 ℃,相对密度 1.095,难溶于水,易溶于有机溶剂,是一种高沸点溶剂。喹啉与吡啶相似,是弱碱,与酸可以成盐。喹啉与重铬酸形成难溶的复盐$(C_9H_7N)_2 \cdot H_2O \cdot Cr_2O_6$,可用此法精制喹啉。喹啉也能与卤代烷形成季铵盐。

喹啉及其衍生物的常用制法是斯克洛浦合成法,即用苯胺、甘油、浓硫酸和硝基苯(或As_2O_5等缓和氧化剂)共热制得喹啉。

喹啉是苯并吡啶,由于吡啶环上氮原子的电负性使吡啶环上电子云密度较苯环低,通常亲电取代基进入苯环,亲核取代基进入吡啶环。氧化反应发生在苯环。

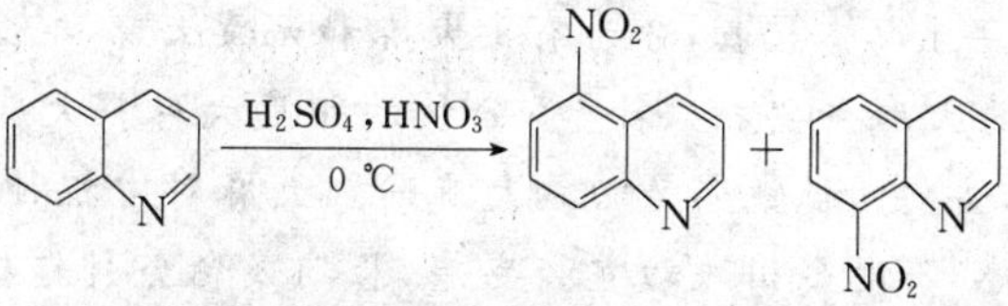

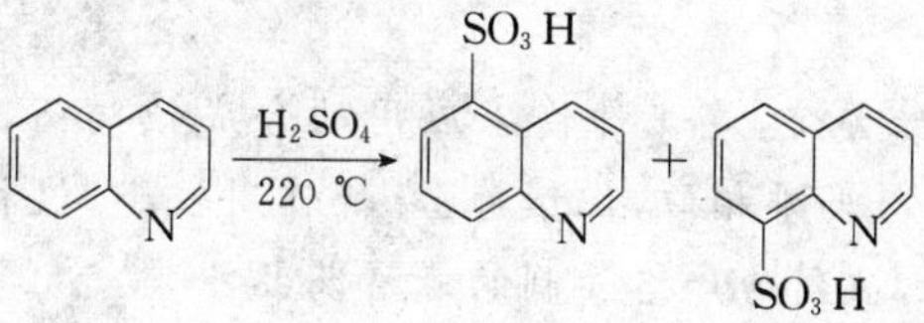

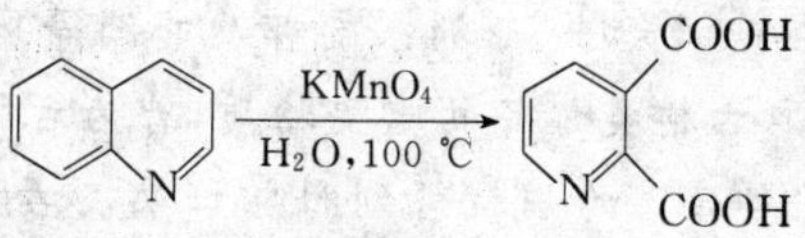

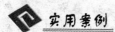

不少天然的和合成的产物中都含有喹啉环,如抗疟疾药奎宁(又名金鸡纳碱)、氯喹、抗癌药喜树碱、抗风湿病药阿托方(又名辛可芬)等。

二、异喹啉

异喹啉是一个具有香味的低熔点(24 ℃)晶体,沸点243 ℃,微溶于水,易溶于有机溶剂,能随水蒸气挥发。从煤焦油得到的粗喹啉中异喹啉约占4%,可利用碱性的不同来分离。异喹啉的碱性比喹啉强,这是因为异喹啉相当于是苄胺的衍生物,而喹啉可认为是苯胺的衍生物。

工业上常利用喹啉的酸性硫酸盐溶于乙醇,而异喹啉的酸性硫酸盐不溶的性质来进行分离。

实用案例

珍爱生命　拒绝毒品

根据《中华人民共和国刑法》第357条规定,毒品是指鸦片、海洛因、甲基苯丙胺(冰毒)、吗啡、大麻、可卡因以及国家规定管制的其他能够使人形成瘾癖的麻醉药品和精神药品。《麻醉药品及精神药品品种目录》中列明了121种麻醉药品和130种精神药品。

毒品可分为天然毒品(鸦片)、半合成毒品(海洛因)和合成毒品(冰毒)三大类;也可从对人中枢神经的作用分为抑制剂(鸦片)、兴奋剂(苯丙胺类)和致幻剂(麦司卡林)等。

1. 鸦片　又叫阿片,俗称大烟,是罂粟果实中流出的乳液经干燥凝结而成。因产地不同而呈黑色或褐色,味苦。生鸦片经过烧煮和发酵,可制成精制鸦片,吸食时有一种强烈的香甜气味。吸食者初吸时会感到头晕目眩、恶心或头痛,多次吸食就会上瘾。

2. 吗啡　从鸦片中分离出来的一种生物碱,在鸦片中含量10%左右。为无色或白色结晶状粉末,具有镇痛、催眠、止咳、止泻等作用,吸食后会产生欣快感,比鸦片容易成瘾。长期使用会引起精神失常、谵妄和幻想,过量使用会导致呼吸衰竭而死亡。

3. 海洛因　化学名称"二乙酰吗啡",俗称白粉,由吗啡加工制作而成,镇痛作用是吗啡的4～8倍,医学上曾广泛用于麻醉镇痛,但成瘾快,极难戒断。长期使用会破坏人的免疫功能,并导致心、肝、肾等主要脏器的损害。注射吸食还能传播艾滋病等疾病。

4. 大麻 桑科一年生草本植物,分为有毒大麻和无毒大麻。无毒大麻的茎、杆可制成纤维,籽可榨油。有毒大麻主要指矮小、多分枝的印度大麻。大麻类毒品主要包括大麻烟、大麻脂和大麻油,主要活性成分是四氢大麻酚。大麻对中枢神经系统有抑制、麻醉作用,吸食后产生欣快感,有时会出现幻觉和妄想,长期吸食会引起精神障碍、思维迟钝,并破坏人体的免疫系统。

5. 杜冷丁 即盐酸哌替啶,是一种临床应用的合成镇痛药,为白色结晶性粉末,味微苦,无臭,其作用和机理与吗啡相似,但镇静、麻醉作用较小,仅相当于吗啡的 $1/10 \sim 1/8$。长期使用会产生依赖性,被列为严格管制的麻醉药品。

6. 古柯 古柯是生长在美洲大陆、亚洲东南部及非洲等地的热带灌木,尤为南美洲的传统种植物。古柯叶是提取古柯类毒品的重要物质,曾为古印第安人习惯性咀嚼,并被用于治疗某些慢性病,但很快其毒害作用就得到科学证实。古柯叶中分离出一种最主要的生物碱——可卡因。

7. 可卡因 可卡因是从古柯叶中提取的一种白色晶状的生物碱,是强效中枢神经兴奋剂和局部麻醉剂。能阻断人体神经传导,产生局部麻醉作用,并可通过加强人体内化学物质的活性刺激大脑皮层,兴奋中枢神经,表现出情绪高涨、好动、健谈,有时还有攻击倾向,具有很强的成瘾性。

8. 冰毒 即“甲基苯丙胺”,外观为纯白结晶体,故被称为“冰”(Ice)。对人体中枢神经系统具有极强的刺激作用,且毒性强烈。冰毒的精神依赖性很强,吸食后会产生强烈的生理兴奋,大量消耗人的体力和降低免疫功能,严重损害心脏、大脑组织甚至导致死亡。还会造成精神障碍,表现出妄想、好斗、错觉,引发暴力行为。

9. 摇头九 冰毒的衍生物,以 MDMA 等苯丙胺类兴奋剂为主要成分,具有兴奋和致幻双重作用,滥用后可出现长时间随音乐剧烈摆动头部的现象,故称为摇头九。外观多呈片剂,五颜六色。服用后会出现摇头和妄动,在幻觉作用下常常引发集体淫乱、自残与攻击行为,并可诱发精神分裂症及急性心脑疾病,精神依赖性强。

10. K粉 即“氯胺酮”,静脉全麻药,可用作兽用麻醉药。白色结晶粉末,无臭,易溶于水,通常在娱乐场所滥用。服用后遇快节奏音乐便会强烈扭动,导致神经中毒反应、精神分裂症状,出现幻听、幻觉、幻视等,对记忆和思维能力造成严重损害。此外,易让人产生性冲动,所以又称为“迷奸粉”或“强奸粉”。

此外,新型毒品还有安纳咖、氯硝安定、麦角乙二胺(LSD)、安眠酮、丁丙诺啡、地西泮及有机溶剂和鼻吸剂等。

【习 题】

1.命名或写出下列化合物的结构式。

(1) 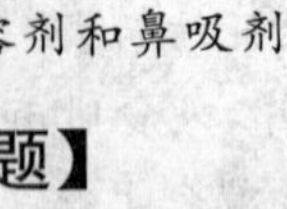 O环CH₃   (2) S环CH₃   (3) H₃C N(H)环 CH₃

(4) 　　(5) 　　(6)

(7) 　　(8) 　　(9)

(10) 　　(11)糠醛　　(12)四氢吡咯

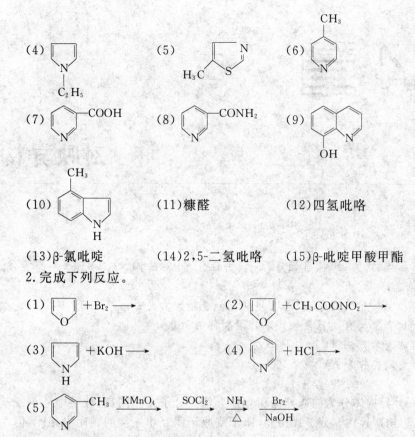

(13)β-氯吡啶　　(14)2,5-二氢吡咯　　(15)β-吡啶甲酸甲酯

2.完成下列反应。

(1) 　　(2)

(3) 　　(4)

(5)

3.判断下列化合物是否具有芳香性,为什么?

(1)四氢吡咯　　(2)四氢呋喃　　(3)N-甲基吡啶

(4)β-甲基吡啶　　(5)糠醛　　(6)噻唑

4.除去下列化合物中的杂质。

(1)苯中少量的噻吩;　(2)吡啶中少量的苯酚;　(3)甲苯中少量的吡啶。

5.杂环化合物 $C_5H_4O_2$(A)经氧化后生成羧酸 $C_5H_4O_3$(B)。此羧酸的钠盐与碱石灰作用,转变为 C_4H_4O(C),后者与金属钠不起作用,也不具有醛酮的性质。判断A、B、C的结构式。

第 14 章

对映异构

【学习目标】

☞ 掌握立体异构、对称因素、手性碳原子、手性分子、对映体、非对映体、外消旋体、内消旋体等基本概念；

☞ 了解物质产生旋光性的原因，对映异构与分子结构的关系；

☞ 了解判断化合物具有旋光性和构成外消旋体的依据；

☞ 掌握构型的表示方法(D、L 和 R、S 标记法)；

☞ 掌握书写费歇尔投影式的方法。

有机物中的同分异构体分为构造异构和立体异构。分子式相同，而分子中原子或基团连接顺序不同，为构造异构。分子式相同，原子或原子团互相连接的顺序也相同，但在空间的相对位置不同，为立体异构。

构造异构分为碳链异构、位置异构和官能团异构。立体异构分为构象异构和构型异构第五章已讨论过。构型异构是指经过断键和再成键的过程造成的分子或原子团在空间的不同排列现象。

构型异构又分为顺反异构和对映异构。本章重点讨论对映异构。

- 同分异构
  - 构造异构（构造式不同）
    - 位置异构 $CH_3CH{=}CHCH_2CH_3$　$CH_2{=}CHCH_2CH_2CH_3$
    - 碳链异构 $CH_3CH_2CH_2CH_3$　$CH_3CH(CH_3)CH_3$
    - 官能团异构 $CH_3CH_2OCH_3$　$CH_3CH(OH)CH_3$
    - 互变异构 $CH_3C({=}O)CH_2COOC_2H_5$　$CH_3C(OH){=}CHCOOC_2H_5$
  - 立体异构（构造式相同）
    - 构型异构（构型不同）
      - 顺反异构
      - 对映异构
    - 构象异构（构型相同）

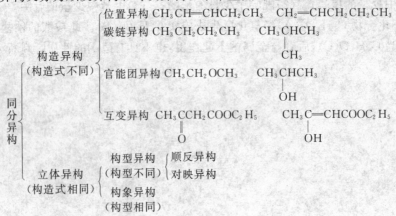

14.1 手性和对映体

14.1.1 分子的手性、对称性和对称因素

1.分子的手性与对称性

任何物体都可在平面镜里映出一个与该物体相对应的镜像。有些物体如皮球、铁钉等可与其镜像完全重合;而有的物体如剪刀、蜗牛壳等与其镜像不能完全重合,正如左右手,互为镜像但不能重合(图 14-1),这种实物与其镜像不能重叠的特性叫作手征性,或称手性(chirality)。

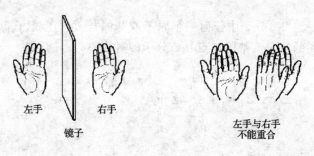

图 14-1 左、右手的关系

将手性的概念运用于描述分子结构,则是当一个化合物的分子与其镜像不能互相重合时,这种分子就具有手性,这种分子必然存在着一个与其镜像相应的异构体,它们的关系如左、右手一样,相互对映。能与其镜像重合的分子是对称分子,也称非手性分子。不能与其镜像重合的分子是不对称分子,也称手性分子。例如乳酸的分子式为 $CH_3CH(OH)COOH$,一个碳原子上连有四个不同原子或基团,它在空间有两种不同构型(空间排列),形成实物与镜像的关系相互对映而不能重合,即乳酸分子有手性,是手性分子,如图 14-2 所示。

图 14-2 两种不同构型的乳酸

2.对称因素

分子是否具有手性,与分子的对称性有关。最常见的分子对称因素有对称面和对称中心。

(1)对称面

如果组成分子的所有原子(或原子团)都处在同一平面上,或者存在一个平面通过分子能把这个分子分为互为镜像的两部分,这种平面就是分子的对称面。例如:反-1,2-二氯乙烯有一个包含所有原子在内的一个平面,这个平面即为反-1,2-二氯乙烯的对称面,

如图 14-3 所示。因此,反-1,2-二氯乙烯分子是非手性分子。又如,在 1,1-二溴乙烷分子中,通过 H-C₁-C₂ 三个原子所构成的平面能将分子分成互为实物和镜像关系的两部分,如图 14-4 所示,因此该平面就是它的对称面。

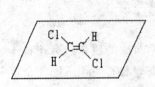

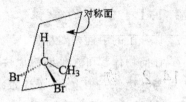

图 14-3 反-1,2-二氯乙烯对称面   图 14-4 1,1-二溴乙烷对称面

(2)对称中心

若分子中有一点"i",分子中任何一个原子或基团与 i 点连线,在其延长线的相等距离处都能遇到相同的原子或基团,i 点是该分子的对称中心。例如:

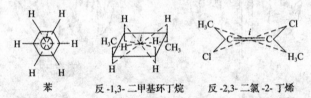

苯   反-1,3-二甲基环丁烷   反-2,3-二氯-2-丁烯

以上三个分子都具有一个对称中心,是非手性分子。可见,如果分子中不存在对称面或对称中心,则该分子是手性分子。凡是手性分子,它和它的镜像一定不能完全重合。

14.1.2 对映体和对映异构

凡是手性分子,必然具有互为镜像的两种构型,具有这种关系的一对化合物称为对映异构体,简称对映体(enantiomer),这种现象称为对映异构现象。例如,两种不同构型的乳酸是实物与镜像的对映关系(如图 14-2 所示),它们的分子式和构造式都相同,只是原子或原子团在空间的排列方式即构型不同,属于立体异构体。

分子具有手性是存在对映体的必要和充分条件。

在对映异构体分子构造中都存在这样的碳原子,它分别与四个不相同的原子或原子团相连,这种碳原子称为手性碳原子或手性中心,用"∗"表示。

对映体之间的异同点:

(1)物理性质相同,化学性质一般也相同,只是在特殊的手性环境,即手性溶剂、试剂或催化剂时才表现出差异。

(2)对映体对偏振光的作用不同,一个可以使偏振光左旋,另一个则右旋,所以常用偏振光检验对映体。

(3)对映异构体的生理作用差异很大。如左旋的氯霉素具有抗菌作用,其对映体则无疗效;又如(+)葡萄糖在动物代谢中有独特作用,具有营养价值,但其对映体(一)葡萄糖则不能被动物代谢。

练习 14-1 下列分子有无手性碳原子？若有用"＊"标出。

(1)$CH_3CH_2CHBrCH_3$ (2) 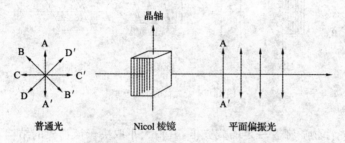 (3) (4) $CH_3CHCH_2CH_3$
                                                              |
                                                             OH

14.2 物质的旋光性和比旋光度

14.2.1 平面偏振光和旋光性

光波是一种电磁波，它的振动方向与其传播方向垂直。普通光是由不同波长(400~800 nm)的光线组成的光束，在垂直于光线行进方向的平面内沿各个方向振动。

通过尼克尔(Nicol)棱镜之后的光，只在一个平面内振动，这种光称为平面偏振光，简称偏振光或偏光，如图 14-5 所示。

图 14-5 平面偏振光的形成

如果使一束偏振光通过含有对映体的介质，则偏振光的振动面就发生旋转，这种现象称为旋光现象。能使平面偏振光振动平面旋转的物质称为旋光性物质或光活性物质，如酒石酸、乳酸、葡萄糖等。否则，就称为非旋光性物质或非光学活性物质，如水、乙醇等。如图 14-6 所示。

偏振光的振动面被旋光性物质所旋转的角度称为旋光度，用 α 表示。

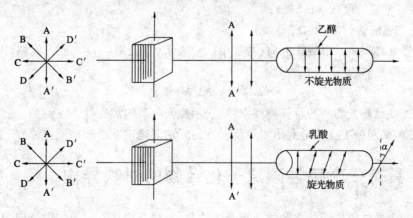

图 14-6 旋光性物质与非旋光性物质

14.2.2 旋光仪和比旋光度

1.旋光仪

旋光物质使偏振光振动平面转动的角度和方向,可用旋光仪测定。

旋光仪主要部分是由两个尼克尔棱镜(起偏镜和检偏镜)、一个盛液管和一个刻度盘组装而成。

当起偏镜和检偏镜的轴平行时,如果盛液管内放入非旋光性物质,偏光可以全部通过检偏镜,观察者可以检测到明亮的视野,这时读数为 0°。如果盛液管盛放旋光性物质,观察者只有将检偏镜按顺时针方向或逆时针方向转动一定角度后,才能找到一个最明亮的视野,这时对应的刻度盘的读数,就是这种旋光物质的旋光度 α,如图 14-7 所示。若检偏镜按顺时针方向(向右)转动一定角度,这种旋光物质就是右旋体,用"(+)"表示;若检偏镜按逆时针方向(向左)转动一定角度,这种旋光物质就是左旋体,用"(−)"表示。

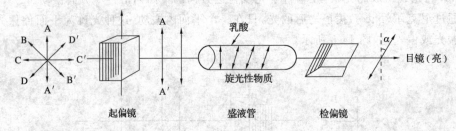

图 14-7 旋光仪的工作原理

2.比旋光度

每一种旋光性物质都有一定的旋光度,其值大小取决于该物质的结构,并与盛液管的长度、溶液的浓度、光源的波长、测定时的温度以及所用的溶剂有关。为了便于比较,通常规定在 20 ℃,波长为 589 nm(钠光谱的 D 线)下,偏振光通过长为 1 dm、装有浓度为 1.0 g/mL 溶液的盛液管时,测得的旋光度为比旋光度 $[\alpha]_D^{20}$。

比旋光度与实测旋光度 α 的关系为:

$$[\alpha]_D^{20} = \frac{\alpha}{c \times l}$$

式中 c——溶液浓度(g·mL^{-1});

l——盛液管长度(dm)。

比旋光度必须表示出旋光方向,右旋用(+)表示,左旋用(−)表示。例如,天然葡萄糖水溶液使偏光右旋 52.5°,表示为:

$$[\alpha]_D^{20} = +52.5°(水)$$

比旋光度是旋光物质的特征物理常数,表示旋光物质的旋光性。在食品、医药等领域有广泛用途,如制糖工业就是利用测定旋光度的方法来确定糖溶液的质量浓度。

14.3 具有一个手性碳原子化合物的对映异构

含有一个手性碳原子的化合物一定是手性分子,存在两种不同的构型,彼此互为对映体,一个是右旋体,一个是左旋体。如两种不同构型的乳酸分子均具有旋光性,旋光能力相等,旋光方向相反,所以对映异构体又称为旋光异构体。

等量的左旋体和右旋体的混合物称为外消旋体,一般用"(±)"来表示。例如,外消旋乳酸可表示为(±)-乳酸。

外消旋体没有旋光性;外消旋体和相应的左旋异构体或右旋异构体比较,除旋光性能不同外,物理性质也有差异,化学性质则基本相同,见表 14-1。在生理作用方面,外消旋体仍发挥其所含右旋和左旋的相应效能。

表 14-1　　　　　　　　　乳酸的外消旋体与对映体的比较

	旋光性	物理性质	化学性质	生理作用
外消旋体	不旋光	m.p. 18 ℃	基本相同	发挥其相应效能
对映体	旋光	m.p. 53 ℃	基本相同	旋体的生理功能

14.4　构型的表示方法及标记

14.4.1　费歇尔投影式

费歇尔(Fischer)投影式是利用模型在纸上投影得到的表达式,其投影原则如下:

(1)以手性碳为中心,画十字线,十字线的交叉点代表手性碳原子;

(2)把含碳基团置于竖线,把氧化态较高的碳原子置于上端,其他两个基团置于横线上;

(3)竖线上两个基团表示伸向纸面的后方,横线上两个基团表示指向纸面的前方。

按此投影规则,乳酸的一对对映体的费歇尔投影式如图 14-8 所示。

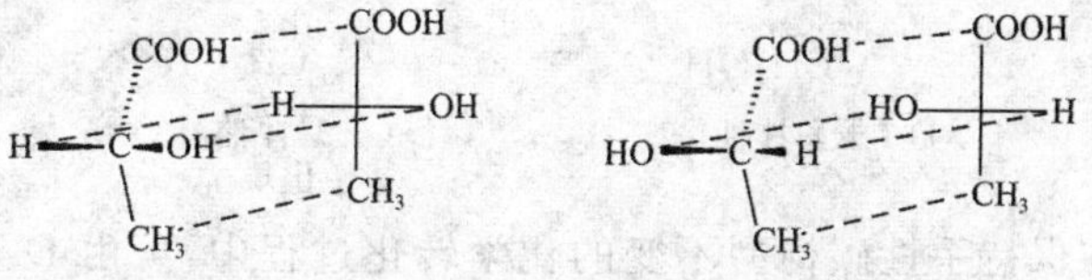

图 14-8　乳酸一对对映体的费歇尔投影式

费歇尔投影式最大的特点是用平面书写方式表达立体结构,使用时应注意以下几点:

(1)投影式不能离开纸面翻转,因为这样得到的投影式并不表示原来的构型。但是,投影式可以在纸平面上转动 180°或其倍数。仍为原构型。

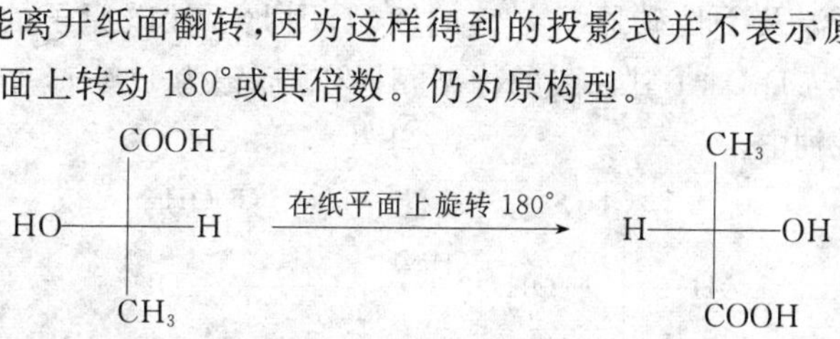

(2)投影式不能在纸平面上旋转 90°或 270°,因为旋转 90°或 270°后的投影式变成了其对映体的投影式。

(3)如果固定投影式中的一个基团,把另外三个基团按顺时针或逆时针依次调换位置,不会改变原化合物的构型。例如:

$$\begin{array}{cccc}
\underset{CH_3}{\overset{COOH}{H_2N-\!\!\!\!\!-\!\!\!\!\!-H}} & \underset{H}{\overset{COOH}{H_3C-\!\!\!\!\!-\!\!\!\!\!-NH_2}} & \underset{NH_2}{\overset{COOH}{H-\!\!\!\!\!-\!\!\!\!\!-CH_3}} & \underset{CH_3}{\overset{NH_2}{H-\!\!\!\!\!-\!\!\!\!\!-COOH}}
\end{array}$$

(4)把投影式中手性碳原子上所连任何两个原子或基团互相交换偶数次位置,得到的投影式构型是其自身;交换奇数次位置,得到的是其对映体。

规律总结:横向前,竖向后,含碳基团上下连。转半圈,不能翻,奇次互换构型变。

14.4.2 透视式

在这种表示法中,手性碳原子也是在纸面上,用实线相连的原子或基团表示处在纸面上,用楔实线(———)连接的原子或基团表示在纸面的前面;用楔虚线(||||||||||)连接的原子或基团表示处在纸面的后面。图 14-2 是乳酸两种构型的透视式。

透视式表示清楚,直观,但书写麻烦,因此常用费歇尔投影式表示。

14.4.3 旋光异构体构型的确定

对映异构体可用 D-L 或 R-S 两种方法标记。

1.D-L 构型标记法

分子中各原子或基团在空间的实际排布叫作这种分子的绝对构型。以甘油醛为标准,人为规定在其费歇尔投影式中,右旋甘油醛手性碳原子上的—OH 在"右边",即 D 型(Ⅰ),左旋甘油醛手性碳原子上的—OH 在"左边",即 L 型(Ⅱ)。

$$\begin{array}{cc}
\underset{CH_2OH}{\overset{CHO}{H-\!\!\!\!\!-\!\!\!\!\!-OH}} & \underset{CH_2OH}{\overset{CHO}{OH-\!\!\!\!\!-\!\!\!\!\!-H}} \\
\text{D-(+)-甘油醛} & \text{L-(-)-甘油醛} \\
(Ⅰ) & (Ⅱ)
\end{array}$$

其他化合物,在保持手性碳构型不变的化学转化过程中,可由 D 型甘油醛转化来的化合物即为 D 型,可由 L 型甘油醛转化来的化合物即为 L 型。例如,D-(+)-甘油醛用氧化汞氧化后转变成甘油酸,这种甘油酸经旋光仪测定是一个(-)-甘油酸,由于氧化反应在醛基上发生,并不涉及手性碳原子各键的断裂,因此手性碳原子的构型没有改变,即(-)-甘油酸的构型与 D-(+)-甘油醛的构型相同,应标记为 D-(-)-甘油酸,它的对映体则标记为 L-(-)-甘油酸。

$$\underset{CH_2OH}{\overset{CHO}{H-\!\!\!\!\!-\!\!\!\!\!-OH}} \xrightarrow{HgO} \underset{CH_2OH}{\overset{COOH}{H-\!\!\!\!\!-\!\!\!\!\!-OH}}$$

D-(+)-甘油醛　　　　　D-(-)-甘油酸

由此可见,D、L 只是表示化合物的构型,与其旋光方向(+)或(-)无关。旋光方向与构型之间也没有固定的关系,分子的旋光方向只能通过旋光仪来测定。

使用 D、L 来表达构型,在糖类和氨基酸类化合物中较多,但对一些复杂有机化合物的构型表达有时显得不明确,甚至引起混乱。因此,逐渐采用 R-S 构型标记法。

2. R-S 构型标记法

根据 IUPAC 的建议,构型的命名采用 R-S 法。该方法根据化合物的实际构型或投影式命名,不用标准化合物,根据手性碳原子所连的四个基团在空间的排列次序来标记的。

采用 R-S 法对含一个手性碳原子的分子命名时,首先把手性碳所连的四个原子或基团(a,b,c,d)按"顺序规则"排序,如 a>b>c>d,把此排列次序中排在最后的原子或基团 d 放在距离观察者最远的地方。这个形象与汽车驾驶员面向方向盘的情况相似,d 在方向盘的连杆上,a,b,c 在盘上。观察其余三个基团由大→中→小的顺序,若是顺时针方向,则其构型为 R(R 是拉丁文 Rectus 的字头,是右的意思);若是逆时针方向,则构型为 S(Sinister,左的意思)。R-S 标记法是广泛使用的构型表示方法。如图 14-9 所示。

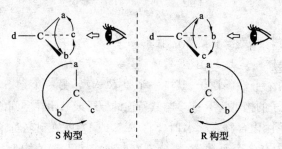

图 14-9 确定 R-S 构型的方法

例如,氯丁烷分子中基团的顺序是—Cl>—C_2H_5>—CH_3>—H,其两种构型命名如图 14-10 所示。

C_2H_5

C

H CH_3

Cl

R-2- 氯丁烷
顺时针排列, R- 构型

C_2H_5

C

H_3C H

Cl

S-2- 氯丁烷
逆时针排列, S- 构型

图 14-10 2-氯丁烷的 R-及 S-构型

若用投影式表示分子构型,也同样可以确定其 R 或 S 构型。在 Fischer 投影式中,横键指向纸面前方,竖键指向纸面后方。因此,当次序最小的基团在竖键上时,就可以直接从 Fischer 投影式中另三个基团的排列方向读出构型。如果这三个基团的大小次序是顺时针排列,其构型为 R 构型;如果是逆时针排列,则为 S 构型。

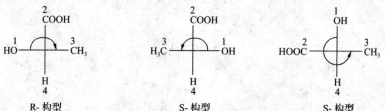

但是,当原子序数最小的基团处于横键上时,由于这个最小的基团(H)指向纸面的前

方,那么,如果要求从手性碳原子向它[即 *C→(4)的方向]看去,就需先将整个分子翻转才能得到正确的构型名称。否则的话,仍然对原来的 Fischer 投影式从前即(4)向后即 *C 看去,所看到的(1)→(2)→(3)的空间排列方向就一定和 R—S 标记法规定的必须朝 *C→(4)方向看去的观察结果相反。因此,我们对最小基团处在横键上的 Fischer 投影式进行直接观察时,其结果必须翻转,即其他三个基团的排列方向(虚线箭号所示方向)若为顺时针者,经翻转则为逆时针,为 S 构型;看到的方向为逆时针者,经翻转则变为顺时针,为 R 构型。

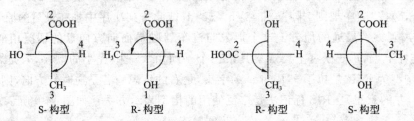

提示:

①R-S 构型与 D-L 构型没有必然的联系。

②R 构型的对映体一定是 S 构型。

③内消旋体中两个手性碳原子,其中一个是 R 构型,另一个是 S 构型。

④一个手性碳原子的构型为 R 或 S 与其所连的原子或基团在空间的相对位置次序有关。

已明确构型的手性化合物在命名时要将 R、S 或 D、L 放到名称前并与名称间用短线"-"隔开。如果分子中有多个手性碳,要分别判断每个手性碳的构型是 R 还是 S。命名时将手性碳位置与 R 或 S 一起放在括号内,写到名称前面。例如:

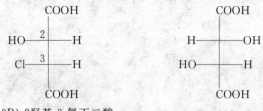

(2R,3R)-2羟基-3-氯丁二酸

14.5 具有两个手性碳原子化合物的对映异构

化合物中两个手性碳原子所连接的四个原子或基团分为下列两种情况。

14.5.1 具有两个不相同手性碳原子化合物的对映异构

这类化合物中两个手性碳原子所连的四个原子或基团不完全相同。例如:

$$
\begin{array}{ccc}
CH_3 & COOH & CH_3 \\
| & | & | \\
CH-Br & CH-OH & CH-OH \\
| & | & | \\
CH-Br & CH-Cl & CH-C_6H_5 \\
| & | & | \\
CH_2CH_3 & COOH & CH_3
\end{array}
$$

2,3-二溴戊烷   2-羟基-3-氯丁二酸   3-苯基-2-丁醇
(氯代苹果酸)

1. 对映异构体的数目

分子中含有两个不相同的手性碳原子时,与它们相连的原子或基团,有四种不同的空间排列形式,即存在四个旋光异构体。例如,氯代苹果酸分子中有两个不相同的手性碳原子(C_2、C_3),存在如下四个对映异构体:

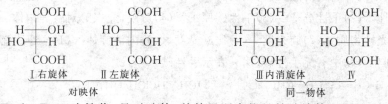

	COOH	COOH		COOH	COOH
	H——OH	HO——H		H——OH	HO——H
	H——Cl	Cl——H		Cl——H	H——Cl
	COOH	COOH		COOH	COOH
	(Ⅰ) 对映体 (Ⅱ)			(Ⅲ) 对映体 (Ⅳ)	

m.p.   173 ℃   173 ℃   167 ℃   167 ℃

$[\alpha]_D^{20}$ −7.1°   +7.1°   −9.3°   +9.3°

(±) 外消旋体 m.p. 145 ℃   外消旋体 m.p. 157 ℃

非对映体

2. 非对映体

在氯代苹果酸的四个旋光异构体中,(Ⅰ)和(Ⅱ)、(Ⅲ)和(Ⅳ)均存在实物和镜像关系,各构成一对对映体,对映体等量混合则各组成一个外消旋体。(Ⅰ)和(Ⅲ)或(Ⅳ),(Ⅱ)和(Ⅲ)或(Ⅳ)都不是实物和镜像关系,称"非对映异构体",简称"非对映体"。

当分子中含有两个或两个以上手性中心时,就有非对映现象存在。非对映体间比旋光度不同,其他物理性质也不相同,虽然化学性质相似,但反应速度有差异。不能组成外消旋体。

3. 对映体的数目

分子中含有手性碳原子数越多,旋光异构体数目也越多。含有两个手性碳原子的,有四个旋光异构体,即两对对映体(两组外消旋体);含有三个手性碳原子的化合物有八个旋光异构体,即有四对对映体(四组外消旋体),依此类推,一个化合物有 n 个不同的手性碳原子,便有 2^n(n 为不同手性碳原子的数目)个旋光异构体,有 2^{n-1} 组对映体(即外消旋体)。

14.5.2 具有两个相同手性碳原子化合物的对映异构

在这类化合物中,两个手性碳原子所连的四个基团完全相同,如:酒石酸分子中两个手性碳原子都和 H,OH, —CHOH ,−COOH 四个基团相连接,它也可写出四个构型

的 Fischer 投影式:

	COOH	COOH		COOH	COOH
	H——OH	HO——H		H——OH	HO——H
	HO——H	H——OH		H——OH	HO——H
	COOH	COOH		COOH	COOH
	Ⅰ右旋体 Ⅱ左旋体			Ⅲ内消旋体 Ⅳ	
	对映体			同一物体	

其中(Ⅰ)和(Ⅱ)互为镜像,是对映体,其等量混合物是外消旋体。(Ⅲ)和(Ⅳ)也互为

镜像,似乎也是对映体,但如果把Ⅲ在纸面上旋转 180°后即得到Ⅳ,因此它们实际上是同一个物质。

从化合物(Ⅲ)的构型看,如果在下列投影式虚线处放一镜面,那么分子上半部分正好是下半部分的镜像,说明这个分子内有一对称面。

$$
\begin{array}{c}
\text{COOH} \\
\text{H}\!-\!\!-\!\!-\!\text{OH} \\
\text{H}\!-\!\!-\!\!-\!\text{OH} \\
\text{COOH}
\end{array}
$$

镜面 ————————— 对称面

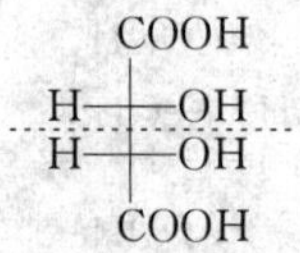

实验测得此化合物不具有旋光性

含有两个或两个以上手性碳原子的化合物中,若分子内部有对称面,则手性碳原子的旋光作用在分子内部就会相互抵消,整个分子不显示旋光性,称之为内消旋体。内消旋体不是手性分子,亦无对映体可言。因此化合物(Ⅲ)不具旋光性,酒石酸仅有三种异构体,即右旋体、左旋体和内消旋体。内消旋体酒石酸和左旋或右旋体之间不呈镜像关系,属非对映体。

由此可见,虽然含有一个手性碳原子的化合物必然具有手性,但是含有多个手性碳原子的化合物却不一定都具有手性。因此,不能说凡是含有手性碳原子的化合物都是手性分子。物质产生旋光性的根本原因在于分子的对称性,即分子具有手性,不在于有无手性碳原子。

内消旋体和外消旋体虽然都不具有旋光性,但它们有着本质的不同:内消旋体是一种纯净的单一物质;外消旋体是由两种等量的旋光度相同,旋光方向相反的对映体组成的混合物,可以拆分。

内消旋酒石酸和有旋光性的酒石酸是非对映体,除旋光性不同外,物理性质也不相同,见表 14-2。

表 14-2　　　　　　　　　　　酒石酸的物理性质

酒石酸	熔点/℃	溶解度/(g/100g H_2O)	比旋光度$[\alpha]_D^{25}$(25%水溶液)
右旋体	170	139	+12°
左旋体	170	139	−12°
内消旋体	140	125	不旋光
外消旋体	206	20.6	不旋光

【习　题】

1.说明下列各名词的意义:

(1)手性　(2)手性分子　(3)手性碳原子　(4)对映体　(5)对映异构体

(6)旋光性物质　(7)旋光度　(8)比旋光度　(9)内消旋体　(10)外消旋体

2.下列化合物中有无手性碳(用 * 表示手性碳)

(1) $C_2H_5CH=C-CH=CHC_2H_5$ 　　　　(2)$CH_3CHClCH(OH)CH_3$
　　　　　　　|
　　　　　　CH_3

(3) 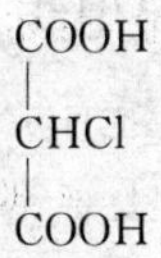 COOH
   CHCl
   COOH

(4) 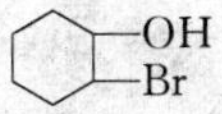 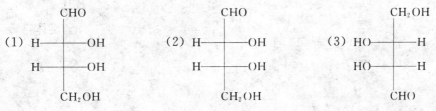 OH / Br

(5) 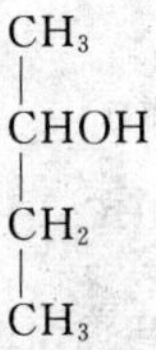 CH$_3$
   CHOH
   CH$_2$
   CH$_3$

3.下列化合物中,哪些有旋光性,哪些没有旋光性?

(1) HOOCCH$_2$CHOHCOOH
(2) 苯环 CH$_3$ CH$_3$

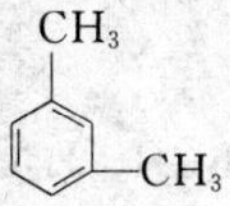

(3) HOH$_2$C—(H OH H)—(OH H OH)—CH$_2$OH

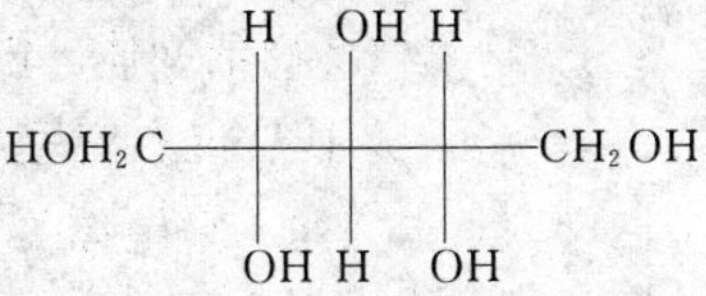

4.指出下列各式是 R 型还是 S 型。

H / Br—C—Cl / CH$_3$
   CH$_3$ / Cl—C—H / C$_6$H$_5$
   COOH / H$_3$C—C—Cl / CH

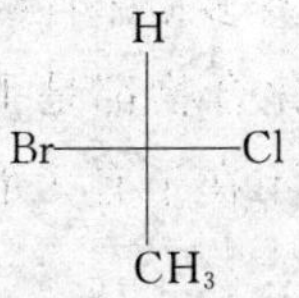

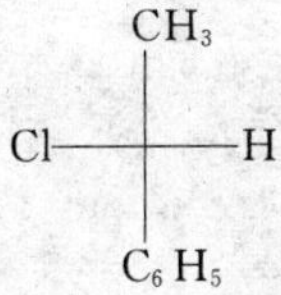

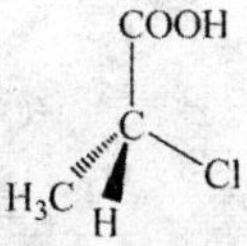

5.下列化合物哪些是相同的,哪些是对映体,哪些是非对映体,哪些是内消旋体?

(1) 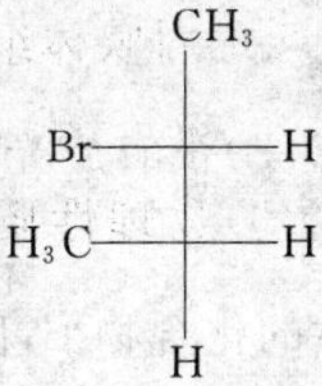 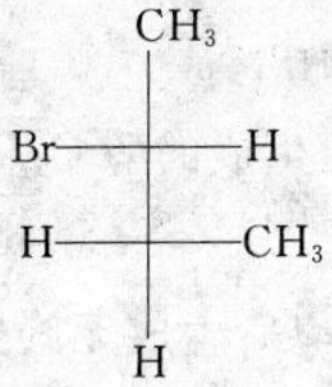 CH$_3$ Br—H H$_3$C—H H
   CH$_3$ Br—H H—CH$_3$ H

(2) CH$_3$ H—NH$_2$ CH$_2$CH$_3$; NH$_2$ H—CH$_2$CH$_3$ CH$_3$

(3) COOH H—OH H—OH COOH ; COOH OH—H OH—H COOH

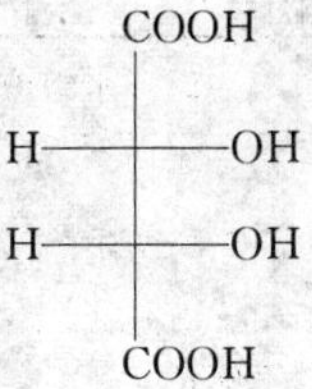

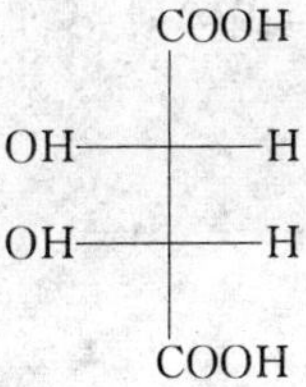

(4) 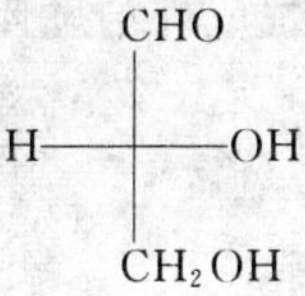 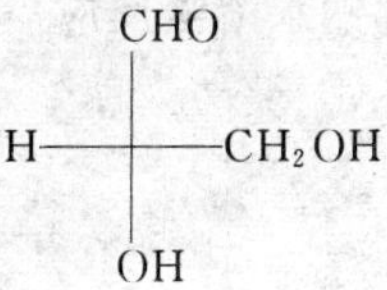 CHO H—OH CH$_2$OH ; CHO H—CH$_2$OH OH

(5) 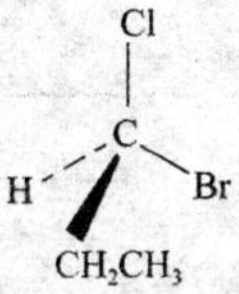 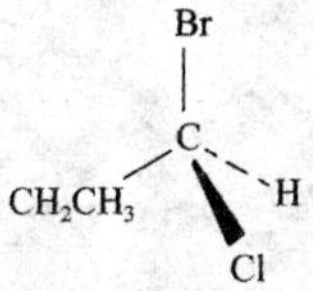 Cl H—C—Br CH$_2$CH$_3$; Br CH$_2$CH$_3$—C—H Cl

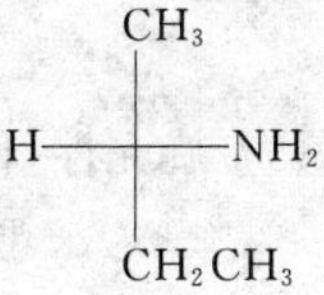

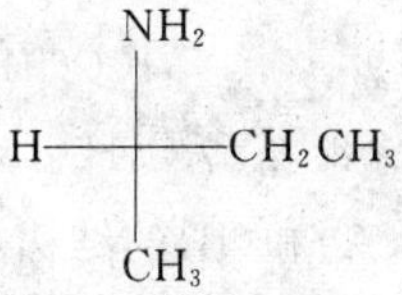

(6) 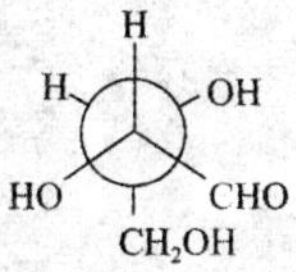 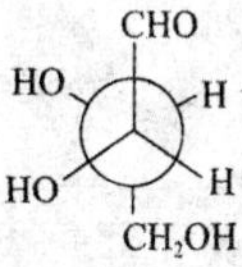 H HO—OH HO—CHO CH$_2$OH ; CHO HO—H HO—H CH$_2$OH

6.指出化合物(1)与其他各式的关系(相同化合物、对映体、非对映体)。

(1) CHO H—OH H—OH CH$_2$OH
(2) CHO H—OH H—OH CH$_2$OH
(3) CH$_2$OH HO—H HO—H CHO

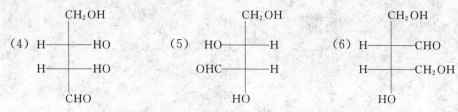

7. 下列化合物中哪些具有旋光性?

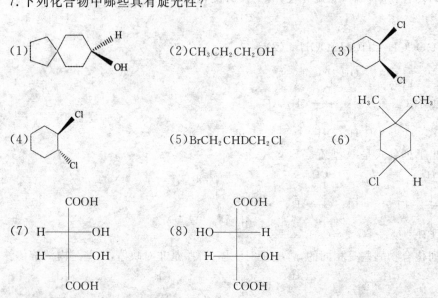

(2) $CH_3CH_2CH_2OH$

(5) $BrCH_2CHDCH_2Cl$

8. 某醇 $C_5H_{10}O$(A)具有旋光性,催化氢化后生成的醇 $C_5H_{12}O$(B)没有旋光性。试写出(A)和(B)的结构式。

9. 化合物 A(C_4H_9Br)与氢氧化钠醇溶液反应后生成无旋光性的化合物 B,但 A 与氢氧化钠水溶液反应后,则生成外消旋体(±)C,试写出 A、B、C 的结构式。

第 15 章

生命有机化合物

【学习目标】

☞ 熟悉各类糖、氨基酸、蛋白质等的结构及分类；

☞ 掌握重要的单糖、氨基酸、蛋白质的主要性质；

☞ 了解各类重要的糖、蛋白质的主要用途。

在有机化合物中有一类物质相对分子质量比较大，而且和生命现象有密切关系，这类有机物质被称为生命有机化合物，它们主要是碳水化合物、氨基酸、蛋白质以及核酸等。

15.1 碳水化合物

碳水化合物又称为糖类，是一类多羟基醛、酮类化合物。很早以前，人们就发现存在于植物果实中的淀粉，秆茎中的纤维素，蜂蜜和水果中的葡萄糖、果糖、蔗糖等都是由碳、氢、氧三种元素组成，结构式都可以用 $C_x(H_2O)_y$ 表示，从表观来看，这些化合物好像都是由碳和水组成，因而得名碳水化合物。虽然这些化合物并不是由碳和水简单组合而成，但由于习惯的缘故，碳水化合物的名称一直沿用至今。

碳水化合物根据能否水解和水解后的生成物质分为以下三类：

(1) 单糖 不能水解的多羟基醛、酮。例如葡萄糖、果糖。

(2) 低聚糖 由 2~10 个分子的单糖脱水缩合而成的物质。能水解为两分子单糖的称为双糖；水解成三个或四个单糖的称为三糖或四糖。在低聚糖中以双糖最重要，例如蔗糖、麦芽糖等。

(3) 多糖 一分子多糖水解后可产生几百以至数千个单糖，它们相当于由许多单糖形成的高聚物，所以也叫高聚糖，属于天然高分子化合物。例如淀粉、纤维素。

15.1.1 单糖

根据单糖所含羰基结构的不同分为醛糖和酮糖两类。自然界中的单糖以含五个或六个碳原子的最为普遍。

丁醛糖 丁酮糖 戊醛糖 戊酮糖 己醛糖

相应的醛糖和酮糖是同分异构体。带"＊"号的碳是手性碳原子。

一、单糖的结构

在自然界中,单糖以游离态或以其衍生物的形式广泛存在,葡萄糖和果糖是最重要的单糖,分布也最广泛,常见的结构有两种:开链结构和环状结构。

1.单糖的开链结构

根据葡萄糖和果糖的结构,将其分成己醛糖和己酮糖,具体结构如下:

D-葡萄糖　　　　L-葡萄糖　　　　D-果糖　　　　L-果糖

2.单糖的环状结构

经过物理及化学方法证明,开链结构并不是单糖的唯一结构,结晶状态的单糖是以环状结构存在。这是由于单糖中同时存在羰基和羟基,在单糖分子内发生了羟醛缩合反应,因而在分子内便能生成半缩醛(或半缩酮),进而构成环。

一般六元环的糖结构类似于吡喃( ),叫作吡喃糖。同理五元环的糖结构类似

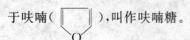

于呋喃( ),叫作呋喃糖。

下式为吡喃型葡萄糖的环状结构形成过程：

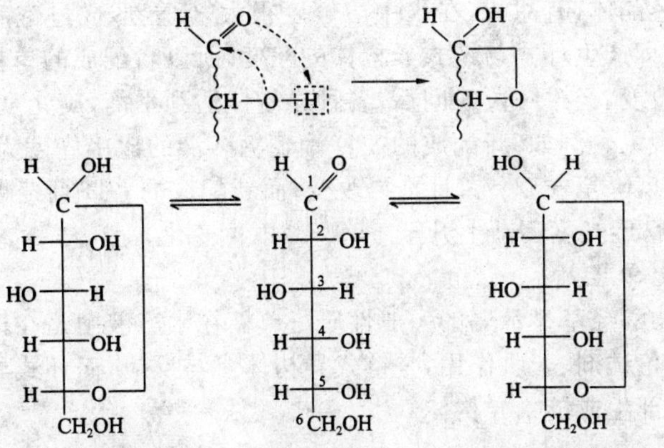

α-D-(+)- 吡喃葡萄糖　　　　　D-(+)- 葡萄糖　　　　β-D-(+)- 吡喃葡萄糖
（环状半缩醛式）　　　　　　（链式）　　　　　　（环状半缩醛式）

同样,果糖异构体的透视式有吡喃型和呋喃型两种,透视式为：

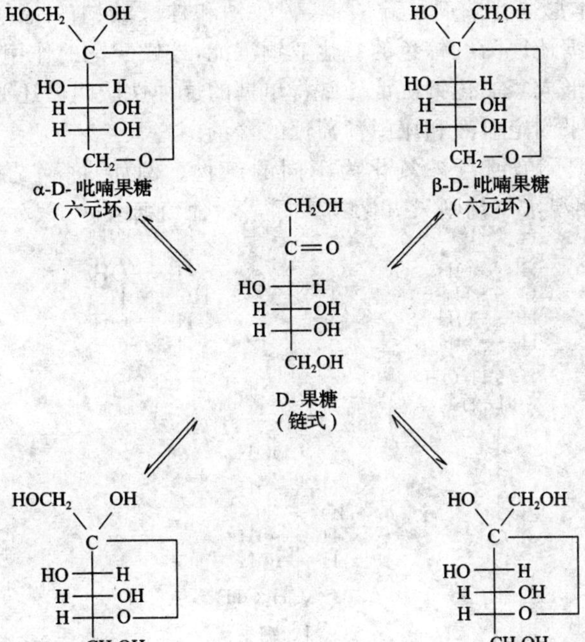

α-D- 吡喃果糖　　　　　　　　　　　　　β-D- 吡喃果糖
（六元环）　　　　　　　　　　　　　　　（六元环）

D- 果糖
（链式）

α-D- 呋喃果糖　　　　　　　　　　　　　β-D- 呋喃果糖
（五元环）　　　　　　　　　　　　　　　（五元环）

为了书写方便,在透视式书写时,省略碳原子上的氢原子,直接列出羟基(—OH)的空间位置,还可以用短横线代表羟基,长横线代表甲醇基,用△代表醛基,这样D-(＋)-葡萄糖就可以写成以下形式：

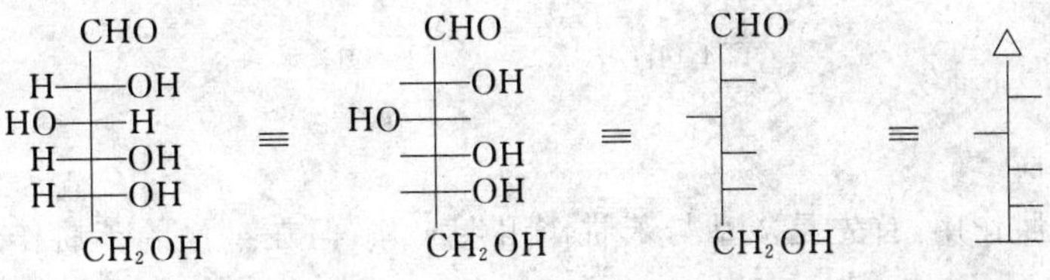

二、单糖的物理性质

单糖都是无色晶体,有甜味,在水中溶解度很大,常能形成过饱和溶液——糖浆。由于单糖溶于水后,即产生环式与链式异构体的互变,所以新配成的单糖溶液在放置过程中其旋光度会逐渐改变,经过一段时间后,各种异构体达到平衡,旋光度才能趋于稳定,这种现象叫做变旋光现象。例如:新配成的 α-D-葡萄糖溶液的比旋光度为 +112°,在放置一段时间后,其比旋光度降至 +52.7°,且不再改变;而新配成的 β-D-葡萄糖溶液的比旋光度为 +18.7°,经放置后,旋光度逐渐上升至 +52.7°,不再变化。

三、单糖的化学性质

单糖分子中的醇羟基显示醇的一般性质。单糖在水溶液中是在链式和环式平衡中进行反应,如能与托伦试剂、苯肼作用,是链式异构体参与反应,而环式异构体就连续不断地变为链式,最后全部生成链式异构体。

1. 氧化反应

醛与酮的主要区别在于后者不被托伦试剂氧化,但当酮的 α-C 上有羟基时,也能与托伦试剂作用,所以醛糖和酮糖都能还原托伦试剂。此外,醛糖和酮糖还能还原本尼迪特(Benedict)试剂。本尼迪特试剂是硫酸铜、碳酸钠和柠檬酸钠的混合液,呈蓝色,其中铜离子可被醛糖或酮糖还原为红棕色的氧化亚铜沉淀,柠檬酸钠的作用是与铜形成络合物,防止在碱性溶液中形成氢氧化铜沉淀。常将单糖的这种性质叫做还原性。糖与本尼迪特试剂的反应常被用来测定血液和尿中葡萄糖的含量。

在不同的条件下,单糖可被氧化为不同的产物。例如:D-葡萄糖用硝酸氧化可得 D-葡萄糖二酸,而用溴水氧化则只氧化醛基而得 D-葡萄糖酸。

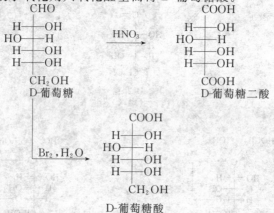

酮糖不被溴水氧化,所以用溴水可以区别醛糖和酮糖。

2. 还原反应

用催化加氢等还原剂,可将糖中羰基还原成羟基,产物为糖醇,实际为多元醇。

$$\begin{array}{c} CHO \\ | \\ (CHOH)_n \\ | \\ CH_2OH \end{array} \xrightarrow{H_2/Pt} \begin{array}{c} CH_2OH \\ | \\ (CHOH)_n \\ | \\ CH_2OH \end{array}$$

糖醇

3. 成脎反应

单糖与苯肼作用,首先是羰基与苯肼作用生成脎,但在过量的苯肼作用下,α 羟基能继续与苯肼反应,产物叫作脎。

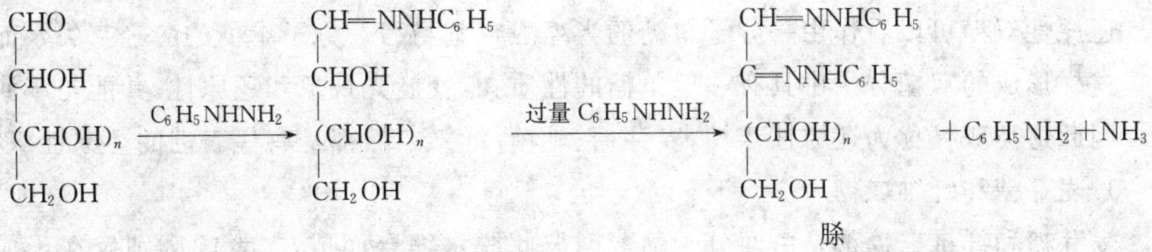

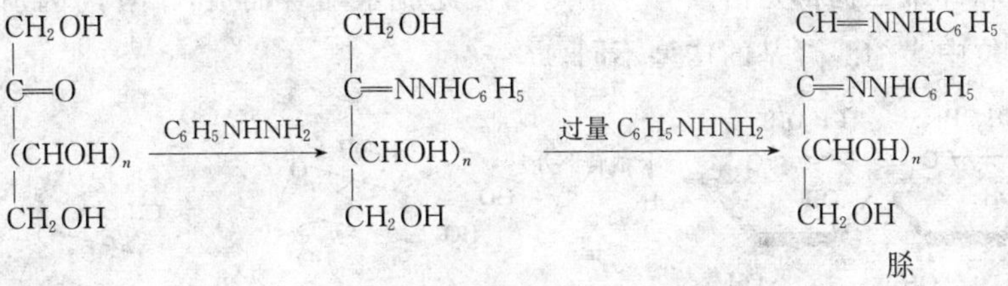

$$\begin{array}{c}CHO\\|\\CHOH\\|\\(CHOH)_n\\|\\CH_2OH\end{array} \xrightarrow{C_6H_5NHNH_2} \begin{array}{c}CH=NNHC_6H_5\\|\\CHOH\\|\\(CHOH)_n\\|\\CH_2OH\end{array} \xrightarrow{过量\ C_6H_5NHNH_2} \begin{array}{c}CH=NNHC_6H_5\\|\\C=NNHC_6H_5\\|\\(CHOH)_n\\|\\CH_2OH\\脎\end{array} +C_6H_5NH_2+NH_3$$

$$\begin{array}{c}CH_2OH\\|\\C=O\\|\\(CHOH)_n\\|\\CH_2OH\end{array} \xrightarrow{C_6H_5NHNH_2} \begin{array}{c}CH_2OH\\|\\C=NNHC_6H_5\\|\\(CHOH)_n\\|\\CH_2OH\end{array} \xrightarrow{过量\ C_6H_5NHNH_2} \begin{array}{c}CH=NNHC_6H_5\\|\\C=NNHC_6H_5\\|\\(CHOH)_n\\|\\CH_2OH\\脎\end{array}$$

　　由以上反应可以看出,无论是醛糖还是酮糖,反应都是发生在 C_1 及 C_2 上,其他碳原子不参与反应。因此,含碳原子数相同的单糖,如果只是第一、二两个碳原子的羰基不同或构型不同,而其他碳原子的构型完全相同时,它们与苯肼反应都将得到同样的脎。

　　糖脎都是黄色晶体,不同糖脎的晶体形状和熔点不同,成脎所需时间也不同,所以成脎反应可用来进行糖的定性鉴定。

　　4. 成苷反应

　　环状糖分子的活泼半缩醛(或半缩酮)羟基与含有羟基的其他化合物(如醇、酚)作用,脱水后生成缩醛的反应叫作成苷反应,产物称为配糖物,简称苷。

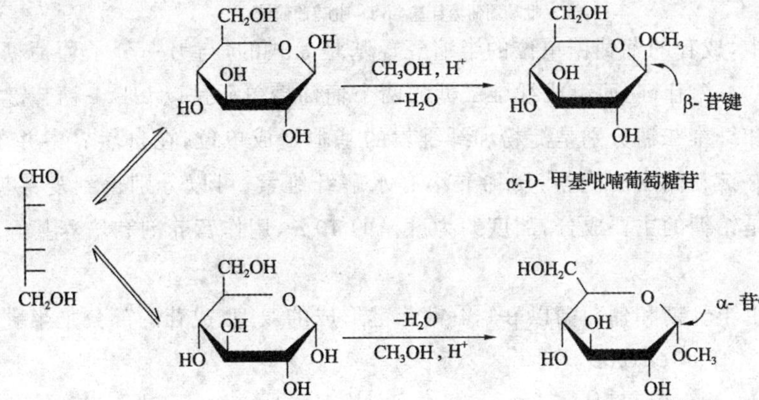

α-D-甲基吡喃葡萄糖苷

β-D-甲基吡喃葡萄糖苷

　　5. 颜色反应

　　在糖的水溶液中加入 α-萘酚的乙醇溶液,然后沿试管壁小心地注入浓硫酸,不要摇动试管,则在两层液面之间能形成一个紫色环。所有的糖都有这种反应,这是鉴别糖类与其他物质的方法,叫作糖的颜色反应。

15.1.2　双糖

　　双糖是低聚糖中最重要的一类,可以看作是两分子单糖失水形成的化合物;同时,双糖也能水解为两分子单糖。双糖的物理性质和单糖相似:能形成结晶,易溶于水,并有甜味。自然界中存在的双糖可分为还原性双糖与非还原性双糖两类。

一、还原性双糖

还原性双糖可以看作由一分子单糖的半缩醛羟基与另一分子单糖的醇羟基失水而成的。这样形成的双糖分子中具有一般单糖的性质：有变旋光现象和还原性，并能与苯肼成脎。因此这类双糖称为还原性双糖，麦芽糖、乳糖、纤维二糖都是有代表性的还原性双糖。

1. 麦芽糖和纤维二糖

麦芽糖和纤维二糖都是由两分子葡萄糖彼此脱水缩合而成，二者的区别仅在于成苷的葡萄糖单位中半缩醛羟基的构型不同。

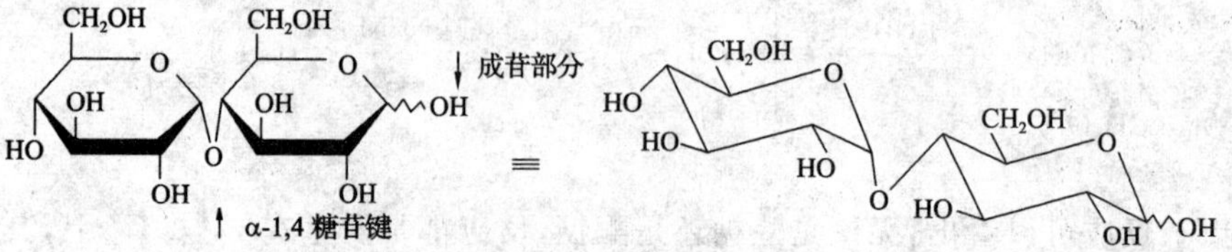

β-(+)- 麦芽糖
4-O-(α-D- 吡喃葡萄糖苷基)-β-D- 吡喃葡萄糖

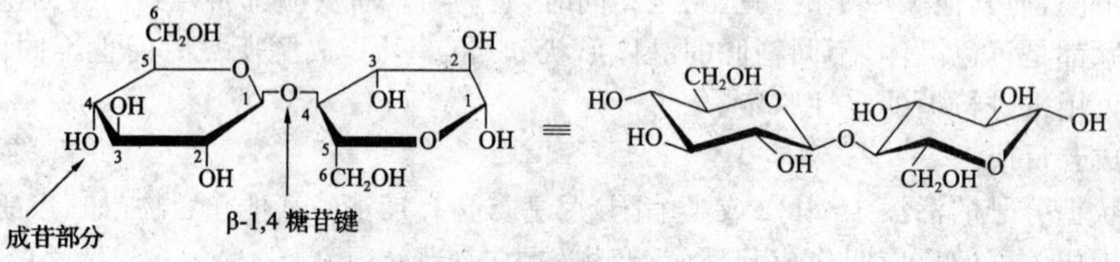

β-(+)- 纤维二糖
4-O-(β-D- 吡喃葡萄糖苷基)-β-D- 吡喃葡萄糖

麦芽糖中，成苷的葡萄糖单位的半缩醛羟基是 α 式的，与另一分子葡萄糖中的 C_4 形成的键为 α-1,4-糖苷键；而组成纤维二糖的两个葡萄糖单元是以 β-1,4-糖苷键相连的。

麦芽糖和纤维二糖分别是淀粉和纤维素的基本组成单位，在自然界中并不以游离状态存在。用 β-淀粉酶水解淀粉，用稀酸小心水解纤维素，可以分别得到麦芽糖和纤维二糖。麦芽糖是饴糖的主要成分，甜度约为蔗糖的 40%，用作营养剂和培养基等。

2. 乳糖

乳糖是由半乳糖和葡萄糖以 β-1,4-糖苷键形成的双糖，成苷的部分是半乳糖。

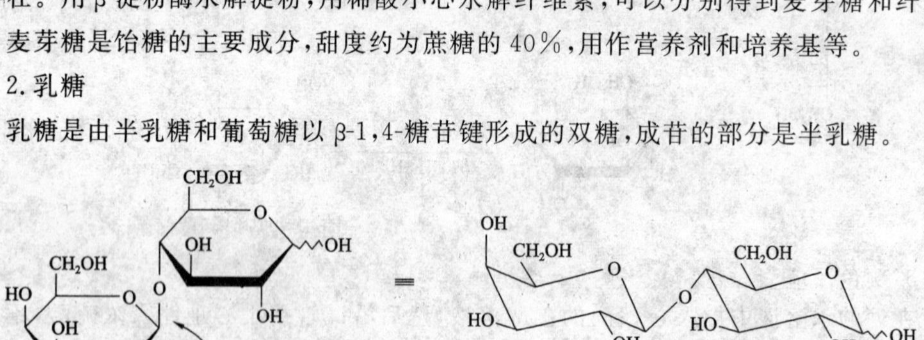

β- 乳糖
4-O-(β-D- 半乳糖苷基)-β-D- 吡喃葡萄糖

乳糖存在于哺乳动物的乳汁中，在人乳中的含量约为 5%～8%，在牛乳中约含 4%。由牛乳制干酪时可得到乳糖，甜度约为蔗糖的 70%。乳糖是双糖中水溶解度较小，且没有吸湿性的一种，可用于食品和医药行业。

二、非还原性双糖

非还原性双糖相当于由两个单糖的半缩醛羟基失水而成,两个单糖都成为苷,这样形成的双糖就没有了变旋光现象和还原性,也不能与苯肼作用。

蔗糖是自然界分布最广泛而且也是最重要的非还原性双糖,它是由 α-D-葡萄糖的 C_1 和 β-D-果糖的 C_2 通过氧原子连接而成的双糖,分子中不再含有半缩醛羟基。

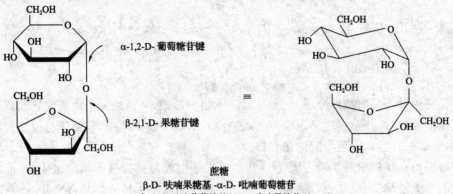

α-1,2-D-葡萄糖苷键

β-2,1-D-果糖苷键

蔗糖
β-D-呋喃果糖基 -α-D-吡喃葡萄糖苷
或 α-D-吡喃葡萄糖基 -β-D-呋喃果糖苷

在所有的光合植物中都含有蔗糖,在甜菜和甘蔗中含量最多。蔗糖的甜度仅次于果糖。蔗糖是右旋糖,其水溶液的比旋光度为 +66.5°,将蔗糖水解后得到等量的葡萄糖和果糖的混合物,由于 D-葡萄糖的比旋光度为 +52.7°,而 D-果糖的比旋光度为 -92°,故而水解混合物的旋光方向为左旋。常将蔗糖的水解产物叫转化糖,蜂蜜的主要成分就是转化糖。

15.1.3 多糖

多糖是一类天然高分子化合物,是由数百以至数千个单糖分子以糖苷键的形式相连而形成的高聚体。自然界中的多糖有戊糖或己糖、醛糖或酮糖,或是一些单糖的衍生物,如糖醛糖、氨基糖等。自然界中存在的多糖组分大都很简单,某些多糖只是由一种单糖组成,如淀粉和纤维素都是由葡萄糖组成的。

多糖与单糖及低聚糖在性质上有较大的区别。多糖没有还原性及变旋光现象,也没有甜味,而且大多数不溶于水,个别的能与水形成胶体溶液。

多糖在自然界中的分布很广泛。植物的骨架——纤维素,植物体内储藏的养分——淀粉,动物体内储藏的养分——糖元,以及昆虫的甲壳、植物的黏液、树胶等物质,都是由多糖构成的。多糖不是一种单一的化学物质,而是聚合程度不同的物质的混合物。

一、淀粉

淀粉是植物体内储藏的养分,多存在于种子与块茎中。用 β-淀粉酶水解淀粉可以得到麦芽糖,在酸的作用下能够彻底水解为葡萄糖。所以可以将淀粉看作是麦芽糖的高聚体。

淀粉是白色无定形粉末,由直链淀粉与支链淀粉两部分组成。直链淀粉在淀粉中的含量为 10%~30%,相对分子质量比支链淀粉小,由葡萄糖以 α-1,4-糖苷键结合而成的链状化合物,可被 β-淀粉酶水解为麦芽糖。

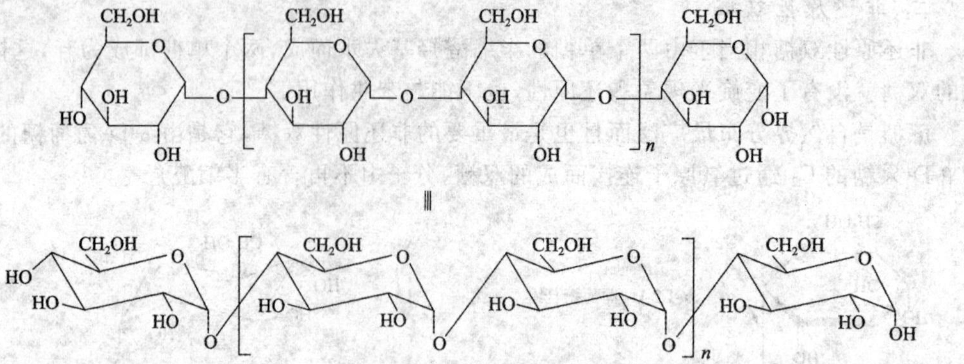

直链淀粉的结构式

直链淀粉并不是直线形分子,而是呈逐渐弯曲的形式,并借助分子内氢键卷曲成螺旋状。直链淀粉遇碘变蓝色,这是由于碘进入到淀粉的螺旋状空隙中,借助于范德华力联系在一起,形成一种呈深蓝色的配位化合物。

支链淀粉在淀粉中的含量为 $70\%\sim90\%$。也是由葡萄糖为基本单位组成的,但在连接方式上与直链淀粉有所区别,葡萄糖分子之间除了以 α-1,4-糖苷键结合之外,还有以 α-1,6-糖苷键相连的。

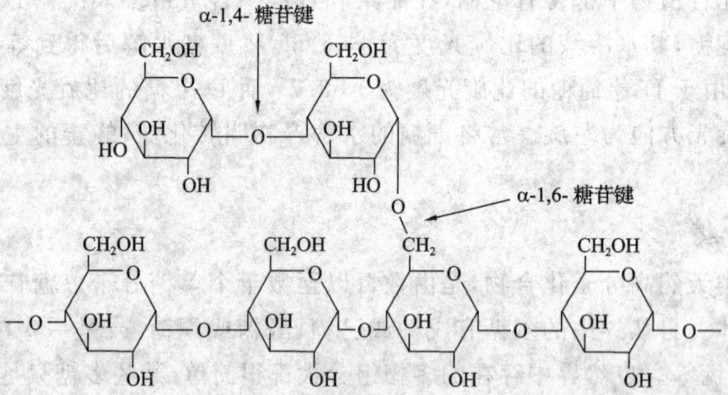

所以,支链淀粉大约每相隔 20 个葡萄糖单位就有一个分支。用 β-淀粉酶水解支链淀粉时,只有外围的支链可被水解为麦芽糖。

淀粉经热处理或在酸的作用下的部分水解产物叫糊精,不同方法处理得到不同的糊精,它们的分子比淀粉小,但仍是多糖。糊精的用处很广,如作黏合剂以及纸张、布匹的上胶剂等。淀粉水解过程如下:

淀粉 → 蓝色糊精 → 红色糊精 → 无色糊精 → 麦芽糖 → 葡萄糖

二、纤维素

纤维素是植物细胞壁的主要成分,构成植物的支持组织,也是自然界中分布最广的多糖。棉花是含纤维素最高的物质,高达 98%,其次是亚麻和木材。木材中含纤维素约为 50%,另外 50% 为半纤维素、木质素、脂肪、无机盐、树脂等。

纤维素是纤维二糖的高聚体,将纤维素用酸彻底水解也得到 D-葡萄糖。纤维素和直链淀粉一样,是没有分支的链状分子,但由于连接葡萄糖单位的是 β-1,4-糖苷键,它不卷成螺旋状,这样纤维素分子的链和链之间便能借助分子间氢键像麻绳一样拧在一起,形成

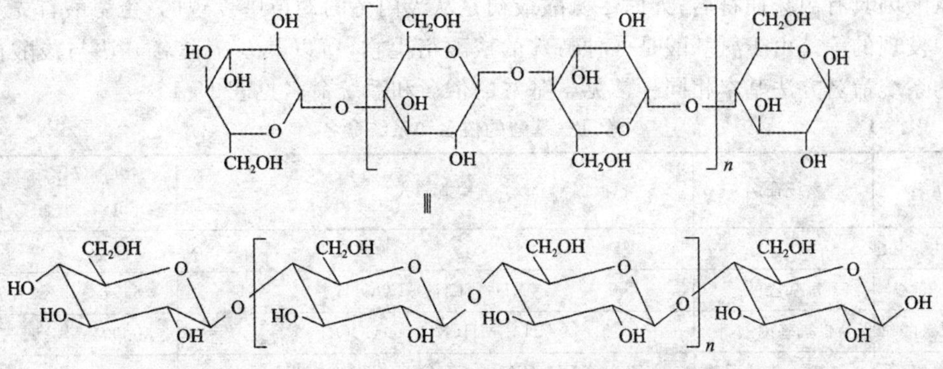

纤维素的结构式

坚硬的、不溶于水的纤维状高分子,构成理想的植物细胞壁。

淀粉酶只能水解 α-1,4-糖苷键,而不能水解 β-1,4-糖苷键,因此,纤维素虽然同样由葡萄糖组成,但不能作为人的营养物质,而在食草动物如马、牛、羊等的消化道中存在一些微生物,这些微生物能分泌出可以水解 β-1,4-糖苷键的酶,所以纤维素对于这些动物是有营养价值的。

纤维素不溶于水和一般的有机溶剂。

纤维素的用途广泛,除可用来制造各种纺织品和纸张外,还可以制成人造丝、人造棉、玻璃纸、无烟火药、火棉胶、赛璐珞制品等许多物质。

15.2 氨基酸

氨基酸是组成蛋白质的基本单位,蛋白质、糖类和脂类是人类生命必需的三大营养物质。不论哪种蛋白质,在酸、碱或酶的作用下都水解成 α-氨基酸的混合物,可以说 α-氨基酸是构筑蛋白质的砖石,要讨论蛋白质的结构和性质,首先要研究 α-氨基酸的结构和性质。分子中含有氨基(—NH$_2$)的羧酸叫做氨基酸。目前已经分离出的氨基酸近百种,但组成天然蛋白质的氨基酸仅有二十余种。蛋白质水解生成的各种氨基酸在结构上有一个共同点,即都是 α-氨基酸。其结构通式如下:

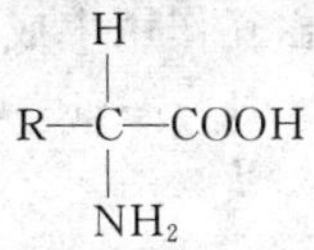

$$\begin{array}{c} H \\ | \\ R-C-COOH \\ | \\ NH_2 \end{array}$$

15.2.1 氨基酸的分类和命名

一、氨基酸的分类

氨基酸有几种不同的分类方法,最常用的分类方法是按照分子中氨基和羧基的数目分为以下三种:一氨基一羧基氨基酸(又称中性氨基酸)、一氨基二羧基氨基酸(又称酸性氨基酸)、二氨基一羧基氨基酸(又称碱性氨基酸)。

常见氨基酸的结构、分类和有关性质见表 15-1。

二、氨基酸的命名

氨基酸的名称有俗名和系统命名两种。俗名是根据氨基酸的来源或性质命名的。如甘氨酸因具有甜味而得名;天门冬氨酸最初是从天门冬的幼苗中发现的;蛋氨酸首先从鸡蛋中发现的等。由于氨基酸是一种特殊的羧酸衍生物,所以其系统命名方法与羧酸衍生物的系统命名方法基本相同。常见氨基酸的俗名和系统命名见表15-1。

表 15-1 　　　　　　　　　常见氨基酸的俗名和系统命名

俗名	系统命名	构造简式	等电点(pI)	溶解度(%)(25℃水中)
中性氨基酸				
甘氨酸	氨基乙酸	$NH_2—CH_2—COOH$	5.97	24.99
丙氨酸	2-氨基丙酸	$CH_3—CH(NH_2)—COOH$	6.00	15.51
半胱氨酸	2-氨基-3-巯基丙酸	$CH_2(SH)—CH(NH_2)—COOH$	5.05	易溶
苏氨酸	2-氨基-3-羟基丁酸	$CH_3CH(OH)—CH(NH_2)—COOH$	5.7	1.59
酸性氨基酸				
谷氨酸	2-氨基-1,5-戊二酸	$HOOC—(CH_2)_2—CH(NH_2)—COOH$	3.22	0.84
天门冬氨酸	2-氨基-1,4-丁二酸	$HOOC—CH_2—CH(NH_2)—COOH$	2.77	0.05
碱性氨基酸				
赖氨酸	2,6-二氨基己酸	$CH_2(NH_2)—(CH_2)_3—CH(NH_2)—COOH$	9.74	易溶
精氨酸	2-氨基-5-胍基戊酸	$NH=C(NH_2)—NH—(CH_2)_3—CH(NH_2)—COOH$	10.76	15%(21℃)

15.2.2 氨基酸的性质

氨基酸都是无色晶体,熔点较高,能溶于水,不溶于乙醚。

氨基酸分子中含有氨基和羧基,具有氨基和羧基的典型性质;由于两种官能团的相互影响,故又具有某些特殊性质。

一、两性电离和等电点

氨基酸分子中既有氨基又有羧基,所以既能与酸作用生成铵盐,又能与碱作用生成羧酸盐,因此氨基酸是两性化合物。

$$R—CH—COOH \xleftarrow{HCl} R—CH—COOH \xrightarrow{NaOH} R—CH—COO^-$$
$$\quad|\qquad\qquad\qquad|\qquad\qquad\qquad\quad|$$
$$\quad NH_3^+\qquad\qquad\quad NH_2\qquad\qquad\qquad NH_2$$

氨基酸分子内的氨基和羧基也能相互作用生成内盐,这种内盐又叫偶极离子。

$$R—CH—COOH \longrightarrow R—CH—COO^-$$
$$\quad|\qquad\qquad\qquad\quad|$$
$$\quad NH_2\qquad\qquad\qquad NH_3^+$$

在水溶液中,氨基酸可以构成如下平衡:

$$RCHCOO^- \underset{OH^-}{\overset{H^+}{\rightleftharpoons}} RCHCOO^- \underset{OH^-}{\overset{H^+}{\rightleftharpoons}} RCHCOOH$$
$$\quad|\qquad\qquad\qquad\quad|\qquad\qquad\qquad\quad|$$
$$\quad NH_2\qquad\qquad\quad {}^+NH_3\qquad\qquad\quad {}^+NH_3$$

在强酸性溶液中,氨基酸主要以正离子形式存在;在强碱性溶液中氨基酸主要以负离子形式存在。当溶液的 pH 达到某一数值时,氨基酸以两性离子形式存在,正、负离子浓度相等,这时溶液的 pH 称为该氨基酸的等电点(用 pI 表示)。需要说明的是氨基酸的等电点是指氨基酸分子内正、负电荷数目相等,不能认为是分子内羧基解离出的 H^+ 浓度和氨基接受 H^+ 而形成的—NH_3^+ 浓度相等。如果这样理解,氨基酸的等电点的 pH 都应该等于 7。但实际上羧基解离出 H^+ 的速度要比氨基接受 H^+ 的速度快,为了使羧基负离子数目和氨基正离子数目相等,对中性和酸性氨基酸都必须外加酸来降低羧基的解离速度,同时也提高了氨基接受 H^+ 的速度。当外加酸达到一定量时,氨基酸分子中的正、负离子数相等,这时溶液的 pH 就是氨基酸的等电点。

一般中性氨基酸的等电点在 $5\sim6.5$;酸性氨基酸的等电点在 3 左右;碱性氨基酸的等电点在 $8\sim11$。常见氨基酸等电点见表 15-1。

氨基酸在等电点时,由于正、负电荷数目相等,此时其溶解度也最小,分子容易聚集成颗粒而沉淀析出,因而可以用调节等电点的方法来分离和提纯各种氨基酸。

二、成肽反应

在一定条件下,一个氨基酸分子的 α-氨基与另一个氨基酸分子的羧基脱去一分子水,形成新的化合物称为"肽",这种反应称为成肽反应。例如:丙氨酸和甘氨酸反应生成丙氨酰甘氨酸,简称为丙甘肽。

$$\underset{\text{丙氨酸}}{CH_3-\underset{\underset{NH_2}{|}}{CH}-COOH} + \underset{\text{甘氨酸}}{HNH-CH_2COOH} \xrightarrow{-H_2O} \underset{\text{丙甘肽}}{CH_3-\underset{\underset{NH_2}{|}}{CH}-CO-NH-CH_2-COOH}$$

由两个氨基酸发生成肽反应而生成的化合物称为二肽,二肽分子中仍有自由的氨基和羧基,还可以继续与氨基酸反应形成三肽、四肽,进而结合成一条长的多肽链。

三、与甲醛的反应

甲醛能与氨基酸中的氨基作用,生成羧甲氨基衍生物,使氨基的碱性消失,待反应完成后,可以用碱标准溶液来滴定羧基,从而可以定量地测出氨基酸的含量。

$$R-\underset{\underset{NH_2}{|}}{CH}-COOH + HCHO \longrightarrow R-\underset{\underset{N=CH_2}{|}}{CH}-COOH + H_2O$$

四、与亚硝酸的反应

氨基酸中的氨基可以与亚硝酸作用放出氮气。

$$R-\underset{\underset{NH_2}{|}}{CH}-COOH + HNO_2 \longrightarrow R-\underset{\underset{OH}{|}}{CH}-COOH + N_2\uparrow + H_2O$$

五、与水合茚三酮的显色反应

α-氨基酸与水合茚三酮在加热条件下反应,生成蓝色的缩合物。这个反应很灵敏,是比色法分析氨基酸的重要依据。

N-取代的氨基酸、β-氨基酸、γ-氨基酸等均不与水合茚三酮发生蓝色反应。

15.3　蛋白质

15.3.1　蛋白质的组成

蛋白质是很重要的一类天然有机物,在机体内承担着各种生理作用和机械功能,在生命现象中起着重要作用。其作用非常复杂,主要有两方面:一是组织结构的作用,例如,骨胶蛋白组成腱、骨,角蛋白组成指甲、毛发、皮肤等;二是蛋白质起生物调节作用,例如,各种酶对生物化学反应起催化作用等。

蛋白质由 C、H、O、N、S 等元素组成，有些还含有 P、Fe 等元素。在组成蛋白质的元素中，氮元素是蛋白质中最特殊的元素，各种蛋白质的平均含氮量都接近于 16%。通常将 1 g 氮所代表的蛋白质的质量称为蛋白质系数。如含氮量为 16% 的蛋白质，其蛋白质系数应为 6.25(100/16)。蛋白质系数在蛋白质含量测定中极为重要，它是衡量食品蛋白质计量和分析标准的重要数据。

蛋白质是由许多氨基酸通过肽键连接形成的高分子化合物。与肽比较，蛋白质具有更长的肽链，相对分子质量通常在 10 000 以上。

蛋白质的结构很复杂，由四级结构构成。

15.3.2　蛋白质的性质

一、胶体性质

蛋白质分子具有可解离的基团，在非等电点时，蛋白质颗粒上带有相同的电荷，颗粒间相互排斥，不能凝聚沉淀而具有一定的稳定性。由于蛋白质颗粒表面有许多亲水基团，如：$-COO^-$、$-NH_3^+$、$-OH$、$-CONH_2$ 等，与水有极强的亲和性，能使蛋白质质点颗粒外层形成一层水化膜，水化膜的存在使蛋白质颗粒相互隔开，保持悬浮状态而不易聚沉。所以蛋白质在水中具备胶体的条件，蛋白质溶液是一种稳定的亲水胶体。

二、两性电离和等电点

蛋白质与氨基酸相似，也是两性电解质，具有等电点。其等电点也因蛋白质不同而异。

$$
\underset{\substack{\text{负离子}\\(\text{pH}>\text{pI})}}{P{\Big<}\begin{array}{l}NH_2\\COO^-\end{array}}
\underset{\ \ OH^-}{\overset{H^+}{\rightleftharpoons}}
\underset{\substack{\text{两性离子}\\(\text{pH}=\text{pI})}}{P{\Big<}\begin{array}{l}\overset{+}{N}H_3\\COO^-\end{array}}
\underset{\ \ OH^-}{\overset{H^+}{\rightleftharpoons}}
\underset{\substack{\text{正离子}\\(\text{pH}<\text{pI})}}{P{\Big<}\begin{array}{l}\overset{+}{N}H_3\\COOH\end{array}}
$$

蛋白质处于等电点时，蛋白质在水中溶解度最小，容易沉淀。因此可利用此性质使蛋白质从水溶液中析出，即用于蛋白质的分离提纯。

三、变性

在热、酸、碱、重金属盐、紫外线等因素的影响下，蛋白质性质会发生改变，溶解度降低，甚至凝固，蛋白质的这种变化叫做变性。变性后的蛋白质已无原有性质和生理功能。例如，高温灭菌消毒使细菌蛋白质凝固而死亡。

四、盐析

在蛋白质溶液中加入氯化钠或硫酸铵等无机盐溶液，则蛋白质从溶液中析出，这种作用叫作盐析。盐析是可逆过程，盐析的蛋白质仍可溶于水，且性质不变。但不同蛋白质盐析时，所用盐的最低浓度不同。故利用此性质可以分离不同的蛋白质。

五、显色反应

由于组成蛋白质的氨基酸不同，其与不同试剂作用发生不同的颜色变化，利用这些反应可以鉴别蛋白质。例如，蛋白质中含有苯环结构的氨基酸(如苯丙氨酸、酪氨酸、色氨酸等)时，遇浓硝酸变为黄色——蛋白质的黄色反应。皮肤遇浓硝酸变黄就是这个原因。

蛋白质与水合茚三酮也可发生蓝色反应。

*15.4　其他糖及蛋白质

15.4.1　糊精

淀粉在加热、酸或淀粉酶作用下发生分解和水解时,大分子的淀粉首先转化成为小分子的中间物质,这时的中间小分子物质,人们就把它叫作糊精。

干糊精是一种黄白色的粉末,不溶于酒精,易溶于水,溶解在水中具有很强的黏性;在糊精中加入碘,溶液会呈红紫色,而不是像淀粉遇碘那样呈蓝色。

生产上通常把淀粉原料在高温、高压下进行蒸煮,使淀粉细胞彻底破裂,淀粉由颗粒状态变为液糊状糊精的过程就叫作原料的糊化。其糊化程度用糊化率来表示。

$$糊化率＝糊精或可溶性碳水化合物÷总糖×100\%$$

糊精主要有麦芽糊精和环糊精。

一、麦芽糊精

麦芽糊精也称为麦特灵,是由淀粉经低度水解、净化、喷雾干燥制成,是不含游离淀粉的淀粉衍生物,英文简称为 MD。麦芽糊精为白色或微带浅黄色阴影的无定形粉末,具有黏性大、增稠性强、溶解性好、速溶性佳、载体性好、发酵小、吸潮性低、甜度低、无异味、人体易于消化吸收、低热、低脂肪等特点,是食品工业中最理想的基础原料之一,并在造纸工业、日用化工、精细化工、医药工业中有着广泛的应用。

如在奶粉等婴儿食品中加入适量的麦芽糊精,可减少营养的损失,改善口感,能满足儿童的实际需要,促进儿童的健康成长。在冰冻食品中可增强冰淇淋的黏性,在冰棒、冰果制作中加入麦芽糊精,可抗结晶,提高冻结温度,加强风味,改善口感。

麦芽糊精在造纸行业用作表面的施胶剂和涂布(纸)涂料的黏合剂,提高纤维间的黏合力,改善外观及物理性能,显著降低生产成本和能耗。在牙膏生产上可代替部分 CMC,作为增稠剂和稳定剂可改善牙膏的结构。

二、环糊精

环糊精是环糊精转葡萄糖基酶作用于淀粉的产物,是由六个以上葡萄糖以 α-1,4-糖苷键连接的环状寡聚糖,其中最常见、研究最多的是 α-环糊精、β-环糊精、γ-环糊精,分别由六个、七个和八个葡萄糖分子构成,是相对大和相对柔性的分子。

环糊精的性质类似于淀粉,可以贮存多年不变质。在强碱性溶液中也可稳定存在,在酸性溶液中则部分水解成葡萄糖和非环麦芽糖。由于环糊精没有还原性末端,其反应活性比较低,只有少数的酶能使其明显水解。环糊精在室温下的溶解度为 1.8～25.6 g,水溶液具有旋光性。环糊精的稳定性一般,在 200 ℃左右分解。

15.4.2　果胶和琼脂

一、果胶

果胶是一组聚半乳糖醛酸,白色至淡黄色粉末,稍带酸味,溶于水,相对分子质量5～30万。在适宜条件下其溶液能形成凝胶和部分发生甲氧基化(甲酯化,也就是形成甲醇酯),其主要成分是部分甲酯化的 α-1,4-D-聚半乳糖醛酸。残留的羧基单元以游离酸的形式存在或形成铵、钾、钠和钙等盐。

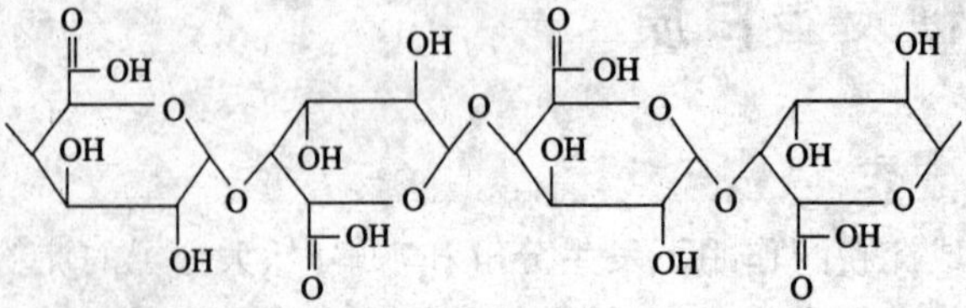

果胶存在于植物的细胞壁和细胞内层,为内部细胞的支撑物质。不同的蔬菜、水果口感不同,主要是由它们含有的果胶含量以及果胶分子的差异决定的。柑橘、柠檬、柚子等果皮中果胶含量最丰富,含量约30%。

按果胶的组成可有同质多糖和杂多糖两种类型:同质多糖果胶如 D-半乳聚糖、L-阿拉伯聚糖和 D-半乳糖醛酸聚糖等;杂多糖果胶最常见,是由半乳糖醛酸聚糖、半乳聚糖和阿拉伯聚糖以不同比例组成,通常称为果胶酸。不同来源的果胶,其比例也各有差异。部分甲酯化的果胶酸称为果胶酯酸。天然果胶中约20%~60%的羧基被酯化,相对分子质量为2~4万。果胶分果胶液、果胶粉和低甲氧基果胶三种,其中尤以果胶粉的应用最为普遍。

果胶是高档的天然食品添加剂和保健品。在食品上作胶凝剂、增稠剂、稳定剂、悬浮剂、乳化剂、增香增效剂;在医药保健品上可显著降低血糖、血脂,减少胆固醇,疏通血管;对糖尿病、高血压、便秘,解除铅中毒都存有明显作用;并可用于化妆品,对保护皮肤、防止紫外线辐射、治疗伤口、美容养颜都有一定的作用。

二、琼脂

琼脂亦称琼胶、洋菜,在市场上也称为"冻粉""凉粉"等。

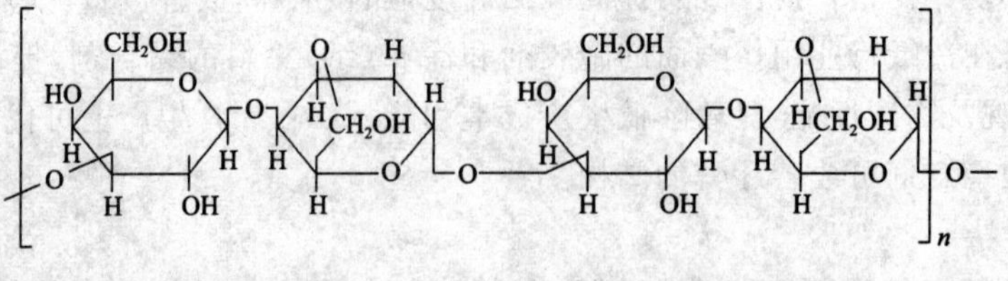

琼脂由琼脂糖和琼脂果胶两部分组成,作为胶凝剂的琼脂糖是不含硫酸酯(盐)的非离子型多糖,是形成凝胶的组分,其大分子链链节是1,3苷键交替相连的β-D-吡喃半乳糖残基和3,6-α-L-吡喃半乳糖残基。而琼脂果胶是非凝胶部分,是带有硫酸酯(盐)、葡萄糖醛酸和丙酮酸醛的复杂多糖,也是商业提取中力图去掉的部分。商品琼脂一般带有2%~7%的硫酸酯(盐),0%~3%的丙酮酸醛及1%~3%的甲乙基。工业上的琼脂色泽由白到微黄,具有胶质感,无气味或有轻微的特征性气味,琼脂不溶于冷水,易溶于沸水,微溶于热水。

琼脂系选用优质天然石花菜、江蓠菜、紫菜等海藻为原料,采用科学方法精炼提纯的天然高分子多糖物质。是目前世界上用途最广泛的海藻胶之一。琼脂含有多种元素,并具有清热解暑、开胃健脾之功能,在食品工业、医药工业、日用化工、生物工程等许多方面有着广泛的应用。

15.4.3　维生素

维生素是人体的七大营养素之一,是维持人体正常生理功能必需的一类有机化合物,其主要作用是作为辅酶的成分调节代谢。人体对维生素的需要量不多,但却是绝不可少的物质。维生素在体内不能合成或合成数量较少,不能充分满足机体需要,必须经常由食物来供给。

膳食中如缺乏维生素,就会引起人体代谢紊乱,以致发生维生素缺乏症。如缺乏维生素 A 会出现夜盲症、干眼病和皮肤干燥;缺乏维生素 D 可患佝偻病;缺乏维生素 B_1 可得脚气病;缺乏维生素 B_2 可患唇炎、口角炎、舌炎和阴囊炎;缺乏维生素 PP 可患癞皮病;缺乏维生素 B_{12} 可患恶性贫血;缺乏维生素 C 可患坏血病等。

维生素种类很多,可分为脂溶性维生素和水溶性维生素。脂溶性维生素有 A、D、E、K 等,水溶性维生素有维生素 C 和维生素 B。在这些维生素中,人体比较容易缺乏,自身不能合成,但却是人体必需的维生素,称为必需维生素,主要有维生素 A、维生素 D、维生素 E、维生素 B(B_1、B_2、B_3、B_6、B_5、B_{12})、烟酸(维生素 PP)、维生素 C、维生素 P、维生素 K、维生素 H、维生素 M(叶酸)、维生素 U、维生素 T。

15.4.4　酶

酶是由生物体内细胞产生的一种生物催化剂,由蛋白质组成,能在机体中十分温和的条件下,高效率地催化各种生物化学反应,促进生物体的新陈代谢。生命活动中的消化、吸收、呼吸、运动和生殖都是酶促反应过程。酶是细胞赖以生存的基础。细胞新陈代谢包括的所有化学反应几乎都是在酶的催化下进行的。如哺乳动物的细胞就含有几千种酶。

酶催化化学反应的能力叫酶活力(或称酶活性)。酶活力可受多种因素的调节控制,从而使生物体能适应外界条件的变化,维持生命活动。没有酶的参与,新陈代谢只能以极其缓慢的速度进行,生命活动根本无法维持。例如食物必须在酶的作用下降解成小分子,才能透过肠壁,被组织吸收和利用。在胃里有胃蛋白酶,在肠里有胰脏分泌的胰蛋白酶、胰凝乳蛋白酶、脂肪酶和淀粉酶等。

一、酶的特性

(1)高效性:酶的催化效率比无机催化剂高,使得反应速率加快;

(2)专一性:一种酶只能催化一种或一类底物,如蛋白酶只能催化蛋白质水解成多肽;

(3)多样性:酶的种类很多,大约有 4 000 多种;

(4)温和性:酶所催化的化学反应一般是在较温和的条件下进行的。

一般来说,动物体内的酶最适温度在 $35 \sim 40$ ℃,植物体内的酶最适温度在 $40 \sim 50$ ℃。细菌和真菌体内的酶最适温度差别较大,有的酶最适温度可高达 70 ℃。动物体内的酶最适 pH 为 $6.5 \sim 8.0$,但也有例外,如胃蛋白酶的最适 pH 为 1.5,植物体内的酶最适 pH 大多在 $4.5 \sim 6.5$。

酶的这些性质使细胞内错综复杂的物质代谢过程能有条不紊地进行,使物质代谢与正常的生理机能互相适应。若因遗传缺陷造成某个酶缺损,或其他原因造成酶的活性减弱,均可导致该酶催化的反应异常,使物质代谢紊乱,甚至发生疾病。因此酶与医学的关系十分密切。

二、酶的应用

在生物体内的酶是具有生物活性的蛋白质,存在于生物体内的细胞和组织中,作为生物体内化学反应的催化剂,不断地进行自我更新,使生物体内极其复杂的代谢活动不断地、有条不紊地进行。

酶的催化效率特别高,比一般的化学催化剂的效率高 $10^7 \sim 10^8$ 倍,这就是生物体内许多化学反应很容易进行的原因之一。

酶的催化具有高度的化学选择性和专一性。一种酶往往只能对某一种或某一类反应起催化作用,且酶和被催化的反应物在结构上往往有相似性。

一般在 37 ℃左右,接近中性的环境下,酶的催化效率较高。虽然它与一般催化剂一样,随着温度升高,活性也提高,但由于酶是蛋白质,因此温度过高,会失去活性(变性)。因此酶的催化温度一般不能高于 60 ℃,否则,酶的催化效率就会降低,甚至会失去催化作用。强酸、强碱、重金属离子、紫外线等的存在,也都会影响酶的催化作用。

人体内存在大量酶,结构复杂、种类繁多,到目前为止,已发现 3 000 种以上。如米饭在口腔内咀嚼时,咀嚼时间越长,甜味越明显,是由于米饭中的淀粉在口腔分泌出的唾液淀粉酶的作用下,水解成葡萄糖的缘故。因此,吃饭时多咀嚼可以让食物与唾液充分混合,有利于消化。此外人体内还有胃蛋白酶、胰蛋白酶等多种水解酶。

随着对酶研究的发展,酶在医学上的重要性引起了越来越多的注意,应用越来越广泛。

酶缺乏所致疾病多为先天性或遗传性,如白化症是因酪氨酸羟化酶缺乏,蚕豆病或对伯氨喹啉敏感患者是因 6-磷酸葡萄糖脱氢酶缺乏。许多中毒性疾病几乎都是由于某些酶被抑制而引起的。如常用的有机磷农药(如敌百虫、敌敌畏、1059 以及乐果等)中毒时,就是因胆碱酯酶被抑制失活。某些金属离子引起人体中毒,则是因金属离子(如 Hg^{2+})可与某些酶活性中心的必需基团(如半胱氨酸的—SH)结合而使酶失去活性。

一些辅酶,如辅酶 A、辅酶 Q 等,可用于脑、心、肝、肾等重要脏器的辅助治疗。另外,还利用酶的竞争性抑制的原理,合成一些化学药物,进行抑菌、杀菌和抗肿瘤等的治疗。如磺胺类药和许多抗菌素能抑制某些细菌生长所必需的酶类,故有抑菌和杀菌作用;许多抗肿瘤药物能抑制细胞内与核酸或蛋白质合成有关的酶类,从而抑制肿瘤细胞的分化和增殖,以对抗肿瘤的生长;硫氧嘧啶可抑制碘化酶,从而影响甲状腺素的合成,故可用于治疗甲状腺机能亢进等。

酶在生产、生活中也有广泛的用途。如酿酒工业中使用的酵母菌,就是通过有关的微生物产生的酶的作用将淀粉等通过水解、氧化等过程,最后转化为酒精;酱油、食醋的生产也是在酶的作用下完成的;用淀粉酶和纤维素酶处理过的饲料,营养价值提高;洗衣粉中加入酶,可以使洗衣粉效率提高,使原来不易除去的汗渍等很容易除去等。

由于酶的应用广泛,酶的提取和合成就成了重要的研究课题。目前酶可以从生物体内提取,如从菠萝皮中可提取菠萝蛋白酶。但由于酶在生物体内的含量很低,不能适应生产上的需要。工业上大量的酶是采用微生物的发酵来制取的。另外,人们正在研究酶的人工合成。总之,随着科学水平的提高,酶的应用将具有非常广阔的前景。